物理定数

量	記号	数値	単位
真空中の光の速さ	c	2.99792458×10^{8}	$\mathrm{m\ s^{-1}}$
真空の誘電率	ε_0	$8.854187817 \times 10^{-12}$	$\mathrm{C^2\ J^{-1}\ m^{-1}}$
重力定数	G	6.673×10^{-11}	$\mathrm{N\ m^2\ kg^{-2}}$
プランク定数	h	$6.62606876 \times 10^{-34}$	$\mathrm{J\ s}$
電気素量	e	$1.602176462 \times 10^{-19}$	C
電子の質量	m_e	$9.10938188 \times 10^{-31}$	kg
陽子の質量	m_p	$1.67262158 \times 10^{-27}$	kg
中性子の質量	m_n	$1.67492735 \times 10^{-27}$	kg
ボーア半径	a_0	$5.291772083 \times 10^{-11}$	m
リュードベリ定数	R_H	$109{,}737.31568$	$\mathrm{cm^{-1}}$
アボガドロ定数	N_A	$6.02214199 \times 10^{23}$	$\mathrm{mol^{-1}}$
ファラデー定数	F	$96{,}485.3415$	$\mathrm{C\ mol^{-1}}$
気体定数	R	8.314472	$\mathrm{J\ mol^{-1}\ K^{-1}}$
		0.0820568	$\mathrm{L\ atm\ mol^{-1}\ K^{-1}}$
		0.08314472	$\mathrm{L\ bar\ mol^{-1}\ K^{-1}}$
		1.98719	$\mathrm{cal\ mol^{-1}\ K^{-1}}$
ボルツマン定数	k	$1.3806503 \times 10^{-23}$	$\mathrm{J\ K^{-1}}$
シュテファン・ボルツマン定数	σ	5.670400×10^{-8}	$\mathrm{W\ m^{-2}\ K^{-4}}$
ボーア磁子	μ_B	$9.27400899 \times 10^{-24}$	$\mathrm{J\ T^{-1}}$
核磁子	μ_N	$5.05078317 \times 10^{-27}$	$\mathrm{J\ T^{-1}}$

出典：P. J. Mohr, B. N. Taylor, CODATA Recommended Values of the Fundamental Physical Constants, *J. Phys. Chem. Ref. Data*, **28**（1999）より抜粋.

標準的な分子描画ソフトにおける原子の色分け

 炭素　 水素　 酸素

 窒素　 塩素

ボール物理化学

第2版 上

DAVID W. BALL 著

田中一義
阿竹 徹
監訳

阿竹 徹
彌田智一
大谷文章
川路 均
田中一義
中澤康浩
訳

PHYSICAL
CHEMISTRY
Second Edition

化学同人

PHYSICAL CHEMISTRY
Second Edition

David W. Ball
Cleveland State University

COPYRIGHT © 2015, 2002 Cengage Learning
Japanese translation rights arranged with Cengage Learning, Inc.
through Japan UNI Agency, Inc., Tokyo.

In memory of my father

まえがき

　1期目の政治家が最も望むものは2期目に入ることだという古いジョークがある．初版の教科書の著者についても，いくぶん似たことがいえる．彼らが最も望むものは第2版である．第2版というものはまた，著者の構想が，次の努力と時間と，そして費用をかける第2ラウンドに入る価値があるという再確認なのである．これは著者だけではなく，編集者，編集補助者，査読者，校閲者，補助ライター，そしてもっと多くの人々も巻き込むのである．それはまた，実際にその教科書を使っている教育業界において受け入れ先があるという再確認でもある．というのは，名声の高い会社であれば，初版があまり使われなかったのなら，努力，時間，そして費用をつぎ込まないだろうから．

　第2版というものは，教科書の全体にわたっての根本的な考え方を見直す機会でもある．だがしかし，今回それは変わっていない．本書の初版が発行されたあとも新しい教科書が次々と出てきたが，市場ではいまだに，博士号をとるための筆記試験に備えて勉強している大学院生のレベルに対するものではなく，学部生レベルでの物理化学の「百科事典」ではない「教科書」が求められているのである．

　初版がこのことをなしえたというエビデンスがある．学生たちから本書についての肯定的な反応や，エンドユーザーである彼らに物理化学のコンセプトを伝える力についての賛辞など，多くの電子メールをもらった．考えてもみてほしい．学生諸君が物理化学の教科書について肯定的なコメントをしてくれたんですよ！　まさに初版における考え方が，本書の読者の琴線に触れたのではないか．

　第2版はまた，どうすれば初版が完全になったかということに対して，改善の機会を与えるものでもある．ここにはそれが生かされている．第2版には新しい特徴がいくつかある．

・章末問題を増量したこと．これによって現在の，また新しいトピックスの追加的な演習ができる．章末問題は全体を通して50％以上増量しており，先生方や学生諸君が物理化学的な「筋トレ」をさらに柔軟に行えるようになっている．

・新たに分子レベルの現象についての熱力学に重点を置いたこと．古典的

な熱力学が巨視的な物質のふるまいにもとづくことは認めるとしても，われわれは化学者として物質が原子や分子から成り立っていることを忘れてはならない．またあらゆる機会を通じて物質の挙動を原子・分子に関係づければ，化学の基礎は強化されるのである．
・各章での多くの例題で注釈を加えたこと．学生諸君の理解を深めるために，これを欄外に配置し，例題についての付加的なヒントや考え方を示して役立つようにしている．
・各章末に重要な数式をまとめて，学生諸君の勉強に役立てていること．

　もちろん第2版には，何が役立って何が役立たないかということについて，数年間実際に初版を用いて講義を行った経験を生かしている．そして何よりも，私自身が担当した学生諸君が，この科目を勉強したときにくれたコメントの内容を生かしている．

謝 辞

　第2版への援助について Cengage Learning 社の化学グループの Chris Simpson に感謝する．化学のコンテンツ開発担当である Liz Wood には，この仕事の進行を通して日常的な情報交換を行ってくれたこと（いくつもの媒体を通じて！），この仕事から私がそれてしまわないように導いてくれたこと，私の数々の疑問に答えてくれたこと，そしてあらゆる種類の助言をくれたことを感謝する．QBS Learning 社の写真担当の Janice Yi は，新しい写真を丹念に見つけ出したり置き換えてくれたりした．また PreMediaGlobal 社の制作担当の Jared Sterzer にも感謝する．最後に Shelly Tommasone のことをぜひともいわねばならない．Shelly は地区販売担当者で，何年も前に編集者にこの計画をもちかけ，その初版の契約担当になってくれた．そのとき以来，この仕事が進むにつれて定期的に連絡をとってきた．彼女はすでに Cengage 社には在籍していないが，定期的な電子メールの交換や本書の成功を祝う時折の夕食にも参加してくれた．この教科書はすべて Shelly のおかげであり，ありがたく思っている．

　数人の仲間は内容の進化について重要な寄与をしてくれた．North Carolina 大学化学科の Tom Baer は，熱力学の分子論的な基礎，とくに第1〜第4章の文章について多くの提言をしてくれた．このトピックスに関する彼の展望は，本書の熱力学の部分の全体的視野を大きく広げてくれた．彼の観点とその提供をいとわない態度に謝意を捧げる．しかし，このトピックスを間違って説明しているとすれば，それは私のせいである．John Carroll 大学の Mark Waner は分光学の数章を深く分析してくれて，私自身の経験とは異なるものを与えてくれた．ここでも，もし誤りがあるとすれば，それは私の落ち度である．Mark は校正も行ってくれて，この仕事についての彼の二重の役割に対して感謝している．Wisconsin 大学 Milwaukee 校の Jorg Woehl は学生用の解答マニュアルをつくってくれたし，Maryville 大学の Mary Turner は教員用の解答マニュアルをつくってくれた．これらの補助教材は，（うまく使えば）学生の学習にすこぶる有用なツールとなる．

初版についてのコメントをくれた先生方と学生諸君に感謝したい（とくに学生諸君に！）．初版に私の電子メールアドレスを載せていたのは，たぶん間違いだった．あまりにも簡単に，本書についてのコメントを私に送ることができてしまったからだ．それには肯定的なものも，否定的なものもあった．肯定的なコメントにはもちろん感謝する．本書が諸君の物理化学に対する経験に対して有用な寄与ができたとわかってうれしかった．否定的なコメントには建設的なものと非建設的なものの2種類があった．建設的なコメントは極力第2版に反映させて，改善を図った．それらのコメントには感謝する．非建設的なコメントについては……まあ，多くの電子メール使用者はごみ箱をもっているという理由が明らかだろう．

初版の本格的な改訂は，私がコロラド州のコロラドスプリングスにある米国空軍士官学校（USAFA）に招へい教授として招かれたときに始まった．私が1年間USAFAに出向することを許可してくれたCleveland州立大学（CSU）の理学・衛生学部に感謝する．USAFA化学科の教職員（武官，文官とも）の友情，仲間意識，プロ意識，そして援助に感謝したい．これは素晴らしい思い出であり，決して忘れえない経験であった．

最後に私の直接の家族——妻であるGail，息子のStuartとAlex——にはいつも感謝している．ここ数年間の家族からの支援に対する感謝を表すことは，時間がたつにつれてどんどん難しくなってしまう．Isaac Asimovの言葉で言い換えるなら，「空疎な言葉のなかで雲散霧消するものでないのならば，感謝の言葉が一番よい」となろう．すべてに対して，家族よ，ありがとう．

David W. Ball
Cleveland, Ohio

初版の査読者

Samuel A. Abrash (University of Richmond)
Steven A. Adelman (Purdue University)
Shawn B. Allin (Lamar University)
Stephan B. H. Bach (University of Texas at San Antonio)
James Baird (University of Alabama in Huntsville)
Robert K. Bohn (University of Connecticut)
Kevin J. Boyd (University of New Orleans)
Linda C. Brazdil (Illinois Mathematics and Science Academy)
Thomas R. Burkholder (Central Connecticut State University)
Paul Davidovits (Boston College)
Thomas C. DeVore (James Madison University)
D. James Donaldson (University of Toronto)
Robert A. Donnelly (Auburn University)
Robert C. Dunbar (Case Western Reserve University)
Alyx S. Frantzen (Stephen F. Austin State University)
Joseph D. Geiser (University of New Hampshire)
Lisa M. Goss (Idaho State University)
Jan Gryko (Jacksonville State University)
Tracy Hamilton (University of Alabama at Birmingham)
Robert A. Jacobson (Iowa State University)
Michael Kahlow (University of Wisconsin at River Falls)
James S. Keller (Kenyon College)
Baldwin King (Drew University)
Stephen K. Knudson (College of William and Mary)
Donald J. Kouri (University of Houston)
Darius Kuciauskas (Virginia Commonwealth University)
Patricia L. Lang (Ball State University)
Danny G. Miles, Jr. (Mount St. Mary's College)
Randy Miller (California State University at Chico)
Frank Ohene (Grambling State University)
Robert Pecora (Stanford University)
Lee Pedersen (University of North Carolina at Chapel Hill)
Ronald D. Poshusta (Washington State University)
David W. Pratt (University of Pittsburgh)
Robert Quandt (Illinois State University)
Rene Rodriguez (Idaho State University)
G. Alan Schick (Eastern Kentucky University)
Rod Schoonover (California Polytechnic State University)
Donald H. Secrest (University of Illinois at Urbana at Champaign)
Michael P. Setter (Ball State University)
Russell Tice (California Polytechnic State University)
Edward A. Walters (University of New Mexico)
Scott Whittenburg (University of New Orleans)
Robert D. Williams (Lincoln University)

訳者まえがき

　2004年にDavid W. Ball, "Physical Chemistry"の初版訳書を出版してから10年以上の歳月が流れた．物理化学を苦手とする学生が多いにもかかわらず，幸いにもこの訳書はわが国でかなり受け入れられるようになっており，物理化学の少なからぬ講義で用いられているとのことである．

　この本の最大の特徴は，物理化学にとって不可避である数学的ツール，とくに初学者にとって苦手とされる偏微分を中心とした数式がわかりやすく説明されていることに始まり，多くの数式や途中の計算過程が丁寧にわかりやすく説明されていることである．このような教育的配慮は，物理化学がわかりにくいと敬遠してしまう学生諸君の多数は物理化学に挫折するというよりもそこで使われる数学に翻弄されてしまっていることが多く，その「難民」を何とか救いたいという著者の悲願からきている．この願いは学生諸君にも十分に伝わりつつあるようで，本書の愛用者の範囲は初版発行以来，着実に広がってきている．

　このたび11年ぶりに原書の改訂版が出版された．第2版では初版に対する細かい改善が各所になされているが，それにもまして上記の配慮がさらに徹底的に追求され，著者もまえがきで書いているように，(1) 熱力学に分子論的な基礎を与えるように配慮したこと，(2) 例題解答の欄外に数式の導出や変形および変数の物理単位の取扱いを解説するコメントを適切に配置してさらにわかりやすくしたこと，(3) それぞれの章末に重要な数式のまとめを掲載して頭の整理を図ったこと，および(4) 章末問題の大幅な増量を行って読者の自学自習の可能性を増大させたこと，などが大きな特徴としてあげられる．さらに全頁をフルカラーとして，一段と効果的な図面の視覚化を図ったことも重要なポイントである．

　以上の改良点を十分に吟味したうえで，わが国でも第2版の訳書を出版することに決定した．翻訳については初版の訳者グループに同じ担当章の翻訳をお願いしたところ，全員の先生方に快くお引き受けいただいた．おそらくこのことによって比較的短期間でのスムーズな訳書出版が可能になった．訳者の先生方には厚くお礼申し上げる．一方で訳者グループにとってたいへん痛恨であったことは，初版の訳者のお一人である阿竹　徹先生がこの間の2011年に他界されたことである．阿竹先生は初版訳書の刊行後も気を抜かれることがなく，翻訳のいくつかの点について改善すべき点を示唆していた

だいたことは記憶に新しい．欧州へのご出張中に思いつかれて，電子メールをお送りいただいたことも懐かしく思い出される．なお，初版で阿竹先生の担当された章の翻訳については川路 均先生にお願いしたところ，これも快くお引き受けいただいた．合わせてお礼申し上げる．本書は阿竹先生に対するオマージュを込めたものでもあることを特筆したい．

本書における学術用語は，文部省（当時）学術用語集の化学編，分光学編，物理学編に準拠したが，一部には独自の工夫も行っている．これらも含めて，本書に対するコメント・ご意見をお聞かせいただければ幸いである．

最後になったが，第2版を世に出すにあたって化学同人編集部の平 祐幸氏には企画全体，加藤貴広氏と津留貴彰氏には編集・庶務全般の詳細な作業について，それぞれたいへんお世話になった．厚くお礼を申し上げたい．

2015年盛夏
訳者を代表して
田中一義

目　次

まえがき｜v
訳者まえがき｜ix

第1章　気体と熱力学第零法則｜1

1.1　あらまし｜1
1.2　系，外界と状態｜2
1.3　熱力学第零法則｜3
1.4　状態方程式｜6
1.5　偏導関数と気体の法則｜9
1.6　非理想気体｜12
1.7　さらに偏導関数について｜20
1.8　とくに定義されている二，三の偏導関数について｜22
1.9　分子レベルでの熱力学｜23
1.10　まとめ｜30
章末問題｜31

第2章　熱力学第一法則｜35

2.1　あらまし｜35
2.2　仕事と熱｜36
2.3　内部エネルギーと熱力学第一法則｜45
2.4　状態関数｜47
2.5　エンタルピー｜50
2.6　状態関数の変化｜52
2.7　ジュール・トムソン係数｜57
2.8　さらに熱容量について｜62
2.9　相の変化｜69
2.10　化学変化｜72
2.11　温度の変化｜79

2.12 生化学反応 | 82
2.13 まとめ | 84
章末問題 | 85

第3章　熱力学第二法則と第三法則 | 91

3.1 あらまし | 91
3.2 熱力学第一法則の限界 | 91
3.3 カルノーサイクルと熱効率 | 93
3.4 エントロピーと熱力学第二法則 | 98
3.5 さらにエントロピーについて | 104
3.6 系の秩序と熱力学第三法則 | 109
3.7 化学反応のエントロピー | 112
3.8 まとめ | 116
章末問題 | 118

第4章　ギブズエネルギーと化学ポテンシャル | 123

4.1 あらまし | 123
4.2 自発的条件 | 123
4.3 ギブズエネルギーとヘルムホルツエネルギー | 127
4.4 自然な変数の式と偏導関数 | 133
4.5 マクスウェルの関係式 | 136
4.6 マクスウェルの関係式の使い方 | 140
4.7 とくにギブズエネルギーの変化について | 143
4.8 化学ポテンシャルとそのほかの部分モル量 | 147
4.9 フガシティー | 149
4.10 まとめ | 154
章末問題 | 156

第5章　化学平衡 | 161

5.1 あらまし | 161
5.2 平衡 | 162
5.3 化学平衡 | 164
5.4 溶液と凝縮相 | 174
5.5 平衡定数の変化 | 178
5.6 アミノ酸の平衡 | 182
5.7 まとめ | 183
章末問題 | 184

第6章　一成分系における平衡 | 189

6.1　あらまし | 189
6.2　一成分系 | 189
6.3　相変化 | 194
6.4　クラペイロンの式 | 198
6.5　気相効果 | 202
6.6　状態図と相律 | 206
6.7　自然な変数と化学ポテンシャル | 213
6.8　まとめ | 217
章末問題 | 218

第7章　多成分系における平衡 | 225

7.1　あらまし | 225
7.2　ギブズの相律 | 226
7.3　液体／液体系 | 228
7.4　非理想二成分溶液 | 240
7.5　液体／気体系とヘンリーの法則 | 244
7.6　液体／固体溶液 | 246
7.7　固溶体 | 250
7.8　束一的性質 | 256
7.9　まとめ | 265
章末問題 | 266

第8章　電気化学とイオン溶液 | 271

8.1　あらまし | 271
8.2　電荷 | 272
8.3　エネルギーと仕事 | 275
8.4　標準電位 | 280
8.5　非標準状態の起電力と平衡定数 | 284
8.6　溶液中のイオン | 292
8.7　デバイ・ヒュッケル理論とイオン溶液 | 298
8.8　イオン輸送と電気伝導 | 304
8.9　まとめ | 307
章末問題 | 308

第9章　量子力学の前に | 313

9.1　あらまし | 313
9.2　運動の法則 | 314

- 9.3 説明のつかない現象 | 321
- 9.4 原子スペクトル | 321
- 9.5 原子構造 | 323
- 9.6 光電効果 | 326
- 9.7 光の本性 | 326
- 9.8 量子論 | 331
- 9.9 水素原子についてのボーアの理論 | 336
- 9.10 ドブロイの式 | 341
- 9.11 古典力学の終焉 | 343
- 章末問題 | 345

第10章　量子力学入門 | 349

- 10.1 あらまし | 349
- 10.2 波動関数 | 350
- 10.3 オブザーバブルと演算子 | 352
- 10.4 不確定性原理 | 356
- 10.5 波動関数についてのボルンの解釈—確率— | 358
- 10.6 規格化 | 360
- 10.7 シュレーディンガー方程式 | 362
- 10.8 箱のなかの粒子 シュレーディンガー方程式の厳密解 | 365
- 10.9 平均値とそのほかの性質 | 370
- 10.10 トンネル現象 | 375
- 10.11 三次元の箱のなかの粒子 | 377
- 10.12 縮退 | 383
- 10.13 直交性 | 385
- 10.14 時間に依存するシュレーディンガー方程式 | 387
- 10.15 仮定のまとめ | 389
- 章末問題 | 391

第11章　量子力学の適用—モデル系と水素原子— | 397

- 11.1 あらまし | 397
- 11.2 古典的調和振動子 | 398
- 11.3 量子力学的調和振動子 | 400
- 11.4 調和振動子の波動関数 | 407
- 11.5 換算質量 | 413
- 11.6 二次元の回転運動 | 417
- 11.7 三次元の回転運動 | 426
- 11.8 回転系におけるそのほかのオブザーバブル | 433

11.9 水素原子について―中心力問題― | 438
11.10 さらに水素原子について―量子力学的な解― | 440
11.11 水素原子の波動関数 | 445
11.12 まとめ | 452
章末問題 | 453

第12章 原子と分子 | 459

12.1 あらまし | 459
12.2 スピン | 459
12.3 ヘリウム原子 | 463
12.4 スピン軌道とパウリの原理 | 466
12.5 構成原理 | 472
12.6 摂動論 | 477
12.7 変分理論 | 484
12.8 線形変分理論 | 489
12.9 変分理論と摂動論の比較 | 494
12.10 簡単な分子とボルン・オッペンハイマー近似 | 495
12.11 LCAO-MO理論の導入 | 497
12.12 分子軌道の性質 | 502
12.13 そのほかの二原子分子の分子軌道 | 503
12.14 まとめ | 507
章末問題 | 509

付　　録 | A1
章末問題の解答 | A6
索　　引 | A15

❖下巻の主要目次
　第13章　量子力学における対称性
　第14章　回転分光学と振動分光学
　第15章　電子分光学と分子の構造
　第16章　磁気分光学
　第17章　統計熱力学
　第18章　さらに統計熱力学について
　第19章　気体運動論
　第20章　反応速度論
　第21章　固体―結晶について―
　第22章　表面

1 気体と熱力学第零法則

物理化学の大部分は歴史的発展に沿って述べることができる．つまり最初にやさしい概念をつかみ，続いてさらに発展した理念へと進むのである．それはその概念がどのように発展してきたかということに似ている．物理化学の二つの主題——熱力学と量子力学——は期せずして，このアプローチに適している．

物理化学の最初のこの章では，まず一般化学の単純な概念，すなわち気体の法則について復習する．気体の法則——観測可能な気体の性質を関係づける簡単な数式——は，錬金術の考えが支配的だった 1600 年代に始まる，化学についての最初の定量化のうちの一つである．気体の法則は自然を理解するためには"どれほど"という定量性が重要であることを最初に教えることになった．ボイルの法則，シャルルの法則，アモントンの法則，アボガドロの法則といった気体の法則は数学的に簡単な一方，ほかの気体の法則はとても複雑である．

化学によって，物体は原子や分子で構成されていることがわかっている．そして，物理化学の概念が，それらの粒子とどのように関連づけられるのかを理解することが求められる．すなわち，このようなテーマについて分子論的なアプローチを取ることができる．次章以降のいくつかの章でも，このような取扱いがしばしば見られる．

化学では大きな系や巨視的な系の研究には熱力学を用いるが，小さな系や微視的な系では量子力学を用いる．また時間的に構造を変える系では速度論が主題になる．しかしこれらすべては本質的に熱力学に関係する．そこで，物理化学の勉強を，まず化学における熱と仕事の学問である熱力学から始めることにしよう．

1.1 あらまし

いくつかの定義をすることからこの章を始める．そのうち重要なものの一つが熱力学的"系"と，それを特徴づける巨視的変数である．ある系における気体を考えると，その気体を特徴づける物理変数の間を関係づけるためにいろいろな数学的関係が用いられることがわかるだろう．こうした関係のいくつか——いわゆる気体の法則——は単純だが正確ではない．ほかの気体の

- 1.1 あらまし
- 1.2 系，外界と状態
- 1.3 熱力学第零法則
- 1.4 状態方程式
- 1.5 偏導関数と気体の法則
- 1.6 非理想気体
- 1.7 さらに偏導関数について
- 1.8 とくに定義されている二，三の偏導関数について
- 1.9 分子レベルでの熱力学
- 1.10 まとめ

法則はもっと複雑だが，もっと正確である．こうしたより複雑な気体の法則のなかには，あとで表として与えられるような，実験的に決められたパラメータを含むものがある．これらパラメータのなかには物理的に根拠のあるものもあれば，ないものもある．われわれは簡単な計算によって，いくつかの（数学的な）関係を打ち立てることになる．このような数学的操作は章が進み，熱力学への理解が深まるに従って有用になるだろう．最終的には，熱力学で採用されるモデルは物体の原子論と結びつけて考えなければならないので，まずは分子論的観点から熱力学を紹介することにする．

1.2 系，外界と状態

図 1.1 に示すように，いま問題にする物体を含む容器を考える．この容器は，物体をそれ以外のものからうまく隔てるものである．そこで，この物体の性質を周りのほかのものから独立に測定することを考えてみる．この問題にしている物体を**系**（system）と定義する．そして"それ以外のもの"を**外界**（surroundings）と定義する．これらの定義には，われわれが問題にしている宇宙の一部分を系として特化させるという重要な役割がある．さらにこれらの定義を使えば，すぐに次のような問いを発することができるだろう——系と外界との間にはどのような相互作用があるのだろうか．系と外界との間で何が交換されるのだろうか——と．

いま，系そのものだけを考えるとする．このとき系はどのように記述されるだろう．それは，その系自体に依存する．たとえば生物細胞は星の内部とは異なったふうに記述される．しかしまずは，化学的にもっと簡単な系をとりあげることにしよう．

純粋な気体からなる系を考える．さて，この系はどのように記述されるだろう．気体はある体積をもち，また圧力，温度，化学組成，原子数や分子数についてもある値をもつはずである．さらには化学反応性などももつ．それらの値を測定できるか指定できたなら，われわれは系の性質について知るべきすべてを知ったことになる．このとき，その系の**状態**（state）を知ったという．

系の状態が変化しなければ，その系は外界と**平衡**（equilibrium）に達しているという．この平衡の条件こそ，熱力学の基本的で重要なことがらである．すべての系が平衡に達しているわけではないが，ほとんどの場合，系の熱力学を理解するための参照点としては平衡を用いる．

知っておかなければならない特性がもう一つある．それはエネルギーである．エネルギーは系のほかのすべての測定量と関係している（すぐあとでみるように，測定量は互いに関係しあっているからである）．系のエネルギーがどのようにほかの測定量と関係しているかを理解することが**熱力学**（thermodynamics．文字通り"熱の力学"）なのである．熱力学は熱を扱うが，またほかの測定量も扱う．そうした測定量がどのように互いに関係しあっているかを理解することは，熱力学の一つの側面になる．

系の状態は，どのように定義できるだろう．まずはじめに，化学的な記述

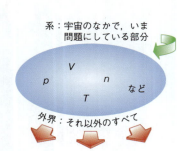

図 1.1 系とは，いま問題にしている宇宙の一部で，その状態は圧力 p，体積 V，温度 T，物質量 n といった巨視的な変数で記述される．外界とは系以外のものすべてをいう．たとえば冷蔵庫を一つの系とすると，外界はそれが置かれている家の残りの部分（そしてその周りの全空間）である．

表 1.1 よく用いられる状態変数とその単位

状態変数	記号	よく用いられる単位
圧力	p	気圧 atm（= 1.01325 bar）
		トリチェリ Torr（= 1/760 atm） パスカル Pa（= 1/100,000 bar．SI 単位） 水銀柱 mmHg（= 1 Torr）
体積	V	立方メートル m^3（SI 単位）
		リットル L（= 1/1000 m^3） ミリリットル mL（= 1/1000 L） 立方センチメートル cm^3（= 1 mL）
温度	T	セルシウス度℃またはケルビン K
		（℃ = K − 273.15）
物質量	n	モル mol（分子量を使ってグラムに変換できる）

に対するものとして物理的な記述を考える．すると，わずか数個の測定量で気体の系の巨視的性質が記述できることがわかる．すなわちそれは系の圧力，温度，体積そして物質量である（表1.1）．これらの測定は容易で，またはっきりと定義された単位がある．体積には L，mL または cm^3 といった単位がよく用いられる〔体積では m^3 が **SI 単位**（SI unit）だが，ここであげた単位は便利なためふつうに用いられる〕．圧力には atm，Torr，Pa（1 Pa = 1 N m^{-2} であり，これが圧力の SI 単位である）または bar といった単位がよく用いられる．体積と圧力には明確な最小値が存在する．つまり体積ゼロと圧力ゼロがきちんと定義できるのである．物質量も同様である．系中のあるものの総量について述べることは容易で，系に何もないことがそのものの総量がゼロであることに対応する．

温度はこれまで，わかりやすい測定量であったとはいえない．"最低温度"という概念は最近のものなのである．1603 年，温度の変化を水温度計で定量化することを Galilei がはじめて試みた．Fahrenheit は 1714 年に水銀温度計の改良に成功したのち，彼の研究室で実現できる最低温度をゼロとして，はじめて世に広く受け入れられた数値温度目盛を考案した．Celsius は 1742 年，基準点を水の凝固点と沸点とする別の温度目盛を生みだした*．これらは**相対的で絶対的な温度ではない**．暖かいほう，または冷たいほうの物体は相対的に決められた目盛による温度をもつことになる．いずれの場合もゼロより低い温度がありうるから，系の温度が負の値になることがある．体積や圧力，物質量は負の値にならないが，温度についても，あとで負の値にならない目盛を定義する．温度はいまや十分に理解された系の変数と考えてよい．

1.3 熱力学第零法則

熱力学は**法則**（law）と呼ばれるいくつかのことがらに基礎をおいている．これらは物理的な系と化学的な系に広く適用される．こうした法則は単純であるだけ科学的法則として定式化され認められるまでに，観測と実験のための長い年月を要した．これから議論する法則は熱力学第一法則，第二法則，

---

* 面白いことに，もともと Celsius は零点を水の沸点に，100 度を水の凝固点にしていた．1744 年の Celsius の死後，スウェーデン人植物学者 Carolus Linneaus が高温のほうが高い値をもつと考えて逆転させた．この温度目盛は 1948 年までは "centigrade scale" と呼ばれていたが，いまでは "Celsius scale（セルシウス温度）" が適切な用語とされている．

第三法則の三つである．

しかし，もっとずっと基本的であまりに自明であるため，めったに述べられることがなく，ふつうは仮定されるだけの法則がある．これは第一法則でさえよりどころにするものなので，しばしば熱力学第零法則と呼ばれる．これには前の節で導入した変数の一つ，温度を用いなければならない．ところで，温度とは何だろうか．**温度とは系の粒子がどれくらいの運動エネルギーをもっているかの尺度である**．温度が高いほど，系は大きなエネルギーをもつ．系の状態を決めるほかのすべての変数（体積，圧力など）についても同様である．熱力学とはエネルギーの学問でもあるので，温度はとりわけ重要な系の変数である．

しかし，われわれは温度を解釈するときには注意をしなければならない．温度はエネルギーの一形態ではないのである．そうではなく，温度は異なった系のエネルギーの量を比較するときに用いられるパラメータなのである．

二つの系 A，B を考える．いま A の温度 T_A が B の温度 T_B よりも高いとする（図 1.2）．ここで両系とも**閉じた系**（closed system）とする．すなわち物質は出入りできないが，エネルギーは出入りできる系とする．二つの系とも状態は圧力や温度，体積といった量で決められる．さてここで図に示すように両系を近づけ，物理的には接しているが分離されたままの状態を保つことにする．たとえば二つの金属片をくっつけたり，気体を入れた二つの容器をコックを閉じたままくっつけるとする．接触していても二つの系の間，または外界との間に物質移動はない．

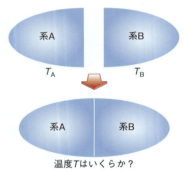

図 1.2 二つの系をいっしょにすると温度はどうなるだろうか．

このとき二つの系の温度 T_A と T_B はどうなるだろう．一方の系からもう一方の系へのエネルギーの移動がいつも観測される．二つの系の間でエネルギーが移動すると，両者の温度は $T_A = T_B$ となるまで変化する．このような温度関係になったとき，二つの系は**熱平衡**（thermal equilibrium）にあるという．エネルギーはこのときも系の間を移動し続けているが，正味のエネルギー変化はゼロで，したがって，もはや温度は変化しないのである．熱平衡の成立は系の大きさには依存しない．大きな系でも小さな系でも，または大小の系の組合せでも同じなのである．

温度の異なる系の間のエネルギー移動は**熱**（heat）と呼ばれる．そこでわれわれは系 A から系 B に熱が流れたという．さらに第三の系 C が系 A と熱平衡にあり $T_A = T_C$ なら，系 C は系 B とも熱平衡になければならない．この考えは系の数がいくつであっても拡張できるが基本的には三つの系で表され，これを熱力学第零法則と呼ぶ．

> **熱力学第零法則**：二つの系（大きさは問わない）が熱平衡にあり，第三の系がこのうちのいずれかと熱平衡にあれば，もう一つの系とも熱平衡にある．

これは経験的に明らかであり，熱力学の基礎になっている．

熱力学第零法則はわれわれの経験に基づいており，一見自明なようにみえる．しかし，この"自明な"定義の内容は，実に意味深いものといえる．この科学法則は証明されているわけではなく，それらを否定する現象がいまだ

一つも観測されていないという理由で、正しいものとして受け入れているのである．

例題 1.1

37℃の三つの系，すなわち体積 1.0 L の水，圧力 1.00 bar のもとで体積 100 L のネオン，および食塩の小さな結晶を考える．これらの系の大きさを変えた場合の熱平衡について述べよ．またこれらを接触させたとき，正味のエネルギー移動は起こるか．

解　答

熱平衡は系の温度で決まり，大きさにはよらない．すべての系が同じ温度 37℃にあるから，すべて互いに熱平衡にある．熱力学第零法則によれば，もし水がネオンと熱平衡にあり，ネオンが食塩と熱平衡にあれば，水は食塩と熱平衡にある．系の大きさにはよらないのであり，三つの系のどの間にも正味のエネルギー移動があってはならない．

熱力学第零法則から新たに導かれることがある．いま系の状態を決める変数〔これを**状態変数**（state variable）という〕の一つが値を変えるとする．この場合，温度が変わる．われわれは結局，このときどのように状態変数が変化し，それらの変化がどのように系のエネルギーに関係するかに興味があるのである．

系と系の変数について最後に重要なのは次のような点である．すなわち系は以前の状態を記憶していないということである．系の状態は状態変数の値で規定され，それが以前どのような値であったか，またはどのように変わってきたかにはよらないのである．図 1.3 に示す二つの系を考えよう．系 A は $T = 200$ 温度単位に至る前に，より高い温度になる．一方，系 B は最初から最後の状態へ直接に移行する．こうして二つの状態は同じになる．系 A がよ

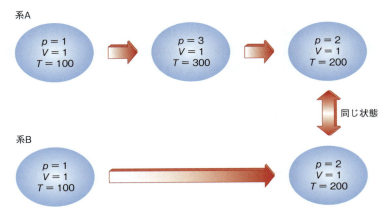

図 1.3　系の状態は状態変数の値がいくらであるかによって決まり，系がその状態に至った経過にはよらない．この例の場合，二つの系 A と B の最初と最後の状態がそれぞれ等しく，このことは途中で系 A がもっと高い温度と圧力にあったという事実とは関係がない．

り高い温度にあったことにはよらないのである．系の状態は現在の状態変数の値で決まり，過去にどうであったとか，どのようにしてそこに至ったかにはよらないのである．

1.4 状態方程式

　現象論的な熱力学は**実験**（experiment），すなわちわれわれが実験室で，ガレージで，またはキッチンでできる測定にもとづいている．たとえば一定量の純粋な気体の場合，二つの状態変数は圧力 p*と体積 V である．いずれも互いに独立にコントロールできる．圧力は体積を一定に保ったまま変えることができ，反対に体積のほうも圧力を一定に保ったまま変えることができる．温度 T はもう一つの状態変数で，p と V と独立に変化させることができる．平衡にある気体の圧力や体積，温度がある値に決まると，その気体の測定可能な巨視的性質はすべてある値に決まってしまうことが経験的にわかっている．すなわち，この三つの状態変数が気体の性質を完全に決めるのである．ここで実はもう一つ，量という状態変数の存在があることを注意しておく．系の物質量は n で表され，mol という単位が使われることが多い．

　これら四つの変数 p, V, n, T の値すべてを同時に任意の値に決めることはできない．くり返すが経験（すなわち実験）がこのことを示しているのである．ある与えられた量の気体について三つの状態変数 p, V, T のうちの二つだけが真に独立である．二つの値が決まると，三つ目の値はそれらから決まってしまう．このことは二つの値を代入すると，残りの変数がとらなければならない値を計算できる関係式が存在することを意味している．では p と V がわかっているとして T を計算してみよう．数学的には，ある決まった n について次のように表される関数 F があるということになる．

$$F(p, V) = T \quad (n \text{ は固定}) \tag{1.1}$$

ここで $F(p, V)$ と表したのは，変数が圧力 p と体積 V であることを強調するためである．これから温度 T の値が得られる．式 (1.1) のような関係式は**状態方程式**（equation of state）と呼ばれる．もちろん T の代わりに p や V を得る状態方程式もある．実際に多くの状態方程式がいくつかの状態変数のうちの一つを得るために数学的に変形される．

　最も初期の気体の状態方程式は Boyle, Charles, Amontons, Avogadro, Gay-Lussac ら多くの学者によって決められた．これらの方程式は**気体の法則**（gas law）として知られている．ボイルの法則の場合，状態方程式は圧力 p と体積 V の積を含み，この積が気体の温度 T に依存する，ある数を与える．

$$pV = F(T) \quad (n \text{ は固定}) \tag{1.2}$$

一方，シャルルの法則は体積 V と温度 T を含む．

$$\frac{V}{T} = F(p) \quad (n \text{ は固定}) \tag{1.3}$$

* IUPAC 推奨記号は p で，P ではない．P は仕事率に対して使われる．

アボガドロの法則は，ある決まった温度 T と圧力 p において体積 V と物質量 n の関係を与える．

$$V = F(n) \quad (T\text{ と }p\text{ は固定}) \tag{1.4}$$

上の三つの式において温度 T，圧力 p または物質量 n が一定に保たれるなら，それぞれの関数 $F(T)$，$F(p)$，$F(n)$ は一定になる．これは状態変数の一つが変化するときには，ほかの状態変数は気体の法則を満たすように変化しなければならないことを意味する．このことから上で述べた気体の法則について，次のようなみなれた形の関係が導かれる．

$$p_1 V_1 = F(T) = p_2 V_2 \quad \text{または} \quad p_1 V_1 = p_2 V_2 \tag{1.5}$$

同様に式（1.3）と（1.4）から次式が得られる．

$$\frac{V_1}{T_1} = \frac{V_2}{T_2} \tag{1.6}$$

$$\frac{V_1}{n_1} = \frac{V_2}{n_2} \tag{1.7}$$

さて，三つの気体の法則はすべて体積 V を含み，次のように書ける．

$$V \propto \frac{1}{p}$$
$$V \propto T$$
$$V \propto n$$

ここで記号 $\propto$ は"比例する"という意味を表す．これら三つの比例関係は一つにまとめることができて

$$V \propto \frac{nT}{p} \tag{1.8}$$

p，V，T，n は四つだけの気体の独立な状態変数だから，式（1.8）の比例関係は比例定数 R を使って等式に書きかえることができる．

$$V = R\frac{nT}{p} \tag{1.9}$$

この状態方程式は静的な，つまり変化しない p，V，T，n の値を関係づけるものである．ふつうは次のように書かれる．

$$pV = nRT \tag{1.10}$$

これがよく知られている**理想気体の法則**（ideal gas law）で，R は**気体定数**（gas constant）である．

さてここで温度の単位についての議論に戻り，正しい熱力学温度目盛を導くことにする．先にファーレンハイト温度とセルシウス温度がどこかに零点

図 1.4 William Thomson，のちの Kelvin 卿（1824-1907） スコットランドの物理学者．彼は絶対温度に最小値がなければならないことを示し，絶対零度で始まる温度目盛を提唱した．また大西洋横断ケーブルをはじめて敷設するという大事業を成しとげた．Thomson は 1892 年に男爵の称号を得て Kelvin River と名乗った．彼は相続人を残さなかったので今日，Kelvin 卿はいない．

をもたなければならないことを述べた．必要なのは，物理的に適切な絶対零点のある温度目盛である．温度の値はその点から目盛をふって決めることができる．1848 年，イギリスの科学者 Thomson（図 1.4．のちに男爵となり Kelvin 卿と称される）は気体の温度と体積の関係やそのほかの重要なことがら（これらについてはのちの章で学ぶ）について考察し，絶対温度目盛を提唱した．それは可能な最低温度が -273 ℃，つまり水の凝固点よりも 273 セルシウス度低いというものである〔現在ではこの値は -273.15 ℃で，水の凝固点ではなく三重点（第 6 章で学ぶ）にもとづいている〕．この絶対温度目盛の度の大きさは，セルシウス温度の目盛と同じになるように決められた．熱力学において気体の温度はほとんどの場合，この新しい目盛で表され**絶対温度**（absolute scale）または**ケルビン温度**（Kelvin scale）と呼ばれる．ケルビン単位で温度を表すのには記号 K が使われる（度の印である°はつけない）．度の大きさが同じなので，セルシウス温度（℃）と絶対温度（K）とは簡単に変換ができる．すなわち

$$\text{K} = \text{℃} + 273.15 \qquad (1.11)$$

有効数字を 3 桁に縮めて

$$\text{K} = \text{℃} + 273$$

とすることもある．

　すでに述べたすべての気体の法則において，**温度はケルビン単位を用いた絶対温度で表さなければならない**．絶対温度はただ一つの熱力学温度目盛なのである（温度の差については K でも℃でも同じなのでよい．しかし温度の絶対値については異なってしまう）．

　熱力学のための正しい温度目盛がわかったので，定数 R に話を戻そう．この気体定数 R は巨視的な系において，おそらく最も重要な物理定数だろう．この値は圧力と温度の単位に依存する．表 1.2 にいろいろな R の値をあげた．理想気体の法則は最もよく知られている気体系の状態方程式である．状態変数 p, V, n, T が理想気体の法則に従って変化するような気体系は**理想気体**（ideal gas）の一つの基準（ほかの基準は第 2 章で示される）を満たしている．理想気体の法則に厳密には従わない**非理想気体**（nonideal gas）あるいは**実在気体**（real gas）は高温，低圧のもとでは理想気体に近似することができる．

　気体については基準となる状態変数のひと組を定義しておくと便利である．なぜなら状態変数はたいへんに広い範囲の値を示し，これがまたほかの状態変数に影響するからである．圧力 p と温度 T については $p = 1.0$ bar と $T = 273.15$ K $= 0.00$ ℃が最もふつうのひと組である．これらの条件は**標準温度および標準圧力**（standard temperature and pressure）と呼ばれ，STP と略される．気体についての熱力学的データの多くは STP の条件で与えられる．SI もまた**標準環境温度および標準環境圧力**（standard ambient temperature and pressure．SATP と略される）を温度 298.15 K，圧力 1 bar（1 bar $= 0.987$ atm）として定義している[†]．

表 1.2 理想気体の法則の定数 R の値

$R = 0.08205$ L atm mol^{-1} K^{-1}
0.08314 L bar mol^{-1} K^{-1}
1.987 cal mol^{-1} K^{-1}
8.314 J mol^{-1} K^{-1}
62.36 L Torr mol^{-1} K^{-1}

[†] 訳者注　これらの記述は，熱力学標準状態の説明ではないことに注意．第 2 章 74 ページの傍注でも少し説明があるように，IUPAC の規則では，熱力学標準状態とは圧力のみを指定して温度は指定せず，それぞれの温度に標準状態がある．圧力として以前は 101,325 Pa をとっていたが，現在は 100,000 Pa である．

例題 1.2

SATP における理想気体 1 mol の体積を計算せよ．

解 答

理想気体の法則と，適切な R の値を用いて

$$V = \frac{nRT}{p} = \frac{1 \text{ mol} \times 0.08314 \text{ L bar mol}^{-1} \text{ K}^{-1} \times 298.15 \text{ K}}{1 \text{ bar}}$$

$$= 24.79 \text{ L}$$

ここでは，R は bar 単位の値を使った．

この値は STP における理想気体 1 mol の体積よりもわずかに大きい．温度が STP の温度よりもわずかに高いからである．

液体や固体もまた状態方程式で表すことができる．しかし，気体の状態方程式とは異なり凝縮相の状態方程式は各物質にそれぞれ固有の定数をもっている．つまり，理想気体定数のような"理想液体定数"や"理想固体定数"といったものはない．すべてではないが，ここで考察するほとんどの場合は，気体の状態方程式についてである．

1.5 偏導関数と気体の法則

熱力学の状態方程式はおもに，ある状態変数が，ほかの状態変数が変化したときにどのような影響を受けるかを決定するために用いられる．このためには微積分が必要になる．たとえば図 1.5(a) のように，ある直線は $\Delta y/\Delta x$ で与えられる傾きをもつ．$\Delta y/\Delta x$ とは簡単にいえば"x が変化するときの y の変化"である．直線では，その傾きは線上のどこでも同じである．しかし曲線の場合は図 1.5(b) に示すように，傾きは常に変わっている．曲線では傾きを $\Delta y/\Delta x$ と表す代わりに微積分の記号を使って dy/dx と書き，これを"y の x についての導関数"と呼ぶ．

状態方程式は多くの変数を扱う．ある多変数関数 $F(x, y, z, \cdots)$ の**全微分**（total differential）は次のように定義される．

$$dF \equiv \left(\frac{\partial F}{\partial x}\right)_{y,z,\cdots} dx + \left(\frac{\partial F}{\partial y}\right)_{x,z,\cdots} dy + \left(\frac{\partial F}{\partial z}\right)_{x,y,\cdots} dz + \cdots \tag{1.12}$$

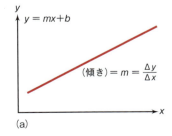
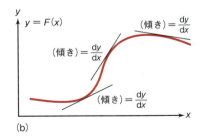

図 1.5 (a) 直線の傾きの定義．傾きは線上のどの点でも同じである．(b) 曲線でも傾きは定義できるが，線上の各点で変化する．傾きは線上のどの点でも，その線の方程式の導関数で与えられる．

式（1.12）では，一度に一つの変数についての関数 F の導関数をとっている．それぞれの場合で，ほかの変数は一定に保っている．したがって第一項では，導関数

$$\left(\frac{\partial F}{\partial x}\right)_{y,z,\cdots} \tag{1.13}$$

は関数 F の x についてのみの導関数なのであり，ほかの変数 y, z などは定数として扱われている．このような導関数を**偏導関数**（partial derivative）という．多変数関数の全微分は，すべての偏導関数にそれぞれの変数の微小量（式 1.12 で dx, dy, dz などとして与えられている）を乗じたものの和である．

　状態方程式を使えば導関数を得ることができ，ある状態変数がほかの状態変数に対してどのように変化するかという式を求めることができる．これら導関数は状態変数の間の重要な関係を導くこともあり，これは熱力学の研究においてたいへん強力な手法となる．

　いま例として理想気体の状態方程式を考える．考えている気体系において体積 V と物質量 n が一定であると仮定し，圧力 p が温度 T によってどのように変化するかを知る必要があるとする．ここで問題とする偏導関数は次のように書ける．

$$\left(\frac{\partial p}{\partial T}\right)_{V,n}$$

理想気体のほかの状態変数についても偏導関数をつくることができる．そのうちのいくつかはもっと有用であったり，わかりやすかったりする．なお R は定数だから，R のどのような導関数もゼロになる．

　p と T を関係づける方程式，すなわち理想気体の法則があるから，上の偏導関数を解析的に求めることができる．最初のステップは理想気体の法則を，p だけが方程式の一方の辺に来るように変形することである．

$$p = \frac{nRT}{V}$$

次のステップはほかの変数を一定として，両辺を T で微分することである．左辺は次のようになる．

$$\left(\frac{\partial p}{\partial T}\right)_{V,n}$$

これが問題にしている偏導関数である．右辺は

$$\frac{\partial}{\partial T}\left(\frac{nRT}{V}\right) = \frac{nR}{V}\frac{\partial}{\partial T}T = \frac{nR}{V}\times 1 = \frac{nR}{V}$$

両辺をつなぐと以下のようになる．

$$\left(\frac{\partial p}{\partial T}\right)_{V,n} = \frac{nR}{V} \tag{1.14}$$

つまり理想気体の法則から，ある状態変数がほかの状態変数によってどのように変化するかを解析的に，すなわち数学的な式によって決めることができるのである．圧力 p の温度 T に対する関係を図 1.6 に示す．ここで式 (1.14) が何を意味するかを考えよう．導関数は**傾き** (slope) であり，式 (1.14) は圧力 p (y 軸) の温度 T (x 軸) に対する関係を与えている．理想気体について体積 V を一定にし，異なる温度 T で圧力 p を測定してそのデータをプロットすると直線が得られることになる．その直線の傾きが nR/V なのである．この傾きの値は理想気体の体積 V と物質量 n に依存する．

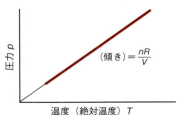

図 1.6 気体の圧力 p を絶対温度 T に対してプロットすると傾きが nR/V の直線が得られる．数学的には，これは方程式 $p = (nR/V)T$ をプロットしたものである．偏導関数で表すと，この線の傾きは $(\partial p/\partial T)_{V,n}$ で一定である．

例題 1.3

理想気体について，体積 V の変化による圧力 p の変化を求めよ．ただしほかの状態変数は一定とする．

解　答

問題の偏導関数は

$$\left(\frac{\partial p}{\partial V}\right)_{T,n}$$

である．これは上で述べた例と同様に次式

$$p = \frac{nRT}{V}$$

を使って求めることができる．ただし今度は T の代わりに V についての偏導関数をとる．n, R, T を一定として規則に従い計算すれば次式が得られる．

$$\left(\frac{\partial p}{\partial V}\right)_{T,n} = -\frac{nRT}{V^2}$$

本文に述べた例では変化は T に依存しなかったが，ここでは V による p の変化はそのときの V の値に依存する．p 対 V の曲線は，本文の微分とは違って直線にのらないことになる．

問題を解く最初のステップは，問題文から適切な偏微分を組み立てることにある．

これは，まさに理想気体の法則を変形したものである．

上式を V^{-1} の関数とみなして，その微分を算出した．

これら傾きの式に値を代入したら偏導関数に合った単位が与えられなければならない．たとえば 22.4 L, 1 mol の気体に対する $(\partial p/\partial T)_{V,n}$ の値は 0.00366 atm K^{-1} である．この単位は温度（単位は K）による圧力 (atm) の変化を表す偏導関数と合っている．実際，既知の一定体積における温度に対する圧力の測定は，理想気体の法則の定数すなわち気体定数 R の実験値を与える．これは，こうした偏導関数が有用である理由の一つである．また，ときには直接に決定することが困難な変数や定数を測定する方策を与えてくれる．ほんのいくつかの簡単な方程式の偏導関数からすべてが導かれるという例を，のちの章でさらに多くみることになる．

1.6 非理想気体

われわれが扱う気体はほとんどの条件下，とくに低温と高圧，では実際に理想気体の法則からずれている．それらは理想気体でなく非理想気体なのである．図 1.7 に理想気体と比較して非理想気体のふるまいを示す．非理想気体のふるまいも状態方程式で記述されるが，予想通り，それはずっと複雑なものである．

まず最初に 1 mol の気体を考える．それが理想気体なら，次の理想気体の法則が成り立つ．

$$\frac{p\bar{V}}{RT} = 1 \tag{1.15}$$

ここで $\bar{V}^*$ は気体の**モル体積**（molar volume）である．実在気体では式（1.15）の値は 1 にならず，1 より小さかったり大きかったりする．そこで上の値を**圧縮因子**（compressibility factor）Z と定義する．

$$Z \equiv \frac{p\bar{V}}{RT} \tag{1.16}$$

圧縮因子 Z の値は非理想気体の圧力 p やモル体積 $\bar{V}$，温度 T に依存し，一般に気体の非理想性が増すほど Z の値は 1 から遠ざかる．図 1.8 は圧縮因子の圧力依存性と温度依存性を示している．

圧縮因子を与える数学的な式が得られれば，つまり状態変数の変化に対する気体のふるまいがわかればたいへんに有用だろう．そのような式とは非理想気体の状態方程式である．一般的な状態方程式としてはいわゆる**ビリアル方程式**（virial equation）がある．"ビリアル"とはラテン語の"力"に由来し，気体が非理想的であるのは原子や分子の間の力のためであるということを意味している．ビリアル方程式は状態変数の一つである p または $\bar{V}$ の単純なべき級数式である[**]．ビリアル方程式は非理想気体のふるまいを数学的な式にフィットさせる一つの方法なのである．

[*] 一般に，状態変数の上にバーを引いたときにはモル当りの量を表す．

[**] ある測定量（いまの場合は圧縮因子）をべき級数で表すことは科学の世界での常套手段である．

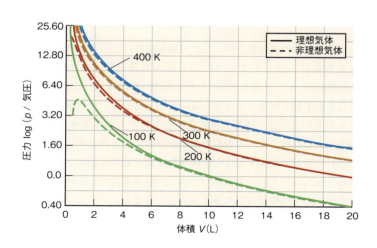

図 1.7 理想気体と非理想気体の p–V 関係の比較

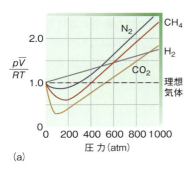
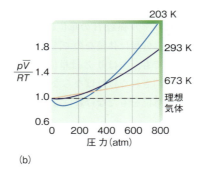

図 **1.8** (a) いろいろな気体の圧縮因子の圧力依存性．(b) 異なる温度における窒素の圧縮因子．いずれのグラフでも低圧の極限では圧縮因子が 1 に近づくことに注意する．

モル体積 $\overline{V}$ を使うと，非理想気体の圧縮因子 Z は次のように書ける．

$$Z = \frac{p\overline{V}}{RT} = 1 + \frac{B}{\overline{V}} + \frac{C}{\overline{V}^2} + \frac{D}{\overline{V}^3} + \cdots \quad (1.17)$$

ここで B, C, D, $\cdots$ は**ビリアル係数**（virial coefficient）と呼ばれ，その値は気体の性質と温度に依存する．A と表すべき定数は 1 であり，したがってビリアル係数は B から始まっている．B は第二ビリアル係数と呼ばれ，C は第三ビリアル係数，以下この順で続いていく．分母は $\overline{V}$ のべきで指数が増すほど大きくなるから，それぞれの係数の Z への寄与はどんどん小さくなっていく．最も大きな補正は B を含んだ項によるもので，非理想気体の非理想性を示す最も重要な尺度になる．表 1.3 に，いくつかの気体の第二ビリアル係数 B の値を示す．

モル体積 $\overline{V}$ の代わりに圧力 p で展開したビリアル方程式は Z を使って表さず，理想気体の法則の形で書かれることが多い．

$$p\overline{V} = RT + B'p + C'p^2 + D'p^3 + \cdots \quad (1.18)$$

ここで $'$ をつけたビリアル係数は式（1.17）のビリアル係数とは異なる値をもつ．式（1.18）を圧縮因子 Z を使って書き直せば次式が得られる．

$$Z = \frac{p\overline{V}}{RT} = 1 + \frac{B'p}{RT} + \frac{C'p^2}{RT} + \frac{D'p^3}{RT} + \cdots \quad (1.19)$$

低圧の極限では $B = B'$ であることがわかる．第二ビリアル係数 B または B' はビリアル方程式のなかで最大の非理想項を与え，このためビリアル係数の表では B または B' しか与えていないものが多い．

表 **1.3** いろいろな気体の第二ビリアル係数 B（300 K での値）

気体	$B\ (\mathrm{cm^3\ mol^{-1}})$
アンモニア NH_3	-265
アルゴン Ar	-16
二酸化炭素 CO_2	-126
塩素 Cl_2	-299
エチレン C_2H_4	-139
水素 H_2	15
メタン CH_4	-43
窒素 N_2	-4
酸素 O_2	-16[a]
六フッ化硫黄 SF_6	-275
水 H_2O	-1126

出典：D. R. Lide, ed., "CRC Handbook of Chemistry and Physics," 82nd ed., CRC Press, Boca Raton（2001）.
a）外挿値．

例題 **1.4**

式（1.17）と（1.19）を使って B と B' が同じ単位をもつことを示せ．

解　答

式（1.17）は圧縮因子 Z が単位をもたないことを示しており，したがって第

二ビリアル係数 B の単位は第二項の分母の単位で打ち消されなければならない．分母は体積なので，B は体積の単位をもたなければならない．式（1.19）でも，やはり Z は単位をもたない．だから B' の単位は p/RT の単位で打ち消されなければならない．p/RT は（体積）$^{-1}$ の単位をもつから B' は体積の単位をもたなければならない．

式（1.17）と（1.18）のビリアル係数の間にはいろいろな数学的関係がある．そこで典型的なものひと組だけを表に与えよう．そのほかの関係はここから導くことができる．くり返しになるが，圧縮因子 Z に対して最も大きな補正項を与えることから B または B' が最も重要なビリアル係数なのである．

第二ビリアル係数 B は表 1.4 が示すような温度変化をする．それならば B がゼロになる温度が存在するはずである．この温度を気体のボイル温度（Boyle temperature）T_B という．ボイル温度において，圧縮因子 Z は

$$Z = 1 + \frac{0}{V} + \cdots$$

となる．上で示した以外の高次の項を無視することにすると

$$Z \approx 1$$

を得る．これは非理想気体が理想気体のようにふるまうことを意味する．表 1.5 にいくつかの非理想気体のボイル温度を示す．ボイル温度の存在は，理想気体の性質を調べるのに非理想気体が利用できることを示している．つまり気体がある適正な温度にあれば，ビリアル方程式の高次の項は無視できるのである．

理想気体の一つのモデルは次のようなものである．
① 気体を構成する粒子は十分小さく，体積ゼロの点とみなせる．
② 気体粒子の間には相互作用，つまり引力も斥力も働かない．

表 1.4 いろいろな温度における第二ビリアル係数 B （$cm^3\, mol^{-1}$）

温度 (K)	He	Ne	Ar
20	-3.34	—	—
50	7.4	-35.4	—
100	11.7	-6.0	-183.5
150	12.2	3.2	-86.2
200	12.3	7.6	-47.4
300	12.0	11.3	-15.5
400	11.5	12.8	-1.0
600	10.7	13.8	12.0

出典：J. S. Winn, "Physical Chemistry," HarperCollins, New York（1994）.

表 1.5 いろいろな気体のボイル温度 T_B

気体	T_B(K)
H_2	110
He	25
Ne	127
Ar	410
N_2	327
O_2	405
CO_2	713
CH_4	509

出典：J. S. Winn, "Physical Chemistry," HarperCollins, New York（1994）.

一方，非理想気体は次のような事実にもとづいてふるまう．
① 気体の原子と分子は大きさをもつ．
② 気体粒子の間には相互作用が働く．相互作用の大きさは微小なときもあるが，時としてたいへん大きくなる．

気体の状態変数を考えるとき，気体粒子の体積は気体全体の体積に影響するはずである．また気体粒子間の相互作用は，気体の圧力に影響するはずである．したがって，よりよい気体の状態方程式はこれらの効果を取り入れたものになるだろう．

1873年，オランダの物理学者 van der Waals（図1.9）は理想気体の法則を修正した式を示した．それは非理想気体に対する簡単な形の状態方程式の一つで**ファンデルワールスの式**（van der Waals equation）と呼ばれる．

$$\left(p + \frac{an^2}{V^2}\right)(V - nb) = nRT \tag{1.20}$$

ここで n は気体の物質量，a と b はその気体の**ファンデルワールス定数**（van der Waals constant）である．ファンデルワールス定数 a は圧力についての補正を表し，気体粒子間の相互作用の大きさに関係する．ファンデルワール

図 1.9 Johannes van der Waals（1837-1923） 新しい気体の状態方程式を唱えたオランダの物理学者．1910年，ノーベル物理学賞を受賞．

表 1.6 いろいろな気体のファンデルワールス定数 a, b

気体	a (atm L² mol⁻²)	b (L mol⁻¹)
アセチレン C_2H_2	4.390	0.05136
アンモニア NH_3	4.170	0.03707
二酸化炭素 CO_2	3.592	0.04267
エタン C_2H_6	5.489	0.0638
エチレン C_2H_4	4.471	0.05714
ヘリウム He	0.03508	0.0237
水素 H_2	0.244	0.0266
塩化水素 HCl	3.667	0.04081
クリプトン Kr	2.318	0.03978
水銀 Hg	8.093	0.01696
メタン CH_4	2.253	0.0428
ネオン Ne	0.2107	0.01709
一酸化窒素 NO	1.340	0.02789
窒素 N_2	1.390	0.03913
二酸化窒素 NO_2	5.284	0.04424
酸素 O_2	1.360	0.03183
プロパン C_3H_8	8.664	0.08445
二酸化硫黄 SO_2	6.714	0.05636
キセノン Xe	4.194	0.05105
水 H_2O	5.464	0.03049

出典：D. R. Lide, ed., "CRC Handbook of Chemistry and Physics," 82nd ed., CRC Press, Boca Raton（2001）．

ス定数 b は体積についての補正を表し，気体粒子の大きさに関係する．表1.6 にいろいろな気体のファンデルワールス定数を示した．これらの値は実験的に決定できる．非理想気体のふるまいを数学的な式にフィットさせたビリアル方程式と違い，ファンデルワールスの式は数学的モデルであり，気体のふるまいを現実の物理的現象（すなわち気体分子間の相互作用と原子の物理的な大きさ）によって表そうとしているものである．

例題 1.5

1.00 mol の二酸化硫黄 SO_2 について圧力が 5.00 atm，体積が 10.0 L であるとする．この気体の温度を理想気体の法則とファンデルワールスの式のそれぞれを使って求めよ．

解 答

式 (1.10) の理想気体の法則を使って，次のような式が書ける．

$$5.00 \text{ atm} \times 10.0 \text{ L} = 1.00 \text{ mol} \times 0.08205 \text{ L atm mol}^{-1} \text{ K}^{-1} \times T$$

> これは標準的な理想気体の法則の計算問題である．

T について解けば $T = 609$ K が得られる．一方，ファンデルワールスの式 (1.20) を使うには，まず定数 a と b が必要である．表 1.6 から，それぞれ 6.714 atm L^2 mol^{-2} と 0.05636 L mol^{-1} とわかる．したがって次式が得られる．

> ここでは，ファンデルワールスの式に，a も b も含めてすべての値を代入している．

$$\left\{ 5.00 \text{ atm} + \frac{6.714 \text{ atm L}^2 \text{ mol}^{-2} \times (1.00 \text{ mol})^2}{(10.0 \text{ L})^2} \right\}$$
$$\times (10.0 \text{ L} - 1.00 \text{ mol} \times 0.05636 \text{ L mol}^{-1})$$
$$= 1.00 \text{ mol} \times 0.08205 \text{ L atm mol}^{-1} \text{ K}^{-1} \times T$$

左辺を整理して

> ここでは，圧力と体積の項をそれぞれ括弧でくくって整理している．

$$(5.00 \text{ atm} + 0.06714 \text{ atm})(10.0 \text{ L} - 0.05636 \text{ L})$$
$$= 1.00 \text{ mol} \times 0.08205 \text{ L atm mol}^{-1} \text{ K}^{-1} \times T$$
$$5.067 \text{ atm} \times 9.94 \text{ L} = 1.00 \text{ mol} \times 0.08205 \text{ L atm mol}^{-1} \text{ K}^{-1} \times T$$

> この式は最終的に補正された圧力と体積を含んでいる．そこで T について解くことができる．

これを T について解くと $T = 613$ K が得られる．これは理想気体の法則から得られる温度より 4° だけ高い．

異なった状態方程式がいつもそれぞれ独立に用いられるとは限らない．ファンデルワールスの式とビリアル方程式を比べることで有用な関係を導くことができる．ファンデルワールスの式 (1.20) を p について解き，それを圧縮因子 Z の定義に代入すると次式が得られる．

$$Z \equiv \frac{p\bar{V}}{RT} = \frac{\bar{V}}{\bar{V} - b} - \frac{a}{RT\bar{V}} \tag{1.21}$$

これは次のように変形できる．

$$Z = \frac{1}{1 - b/\overline{V}} - \frac{a}{RT\overline{V}} \qquad (1.21)$$

非常に低圧では(これは非理想気体が理想気体のようにふるまう条件の一つである)気体の体積は大きいだろう(これはボイルの法則からわかる).それは $b/\overline{V}$ が非常に小さいことを意味する.したがって $x \ll 1$ について成り立つテーラー展開

$$\frac{1}{1-x} = (1-x)^{-1} \approx 1 + x + x^2 + \cdots$$

を使って $1/(1 - b/\overline{V})$ を書きかえることができる.よって

$$Z = 1 + \frac{b}{\overline{V}} + \left(\frac{b}{\overline{V}}\right)^2 - \frac{a}{RT\overline{V}} + \cdots$$

ここで高次の項は無視した.分母にある $\overline{V}$ の1次の二つの項をまとめると結局,ファンデルワールスの式を使って圧縮因子 Z が次のように表されることになる.

$$Z = 1 + \left(b - \frac{a}{RT}\right)\frac{1}{\overline{V}} + \left(\frac{b}{\overline{V}}\right)^2 + \cdots$$

この式を式(1.17)で示したビリアル方程式

$$Z = \frac{p\overline{V}}{RT} = 1 + \frac{B}{\overline{V}} + \frac{C}{\overline{V}^2} + \cdots$$

と比較する.各項を比べると $1/\overline{V}$ の項の係数の間に対応がみられる.すなわち

$$B = b - \frac{a}{RT} \qquad (1.22)$$

つまり第二ビリアル係数 B とファンデルワールス定数 a, b の間の簡単な関係を得ることができたことになる.さらにボイル温度 T_B において第二ビリアル係数 B はゼロだから

$$0 = b - \frac{a}{RT_B}$$

変形すると

$$T_B = \frac{a}{bR} \qquad (1.23)$$

を得る.この式はファンデルワールスの式を使ってそのふるまいが説明できる気体(ほとんどの気体は少なくともある圧力と温度の範囲内でそうだが)において高次のビリアル係数が無視できるならば,その気体は有限の T_B を

もち，その温度で理想気体のようにふるまうということを示している．

例題 1.6

次の気体のボイル温度 T_B を求めよ．ただし a と b は表 1.6 の値を用いよ．
(a) ヘリウム，He　　(b) メタン，CH$_4$

解　答

(a) まず $a = 0.03508 \text{ atm L}^2 \text{ mol}^{-2}$, $b = 0.0237 \text{ L mol}^{-1}$ である．R については右辺の単位が打ち消されるような値を使わなければならないから，ここでは $R = 0.08205 \text{ L atm mol}^{-1} \text{ K}^{-1}$ とする．よって式 (1.23) から次のように書ける．

$$T_B = \frac{a}{bR} = \frac{0.03508 \text{ atm L}^2 \text{ mol}^{-2}}{0.0237 \text{ L mol}^{-1} \times 0.08205 \text{ L atm mol}^{-1} \text{ K}^{-1}}$$

L と mol は打ち消される．atm も打ち消され，分母で負のべきをもった K だけが残ることになる．最終的に答えは単位として K をもつことになるが，これは温度に対して期待された通りである．計算を行うと次のようになる．

$$T_B = 18.0 \text{ K}$$

実験値は 25 K である．

(b) 同様に CH$_4$ については $a = 2.253 \text{ atm L}^2 \text{ mol}^{-2}$, $b = 0.0428 \text{ L mol}^{-1}$ を使って

$$T_B = \frac{2.253 \text{ atm L}^2 \text{ mol}^{-2}}{0.0428 \text{ L mol}^{-1} \times 0.08205 \text{ L atm mol}^{-1} \text{ K}^{-1}} = 641 \text{ K}$$

実験値は 509 K である．

上の例題の計算で得られたボイル温度は実験値から少しずれているが不安になることはない．これはビリアル方程式とファンデルワールスの式をつなぐために，いくつかの近似を取り入れたからである．とはいえ式 (1.23) は気体がより理想気体のようにふるまう温度を求めるために有用である．

これら新しい状態方程式もファンデルワールスの式のように，ほかの状態変数が変化するときに，ある状態変数がどのように変化するかを導きだすことに使うことができる．たとえば理想気体の法則を使って次式

$$\left(\frac{\partial p}{\partial T}\right)_{V,n} = \frac{nR}{V}$$

を決めたことを思いだしてほしい．いま体積 V と物質量 n を一定と仮定し，温度 T によって圧力 p がどのように変化するかをみるためにファンデルワールスの式を使うとする．まずは圧力 p だけが左辺にくるようにファンデルワールスの式 (1.20) を変形する．

$$\left(p + \frac{an^2}{V^2}\right)(V - nb) = nRT$$

$$p + \frac{an^2}{V^2} = \frac{nRT}{V-nb}$$

$$p = \frac{nRT}{V-nb} - \frac{an^2}{V^2}$$

次に，この式を温度 T について微分する．右辺第二項は変数として T を含まないから T についての微分はゼロになる．したがって

$$\left(\frac{\partial p}{\partial T}\right)_{V,n} = \frac{nR}{V-nb}$$

同様にして温度 T と物質量 n を一定にし，圧力 p を体積 V について微分すると次式を得る．

$$\left(\frac{\partial p}{\partial V}\right)_{T,n} = -\frac{nRT}{(V-nb)^2} + \frac{2an^2}{V^3}$$

これは理想気体の法則から導かれる式と比較すると少々複雑だが，この式は多くの気体について実験結果とより一致するのである．状態方程式の導出とは一般に，簡単であることと適用範囲が広いこととのバランスである．とても簡単な状態方程式はしばしば現実の状況に対して不正確で，非理想気体のふるまいを正確に記述するには多くのパラメータをもった複雑な式を必要とする．以下のような極端な例が Lewis と Randall のテキストにある[*]．

$$p = RTd + \left(B_0 RT - A_0 - \frac{C_0}{T}\right)d^2 + (bRT - a)d^3$$
$$+ aad^6 + \frac{cd^2}{T^2}(1+\gamma d^2)e^{-\gamma d^2}$$

[*] G. N. Lewis, M. Randall, "Thermodynamics," 2nd ed. (revised by K. S. Pitzer, L. Brewer), McGraw-Hill, New York (1961).

ここで d は密度で，A_0，B_0，C_0，a，b，c，α，γ は実験的に決められるパラメータである．この状態方程式は低温，加圧下で液体状態に近いところでも適用できる．この式はよい一致を与えるが，複雑なので使う気にはなれない——現代のようなコンピュータの時代ではそうではないかもしれない．しかしそれでもなお，この式はわれわれをひるませる．

気体 1 mol に対するレドリッヒ・クオン（Redlich-Kwong）の状態方程式は

$$p = \frac{RT}{\overline{V}-b} - \frac{a}{\sqrt{T}\,\overline{V}(\overline{V}-b)}$$

であり，ここで a と b はファンデルワールス定数と同様の意味をもつ定数である．

気体の状態変数は図式的に表すことができる．図 1.10 は状態方程式から求まったこうした表現の例である．

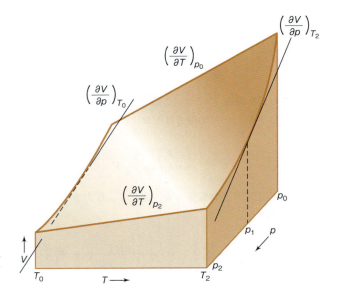

図 1.10 理想気体の法則に従って理想気体に許される圧力 p, 体積 V, 温度 T の組合せを表した面 各次元の傾きは異なる偏導関数を表す〔G. K. Vemulapalli, "Physical Chemistry," Prentice-Hall, New Jersey (1993) より改変〕.

1.7 さらに偏導関数について

　状態方程式の偏導関数を用いた上の例は単刀直入で単純なものだが，熱力学ではこのような手法をもっと広く使うことができる．この節では将来使うことになる，偏導関数を用いた手法について学ぶことにする．熱力学において偏導関数を使って導かれる式はたいへんに有用である．実験的には直接に測定できないような系のふるまいがこれらの式を使って計算できるからである．

　一般的な変数 A, B, C, D, … を使って，偏導関数のルールをいくつか示す．われわれは，いま問題としている状態変数にこれらの式を当てはめていくことになる．さて，とくに重要な二つのルールが偏導関数の連鎖則と循環則である．

　まず偏導関数が分数と同じ代数的なルールに従うことを知る必要がある．たとえば次式

$$\left(\frac{\partial p}{\partial T}\right)_{V,n} = \frac{nR}{V}$$

について，両辺の逆数をとった以下の式

$$\left(\frac{\partial T}{\partial p}\right)_{V,n} = \frac{V}{nR}$$

も成り立つのである．ここで偏導関数において一定に保たれる変数は，この場合でも同じにしておく点に注意する．偏導関数はまた次の例で示すように，代数的に分数のような積をとることができる．

　いま A が B と C の関数で，$A(B,C)$ と書け，そして B と C の両変数が D と E の関数でそれぞれ $B(D,E)$, $C(D,E)$ と書けるとする．このとき偏

導関数の**連鎖則**（chain rule）は次のように表される*.

$$\left(\frac{\partial A}{\partial B}\right)_C = \left(\frac{\partial A}{\partial D}\right)_E \left(\frac{\partial D}{\partial B}\right)_C + \left(\frac{\partial A}{\partial E}\right)_D \left(\frac{\partial E}{\partial B}\right)_C \qquad (1.24)$$

直感的に第一項では ∂D が，第二項では ∂E が打ち消されることがわかる．この連鎖則は多変数関数の全微分の定義を思い起こさせる．

p, V, T について，式（1.24）を使って**循環則**（cyclic rule）を得ることができる．ある与えられた量の気体において p は V と T に依存し，V は p と T に依存し，T は p と V に依存する．p を一定としたときの，気体の任意の状態変数 F の T についての全微分（これは結局，定義である式1.12にもとづいている）は次のように書ける．

$$\left(\frac{\partial F}{\partial T}\right)_p = \left(\frac{\partial F}{\partial T}\right)_V \left(\frac{\partial T}{\partial T}\right)_p + \left(\frac{\partial F}{\partial V}\right)_T \left(\frac{\partial V}{\partial T}\right)_p$$

$(\partial T/\partial T)_p$ は自分自身による微分だから1になる．また p が一定に保たれているから，もし F が p であるなら $(\partial F/\partial T)_p = (\partial p/\partial T)_p = 0$ である．したがって上の式は次のようになる．

$$0 = \left(\frac{\partial p}{\partial T}\right)_V + \left(\frac{\partial p}{\partial V}\right)_T \left(\frac{\partial V}{\partial T}\right)_p$$

この式はさらに次のように変形することができる．一つの項をもう一方の辺に移して

$$\left(\frac{\partial p}{\partial T}\right)_V = -\left(\frac{\partial p}{\partial V}\right)_T \left(\frac{\partial V}{\partial T}\right)_p$$

一方の辺に集めると

$$\left(\frac{\partial p}{\partial T}\right)_V \left(\frac{\partial V}{\partial p}\right)_T \left(\frac{\partial T}{\partial V}\right)_p = -1 \qquad (1.25)$$

を得る．これが偏導関数の循環則である．それぞれの項がいずれも p, V, T を含むことに注意してほしい．この式は状態方程式と独立に成り立つ．気体系の状態方程式がどのようなものであれ，どれか二つの偏導関数がわかれば式（1.25）を使って第三の偏導関数が求められるのである．

この循環則は記憶しやすいように別の形で書き表されることも多い．たとえば二つの項を右辺に移し，一方の偏導関数の逆数をとって，次のように分数の形で表すのである．

$$\left(\frac{\partial p}{\partial T}\right)_V = -\frac{\left(\frac{\partial V}{\partial T}\right)_p}{\left(\frac{\partial V}{\partial p}\right)_T} \qquad (1.26)$$

この式はちょっと複雑にみえるが，図1.11をみてほしい．循環則を表す分

* ここでは連鎖則の結果のみを示した．導出についてはたいていの微積分学のテキストに書いてあるので，そちらを参照のこと．

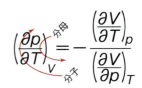

図1.11 循環則の分数式の記憶法
矢印は分子と分母の各偏導関数の変数の順番を示す．あとは負の符号だけを記憶しておけばよい．

数式をつくる系統的な方法があるのである．図 1.11 に示した記憶法は p, V, T のどの偏導関数についても成り立つ．

例題 1.7

以下の式

$$\left(\frac{\partial p}{\partial T}\right)_{V,n} = -\left(\frac{\partial p}{\partial V}\right)_{T,n}\left(\frac{\partial V}{\partial T}\right)_{p,n}$$

が与えられたとき

$$\left(\frac{\partial V}{\partial p}\right)_{T,n}$$

を求めよ．

解　答

与式の右辺に T と n が一定のときの V と p を含む式があるが，求めたい式の逆数の形になっている．このため，まず与式全体の逆数をとって

$$\left(\frac{\partial T}{\partial p}\right)_{V,n} = -\left(\frac{\partial V}{\partial p}\right)_{T,n}\left(\frac{\partial T}{\partial V}\right)_{p,n}$$

次に $(\partial V/\partial p)_{T,n}$ を得るため，分数についての一般の代数的なルールを使い $(\partial T/\partial V)_{p,n}$ をもう一方の辺に移す．負の符号もいっしょに移して，次式を得る．

$$-\left(\frac{\partial T}{\partial p}\right)_{V,n}\left(\frac{\partial V}{\partial T}\right)_{p,n} = \left(\frac{\partial V}{\partial p}\right)_{T,n}$$

これが求める式である．

例題 1.8

循環則を使って，次の式を表せ．

$$\left(\frac{\partial V}{\partial p}\right)_T$$

解　答

図 1.11 を使えば，次式が簡単に得られる．

$$\left(\frac{\partial V}{\partial p}\right)_T = -\frac{\left(\frac{\partial T}{\partial p}\right)_V}{\left(\frac{\partial T}{\partial V}\right)_p}$$

これが正しいことを確認してみるとよい．

1.8　とくに定義されている二，三の偏導関数について

気体系はしばしば熱力学の概念の導入に用いられる．それは一般に気体系

のふるまいが取り扱いやすいからである．すなわち，ある状態変数を変えたときに系の状態変数がどのように変化するかをみることができるからである．こうして気体系は熱力学の入門にあたって大きな部分を占めることになる．

気体系の状態変数を使って二，三の特別な偏導関数を定義しておくと便利である．それはそのような偏導関数が

① 気体の基本的な性質と考えられるから

であり，また

② 将来使われる方程式を簡単化するのに役立つから

である．

気体の**膨張率**（expansion coefficient）α は圧力 p が一定のもとでの，温度 T による体積 V の変化である．正しくは $1/V$ を掛けて次のように定義される．

$$\alpha \equiv \frac{1}{V}\left(\frac{\partial V}{\partial T}\right)_p \tag{1.27}$$

1 mol の理想気体では $\alpha = R/pV$ となることは容易にわかる．

気体の**等温圧縮率**（isothermal compressibility）は κ で表され，温度 T が一定のもとでの，圧力 p による体積 V の変化と定義される（この係数の名称は実はもっと意味深長である）．ここでも $1/V$ を掛けるが，さらに負の符号もつけておく．

$$\kappa \equiv -\frac{1}{V}\left(\frac{\partial V}{\partial p}\right)_T \tag{1.28}$$

気体では $(\partial V/\partial p)_T$ が負になるから，負の符号をつけることで κ が正の値になるのである．また 1 mol の理想気体では $\kappa = RT/p^2V$ となることが容易にわかる．α も κ も $1/V$ を含んでいるから，これらは示強性の量になる．すなわち物質量によらないのである*．

これら α と κ の定義は p, V, T を使っているから循環則を用いて，たとえば次式が得られる．

$$\left(\frac{\partial p}{\partial T}\right)_V = \frac{\alpha}{\kappa}$$

このような関係は，たとえば系の体積を一定に保つことができないようなときにとりわけ有用である．体積一定の場合の偏導関数が，温度一定とか圧力一定の場合の偏導関数で表されているわけで，これら二つの条件は実験室で容易にコントロールできるものだからである．

＊ 示強性の性質は温度や密度のように物質量に依存しない．一方，示量性の性質は質量や体積のように物質量に依存する．

1.9 分子レベルでの熱力学

化学における基礎概念の一つは，物体が最終的には原子や分子で構成されていることである．したがって，化学のすべてのモデルはその概念と矛盾してはいけない．ここでは，熱力学が原子論によってどのような影響を受けた

かを考察することにする.

まず，これまでとはまったく別の概念，地球の大気圧と高度との関係からはじめることにする．気体である大気は，以下の式で与えられる重力を受ける．

$$F = mg$$

ここで m は大気粒子の質量，g は重力加速度で地表では約 $9.81\,\mathrm{m\,s^{-2}}$ である．g は地表からの距離で変化するので，大気密度 ρ も変化する[†]．図 1.12 に示したような，面積 A をもつ空気の円柱を考えよう．ある高さ h での，高さの無限小の増加を dh とする．無限小の高さの増加に対する無限小の体積は Adh で，その無限小の体積の質量は体積×密度 $(\rho A dh)$ である．すると，この質量に対する無限小の力を決定することができる．しかし，その高度にある気体に対しては，重力に**拮抗**する力を受けていなければならないので，その式にマイナス符号をつけなければならない．このため，気体が受ける力は結局

$$dF = -dm\,g = -(\rho\,A\,dh)\,g$$

となる．圧力は力を面積で割ったものなので，この気体試料の無限小の圧力は

$$dp = \frac{dF}{A} = \frac{-\rho\,A\,dh\,g}{A} = -\rho\,g\,dh \qquad (1.29)$$

となる．式（1.29）では変数の順序を通例に従って変え，無限小部分を最後に書くようにした．

高さによる全圧力を決定するために，この式の両辺を積分する．積分範囲は圧力変数に対しては 1 から p まで，高さ変数について 0 から h までである．こうして

$$\int_1^p dp = \int_0^h (-\rho\,g\,dh)$$

を得る．気体の密度に関する式を得るために理想気体の法則を使うことができる．密度の定義

$$\rho = \frac{m}{V} = \frac{nM}{V}$$

を思いだそう．ここで，n は気体の物質量（モル数）で M はモル質量である．理想気体の法則を変形すると

$$pV = nRT \rightarrow \frac{n}{V} = \frac{p}{RT}$$

となり，n/V の部分を密度で置換すると

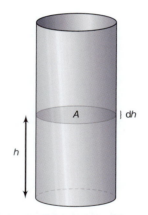

図 1.12 空気の円柱モデル 気体の圧力が高度に対してどのように変化するかを求めるために用いた．

[†]**訳者注** たしかに重力加速度 g は地表からの距離で変化するが，その変化は小さく，大気密度 ρ の変化のおもな原因ではない．実際，最終的な式（1.30）は g が高さに対して変化しないと近似して求めている．地表では真上にある大気全部からの重みで押さえつけられているために密度も高くなっているのに対して，上空ではその高さよりも低い部分の大気には押さえつけられることがないので密度が低くなる．

$$\rho = \frac{pM}{RT}$$

となる．これを積分の右辺に代入すると

$$\int_1^p dp = \int_0^h \left(-\frac{pM}{RT}\, g\, dh\right)$$

となる．圧力変数を左辺に移して，変形すると

$$\int_1^p \frac{dp}{p} = -\int_0^h \left(\frac{Mg}{RT}\right) dh$$

を得る．g と T が高さに対して変化しないと近似すると，積分が計算できて

$$\ln \frac{p}{1\,\text{atm}} = -\frac{Mgh}{RT}$$

が得られる．これを変形すると

$$p = e^{-Mgh/RT}\,\text{atm} \tag{1.30}$$

となる．すなわち，大気圧は大雑把には負の指数関数に従って変化する．式 (1.30) を **大気圧式** (barometric formula) と呼ぶ．

　負の指数関数は物理化学では頻繁にでてくる．べき指数そのものは常に単なる数で，単位はない．このため，Mgh の単位は RT と同じ単位をもっていなければならない．この場合，両方の単位はエネルギーの単位である（標準単位ではジュール）．RT 項は熱力学では重要で，しばしば **熱エネルギー** (thermal energy) と呼ばれる．これは温度によるエネルギー量を表している．Mgh もまたエネルギーの単位をもっている（実際，その積は無限小の体積の重力ポテンシャルエネルギーを表している）という事実は，そのべき指数の分子をあらゆる種類のエネルギー E で置換できることを示している．このようにして，科学では非常に一般的な

$$(\text{性質}) \propto e^{-E/RT}$$

が得られる（ここで "$\propto$" は "比例する" ことを意味する）．この負の指数関数の表現は最初に導いた Ludwig Boltzmann に因んで **ボルツマン因子** (Boltzmann factor) と呼ばれている．

　原子や分子はエネルギーをもっている．それらのいくつかの性質はボルツマン因子と関連づけることができる．たとえば，気相の原子や分子は並進エネルギーをもっており，その値は $(1/2)\,mv^2$ である．このため，気体の性質の一部は

$$(\text{性質}) \propto e^{-\frac{(1/2)Mv^2}{RT}} = e^{-Mv^2/2RT}$$

に関連づけられる．

　ボルツマン因子と関連づけられる重要な性質の一つは，温度のせいである

エネルギーをもつ確率である．もしも，ある特定の状態がエネルギー E をもつならば，熱力学の基本概念から，その特定の状態にある粒子の確率は

$$(\text{確率}) = e^{-\Delta E/RT} \tag{1.31}$$

に等しいことがわかる．ここで，ΔE は最小エネルギーからのエネルギー差を表しており，もしも最小エネルギーがゼロならば ΔE は絶対エネルギー E に等しい．この考えを使うことによって，物質の平均エネルギーを実際に計算することができる．しかし，それぞれの粒子のエネルギー値を足し合わせて，粒子の数で割るというほど単純ではない（個々の粒子のエネルギーを独立に知ることは不可能である）．しかし，平均を求める別の方法がある．もしも，P_i がある値 I をもつ確率とすると，その平均値 $\langle I \rangle$ は

$$\langle I \rangle = \frac{\Sigma_i P_i I}{\Sigma_i P_i} \tag{1.32}$$

で与えられる．

次の例題でこの式の使い方について説明する．

例題 1.9

4 人の学生のいるクラスで，ある試験の点数が 10 点満点で 5，5，5，10 点であった．式（1.32）を使って平均点を計算せよ．

解 答

式（1.32）を使う前に通常の方法で平均値を決めてみよう．

$$(\text{平均}) = \frac{5+5+5+10}{4} = \frac{25}{4} = 6.25$$

当然，式（1.32）は同じ結果を与えるはずである．最初にそれぞれの点に対する確率 P_i が必要である．四つの得点に対して 5 点が三つあるので，5 点をもつ確率は 3/4 である．10 点は四つのうちの一つなので，10 点をもつ確率は 1/4 である．式（1.32）を使うと和には二つの項のみがある．すなわち

$$(\text{平均}) = \frac{\Sigma_i P_i I}{\Sigma_i P_i} = \frac{\left(\frac{3}{4}\right) \times 5 + \left(\frac{1}{4}\right) \times 10}{\left(\frac{3}{4}\right) + \left(\frac{1}{4}\right)}$$

$$(\text{平均}) = \frac{\left(\frac{15}{4}\right) + \left(\frac{10}{4}\right)}{1} = \left(\frac{15}{4}\right) + \left(\frac{10}{4}\right) = \frac{25}{4} = 6.25$$

を得る．この結果から，式（1.32）は平均値を計算するのに適切な方法であることがわかる．

> この例題では，二つのとびとびの値である 5 点と 10 点しかないので，和には 2 項しかない．

> 分母のすべての確率の和がどのようにして 1 になるか確認せよ．常にというわけではないが，通常の場合には 1 になり，計算が簡単になる．

ここで，熱エネルギーとして知られている気体の平均並進エネルギーを計算してみる．まず気体粒子の一次元並進運動を考える．並進エネルギー（すなわち運動エネルギー）の値が $(1/2)Mv^2$ であることはわかっている．このため，ボルツマン因子を確率として使用すると，平均エネルギーは

$$\langle E \rangle = \frac{\Sigma_i P_i E}{\Sigma_i P_i} = \frac{\Sigma_i e^{-Mv^2/2RT} \times \frac{1}{2}Mv^2}{\Sigma_i e^{-Mv^2/2RT}}$$

で与えられる．ここで，それぞれの和は速度の可能なすべての値について行われる．これは一見むずかしそうだが，二つの方法で単純化できる．まず，すべての粒子の速度はどんな値もとれるので，式に現れるとびとびの値の和は積分に置き換えることができる（数学的には，とびとびの値に対しては和，連続的な値に対しては積分）．そうすると

$$\langle E \rangle = \frac{\int_0^\infty e^{-Mv^2/2RT} \times \frac{1}{2}Mv^2 \mathrm{d}v}{\int_0^\infty e^{-Mv^2/2RT} \mathrm{d}v}$$

が得られる．次の単純化は，これらの積分の両方がすでに知られている解をもつことである（付録1を参照）．このため分数にそれらの解を代入することができ

$$\langle E \rangle = \frac{\frac{1}{2}M\left(\frac{1}{4}\sqrt{\frac{\pi}{\left(\frac{M}{2RT}\right)^3}}\right)}{\frac{1}{2}\sqrt{\frac{\pi}{\left(\frac{M}{2RT}\right)}}}$$

を得る．複雑そうに見えるが，この分数は

$$\langle E \rangle = \frac{1}{2}RT \quad \text{（一つの次元に対して）} \tag{1.33}$$

と単純化される．空間は三次元であり，一つの次元に対して気体の並進エネルギーは $(1/2)RT$ である．この概念は **等分配の原理**（equipartition principle）と呼ばれている．それぞれの次元（もしくは自由度）は粒子の全エネルギーに等価に寄与するという考えである．このため，気体の全並進エネルギーは

$$\langle E \rangle = \frac{3}{2}RT \tag{1.34}$$

となる．粒子が原子そのもの（ヘリウム，ネオン，アルゴンのような）の気体は並進エネルギーしかもたず，この結果は非常に有用で，実験でも確かめられる．

分子気体はほかの形態のエネルギーももっている．たとえば，分子は三次元空間で，三つの異なる空間軸周りの回転（直線分子では分子軸周りの回転は定義できないので，二つの異なる空間軸周りの回転）ができる．回転する物体に対して，回転エネルギーは

$$E = \frac{1}{2}I\omega^2$$

であり，ここで I は**慣性モーメント**（moment of inertia）（質量に依存する）と呼ばれる量で，ω は回転速度である．回転エネルギーの式は，$1/2 \times$ 質量 $\times$ 速度の2乗という並進エネルギーの式に似ている．このため，並進運動に対して行った上の解析（一次元に分離することも含めて）が適用でき，その結果

$$\langle E \rangle = \frac{3}{2}RT \quad \text{（非直線分子に対して）}$$

$$\langle E \rangle = RT \quad \text{（直線分子に対して）} \tag{1.35}$$

となる．これは，等分配の原理の別の例であり，分子の熱力学的性質についての結果も実験的に確かめられている．

エネルギーは，ある分子のなかの原子たちが互いに前後に"小刻みに動く"現象である**振動**（vibration）と呼ばれる運動のなかにも蓄えられる．N 個の原子からなる分子に対しては，振動する原子に対して $3N-6$ 個の異なった振動の仕方がある（分子が直線状ならば $3N-5$ 個）．振動エネルギーの分布は，分子がエネルギーを蓄えるほかの様式と同様に，ボルツマン因子で予測することができる．しかし二つのきわめて大きな違いがある．第一は，振動エネルギーは連続的なものとして取り扱えないことである．許される振動エネルギーは，いくつかの場合 RT よりもずっと大きいので，とびとびに分かれているものとして取扱わなければならない．その結果として，式（1.32）の平均のための和を積分に置き換えることはできない．第二は，理想的な振動エネルギーは等間隔で分かれていることである．すなわち，もしも最初のゼロでない振動エネルギー準位が E にあるならば，2番目の振動エネルギー準位は $2E$ にあり，3番目の振動エネルギー準位は $3E$ にあり，4番目は……．私たちはこれを数学的にうまく使うことになる．

振動による平均熱エネルギーの計算のために，平均の定義

$$\langle E \rangle = \frac{\Sigma_i P_i E}{\Sigma_i P_i} = \frac{0 \times e^{-0/RT} + E e^{-E/RT} + 2E e^{-2E/RT} + 3E e^{-3E/RT} + \cdots}{e^{-0/RT} + e^{-E/RT} + e^{-2E/RT} + e^{-3E/RT} + \cdots}$$

を使う．ここで，最低振動エネルギーはゼロと仮定する（あとでわかるようにこれは専門的には正しくないが，この導出での誤差は重要ではない）[†1]．分数の分子の第1項は正確にゼロになるのに対して，分母の第1項は正確に1になる．もしも $e^{-E/RT}$ を x で置き換えると，平均エネルギーは

$$\langle E \rangle = \frac{xE(1 + 2x + 3x^2 + 4x^3 + \cdots)}{1 + x + x^2 + x^3 + \cdots}$$

と変形できる[†2]．無限個の項の極限では，この分数のそれぞれの和はもっと単純な形に変形できる．分子の和は $(1-x)^{-2}$ の展開で，分母の和は $(1-x)^{-1}$ の展開である．代入すると

$$\langle E \rangle = \frac{xE(1-x)^{-2}}{(1-x)^{-1}}$$

[†1] 訳者注　エネルギーの原点だけの問題なので，熱力学で取り扱う温度変化の問題については影響を与えず，正しい結果を導きだせる．

[†2] 訳者注　$0 < x < 1$ が成立していることに注意せよ．

$(1-x)$ 項を約分すると，残ったのは

$$\langle E \rangle = x E (1-x)^{-1}$$
$$\langle E \rangle = \frac{xE}{1-x}$$

x の値をもどせば

$$\langle E \rangle = \frac{e^{-E/RT} E}{1 - e^{-E/RT}}$$

となり，整理すると，N 原子分子の $3N-6$ 個（あるいは $3N-5$ 個）の独立な振動のそれぞれに対して

$$\langle E \rangle = \frac{E}{e^{E/RT} - 1} \tag{1.36}$$

となる．このため，分子の平均振動熱エネルギーは $3N-6$ 個（あるいは $3N-5$ 個）の式（1.36）の和となる．

　この式には二つの特徴がある．もしも，振動エネルギー E が RT よりも十分大きければ（298 K で 2480 J mol^{-1} に等しい），$e^{E/RT}$ は非常に大きく，式（1.36）の分母が大きくなり，$\langle E \rangle \approx 0$ となる．これは，分子の振動で蓄えられるエネルギーがないことを示している．しかし，もしも E が RT と比較して小さいならば，$e^{E/RT}$ は1に近づき

$$e^{E/RT} \approx 1 + \frac{E}{RT} + \frac{1}{2!}\left(\frac{E}{RT}\right)^2 + \frac{1}{3!}\left(\frac{E}{RT}\right)^3 + \cdots$$

と近似できる．この近似の最初の2項のみを残しておき，式（1.36）に代入すると

$$\langle E \rangle \approx \frac{E}{1 + \frac{E}{RT} - 1}$$

を得る．これを整理すると，低エネルギーの振動に対して

$$\langle E \rangle = RT$$

となる．

　多くの分子では，低エネルギーの振動や高エネルギーの振動が混ざりあっているので，振動分子の熱エネルギーやほかの性質の実験結果を理解することはこれまで困難であった．現在では，振動エネルギーは連続的なものにモデル化できず，そして小さい値と大きな値の両方をもっていることがわかっているので，分子気体がなぜそのような熱力学的性質をもっているかという根拠を知っている．この話題については，物理化学において重要な二つの課題である量子力学と統計熱力学の章でもっとくわしくみることにする．

1.10 まとめ

　最初に，気体を熱力学のくわしい学習の入口としてとりあげた．これは気体のふるまいが単純だからである．Boyle は圧力と体積の関係を示す気体の法則を 1662 年に発表したが，これは近代化学の理論のうち最も古いものの一つになっている．"単純な"アイディアのすべてが発見されたというのではないが，科学史において，より単刀直入なアイディアがまずはじめに発展したということである．気体のふるまいを理解することは容易なので状態方程式が複雑になっても，ほかの状態変数を研究する際に対象として気体が選ばれる．また偏導関数という微積分の手法は，気体のふるまいに対しても容易に適用できる．このように気体の性質についての議論は熱力学の入門として適している．興味ある系——それはまだ導入されていない状態変数を含み，さらに微積分を使うことになるが——その状態を理解したいという欲求が熱力学の中心にある．以下の七つの章では，このような理解を深めることを目的に議論を進める．

重要な式

$$pV = nRT \qquad \text{(理想気体の法則)}$$

$$Z = \frac{p\overline{V}}{RT} \qquad \text{(圧縮因子の定義)}$$

$$Z = \frac{p\overline{V}}{RT} = 1 + \frac{B}{\overline{V}} + \frac{C}{\overline{V}^2} + \cdots \qquad \text{(体積項で展開したビリアル方程式)}$$

$$Z = \frac{p\overline{V}}{RT} = 1 + \frac{B'p}{RT} + \frac{C'p^2}{RT} + \cdots \qquad \text{(圧力項で展開したビリアル方程式)}$$

$$\left(p + \frac{an^2}{V^2}\right)(V - nb) = nRT \qquad \text{(ファンデルワールス状態方程式)}$$

$$T_B = \frac{a}{bR} \qquad \text{(ファンデルワールス状態方程式でのボイル温度)}$$

$$\left(\frac{\partial A}{\partial B}\right)_C = \left(\frac{\partial A}{\partial D}\right)_E \left(\frac{\partial D}{\partial B}\right)_C + \left(\frac{\partial A}{\partial E}\right)_D \left(\frac{\partial E}{\partial B}\right)_C \qquad \text{(偏微分の連鎖則)}$$

$$\left(\frac{\partial A}{\partial C}\right)_B \left(\frac{\partial B}{\partial A}\right)_C \left(\frac{\partial C}{\partial B}\right)_A = -1 \qquad \text{(偏微分の循環則)}$$

$$\alpha = \frac{1}{V}\left(\frac{\partial V}{\partial T}\right)_p \qquad \text{(膨張率の定義)}$$

$$\kappa = -\frac{1}{V}\left(\frac{\partial V}{\partial p}\right)_T \qquad \text{(等温圧縮率の定義)}$$

$$p = e^{-Mgh/RT} \text{ atm} \qquad \text{(大気圧式)}$$

$$\langle I \rangle = \frac{\Sigma_i P_i I}{\Sigma_i P_i} \qquad \text{(物理量 } I \text{ の平均値)}$$

$$\langle E \rangle = \frac{3}{2}RT$$

(気体の平均並進エネルギー,非直線状気体の平均回転エネルギー)

$$\langle E \rangle = RT \qquad \text{(直線状気体の平均回転エネルギー)}$$

$$\langle E \rangle = \frac{E}{e^{E/RT} - 1}$$

(分子気体のそれぞれの振動に対する平均振動エネルギー)

第 1 章の章末問題

1.2 節の問題

1.1 ボンベ熱量計は頑丈な金属容器でできており,内部で試料が燃焼し,そのとき発生した熱量が周囲の水の温度上昇として測定される.このような実験装置の概略を描き,(a) 系と (b) 外界を示せ.

1.2 系と閉じた系の違いを述べよ.また両者の例をあげよ.

1.3 閉じた系とは何か.また,例を一つあげよ.

1.4 表 1.1 の関係を使って,次の値をそれぞれの単位で表せ.(a) 12.56 L を cm^3 で表せ.(b) 45 ℃ を K で表せ.(c) 1.055 atm を Pa で表せ.(d) 1233 mmHg を bar で表せ.(e) 125 mL を cm^3 で表せ.(f) 4.2 K を ℃ で表せ.(g) 27,750 Pa を bar で表せ.

1.5 次の温度はどちらが高いか.(a) 0 K と 0 ℃.(b) 300 K と 0 ℃.(c) 250 K と -20 ℃.

1.6 普通のストローの長さは 23 cm である.その高さに,水を上げるのに必要な圧力差はいくらになるか(水を飲むときには,口によってこの差が与えられる).水の密度を $1.0\,\text{g cm}^{-3}$ と仮定せよ.$F = mg$($g = 9.80\,\text{m s}^{-2}$)を使う必要があるだろう.

1.7 前問において,特別な加圧装置がないときに生成できる圧力差は 1 atm もしくは 101,325 Pa である.この圧力差で,どれくらいの高さの水柱を支えることができるか.また,それは約何メートルか.

1.3 と 1.4 節の問題

1.8 ポットの水をストーブの上で加熱し,沸騰したところで卵を入れてゆで卵をつくる.このとき,どのようなことが起こるか.熱力学第零法則にもとづいて述べよ.

1.9 二つの系の間に熱が流れるためには,何に差がある必要があるか.その解答に例外が考えられるか.

1.10 体積 2.97 L,圧力 0.0533 atm の気体の $F(T)$ はいくらか.また圧力が 1.00 atm に増すと,体積はいくらになるか.

1.11 温度 -33.0 ℃,体積 0.0250 L の気体の $F(p)$ はいくらか.また体積が 66.9 cm^3 に変化すると,温度はいくらになるか.

1.12 1.887 mol の気体の圧力が 2.66 bar,体積が 27.5 L,温度が 466.9 K であるとき,式 (1.9) の定数 R を求めよ.その答えを表 1.2 の値と比較せよ.

1.13 水素はヘリウムよりも安価なので,気象観測用気球に使われる.初期体積 67 L の気球を 1.04 atm で満たすのに 5.57 g の H_2 を使ったと仮定せよ.気球が圧力 0.047 atm の高度に上昇したときの体積はいくらか.温度は変化しないと仮定せよ.

1.14 初期体積 67 L で 1.04 atm の気球に重しをつけ,海洋中に沈めた.10.1 m ごとに水圧は 1 atm ほど増加する.水面から 64 m 沈めたときの気球の体積はいくらか.温度は変化しないと仮定せよ.

1.15 2.0 L の炭酸水のボトルが 298 K で 4.5 atm の CO_2 で加圧されている．温度が 317 K に上昇すると，CO_2 の圧力はいくらになるか．

1.16 1991 年のピナツボ火山の噴火で 1.82×10^{13} g の SO_2 が大気中に放出されたと見積もられている．もしも，その気体が平均温度 -17 ℃で，約 8×10^{21} L の対流圏を満たしたとすると，噴火により生じた SO_2 の分圧はいくらか．

1.17 R について，異なる単位で表しても値は一致することを示せ．

1.18 スコットランド人物理学者 W. J. M. Rankine はファーレンハイト温度にもとづいた絶対温度を提案し，これはランキン温度（R と省略）と呼ばれ，いくつかの工業分野で使用されている．もしもランキン温度がケルビン温度の 5/9 だったら，気体定数は L atm mol^{-1} R^{-1} 単位でいくらか．

1.19 二つの R の値を用いて，L atm と J を変換せよ．

1.20 STP と SATP を使った計算を R の値に用いるとする．どちらの計算が正しいかについて述べよ．

1.5 節の問題

1.21 混合気体の圧力は分圧で表され，加成性が成り立つ．いま 0.75 atm, 1.00 L のヘリウムガスと 1.5 atm, 2.00 L のネオンガスを 25 ℃で混合して全体積が 3.00 L になったとする．温度は変わらず，ヘリウムとネオンが理想気体であると近似して，混合気体について次の問いに答えよ．(a) 全圧はいくらか．(b) 各成分の分圧はいくらか．(c) 各気体のモル分率はいくらか．

1.22 地球大気はおよそ 80% の N_2 と 20% の O_2 からできている．海水面での大気圧が 14.7 lb inch^{-2} のとき，N_2 と O_2 の分圧はいくらか．ただし単位には lb inch^{-2} を用いることとする（lb inch^{-2} は 1 インチ四方のポンドであり，よく使われるが SI 単位ではない．psi と書かれることもある）．

1.23 金星表面の大気圧は 90 bar で，その 96% を二酸化炭素が，4% をほかの気体が占める．地表の温度が 730 K であるとして，金星表面 1 cm^3 当りの二酸化炭素の質量はいくらか．

1.24 火星の表面大気圧は 4.50 torr で，全体的に二酸化炭素からなっている．表面温度 -87 ℃において，1 立方センチメートルに存在する二酸化炭素の質量はいくらか．答えを前問の答えと比較せよ．

1.25 塩酸とマグネシウムとの反応

$$2HCl(aq) + Mg(s) \longrightarrow MgCl_2(aq) + H_2(g)$$

において，100 g の HCl(aq) が反応した．温度 47.5 ℃，圧力 1.02 atm で発生した H_2 の体積はいくらか．理想気体の法則が適用できると仮定せよ．

1.26 酵母菌によるグルコースの嫌気性酸化において二酸化炭素が生成する．

$$C_6H_{12}O_6 \longrightarrow 2CO_2 + 2C_2H_5OH$$

22 ℃, 0.965 atm で 1.57 L の二酸化炭素が生成したとき，酵母菌によって消費されたグルコースの質量はいくらになるか．理想気体の法則が適用できると仮定せよ．

1.27 次の線上の $x = 5$ と $x = 10$ における傾きを求めよ．(a) $y = 5x + 7$. (b) $y = 3x^2 - 5x + 2$. (c) $y = 7/x$.

1.28 関数

$$F(w, x, y, z) = 3xy^2 + \frac{w^3z^3}{32y} - \frac{xy^2z^3}{w}$$

について次の偏導関数を求めよ．

(a) $\left(\dfrac{\partial F}{\partial x}\right)_{w,y,z}$

(b) $\left(\dfrac{\partial F}{\partial w}\right)_{x,y,z}$

(c) $\left(\dfrac{\partial F}{\partial y}\right)_{w,x,z}$

(d) $\left\{\dfrac{\partial}{\partial z}\left(\dfrac{\partial F}{\partial x}\right)_{w,y,z}\right\}_{w,x,y}$

(e) $\left\{\dfrac{\partial}{\partial x}\left(\dfrac{\partial F}{\partial z}\right)_{w,x,y}\right\}_{w,y,z}$

(f) $\left[\dfrac{\partial}{\partial w}\left\{\dfrac{\partial}{\partial z}\left(\dfrac{\partial F}{\partial x}\right)_{w,y,z}\right\}_{w,x,y}\right]_{x,y,z}$

1.29 理想気体の法則が成り立つとして以下を求めよ．

(a) $\left(\dfrac{\partial V}{\partial p}\right)_{T,n}$

(b) $\left(\dfrac{\partial V}{\partial n}\right)_{T,p}$

(c) $\left(\dfrac{\partial T}{\partial V}\right)_{n,p}$

(d) $\left(\dfrac{\partial p}{\partial T}\right)_{n,V}$

1.30 理想気体の法則が成り立つとして以下を求めよ．

(a) $\left(\dfrac{\partial n}{\partial V}\right)_{T,p}$

(b) $\left(\dfrac{\partial T}{\partial p}\right)_{V,n}$

(c) $\left(\dfrac{\partial n}{\partial T}\right)_{p,V}$

(d) $\left(\dfrac{\partial p}{\partial n}\right)_{T,V}$

1.31 前々問で R についての微分を求めないのはなぜ

か．また，ほかの変数について R の微分を求めないのはなぜか．

1.32 (a) 理想気体の法則について，体積を圧力と温度の関数として書き直せ．(b) 全微分 dV は圧力と温度の関数としてどう書けるか．(c) 1 mol の理想気体が 1.08 atm，350 K のとき，圧力が 0.10 atm 変化し（すなわち $dp = 0.10$ atm），温度が 10.0 K 変化した場合に予想される体積変化はいくらか．

1.33 自動車のタイヤからある量の空気を取りだすと，この空気の体積と圧力が同時に変化し，その結果，空気の温度が変わる．この変化を表す導関数を示せ．〔ヒント：これは問題 1.28 (e) のような二重の微分になる．〕

1.34 同じ変数に対する微分をもう一度とることができる．

$$\frac{\partial}{\partial x}\left(\frac{\partial F}{\partial x}\right) \equiv \frac{\partial^2 F}{\partial x^2}$$

これは F の 2 次微分と呼ばれる．理想気体の法則が適用できると仮定して，以下を求めよ．

(a) $\left(\dfrac{\partial^2 V}{\partial p^2}\right)_{n,T}$

(b) $\left(\dfrac{\partial^2 p}{\partial T^2}\right)_{n,V}$

1.6 節の問題

1.35 ファンデルワールス定数は非理想気体のどの性質を表しているか．

1.36 (a) 理想気体の圧縮率の値はいくらか．(b) その値は p，V，T，n で変化するか．またその理由を説明せよ．

1.37 液体窒素 120 L が温度 77 K に保たれて特別な容器に入っている．液体窒素の密度を 0.840 g cm^{-3} として，77 K で気化したときの窒素ガスの体積と大気圧をファンデルワールスの式を使って求めよ．〔ヒント：ファンデルワールスの式では V が 2 か所にでてくるから，V は反復法で求めなければならない．最初は an^2/V^2 を無視して V を計算し，次にその値を an^2/V^2 に代入して圧力項を計算し V について解く．そして，もはや値が変わらなくなるまでこれをくり返す．〕

1.38 表 1.6 のファンデルワールス定数を使って二酸化炭素，酸素，窒素のボイル温度を求めよ．それらの値はどのくらい表 1.5 の実験値に近いか．

1.39 ファンデルワールスの式と，体積を使ったビリアル方程式について $(\partial p/\partial V)_{T,n}$ を求めよ．

1.40 ビリアル係数 C と C' の単位を示せ．

1.41 表 1.4 はヘリウムの第二ビリアル係数 B が低温で負の値をとり，また 12.0 cm^3 mol^{-1} を少し超えたところで極大値となって，温度上昇とともに減少していく様子を示している．さらに高温では再び負の値になるか．また B が減少する理由は何か．

1.42 表 1.5 の気体を，この表のデータを使って，理想気体に近いものから順に並べよ．この順からどのような傾向がわかるか．

1.43 ネオンのファンデルワールス定数 a を bar cm^6 mol^{-2} の単位で表せ．

1.44 ファンデルワールス定数 b は，分子が球状であることを仮定すると分子サイズを見積もるのに使用できる．1．1 m^3 = 1000 L であることを使って，b を m^3 mol^{-1} の単位に換算せよ．2．b への個々の分子の寄与を得るために，アボガドロ数で割れ．3．$V = (4/3)\pi r^3$ を使って分子の半径を見積もれ．これを使って，以下の分子のサイズを見積もれ．(a) He．(b) H$_2$O．(c) C$_2$H$_6$．

1.45 ファンデルワールス定数 b が負になる条件は何か．それが起きる気体があるか．

1.46 理想気体の圧縮因子は定義から 1 である．第二ビリアル係数 B までを考えた水素では，これは何 % 変わるか．また水蒸気の場合はどうか．計算を行った条件も示せ．

1.47 アルゴンの第二ビリアル係数 B と第三ビリアル係数 C は 273 K で -0.021 L mol^{-1} と 0.0012 L^2 mol^{-2} である．第三ビリアル係数まで考えると圧縮因子は何 % 変わるか．

1.48 近似式 $(1-x)^{-1} \approx 1 + x + x^2 + \cdots$ を使い，第三ビリアル係数 C をファンデルワールス定数で表せ．

1.49 室温付近での理想気体のふるまいを調べるのに窒素が使えるのはなぜか．

1.50 レドリッヒ・クオンの状態方程式に従う気体の dp/dV を求めよ．

1.51 ファンデルワールス気体としてふるまう 1 mol のメタンの $(dp/dV)_{T,n}$ を，以下の条件で数値的に求めよ．(a) $T = 298$ K，$V = 25.0$ L．(b) $T = 1000$ K，$V = 250.0$ L．どちらの条件がより理想気体の法則に近い値を与えるか議論せよ．

1.52 ファンデルワールス気体の体積が理想気体の法則に似た値を与える条件は何か．ファンデルワールスの状態方程式を用いて説明せよ．

1.53 高温では，ファンデルワールス定数の一つは無視できるが，それはどちらか．高温でのファンデルワールスの状態方程式を示して説明せよ．

1.54 レドリッヒ・クオン気体の体積が理想気体の法則に似た値を与える条件は何か．レドリッヒ・クオンの

状態方程式を用いて説明せよ.

1.55 1 mol の気体に対するベルテローの状態方程式は

$$p = \frac{RT}{\overline{V} - b} - \frac{a}{T\overline{V}^2}$$

であり，ここで a と b は実験的に決定される定数である．$NH_3(g)$ に対して，$a = 741.6 \text{ atm L}^2\text{K}$ で $b = 0.01391 \text{ L}$ である．$V = 22.41 \text{ L}$ で $T = 273.15 \text{ K}$ のとき，p を計算せよ．理想気体の法則で予想される p の値とどれだけ違うか．

1.56 1 mol の気体に対するディエテリチの状態方程式は

$$p = RT \frac{e^{-a/\overline{V}RT}}{\overline{V} - b}$$

であり，ここで a と b は実験的に決定される定数である．$NH_3(g)$ に対して，$a = 10.91 \text{ atm L}^2$ で $b = 0.0401 \text{ L}$ である．$V = 22.41 \text{ L}$ で $T = 273.15 \text{ K}$ のとき，p を計算せよ．理想気体の法則で予想される p の値とどれだけ違うか．

1.57 問題 1.6 および 1.7 の圧力差について，理想気体か非理想気体かによって変わるか．説明せよ．

1.7 と 1.8 節の問題

1.58 図 1.11 を使って，式 (1.26) のほかの二つの循環則を示せ．

1.59 図 1.11 を使って，$(\partial p/\partial p)_T$ の循環則を示せ．これはもともとの偏導関数と比べて意味があるか．

1.60 α と κ の単位を示せ．

1.61 1 mol の理想気体について，STP および SATP での α を計算せよ．

1.62 1 mol の理想気体について，STP および SATP での κ を計算せよ．

1.63 ファンデルワールスの式に従う気体について α と κ の解析的な式を得るのが困難なのはなぜか．

1.64 理想気体では $\kappa = (T/p)\alpha$ であることを示せ．

1.65 $(\partial V/\partial T)_{p,n}$ を α と κ で表せ．式の符号は温度を変えたときの体積の変化を意味するか．

1.66 密度 d はモル質量 M をモル体積 $\overline{V}$ で割ったものとして定義される．すなわち

$$d \equiv \frac{M}{\overline{V}}$$

理想気体について $(\partial d/\partial T)_{p,n}$ を M, $\overline{V}$, p で表せ．

1.67 循環則を使って α/κ を別の形で表せ．

1.9 節の問題

1.68 大気圧式の指数の単位解析をし，指数全体では単位がないことを確認せよ．

1.69 大気圧式を用いて，高度 1840 m のコロラドスプリングスで予想される大気圧を計算せよ．温度を 26 ℃ と仮定せよ．

1.70 大気圧式は水面下でも使用できる．そのような場合，h は負である．海面よりも 432 m 低い中東の死海の海岸で予想される大気圧を計算せよ．温度を 39 ℃ と仮定せよ．

1.71 式 (1.32) を用いて，満点 10 点の問題の点数が 3，5，7，3，9，7，10 点だったときの平均点を計算せよ．

1.72 式 (1.32) を用いて，満点 10 点の問題の点数が 5，5，5，5，10，10，10 点だったときの平均点を計算せよ．

1.73 エネルギー差が 500 J ある二つの状態への分布数の比は，以下の場合どうなるか．(a) 200 K．(b) 500 K．(c) 1000 K．どのような傾向を示すか．

1.74 エネルギー差が 1000 J ある二つの状態への分布数の比は，以下の場合どうなるか．(a) 200 K．(b) 500 K．(c) 1000 K．どのような傾向を示すか．

1.75 以下の気体について，並進および回転運動に対して予想される $\langle E \rangle$ を RT 単位で決定せよ．(a) Ne．(b) HCl．(c) C_2H_2．(d) CH_4．

1.76 以下の気体について，並進および回転運動に対して予想される $\langle E \rangle$ を RT 単位で決定せよ．(a) $(CN)_2$．(b) H_2O．(c) Kr．(d) C_6H_6．

1.77 振動の自由度に対して $\langle E \rangle$ を単純な値で決めることが困難な理由を説明せよ．高い振動エネルギー値および低い振動エネルギー値に対する値はいくらか．

数値計算問題

1.78 表 1.4 は第二ビリアル係数 B の温度変化を与えている．標準圧力を 1 bar として，それぞれの温度 T での He, Ne, Ar のモル体積 $\overline{V}$ を求めよ．また $\overline{V}$ と T の関係を表すグラフは何に似ているか．

1.79 表 1.6 に与えられたファンデルワールス定数を使い，25 ℃，1 bar における (a) Kr，(b) C_2H_6，(c) Hg のモル体積を求めよ．

1.80 理想気体の法則を使って循環則を示せ．

1.81 問題 1.78 の結果を使って，Ar の α と κ を計算する式をつくってみよ．

2 熱力学第一法則

第1章では，物質が状態方程式と呼ばれるルールに従ってふるまうことを学んだ．ここからは，エネルギーのふるまいを決めるルールについて学んでいく．ここでも最初は気体を例にとるが，熱力学の考え方は固体，液体，気体，またいろいろな相の組合せであっても，すべての系に適用できるものである．

熱力学の主要な部分は19世紀に発展した．これはDaltonによって提唱された斬新な原子説が受け入れられるようになったのちのことだが，量子力学的な考え方（これにより原子や電子からなる微視的な世界が，大きな質量をもつ物体のような巨視的な世界とは異なった法則に従うことを説明することになる）が登場する以前のことである．したがって熱力学は，莫大な数の原子や分子が集まった系を対象にする．熱力学の法則は**巨視的な法則**といえるのである．本書ののちの部分で**微視的な法則**（すなわち量子力学）についても学ぶことになるが，熱力学で扱う系こそが，われわれが実際に見たり触ったり，重さを感じたり，自分の手で動かしたりする現実的な系であることを忘れてはならない．

- 2.1 あらまし
- 2.2 仕事と熱
- 2.3 内部エネルギーと熱力学第一法則
- 2.4 状態関数
- 2.5 エンタルピー
- 2.6 状態関数の変化
- 2.7 ジュール・トムソン係数
- 2.8 さらに熱容量について
- 2.9 相の変化
- 2.10 化学変化
- 2.11 温度の変化
- 2.12 生化学反応
- 2.13 まとめ

2.1 あらまし

まず仕事，熱，内部エネルギーを定義する．熱力学第一法則は，これら三つの量の相互関係にもとづいている．内部エネルギーは状態関数の一つの例である．この状態関数は今後，頻繁に使うことになる，ある特徴をもった関数である．エンタルピーという別の状態関数も導入される．さらに状態関数の変化を考え，内部エネルギーやエンタルピーが物理的，化学的な過程でどのように変化するのかを計算する方法を学んでいく．系の温度変化に関係してくる熱容量やジュール・トムソン係数も導入することになる．熱力学第一法則で予測できることには限りがあり，エネルギーがどのように物質とかかわっていくかを理解していくためには違った概念，すなわち熱力学の別の基本法則が必要になることを提起して，この章を終えることになる．

2.2 仕事と熱

物理学では，ある物体に外力 F を加えることによって物体が距離 s だけ移動したとき，物体に対して**仕事**（work）がなされたという．数学的には，力のベクトル F と移動距離に相当するベクトル s の内積の形になり

$$（仕事）= \boldsymbol{F} \cdot \boldsymbol{s} = |F||s|\cos\theta \tag{2.1}$$

となる．ここで θ は二つのベクトルのなす角である．仕事はベクトル量でなくスカラー量であるため，大きさはあるが方向はもたない．図 2.1 は物体に力を加える様子を示したものである．(a) では加えられる力はある大きさをもっているが，物体が動いていないので仕事はゼロである．一方 (b) では物体が動き，仕事がなされている．

仕事の単位はエネルギーと同じく J である．このことはまぎれもなく，仕事がエネルギーを移動させる手段であることを意味している．エネルギーは仕事をする能力と定義されるから，エネルギーと仕事が同じ単位で記述されることは筋が通っている．

熱力学の基礎で最もよく現れる仕事は，系の体積変化に伴うものである．図 2.2(a) を考える．いま摩擦のないピストンによって気体試料が始状態の体積 V_i に閉じこめられている．このときの容器中の気体の圧力を p_i とし，また始状態では，ピストンは外界からの圧力 p_{ext} によって決まった位置にとどまっている．

図 2.2(b) のようにピストンが移動した場合，系は外界に対して仕事を行

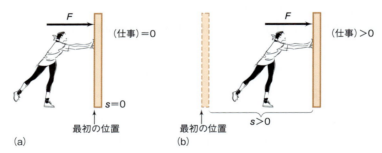

図 2.1 物体に力を加えても，物体が動かない限り仕事はなされない (a) 壁が動かないので仕事はなされない．(b) 力がある距離だけ作用するので仕事がなされる．

図 2.2 (a) 閉じこめられた気体と摩擦のないピストンは，気体が系や外界にする仕事を考えるのに適した例である．(b) 外界に対して仕事がなされる．(c) 系に対して仕事がなされる．仕事の数学的な定義は (b) と (c) のどちらも同じである．

ったことになる．これは，系が仕事というかたちでエネルギーを失ったことを意味する．系が外界に対して行う微小仕事 dw は，一定の外圧 p_{ext} のもとで生じる微小体積変化 dV を用いて

$$dw \equiv -p_{\text{ext}} dV \tag{2.2}$$

と定義される．負の符号は，仕事が系のエネルギーの減少に寄与することを示している*．図 2.2(c) のようにピストンが内側に向かって動いたときは，外界が系に対して仕事を行うので系のエネルギーは増大する．この場合も系に対してなされる微小仕事 dw は式 (2.2) で与えられるが，今度は体積変化 dV が反対方向なため仕事の値は正になる．ここで，われわれの興味の対象が系であることをよく認識しておこう．宇宙全体の一部を構成している系についての仕事は，正にも負にもなりうるのである．

この無限個の微小変化をすべて足し合わせていくと全体の変化になるため，このようにして系に対してなされる仕事，または系によってなされる仕事の総量を計算することができる．微積分学では，この微小変化の足し合わせには積分を用いる．したがって，図 2.2 に示されたような変化に対する全仕事量 w は式 (2.2) から

$$w = -\int p_{\text{ext}} dV \tag{2.3}$$

となる．この積分が簡単に行えるかどうかは，考えている過程がどのような条件で進むのかによる．過程全体を通して外圧 p_{ext} が一定であれば p_{ext} を積分の外にだすことができる．さらに積分範囲を始状態の体積 V_{i} から終状態の体積 V_{f} とすると，式 (2.3) は以下のようになる．

$$w = -p_{\text{ext}} \int_{V_{\text{i}}}^{V_{\text{f}}} dV = -p_{\text{ext}} \left[V \right]_{V_{\text{i}}}^{V_{\text{f}}}$$

積分範囲の上限と下限を使って計算すれば

$$\begin{aligned} w &= -p_{\text{ext}}(V_{\text{f}} - V_{\text{i}}) \\ &= -p_{\text{ext}} \Delta V \end{aligned} \tag{2.4}$$

となる．ただし始状態と終状態の体積の差，すなわち体積変化を ΔV とした．外圧 p_{ext} が過程全体を通して一定でない場合には，式 (2.3) を計算するのに別な方法が必要になる．

ところで圧力の単位に atm，体積の単位に L を用いると，仕事の単位は L atm になる．これは，ふつう用いられる仕事の単位ではない．SI 単位での仕事の単位は J である．しかし前の章で扱った，いくつかの単位で表した R の値を用いると

$$1 \text{ L atm} = 101.32 \text{ J}$$

となることが示される．この変換係数は，仕事を適正な SI 単位に変換するのにたいへん有用である．圧力が Pa，体積が m^3 で表されている場合には，

* 式 (2.1) と (2.2) の二つの仕事の定義が等価であることを示すのは簡単である．圧力とは単位面積当りに加えられる力だから，式 (2.2) は

$$\begin{aligned} (仕事) &= \frac{(力)}{(面積)} \times (体積) \\ &= (力) \times (距離) \end{aligned}$$

と書きかえられる．これは式 (2.1) と同じである．

例題 2.1

図 2.2 に示したようなピストン付きの容器のなかに体積 2.00 L，圧力 8.00 atm の理想気体が存在する場合を考える．いまピストンが 1.75 atm の一定な外圧に抗して，最終的に体積 5.50 L になるところまで移動した．すなわち系が膨張したとする．この過程が進行している間は温度が一定に保たれていると仮定して
(a) この過程での仕事を計算せよ．
(b) 最終的な気体の圧力を計算せよ．

解 答

(a) まず体積変化 ΔV が必要である．これは
$$\Delta V = 5.50\,\text{L} - 2.00\,\text{L} = 3.50\,\text{L}$$
一定の外圧 p_{ext} に抗してなされる仕事 w を計算するためには，式 (2.4) を用いて
$$w = -p_{\text{ext}}\Delta V = -(1.75\,\text{atm}) \times 3.50\,\text{L}$$
$$= -6.13\,\text{L atm}$$
ここで単位を SI 単位の J に変換するなら，適当な変換係数を使って
$$w = -6.13\,\text{L atm} \times \frac{101.32\,\text{J}}{1\,\text{L atm}} = -621\,\text{J}$$
となる．つまり 621 J のエネルギーが膨張を通して系から失われたことになる．

(b) 理想気体という仮定から，最終的な気体の圧力 p_{f} を計算するために式 (1.2) のボイルの法則を用いることができる．よって
$$8.00\,\text{atm} \times 2.00\,\text{L} = p_{\text{f}} \times 5.50\,\text{L}$$
ゆえに
$$p_{\text{f}} = 2.91\,\text{atm}$$
となる．

> 体積変化は常に「終状態の体積から始状態の体積を引いたもの」とする．

> 最後の単位がなぜ「L atm」になるかに注意せよ．

> ボイルの法則が $p_{\text{i}}V_{\text{i}} = p_{\text{f}}V_{\text{f}}$ であることを思いだすこと．

図 2.3 は真空になっている広い体積空間中へ気体が膨張するという，しばしば起こる変化について示している．この場合，気体はゼロである外圧 p_{ext} に "抗して" 膨張していくので式 (2.4) から，気体によってなされる仕事 w はゼロになる．このような過程は**自由膨張**（free expansion）と呼ばれ

$$w = 0 \tag{2.5}$$

が成り立っている．

例題 2.2

以下の条件と与えられた系の定義から，系によって仕事がなされるか，系に対して仕事がなされるか，あるいはまったく仕事がなされないかを判断せよ．
(a) 小さなドライアイス，つまり固体の CO_2 が風船のなかで昇華し，風船が膨らむ場合．風船を系と考えよ．
(b) スペースシャトルの荷物室のドアが宇宙空間に対して開かれ，内部の空気が少しずつ抜けていく場合．荷物室を系と考えよ．
(c) 冷媒として使われる気体 CHF_2Cl を，エアコンのコンプレッサーで圧縮して液化する場合．CHF_2Cl を系と考えよ．
(d) スプレー式のペイント缶から塗料が噴出される場合．缶を系と考えよ．
(e) (d) と同じだが，噴出される塗料を系と考える場合．

解 答
(a) 風船の体積は増加するので，風船はまちがいなく仕事をしている．つまり系によって仕事がなされる．
(b) スペースシャトルの荷物室のドアが宇宙空間に対して開かれている場合，これは真空（完全なものではないが）の空間に対してドアが開かれていることになる．つまり自由膨張に近い状況を考えることになる．したがって仕事はなされない．
(c) CHF_2Cl が圧縮されると体積が減少する．したがって系に対して仕事がなされる．
(d)，(e) ペイント缶から塗料が噴出されても缶自体の体積は変化しない．したがって缶自体が系と定義されている場合には，仕事はなされない．しかし噴出される塗料は大気圧に抗して膨張していくので仕事をしていることになる．この最後の例は，系をできるだけ特定して定義することがいかに大切であるかを示している．

いま，ピストン付きの容器内部の気体の体積をごくわずかずつ変化させ，系全体はある段階での微小変化から次の段階での微小変化が起こるまでの間，その変化に十分に応答しているものとする．それぞれの段階で系は外界と平衡に達しているので，過程全体は連続的な平衡状態にあると考えてよい．実際には，こうした過程が有限の体積変化を生じるためには無限の段階数を必要とするが，十分に遅い変化を考えれば近似的には正しいとしてよい．このような過程を**可逆的**（reversible）と呼び，これとは異なる過程，あるいは近似的に考えてもこのようにはなりえない過程を**不可逆的**（irreversible）と呼ぶ．熱力学的な考え方の多くは，可逆的な過程を起こす系に基礎をおいている．体積変化だけが可逆的な過程というわけではない．熱的な変化や機械的な変化（つまり物質の一部を動かすこと），そのほかの変化であっても可逆的，不可逆的のどちらかの過程としてモデル化できる．

気体系は熱力学を考える例としてたいへんに有用である．なぜなら体積が変化したときの圧力-体積仕事を計算するのにいろいろな気体の法則を用い

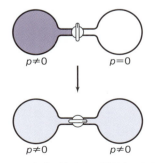

図 2.3　気体が真空中へ膨張するときには仕事はなされない

ることができるからである．とくに可逆変化の場合には，外圧 p_ext と内圧 p_int が等しくなるような変化，すなわち

$$p_\text{ext} = p_\text{int}$$

が成り立つような変化が起こるので扱いやすい．この関係を式 (2.3) に代入すれば，可逆変化での仕事 w_rev について以下の式が成り立つ．

$$w_\text{rev} = -\int p_\text{int}\,dV \tag{2.6}$$

こうして，ある過程についての仕事を，その内圧を使って書くことができるようになった．

系が理想気体から成り立っていれば，式 (1.9) で与えられた理想気体の法則が成り立つはずなので，この法則を用いて内圧 p_int をほかの量で置き換えることができる．ゆえに式 (2.6) は

$$w_\text{rev} = -\int \frac{nRT}{V}\,dV$$

物質量 n と気体定数 R は定数だが，温度 T は変数で変化しうる．しかしこの過程の間，系の温度を一定に保つことにすれば——**等温的**（isothermal）という術語はこのような過程を記述するのに用いられる——"変数"である温度 T は積分の外にだすことができる．体積 V は積分に関係する変数なので，なかに残り

$$w_\text{rev} = -nRT\int \frac{1}{V}\,dV$$

という形になる．この積分はすぐに計算できて，積分範囲を V_i から V_f とすれば

$$w_\text{rev} = -nRT\Big[\ln V\Big]_{V_\text{i}}^{V_\text{f}}$$

となる．ここで ln は自然対数を表し，底を 10 にとった常用対数（その場合には log と表す）ではないことに注意する．積分範囲の上限と下限を使って計算すれば

$$w_\text{rev} = -nRT(\ln V_\text{f} - \ln V_\text{i})$$

対数の性質を用いて整理すれば，理想気体の等温可逆過程について

$$w_\text{rev} = -nRT\ln\frac{V_\text{f}}{V_\text{i}} \tag{2.7}$$

を得る．式 (1.2) のボイルの法則を用いると，対数のなかの V_f/V_i を p_i/p_f で置き換えることができる．よって理想気体の等温可逆過程における関係

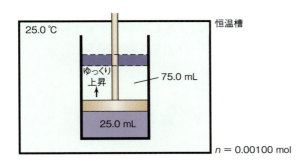

図 2.4 体積が可逆変化する恒温槽中のピストンチャンバー　例題 2.3 をみよ．

$$w_{\text{rev}} = -nRT \ln \frac{p_i}{p_f}$$

が得られる．

例題 2.3

25 ℃の恒温槽中にあるピストン付きの容器内部の気体が，図 2.4 に示すように 25.0 mL から 75.0 mL へ非常にゆっくりと膨張する．容器内部の気体が 0.00100 mol の理想気体であるとして，系によってなされる仕事を求めよ．

解　答

系は恒温槽中にあるので，変化は等温的である．また，この変化は非常にゆっくりと起こるので可逆的だと考えられる．したがって式 (2.7) を用いることができる．温度を絶対温度に換算し，与えられた値を適宜代入すれば，系によってなされる仕事 w_{rev} は

$$w_{\text{rev}} = -(0.00100\ \text{mol}) \times 8.314\ \text{J mol}^{-1}\text{K}^{-1} \times 298.15\ \text{K} \times \ln \frac{75.0\ \text{mL}}{25.0\ \text{mL}}$$

$$= -2.72\ \text{J}$$

となる．すなわち系から 2.72 J のエネルギーが失われたことになる．

R として，ジュールを単位に含んだ場合の数値を使っていることに注意．答えはジュールの単位そのものになる．

　式 (2.6) の定義からスタートすれば，ほかの状態方程式からも仕事を計算することができる．次の例題では，実際にその計算を行う．

例題 2.4

前の例題を，0.00100 mol の SO_2 気体とファンデルワールスの状態方程式を使ってやり直せ．SO_2 のファンデルワールス係数は $a = 6.714\ \text{atm L}^2\text{mol}^{-2}$，$b = 0.05636\ \text{L mol}^{-1}$ である．

解　答

まず，ファンデルワールス気体での仕事を表す式を導く必要がある．仕事は，式 (2.6) から次のように定義される．

$$w = -\int p_{\text{ext}}\, dV$$

第 2 章 | 熱力学第一法則

膨張が可逆的であれば，$p_{\text{int}} = p_{\text{ext}}$ である．ファンデルワールス気体の圧力は状態方程式を以下のように変形して表すことができる．

$$\left(p + \frac{an^2}{V^2}\right)(V - nb) = nRT$$

$$p = \frac{nRT}{V - nb} - \frac{an^2}{V^2}$$

圧力 p に上式を代入して

$$w = -\int_{V_i}^{V_f} \left(\frac{nRT}{V - nb} - \frac{an^2}{V^2}\right) dV$$

となる．実際に積分を実行する．まず，第一項と第二項を分離する．

$$w = -\int_{V_i}^{V_f} \left(\frac{nRT}{V - nb}\right) dV + \int_{V_i}^{V_f} \left(\frac{an^2}{V^2}\right) dV$$

この式のかたちにすると積分は実行できる．第一項は自然対数のかたちになり，第二項は $1/V$ の関数になる．

$$w = -nRT \ln(V - nb)\big|_{V_i}^{V_f} - an^2 \left(\frac{1}{V}\right)\big|_{V_i}^{V_f}$$

積分範囲の上限，下限を代入し，簡単にすると

$$w = -nRT \ln \frac{(V_f - nb)}{(V_i - nb)} - an^2 \left(\frac{1}{V_f} - \frac{1}{V_i}\right)$$

となる．
計算に必要なデータは与えられている．単位を合わせるため，体積は L を用いて $V_i = 0.025$ L，$V_f = 0.075$ L として代入し，整理すると

$$w = -2.73 \text{ J} - (0.01814) \text{ J}$$
$$w = -2.71 \text{ J}$$

となる．

記号 q で表される熱は，仕事よりも定義するのがむずかしい量である．熱は，物体の温度変化によって決まる熱エネルギーの移動の尺度である．つまり，熱を通して系のエネルギー変化を知ることができるのである．エネルギーの変化だから，エネルギーと同様に熱に対しても J という単位を使うことができる．

歴史的にみても，熱がむずかしい概念であったことがわかる．かつて熱はそれ自体が分離可能な，系のなかに詰まった物質と考えられていた．そのような物質は"熱素"と呼ばれた．しかし 1780 年ころに Thompson（のちの Rumford 伯）が大砲の砲身をくり抜く過程で生じる熱を測定することに成功し，このとき発生する熱量がこの過程で加えられた仕事量と関係しているという結論を得た．1840 年代になってイギリスの物理学者 Joule（図 2.5）が，注意深い実験によりこのことを証明した．当時，ビール職人だった Joule は，滑車を通したおもりを使って水をかき混ぜる仕事を，図 2.6 に示すような装置を用いて行った．水の温度と，おもりの落下によってなされた仕事[*]

図 **2.5** James Prescott Joule (1818–1889) イギリスの物理学者．彼の業績はエネルギーのかたちとしての熱と仕事の相互変換を確立し，熱力学第一法則の基礎をつくったことである．

図 2.6 Joule はこの装置を使って当時 "熱の機械的当量" と呼ばれていたものを測定した.

を精密に測定することにより，Joule は仕事と熱がまったく同じものの異なった現れ方であるという考えを支持する結果を得た．実際，"熱の仕事当量" という言葉はいまでも両者の関係を強調するためにしばしば使われている．エネルギー，仕事，熱の SI 単位の呼び名 "ジュール" は，この Joule の功績を称えたものである．

古くから用いられているエネルギー，仕事，熱の単位である cal は，厳密に 1 mL の水の温度を 15 ℃ から 16 ℃ に 1 ℃ だけ上昇させる場合に必要な熱量として定義されている．cal と J の関係は

$$1 \text{ cal} = 4.184 \text{ J}$$

である．J は広く受け入れられている SI 単位だが，cal という単位も，とくにアメリカではいまも広く用いられている．

系に熱が流れこむと系の温度は上昇し，系から熱がでていくと系の温度は低下する．系に熱が流入するような変化では q は常に正で，一方，熱が流出する場合には q は負になる．したがって q の符号は熱の移動の方向を示していることになる．

ある決まった温度変化を生じさせるのに必要な熱量は，物質によってまちまちである．たとえば 10 cm³ の金属鉄は，10 cm³ の水よりも少ない熱量でより熱くなる．実際には，ある温度変化を起こすのに必要な熱量 q は温度変化 ΔT と系の質量 m を用いて

$$q \propto m \Delta T$$

と表される．比例関係を等式で表すためには比例定数が必要になる．ここでは比例定数を c（s が用いられる場合もある）という記号で表し，これを**比熱**

＊ この仕事の計算には式（2.1）を用いる．

表 2.1 いろいろな物質の比熱容量 c（25 ℃での値）

物 質	c (J g^{-1} K^{-1})
Al	0.900
Al$_2$O$_3$	1.275
エタノール C$_2$H$_5$OH	2.42
ベンゼン C$_6$H$_6$(g)	1.05
n-ヘキサン C$_6$H$_{14}$	1.65
Cu	0.385
Fe	0.452
Fe$_2$O$_3$	0.651
H$_2$(g)	14.304
H$_2$O(s)	2.06
H$_2$O(l)（25 ℃）	4.184
H$_2$O(g)（25 ℃）	1.864
H$_2$O(g)（100 ℃）	2.04
He	5.193
Hg	0.138
N$_2$	1.040
NaCl	0.864
O$_2$(g)	0.918

容量（specific heat capacity）または比熱（specific heat）と呼ぶことにする．すなわち

$$q = mc\,\Delta T \tag{2.9}$$

比熱容量は，系を構成する物質に対して示強的な特徴を示す．多くの金属がそうであるように比熱容量の小さな物質は，比較的大きな温度変化を生じさせるのにも少ない熱量で済む．表 2.1 に物質の比熱容量を示す．比熱容量の単位は（エネルギー）(質量)$^{-1}$(温度)$^{-1}$ または（エネルギー）(物質量)$^{-1}$(温度)$^{-1}$ である．したがって SI 単位としては J g^{-1} K^{-1} か J mol^{-1} K^{-1} であり，cal mol^{-1} ℃$^{-1}$ やそれ以外の単位の組合せで表されることは少ない．また式 (2.9) に含まれているのが温度変化であることを考えれば，温度の単位が K であっても ℃ であっても大きな問題ではないことになる．

　熱容量（heat capacity）C は示量的な性質で，系全体の物質量を含む．したがって式 (2.9) から

$$q = C\,\Delta T$$

と書くことができる．
　C の単位は通常は J K^{-1} である．

例題 2.5

以下の (a), (b) に答えよ．
(a) 400 J のエネルギーが 7.50 g の鉄に加えられたとする．このとき生じる温度変化 ΔT はいくらか．ただし鉄の比熱容量として $c = 0.450$ J g^{-1} K^{-1} を用いよ．
(b) この鉄の始めの温度を 65.0 ℃ とする．最終的な温度はいくらか．

解 答
(a) 式 (2.9) に，与えられた数値を代入して
$$+400\,\text{J} = 7.50\,\text{g} \times 0.450\,\text{J g}^{-1}\,\text{K}^{-1} \times \Delta T$$
ΔT について解けば
$$\Delta T = +118\,\text{K}$$
となる．118 K の温度上昇は，セルシウス温度で表した 118 ℃ の温度変化に等しい．
(b) 始めの温度 65.0 ℃ に 118 ℃ の温度上昇を加えて，最終的に鉄の温度は 183 ℃ になる．

q の符号まで含めて考えれば，温度変化の正しい方向も示すことができることに注意．

例題 2.6

図 2.6 の Joule が用いた装置で，40.0 kg のおもり（これは 392 N の重力による力を受ける）が 2.00 m 落下したとする．この重力による位置エネルギーの減少を水中の水かきが水に伝え，水温の上昇を引き起こす．容器に 25.0 kg

の水が入っているとき，水温の変化 ΔT はどれだけか．ただし水の比熱容量を $4.18\,\mathrm{J\,g^{-1}\,K^{-1}}$ とする．

解　答
式 (2.1) を使えば，おもりの落下によって水に対してなされる仕事を計算できる．

$$（仕事）= Fs = 392\,\mathrm{N} \times 2.00\,\mathrm{m} \times \frac{1\,\mathrm{J}}{1\,\mathrm{N\,m}} = 784\,\mathrm{J}$$

この仕事すべてが水の加熱に寄与するとすれば，式 (2.9) より

$$784\,\mathrm{J} = 25.0\,\mathrm{kg} \times \frac{1000\,\mathrm{g}}{1\,\mathrm{kg}} \times 4.18\,\mathrm{J\,g^{-1}\,K^{-1}} \times \Delta T$$

ただし質量の単位の換算を行った．これを解いて

$$\Delta T = 0.00750\,\mathrm{K}$$

を得る．この値は温度変化としては大きくない．実際，Joule は検出可能な温度変化が生じるまで，何度もおもりを落下させなければならなかった．

最後の式では，$1\,\mathrm{J} = 1\,\mathrm{N} \times 1\,\mathrm{m}$ であることを利用している．

　仕事と熱はともにエネルギー移動の一形態であるが，両者の大きな違いは，仕事は秩序だったかたちでのエネルギー移動であるのに対して，熱は乱雑さを伴うかたちでのエネルギー移動である点である．ある系に仕事がなされると，その仕事はある一定方向に実行される．しかし，熱が移動する場合には，エネルギーはある一定方向のみではなく，（並進，回転，振動などに関連した）すべてのエネルギー状態にランダムに振り分けられていく．
　最終的には，系に熱が入ってくるかでていくかによって，q の値は正にも負にもなる．熱が系に入ってくる，すなわち q が正のとき，このような過程は**吸熱過程**（endothermic process）と呼ばれる．熱が外へでていき q が負になるとき，この過程を**発熱過程**（exothermic process）という．

2.3　内部エネルギーと熱力学第一法則

　熱と仕事はどちらもエネルギー移動の一形態である．しかしこれまで，われわれはエネルギー自体について直接には議論してこなかった．ここでそれを改めエネルギーと，エネルギーを含むさまざまな関係に焦点をあてて熱力学的な議論を進めることにする．
　系の全エネルギーは**内部エネルギー**（internal energy）と定義され，U で表される．内部エネルギーはいろいろな起源のエネルギー，たとえば化学エネルギー，電子エネルギー，核エネルギー，運動エネルギーなどから構成されている（系が動いている場合の系自身の運動エネルギー，また，質量に対する重力ポテンシャルのエネルギーについては含めていない．ここでの扱いではこれらのエネルギーは無視する）．どのような系であっても，すべての種類のエネルギーを完全に測定することはできないので，それを合わせた全体である内部エネルギーの絶対値を知ることはできない．しかしどのような

系にも，全エネルギーとして考えられる内部エネルギーが存在することはまちがいない．

孤立系（isolated system）では物質やエネルギーの出入りがない．一方，**閉じた系**（closed system）とはエネルギーの出入りはあっても物質の出入りがない系である．さてエネルギーの出入りがなければ，系の全エネルギーは変化しない．このことをはっきりと言葉で表したものが熱力学第一法則である．すなわち

孤立系において全エネルギーは一定に保たれる．

これはその系自体が定常で，まったく変化しないという意味ではない．化学反応や，二種類の気体の混合といった変化が系内部で起こっていてもよい．しかし系が孤立していれば，その系の全エネルギーは変化しないということなのである．ここで内部エネルギー U を用いて，熱力学第一法則を数学的に書き表すと

$$\text{孤立系に対して}\quad \Delta U = 0 \tag{2.10}$$

となる．さらに式（2.10）は微小変化として $dU = 0$ と書きかえることもできる．

ところである系を調べる場合，ふつうは系と外界との間に物質やエネルギーの出入りがあると考えるので，式（2.10）で表される熱力学第一法則の表現ではごく限られたケースにしか対応できない．われわれの関心は，とくに系のエネルギー変化にあるといってよい．系に生じるどのようなエネルギー変化を考えても，その変化分 ΔU は熱 q か仕事 w 以外にはないことがわかっている．数学的に書き表せば

$$\Delta U = q + w \tag{2.11}$$

となる．式（2.11）は熱力学第一法則のもう一つの表現である．この式の単純さと重要性に着目してほしい．ある過程での内部エネルギー変化 ΔU は熱 q と仕事 w の和に等しい．熱か仕事（または，その両者）だけが内部エネルギーの変化を引き起こすのである．われわれは熱や仕事をどのように測定すればよいかは知っているので，系の全エネルギー変化を見落さずに把握できることになる．このことを次の例題を通して説明する．

例題 2.7

ある気体の体積が外圧 1.50 atm に抗して 4.00 L から 6.00 L に変化し，同時に 1000 J の熱を吸収するとする．この系の内部エネルギー変化 ΔU はいくらか．

解 答

系は熱を吸収し，系のエネルギーは増大しているので

$$q = +1000 \text{ J}$$

と書ける．式 (2.4) に，与えられた値を適当に代入すると
$$w = -(1.50\,\text{atm}) \times (6.00\,\text{L} - 4.00\,\text{L})$$
$$= -1.50\,\text{atm} \times 2.00\,\text{L}$$
$$= -3.00\,\text{L atm}$$
単位の変換を行って
$$w = -3.00\,\text{L atm} \times \frac{101.32\,\text{J}}{1\,\text{L atm}}$$
$$= -304\,\text{J}$$
となる．内部エネルギー変化 ΔU は式 (2.11) から q と w の和で与えられるから
$$\Delta U = +1000\,\text{J} + (-304\,\text{J})$$
$$= 696\,\text{J}$$
q と w の符号は互いに反対で，内部エネルギー変化 ΔU は全体で正になる．したがって，この気体系の全エネルギーは増加していることになる．

> 体積変化は，終状態の体積から始状態の体積を引いたものである．

> ここでは，J を L atm に変換するための係数を入れている．

系が外界から十分によく遮断されていると，熱は系に流れこむことも系からでていくこともできない．このような状況では $q = 0$ となる．このような系は**断熱的**（adiabatic）といわれる．断熱過程に対しては

$$\Delta U = w \qquad (2.12)$$

が成り立つ．$q = 0$ というのは，考えている過程の熱力学的な取扱いを簡単にする第一の制約条件である．式 (2.12) のような式は，このような制約条件がある場合にのみ有効なので，課された制約条件がどのようなものか見落すことがないよう常に注意する必要がある．

2.4 状態関数

　これまで仕事や熱を表すのには小文字を使い，内部エネルギーを表すのには大文字を使ってきたことに気づいていただろうか．これには理由がある．内部エネルギーは状態関数の一つだが，仕事や熱はそうでないからである．

　状態関数の有用な性質を以下に示す例で説明する．いま図 2.7 のような山を考える．われわれが登山家で山頂まで行きたいとしたとき，そこに到達するたくさんの道が存在する．このとき二つの可能性として，山の頂上までまっすぐに行く道と，山をまわるようにらせん状に登る道とが考えられる．まっすぐに行くことの利点は距離が短いことだが，一方で道は険しくなる．らせん状の道をとれば緩やかだが，距離はずっと長くなる．山頂に達するまでの歩行量の合計は，どのような道を通ったかに依存する．このような量は**経路に依存する**（path-dependent）量であると考えられる．

　しかしどのような経路をとったとしても，最終的には山頂にたどり着く．登山終了後の出発点からの高度は，どのような経路をとったかには関係なく同じである．山頂到達後の高度は**経路に依存しない**（path-independent）と

いうことができる．

　登山における高度の変化は状態関数と考えられ経路に依存しないが，歩行量の合計は経路に依存するから状態関数ではない．

　ここでわれわれの扱う系で起こる物理的，化学的な過程について考えてみる．どのような過程にも始状態と終状態があり，その間にはさまざまな経路が存在しているはずである．**状態関数**（state function）とは，対象とする過程についての値が，経路に依存せず決まるような熱力学的性質をもった量である．状態関数は p，V，T，n のような状態変数を使って表される系の状態にのみ依存し，過去の履歴すなわち系がどのようにしてその状態に至ったかということにはよらない．つまり，その値が経路に依存するような熱力学的性質をもった量は状態関数ではないことになる．状態関数は大文字で表され，そうでないものは小文字で表される．したがって内部エネルギーは状態関数で，仕事や熱は違うということになる．

　さて，状態関数には別の意味での特殊性がある．系の微小変化について仕事や熱，内部エネルギーの微小変化は dw，dq，dU と表される．過程全体を考えるときには，これらの微小変化は始状態から終状態まで積分されることになる．しかし，その場合の表記に多少の差が生じる．dw，dq を積分した場合，得られる結果はその過程で生じる仕事や熱の絶対量 w，q になる．しかし dU を積分した場合，これは内部エネルギー U の絶対値とはならず，その過程での U の変化量 ΔU になる．数学的にこのことを表すと

$$\int dw = w$$
$$\int dq = q \tag{2.13}$$
$$\int dU = \Delta U$$

となる．同様の関係が，U 以外のほぼすべての状態関数についてもいえる

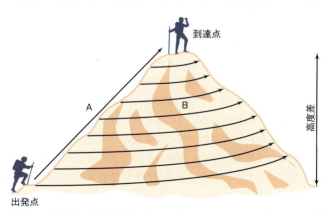

図 2.7　状態関数の定義を理解するためのアナロジー　経路 A は直線的に，経路 B はらせん状に山を登る．両者で高度差は同じ，つまり経路に依存しないから高度差は状態関数である．一方，道すじの長さは経路に依存する．したがってこれは状態関数ではない．

（ただ一つの例外が次の章で現れる）．dw, dq は **不完全微分**（inexact differential）と呼ばれ，それは積分して得られた w や q が経路に依存するということを意味する．一方，dU は **完全微分**（exact differential）と呼ばれ，積分して得られた ΔU が経路に依存しないことを意味している．状態関数の微小変化はすべて完全微分である．

式 (2.13) を別の形で説明すると

$$\Delta U = U_f - U_i$$
$$w \neq w_f - w_i$$
$$q \neq q_f - q_i$$

ということになる．式 (2.13) は，この系における微小変化は，微小量を用いて表した熱力学第一法則の形で

$$dU = dq + dw$$

と書かれるが，この式を積分した場合には

$$\Delta U = q + w$$

となることを意味している．q と w の積分での取扱いが U と異なるのは，U が状態関数だからである．q や w は絶対量として知ることができるが，その値は始状態から終状態に至る経路に依存する．一方，系の始状態と終状態における U の絶対値を知ることはできないが，ΔU は経路に依存しない．

こうした定義はたいした問題でないように思えるかもしれない．しかし気体系について，等温変化や断熱変化などで単純に記述できない一般的な変化を考えてみるとよい．このような変化でも，多くの場合は始状態から終状態までを微小で理想的な段階に分け，過程全体での状態関数の変化を，これら各微小段階での変化が足し合わされたものとして考えることができる．状態関数の変化は経路に依存しないので，段階ごとに計算して足し合わせた状態関数の変化量は，全体を一つの段階として考えた状態関数の変化量と等しくなる．この考え方を使った具体例を，すぐあとの例題で扱う．

過程全体を通して仕事*がなされなければ $dU = dq$ または $\Delta U = q$ となる．仕事がゼロになるのは，ふつう以下の二つの場合である．一つは自由膨張で，もう一つは系が体積変化を起こさない場合である．後者の場合には $dV = 0$ なので，系の行う仕事についての式はすべて厳密にゼロになる．このような条件での熱の関係式は，しばしば

$$dU = dq_V \qquad (2.14)$$
$$\Delta U = q_V \qquad (2.15)$$

と書かれる．ここで q の添え字 V は，過程を通して系の体積が一定であることを意味している．多くの過程で q は直接に測定できるから，式 (2.15) は重要になる．これらの関係から，体積一定で起こる変化については ΔU を知ることができるのである．

---

* これまで圧力–体積仕事に焦点をしぼって考えてきたが，もちろん電気的な仕事や重力による仕事といった別の型の仕事もある．しかしここでは，このような型の仕事までは考えていない．

例題 2.8

1.00 atm，298 K において 1.00 L の気体が，等温可逆的に 10.0 L に膨張した．その後 500 K まで加熱して 1.00 L に圧縮し，298 K まで冷却した．過程全体を通しての内部エネルギー変化 ΔU はいくらか．

解　答
過程全体を通して考えると $\Delta U = 0$ である．状態関数とは，その値が系の条件によってのみ決まる量であることを思いだすこと．問題では，系の始状態と終状態が同じだから，両状態での内部エネルギー（たとえそれがどのようなかたちのものであっても）の絶対値は一致している．したがって内部エネルギー全体の変化はゼロになる．

2.5　エンタルピー

内部エネルギーは系の全エネルギーを表し，熱力学第一法則はこの内部エネルギーの概念を基本としている．しかし実際に扱う際に，これがいつも最適な状態関数であるとは限らない．式（2.15）は，ある過程において系の体積が一定のままであるとすると，内部エネルギーの変化が厳密に q に等しいことを示している．しかしすべての過程が体積一定の条件で起こるわけではない．実際には，大気圧下で起こる定圧過程のほうがより一般的である．

さて，**エンタルピー**（enthalpy）H の基本的な定義は以下で与えられる．

$$H \equiv U + pV \tag{2.16}$$

ここで U と V はそれぞれ系の内部エネルギーと体積を表し，p は系の内圧 p_{int} である．エンタルピー H も状態関数である．そのため内部エネルギーと同様に，その変化量 dH は次のように与えられる．

$$dH = dU + d(pV) \tag{2.17}$$

また，この式の積分形は

$$\Delta H = \Delta U + \Delta(pV) \tag{2.18}$$

となる．微積分学の連鎖則を用いると，式（2.17）は

$$dH = dU + p\,dV + V\,dp$$

と書ける．系の内部と外部の圧力が同じであり，一定に保たれた状態で起こる過程（実験室で行う実験は通常この状態である）では，dp がゼロになるので $V\,dp$ の項はゼロになる．ここへ 2.4 節で与えられた dU のもともとの形を代入し，さらに圧力–体積仕事の関係を用いて整理すれば

$$dH = (dq + dw) + p\,dV$$

2.5 | エンタルピー

$$= dq + (-p\,dV) + p\,dV$$
$$= dq \tag{2.19}$$

系の全変化については式 (2.19) を積分して

$$\Delta H = q$$

を得る．この過程は圧力一定のもとで起こるので，上の式は式 (2.15) と同様に

$$\Delta H = q_p \tag{2.20}$$

と書かれる．多くの過程においてエネルギー変化は圧力一定という条件のもとで起こるため，ふつうはエンタルピー変化を測定するほうが，内部エネルギー変化を測定するよりも簡単である．内部エネルギーのほうがより基本的な量であるのに，エンタルピーのほうが広く用いられるのはこのためである．

例題 2.9

ピストン付きの容器に満たされた 0.0400 mol の理想気体が，一定温度 37.0 ℃ のもとで 50.0 mL から 375 mL へ可逆的に膨張する．その過程で 208 J の熱を吸収するとき，熱 q，仕事 w，内部エネルギー変化 ΔU，エンタルピー変化 ΔH を計算せよ．

解　答

208 J の熱が系に流れこむので，系の全エネルギーは 208 J 増加し，$q = +208$ J となる．w を計算するには式 (2.7) を用いて

$$w = -(0.0400\,\text{mol}) \times 8.314\,\text{J\,mol}^{-1}\,\text{K}^{-1} \times 310\,\text{K} \times \ln\frac{375\,\text{mL}}{50.0\,\text{mL}}$$

$$= -208\,\text{J}$$

となる．ただし温度を絶対温度に変換した．式 (2.11) より ΔU は $q + w$ に等しいから

$$\Delta U = +208\,\text{J} + (-208\,\text{J})$$
$$= 0\,\text{J}$$

ΔH を計算するには式 (2.18) を用いるが，そのためにはまず始状態と終状態の圧力 p_i と p_f を知る必要がある．次にその値を使って $\Delta(pV)$ を求める．温度と体積の単位を換算し，式 (1.10) の理想気体の法則を用いれば

$$p_i = \frac{0.0400\,\text{mol} \times 0.08205\,\text{L\,atm\,mol}^{-1}\,\text{K}^{-1} \times 310\,\text{K}}{0.050\,\text{L}}$$

$$= 20.3\,\text{atm}$$

同様にして

$$p_f = \frac{0.0400\,\text{mol} \times 0.08205\,\text{L\,atm\,mol}^{-1}\,\text{K}^{-1} \times 310\,\text{K}}{0.375\,\text{L}}$$

$$= 2.71\,\text{atm}$$

> q の値は直接与えられている．ここでは，符号を正確に決めることが重要である．

> 定圧条件での任意の変化については，$\Delta(pV)$ は $pV_\mathrm{f} - pV_\mathrm{i}$ になる．

を得る．$\Delta(pV)$ を計算するには，終状態での圧力と体積の積から，始状態での圧力と体積の積を引けばよい．結果は理想気体に関するボイルの法則から期待されるように

$$\Delta(pV) = 2.71\ \mathrm{atm} \times 0.375\ \mathrm{L} - 20.3\ \mathrm{atm} \times 0.0500\ \mathrm{L}$$
$$= 0$$

となる．よって $\Delta H = \Delta U$ が成り立つので

$$\Delta H = 0\ \mathrm{J}$$

を得る．この例題では二つの状態関数の変化量 ΔU と ΔH はともにゼロで等しくなるが，常にそうなるわけではない．

圧力一定の過程は現実によく使われているため（大気圧中でのほとんどすべての過程は定圧過程であると考えてよい），q は通常 ΔH と等しくなる．このため，ある過程の ΔH が正か負かによって，その過程が吸熱，または発熱過程であるということもできる．しかしこのことは，厳密には定圧過程でのみ正しい．

2.6 状態関数の変化

これまで内部エネルギー U やエンタルピー H については，その**変化量**だけを知ることができることを述べ，過程全体での変化量 ΔU と ΔH を問題にしてきた．一方で H や U の微小変化 $\mathrm{d}U$ と $\mathrm{d}H$ については，あまりくわしく考えてこなかった．

系の内部エネルギー U とエンタルピー H は，ともにその系の状態変数を用いて決められる．ある気体について状態を決めている変数は，その気体の物質量 n，圧力 p，体積 V，温度 T である．さて，まず最初に気体の物質量 n は変化しないと考える（化学反応を扱う場合には n も変化することになるが）．そうすると U や H は p, V, T のみによって決まることになる．理想気体であれば p, V, T は状態方程式によって関係づけられており，このうち二つの状態変数がわかれば残りの一つも知ることができる．したがってある系において，与えられた量の気体については二つの独立な状態変数しかないことになる．状態関数の微小変化を知るには p, V, T といった三つの状態変数のうちの二つに対して，それがどのように変化するかを知るだけでよいのである．三つ目については，ほかの二つから計算することができる．

では内部エネルギーやエンタルピーに対して，具体的にはどの二つの変数をとりあげるのがよいのだろう．どれを選んでもかまわないのだが，以下の数学的な取扱いを行うためには，それぞれの状態関数について決められた二つをとりあげるのがよい．内部エネルギー U については温度 T と体積 V，エンタルピー H については温度 T と圧力 p である．

状態関数の完全微分は，それぞれの変数についての偏導関数の和として表すことができる．たとえば内部エネルギー U の微小変化 $\mathrm{d}U$ は，体積一定での温度変化による U の変化量に，温度一定での体積変化による U の変化量

を加えたものになる．この U の変化は，$U(T,V) \to U(T+\mathrm{d}T, V+\mathrm{d}V)$ と表され，内部エネルギー U の微小変化 $\mathrm{d}U$ は

$$\mathrm{d}U = \left(\frac{\partial U}{\partial T}\right)_V \mathrm{d}T + \left(\frac{\partial U}{\partial V}\right)_T \mathrm{d}V \tag{2.21}$$

と書くことができる．つまり $\mathrm{d}U$ は温度によって変化する項と，体積に伴って変化する項からなることになる．二つの偏導関数は T, V それぞれに対する U の傾きとして与えられ，U の微小変化 $\mathrm{d}U$ はこれらの傾きを使って表すことができる．図 2.8 は U と，偏導関数で表された傾きを図示したものである．

$\mathrm{d}U$ についてはもう一つの関係，すなわち

$$\mathrm{d}U = \mathrm{d}q + \mathrm{d}w = \mathrm{d}q - p\,\mathrm{d}V \quad (\text{可逆過程に対して})$$

が成り立つ．これと式 (2.21) から以下の式が導かれる．

$$\left(\frac{\partial U}{\partial T}\right)_V \mathrm{d}T + \left(\frac{\partial U}{\partial V}\right)_T \mathrm{d}V = \mathrm{d}q - p\,\mathrm{d}V$$

この式を $\mathrm{d}q$ について解いて

$$\mathrm{d}q = \left(\frac{\partial U}{\partial T}\right)_V \mathrm{d}T + \left(\frac{\partial U}{\partial V}\right)_T \mathrm{d}V + p\,\mathrm{d}V$$

$\mathrm{d}V$ に関する二つの項をまとめると

$$\mathrm{d}q = \left(\frac{\partial U}{\partial T}\right)_V \mathrm{d}T + \left\{\left(\frac{\partial U}{\partial V}\right)_T + p\right\}\mathrm{d}V$$

を得る．この気体系が体積変化を伴わない変化を起こしたとすると $\mathrm{d}V = 0$ となり，上式は

$$\mathrm{d}q_V = \left(\frac{\partial U}{\partial T}\right)_V \mathrm{d}T \tag{2.22}$$

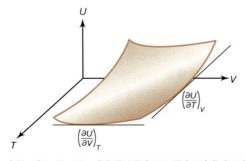

図 2.8　内部エネルギー U の変化量は温度 T に関する変化 $(\partial U/\partial T)_V$ と体積 V に関する変化 $(\partial U/\partial V)_T$ に分けられる．

と簡単になる．両辺を dT で割って

$$\frac{dq_V}{dT} = \left(\frac{\partial U}{\partial T}\right)_V$$

つまり温度変化に伴う熱量変化が，体積一定のもとでの温度による内部エネルギーの変化量に等しくなる．この量 $(\partial U/\partial T)_V$ を系の**定容熱容量**（constant volume heat capacity）C_V と定義する[*]．すなわち

$$C_V \equiv \left(\frac{\partial U}{\partial T}\right)_V \tag{2.23}$$

以上より式（2.22）は

$$dq_V = C_V\, dT \tag{2.24}$$

となる．全熱量を計算するため，微小変化で表された上式の両辺を積分して

$$q_V = \int_{T_i}^{T_f} C_V\, dT = \Delta U \tag{2.25}$$

ただし，この式の二番目の等号は，体積一定の変化では $\Delta U = q$ であることによっている．式（2.25）は体積一定の変化を扱ううえで，最も一般的な式である．この式で，定容熱容量 C_V が考える温度範囲で一定であれば（相の変化などを起こさない狭い温度範囲では，このことはふつう成り立つ），これを積分の外にだすことができて

$$\begin{aligned}\Delta U &= C_V \int_{T_i}^{T_f} dT = C_V(T_f - T_i) \\ &= C_V\, \Delta T\end{aligned} \tag{2.26}$$

となる．n mol の気体に対して，この関係は**モル熱容量**（molar heat capacity）$\bar{C}_V$ を用いて

$$\Delta U = n\bar{C}_V\, \Delta T \tag{2.27}$$

と書くことができる．C_V が温度とともに大きく変化するのなら，C_V を温度の関数として表したものを式（2.25）に代入して積分を計算することになる．この場合には，積分範囲の上限と下限は絶対温度で表しておかなければならない．

　熱容量が系の質量で割ってある場合には，その単位は $J\,g^{-1}\,K^{-1}$ または $J\,kg^{-1}\,K^{-1}$ となり，**比熱容量**（specific heat capacity）または一般に**比熱**（specific heat）と呼ばれる．熱容量を決める場合には，それがモル当りあるいは質量当りで表されているのか，単位に関する注意が必要である．

[*] この定義を，比熱容量と呼ばれる定数 c を用いて温度の変化量 ΔT から熱量 q を決めた式（2.9）と比較するとよい．

例題 2.10

1.00 mol の酸素 O_2 が $-20.0\,°C$ から $37.0\,°C$ へ体積一定で変化する場合の内部エネルギー変化 ΔU を，以下の場合について求めよ．ただし ΔU の単位を J とする．
(a) O_2 が理想気体で $\bar{C}_V = 20.78\,\mathrm{J\,mol^{-1}\,K^{-1}}$ の場合．
(b) O_2 が実在気体で

$$C_V = 21.6 + 4.18 \times 10^{-3} T - \frac{1.67 \times 10^5}{T^2}$$

の場合．ここで，T は絶対温度（ケルビン）で与えられている．

解答

(a) モル熱容量 $\bar{C}_V$ が一定であると仮定しているので，温度変化 ΔT を $57\,°C$ = $57\,K$ として式（2.27）を用いる．$n = 1.00\,mol$ だから

$$\Delta U = 1.00\,\mathrm{mol} \times 20.78\,\mathrm{J\,mol^{-1}\,K^{-1}} \times 57.0\,\mathrm{K}$$
$$= 1184\,\mathrm{J}$$

ここで $\bar{C}_V$ の単位としては mol^{-1} を含んだものを用いている．

(b) 熱容量が温度変化するので，式（2.25）の積分を計算しなければならない．温度を絶対温度に直して

$$\Delta U = \int_{T_i}^{T_f} C_V\,dT$$
$$= \int_{253}^{310} \left(21.6 + 4.18 \times 10^{-3} T - \frac{167000}{T^2}\right)dT$$

各項の積分を行うと

$$\Delta U = \left[21.6T + 4.18 \times 10^{-3}\frac{T^2}{2} + \frac{167000}{T}\right]_{253}^{310}$$

上限と下限を代入し計算すると

$$\Delta U = 6696.0 + 200.0 + 538.7 - (5464.8 + 133.8 + 660.1)$$
$$= 1176.8\,\mathrm{J}$$

となる．
　(a) と (b) で答えがわずかに異なることに注目してほしい．差はそれほど大きくはないが，精密な実験では気をつけなければいけない差である．

温度の変化は $T_f - T_i$ であるので，マイナスの符号（°C）のついた温度の扱いに注意が必要である．

ここでは C_V を具体的な温度の関数の表式に置き換えている．

積分内の各項は温度のべき乗になるだけである．

　ここで内部エネルギー U に関係した，もう一歩進んだ結論を導くことができる．いま図 2.9 に示した過程について U の変化 ΔU を考える．すなわち断熱された系で，容器の一方には理想気体が入っており，バルブを開くことで気体が真空中に膨張する場合を考える．この変化は自由膨張なので仕事はゼロである．また断熱されているため系と外界との間に熱交換はなく，$q = 0$ が成り立っている．これは，この過程では $\Delta U = 0$ であることを意味する．よって式（2.21）から

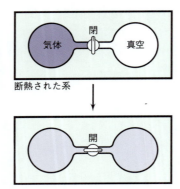

図 2.9 理想気体の断熱的な自由膨張から ΔU について、いくつか興味深い結論が得られる。本文を参照のこと。

$$0 = \left(\frac{\partial U}{\partial T}\right)_V dT + \left(\frac{\partial U}{\partial V}\right)_T dV$$

理想気体でなければ、この二つの項が互いにキャンセルしあう。しかし、理想気体では、加算される両方の項がそれぞれ独立にゼロになっていることを指摘したい。第一項の偏導関数 $(\partial U/\partial T)_V$ は、温度 T が系のエネルギー U を決める要素であることを考えればゼロにはならないはずである。温度が変化すると、系のエネルギーも変化する。これが系の熱容量がゼロにならないということの意味である。したがって dT がゼロでなくてはならず、つまり系は等温変化していることになる。しかし、式 (2.27) は内部エネルギーが温度のみの関数であることを示している。そのため、もし温度変化 $\Delta T = 0$ であれば ΔU もゼロになる。このことは、温度を一定に保った条件での内部エネルギーの微分である $(\partial U/\partial V)_T$ はゼロであることを示している。

$$\left(\frac{\partial U}{\partial V}\right)_T = 0 \quad \text{(理想気体に対して)} \tag{2.28}$$

この式は、温度一定での体積変化による内部エネルギー変化は、理想気体に対してはゼロでなければならないことを意味している。理想気体では、それぞれの粒子の間には互いに相互作用がないと仮定しているので、この理想気体の体積変化は、平均すればそれぞれの粒子が離れる方向に動くような温度一定の条件のもとでは、全エネルギーを変化させることはないのである。実際、式 (2.28) は、ある気体が理想気体かどうかを判断する二つの基準のうちの一つである。すなわち①第1章で議論したような状態方程式で表された理想気体の法則に従い、②気体の温度が変化しなければ内部エネルギーも変化しない気体、を理想気体と呼ぶことになる。実在気体に対しては式 (2.28) を適用できず、全エネルギーは体積の変化に伴って変わっていく。これは実在気体の原子や分子の間に相互作用があるからである。

同様のことをエンタルピーの微小変化 dH についても考えることができる。エンタルピー H については、温度 T と圧力 p を変数として用いることはすでに述べた。したがって

$$dH = \left(\frac{\partial H}{\partial T}\right)_p dT + \left(\frac{\partial H}{\partial p}\right)_T dp \tag{2.29}$$

この変化が圧力一定のもとで起こっていれば $dp = 0$ となり

$$dH = \left(\frac{\partial H}{\partial T}\right)_p dT$$

となる。ここで定容熱容量 C_V を定義したのと同様に**定圧熱容量**（constant pressure heat capacity）C_p を定義する。H を用いれば C_p は以下のように定義できる。

$$C_p \equiv \left(\frac{\partial H}{\partial T}\right)_p \tag{2.30}$$

上の dH の式に式 (2.30) の C_p を用いれば

$$dH = C_p\, dT$$

となる．よって温度変化の際のエンタルピーの全変化 ΔH は積分により

$$\Delta H = \int_{T_\text{i}}^{T_\text{f}} C_p\, dT = q_p \tag{2.31}$$

と求まる．ここで再び圧力一定のもとで起こる変化に対しては，ΔH は q に等しくなるということを用いた．式 (2.31) は，熱容量が温度とともに変化する場合（例題 2.10 参照）に用いられる．また C_p が考えている温度範囲で一定であれば，式 (2.31) は $T_\text{f} - T_\text{i}$ を温度変化 ΔT として

$$\Delta H = C_p \Delta T = q_p \tag{2.32}$$

のように簡単になる．なお先の C_V の単位についての注意は同様に C_p にも当てはまる．すなわち g, mol などの単位で表される特定の物質量が指定されているのか，あるいはただ単に計算の一部にすぎないのかに注意を払わなければならない．ここでも，圧力一定の条件のもとでのモル熱容量 $\overline{C}_p$ を定義することができる．

体積一定での熱容量 C_V を圧力一定での熱容量 C_p と混同してはならない．気体系の変化に対して q や ΔU，ΔH あるいはその両方を計算するのにどの熱容量を用いるべきかを決めるときには，対象としている変化が圧力一定での変化〔**等圧変化**（isobaric change）〕であるか体積一定での変化〔**等容変化**（isochoric change）〕であるかを明確にしなければならない．

最後に，理想気体では

$$\left(\frac{\partial H}{\partial p}\right)_T = 0 \tag{2.33}$$

が成り立つことを示すこともできる．つまり，温度一定のもとでのエンタルピー変化も厳密にゼロなのである．この点は内部エネルギー U について行った議論と同様である．

2.7 ジュール・トムソン係数

これまでたくさんの式が登場してきたが，そのすべては最終的に状態方程式と熱力学第一法則という二つの考えに帰着するようなものである．この二つの考えは全エネルギーの定義と，そこからさまざまなかたちで派生していった概念にもとづいている．さらにこうした熱力学の方程式が，系のおかれている条件を特定することによって簡単になることもみてきた．断熱，自由膨張，等圧や等容などの条件は，熱力学の関係式を簡単にしてくれる制約条件であるといえる．では，これ以外にこうした有用な制約条件はあるだろうか．

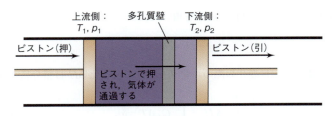

図 2.10 ジュール・トムソンの実験　説明は本文をみよ．

　熱力学第一法則にもとづいたもう一つの有用な制約条件を，図 2.10 に示したジュール・トムソンの実験で説明する．いま断熱系を用意し，多孔質の障壁で隔てられた空間の一方に気体を満たす．この気体は温度 T_1，一定の圧力 p_1 をもち，始めの体積は V_1 とする．ピストンに押され，この気体は多孔質の障壁を無理やりに通過し，最後にはこの一方の側の体積はゼロになる．障壁のもう一方の側では気体が拡散してくるにつれて二番目のピストンが動き，温度は T_2，圧力は一定の p_2 に，体積は V_2 になる．最初，障壁の右側の体積はゼロとする．気体は障壁を無理やりに通過させられることになるので，$p_1 > p_2$ であると考えてよい．両側の圧力は一定になっているので，気体は一方から他方へ無理やり移動させられる際に圧力の低下を起こすことになる．

　障壁の左側では気体に対して仕事がなされ，この仕事は全エネルギー変化に正の寄与をする．右側では気体が仕事を行うため，全エネルギー変化に対して負の寄与をする．一度ピストンが完全に押し込まれるまでに，系によってなされる正味の仕事 w_{net} は

$$w_{\text{net}} = p_1 V_1 - p_2 V_2$$

となる．系は断熱的なので $q = 0$ であり，したがって $\Delta U_{\text{net}} = w_{\text{net}}$ となる．ここで ΔU_{net} は右側の内部エネルギー U_2 から左側の内部エネルギー U_1 を引いたものだから

$$\Delta U_{\text{net}} = U_2 - U_1 = w_{\text{net}}$$

w_{net} を表す二つの式を等しいとおけば

$$p_1 V_1 - p_2 V_2 = U_2 - U_1$$

を得る．整理して

$$U_1 + p_1 V_1 = U_2 + p_2 V_2$$

となる．和 $U + pV$ はエンタルピー H の定義そのものなので，ジュール・トムソンの実験では気体について

$$H_1 = H_2$$

という関係が成り立つ．いいかえれば，この過程での気体のエンタルピー変化 ΔH はゼロ，すなわち

$$\Delta H = 0$$

ということである．気体のエンタルピーが変化しないので，この過程は**等エンタルピー的**（isenthalpic）と呼ばれる．この等エンタルピー過程について，どのような結論が得られるだろうか．

エンタルピー変化はゼロだが，温度変化はゼロにはならない．では，この等エンタルピー過程での圧力低下に伴い，どのような温度変化が生じるだろうか．すなわち $(\partial T/\partial p)_H$ はどのようなものだろうか．この偏導関数は，実際に図 2.10 に示したような装置を使って実験的に測定することができる．

ジュール・トムソン係数（Joule-Thomson coefficient）μ_{JT} はエンタルピー H を一定にしたときの圧力 p に対する気体温度 T の変化として次のように定義される．

$$\mu_{\text{JT}} \equiv \left(\frac{\partial T}{\partial p}\right)_H \tag{2.34}$$

いま，この式をより使いやすいように以下のように近似しておく．

$$\mu_{\text{JT}} \approx \left(\frac{\Delta T}{\Delta p}\right)_H$$

理想気体ではエンタルピー H は温度 T のみの関数である（これはエンタルピー H が一定であれば，温度 T も一定であることを意味する）から μ_{JT} は厳密にゼロになる．しかし実在気体に対しては μ_{JT} はゼロにならず，気体は等エンタルピー過程において温度変化する．ここで偏導関数の循環則

$$\left(\frac{\partial T}{\partial p}\right)_H \left(\frac{\partial H}{\partial T}\right)_p \left(\frac{\partial p}{\partial H}\right)_T = -1$$

を思いだして，これを以下のように変形する．

$$\left(\frac{\partial T}{\partial p}\right)_H = -\frac{(\partial H/\partial p)_T}{(\partial H/\partial T)_p}$$

この式の左辺は式（2.34）より μ_{JT}，右辺の分母は式（2.30）より定圧熱容量 C_p だから

$$\mu_{\text{JT}} = -\frac{(\partial H/\partial p)_T}{C_p} \tag{2.35}$$

を得る．理想気体では $(\partial H/\partial p)_T$ がゼロになるため，この式から μ_{JT} がゼロになることが確かめられる．

例題 2.11

いま二酸化炭素 CO_2 のジュール・トムソン係数 μ_{JT} を $0.6375\ \text{K atm}^{-1}$ とする．20 atm，100 ℃ の CO_2 が多孔質の障壁を無理やりに通過させられ最終的に 1 atm になったとき，この CO_2 の温度はいくらか．

解 答

ジュール・トムソン係数 μ_{JT} の近似式

$$\mu_{\mathrm{JT}} \approx \left(\frac{\Delta T}{\Delta p}\right)_H$$

のほうを用いる．この過程での Δp は $-19\,\mathrm{atm}$ だから（負の符号は，圧力が減少することを意味する），上の式に適当な値を代入して

$$0.6375\,\mathrm{K\,atm^{-1}} = \frac{\Delta T}{-19\,\mathrm{atm}}$$

掛け算を行えば

$$\Delta T = -12\,\mathrm{K}$$

を得る．これは温度が $12\,\mathrm{K}$ だけ低下すること，すなわち温度が $100\,°\mathrm{C}$ から $88\,°\mathrm{C}$ へ低下することを意味する．

> 圧力の変化は，$p_\mathrm{f} - p_\mathrm{i}$ であり，この例題では負になる．負の符号も計算には含めなければならない．

　実在気体のジュール・トムソン係数 μ_{JT} は温度や圧力とともに変化する．表 2.2 には実験的に求められた μ_{JT} の値が示されている．ある条件のもとでは μ_{JT} は負になり，これは圧力の低下とともに温度が上昇することを意味する．つまり膨張とともに気体は熱くなる．一方，低温領域では μ_{JT} は正になり，圧力の低下とともに気体の温度は低下する．μ_{JT} が負から正に変わる温度を**反転温度**（inversion temperature）と呼ぶ．ジュール・トムソン効果を利用して気体を冷却するには，その気体は反転温度よりも低温でなければならない．

　気体の圧縮と膨張をくり返し，最終的に液体として凝縮するところまで気体温度を下げるシステムを構築すれば，ジュール・トムソン効果を気体の液化に利用できる．液体窒素や液体酸素はふつう，この方法を工業的な規模で用いて製造される．しかしジュール・トムソン効果が温度低下を生じる望ましい方向に作用するためには，気体の温度が反転温度よりも低くなければならない．反転温度が非常に低い気体はジュール・トムソン効果を利用した液化の際，その反転温度以下に前もって冷却しておかなければならない．このことが広く理解されるまでは，何種類かの気体は "ふつう" の方法では液化できない "永久気体" であると考えられていた[*]．当時は水素，酸素，窒素，一酸化窒素，メタン，そしてヘリウムからクリプトンまでの希ガスがこうした気体であると考えられた．しかし間もなく窒素と酸素は循環式のジュール・トムソン効果を利用した装置によって液化され，ほかの気体もその後すぐに液化された．しかし水素とヘリウムの反転温度はそれぞれ $202\,\mathrm{K}$ と $40\,\mathrm{K}$ で非常に低く，ジュール・トムソン効果を利用した冷却の前に十分な予冷を行わなければならなかった．水素はスコットランドの物理学者 Dewar によって 1898 年に液化され，ヘリウムはオランダの物理学者 Kamerlingh-Onnes によって 1908 年に液化された[**]．

---

[*] この種の "永久気体" の存在は Faraday によって 1845 年に最初に報告されている．彼は，それらの気体をどうしても液化することができなかったのである．

[**] Kamerlingh-Onnes はまた液体ヘリウムを用いて超伝導現象を発見した．

表 2.2 いろいろな気体のジュール・トムソン係数 （K atm^{-1}）

圧力 （atm）	$T=-150$ ℃	-100 ℃	-50 ℃	0 ℃	50 ℃	100 ℃	150 ℃	200 ℃
空気（水分と二酸化炭素を含んでいない）								
1	—	0.5895	0.3910	0.2745	0.1956	0.1355	0.0961	0.0645
20	—	0.5700	0.3690	0.2580	0.1830	0.1258	0.0883	0.0580
60	0.0450	0.4820	0.3195	0.2200	0.1571	0.1062	0.0732	0.0453
100	0.0185	0.2775	0.2505	0.1820	0.1310	0.0884	0.0600	0.0343
140	-0.0070	0.1360	0.1825	0.1450	0.1070	0.0726	0.0482	0.0250
180	-0.0255	0.0655	0.1270	0.1100	0.0829	0.0580	0.0376	0.0174
200	-0.0330	0.0440	0.1065	0.1090	0.0950	—	—	—
アルゴン								
1	1.812	0.8605	0.5960	0.4307	0.3220	0.2413	0.1845	0.1377
20	—	0.8485	0.5720	0.4080	0.3015	0.2277	0.1720	0.1280
60	-0.0025	0.6900	0.4963	0.3600	0.2650	0.1975	0.1485	0.1102
100	-0.0277	0.2820	0.3970	0.3010	0.2297	0.1715	0.1285	0.0950
140	-0.0403	0.1137	0.2840	0.2505	0.1947	0.1490	0.1123	0.0823
180	-0.0595	0.0560	0.2037	0.2050	0.1700	0.1320	0.0998	0.0715
200	-0.0640	0.0395	0.1860	0.1883	0.1580	0.1255	0.0945	0.0675
二酸化炭素								
1	—	—	2.4130	1.2900	0.8950	0.6490	0.4890	0.3770
20	—	—	-0.0140	1.4020	0.8950	0.6375	0.4695	0.3575
60	—	—	-0.0150	0.0370	0.8800	0.6080	0.4430	0.3400
100	—	—	-0.0160	0.0215	0.5570	0.5405	0.4155	0.3150
140	—	—	-0.0183	0.0115	0.1720	0.4320	0.3760	0.2890
180	—	—	-0.0228	0.0085	0.1025	0.3000	0.3102	0.2600
200	—	—	-0.0248	0.0045	0.0930	0.2555	0.2910	0.2455
窒素								
1	1.2659	0.6490	0.3968	0.2656	0.1855	0.1292	0.0868	0.0558
20	1.1246	0.5958	0.3734	0.2494	0.1709	0.1173	0.0776	0.0472
60	0.0601	0.4506	0.3059	0.2088	0.1449	0.0975	0.0628	0.0372
100	0.0202	0.2754	0.2332	0.1679	0.1164	0.0768	0.0482	0.0262
140	-0.0056	0.1373	0.1676	0.1316	0.0915	0.0582	0.0348	0.0168
180	-0.0211	0.0765	0.1120	0.1015	0.0732	0.0462	0.0248	0.0094
200	-0.0284	0.0587	0.0906	0.0891	0.0666	0.0419	0.0228	0.0070

ヘリウム[a]								
圧力 （atm）	160 K	200 K	240 K	280 K	320 K	360 K	400 K	440 K
< 200	-0.0574	-0.0594	-0.0608	-0.0619	-0.0629	-0.0637	-0.0643	-0.0645

出典：R. H. Perry, D. W. Green, "Perry's Chemical Engineers' Handbook," 6th ed., McGraw-Hill, New York (1984).
a) 200 atm 以下では，ヘリウムのジュール・トムソン係数の値はほとんど変化しない．なおヘリウムのデータは絶対温度で与えられていることに注意する．

2.8 さらに熱容量について

二つの熱容量の定義を思いだしてほしい．一つは系の体積を一定に保った場合の変化，もう一つは系の圧力を一定に保った場合の変化に対するもので，それぞれ C_V と C_p で表した．この二つの間にはどのような関係があるだろうか．

式（2.22）を導くのに用いた次の式から始める．

$$\mathrm{d}q = \left(\frac{\partial U}{\partial T}\right)_V \mathrm{d}T + \left\{\left(\frac{\partial U}{\partial V}\right)_T + p\right\}\mathrm{d}V \tag{2.36}$$

ここで p は外圧である．$(\partial U/\partial T)_V$ を C_V と定義しているので，この式は

$$\mathrm{d}q = C_V \mathrm{d}T + \left\{\left(\frac{\partial U}{\partial V}\right)_T + p\right\}\mathrm{d}V$$

と書き直すことができる．さて，ここまでは pV という仕事のみが実行されると考え，系に対して特別な条件はつけてこなかった．ここではじめて，圧力は一定に保たれているという条件を課すことにする．しかしこの条件を課しても，上の式は微小変化 $\mathrm{d}q$ が温度変化 $\mathrm{d}T$ と体積変化 $\mathrm{d}V$ で表されているので何も変化しない．そこでこれを下のように書く．

$$\mathrm{d}q_p = C_V \mathrm{d}T + \left\{\left(\frac{\partial U}{\partial V}\right)_T + p\right\}\mathrm{d}V$$

ここで $\mathrm{d}q$ に添え字 p がついていることに注意する．両辺を $\mathrm{d}T$ で割れば

$$\left(\frac{\partial q}{\partial T}\right)_p = C_V + \left\{\left(\frac{\partial U}{\partial V}\right)_T + p\right\}\left(\frac{\partial V}{\partial T}\right)_p$$

を得る．圧力一定という条件のため $\partial V/\partial T$ に添え字 p がついていることに注意しなければならない．また分子に示された量は数多くの変数に依存しているので，偏導関数を用いた表し方になることにも注意する必要がある（これ以外の導関数も偏導関数で書き表される）．$\mathrm{d}H = \mathrm{d}q_p$ の関係を左辺に用いて

$$\left(\frac{\partial H}{\partial T}\right)_p = C_V + \left\{\left(\frac{\partial U}{\partial V}\right)_T + p\right\}\left(\frac{\partial V}{\partial T}\right)_p$$

$(\partial H/\partial T)_p$ は式（2.30）で定圧熱容量 C_p として定義されているから，次のような C_V と C_p の関係を得る．

$$C_p = C_V + \left\{\left(\frac{\partial U}{\partial V}\right)_T + p\right\}\left(\frac{\partial V}{\partial T}\right)_p \tag{2.37}$$

系が理想気体であれば，この式をすぐに計算することができる．温度一定での内部エネルギー変化は厳密にゼロで（これは理想気体の定義と関係した特徴の一つである），また $(\partial V/\partial T)_p$ は式（1.10）で表された理想気体の法則

を用いて

$$\left(\frac{\partial V}{\partial T}\right)_p = \frac{nR}{p}$$

と求まる．以上を式（2.37）に代入すれば

$$C_p = C_V + (0+p)\frac{nR}{p}$$

よって

$$C_p = C_V + nR$$

さらに 1 mol 当りの量に直せば，理想気体に対する関係式が以下のように得られる．

$$\overline{C}_p = \overline{C}_V + R \qquad (2.38)$$

これはとても簡単だが，たいへん便利な式である．

C_V と C_p の値はどうなるのだろうか．第 1 章で行った分子運動の熱力学的扱いから理解することができる．単原子理想気体では並進運動（単原子気体はこの並進の運動しかもたない）による熱力学的なエネルギーは

$$\langle E \rangle = \frac{3}{2}RT$$

となる．この平均エネルギーが内部エネルギーと等価であり，また

$$C_V = \left(\frac{\partial U}{\partial T}\right)_V$$

より熱容量の理論値は，エネルギーの温度による微分から容易に求まる．

$$\overline{C}_V = \frac{3}{2}R = 12.471 \text{ J mol}^{-1}\text{ K}^{-1} \qquad (2.39)$$

が成り立つ．したがって式（2.38）から

$$\overline{C}_p = \frac{5}{2}R = 20.785 \text{ J mol}^{-1}\text{ K}^{-1} \qquad (2.40)$$

となる．アルゴン Ar やネオン Ne，ヘリウム He などの気体の $\overline{C}_p$ はおよそ 20.8 J mol^{-1} K^{-1} 程度の値になるが，これは驚くことでもない．軽い不活性ガスは理想気体でよく近似できるからである．

同様の考え方は，分子の回転や振動にも適用できる[†]．直線分子（の回転運動）に対する内部エネルギーは

$$\langle E \rangle = RT$$

となる．したがって，回転運動による熱容量は

[†] 訳者注　分子の回転や振動の内部エネルギーについての詳細は，第 18 章で学ぶ．

$$C_V(\text{rot}) = R$$

となる．直線分子の全熱容量は並進による寄与と回転による寄与を足して

$$C_V = \frac{3}{2}R + R = \frac{5}{2}R$$

である．振動運動の熱容量に対する寄与は，振動エネルギーの温度変化がより複雑であるため，同様に複雑になる．

上と同じ考え方で，以下の熱容量に関する式を得る．

$$C_V(\text{vib}) = \frac{\partial \langle E \rangle_{\text{vib}}}{\partial T} = k\left(\frac{h\nu}{kT}\right)^2 \frac{e^{h\nu/kT}}{(e^{h\nu/kT}-1)^2}$$

ここで h はプランク定数，k はボルツマン定数である．この式は非常に複雑な関数であるが，高い温度の極限（もしくは振動エネルギーが非常に小さい極限）であれば，エネルギーは

$$E = RT$$

となるため，熱容量へのこの振動モードの寄与は

$$C_V(\text{vib}) = R$$

となる．N 原子分子については，それぞれの分子のもつ基準振動モードは $3N-6$ であるため，高温領域では，振動の熱容量に対する寄与は $(3N-6) \times R$ である．

図 2.11 は，CO の熱容量の温度変化の実験値である．低温では，熱容量は並進と回転エネルギーの寄与からなり，その値は $(3/2)R + R = (5/2)R$ である．低温での熱容量の値は 20.8 J mol^{-1} K^{-1}〔ほぼ $(5/2)R$〕である．しかし，温度が上がるとともに CO 分子の振動運動の寄与が最大 R まで増していき，熱容量が $(7/2)R$ に近づく．図 2.11 は，CO 分子の気体状態での振動エネルギーが増していき，系の熱容量に影響を与えてくることを示している．このことは，われわれが熱力学的な性質に対してもつ分子論的な理解とすべて矛盾しない．

より複雑な分子については，振動運動が多様になり熱容量の温度依存性はより複雑になる．気体の熱容量の温度依存性が，さまざまな分子に対してなぜそのようになるかを理解するまで，歴史的にもどれほど大きな混乱があったか想像できるであろう．

単原子理想気体の熱容量は温度によらないが，実在気体はそうではない．実在気体の熱容量を表す場合には，以下で示されるような二種類のべき級数のどちらかを用いるのがふつうである．

$$C_p = a + bT + cT^2$$

または

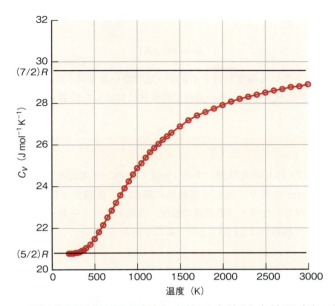

図 2.11 CO の熱容量の温度変化の実験値 縦軸上の $(5/2)R$ と $(7/2)R$ に印をつけた.

$$C_p = a + bT + \frac{c}{T^2}$$

ここで a, b, c は実験的に決められる定数である.

ところで断熱過程では,熱の出入りは厳密にゼロだから

$$dU = dw$$

この関係をここで再び用いることにする.いま式（2.21）と（2.23）から理想気体に対して

$$dU = C_V\,dT + \left(\frac{\partial U}{\partial V}\right)_T dV = C_V\,dT$$

となることがわかっている.この式の二番目の等号は $(\partial U/\partial V)_T$ が理想気体の場合にはゼロになることによっている.したがって断熱過程での微小変化について,上の二つの関係から

$$dw = C_V\,dT$$

となる.考えている断熱過程全体について積分すると

$$w = \int_{T_i}^{T_f} C_V\,dT \tag{2.41}$$

熱容量が一定であれば,$T_f - T_i$ を温度変化 ΔT として

$$w = C_V\,\Delta T \tag{2.42}$$

を得る.任意の物質量の場合に適用しやすいよう,1 mol 当りの熱容量であ

る $\bar{C}_V$ で書くと

$$w = n\bar{C}_V \Delta T \tag{2.43}$$

となる．考えている温度範囲で C_V が一定でないときは，C_V の適当な表式を式 (2.41) に代入して，その過程での変化に対応した仕事 w を計算しなければならない．

例題 2.12

1.00 atm，273.15 K の始状態にある 1 mol のメタンを考える．いま，この気体が 0.375 atm の圧力に抗して断熱的に膨張し，体積が 2 倍になったとする．この過程での仕事 w，終状態の温度，内部エネルギー変化 ΔU を計算せよ．メタンの熱容量は 35.69 J mol^{-1} K^{-1} である．

解 答

まず，この過程での体積変化を求めなければならない．始状態の条件からそのときの体積 V_i が計算でき，そこから変化量がわかる．式 (1.10) に適切な値を代入すれば

これは理想気体の法則である．

$$1.00 \text{ atm} \times V_i = 1 \text{ mol} \times 0.08205 \text{ L atm mol}^{-1} \text{ K}^{-1} \times 273.15 \text{ K}$$
$$V_i = 22.4 \text{ L}$$

この過程によって体積が 2 倍になるのだから終状態の体積は 44.8 L で，体積変化 ΔV は 44.8 L $-$ 22.4 L = 22.4 L となる．

さて気体によってなされた仕事 w は，式 (2.4) へ適切な値を代入し，単位の変換を行えば

最後の項は J と L atm との変換係数である．

$$w = -(0.375 \text{ atm}) \times 22.4 \text{ L} \times \frac{101.32 \text{ J}}{1 \text{ L atm}}$$
$$= -851 \text{ J}$$

この過程は断熱過程なので，$q = 0$ である．

と計算できる．いま $q = 0$ だから式 (2.11) より $\Delta U = w$．よって

$$\Delta U = -851 \text{ J}$$

となる．終状態の温度は式 (2.39) で示したように，理想気体に対する $\bar{C}_V$ が $(3/2)R$ すなわち 12.47 J mol^{-1} K^{-1} であることを使って，式 (2.43) を用いた関係から計算できる．すなわち

$$-851 \text{ J} = 1 \text{ mol} \times 35.69 \text{ J mol}^{-1} \text{ K}^{-1} \times \Delta T$$

ゆえに

$$\Delta T = -23.8 \text{ K}$$

始状態の温度が 273.15 K なので，終状態の温度は 273.15 K $-$ 23.8 K より，およそ 249 K である．

断熱過程において，系に対してなされる微小仕事 dw は以下の二つの式で表すことができる．

$$dw = -p_{\text{ext}} dV$$
$$dw = n\bar{C}_V dT$$

この二つの式を等しいとおけば

$$-p_{\text{ext}}\,dV = n\bar{C}_V\,dT$$

この断熱過程が可逆的であれば $p_{\text{ext}} = p_{\text{int}}$ で，p_{int} をほかの状態変数で表すために式（1.10）の理想気体の法則を用いることができる．よって

$$-\frac{nRT}{V}\,dV = n\bar{C}_V\,dT$$

温度変数を右辺にまとめれば

$$-\frac{R}{V}\,dV = \frac{\bar{C}_V}{T}\,dT$$

ここで変数 n は約分した．変化を通して $\bar{C}_V$ が一定であると仮定して両辺を積分すると*

$$-R\left[\ln V\right]_{V_i}^{V_f} = \bar{C}_V\left[\ln T\right]_{T_i}^{T_f}$$

* この積分には，積分公式
$$\int \frac{dx}{x} = \ln x$$
を用いる．

ただし始状態の体積と温度を V_i と T_i，終状態の体積と温度を V_f と T_f で表した．対数の性質を使い，また積分範囲の上限と下限を使って計算すれば，理想気体の断熱可逆過程に対して

$$-R\ln\frac{V_f}{V_i} = \bar{C}_V\ln\frac{T_f}{T_i} \tag{2.44}$$

を得る．ここで左辺の対数について，引数の逆数をとって負の符号を取り除くと

$$R\ln\frac{V_i}{V_f} = \bar{C}_V\ln\frac{T_f}{T_i}$$

式（2.38）で与えられた $\bar{C}_p = \bar{C}_V + R$ の関係を $R = \bar{C}_p - \bar{C}_V$ と変形して上の式に代入すれば

$$(\bar{C}_p - \bar{C}_V)\ln\frac{V_i}{V_f} = \bar{C}_V\ln\frac{T_f}{T_i}$$

全体を $\bar{C}_V$ で割って

$$\frac{\bar{C}_p - \bar{C}_V}{\bar{C}_V}\ln\frac{V_i}{V_f} = \ln\frac{T_f}{T_i}$$

$\bar{C}_p/\bar{C}_V$ は，ふつう γ と定義される．すなわち

$$\gamma \equiv \frac{\bar{C}_p}{\bar{C}_V} \tag{2.45}$$

この γ を使い，さらに変形すれば

$$\left(\frac{V_\text{i}}{V_\text{f}}\right)^{\gamma-1} = \frac{T_\text{f}}{T_\text{i}} \tag{2.46}$$

を得る．単原子理想気体の場合には $\gamma-1$ が $2/3$ になることを示すことができるので，その断熱可逆過程に対して

$$\left(\frac{V_\text{i}}{V_\text{f}}\right)^{2/3} = \frac{T_\text{f}}{T_\text{i}} \tag{2.47}$$

が成り立つ．体積の代わりに圧力を用いて表せば

$$\left(\frac{p_\text{f}}{p_\text{i}}\right)^{2/5} = \frac{T_\text{f}}{T_\text{i}} \tag{2.48}$$

となる．式（2.47）と（2.48）を代数的に組み合わせ，添え字をつけかえると，単原子理想気体の断熱可逆変化に対して

$$p_1 V_1^{5/3} = p_2 V_2^{5/3} \tag{2.49}$$

を得る．

例題 2.13

断熱可逆過程によって，1 mol の不活性単原子気体の圧力が 2.44 atm から 0.338 atm へ変化した．最初の温度が 339 K のとき，終状態の温度 T_f はいくらか．

解 答

式（2.48）を用いて

$$\left(\frac{0.338\,\text{atm}}{2.44\,\text{atm}}\right)^{2/5} = \frac{T_\text{f}}{339\,\text{K}}$$

これを解いて

$$T_\text{f} = 154\,\text{K}$$

となる．

例題 2.14

ある気体について式（2.48）は以下のように表される．

$$\left(\frac{p_\text{f}}{p_\text{i}}\right)^{(\gamma-1)/\gamma} = \frac{T_\text{f}}{T_\text{i}}$$

1 mol の CO_2 に対して，圧力が 2.44 atm から 0.338 atm へ変化する可逆断熱過程を考える．始状態の温度が 339 K の場合，終状態の温度はいくらか．ただし，振動エネルギーの寄与は無視できるとする．

解　答

前の例題とこの例題との間の最も大きな差は，γ の値が異なることである．直線分子では C_V は並進エネルギー〔$C_V(\text{trans}) = (3/2)R$〕と回転エネルギー〔$C_V(\text{rot}) = R$〕からなる．したがって，$C_V = (5/2)R$ である．$C_p = C_V + R$ であるから，$C_p = (7/2)R$ となる．ここから γ は以下のようになる．

$$\gamma = \frac{C_p}{C_V} = \frac{\frac{7}{2}R}{\frac{5}{2}R} = \frac{7}{5}$$

表示の指数は

$$\frac{\gamma - 1}{\gamma} = \frac{\frac{7}{5} - 1}{\frac{7}{5}} = \frac{2}{7}$$

となり，これを代入すると

$$\left(\frac{0.338\,\text{atm}}{2.44\,\text{atm}}\right)^{2/7} = \frac{T_f}{339\,\text{K}}$$

となる．これを解いて $T_f = 193\,\text{K}$ である．この解が前の解とどの程度異なるかを注意すること．

$(5/2)R$ は 20.78 J mol^{-1} K^{-1} である．
$(7/2)R$ は 29.10 J mol^{-1} K^{-1} である．

この答えが正しいかは，$(5/2)R$，$(7/2)R$ に上の傍注の数値を入れて確認することができる．

2.9　相の変化

ここまで，圧力や温度変化など，おもに系に対する物理的変化を議論してきた．ここからは，相の変化をとりあげ，物理的変化以外の変化について考えていく．H_2O のような物質の 0 K，1 atm の状態を考える．H_2O に熱を加えると，その温度は熱容量によって決まる比率で上昇していく．図 2.12 は（その温度変化で）何が起こるかを定性的に表している．0 K において水は氷の状態にあり熱エネルギーはゼロの状態である．加熱していくと 273 K で融解するまで連続的にエネルギーを獲得する．この温度で，加えられたすべてのエネルギーは氷が完全に溶けるまで使われ，加熱しても温度が上昇しなくなる．これは **相の変化**（phase change）である．すべての氷が溶けると，今度は 1 atm，373 K の沸点に至るまで，温度は上昇し続ける．373 K で液体から気体へ次の相の変化が生じる．ここで再び，相の変化が終わるまで温度は一定に保たれる（もう一つの相の変化である固相から気相への変化は，この条件下での H_2O では通常は起こらない）．

たいていの場合，相の変化（固体 ⇌ 液体，液体 ⇌ 気体，固体 ⇌ 気体）は圧力一定の実験条件のもとで起こり，ここで生じる熱量 q は前と同様に ΔH と等しくなる*．たとえば氷の標準融点 0 ℃ における融解

$$H_2O(s, 0\,℃) \longrightarrow H_2O(l, 0\,℃)$$

では，相の変化を進行させるために 1 g 当りまたは 1 mol 当りの，ある決まった量の熱 q が必要になる．しかし相の変化が進んでいる間，温度は変化し

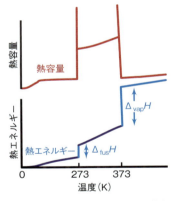

図 2.12　H_2O の熱エネルギーと熱容量の 0 K から 373 K 以上までの定性的な振る舞い　二つの図はともに縦軸の値がゼロのところから始まっている．

* 圧力の変化も同様に相の変化を引き起こす．これについては第 6 章で考える．

ない．相変化は定温過程である．H_2O は 0 ℃ で固体としても液体としても存在しうるのである．この現象では温度変化 ΔT が含まれていないので，式 (2.9) はそのままでは適用できない．その代わり，ここでの熱量 q は物質の量 m に比例している．したがって**融解熱** (heat of fusion) $\Delta_{fus}H$ と呼ばれる比例定数を用いれば，次の簡単な式が得られる．

$$q = m\,\Delta_{fus}H \tag{2.50}$$

ここでいう融解 "fusion" は "melting" と同義である．物質の量 m の単位が g の場合，$\Delta_{fus}H$ の単位は $J\,g^{-1}$ になる．物質の量 n の単位が mol の場合には，式 (2.50) は

$$q = n\,\Delta_{fus}\bar{H} \tag{2.51}$$

と書いたほうが適切である．式 (2.51) の $\Delta_{fus}\bar{H}$ は 1 mol 当りの量で $J\,mol^{-1}$ という単位をもつ．凝固と融解は単純に逆の過程なので，式 (2.50) と (2.51) はこの両方の過程に使うことができる．それぞれの過程に応じて，発熱と吸熱の適切なほうを表記することになる．融解では系に熱が加えられなければならないので吸熱過程となり，ΔH は正の値になる．凝固では系から熱が取り去られることになるので発熱過程となり，ΔH は負の値になる．

例題 2.15

水の融解熱 $\Delta_{fus}H$ は 334 $J\,g^{-1}$ である．
(a) 59.5 g の氷（だいたい大きな角氷に相当する）を溶かすには，どれくらいの熱量 q が必要か．
(b) もし，その過程が圧力一定で起こったとしたら，この過程における ΔH はいくらか．

解 答
(a) 式 (2.50) から
$$q = 59.5\,g \times 334\,J\,g^{-1}$$
$$= 1.99 \times 10^4\,J$$
となる．
(b) 固体から液体になるためには，系に熱が加えられる必要があるので，この過程での ΔH は変化が吸熱的であることを反映する．q が ΔH と等しいことを思いだして $\Delta H = +1.99 \times 10^4\,J$ を得る．

圧力一定であれば $\Delta H = q$ である

固体が液体になったとき，または液体が固体になったときの体積変化は，ふつう無視できるので $\Delta H \approx \Delta U$ である（ただし水は明らかに例外である．水は凝固する際におよそ 10% もの体積膨張を示す）．一方で

$$H_2O(l, 100\,℃) \longrightarrow H_2O(g, 100\,℃)$$

のように液体から気体になる場合の体積変化はかなり大きなものになる*．

---

* 固体から気体になる場合の体積変化もかなり大きい．

液体から気体になる過程は**蒸発**（vaporization）と呼ばれるが，この場合にも相の変化が起こっている間は温度は一定に保たれる．また同様に，このとき必要な熱量は物質の量に比例する．比例定数は**蒸発熱**（heat of vaporization）$\Delta_{vap}H$ と呼ばれ，これに伴う熱量 q を計算するための関係は式 (2.50) とよく似た

$$q = m\,\Delta_{vap}H \quad \text{（物質の量 } m \text{ の単位が g の場合）} \quad (2.52)$$

か，式 (2.51) とよく似た

$$q = n\,\Delta_{vap}\overline{H} \quad \text{（物質の量 } n \text{ の単位が mol の場合）} \quad (2.53)$$

になる．逆の過程，すなわち**凝縮**（condensation）で生じる熱についても式 (2.52) と (2.53) を使い，前と同様，熱がどちらの方向へ移動するかに注意すれば計算できる．蒸発や昇華に伴う仕事を計算する場合には，ふつう無視できるくらいの小さな凝縮相の体積は考えなくてよい．このことを次の例題で説明する．

例題 2.16

1 g の H_2O が 100 ℃，1.00 atm で蒸発するときの q, w, ΔH, ΔU を求めよ．ただし H_2O の $\Delta_{vap}H$ を 2260 J g^{-1} とし，理想気体の性質を仮定する．また 100 ℃ における H_2O の密度を 0.9588 g cm^{-3} とする．

解 答

式 (2.52) を用いれば，この過程についての q と ΔH はすぐに計算できる．

$$q = 1\,\text{g} \times 2260\,\text{J g}^{-1} = 2260\,\text{J}$$

これだけの q が系に流入するのだから

$$\Delta H = q = +2260\,\text{J}$$

圧力一定なので $\Delta H = q$ である．

w を計算するためには，蒸発による体積変化を求めることが必要になる．H_2O の蒸発による体積変化 ΔV は $H_2O(l)$ と $H_2O(g)$ の体積をそれぞれ V_{liq} と V_{gas} として

$$\Delta V = V_{gas} - V_{liq}$$

これは，「終状態の体積−始状態の体積」と同じである．

と表される．理想気体の法則を用いて 100 ℃ = 373 K における $H_2O(g)$ の体積 V_{gas} を計算すると

$$V_{gas} = \frac{0.0555\,\text{mol} \times 0.08205\,\text{L atm mol}^{-1}\,\text{K}^{-1} \times 373\,\text{K}}{1.00\,\text{atm}}$$

$$= 1.70\,\text{L}$$

理想気体の法則をここで用いる．

100 ℃ での $H_2O(l)$ の体積 V_{liq} は 1.043 cm^3 = 0.001043 L なので

$$\Delta V = V_{gas} - V_{liq}$$
$$= 1.70\,\text{L} - 0.001043\,\text{L}$$
$$\approx 1.70\,\text{L} = V_{gas}$$

有効数字が 3 桁のため，液相の体積は無視できる．

を得る．この計算から，液体の体積が気体の体積に比べ無視できることがわかる．したがって，たいへんによい近似として $\Delta V = V_{gas}$ が成り立つ．さ

計算には L atm から J への変換係数が含まれている.

て, ΔV が求まったので w を計算すると式 (2.4) より, 単位の変換も含めて

$$w = -(1.00 \text{ atm}) \times 1.70 \text{ L} \times \frac{101.32 \text{ J}}{1 \text{ L atm}}$$

$$= -172 \text{ J}$$

となる. $\Delta U = q + w$ なので

$$\Delta U = 2260 \text{ J} + (-172 \text{ J}) = 2088 \text{ J}$$

この結果は, ΔH と ΔU が等しくならない一例である.

表 2.3 は $\Delta_{\text{fus}}H$ と $\Delta_{\text{vap}}H$ をいろいろな物質について表にしたものである. $\Delta_{\text{fus}}H$ と $\Delta_{\text{vap}}H$ の値は相の変化を起こすのにどれくらいのエネルギーが必要かを示すものであり, 物質中での原子間または分子間での相互作用の強さに関係している. たとえば, 水は分子量の小さな物質としては異常に大きな蒸発熱 $\Delta_{\text{vap}}H$ を示す. これは水分子間で働く強い水素結合に原因がある. それぞれの水分子どうしを分離する (蒸発の過程ではこうした変化が実際に起こっている) ためには, たくさんのエネルギーが必要になる. 大きな蒸発熱 $\Delta_{\text{vap}}H$ はこの事実を反映しているのである.

2.10 化学変化

化学反応が起こるとき, 系の化学種は変化する. その場合も, これまで考えてきたほとんどの式や定義をそのまま用いることができる. しかし ΔU や ΔH についてはこれらを拡張して考える必要がある.

まず, すべての化学物質が内部エネルギーとエンタルピーとをもっていることを理解しておく. 化学変化が生じた場合, それに伴うエンタルピー変化は, 反応の終状態における生成物の全エンタルピー H_{f} から始状態における反応物の全エンタルピー H_{i} を引いたものに等しくなる. すなわち $\Delta_{\text{rxn}}H$ を

表 2.3 いろいろな物質の $\Delta_{\text{fus}}H$ と $\Delta_{\text{vap}}H$ (J g^{-1})

物 質	$\Delta_{\text{fus}}H$	$\Delta_{\text{vap}}H$
Al	393.3	10,886
Al$_2$O$_3$	1070	
CO$_2$	180.7	573.4 (昇華)
F$_2$	26.8	83.2
Au	64.0	1710
H$_2$O	333.5	2260
Fe	264.4	6291
NaCl	516.7	2892
エタノール C$_2$H$_5$OH	188.99	838.3
ベンゼン C$_6$H$_6$	127.40	393.8
n-ヘキサン C$_6$H$_{14}$	151.75	335.5

化学反応のエンタルピー変化とすると[†1]

$$\Delta_{rxn}H \equiv H_f - H_i$$
$$= H(生成物) - H(反応物)$$

となる．$\Delta_{rxn}U$ は内部エネルギーについて考えた，$\Delta_{rxn}H$ と等価なものである．図 2.13 に，この考えを示した．それぞれの図で，一方の線は生成物の全エンタルピーを，もう一方の線は反応物の全エンタルピーを表している．2本の線の間隔は，この反応のエンタルピー変化 $\Delta_{rxn}H$ を示す．図 2.13(a) の場合には，系のエンタルピーは減少する．つまり系が周囲にエネルギーを放出している．これは発熱過程の一例である．もう一方の図 2.13(b) の場合には，系の全エンタルピーが増加する．これは系にエネルギーが吸収されることを意味し，吸熱過程の一例である．

化学的な過程におけるエネルギーの変化は温度や圧力といった，系のおかれる条件や状態に依存する．圧力の標準状態の条件は 1 bar である[*][†2]．また多くの熱力学的な測定データは 25.0 ℃での値になっているが，実際は温度についての標準状態の条件は定義されていない．標準状態の条件でのエネルギー変化を問題にするときには °という添え字を記号につけて $\Delta_{rxn}H°$ や $\Delta_{rxn}U°$ などと記す．その場合，どのような温度での値であるか明記されるのがふつうである．

さて上のように化学的な過程に対する $\Delta_{rxn}H$ を定義したが，実際のところ，この $\Delta_{rxn}H$ の値は $H_f - H_i$ という単純な引き算で求めることはできない．これは，2.3節で記述したとおり，エンタルピーの絶対値そのものにはあまり意味がないからである．測定できるのは相対的な値，すなわちエンタルピー変化だけである．われわれに必要なのは，その反応の $\Delta_{rxn}H$ を用いれば，ほかのすべての化学反応の $\Delta_{rxn}H$ が計算できるような，標準となる反応の組合せである．

化学的な過程に対して $\Delta_{rxn}H$ を決める方法はスイスに生まれ，人生の大半をロシアで過ごした化学者 Hess（1802-1850）の考え方にもとづいている．Hess は **熱化学**（thermochemistry）という熱力学の一分野をつくりあげた人物といってよい．彼は化学反応におけるエネルギー変化をおもに熱の観

[†1] 訳者注　添え字 rxn は reaction の意味の略号である．以後よく用いるので記憶しておくこと．

[*] 1 bar は 1 atm にほぼ等しいので，圧力の標準状態の条件として 1 atm を用いても，大きな誤差を生じない．

[†2] 訳者注　このように 1 bar とあるのは，IUPAC の推奨によるものである．

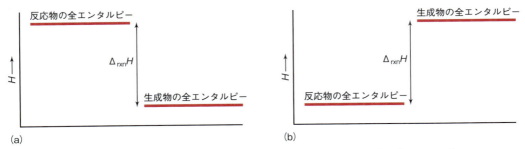

図 2.13 ある化学的な過程の $\Delta_{rxn}H$ は生成物の全エンタルピーと反応物の全エンタルピーの差である　(a) 系の全エネルギーが減少する（つまりエネルギーを放出する）から，これは発熱反応である．(b) 系の全エネルギーが増加する（つまりエネルギーが系に流入する）から，これは吸熱反応である．

点から追究した．最終的に，彼は化学反応に伴うエネルギー変化を理解するための鍵になる考え方を認識するに至った．Hess の考え方を現代にあったかたちで表現すると（なぜなら彼は熱力学という学問分野が完全に確立する以前の人であったので）以下のようになる．

① ある特定の化学変化は，それに固有のエネルギー変化を伴う．
② 新しい化学変化は，すでに知られている化学変化を組み合わせて表すことができる．その組合せは代数的に行われる．
③ ある化学変化におけるエネルギー変化は，②で行ったような，それを構成する各反応のエネルギー変化を代数的に組み合わせたものと等価になる．

上の考え方をまとめたのが**ヘスの法則**（Hess' law）として知られるもので，熱力学を化学反応へ応用する場合の基本法則になっている．化学反応式を代数的に扱っているので，エネルギー変化を計算するときには以下の二つの点に注意しなければならない．

① 反応が逆行する場合には，反応におけるエネルギー変化は符号を変えることになる．これはエンタルピーが状態関数であるためである．
② 反応を多段階に分けて考える場合には，エネルギー変化に対しても同様の段階を考える．これは反応について部分的なものであっても，全体的なものであっても適用される．エンタルピーが示量性をもっているためである．

ヘスの法則は，いくつかの化学反応におけるエネルギー変化の測定値を利用できること，またそれらを実際に必要とするかたちに自由に組み合わせることができることを述べている．その場合の反応全体のエネルギー変化は，既知の反応のエネルギー変化の代数的な和になる．測定済みの化学反応のエネルギー変化は表になっており，それらの反応を適切に組み合わせ，求めるエネルギー変化を表の値を用いて代数的に計算しさえすればよい．ヘスの法則は，エンタルピーの状態関数としての性質を直接に用いたものである．

ここで生じる疑問は，では，どのような反応のデータが表に掲載されているのかということである．化学反応の数は数え切れないほどである．そのすべてに関係するエネルギー変化を表にできるだろうか．そうでなければいくつかを選択することになるが，どの反応を選べばよいのだろうか．

実は，ある特定の種類の化学反応のエンタルピー変化だけを表にまとめれば十分なのである．それは生成反応のエンタルピー変化である（ただし燃焼反応のような，生成反応以外の反応のエンタルピー変化を表にすることもめずらしいことではない）．**生成反応**（formation reaction）とは 1 mol の生成物を，それを構成する標準状態の単体元素*を反応物としてつくりだす反応である．生成反応におけるエンタルピー変化を $\Delta_f H$ という記号で表し，**生成エンタルピー**（enthalpy of formation）またはもっと簡単に**生成熱**（heat of formation）といったりする．たとえば

$$\frac{1}{2}N_2(g) + O_2(g) \longrightarrow NO_2(g)$$

は NO_2 の生成反応である．しかし

---

* 標準状態の単体元素とは 1 bar（かつては 1 atm であった）の純粋物質で，とくに同素体がある場合には標準的な存在形態のものをいう．温度についてはとくに定められていないが，多くの文献では 25℃を用いている．

$$2\,NO_2(g) + \frac{1}{2}O_2(g) \longrightarrow N_2O_5(g)$$

は N_2O_5 の生成反応とはいわない．その理由は，反応物のすべてが N_2O_5 を構成する単体元素というわけではないからである．ほとんどの物質の $\Delta_f H$ は反応物の標準状態を基準として測定され表になっており，ふつう $\Delta_f H°$ と表されている[*]．

[*] ここでも °によって標準状態を表している．

例題 2.17

以下の反応が生成反応であるかどうかを決定せよ．生成反応でない場合は理由も述べよ．なお反応は標準状態で起こるとする．
(a) $H_2(g) + \frac{1}{2}O_2(g) \longrightarrow H_2O(l)$
(b) $Ca(s) + 2\,Cl(g) \longrightarrow CaCl_2(s)$
(c) $2\,Fe(s) + 3\,S(斜方晶) + 4\,O_3(g) \longrightarrow Fe_2(SO_4)_3(s)$
(d) $6\,C(s) + 6\,H_2(g) + 3\,O_2(g) \longrightarrow C_6H_{12}O_6(s)$

解　答
(a) これは液体の水 $H_2O(l)$ の生成反応である．
(b) これは生成反応ではない．塩素の標準的な存在形態は二原子分子 Cl_2 だからである．
(c) これは生成反応ではない．酸素の標準的な存在形態は二原子分子 O_2 だからである．O_3 はその同素体のオゾンである．
(d) これはグルコース $C_6H_{12}O_6(s)$ の生成反応である．

　標準状態の単体元素の生成エンタルピー $\Delta_f H°$ を厳密にゼロと定義することに注意してほしい．これは生成物と反応物の値が等しく，その反応のエンタルピー変化がゼロになるからである．たとえば

$$Br_2(l) \longrightarrow Br_2(l)$$

は臭素の生成反応である．反応を通じて化学種には何も変化がないのでエンタルピー変化はゼロで，臭素に対して $\Delta_f H° = 0$ といえる．同じことが，すべての標準状態の単体元素についていえる．

　生成反応にあえて着目する理由は，化学的な過程におけるエンタルピー変化を決める際に用いられ，またデータ表に記されているのがこの反応におけるエンタルピー変化だからである．生成反応を用いれば，どのような化学変化であっても代数的な組合せで記述することができる．したがってヘスの法則では，どのように $\Delta_f H°$ を組み合わせるかということが重要になる．

　例として，標準圧力のもとで起こる以下の化学反応について調べる．

$$Fe_2O_3(s) + 3\,SO_3(l) \longrightarrow Fe_2(SO_4)_3(s) \tag{2.54}$$

この化学反応の $\Delta_{rxn} H°$ はどうなるだろうか．まず反応をそれぞれの反応物と生成物の生成反応に分ける．

$$\mathrm{Fe_2O_3(s) \longrightarrow 2\,Fe(s) + \frac{3}{2}O_2(g)} \qquad (a)$$

$$3\left\{\mathrm{SO_3}(l) \longrightarrow \mathrm{S(s)} + \frac{3}{2}\mathrm{O_2(g)}\right\} \qquad (b)$$

$$\mathrm{2\,Fe(s) + 3\,S(s) + 6\,O_2(g) \longrightarrow Fe_2(SO_4)_3(s)} \qquad (c)$$

反応 (a) は $\mathrm{Fe_2O_3}$ の生成反応の逆過程だから，(a) におけるエンタルピー変化は $-\Delta_f H°[\mathrm{Fe_2O_3}]$ である．反応 (b) は $\mathrm{SO_3}(l)$ の生成反応の逆過程で，係数として 3 が掛かっている．したがって (b) におけるエンタルピー変化は $-3\Delta_f H°[\mathrm{SO_3}(l)]$ となる．反応 (c) は $\mathrm{Fe_2(SO_4)_3}$ の生成反応で，エンタルピー変化は $\Delta_f H°[\mathrm{Fe_2(SO_4)_3}]$ である．反応 (a) から (c) を代数的に足し合わせると式 (2.54) が得られることを確認するとよい．

さて上で考えたそれぞれの $\Delta_f H°$ の値を代数的に組み合わせれば，式 (2.54) における $\Delta_{\mathrm{rxn}} H°$ が得られる．すなわち

$$\Delta_{\mathrm{rxn}} H° = -\Delta_f H°[\mathrm{Fe_2O_3}] - 3\,\Delta_f H°[\mathrm{SO_3}(l)] + \Delta_f H°[\mathrm{Fe_2(SO_4)_3}]$$

それぞれの値を巻末の付録 2 の表からさがすと $\Delta_f H°[\mathrm{Fe_2O_3}]$，$\Delta_f H°[\mathrm{SO_3}(l)]$，$\Delta_f H°[\mathrm{Fe_2(SO_4)_3}]$ はそれぞれの物質 1 mol 当り順に $-826\,\mathrm{kJ}$，$-438\,\mathrm{kJ}$，$-2583\,\mathrm{kJ}$ となる．したがって式 (2.54) の反応，すなわち 1 mol の $\mathrm{Fe_2(SO_4)_3}$ を標準圧力のもとで $\mathrm{Fe_2O_3}$ と $\mathrm{SO_3}$ からつくる場合の $\Delta_{\mathrm{rxn}} H°$ は

$$\begin{aligned}\Delta_{\mathrm{rxn}} H° &= -(-826\,\mathrm{kJ}) - 3 \times (-438\,\mathrm{kJ}) + (-2583\,\mathrm{kJ}) \\ &= -443\,\mathrm{kJ}\end{aligned}$$

となる．

上の例では結局，生成物の $\Delta_f H°$ の値はそのまま，反応物の $\Delta_f H°$ の値は符号を変えて用いることになった．また化学反応式の係数も掛けられている．たとえば $\mathrm{SO_3}(l)$ の $\Delta_f H°$ についた 3 という数は，化学反応式中の $\mathrm{SO_3}(l)$ の前についた係数の 3 である．この考え方を理解すれば，化学反応による系のエンタルピー変化の計算を簡便に行う方法を得ることができる（なおこれまでは，ほかの状態関数としてはおもに内部エネルギーを考えてきたが，これ以外の状態関数についても同じことがいえるのである）．すなわち化学反応に対して

$$\Delta_{\mathrm{rxn}} H = \sum \Delta_f H\,(生成物) - \sum \Delta_f H\,(反応物) \qquad (2.55)$$

が成り立つ．それぞれの和のなかには，化学反応式の係数として入っている生成物と反応物のモル比が含まれている．式 (2.55) は同じ条件下ですべての化学種の $\Delta_f H$ が求まるのであれば，どのような組合せに対しても成り立つ．生成反応に対する内部エネルギー変化も $\Delta_f U$ として定義される．このエネルギー変化，すなわち生成に関係する内部エネルギー変化も $\Delta_f H$ と同じくらい重要なので，同様にデータ表になっている．これについても，化学反応における内部エネルギー変化 $\Delta_{\mathrm{rxn}} U$ を求めるために，$\Delta_f U$ の値を基本にした，生成物と反応物の間で差をとる簡単な式がある．

$$\Delta_{\text{rxn}} U = \sum \Delta_{\text{f}} U \text{ (生成物)} - \sum \Delta_{\text{f}} U \text{ (反応物)} \quad (2.56)$$

標準状態であってもそうでなくても，同じ条件のデータを用いる限りこの式は一般に成り立つ．巻末には付録2として標準生成エンタルピーの大きなデータ表を載せてある．生成反応におけるエネルギーを計算するような問題で，この表を利用することになる．式（2.55）と（2.56）を公式として用いれば，それぞれの化学反応に対してヘスの法則にもとづいた解析をいちいち行う必要がなくなる．

例題 2.18

グルコース $C_6H_{12}O_6$(s) の酸化は，すべての生体中で行われる基本的な代謝過程である．細胞中では酵素を触媒とした一連の複雑な反応として行われ，その全過程は

$$C_6H_{12}O_6(s) + 6\,O_2(g) \longrightarrow 6\,CO_2(g) + 6\,H_2O(l)$$

と示される．グルコースの標準生成エンタルピー $\Delta_{\text{f}} H°$ を -1277 kJ mol^{-1} であるとして，この反応の $\Delta_{\text{rxn}} H°$ を求めよ．ただしそのほかの $\Delta_{\text{f}} H°$ としては巻末の付録2の値を用いよ．

解 答

CO_2(g) と H_2O(l) の $\Delta_{\text{f}} H°$ は，それぞれ付録2から -393.51 kJ mol^{-1} と -285.83 kJ mol^{-1} である．したがって式（2.55）より，この反応について

$$\Delta_{\text{rxn}} H° = \underbrace{6 \times (-393.51) + 6 \times (-285.83)}_{\sum \Delta_{\text{f}} H° \text{(生成物)}} - \underbrace{(-1277)}_{\sum \Delta_{\text{f}} H° \text{(反応物)}} \text{ kJ}$$

このような表し方をした場合に，すべてに負の符号がついていることを見落とさないようにしなければならない．また化学反応式での係数が生成物と反応物の物質量に相当することに注目すれば，単位に含まれる mol^{-1} はなくなるものと理解できる．計算を進めて

$$\Delta_{\text{rxn}} H° = -2799 \text{ kJ}$$

を得る．この結果は，1 mol のグルコースが 6 mol の酸素と反応し，6 mol の二酸化炭素と 6 mol の水を生じる際に，2799 kJ のエネルギーが放出されることを示していると考えられる．こう考えれば，$\Delta_{\text{rxn}} H°$ の単位として kJ mol^{-1} を用いたときにも "mol^{-1} が何を意味するのか" という疑問をいだかないで済む．

生成物と反応物の間で引き算を行う方法は，熱力学においてたいへん便利な手法である．すべての状態関数の変化量が終状態の値から始状態の値を引いたかたちで与えられるので，この方法に沿ってほかの状態関数について計算を行うことができる．上の例題2.18では対象とする状態関数がエンタルピーであったので，ヘスの法則と生成反応の定義を用いて化学反応のエンタルピー変化を求める方法を使うことができた．

化学反応における ΔH と ΔU の関係はどのようなものだろうか．生成物と反応物の $\Delta_{\text{f}} H$ と $\Delta_{\text{f}} U$ がそれぞれわかっていれば，式（2.55）と（2.56）で

示した，生成物の値から反応物の値を引き算する方法によって両者を簡単に比較することができる．一方で二つの状態関数を関係づける別の方法もある．まず式 (2.16) で与えられた H のもともとの定義を思いだしてほしい．それは

$$H = U + pV$$

というものであった．そこからわれわれは dH についての式 (2.17)

$$\mathrm{d}H = \mathrm{d}U + \mathrm{d}(pV)$$

さらに微積分学の連鎖則により

$$\mathrm{d}H = \mathrm{d}U + p\,\mathrm{d}V + V\,\mathrm{d}p$$

を導いた．さて，この式から考察を進めるにはいくつかの選択肢がある．いま，この化学反応が体積一定の条件で起こるとする．このとき $p\mathrm{d}V$ はゼロになり，また仕事もゼロなので $\mathrm{d}U = \mathrm{d}q_V$ となる*．したがって上の式は

$$\mathrm{d}H_V = \mathrm{d}q_V + V\,\mathrm{d}p \tag{2.57}$$

となる．積分形で書いて

$$\Delta H_V = q_V + V\,\Delta p \tag{2.58}$$

を得る．体積一定の条件では $\mathrm{d}U = \mathrm{d}q_V$ なので，これと式 (2.57) から dH が dU とどれくらい異なるかを計算する方法を一つ得る．一方，圧力一定の場合には同様にして

$$\Delta H_p = \Delta U + p\,\Delta V \tag{2.59}$$

となり，この化学反応について ΔH と ΔU の差を計算する二つ目の方法を得る．また化学反応が温度一定の条件で起こる場合には，関係している気体が理想気体としてふるまうことを仮定して

$$\mathrm{d}(pV) = \mathrm{d}(nRT) = RT\,\mathrm{d}n$$

が成り立つ．ここで dn は化学反応に関係する気体の物質量の変化である．R と T は一定だから，連鎖則によっても新しい項を生じていない．したがって温度一定の場合には，式 (2.58) と (2.59) に対応するものとして

$$\Delta H_T = \Delta U + RT\,\Delta n \tag{2.60}$$

を得る．式 (2.60) では圧力と体積は，必ずしも一定に保たれている必要はない．

* "体積一定" を示す添え字 V に注意すること．

例題 2.19

1 mol のエタン C_2H_6 が 600 ℃，圧力一定の酸素過剰条件のもとで燃焼する．この反応の ΔU はいくらか．ただし 1 mol のエタンが燃焼する際に放出される熱量 q を 1560 kJ とする（すなわちこれは発熱反応である）．

解　答

圧力一定の過程では $\Delta H = q$ なので $\Delta H = -1560$ kJ となる．負の値になっているのは，熱が放出されるからである．次に $RT\Delta n$ を計算するが，これには化学反応式が必要である．酸素中でのエタン $C_2H_6(g)$ の燃焼は以下のように表される．

$$C_2H_6(g) + \frac{7}{2} O_2(g) \longrightarrow 2\,CO_2(g) + 3\,H_2O(g)$$

反応式中の成分間の釣りあいから酸素 $O_2(g)$ の係数が分数になっている．よって気体の物質量の変化 Δn は

$$\Delta n = n(\text{生成物}) - n(\text{反応物}) = (2+3) - \left(1 + \frac{7}{2}\right)$$
$$= 5 - 4.5$$
$$= 0.5\text{ mol}$$

ゆえに式（2.60）より，単位の変換も含めて

$$-1560\text{ kJ} = \Delta U + 8.314\text{ J mol}^{-1}\text{ K}^{-1} \times 873\text{ K} \times 0.5\text{ mol} \times \frac{1\text{ kJ}}{1000\text{ J}}$$

これを解いて

$$-1560\text{ kJ} = \Delta U + 3.63\text{ kJ}$$
$$\Delta U = -1564\text{ kJ}$$

を得る．この例では ΔU と ΔH の違いはほんのわずかである．これはエネルギー変化のごく一部が仕事になり，残りが熱になっていることを意味している．

> 酸素の化学量論係数が分数になっているのはエタン 1 mol についての燃焼を考えているからである．また反応の温度が沸点以上のため生成物の水は気体 $H_2O(g)$ として考えている．

> 1 kJ への変換係数を加え，すべてのエネルギーの単位をそろえている．

2.11　温度の変化

　圧力一定のもとで起こる反応（化学者の興味の対象となるほとんどの反応はこうしたものだが）では，ΔH は簡単に測定できる．これは式（2.20）で与えられたように，その過程での熱量 q に等しくなるからである．しかし温度についていえば ΔU，さらに重要な ΔH も温度とともに変化すると考えられる．いろいろな温度での ΔH の値はどのように求めればよいだろう．

　エンタルピーは状態関数なので，問題とする温度における反応の ΔH を求めるために都合のよい経路を選ぶことができる．ヘスの法則とよく似た考え方をすると，文献などにあるデータ（ふつうは 25 ℃でのもの）とは異なる温度における反応の ΔH を求めることができる．そのためには 25 ℃における ΔH のほかに，生成物と反応物の熱容量を知る必要がある．これらの情報があれば任意の温度 T における ΔH_T は，以下の①から③の和で表すことが

できる.

① 明記された文献データの温度（ふつうは25℃つまり298 K）にまで反応物の温度を変化させるために必要な熱量.
② その温度での ΔH（これは表のデータから得る）.
③ 生成物の温度を，実際の反応温度に戻すために必要な熱量.

いま ΔH_1, ΔH_2, ΔH_3 という記号を用いて上で示されたそれぞれの過程，すなわち段階1から段階3までの過程での熱を表すことにする．段階1は $\Delta H_1 = q_p = C \Delta T$ を与える温度変化の過程である．ここで用いた熱容量 C は，すべての反応物について反応式の化学量論係数を含めたかたちで組み合わせたものである．すなわち，ある反応物が2 molだけ反応に関与する場合には，その物質の熱容量への寄与が2倍になるよう換算することになる．過程が発熱的であるか（すなわち熱を放出し，ΔH_1 が負になるか），あるいは吸熱的であるか（熱を吸収し，ΔH_1 が正になるか）についても考えなければならない．段階2は単純に $\Delta_{\mathrm{rxn}} H$ を与える過程である．段階3が与える ΔH_3 は対象が生成物で，文献に明記された温度から最終的な温度への変化を考える必要があること以外は，ΔH_1 と同様に扱うことができる．もちろん，ここでも温度変化の過程が吸熱的であるか発熱的であるかをおさえておかなければならない．また，この段階3では生成物の熱容量が必要になる．ΔH_T はこれら三つのエンタルピー変化 ΔH_1, ΔH_2, ΔH_3 の和で，これが成り立つためにはヘスの法則とエンタルピーが状態関数であることが必要になる．このことを次の例題で説明しよう.

例題 2.20

500 K，圧力一定のもとでの以下の反応の ΔH，すなわち ΔH_{500} を求めよ.
$$\mathrm{CO(g)} + \mathrm{H_2O(g)} \longrightarrow \mathrm{CO_2(g)} + \mathrm{H_2(g)}$$
ただし以下のデータを用いるものとする.

物質	C_p	$\Delta_f H$ (298K)
CO	29.12	-110.5
$\mathrm{H_2O}$	33.58	-241.8
$\mathrm{CO_2}$	37.11	-393.5
$\mathrm{H_2}$	29.89	0.0

ここで定圧熱容量 C_p の単位は J mol^{-1} K^{-1}，生成エンタルピー $\Delta_f H$ の単位は kJ mol^{-1} である.

解 答

まず，COと$\mathrm{H_2O}$を500 Kから298 Kへ温度変化させる．すなわち $\Delta T = -202$ K である．それぞれが1 molのとき必要な熱量 q はエンタルピー変化に等しく，これを ΔH_1 とすると

圧力一定の過程なので $\Delta H = q$ であり，これは $nC_p \Delta T$ に等しい.

$$\Delta H_1 = 1\,\text{mol} \times 29.12\,\text{J mol}^{-1}\,\text{K}^{-1} \times (-202\,\text{K})$$
$$+ 1\,\text{mol} \times 33.58\,\text{J mol}^{-1}\,\text{K}^{-1} + (-202\,\text{K})$$
$$= -12,665\,\text{J}$$
$$= -12.665\,\text{kJ}$$

となる．次に，298 K における反応の ΔH，つまり $\Delta_{\text{rxn}}H$ を決める．これを ΔH_2 とすると，生成物の値から反応物の値を引き算する方法によって

$$\Delta H_2 = (-393.5 + 0) - \{-110.5 + (-241.8)\}\text{kJ}$$
$$= -41.2\,\text{kJ}$$

を得る．最後に，生成物の温度を 500 K にまで変化させる必要がある．$\Delta T = 202$ K とし，この過程で必要な熱量 q を ΔH_3 とすれば

$$\Delta H_3 = 1\,\text{mol} \times 37.11\,\text{J mol}^{-1}\,\text{K}^{-1} \times (+202\,\text{K})$$
$$+ 1\,\text{mol} \times 29.89\,\text{J mol}^{-1}\,\text{K}^{-1} \times (+202\,\text{K})$$
$$= +13,534\,\text{J}$$
$$= 13.534\,\text{kJ}$$

ΔH_{500} はこの三つの和として次のように求まる．

$$\Delta H_{500} = \Delta H_1 + \Delta H_2 + \Delta H_3$$
$$= -12.665\,\text{kJ} + (-41.2\,\text{kJ}) + 13.534\,\text{kJ}$$
$$= -40.3\,\text{kJ}$$

図 2.14 は ΔH_{500} を計算するための手順を図解したものである．

> kJ に変換している．

> kJ に変換している．

> ΔH が状態関数の差であるため，この方法を使うことができる．熱容量が一定であることだけを仮定している．

上の例題の答えの値は，$\Delta_{\text{rxn}}H°$ とわずかではあるが相違がある．定圧熱容量 C_p が温度によって変化しないと仮定しているので，この計算は近似にすぎないが，しかし実験的に決めた ΔH_{500} の値 -39.84 kJ と比較してみてもそれほど大きくは違わない．つまり，近似としてはよいものなのである．より正確な値を決定するためには，例題 2.10 で示したように C_p を一定にするのではなく温度の関数として表し，ΔH_1 と ΔH_3 を得る段階についての計算を，298 K と 500 K の間の積分によって行う必要がある．しかし考え方については，上の例題とまったく違いはない．

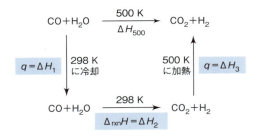

図 2.14　非標準温度における $\Delta_{\text{rxn}}H$ の決定法　エンタルピーの全変化量は三つの段階のエンタルピー変化の和である．

2.12 生化学反応

生命体を扱う生物学も化学に立脚している．生物学的な系はたいへんに複雑だが，そこで起こる化学反応もまた熱力学の基礎的な概念に支配されている．この節では，いくつかの重要な生化学反応の熱力学を概観する．

例題 2.18 では，グルコース $C_6H_{12}O_6$ の酸化反応

$$C_6H_{12}O_6(s) + 6\,O_2(g) \longrightarrow 6\,CO_2(g) + 6\,H_2O(l)$$

を考えた．この反応でグルコース 1 mol が酸化するときのエンタルピー変化は -2799 kJ であった．最初に指摘しておきたいことは，この値はグルコースが大気中で燃焼したり，細胞中で代謝したりといったさまざまな過程の相違には関係なく，180.15 g つまり 1 mol のグルコースが酸素と反応するときには常に一定で，2799 kJ のエネルギーが放出されるということである．二番目に指摘しておく点は，これはとてつもなく大きなエネルギーであるということである．このエネルギーはほぼ人間の体重と同じ 80.0 kg の水の温度を 8 ℃も上昇させる．グルコースのモル体積はわずか 115 mL だから，われわれの細胞はとてもコンパクトなかたちでエネルギーを使っていることになる．

光合成は植物が二酸化炭素 CO_2 と水 H_2O からグルコース $C_6H_{12}O_6$ をつくる過程である．ここで起こる全体の反応は

$$6\,CO_2(g) + 6\,H_2O(l) \longrightarrow C_6H_{12}O_6(s) + 6\,O_2(g)$$

と書ける．これはすでに示したグルコースの酸化反応または代謝反応の逆である．ヘスの法則によると，この反応のエンタルピー変化は，もともとの反応のエンタルピー変化の符号を変えたものになる．すなわちグルコース 1 mol の生成に対してエンタルピー変化は $+2799$ kJ となる．ここで扱った二つの反応では，全体を構成する各段階の複雑な生化学反応は無視している．エンタルピー変化を求めるには全体の反応だけが必要なのである．

生化学反応でたいへん重要なものの一つに，アデノシン三リン酸（ATP）からアデノシン二リン酸（ADP）への変換と，その逆変換がある（図 2.15）．この反応は

$$ATP + H_2O \rightleftharpoons ADP + \text{リン酸塩} \qquad (2.61)$$

と書かれる．ここで"リン酸塩"と表したのは $H_2PO_4^-$，HPO_4^{2-}，PO_4^{3-} などのリン酸イオンの無機塩で，どれになるかは周囲の条件によって異なる．この変換反応は，準細胞レベルで行われるエネルギーの保存や利用の主要な部分になっている．

こうした反応は気相中ではなく細胞中で起こる．したがって細かい反応条件は気相中での場合と異なっている．**生化学的標準状態**（biochemical standard state）には，水溶液が pH 7 の中性である（つまり酸性でも塩基性でもない）という条件も含まれている[*]．状態関数に ′ の記号をつけて生化学的標準状態での反応であることを示す．式 (2.61) で与えられた ATP

---

[*] pH について，よりくわしい議論は第 8 章で行う．

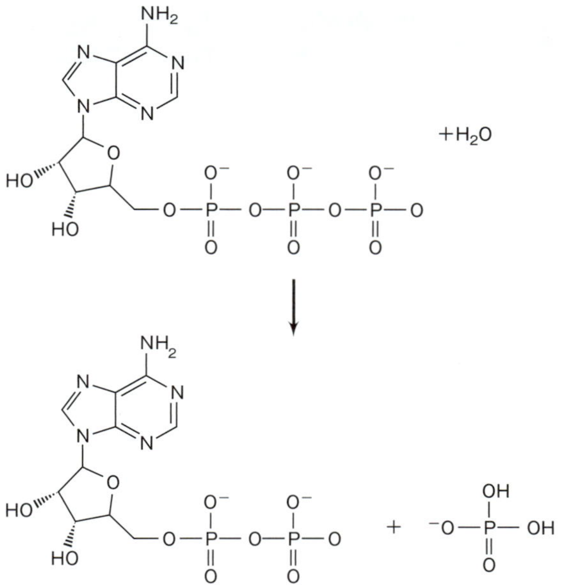

図 2.15 アデノシン二リン酸（ADP）と無機リン酸を生じる，アデノシン三リン酸（ATP）の加水分解．

──→ ADP の反応では，$\Delta_{rxn}H°'$ の値は，1 mol の ATP が反応する場合に $-24.3\,\mathrm{kJ}$ となる．

これはエンタルピー変化としては決して大きな値ではない．しかし，ほかの生化学的に重要な化学反応を引き起こすのには十分なエネルギーである．くわしいことはたいていの生化学のテキストに書いてある．

この節の最後に一つ注意をしておく．多くの生化学のテキストでは式（2.61）の反応を

$$\mathrm{ATP} \rightleftharpoons \mathrm{ADP} + リン酸塩 \qquad \Delta_{rxn}H°' = -24.3\,\mathrm{kJ} \qquad (2.62)$$

のように簡略化して表している．有機化学や生化学の分野で複雑な化学反応を，このように重要な化学種だけで書き表してしまうのはめずらしいことではない．しかし意図に反して，式（2.62）のように書かれた反応では，一つの ATP 分子が ADP とリン酸塩の分子に分解し，24.3 kJ のエネルギーが放出されるように映ってしまう．化学結合を切断するためには常にエネルギーが必要で，この種の反応は発熱反応でなく吸熱反応であるということをわれわれはすでに学んでいる．化学結合を切断し，エネルギーを放出するようなことが起こるだろうか．

式（2.62）に加わるべき H_2O 分子が式にないことが混乱のもとかもしれない．現実には式（2.62）で示されるより多くの結合が切断したり形成したりしており，式（2.61）のように水を含めて考えると，ATP ──→ ADP の反応の全エンタルピー変化は負になる．複雑な反応を簡略化して表し，何も知らない読者がその簡略化の意味を理解しないでいると，このような混乱が生じることになる．論点は何であったろうか──複雑な生化学反応ですら，熱力学の概念に従って起こるということである．

2.13　まとめ

　熱力学第一法則はエネルギーに関係している．孤立系の全エネルギーは一定である．閉じた系の全エネルギーが変化するときは仕事か熱のどちらかになって現れ，それ以外はありえない．系のエネルギーについて考える場合，内部エネルギー U がいつも最適とは限らない．われわれはエンタルピー H という，より便利な状態関数を定義した．多くの化学反応は圧力一定の条件のもとで起こるので，内部エネルギーよりエンタルピーのほうがしばしば有効なのである．

　系のエネルギー変化を追跡していく場合に，多くの数学的な方法がある．この章で示した例はすべて熱力学第一法則にもとづいている．その多くに対して圧力一定や体積一定，温度一定などのある条件を求めた．こうした条件を課すことは不便なようにも思えるが，このようにして系の変化を制限することで目的のエネルギー変化をより計算しやすくできる．これが，熱力学の目指した重要な到達点であるといってよい．もっとも，次の章でみるように重要な到達点はこれだけではない．

　熱力学に求められる別の役割が"われわれのほうから働きかけることなく，つまり仕事をすることなく自然に起こる過程とはどのようなものか"という疑問のなかに示されている．いいかえれば"**自発的な**（spontaneous）過程とはどのようなものか"ということである．熱力学第一法則についての議論が，この疑問の解決にならないのは明らかである．熱力学第一法則では答えられないのである．多くの研究や実験が，エネルギーが熱力学の唯一重要な概念でないことを示している．エネルギー以外の概念も重要であり，われわれが世界全体を見通していくためには，こうした概念が主要な役割を果たしていくことになる．

重要な式

$w = -p_{\text{ext}} \Delta V$ 　　　　　　　　　　　　　　（一定の外圧に抗して行う仕事）

$w = -nRT \ln \dfrac{V_\text{f}}{V_\text{i}} = -nRT \ln \dfrac{p_\text{i}}{p_\text{f}}$ 　　　（温度一定での可逆的な仕事）

$q = mc\Delta T$ 　　　　　　　　　　　　　　　（温度変化に伴い出入りする熱）

$\Delta U = q + w$ 　　　　　　　　　　　　　　（内部エネルギーの変化．熱力学第一法則を表す一つの表現）

$\Delta U = q_V$ 　　　　　　　　　　　　　　　（体積一定での内部エネルギーの変化）

$H = U + pV$ 　　　　　　　　　　　　　　　（エンタルピーの定義）

$\Delta H = q_p$ 　　　　　　　　　　　　　　　（圧力一定でのエンタルピー変化）

$$\left(\frac{\partial U}{\partial T}\right)_V = C_V \qquad \text{(定容熱容量)}$$

$$\Delta U = n\overline{C}_V \Delta T \qquad \text{(体積一定での内部エネルギー変化)}$$

$$\left(\frac{\partial H}{\partial T}\right)_p = C_p \qquad \text{(定圧熱容量)}$$

$$\mu_{\text{JT}} = \left(\frac{\partial T}{\partial p}\right)_H \qquad \text{(ジュール・トムソン係数)}$$

$$\overline{C}_p = \overline{C}_V + R \qquad \text{(定圧熱容量 } C_p \text{ と定容熱容量 } C_V \text{ の関係式)}$$

$$\left(\frac{V_i}{V_f}\right)^{2/3} = \left(\frac{T_f}{T_i}\right),\ \left(\frac{p_f}{p_i}\right)^{2/5} = \left(\frac{T_f}{T_i}\right) \qquad \text{(単原子理想気体における断熱可逆変化での関係式)}$$

$$\Delta_{\text{rxn}} H = \sum \Delta_f H\,\text{(生成物)} - \sum \Delta_f H\,\text{(反応物)} \qquad \text{(生成エンタルピーを用いた化学反応におけるエンタルピー変化)}$$

$$\Delta H = \Delta U + RT\Delta n \qquad (\Delta H \text{ と } \Delta U \text{ の間の関係式})$$

第 2 章の章末問題

2.2 節の問題

2.1 30 N の力で,箱を 30 m だけ移動させるとする.力を(a)箱の移動方向と平行に加えた場合,(b)移動方向から 45°だけ傾いた方向に加えた場合,それぞれについてなされる仕事を計算せよ.

2.2 系によってなされる仕事はなぜ正の $p\Delta V$ ではなく,負の $p\Delta V$ で表されるのか.自分の言葉で説明せよ.

2.3 ピストンが 2.33 atm の圧力に抗して移動し,気体の体積が 50.00 mL から 450.00 mL に変化したときの仕事を求めよ.ただし単位には J を用いるものとする.

2.4 ピストンのある容器が 1780 Torr の圧力によって 3.55 L から 1.00 L へ圧縮された際の仕事を計算せよ.

2.5 大気圧のもとで風船を 5 mL から 3.350 L に膨らませるのに必要な仕事を求めよ.自力で風船を膨らませる場合には,人間の肺はこれだけの仕事をしていることになる.単位には J を用いるものとする.

2.6 上の問題 2.5 をもう一度考える.同じ仕事が以下のような異なった外圧のもとで行われた場合,仕事量は増加するか減少するか.(a)エベレスト山の山頂.(b)デスバレーの谷底.(c)宇宙空間.

2.7 35.0 ℃ で 0.033 mol の気体を入れたピストンが 0.77 L から 2.00 L へ体積膨張した.この膨張が(a)外圧 0.455 atm に抗して起こった場合,(b)可逆的に起こった場合の仕事を計算せよ.

2.8 ソーダのボトルの上部の 25.0 mL のスペースに 4.4 ℃ で,CO_2 気体 4.2 atm が含まれている.ボトルをゆっくり開き,加圧になっている分の気体を逃していくとする.常圧を 1.0 atm としたとき,出ていく CO_2 は,どのくらいの仕事をしたか.温度は一定に保たれているものとせよ.

2.9 1.00 mol のエタン C_2H_6 が 377 K において 1.00 L から 15.00 L へ可逆的に膨張した場合の仕事を計算せよ.この気体はファンデルワールス気体であるとせよ.

2.10 ある物質 50.5 g を 298 K から 330 K へ加熱するのに 288 J のエネルギーを要した.この物質の熱容量を計算せよ.その際の単位はどのようになるか.

2.11 79.8 g の H_2 気体の試料に 3930 J のエネルギーを加えた.この場合の温度変化はいくらか.

2.12 熱容量が温度によって変化する場合の,式 (2.9) のよりよい表し方は

$$q = \int_{T_i}^{T_f} n\overline{C}(T)\,dT$$

を（解くこと）である．50.0 g の白リン試料を 298 K から 350 K へ加熱した．そのモル当りの熱容量が

$$\overline{C}(T) = 56.99 + 0.1202\,T \text{ J mol}^{-1}\text{K}^{-1}$$

のとき，どのくらいの熱が必要か求めよ．

2.13 液体のフッ化水素，液体の水，液体のアンモニアは小さな分子にもかかわらず，比較的大きな比熱容量を示す．この理由を考えよ．

2.14 直径 5 mm のヒョウが 10.0 m s^{-1} の終端速度で降っている．質量を 6.0×10^{-5} kg とし，降ってきた際の運動エネルギーがすべて熱になったとして，地面に当たり止まった際に生じるヒョウの温度変化を計算せよ．氷の熱容量は 2.06 J g^{-1} K^{-1} とする．

2.15 100.0 ℃，7.50 g の鉄片が 22.0 ℃，25.0 g の水のなかに落ちたとする．鉄片が失う熱量と，水が吸収する熱量が等しいとし，鉄と水を合わせた全系が最終的に到達する温度を求めよ．ただし水の熱容量は 4.18 J g^{-1} K^{-1}，鉄の熱容量は 0.45 J g^{-1} K^{-1} とする．

2.16 図 2.6 の Joule が用いた実験装置を考える．いま水の質量を 100 kg（およそ 100 L），おもりの質量を 20.0 kg，おもりの落下距離を 2.00 m とする．水の温度を 1.00 ℃だけ上昇させるためにはおもりを何回落下させなければならないか．ただし重力加速度を 9.81 m s^{-2} とする．〔ヒント：例題 2.5 をみよ．〕

2.17 式 (2.8) を導け．

2.18 以下は正しいか，誤りか．理想気体に対して自由膨張によってなされる仕事はゼロであるが，実存気体に対してはゼロではない．答えの理由も説明せよ．

2.3 節の問題

2.19 開系，閉系，孤立系の間の違いは何か．それぞれの例についても説明せよ．

2.20 "エネルギーを新しくつくりだしたり，消失させたりすることはできない"という表現が，熱力学第一法則と等価な意味で使われることがある．しかし，この表現には不正確なところがある．正しい表現に直せ．

2.21 式 (2.10) と (2.11) は矛盾しない．この理由を説明せよ．

2.22 いま，ある気体が 1550 Torr の圧力のもとで 124.0 J の熱エネルギーを奪われて温度を低下させ，その体積が 377 mL から 119 mL に減少した．このときの内部エネルギー変化はいくらか．

2.23 0.245 mol の理想気体を 95.0 ℃で等温可逆圧縮し，体積を 1.000 L から 1.00 mL に変化させた場合の仕事を求めよ．

2.24 1.000 mol の理想気体が 298.0 K で 1.0 L から 10 L へ可逆的に膨張した．このときの仕事を求めよ．また，この気体が一定の外圧 1.00 atm に抗して不可逆的に膨張した場合の仕事を計算せよ．これら二つの値を比較し，その結果について説明せよ．

2.25 35.0 ℃で 0.033 mol の気体を入れたピストン容器が 0.77 L から 2.00 L へ膨張し，同時に 155 J の熱を吸収した．この膨張が (a) 外部圧力 0.455 atm に抗して起こった場合，(b) 可逆的に行われた場合の ΔU を計算せよ．

2.26 ある気体系が断熱的かつ等温的に変化する．こうした過程での内部エネルギー変化はどのようになるか．

2.4 と 2.5 節の問題

2.27 以下に示されたそれぞれの過程において，どの状態関数が q に等しくなるかを示せ．
(a) 屈曲しない重い金属の容器のなかで試料を燃やし，試料の熱を含んだ解析をするため，ボンベ熱量計のなかで行われる試料の燃焼．
(b) カップのなかでの角型氷の融解．
(c) 冷蔵庫の内部の冷却．
(d) 暖炉のなかの火．

2.28 サンフランシスコのダウンタウンからオークランドのダウンタウンまでの直線距離は 9 マイルである．しかし車で行く場合には 12.3 マイルを走らなければならない．この二つの距離のうち，状態関数と似ているのはどちらか．理由も述べよ．

2.29 温度は状態関数か．理由とともに述べよ．

2.30 3.88 mol の理想気体をピストンにより可逆的かつ断熱的に元の体積の 1/10 に縮め，こののち再度膨張させて最初の状態に戻すとする．いま，この操作を全部で 5 回行ったとする．始めと終わりの気体の温度が 27.5 ℃であるとして，過程全体での (a) 仕事と (b) 内部エネルギー変化を計算せよ．

2.31 1.00 mol の H$_2$ が 1.00 atm，10.0 L，295 K から 0.793 atm，15.0 L，350 K に変化したときの ΔU を計算せよ．

2.32 圧縮ガスの多くは大きな重い金属のボンベで納入され，その移動や運搬には特別なカートが必要とされる．さて，いま 172 atm まで加圧された窒素ガスの 80.0 L タンクが直射日光のもとに放置され，その温度が通常の 20.0 ℃から 140.0 ℃まで上昇したとする．(a) この場合の容器内部の圧力はいくらになるか．(b) この過程での仕事，熱量，内部エネルギー変化を求めよ．ただし窒素ガスについては理想的なふるまいを仮定し，熱容量は

21.0 J mol^{-1} K^{-1} とする.

2.33 どのような条件のもとでなら，始状態と終状態とが等しくないような過程で，内部エネルギー変化が厳密にゼロになるか．

2.34 0.505 mol の気体の詰まった風船が一定温度 5.0 ℃で 1.0 L から 0.10 L へ可逆的に収縮し，その結果 2690 J の熱を失った．この過程での w, q, ΔU, ΔH を計算せよ．

2.35 7.23 g の水蒸気を入れ 110 ℃であるピストン容器の温度が 35 ℃上がった．また同時に体積が 2.00 L から 8.00 L へ，0.985 atm の一定の外圧に抗して膨張した．この過程での w, q, ΔU, ΔH を求めよ．

2.36 液体の水 1 g が標準沸点 100 ℃で水蒸気として蒸発するのに 2260 J を必要とする．この過程での ΔH はいくらか．また水蒸気が 0.988 atm の圧力に抗して膨張する場合の仕事はいくらか．この過程での ΔU はどうか．

2.37 以下の点は正しいか誤りか．ΔH が負になるどのような過程も発熱過程である．答えの理由も説明せよ．

2.6 節の問題

2.38 圧力と体積についての内部エネルギーの微小変化 dU を考える．dU を表す式はどのようになるか．dH についても，同じ変数で表した式を示せ．

2.39 冷蔵庫はふつう，およそ 480 L の空気を含んでいる．空気を理想気体と仮定し $\bar{C}_V = 12.47$ J mol^{-1} K^{-1} とすると，内部の空気を室温 (22 ℃) から通常温度 (4 ℃) にまで冷やしたときの U の変化はいくらになるか．ただし始めの圧力を 1.00 atm とする．

2.40 体積一定の熱量計の中で 35.0 g の H_2 が 75.3 ℃から 25.0 ℃へ変化した．この過程での w, q, ΔU, ΔH を計算せよ．

2.41 2.50 mol の気体試料が 10.0 atm の一定圧力のもとで，20.0 L から 5.00 L へ等温圧縮された．この過程での w, q, ΔU, ΔH を計算せよ．

2.42 ふたを開けたプラスチックのカップに入れた 244 g の量のコーヒーが 80.0 ℃から 20.0 ℃へ温度低下した．質量の損失がなく，液体の水の熱容量の変化もないとしてこの過程での w, q, ΔU, ΔH を決めよ．水の密度は $d(H_2O, 80.0$ ℃$) = 0.9718$ g cm^{-3}, $d(H_2O, 20.0$ ℃$) = 0.9982$ g cm^{-3} とする．

2.43 例題 2.10 (b) で与えられた C_V の式の各項の単位を示せ．

2.44 式 (2.27) とエンタルピーの最初の定義式を用いて，$\bar{C}_p = \bar{C}_V + R$ を導け．

2.45 理想気体では $(\partial H/\partial p)_T$ もゼロになることを導け．

2.46 等圧的，等容的，等エンタルピー的，等温的とはそれぞれどのようなものか．定義してみよ．また気体系において等圧的で等容的，かつ等温的な変化は起こりうるか．理由とともに述べよ．

2.7 節の問題

2.47 ジュール・トムソン係数について循環則を用い，式 (2.35) を導け．

2.48 理想気体の法則は状態方程式で表される．しかし $(\partial T/\partial p)_H$ を求めるのに，これを用いることはできない．なぜか．

2.49 ファンデルワールスの式に従う気体では，反転温度は $2a/Rb$ と近似される．表 1.6 を用いて He と H_2 の反転温度を計算し，その値をそれぞれの実験値 40 K, 202 K と比較せよ．これら二つの気体を液化する場合に，この反転温度はどのような意味をもつか．

2.50 200.00 atm, 19.0 ℃の 1 mol の気体が多孔質の詰め物を無理やりに通過させられ，圧力が 0.95 atm になった．このときの気体の温度を求めよ．ただし，この気体の μ_{JT} は 0.150 K atm^{-1} とする．

2.51 上の問題 2.50 について，得られた答えはどのくらい正確だと考えられるか．その理由も述べよ．

2.52 表 2.2 のデータを使って，Ar の 0 ℃, 1 atm での $(\partial H/\partial p)_T$ を計算せよ．必要に応じて，適当と思われる仮定をしてもよい．

2.53 表 2.2 のデータを使って，N_2 の 50 ℃, 20 atm での $(\partial p/\partial H)_T$ を計算せよ．必要に応じて適当と思われる仮定をしてもよい．

2.54 μ_{JT} が，以下の式でも書き表せると提案されたとする．

$$\mu_{JT} = -\frac{(\partial U/\partial p)_T}{C_V}$$

これは正しいか．理由とともに述べよ．

2.8 節の問題

2.55 式 (2.37) はなぜ $\bar{C}_V$ と $\bar{C}_p$ ではなく，C_V と C_p を用いて表されているのか．

2.56 単原子理想気体の $\bar{C}_V$ と $\bar{C}_p$ の値は，cal mol^{-1} K^{-1} と L atm mol^{-1} K^{-1} を単位に用いるといくらになるか．

2.57 定圧熱量計 (これは系の体積変化に応じて伸縮可能な熱量計である) 中で 0.145 mol の理想気体が 5.00 L から 3.92 L へゆっくり収縮する．始状態の気体の温度が 0.0 ℃であるとして，この過程での ΔU と w を計算せ

よ.

2.58 始状態の温度が 235 ℃ である 0.122 mol の単原子理想気体が，断熱的に 75 J の仕事を行った．終状態の気体の温度はいくらか．

2.59 式 (2.44) を，その前の段階から導け．

2.60 単原子理想気体について $\gamma = 5/3$ となることを示せ．

2.61 二原子理想気体の γ はいくらか．

2.62 気体分子の場合には，分子の振動などの寄与が温度によって変化するため，パラメータ γ が温度によって変化する．低温極限，高温極限での γ を (a) CO_2 (g)，(b) H_2O (g) について決定せよ．

2.63 1.00 mol の H_2 試料を一定体積のまま 22 K から 40 K へ注意深く温めた．(a) 水素の熱容量はいくらと考えられるか．(b) この過程における q はいくらか．

2.64 単原子気体の試料の体積が可逆的，断熱的に 2 倍になった．このとき何パーセント程度の気体の温度変化が起こるか．

2.65 理想気体の単原子気体の試料が断熱的，可逆的に初期の圧力の倍になるように圧縮された．(a) 低温の極限，(b) 高温の極限での温度の変化が何％程度起こるか．

2.66 気象観測用の気球が地球をまわる軌道上で，おもりを海中に落とし高度を上昇させた．最初の気球の内圧が 0.0033 atm で，圧力が 0.00074 atm の高度にまで上昇したとすると，絶対温度でどれだけの温度変化が生じるか．ただし気球内部は理想気体として近似できるヘリウムで満たされ，変化は断熱的であったとする．

2.67 例題 2.14 で議論された式の一般的なかたちを書け．式 (2.47) から始め，混合気体の法則を用いよ．

2.68 例題 2.13, 2.14 の答えを比較してみよ．分子がもっと複雑になり，振動エネルギーが気体状態の内部エネルギーや熱容量にもっと重要な影響を与えるようになった場合に，最終温度はどのような傾向を示すか．

2.69 自動車のタイヤに空気を入れるプロセスが断熱的，可逆的であった場合，22 ℃ の初期温度の空気を入れて，タイヤの圧力を 14.7 psi から 46.7 psi にした際，新しい温度は何度となるか．$\gamma = 7/5$ を用いよ．〔訳者注：psi はポンド毎平方インチという圧力単位（$\approx 6.895 \times 10^3$ Pa）．例題 4.13 の注も参照のこと．〕

2.70 気体中での音の伝播速度には以下の式のように γ が関係している．

$$\text{速度} = \sqrt{\frac{\gamma RT}{M}}$$

ここで，M は気体のモル質量である．(a) 速度をはかることで，その気体が CO か N_2 か決めることができるか．(b) 低温および高温での γ の値を使って 100 K，500 K における CO_2 中での音速を計算せよ．

2.9 と 2.10 節の問題

2.71 体積変化を考慮に入れ，標準圧力のもとで 1 g の氷が溶けて 1 g の水になるときの ΔH と ΔU を厳密に計算せよ．ただし 0 ℃ における氷の密度を 0.9168 g mL^{-1}，0 ℃ における水の密度を 0.99984 g mL^{-1} とする．

2.72 0 ℃ において 1 mol の水が 1 mol の氷になるとき，どれだけの仕事がなされるか．ただし上の問題 2.71 で与えた密度の値を用いよ．

2.73 蒸気と水の二つの相は，ともに同じ温度にある H_2O であっても，蒸気のほうが水よりも燃焼しにくい．なぜか．〔ヒント：水の蒸発熱を考えよ．〕

2.74 1 g の水蒸気が 100 ℃ で凝縮するときの熱を使うと，0 ℃ において何 g の氷を溶かせるか．

2.75 以下の反応について，図 2.11 と同様の図解をせよ．

$$C(s) + 2H_2(g) \longrightarrow CH_4(g)$$

ただし，この反応は 74.8 kJ mol^{-1} の発熱を伴う．

2.76 以下の反応について，25 ℃ における $\Delta_{rxn}H$ を求めよ．

$$H_2(g) + I_2(s) \longrightarrow 2HI(g)$$

2.77 以下の反応について，25 ℃ における $\Delta_{rxn}H$ を求めよ．

$$NO(g) + \frac{1}{2}O_2(g) \longrightarrow NO_2(g)$$

なお，これはスモッグ発生の原因となる反応の主要な部分である．

2.78 フラーレン C_{60} の燃焼エンタルピーは -26.367 kJ mol^{-1} である．

$$C_{60}(s) + 60 O_2(g) \longrightarrow 60 CO_2(g)$$

C_{60} の $\Delta_f H$ を決定せよ．

2.79 ダイヤモンドの燃焼エンタルピーは -395.4 kJ mol^{-1} である

$$C(s, dia) + O_2(g) \longrightarrow CO_2(g)$$

C(s, dia) の $\Delta_f H$ を決定せよ．

2.80 以下の反応について，ヘスの法則を用いる場合に足し合わされなければならないすべての生成反応を書き下し，25 ℃ における $\Delta_{rxn}H$ を計算せよ．

$$2 NaHCO_3(s) \longrightarrow Na_2CO_3(s) + CO_2(g) + H_2O(l)$$

ちなみにこの反応は，重曹を用いて台所の火を消火するときのものである．

2.81 昇華は固体が，液体相を通らずに気体になる相変化である（ドライアイスと呼ばれる固体の CO_2 は昇華を起こす物質の一例である）．ヘスの法則を用いて，昇

華のエンタルピー $\Delta_{sub}H$ が $\Delta_{fus}H + \Delta_{vap}H$ であることを示せ.

2.82 テルミット反応はアルミニウム粉末と酸化鉄を混ぜ，その混合物を強熱してアルミニウム酸化物と鉄をつくりだす反応である．多くのエネルギーが発生するので，生成物である鉄はしばしば溶けている．テルミット反応の反応式を示し，25℃における ΔH を求めよ．

2.83 安息香酸 C_6H_5COOH は，一定体積で行うボンベ熱量計の標準物質として広く用いられる．いま安息香酸 1.20 g を過剰酸素下，水浴にて一定温度 24.6℃ で燃焼させた場合に 31,723 J のエネルギーが発生したとする．この反応での q, w, ΔH, ΔU を計算せよ．

2.84 1.20 g の安息香酸が磁製の皿の上で大気にさらされた状態で燃焼したとする．温度 24.6℃ で，31,723 J のエネルギーが生じた場合の q, w, ΔH, ΔU を計算せよ．また，この答えを上の問題（2.83）の答えと比較してみよ．

2.85 天然ガスの大部分は CH_4 である．それが燃焼する際の化学反応は

$$CH_4(g) + 2\,O_2(g) \longrightarrow CO_2(g) + 2\,H_2O(g)$$

である．1 mol の CH_4 が 25.0℃ で燃焼する際の ΔH は -890.9 kJ である．外部圧力が 1.07 atm として，この条件下での q, w, ΔU を計算せよ．

2.11 節の問題

2.86 生成物と反応物の熱容量が一定として

$$2\,H_2(g) + O_2(g) \longrightarrow 2\,H_2O(g)$$

の 500℃ における ΔH を求めよ．〔ヒント：H_2O については，どのデータを用いればよいかに注意せよ．〕

2.87 テルミット反応について考える．生成物と反応物の熱容量，この過程での ΔH の計算値を使って，この反応の温度を求めよ．ただし生じた熱は，すべて系の温度上昇に寄与するとする．

数値計算問題

2.88 以下に，いくつかの温度における窒素ガスの熱容量の値を示す．

温度(K)	C_V(J mol^{-1} K^{-1})	温度(K)	C_V(J mol^{-1} K^{-1})
300	20.8	800	23.1
400	20.9	900	23.7
500	21.2	1000	24.3
600	21.8	1100	24.9
700	22.4		

一般式

$$C_V = A + BT + \frac{C}{T^2}$$

を用いて与えられたデータをフィッティングし，係数 A, B, C を求めよ．

2.89 1 mol の窒素ガスが体積一定の条件のもとで 300 K から 1100 K に温度変化した．このときの ΔU はいくらか．ただし上の問題（2.88）で求めた C_V の表式を用いて ΔU を数値的に求めるものとする．

2.90 ある気体の体積が可逆的かつ断熱的に変化する場合を考える．こうした変化は等温変化ではないが，式（2.49）で与えられた．始状態の圧力が 1.00 bar である 1.00 mol の理想気体の圧力が，体積の増加とともにどのように変化するか図示せよ．また等温変化の場合についても（これはボイルの法則そのものである）図示せよ．この二つを比較して何がいえるか．

2.91 1 mol の気体に対するディエテリチの状態方程式は以下のように与えられる

$$p = RT\,\frac{e^{-a/\bar{V}RT}}{\bar{V}-b}$$

ここで a, b は実験的に決まる定数である．$NH_3(g)$ では $a = 10.91$ atm L^2, $b = 0.0401$ L である．1.00 mol の $NH_3(g)$ が 273 K において，その体積が 22.4 L から 50.0 L に膨張した場合について考える．気体の圧力を体積に対してプロットし，得られた曲線からできる部分の面積を調べることで仕事の値を数値計算せよ．

2.92 H_2 気体は 1.295×10^{14} s^{-1} という一つの振動モード（振動数）をもつ．この分子振動の熱容量に対する寄与を C_V(vib) vs 温度のかたちで 0 から 2000 K までの間でプロットせよ．

2.93 メタンから n-オクタンまでの燃焼反応のエンタルピーを調べよ．それらを分子中の炭素の数に対してプロットし，炭化水素の燃焼に関する ΔH を与える一般式を導け．この式を使って，n-$C_{12}H_{26}$ の燃焼のエンタルピーの値を予想し，実験値と比較せよ．

3 熱力学第二法則と第三法則

熱力学の第零法則と第一法則によって導入された数学的，概念的な方法はたいへんに有用だが，まだ十分ではない．"過程は自発的なものか"という大きな疑問に，これらの法則だけでは答えられないのである．重要なことと認識しながら，前の章ではこの自発性の問題には触れなかった．熱力学は変化の自発性について理解するのに役立つが，ここでさらに，そのために必要な方法を身につけていく．それは熱力学第二法則と，第三法則と呼ばれるものである．

- 3.1 あらまし
- 3.2 熱力学第一法則の限界
- 3.3 カルノーサイクルと熱効率
- 3.4 エントロピーと熱力学第二法則
- 3.5 さらにエントロピーについて
- 3.6 系の秩序と熱力学第三法則
- 3.7 化学反応のエントロピー
- 3.8 まとめ

3.1 あらまし

熱力学第一法則は有用だが，同時にそれだけではいくつかの疑問に答えるには十分ではない．熱力学第一法則では答えられない疑問点が存在するのである．ここではまず熱力学第一法則の限界について考え，それから熱効率という量を導入し，熱を仕事に変える装置である熱機関に対して，それをどのように適用するかを述べる．熱力学第二法則はこの熱効率を使って表されるので，この段階で第二法則を導入する．

熱機関についての考察を進めながら，新しい状態関数であるエントロピーという量を考えていく．最初にこのエントロピーを定義し，その定義を用いていろいろな過程でのエントロピー変化についての式を導くことになる．エントロピーを別の角度から定義する方法についても考察を加え，この量を熱力学において特徴ある状態関数と位置づけている熱力学第三法則について述べる．最後に化学反応におけるエントロピー変化について考える．

自発的な変化の過程は，全体のエントロピー（系と外界）が増大する過程であり，可逆的な過程においては全体のエントロピー変化がゼロになる．この結論から，熱力学の第二法則，第三法則を導くことができる．

3.2 熱力学第一法則の限界

化学的，物理的な変化は自発的に起こるだろうか．ある系を考え，外界がその系に対して仕事をしないときに系の内部で自然に起こった過程を**自発的**（spontaneous）であるという．たとえば腰の高さから石を落とせば，石は自

然に落下し,重力ポテンシャルによる位置エネルギーは熱に変換される.金属ナトリウムを塩素ガスで一杯の容器に入れると,化学反応が自発的に起こって塩化ナトリウムが生じる.

しかし地面にある石が腰の高さまで自然に跳び上がることはないし,低い圧力にあるヘアスプレーのガスが高い圧力の缶の内部に戻ることも,塩化ナトリウムが自発的に反応して金属ナトリウムと二原子分子の塩素ガスに戻ることもない.これらは**非自発的**(nonspontaneous)な変化,すなわち自然には起こらない変化の代表例である.これらの変化は,系にある種の仕事をすることによって引き起こされる.たとえば塩化ナトリウムは,溶かして電流を流すことによってナトリウムと塩素に分解されるが,この操作は自然には起こらない変化を強制的に起こしていることになる.このような変化が自発的に起こることはありえない.また理想気体の等温断熱自由膨張を考える.この過程は自発的だが,エネルギーの変化を伴わずに起こっている.

"その過程が自発的であるか"という問題の答えはどのようにして得られるだろう.まず,上の三つの過程を考えてみる.石が落下する場合には,その石は重力による位置エネルギーが低い方向へ向かって動いている.ナトリウムと塩素の反応は発熱反応で,それはエネルギーが放出されることを意味している.つまりこの場合,系全体のエネルギーが低下している.したがって"系のエネルギーが減少するのであれば,その変化は自発的である"という答えを示すことができる.しかし,これだけで自発変化の十分な成立要件といえるだろうか.ありとあらゆる自発変化に対する一般論として成り立つものなのだろうか.

次の反応を考える.

$$\text{NaCl(s)} \xrightarrow{\text{H}_2\text{O}} \text{Na}^+(\text{aq}) + \text{Cl}^-(\text{aq})$$

これは塩化ナトリウム $NaCl$ の水 H_2O への溶解反応である.この反応に伴うエンタルピー変化は**溶解熱**(heat of solution)$\Delta_{\text{soln}}H$ に相当する.塩化ナトリウムは水に可溶なため反応は自発的に起こり,25℃での $\Delta_{\text{soln}}H$ は $+3.88\text{ kJ mol}^{-1}$ である.つまり吸熱反応であるにもかかわらず,反応は自発的に起こることになる.さらに演示実験などで利用される,以下の反応についても考えてみる.

$$\text{Ba(OH)}_2 \cdot 8\text{H}_2\text{O(s)} + 2\text{NH}_4\text{SCN(s)}$$
$$\longrightarrow \text{Ba(SCN)}_2(\text{s}) + 2\text{NH}_3(g) + 10\text{H}_2\text{O}(l)$$

この反応はとても激しい吸熱反応で,周囲から大きなエネルギーを吸収して水を凍らせるところが演示実験としてのポイントになっている.化学反応を起こす反応系のエネルギーは増大するが,これもまた自発的に進む反応なのである.

結論として"系のエネルギーが減少する"というだけでは,その系で起こる変化が自発的かどうかを判断するのに十分でないといえる.たいていの自発変化はエネルギーの減少を伴うが,これがすべてではない.ある変化の自発性についての判断条件は,必ずしも系のエネルギーの減少だけではないの

である.

　残念ながら，熱力学第一法則はエネルギー変化のみを問題にしている．しかしエネルギー変化だけでは，このような反応の自発性を説明するのには十分でないようなのである——熱力学第一法則がまちがっているのだろうか．そうではなく，熱力学第一法則だけではこの問題に対して答えをだせないということなのである．

　熱力学では，こうした変化の過程を研究するために新たな手法を用いることになる．この手法を使った考え方によれば熱力学の適用範囲が広がるだけでなく，"その過程は自発的か，そうでないか" という問題に対しても有効な答えを与えることができる．この章ではその手法を紹介し，次の章でこの問題に対する答えを考えていく．

3.3　カルノーサイクルと熱効率

　1824 年，フランス軍技術者だった Carnot は，やがて熱力学の発展に大きな役割を演じることになる論文を発表した．しかし，その論文は長い回り道をたどることになる．当時，その論文は注目されなかったのである．熱力学の第一法則も確立されておらず，熱というものがまだ "熱素"（caloric）であると思われていた時代のことである．しかし Carnot が 36 歳の若さで亡くなって 16 年後の 1848 年，ようやく Kelvin 卿がはじめてこの論文に注目し，科学界の興味を引きつけることになる．この論文は普遍的な概念を提起しており，その考え方はカルノーサイクルの名で呼ばれている．

　Carnot は，およそ一世紀以上前から広く使われていた蒸気機関の行う仕事の能力を評価することに興味をもった．彼は蒸気機関の効率と，これを動かす各過程の温度との関係に着目した最初の人物だった．図 3.1 は，Carnot による理想的な熱機関である．Carnot はすべての熱機関が，高温熱源から得られる熱 q_{in} によって特徴づけられると指摘した．この熱機関は熱を外界にする仕事 w に変換し，そして残った熱 q_{out} を低温熱源に放出する．すべての熱機関がこのように働くのではないが，熱機関が仕事をするための基本的な構成要素はこのモデルで表される．

　Carnot は次に，熱機関の各段階を定義した．これらの段階全体を**カルノーサイクル**（Carnot cycle）と呼び，熱機関が，どの程度の効率で，熱を仕事に変換できるかを決めるために利用できる．熱機関そのものを一つの系と定義して，このサイクルの概念を図 3.2 に示す．カルノーサイクルを構成する各段階①から④は以下のようになる．

① 等温可逆膨張：この過程が起こるためには，系は熱を高温熱源から吸収しなければならない．この熱を q_1（図 3.1 で q_{in} と書いたもの）と定義し，この過程で系によってなされる仕事を w_1 とする．

② 断熱可逆膨張：この過程では $q = 0$ だが，膨張過程であるため系によって仕事がなされる．この仕事を w_2 とする．

③ 等温可逆圧縮：この過程が起こるためには，系から熱が低温熱源にでていかなければならない．この熱を q_3（図 3.1 の q_{out} に対応する）と

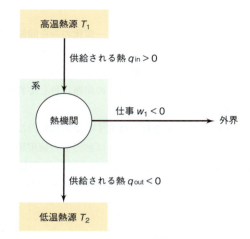

図 3.1 Carnot が独自に考案した熱機関の概念図　高温熱源がエネルギーを供給し，それを受けた熱機関が仕事を行い，残ったエネルギーが低温熱源に放出される．q_{in}，w_1，q_{out} の符号は熱機関を中心に考えると正，負，負となる．

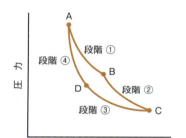

図 3.2 カルノーサイクルを気体に対して行った例　①から④のそれぞれの段階は①等温可逆膨張，②断熱可逆膨張，③等温可逆圧縮，④断熱可逆圧縮を表す．系は始めと同じ状態に戻り，4本の線で囲まれた面積が気体に対してなされた仕事である．

書き，この過程で系に対してなされる仕事を w_3 とする．

④ 断熱可逆圧縮：系は元の状態に戻る．この過程では $q=0$ だが，圧縮過程であるため系に対して仕事がなされる．この仕事を w_4 とする．

系が元の状態に戻っているので，状態関数の定義より，過程全体では $\Delta U = 0$ となる．したがって熱力学第一法則から

$$\Delta U = 0 = q_1 + w_1 + w_2 + q_3 + w_3 + w_4 \tag{3.1}$$

が成り立つ．ところでサイクルを通して行われる仕事 w_{cycle} やサイクルの熱の流れ q_{cycle} は次のように書くことができる．

$$w_{\text{cycle}} = w_1 + w_2 + w_3 + w_4 \tag{3.2}$$
$$q_{\text{cycle}} = q_1 + q_3 \tag{3.3}$$

したがって式（3.1）から

$$0 = q_{\text{cycle}} + w_{\text{cycle}}$$

よって

$$q_{\text{cycle}} = -w_{\text{cycle}} \tag{3.4}$$

ここでサイクルを通して行われる仕事 w_{cycle} に負の符号をつけた量と，高温熱源から入ってくる熱量 q_1 との比を**熱効率**（efficiency）e と定義する．

$$e \equiv \frac{-w_{\text{cycle}}}{q_1} \tag{3.5}$$

すなわち熱効率 e とは熱機関に入ってきた熱のうち，どれくらいが仕事に変換されるかを示すものである．系によってなされる仕事は負の値であり，系

に入ってくる熱は正の値だから，この式 (3.5) の負の符号は熱効率 e の値を正にするためのものである．この負の符号は，式 (3.4) を代入すればなくなってしまう．続けて式 (3.3) も代入すれば

$$e = \frac{q_{\text{cycle}}}{q_1} = \frac{q_1 + q_3}{q_1} = 1 + \frac{q_3}{q_1} \tag{3.6}$$

q_1 は系に入ってくる熱なので正である．一方，q_3 は系からでていく熱（図 3.1 で低温熱源に入っていく熱である）なので負である．したがって，q_3/q_1 は負の値になる．また系からでていく熱量が，入ってくる熱量よりも大きくなることはありえない．それが成り立ってしまうと"エネルギーは新たにつくりだされることはない"という熱力学第一法則の主張に反してしまうからである．したがって $|q_3/q_1|$ は 1 より大きくならず，常に 1 より小さいか（仕事がなされないときには）1 に等しくなる．式 (3.6) から，これらのことをすべてまとめていい表すと

　　熱効率は，常に 0 から 1 の間である．

ということになる．

例題 3.1

以下の (a)，(b) に答えよ．
(a) 855 J の熱を取り入れて 225 J の仕事を行い，残ったエネルギーを熱として放出するような熱機関の熱効率を求めよ．
(b) (a) のような熱機関のそれぞれの部分から移動する熱と仕事について，その値と方向を含めて図 3.1 のような図に示せ．

解　答
(a) 熱効率 e についての二つの式 (3.5) と (3.6) を用いる．熱と仕事の符号まで考慮に入れれば式 (3.5) より

$$e = \frac{-(-225 \text{ J})}{+855 \text{ J}} = 0.263$$

同様にして式 (3.6) より

$$e = 1 + \frac{-(855 \text{ J} - 225 \text{ J})}{+855 \text{ J}} = 1 + (-0.737) = 0.263$$

(b) 各自で作成すること．

　熱効率を表すのに，理想気体を仮定して高温熱源と低温熱源の温度を用いる方法もある．①と③の等温過程では $(\partial U/\partial V)_T = 0$ だから内部エネルギー変化はゼロである．したがって①と③では $q = -w$ が成り立つ．式 (2.7) より理想気体に対しては

$$w = -nRT \ln \frac{V_\text{f}}{V_\text{i}}$$

だから，等温可逆過程の段階①と③では，熱の出入りについて次の式が成り立つ．

$$q_1 = -w_1 = nRT_{\text{high}} \ln \frac{V_\text{B}}{V_\text{A}} \tag{3.7}$$

$$q_3 = -w_3 = nRT_{\text{low}} \ln \frac{V_\text{D}}{V_\text{C}} \tag{3.8}$$

ここで V の添え字 A，B，C，D は図 3.2 に示すように，それぞれの過程①と③の始状態と終状態を表す．T_{high} と T_{low} は，それぞれ高温熱源と低温熱源の温度である．一方，②と④の断熱過程に対しては式 (2.47) を使って

$$\left(\frac{V_\text{B}}{V_\text{C}}\right)^{2/3} = \frac{T_{\text{low}}}{T_{\text{high}}}$$

$$\left(\frac{V_\text{A}}{V_\text{D}}\right)^{2/3} = \frac{T_{\text{low}}}{T_{\text{high}}}$$

を得る．体積についての二つの式はどちらも $T_{\text{low}}/T_{\text{high}}$ に等しいから

$$\left(\frac{V_\text{B}}{V_\text{C}}\right)^{2/3} = \left(\frac{V_\text{A}}{V_\text{D}}\right)^{2/3}$$

両辺を 3/2 乗して，変形すれば

$$\frac{V_\text{D}}{V_\text{C}} = \frac{V_\text{A}}{V_\text{B}}$$

となる．式 (3.8) の V_D/V_C にこの関係を代入すると，V_A と V_B を用いて q_3 を表せる．

$$q_3 = nRT_{\text{low}} \ln \frac{V_\text{A}}{V_\text{B}}$$

$$= -nRT_{\text{low}} \ln \frac{V_\text{B}}{V_\text{A}} \tag{3.9}$$

式 (3.7) と (3.9) の間で割り算を行うと，q_3/q_1 を表す次の新しい式が得られる．

$$\frac{q_3}{q_1} = \frac{-nRT_{\text{low}} \ln(V_\text{B}/V_\text{A})}{nRT_{\text{high}} \ln(V_\text{B}/V_\text{A})}$$

$$= -\frac{T_{\text{low}}}{T_{\text{high}}}$$

これを式 (3.6) に代入すれば，高温熱源の温度 T_{high} と低温熱源の温度 T_{low} を用いて表した熱効率 e の式が得られる．

$$e = 1 - \frac{T_{\text{low}}}{T_{\text{high}}} \tag{3.10}$$

式 (3.10) は興味深いことを示している．まず最初に，熱機関の熱効率 e は低温熱源と高温熱源の温度比 $T_{\text{low}}/T_{\text{high}}$ というとても簡単なパラメータで表せるということである．この比が小さければ小さいほど熱効率はよくなる*．したがって高い熱効率は大きな T_{high} と小さな T_{low} によって実現される．第二に，式 (3.10) によって熱力学的な温度目盛を決めることができる．カルノーサイクルの熱効率が1になる温度を $T_{\text{low}} = 0$ とする．この温度目盛は理想気体を使って決められたものと同じだが，ここでは理想気体のふるまいからではなく，カルノーサイクルの熱効率にもとづいて決められる．

最後に，低温熱源の温度 T_{low} が絶対零度でなければ，熱機関の熱効率 e は決して1にならず，常に1よりも小さな値になることを指摘しておく．絶対零度は，巨視的な物体では物理的に実現不可能なことが示されているので，さらに強い表現でいいかえると

　　　100%の熱効率を達成できる熱機関は実現できない．

ということになる．すべての過程はある種の熱機関として考えることができるので

　　　100%の熱効率を達成できる過程はありえない．

とまでいえることになる．これは永久機関の存在を否定することになる．というのも永久機関とは熱効率が1（つまり100%）よりも大きい，すなわち入ってくるエネルギーよりも多くの仕事を行うことができるものらしいからである．蒸気機関に関する Carnot の研究はこうした原則の確立に貢献して絶大な信頼を得ており，このためアメリカの特許商標庁は永久機関についての特許申請を一切認めなくなっている（もっとも，いくつかの申請については認められてしまっている．これは永久機関であることを隠ぺいしているためである）．こうした事実こそが，熱力学の法則の力なのである．

熱効率 e を表す二つの式 (3.6) と (3.10) をあわせて

$$1 + \frac{q_3}{q_1} = 1 - \frac{T_{\text{low}}}{T_{\text{high}}}$$

$$\frac{q_3}{q_1} = -\frac{T_{\text{low}}}{T_{\text{high}}}$$

$$\frac{q_3}{q_1} + \frac{T_{\text{low}}}{T_{\text{high}}} = 0$$

$$\frac{q_3}{T_{\text{low}}} + \frac{q_1}{T_{\text{high}}} = 0 \tag{3.11}$$

ここで q_3 は等温過程③における低温熱源に吸収される熱量，q_1 は等温過程①における高温熱源から供給される熱量であることに注目する．式 (3.11) のそれぞれの分数は，考えているおのおのの部分での熱量と温度に関係している量である．残りの二つの段階は断熱過程（すなわち $q_2 = q_4 = 0$）であるため，式 (3.11) にはカルノーサイクルで出入りするすべての熱量 q_1 と q_3 が含まれていることに注目してほしい．これらの熱量 q_1 と q_3 をそれが関係

* しかし現実にはほとんどの熱機関の場合，機械的な問題などを含んだほかの要因によって，熱効率が下がってしまうことになる．

する各熱源の絶対温度 T_{high} と T_{low} で割って加えると，厳密にゼロになることは興味深い．ここでサイクルの始状態と終状態が同じ状態であることを思いだす．状態関数は系の状態だけで決まり，変化の過程にはよらない．したがって系がある状態から出発して同じ状態で止まる場合には，状態関数の全体での変化は厳密にゼロになるはずである．式（3.11）は，このサイクルが可逆的ならば，式で表されたような熱量を絶対温度で割った量が状態関数になることを示している．

3.4 エントロピーと熱力学第二法則

ここでエントロピー（entropy）S を新しい熱力学状態関数として定義する．エントロピーの微小変化 dS は次のように定義される．

$$\mathrm{d}S \equiv \frac{\mathrm{d}q_{\text{rev}}}{T} \tag{3.12}$$

ここで熱の微小量 dq につけた添え字 rev は可逆過程での熱の出入りであることを表す．温度 T は絶対温度である．式（3.12）を積分して

$$\Delta S = \int \frac{\mathrm{d}q_{\text{rev}}}{T} \tag{3.13}$$

を得る．ΔS は，ある過程全体でのエントロピー変化を表す．前節で指摘したようにカルノーサイクルや，ほかの閉じたサイクルでは $\Delta S = 0$ となるはずである．

等温過程では温度 T を積分の外にだすことができるから，式（3.13）は簡単に積分できて

$$\Delta S = \frac{1}{T}\int \mathrm{d}q_{\text{rev}} = \frac{q_{\text{rev}}}{T} \tag{3.14}$$

式（3.14）はエントロピーの単位が $\mathrm{J\,K^{-1}}$ になることを示唆している．この単位は不思議に映るかもしれないが，正しいものである．ある過程での熱量は g や mol で表される物質の量によるので，エントロピーの単位として $\mathrm{J\,mol^{-1}\,K^{-1}}$ が用いられることもある．例題 3.2 は物質の量をどのようにしてエントロピーの単位に含ませるかについて示すものである．

例題 3.2

1.00 g のベンゼン C_6H_6 を 1.00 atm の一定圧力のもと，沸点 80.1 ℃ で可逆的に沸騰させたとする．このときのエントロピー変化 ΔS はいくらか．ただしベンゼンの蒸発熱 $\Delta_{\text{vap}}H$ を $395\,\mathrm{J\,g^{-1}}$ とする．

解　答

この過程は圧力一定のもとで起こるから，蒸発熱 $\Delta_{\text{vap}}H$ は出入りする熱量

$\Delta H = q_p$ であることを思いだすこと．

と一致する．蒸発は吸熱反応，つまりエネルギーが外部から入ってくるから，それに伴う熱量は正の値になる．また 80.1 ℃は 353.2 K だから，式 (3.14) を用いると 1.00 g のベンゼンに対して

$$\Delta S = \frac{+395\,\text{J}}{353.2\,\text{K}} = +1.12\,\text{J K}^{-1}$$

となる．ただし，これは 1.00 g のベンゼンに対する値だから，単位を替えて $+1.12\,\text{J g}^{-1}\,\text{K}^{-1}$ と書くこともできる．この例題では，系すなわちベンゼンのエントロピーは増大している．

> 温度はケルビンの単位にしなければならない．

さまざまな過程と条件をもつほかのサイクルを定義することもできるが，可逆過程を使って定義されたカルノーサイクルよりも熱効率のよいものは知られていない．これはどのような不可逆過程も可逆過程と比べると，熱を仕事に変換する効率が低いことを示している．したがって任意の過程の熱効率を e_{arb}，可逆過程の熱効率を e_{rev} と表すと

$$e_{\text{arb}} \leq e_{\text{rev}}$$

が成り立つ．考えている過程が可逆過程と同様の過程であれば等号が成り立ち，不可逆過程を考えるのであれば不等号が成り立つ．熱効率の式 (3.6) を代入すれば

$$1 + \frac{q_{\text{out, arb}}}{q_{\text{in, arb}}} \leq 1 + \frac{q_{3,\text{rev}}}{q_{1,\text{rev}}}$$

両辺の 1 は打ち消しあって

$$\frac{q_{\text{out, arb}}}{q_{\text{in, arb}}} \leq \frac{q_{3,\text{rev}}}{q_{1,\text{rev}}}$$

を得る．右辺の分数は式 (3.11) を導く過程で示したように $-T_{\text{low}}/T_{\text{high}}$ となるから，これを代入して

$$\frac{q_{\text{out, arb}}}{q_{\text{in, arb}}} \leq -\frac{T_{\text{low}}}{T_{\text{high}}}$$

整理すれば

$$\frac{q_{\text{out, arb}}}{q_{\text{in, arb}}} + \frac{T_{\text{low}}}{T_{\text{high}}} \leq 0$$

となる．この式はさらに変形して，二つの熱源に出入りする熱量 q と温度 T とを変数とする同じ形の分数式，すなわち q_{in} と T_{high}，q_{out} と T_{low} の分数式にすることができる．T と q についている添え字を，カルノーサイクルでいえばどの段階に相当するかを考えてつけ直し，最後に arb という添え字も落とす．このようにすると上式は

$$\frac{q_3}{T_3} + \frac{q_1}{T_1} \leq 0$$

と簡単になる．多くの段階（step）を含むサイクル全体については，和の形

$$\sum_{\text{all steps}} \frac{q_{\text{step}}}{T_{\text{step}}} \leq 0$$

で書くことができる．それぞれの段階をどんどん細分化していくと，和を表す $\sum$ を積分で置き換えることができる．したがって上式は

$$\int \frac{\mathrm{d}q}{T} \leq 0 \tag{3.15}$$

となる．式（3.15）の関係はポメラニア（現在のポーランドの一部）とドイツで活躍した物理学者 Clausius によって 1865 年にはじめて提案された，いわゆるクラウジウスの原理と呼ばれるものである．

次に図 3.3 に示した二段階の過程を考える．ここでは不可逆過程によって系の状態を図の添え字 1 で表した状態から添え字 2 で表した状態に変化させ，ついで可逆過程により元の状態に戻すことを考える．状態関数では，各段階での変化の総和が全体での変化になる．しかし式（3.15）を考えると，全体の積分値はゼロよりも小さくならなければならない．ここで積分を

$$\int_1^2 \frac{\mathrm{d}q_{\text{irrev}}}{T} + \int_2^1 \frac{\mathrm{d}q_{\text{rev}}}{T} < 0$$

のように二つの部分に分けると，二番目の積分のなかは式（3.12）の定義に従って $\mathrm{d}S$ となる．二番目の積分の範囲を反対にする，すなわち二つの積分が逆方向でなく同じ方向に進む過程を表すようにすると，この項は $-\mathrm{d}S$ になる．つまり

$$\int_1^2 \frac{\mathrm{d}q_{\text{irrev}}}{T} + \int_1^2 (-\mathrm{d}S) < 0$$

$$\int_1^2 \frac{\mathrm{d}q_{\text{irrev}}}{T} - \int_1^2 \mathrm{d}S < 0$$

ここで $\mathrm{d}S$ の積分は ΔS だから

$$\int_1^2 \frac{\mathrm{d}q_{\text{irrev}}}{T} - \Delta S < 0$$

$$\int_1^2 \frac{\mathrm{d}q_{\text{irrev}}}{T} < \Delta S$$

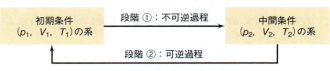

図 3.3　不可逆的な段階を含む過程を表した図　本文を参照のこと．実際のほとんどの過程はこのように記述でき，こうした過程を理解するためにエントロピーが導入される．

を得る．ここで右辺と左辺を入れ替え，また一般の過程を考えるために積分範囲をはずして

$$\Delta S > \int \frac{dq_{\text{irrev}}}{T} \qquad (3.16)$$

と書く．式（3.12）の定義で与えられた dS を用い，微小変化を表す微分形式によって，すなわち積分記号を入れずにこれを書き表すと

$$dS \geq \frac{dq}{T} \qquad (3.17)$$

となる．ここでも等号が可逆過程に対応し，不等号が不可逆過程に対応する．

さて，ここで自発的な過程というのは不可逆的な過程であることを考える．自発変化は，それが可能な場合には自然と起こるものである．このことを念頭に置くと，一般に以下のようなことがいえる．

不可逆過程，自発過程に対しては $dS > \dfrac{dq}{T}$

可逆過程に対しては $dS = \dfrac{dq}{T}$

さらに式（3.17）は

$dS < \dfrac{dq}{T}$ は起こりえない．

ということも意味している．最後の点はとくに重要である．S の微小変化 dS は dq/T よりも小さくなることはない．等しくなるか，大きくなることはあっても，小さくなることは許されないのである．

以下のことを考察してみる．孤立系で生じる過程を考え，その過程がどのような条件のもとで起こるかを考える．系が本当に孤立していれば，すなわち，この系と外界との間でエネルギーや物質のやりとりが一切ない状態であれば，この系で生じる過程は断熱的である．なぜなら孤立しているとは $q = 0$ を意味し，これを拡張して考えれば $dq = 0$ であることを意味するからである．そのため dq/T はゼロになる．したがって上で述べたことがらは，さらに次のようになる．

不可逆過程，自発過程に対しては $dS > 0$
可逆過程に対しては $dS = 0$
孤立系でのどのような過程に対しても $dS < 0$ は起こりえない．

この三つを概念的にまとめたのが熱力学第二法則であり

孤立系において自発変化が起こると，系のエントロピーはそれにより増大する．

ということになる．孤立系において自発変化が起こっている場合には，与え

られた条件のもとで q も w もゼロで，ΔU もゼロになるため，エントロピーが唯一の変化の駆動力になっている．

これまで，孤立した系におけるエントロピーの変化を考え，ΔS を ΔS_{sys} として表せるものとしてきた．孤立していない系でのエントロピー変化はどうであろうか．また変化に伴って起こる外界でのエントロピー変化 ΔS_{surr} はどのようになるのであろうか．式（3.12）と同様に考えて，外界におけるエントロピー変化は

$$\mathrm{d}S_{\text{surr}} \equiv \frac{\mathrm{d}q_{\text{surr}}}{T_{\text{surr}}}$$

で表せる．

通常は，外界は考えている系に比べてずっと大きいため，相対的に大きな外界での温度は一定であると考えることができる．したがって上式を積分すると

$$\Delta S_{\text{surr}} = \frac{q_{\text{surr}}}{T_{\text{surr}}} \tag{3.18}$$

となる．この結果，全体のエントロピー変化は系と外界でのエントロピー変化の和となり

$$\Delta S_{\text{univ}} = \Delta S_{\text{sys}} + \Delta S_{\text{surr}} \tag{3.19}$$

と表せる．

ここで，可逆的な過程と不可逆な過程を考える．可逆的な過程では ΔS_{surr} は $-\Delta S_{\text{sys}}$ となり，全体のエントロピー変化 ΔS_{univ} はゼロになる．しかし，不可逆な過程では ΔS_{surr} は常に $-\Delta S_{\text{sys}}$ よりも大きくなり，全系のエントロピー変化 ΔS_{univ} は常にゼロよりも大きくなる．以下の例で解説する．

例題 3.3

1.00 g の $H_2O(g)$ が 100.0℃ において可逆的に凝縮した際に 2260 J の熱を外界に放つ．このときの ΔS_{sys}，ΔS_{surr}，ΔS_{univ} を求めよ．

解　答
系のエントロピー変化は式（3.14）を用いて計算できる．

$$\Delta S_{\text{sys}} = \frac{q_{\text{rev}}}{T} = \frac{-2260 \text{ J}}{373.1 \text{ K}}$$

$$\Delta S_{\text{sys}} = -6.06 \text{ J K}^{-1}$$

$H_2O(g)$ の系から熱が失われるので q は負である．

となる．外界のエントロピー変化を計算するためには，外界が何度であるかが必要になる．しかし，系の変化が厳密に可逆的であるなら，外界の温度も 100.0℃ でなければならない．したがって

$$\Delta S_{\text{surr}} = \frac{q_{\text{surr}}}{T} = \frac{+2260 \text{ J}}{373.1 \text{ K}}$$

$$\Delta S_{\text{surr}} = +6.06 \text{ J K}^{-1}$$

熱は外界に入っていくのでこの q は正である.

となる.全体の ΔS_{univ} はこれら二つのエントロピー変化の和で与えられ

$$\Delta S_{\text{univ}} = -6.06 \text{ J K}^{-1} + 6.06 \text{ J K}^{-1} = 0$$

となる.

この結果を以下の不可逆な過程と比較してみる.

例題 3.4

1.00 g の $H_2O(g)$ が,$100.0\,°C$,1.00 atm で体積が 1.70 L という状態にある.外圧は 2.00 atm であり,温度を一定に保ったままこの圧力まで圧縮していくと体積が 0.850 L となった.このときの ΔS_{sys},ΔS_{surr},ΔS_{univ} を求めよ.気体は理想気体としてふるまうと仮定する.

解　答

温度一定での変化であるので,$\Delta U = 0$ である.したがって $q = -w$ である.仕事は以下の式で計算できる.

$$w = -p_{\text{ext}} \Delta V$$
$$= -(2.00 \text{ atm})(0.850 \text{ L} - 1.70 \text{ L})(101.32 \text{ J L}^{-1} \text{ atm}^{-1})$$
$$w = 172 \text{ J}$$

したがって,$q = -172$ J である.この熱は外界に移動するので,外界の得る熱は $q_{\text{surr}} = 172$ J である.ここから ΔS_{surr} は

$$\Delta S_{\text{surr}} = \frac{172 \text{ J}}{373.1 \text{ K}} = +0.461 \text{ J K}^{-1}$$

変化は定温変化なので,外界の温度は $100\,°C$ か 373.1 K である.

となる.しかし,ΔS_{sys} は可逆的な過程の q を用いて計算されるべきものであり,いまのこの過程は可逆的な過程ではない.ところが,ΔS は状態関数であるため,始状態から終状態への変化であれば,どのような過程を通ってもよい.もし可逆過程を考えれば,その過程での仕事が以下のように計算できる.

$$w = -nRT \ln \frac{V_f}{V_i}$$

この式は,第2章で述べた理想気体に対する可逆過程の仕事を表している.

与えられた条件間での可逆的な過程での仕事は

$$w = -\left(\frac{1.00 \text{ g}}{18.02 \text{ g mol}^{-1}}\right)(8.314 \text{ J mol}^{-1} \text{ K}^{-1})(373.1 \text{ K}) \ln \frac{0.850 \text{ L}}{1.70 \text{ L}}$$

となり

$$w = 119 \text{ J} = -q_{\text{rev}}$$

定温過程なので,$\Delta U = 0$,$w = -q$.

となる.ここから可逆過程での熱 $q_{\text{rev}} = -119$ J を得る.系のエントロピー変化は

$$\Delta S_{\text{sys}} = \frac{-119 \text{ J}}{373.1 \text{ K}} = -0.319 \text{ J K}^{-1}$$

となる．ここから ΔS_{univ} を計算する．

$$\Delta S_{\text{univ}} = -0.319 \text{ J K}^{-1} + 0.461 \text{ J K}^{-1}$$
$$\Delta S_{\text{univ}} = +0.142 \text{ J K}^{-1}$$

したがって不可逆変化に対しては，全体でのエントロピー変化が大きくなっていることがわかる．

　熱力学第一法則のように，熱力学第二法則も系と外界が相互に関係していると考え，以下のように表現するのが有効である．

　　　いかなる自然な変化（それは不可逆である）に対しても，（系と外界をあわせた）全体でのエントロピーは増大する．

自然な変化は絶え間なく発生しており，そのため全体のエントロピーは常に増加している．

3.5　さらにエントロピーについて

　例題 3.2 で等温過程におけるエントロピー変化について計算した．では，もし等温過程でなかったらどうだろうか．いま与えられた質量をもつ物質の熱容量を C とすると

$$dq = C \, dT$$

が成り立つ．ここで式 (3.12) を使って dq をエントロピーの微小変化 dS に置き換えると

$$dS = \frac{dq_{\text{rev}}}{T} = \frac{C \, dT}{T}$$

を得る．熱容量 C が一定として，これを積分すると

$$\Delta S = \int dS = \int \frac{C \, dT}{T} = C \int \frac{dT}{T}$$

積分範囲の両端の温度を T_i と T_f とし，対数の性質を用いて計算すれば

$$\Delta S = C \int_{T_i}^{T_f} \frac{dT}{T} = C \left[\ln T \right]_{T_i}^{T_f} = C \ln \frac{T_f}{T_i} \tag{3.20}$$

となる．系の物質量が n mol なら，J mol^{-1} K^{-1} の単位をもつ $\bar{C}$ を使って

$$\Delta S = n \bar{C} \ln \frac{T_f}{T_i}$$

と書ける．また C の単位が J g^{-1} K^{-1} であれば，系の質量が必要になる．熱

容量 C が問題とする温度範囲で一定でない場合には，温度に依存した C の式が積分のなかに含まれることになり，それを各項ごとに計算していかなければならなくなる．ただ幸いにも，熱容量 C は温度 T の簡単なべき級数で表されることがほとんどであり，積分は各項ごとに分けて計算することができる．

ところで式 (3.20) の熱容量 C には，すでにみてきたような V, p などの添え字がついていない．それはどのような条件の過程を考えるか次第だからである．体積一定のもとで起こる過程を考えるのであれば定容熱容量 C_V を，圧力一定のもとで起こる過程を考えるのであれば定圧熱容量 C_p を用いる．実際に起こる過程によって，どのような熱容量を考えるかが決まるのである．

ここで，気相で起こる過程を考えることにする．温度 T は一定で，体積 V か圧力 p が可逆的に変化する場合を考える．気体が理想気体であれば内部エネルギー変化 ΔU は厳密にゼロで

$$dq_{\mathrm{rev}} = -dw = +p\,dV$$

が成り立つ．ここで再び式 (3.12) から

$$dS = \frac{dq_{\mathrm{rev}}}{T} = \frac{p\,dV}{T}$$

同様に積分して

$$\Delta S = \int dS = \int \frac{p\,dV}{T}$$

となる．式 (1.10) で表される理想気体の法則から得られる関係 $p = nRT/V$ を代入すると

$$\Delta S = \int \frac{nRT}{V} \frac{dV}{T} = \int \frac{nR\,dV}{V}$$
$$= nR \int \frac{dV}{V}$$

ここで積分範囲の両端の体積を V_{i} と V_{f} として計算すれば，以下の関係が得られる．

$$\Delta S = nR \ln \frac{V_{\mathrm{f}}}{V_{\mathrm{i}}} \qquad (3.21)$$

同様に，圧力 p の変化に対しては

$$\Delta S = -nR \ln \frac{p_{\mathrm{f}}}{p_{\mathrm{i}}} \qquad (3.22)$$

を得る．エントロピーは状態関数なので，このエントロピー変化 ΔS は系のおかれている条件によって決定され，どのような過程を通ってその状態に至ったかにはよらない．どのような過程もより小さな段階に分割して考えるこ

とができるから，分割の数を増やしながら，それぞれの段階でのエントロピー変化 ΔS を計算し，その ΔS を足し合わせることで過程全体の ΔS が計算できることになる．

例題 3.5

1.00 mol の He に関する以下の変化について，全エントロピー変化を計算せよ．

$$\text{He}(298.0\,\text{K},\ 1.50\,\text{atm}) \longrightarrow \text{He}(100.0\,\text{K},\ 15.0\,\text{atm})$$

ただし He の熱容量を $20.78\,\text{J}\,\text{mol}^{-1}\,\text{K}^{-1}$ とし，He は理想気体としてふるまうものと仮定せよ．

解 答

過程全体は二つの段階に分けて考えることができる．すなわち段階①は $\text{He}(298.0\,\text{K},\ 1.50\,\text{atm}) \longrightarrow \text{He}(298.0\,\text{K},\ 15.0\,\text{atm})$ の圧力変化の過程であり，段階②は $\text{He}(298.0\,\text{K},\ 15.0\,\text{atm}) \longrightarrow \text{He}(100.0\,\text{K},\ 15.0\,\text{atm})$ の温度変化の過程である．

> ΔS は状態関数なので，始状態と終状態が明確に規定された条件であれば，途中でどのように変化させるかは問題とならない．

段階①，すなわち等温過程におけるエントロピー変化 ΔS_1 は式 (3.22) より

$$\begin{aligned}\Delta S_1 &= -nR \ln \frac{p_\text{f}}{p_\text{i}} \\ &= -(1.00\,\text{mol}) \times 8.314\,\text{J}\,\text{mol}^{-1}\,\text{K}^{-1} \times \ln \frac{15.0\,\text{atm}}{1.50\,\text{atm}} \\ &= -19.1\,\text{J}\,\text{K}^{-1}\end{aligned}$$

と求まる．段階②の等圧過程では式 (3.20) の下に示した式を用いて，エントロピー変化 ΔS_2 は

> C の値は理想単原子気体の定圧熱容量 $(5/2)R$ であることを思いだすこと．

$$\begin{aligned}\Delta S_2 &= n\bar{C} \ln \frac{T_\text{f}}{T_\text{i}} \\ &= 1.00\,\text{mol} \times 20.78\,\text{J}\,\text{mol}^{-1}\,\text{K}^{-1} \times \ln \frac{100.0\,\text{K}}{298.0\,\text{K}} \\ &= -22.7\,\text{J}\,\text{K}^{-1}\end{aligned}$$

となる．問題の過程は上の二つの過程を合わせたものなので，その過程全体を通してのエントロピー変化 ΔS は，上の二つのエントロピー変化 ΔS_1 と ΔS_2 の和になる．よって

$$\begin{aligned}\Delta S &= \Delta S_1 + \Delta S_2 \\ &= -19.1\,\text{J}\,\text{K}^{-1} + (-22.7\,\text{J}\,\text{K}^{-1}) \\ &= -41.8\,\text{J}\,\text{K}^{-1}\end{aligned}$$

を得る．

例題 3.6

前の例題で扱った過程について，q, w, ΔS_surr を求めることができるか．

解答

できない. q と w は経路に依存するので, He(298.0 K, 1.50 atm) から He(100.0 K, 15.0 atm) に変化させるときの厳密な経路によって値が異なる. 同様に, どのくらいの熱が外界に放出されたかを厳密に知ることができないので, ΔS_{surr} を決めることはできない.

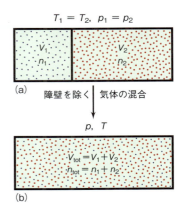

図 3.4 二種類の気体の断熱的な混合 (a) 左側には体積 V_1, 物質量 n_1 の気体 1 が, 右側には体積 V_2, 物質量 n_2 の気体が存在する. (b) 混合後, 二種類の気体は全体にいきわたる. エネルギーの変化はないから, この気体の混合はエントロピーの効果として起こったものである.

図 3.4(a) に示す系を考える. いま容器は体積 V_1 と V_2 の二つの系に区切られ, 二つの系ともに同じ圧力 p, 同じ絶対温度 T にあるとする. また種類の違う理想気体が空間 1, 2 にそれぞれ n_1 mol, n_2 mol ずつ存在しているとする. 二つの空間の間には障壁がある. さらにこの系は周囲から隔離されているとし, したがって以下の過程において外界との間で出入りする熱はゼロになる, すなわち系は断熱的であるとする.

ここで, 系全体の圧力と温度を一定に保ったまま障壁を取り除くことを考える. この過程は断熱的なので $q = 0$ が成り立つ. また温度一定なので $\Delta U = 0$ も成り立っている. したがって $w = 0$ となる. 二種類の気体を混合すると最終的に到達する状態は図 3.4(b) のようになる. すなわち二種類の混合気体が同じ体積を占める (これは, 気体は容器全体に充満するように広がるというよく知られた性質である). 混合を起こす際にエネルギー変化はないので, この過程を引き起こしているのはエントロピーであるといえる.

エントロピーは状態関数だから, その変化量は変化の過程にはよらない. そこで, 混合過程を図 3.5 に示したような二つの過程に分けることができるとして考察する. 第一の過程は気体 1 が体積 V_1 から V_{tot} へ膨張する過程であり, 第二の過程は気体 2 が V_2 から V_{tot} へ膨張する過程である. それぞれの段階でのエントロピー変化を ΔS_1, ΔS_2 とすると, 式 (3.19) から

$$\Delta S_1 = n_1 R \ln \frac{V_{tot}}{V_1}$$

$$\Delta S_2 = n_2 R \ln \frac{V_{tot}}{V_2}$$

となる. 両方の気体は膨張するのだから V_{tot} は V_1, V_2 よりも大きくなって, 体積の対数項は常に正になる*. また気体定数 R は常に正で, 気体の物質量 n_1 と n_2 も正である. したがって, それぞれの過程のエントロピー変化 ΔS_1 と ΔS_2 は正になり, この両者の和で表される混合の過程全体についての ΔS, すなわち

$$\Delta S = \Delta S_1 + \Delta S_2 \tag{3.23}$$

は常に正の値になる. ゆえに熱力学第二法則より, 二種類またはそれ以上の種類の気体の混合過程が孤立系で起こるとき, その過程は常に自発的な過程になるといえる.

さて, 式 (3.23) の関係を別の方法で一般化する. 二種類またはそれ以上の気体が同じ圧力と温度にあれば, その体積は気体の物質量に比例する. こ

* 1 より大きな数の対数は正になることを思いだすこと.

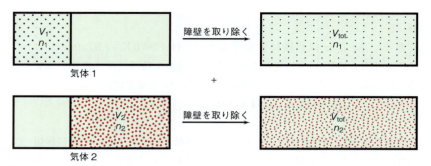

図 3.5 二種類の気体の混合は，気体 1 の右側領域への膨張と，気体 2 の左側領域への膨張という二つの独立な過程に分けて考えることができる．

こで気体 i の**モル分率**（mole fraction）x_i を，気体 i の物質量 n_i と気体の全物質量 n_{tot} の比

$$x_i \equiv \frac{n_i}{n_{\text{tot}}} \tag{3.24}$$

で定義する．これは体積分率 V_i/V_{tot} を使って

$$\frac{V_i}{V_{\text{tot}}} = \frac{n_i}{n_{\text{tot}}} = x_i$$

と変形でき，したがって式 (3.23) の全エントロピー変化 ΔS については

$$\Delta S = (-n_1 R \ln x_1) + (-n_2 R \ln x_2)$$

のように表される．ここで負の符号は，モル分率を代入する際，体積分率の逆数をとったために生じたものである．何種類かの気体が混合される場合には一般化されて

$$\Delta_{\text{mix}} S = -R \sum_{i=1}^{\text{気体の数}} n_i \ln x_i \tag{3.25}$$

と表され，$\Delta_{\text{mix}} S$ を**混合エントロピー**（entropy of mixing）と呼ぶ．二種類またはそれ以上の種類の気体に対して x_i は常に 1 より小さいので，その対数 $\ln x_i$ は常に負になる．式 (3.25) の負の符号は混合エントロピー $\Delta_{\text{mix}} S$ が常に正の項の和であり，得られる全体の $\Delta_{\text{mix}} S$ も常に正であることを意味している．

例題 3.7

10.0 L の N_2 と 3.50 L の N_2O とを 300.0 K，0.550 atm の条件で混合する場合の混合エントロピーを求めよ．ただし体積には加成性が成り立ち，全体積 V_{tot} は 13.5 L とする．

解　答

まず生じた混合気体中での，それぞれの成分の物質量 n_{N_2} と n_{N_2O} を求める必要がある．すべての条件が与えられているので，式（1.10）の理想気体の法則から $n = pV/RT$ の関係を用いて

$$n_{N_2} = \frac{0.550 \text{ atm} \times 10.0 \text{ L}}{0.08205 \text{ L atm mol}^{-1} \text{ K}^{-1} \times 300.0 \text{ K}} = 0.223 \text{ mol}$$

$$n_{N_2O} = \frac{0.550 \text{ atm} \times 3.50 \text{ L}}{0.08205 \text{ L atm mol}^{-1} \text{ K}^{-1} \times 300.0 \text{ K}} = 0.0782 \text{ mol}$$

ここでは，R として L と atm で表した単位の値を用いる．

混合気体全体の物質量は $0.223 \text{ mol} + 0.0782 \text{ mol} = 0.301 \text{ mol}$ なので，それぞれの成分のモル分率 x_{N_2} と x_{N_2O} を計算できる．

$$n_{N_2} = \frac{0.223 \text{ mol}}{0.301 \text{ mol}} = 0.741$$

$$x_{N_2O} = \frac{0.0782 \text{ mol}}{0.301 \text{ mol}} = 0.259$$

たしかにモル分率の和が 1.000 になることを確認せよ．

式（3.25）を用いて混合エントロピー $\Delta_{mix}S$ を求めると

$$\Delta_{mix}S = -8.314 \text{ J mol}^{-1} \text{ K}^{-1}$$
$$\times (0.223 \text{ mol} \times \ln 0.741 + 0.0782 \text{ mol} \times \ln 0.259)$$

ここでは，R として J を含む単位での値を用いる．

単位の mol は打ち消されて

$$\Delta_{mix}S = +1.43 \text{ J K}^{-1}$$

を得る．なお，この問題では二つの異なった値の気体定数 R を用いていることに注意する．問題の各段階で適当な答えを得るために，どのような単位で表された R を用いるのがよいか，そのつど選択する必要がある．

混合エントロピーからの要請のように，答えが正であることを確認せよ．

3.6　系の秩序と熱力学第三法則

前の節で行った混合エントロピーについての議論は，エントロピーに関して **秩序**（order）という有用な一般的概念を導入している．障壁の両側に二種類の純粋な気体がある状態は，秩序化した配置であるといえる．その二つが混合する過程は自発的であり，その変化により秩序が失われた乱雑な配置になる．つまり系は秩序立った状態から秩序の失われた状態へ自発的に進むのである．

1800 年代の半ばから終わり，オーストリアの物理学者 Boltzmann（図 3.6）は統計学の数学的手法を物質，とくに気体のふるまいに応用した．その過程で Boltzmann はエントロピーに関する新しい定義を行うことに成功した．同一化学種からなる気体系を考えてみる．その系の状態はより小さな微視的な状態に対応づけることができ，それぞれの状態が統計的に系の巨視的な状態を形成する．ある特定の微視的な状態に対して，気体分子をそのなかに振り分ける場合の数が存在する．最も確からしい分布が Ω 通りの分子の配置の仕方をする場合に[*]，Boltzmann は系の絶対エントロピー S が，考えられる場合の数 Ω の自然対数に比例することを発見した．すなわち

[*]　たとえば二つの球と四つの箱からなる簡単な系があるとする．球を箱に入れる可能な配置の数は 10 である．そのうちの四通りは一つの箱に二つの球を入れるもの（残り三つの箱は空のまま）で，あとの六通りはどれか二つの箱に一つずつ球を入れるもの（残り二つの箱は空のまま）である．最も確からしい配置は，どれか二つの箱に一つずつ球を入れるもので，この配置には六通りの異なったものがある．したがってこの場合，Ω は 6 である．これについてのよりくわしいことや，Boltzmann によるエントロピーの解釈に関係するほかの概念については第 17 章で述べる．

図 3.6 Ludwig Edward Boltzmann (1844-1906) オーストリアの物理学者．彼は当時まだ導入されたばかりの原子に対する新しい考え方から出発し，物質を統計学的に記述する方法を発展させた．これはエントロピーという量を用いて表される"秩序"という概念の導入に結びついていく．彼の業績はやがて熱力学においてきわめて重要な意味をもつことになるが，科学史上の混沌期に生まれたそのアイディアに対する反論や批判は，彼の自殺の原因にも関係しているといわれている．

$$S \propto \ln \Omega$$

となるのである．比例定数 k を用いて等式に直せば

$$S = k \ln \Omega \tag{3.26}$$

となる．ここで k はボルツマン定数として知られているものである．

式（3.26）から，いくつか大切なことがわかる．まず，絶対エントロピーが決まるということである．エントロピーは状態関数のうちで，絶対値を決定できる唯一の量である．そのため熱力学的データの表のなかで ΔU，ΔH などの値と並んで記されているエントロピーは ΔS ではなく S となっている．さらに指摘しておく必要があるのは，この種の表に記されているエントロピーが標準状態の単体元素についてもゼロではないという点である．表に記されているのが生成反応に伴うエントロピーではなく，絶対エントロピーだからである．われわれはある過程のエントロピー変化 ΔS を求めることができる．そしてこれまで，もっぱらこのエントロピーの変化だけを扱ってきた．しかしボルツマンの式（3.26）はエントロピーに対して絶対値を決めることができることを意味している．

第二に，式（3.26）はおもしろい考え方につながる．系を構成する成分である原子や分子といった化学種がすべて同じ状態にある場合を考えてみる．こうした状態を実現している一つの例として完全結晶，つまり完全に秩序立った状態を仮定してみる．このとき，この状態を実現する化学種の可能な配置の組合せの数 Ω は 1 となり，その対数はゼロ，したがって S はゼロになる．

このような状況は，どのようにして実現していくのだろうか．第 1 章で熱エネルギーは，組織だったかたちのエネルギーではなく，気体分子の並進運動，回転運動，振動運動の自由度に分布して存在していることをみてきた．それぞれの自由度が Ω に寄与する．温度を下げていくと，熱によって変化させうる自由度がどんどん少なくなってくる．この結果が，**すべての物質では温度を下げていくとエントロピーが減少していく**ことにつながる．このためエントロピーは，その温度で分布できるエネルギー準位への分布の度合いを表していることになる．すなわち，たくさんのエネルギー準位がかかわっているとエントロピーは大きく，かかわっているエネルギー準位が少なければエントロピーは小さくなる．図 3.7 は回転の自由度に関して，このことを図解したものである．

1800 年代の終わりから 1900 年代の初めにかけ，極低温での物質の性質が調べられた．物質の熱力学的性質が絶対零度に近いところまで調べられていくに従い，式（3.20）のような式を使って実験的に測定される低温結晶物質の全エントロピーがゼロに近づいていくことが見いだされた．すべての物質においてエントロピー S は T に依存する関数だから，数学的には以下のようにいうことができる．

$$\text{完全結晶状態である物質について} \quad \lim_{T \to 0K} S(T) = 0 \tag{3.27}$$

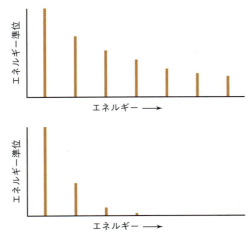

図 3.7　エントロピーの分子論的な意味　下図：少しのエネルギー準位しか占められていない場合はエントロピーが小さい．上図：たくさんのエネルギー準位が占められている場合はエントロピーが大きくなる．

これが熱力学第三法則であり，文章で表すと以下のようになる．

　　　絶対温度が 0 K に近づくと，系の絶対エントロピーもゼロに近づく．

これはエントロピーの最小値がゼロであることと，絶対エントロピーの決め方とを示している．式（3.26）はエントロピーの統計学的な立場からの定義を与えるもので，科学の根幹となる概念である．ウィーンにある Boltzmann の墓標にはこの公式が刻まれている（図 3.8）．

　おもしろいことにボルツマン定数 k は気体定数 R と関係づけられる．アボガドロ定数 $N_A (= 6.022 \times 10^{23})$ を用いれば

$$R = N_A k \tag{3.28}$$

と書けるのである．したがって定数 k は $1.381 \times 10^{-23}\,\mathrm{J\,K^{-1}}$ という値になる．この値から，巨視的な試料の原子や分子がとりうる状態の組合せがたいへんな数にのぼることがわかる．以下の例題でそれをみることにする．

図 3.8　Boltzmann の胸像の上には $S = k \ln \Omega$ の式がある．

例題 3.8

25.0 ℃，標準圧力での Fe(s) の絶対エントロピー S は $27.28\,\mathrm{J\,mol^{-1}\,K^{-1}}$ である．この条件のもとで 25 個の Fe 原子の集合体がとりうる状態の組合せの数 Ω はおよそいくらになるか．またなぜたった 25 個の原子に制限したのか．その答えから示唆されることがあるか．

解　答

エントロピーに対するボルツマンの式を用いて

$$\frac{25\,\text{atoms}}{6.022 \times 10^{23}\,\text{atoms mol}^{-1}} \times 27.28\,\mathrm{J\,mol^{-1}\,K^{-1}}$$

$$= 1.381 \times 10^{-23}\,\mathrm{J\,K^{-1}} \times \ln \Omega$$

これを解けば
$$\ln \Omega = 82.01$$
よって
$$\Omega = 4.12 \times 10^{35}$$
この値はたった25個の原子に対して信じられないくらい大きな値である．しかし，この試料は比較的高い温度25℃すなわち298 Kにある．

例題 3.9

298 Kにおける絶対モルエントロピーが以下の順になることを説明せよ．
$$\bar{S}[\text{N}_2\text{O}_5(\text{s})] < \bar{S}[\text{NO}(\text{g})] < \bar{S}[\text{N}_2\text{O}_4(\text{g})]$$

解 答

エントロピーは系がとりうるエネルギー状態の数と関係しているという考えを用いると，固相の系ではとりうる状態の数が少なくなることはすぐにわかる．したがって$\text{N}_2\text{O}_5(\text{s})$は与えられた三つのうちで最小のエントロピーをもつ．残った二つの物質は気体である．ここで一方の気体は二原子分子だが，もう一方は六つの原子からなる六原子分子である．二原子分子のほうが六原子分子に比べ，とりうる状態の数は少なくなると考えられるので，$\bar{S}[\text{NO}(\text{g})]$は$\bar{S}[\text{N}_2\text{O}_4(\text{g})]$よりも小さくなると考えられる．この順番になっていることは，いろいろな化合物について実験的に求めたエントロピーをまとめた表，たとえば巻末の付録2のような表をみて確認することができる．

3.7　化学反応のエントロピー

ある過程でのエントロピー変化を決定する場合に，われわれはその過程をさまざまな段階に分け，各段階でのエントロピー変化を足し合わせて議論するという方法をこれまで用いてきた．この考え方は，化学反応に伴って生じるエントロピー変化を求める場合にも用いることができる．反応物と生成物の絶対エントロピーを決めることができるので，化学反応においてもその方法はほとんど同じである．図3.9はエントロピー変化が負になる，すなわちエントロピーが減少するという過程での考え方を示したものである．エントロピーの絶対値を使うことができるので，図に示したように，それぞれの物質の生成反応まで考える必要はなく，化学反応に伴うエントロピー変化$\Delta_{\text{rxn}}S$は生成物の全エントロピーから反応物の全エントロピーを引いたものになる．すなわち

$$\Delta_{\text{rxn}}S = \sum S(\text{生成物}) - \sum S(\text{反応物}) \tag{3.29}$$

標準状態であれば，それぞれのエントロピーの項に°の記号をつけて

$$\Delta_{\text{rxn}}S° = \sum S°(\text{生成物}) - \sum S°(\text{反応物})$$

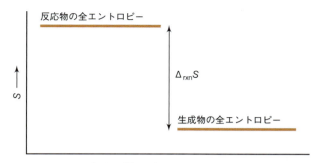

図 3.9 エンタルピーと同様,反応によってエントロピーは変化する.生成系のエントロピーは反応系のエントロピーよりも小さいから $\Delta_{rxn}S$ は負になる.

とする.化学反応におけるエントロピー変化に対しても,前に用いたヘスの法則のような考え方をすることができるわけである.

例題 3.10

標準圧力,標準温度で起こる次の化学反応のエントロピー変化 $\Delta_{rxn}S°$ を,巻末の付録 2 の表を用いて求めよ.

$$2H_2(g) + O_2(g) \longrightarrow 2H_2O(l)$$

解 答

表から $S°[H_2(g)] = 130.7\ \mathrm{J\ mol^{-1}\ K^{-1}}$, $S°[O_2(g)] = 205.1\ \mathrm{J\ mol^{-1}\ K^{-1}}$, $S°[H_2O(l)] = 69.91\ \mathrm{J\ mol^{-1}\ K^{-1}}$ となる.反応物と生成物とが釣りあった化学反応式が反応物と生成物のモル比を決定することを念頭におくと,式 (3.29) の下に示した式は

$$\Delta_{rxn}S° = \underbrace{(2 \times 69.91)}_{\sum S°(\text{生成物})} - \underbrace{(2 \times 130.7 + 1 \times 205.1)}_{\sum S°(\text{反応物})}\ \mathrm{J\ K^{-1}}$$

となる.ここで生成物と反応物のエントロピーは式中に示し,また単位の mol は 2 mol の H_2O を生成物として,2 mol の H_2 と 1 mol の O_2 を反応物として考え,組成比に含めることで打ち消しあっている.よって

$$\Delta_{rxn}S° = -326.7\ \mathrm{J\ K^{-1}}$$

つまり反応が進むにつれ,エントロピーが $326.7\ \mathrm{J\ K^{-1}}$ ずつ減少する.エントロピーが,とりうる状態の数を表すという観点から考えると,この結果にはどのような意味があるだろうか.反応物と生成物とが釣りあった化学反応式は,3 mol の気体が反応して 2 mol の液体が生じることを示している.液体すなわち凝縮相は気体と比べてとりうる状態数が少なく,また実際の分子数も減少している.このことから,エントロピーが減少することは理解できる.

> これは,すべての状態関数に適用される「生成物から反応物を引く」という従来の方法である.わかりやすくするため,最初から単位は簡略化して表示している.

ΔH の場合と同じように一つの反応に対しても,異なった温度や圧力における ΔS を求めなければならない.式 (3.20) や,それを物質量を使って表した式

$$\Delta S = n\bar{C} \ln \frac{T_\text{f}}{T_\text{i}} \tag{3.30}$$

を用いれば，温度変化の過程での ΔS を決定することができる．いろいろな温度で ΔH を決めたのと同じようにして，さまざまな温度での ΔS を決定するためには以下のようにする．

① 式 (3.20) または (3.30) を用いて，反応物の温度が最初の温度から参照温度（ふつうは 298 K である）にまで変化したときのエントロピー変化 ΔS を計算する．

② 参照温度での反応に伴うエントロピー変化を，表に与えられているデータを用いて求める．

③ 式 (3.20) または (3.30) をもう一度用いて，生成物が参照温度からもとの温度にまで変化したときのエントロピー変化 ΔS を計算する．

問題の温度でのエントロピー変化は，この三つのエントロピー変化の和として求めることができる．この方法はエントロピーが状態関数で，その変化量はその状態での各種条件によって決まり，どのような過程を通ってそこに至ったかにはよらないということを利用している．つまり，この三つの段階を経ると考えても，あるいは問題の温度で一つの段階だけを考えても同等であり，同じエントロピー変化を引き起こすことになるのである．ただし，ここでは熱容量 C が温度変化しないことを仮定している．実際，C には温度変化はあるが，考える温度範囲が小さな場合には，これはよい近似になっている．

標準圧力でない条件のもとで起こっている気相での反応のエントロピー変化 ΔS も，圧力 p または体積 V の変化を使って簡単に計算できる．以下の二つの式は，それぞれ式 (3.21) と (3.22) としてすでに導かれたものである．

$$\Delta S = nR \ln \frac{V_\text{f}}{V_\text{i}}$$

$$\Delta S = -nR \ln \frac{p_\text{f}}{p_\text{i}}$$

標準温度以外の温度で起こっている状態変化について計算した上の場合と同様に，これらの式も段階的な方法で用いることができる．

例題 3.11

これは例題 3.10 と同じ反応であるが，条件が異なっている．ここでは，ΔS は状態関数であり，そして全体の過程は簡単に計算できる部分に分解できるという点をうまく利用している．

99 ℃，標準状態における反応

$$2\text{H}_2(\text{g}) + \text{O}_2(\text{g}) \longrightarrow 2\text{H}_2\text{O}(l)$$

のエントロピー変化はいくらか．ただし H_2, O_2, H_2O の熱容量は一定で，それぞれ 28.8 J mol^{-1} K^{-1}，29.4 J mol^{-1} K^{-1}，75.3 J mol^{-1} K^{-1} とする．また反応物と生成物の物質量は化学反応式の係数の通りで，気体は理想気体とする．

解 答

まず最初に，反応物である 2 mol の $\text{H}_2(\text{g})$ と 1 mol の $\text{O}_2(\text{g})$ が 99 ℃ から 25 ℃

へ，すなわち 372 K から 298 K へ変化するときのエントロピー変化 ΔS_1 を求める．式 (3.30) を用いれば

$$\Delta S_1 = 2\,\mathrm{mol} \times 28.8\,\mathrm{J\,mol^{-1}\,K^{-1}} \times \ln\frac{298\,\mathrm{K}}{372\,\mathrm{K}}$$

$$+ 1\,\mathrm{mol} \times 29.4\,\mathrm{J\,mol^{-1}\,K^{-1}} \times \ln\frac{298\,\mathrm{K}}{372\,\mathrm{K}}$$

$$= -19.3\,\mathrm{J\,K^{-1}}$$

となる．

これは，反応物の温度を 298 K にするためのエントロピー変化を表している．

次に参照温度 298 K でのエントロピー変化 ΔS_2 を求める．この値はすでに例題 3.10 で計算しており

$$\Delta S_2 = -326.7\,\mathrm{J\,K^{-1}}$$

である．

これは，標準温度での ΔS である．

続いて生成物 $H_2O(l)$ をこの参照温度から反応温度にもっていく，つまり 298 K から 372 K にする場合のエントロピー変化 ΔS_3 を求める．式 (3.30) から

$$\Delta S_3 = 2\,\mathrm{mol} \times 75.3\,\mathrm{J\,mol^{-1}\,K^{-1}} \times \ln\frac{372\,\mathrm{K}}{298\,\mathrm{K}}$$

$$= 33.4\,\mathrm{J\,K^{-1}}$$

となる．

これは，生成物を 372 K に加熱して戻す過程を表している．

全体のエントロピー変化 $\Delta_{\mathrm{rxn}}S$ は，この三つのエントロピー変化 ΔS_1，ΔS_2，ΔS_3 の和として

$$\Delta_{\mathrm{rxn}}S = -19.3\,\mathrm{J\,K^{-1}} + (-326.7\,\mathrm{J\,K^{-1}}) + 33.4\,\mathrm{J\,K^{-1}}$$

$$= -312.6\,\mathrm{J\,K^{-1}}$$

と得られる．多少の違いはあるが，この反応によるエントロピー変化の値は 25 ℃ におけるエントロピーの値と近い．これは両者の温度差があまり大きくないからである．参照温度と何百度もの温度差があれば，エントロピー変化の値の違いはもっと大きくなる．しかし，その場合には熱容量の温度依存性も考えなければならなくなる．熱容量を一定としたのも，あくまで近似なのである．

例題 3.12

25 ℃，300 atm における反応

$$2\,H_2(g) + O_2(g) \longrightarrow 2\,H_2O(l)$$

のエントロピー変化はいくらか．ただし反応物と生成物の物質量は化学反応式の係数の通りであるとする．また圧力の変化は生成物である $H_2O(l)$ のエントロピーに影響を与えないとする（すなわち $\Delta S_3 = 0$）．

解 答
この例題は上の例題 3.11 と似ているが，圧力が標準状態の条件ではない．また ΔS_3 がゼロと近似されているので，始めの二つの段階のエントロピー変

化だけを求めればよい．

まず最初に，反応物の圧力が 300 atm から標準圧力 1 atm まで変化したときのエントロピー変化 ΔS_1 は式（3.20）から

$$\Delta S_1 = -2\,\text{mol} \times 8.314\,\text{J}\,\text{mol}^{-1}\,\text{K}^{-1} \times \ln\frac{1\,\text{atm}}{300\,\text{atm}}$$

$$-1\,\text{mol} \times 8.314\,\text{J}\,\text{mol}^{-1}\,\text{K}^{-1} \times \ln\frac{1\,\text{atm}}{300\,\text{atm}}$$

と与えられる．ここで第一項は $H_2(g)$ のエントロピー変化，第二項は $O_2(g)$ のエントロピー変化を示している．計算すると

$$\Delta S_1 = +142.3\,\text{J}\,\text{K}^{-1}$$

となる．

次に標準状態での反応を考える．この場合のエントロピー変化 ΔS_2 は，すでに例題 3.10 で求めており

$$\Delta S_2 = -326.7\,\text{J}\,\text{K}^{-1}$$

である．

続いての部分はゼロと仮定されている．すなわち

$$\Delta S_3 = 0\,\text{J}\,\text{K}^{-1}$$

ゆえに全体のエントロピー変化 $\Delta_{rxn}S$ は，この三つのエントロピー変化 ΔS_1, ΔS_2, ΔS_3 の和として

$$\Delta_{rxn}S = +142.3\,\text{J}\,\text{K}^{-1} + (-326.7\,\text{J}\,\text{K}^{-1}) + 0\,\text{J}\,\text{K}^{-1}$$

$$= -184.4\,\text{J}\,\text{K}^{-1}$$

と求まる．

エントロピーの効果は生物学的なレベルでもみることができる．RNA や DNA では 2 本の鎖を対にすることで，水素結合の相互作用によりエンタルピーをわずかだが減少させている．その大きさは塩基対当りおよそ $40\,\text{kJ}\,\text{mol}^{-1}$ である．そして塩基対当り $-90\,\text{J}\,\text{mol}^{-1}\,\text{K}^{-1}$ 程度の無視できない大きさのエントロピー変化も生じている．この値を例題 3.10 で計算した燃焼のエントロピー変化の値と比較してみるとよい．

3.8 まとめ

この章では，新しい状態関数としてエントロピーを導入した．エントロピーは熱力学の研究にユニークな影響を与える．この新しい状態関数は内部エネルギーやエンタルピーのようなエネルギーではなく，違った種類の状態関数，量なのである．エントロピーは Boltzmann によって指摘されたように，系がとりうる状態の数と関係した量であると考えることができる．

エントロピーを定義することで，最終的に熱力学第二法則と呼ばれる概念を得ることができる．この法則は，全体の自発変化はエントロピーの増大を伴って起こることを述べている．可逆過程における熱量の変化を用いてエン

トロピーを数学的に定義することによって物理的，化学的な過程におけるエントロピー変化を計算するのに必要な式を数多く導きだすことができる．また秩序という概念は，絶対零度0Kにおける完全結晶の絶対エントロピーは厳密にゼロになるという熱力学第三法則へと導いてくれる．こうして，われわれは0K以外の温度における物質の絶対エントロピーを議論することができるようになる．エントロピーは絶対値を知ることのできる唯一の熱力学状態関数となり，そしてこれからも，こうした量はエントロピー以外には現れないだろう（状態変数であるp，V，T，nについては絶対値を知ることができる．この点は状態関数と対照的である）．

われわれはこの章を，自発性ということに疑問をもつことから始めた．変化は自発的に起こるだろうか——系が孤立系なら，われわれはその答えを知っている．すなわちエントロピーが増大するのであれば，変化は自発的に起こるのである．しかし多くの系は完全に孤立系にはなっていない．多くの系は外界との間でエネルギーのやりとりがある閉じた系であり，自発性に対する有効な判断を下すためには，ここで行ったエントロピー変化と同様にエネルギー変化に対する考察も必要になってくる．その考察は次の章で行う．

重要な式

$\Delta U = 0 = q_1 + w_1 + w_2 + q_3 + w_3 + w_4$ （カルノーサイクルでの熱と仕事）

$e = -\dfrac{w_{\text{cycle}}}{q_1}$ （効率の定義）

$e = 1 + \dfrac{q_s}{q_1}$ （熱を用いて表した効率）

$e = 1 - \dfrac{T_{\text{low}}}{T_{\text{high}}}$ （温度を用いて表した効率）

$dS = \dfrac{dq_{\text{rev}}}{T}, \; \Delta S = \int \dfrac{dq_{\text{rev}}}{T}$ （エントロピーの定義）

$\Delta S = \dfrac{q_{\text{rev}}}{T}$ （等温過程でのエントロピー）

$\Delta S = C \ln \dfrac{T_f}{T_i}$ （温度変化の際のエントロピー）

$\Delta S = nR \ln \dfrac{V_f}{V_i}$ （体積変化の際のエントロピー）

$\Delta S = -nR \ln \dfrac{p_f}{p_i}$ （圧力変化の際のエントロピー）

$$\Delta_{\text{mix}}S = -R \sum_{i=1}^{\text{気体の数}} n_i \ln x_i \qquad \text{（気体の混合によるエントロピー）}$$

$$S = k \ln \Omega \qquad \text{（状態数を使って表したエントロピー）}$$

$$\Delta_{\text{rxn}}S = \sum S(\text{生成物}) - \sum S(\text{反応物}) \qquad \text{（化学反応によるエントロピー変化）}$$

第3章の章末問題

3.2 節の問題

3.1 以下の変化や反応過程が自発的かどうかを判断せよ．またその理由を各論としてでなく，一般的な立場から答えよ．
(a) $-5\,°C$ での氷の融解．
(b) $+5\,°C$ での氷の融解．
(c) KBr(s) の水への溶解．
(d) 電源を抜いた冷蔵庫が冷えていく過程．
(e) 木から地面に葉っぱが落ちる過程．
(f) $\text{Li}(s) + (1/2)\text{F}_2(g) \longrightarrow \text{LiF}(s)$ の反応．
(g) $\text{H}_2\text{O}(l) \longrightarrow \text{H}_2(g) + (1/2)\text{O}_2(g)$ の反応．

3.2 吸熱，すなわち熱の吸収を伴って起こる自発過程の例を，この本でとりあげたもの以外で一つ探してみよ．

3.3 節の問題

3.3 以下の q, w を与えるカルノーサイクルを考える．
段階①：$q = +850$ J, $w = -850$ J
段階②：$q = 0$ J, $w = -155$ J
段階③：$q = -623$ J, $w = +623$ J
段階④：$q = 0$ J, $w = +155$ J
このサイクルの熱効率を求めよ．

3.4 以下の値を与える四つの段階からなるサイクルを考える．
段階①：$q = +446$ J, $w = -445$ J
段階②：$q = 0$ J, $w = -99$ J
段階③：$q = -360$ J, $w = +360$ J
段階④：$q = 0$ J, $w = +99$ J
各段階にどのような条件をつければカルノーサイクルになるか．また，この過程の熱効率はいくらか．

3.5 熱効率 0.440（すなわち44%）のカルノーサイクルで高温熱源の温度が $150\,°C$ のとき，低温熱源の温度はいくらか．

3.6 44.0%（0.440）の効率の過程において，低温熱浴の温度が $150\,°C$ の場合に高温熱浴の温度は何 °C か．

3.7 T_{high} が $100\,°C$，T_{low} が $0\,°C$ の熱機関の効率はいくらか．

3.8 なぜ，熱機関の高温熱浴の温度が低温熱浴の温度より高くないといけないか説明せよ．それ以外の方法で働く熱機関があるか．

3.9 過熱水蒸気とは $100\,°C$ 以上の温度になっている水蒸気のことである．蒸気機関を動かすのに，過熱水蒸気を用いる利点は何か．

3.10 効率は高温熱浴の温度が高ければ高いほどよい条件になるか．あるいは低温熱浴が低温であればあるほどよくなるか．答えの理由についても説明せよ．

3.11 カルノーサイクルの定義では，サイクルの第一段階は気体の等温膨張であると定められている．カルノーサイクルを第二段階の断熱膨張から始めることができるか．理由とともに述べよ．〔ヒント：図 3.2 をみよ．〕

3.12 熱力学では，圧力–体積の状態図上での断熱的な変化は断熱過程といい，温度一定での変化を等温過程という．図 3.2 で断熱過程と等温過程がどれか示せ．

3.13 冷凍機は熱機関と逆の働きをする．すなわち冷凍機では，冷却を行うために系から熱を奪うように仕事がなされる．ここで冷凍機の効率（これは性能係数とも呼ばれる）は $q_3/w_{\text{cycle}} = T_{\text{low}}/(T_{\text{high}} - T_{\text{low}})$ で定義されている．この定義を用いて，絶対温度 T を半分に下げるのに必要な効率を求めよ．またこの答えは，絶対零度に到達しようという試みに対してどのような情報を与えるか．

3.14 熱効率 e は式 (3.5) と (3.6)，式 (3.10) で与えられる．これまで熱力学的考察を進めるときには多くの場合に理想気体を考えてきたが，実験的には実在気体しか存在しない．上であげた e を表す式のうち，どれが理想気体と同様に実在気体に対しても適用できるか．

3.4 と 3.5 節の問題

3.15 理想的なカルノーサイクルでのエントロピー変化はいくらか．その理由も説明せよ．

3.16 3.87 mol のビスマスがその融点 271.3 ℃ で溶けるときのエントロピー変化はいくらか．ただし固体のビスマスの融解熱を 10.48 kJ mol^{-1} とする．ちなみにビスマスは水のように，固体状態のほうが液体状態よりも密度が小さくなる数少ない物質である．そのため氷が水に浮くように，固体のビスマスは液体のビスマスに浮く．

3.17 1064 ℃ で液体状態の金 1.00 オンス（28.3 g）の凝固のエントロピー変化はいくらか．金の融解のエントロピーは 12.55 kJ mol^{-1} である．

3.18 "100% の熱効率を実現する過程は存在しえない" という表現は，熱力学第二法則をいい表すものとしては最適ではない．その理由を説明せよ．

3.19 1.0 mol の水を 0 ℃ から 100 ℃ まで可逆的に加熱する場合のエントロピー変化はいくらか．ただし熱容量は 4.18 J g^{-1} K^{-1} で一定とする．

3.20 固体の金の熱容量は以下の式で与えられる．
$$C = 25.69 - 7.32 \times 10^{-4}T + 4.58 \times 10^{-6}T^2 \text{ J mol}^{-1}\text{ K}^{-1}$$
2.50 mol の金の温度が 22.0 ℃ から 100 ℃ に可逆的に変化したとする．このときのエントロピー変化を求めよ．

3.21 ヘリウム 1 mol が体積一定で 45 ℃ から 55 ℃ へ不可逆的に変化した．このときのエントロピー変化は 0.386 J K^{-1} より小さいか，等しいか，あるいは大きいか．理由とともに答えよ．

3.22 始状態の体積が 2.00 L，圧力が 8.00 atm のピストン容器内に閉じ込められた単原子理想気体について考える．ピストンが一定の外圧 1.75 atm で最終的に 5.50 L になるところまで上昇した（系が膨張することを意味する）．この過程は一定の温度 25 ℃ で起こったとして，ΔS_{sys}，ΔS_{surr}，ΔS_{univ} を計算せよ．

3.23 0.500 mol の理想気体試料が初期温度 298 K にある．外圧が 2.45 atm で，最初の体積 13.00 L から圧縮されて 5.00 L になったとする．始状態，終状態はこの外圧と同じ圧力に保たれているとして，ΔS_{sys}，ΔS_{surr}，ΔS_{univ} を計算せよ．

3.24 5 ℃ で温度一定の熱浴に設置されたピストン容器中の SO_2 が，25.0 mL から 75.0 mL へ非常にゆっくり膨張した．SO_2 はファンデルワールス気体としてふるまい，そのファンデルワールス係数が $a = 6.714$ atm L^2 mol^{-2}，$b = 0.05636$ L mol^{-1} とする．0.00100 mol の理想気体がピストン中にあるとして，この過程の ΔS_{sys}，ΔS_{surr}，ΔS_{univ} を計算せよ．

3.25 人間の呼吸量は 1 回当りおよそ 1 L である．また空気を取り入れようとしたとき，肺に加わる圧力は 758 Torr である．周囲の空気が厳密に 1 atm（= 760 Torr）であるとして，呼吸によって空気が肺に吸入されるときのエントロピー変化を計算せよ．〔ヒント：吸入される気体の物質量を計算しなければならない．〕

3.26 自動車のタイヤに 22.0 ℃ で 46.0 psi（絶対値）の圧力で 15.6 L の空気が入っている．タイヤから空気を抜いて 14.7 psi になった場合のエントロピー変化はいくらか．

3.27 自動車のタイヤに 22.0 ℃ で 46.0 psi（絶対値）の圧力で 15.6 L の空気が入っている．しばらく運転をしたあと，タイヤの温度が 85.0 ℃ まで上昇した．この場合の，空気のエントロピー変化量はいくらか．空気に対しては定容熱容量 20.79 J mol^{-1} K^{-1} を仮定せよ．

3.28 理想気体を 230 atm のガスボンベ中から 1 atm 中へと取りだしたとき，1 cm^3 の体積が 230 cm^3 に変化する．二つの状態の間で温度は一定に保たれるとして，1 mol の気体がこの過程を経たときのエントロピー変化を求めよ．求めた値は意味があるか．理由とともに述べよ．

3.29 式（3.22）を導け．負の符号はどのようにして現れるか．

3.30 例題 3.5 では 20.78 J mol^{-1} K^{-1}，つまり (5/2)R という熱容量の値を用いた．この熱容量の値は適切か．それはなぜか．

3.31 1 mol の空気を構成成分の単体元素からつくる場合の混合エントロピーはいくらか．ただし空気は 79% の N_2，20% の O_2，1% の Ar からなるとする．また，それぞれは理想気体としてふるまうと仮定せよ．

3.32 ともに 298 K，1.50 atm である 4.00 L の Ar と 2.50 L の He を等温，等圧で混合した．続いてこの混合気体を 20.0 L，298 K に膨張させた．それぞれの段階で，各気体の条件にどのような変化が起こるかを示し，過程全体でのエントロピー変化を計算せよ．

3.33 歯科医が笑気ガス麻酔を行うときにはまず 40% の N_2O と 60% の O_2 の混合気体を用いる（厳密な混合比はこれとは多少異なる）．このような混合気体を 1 mol だけつくる場合の混合エントロピーを求めよ．ただし理想気体の条件を仮定する．

3.34 5.33 g の金属銅片を沸騰している湯のなかで 99.7 ℃ に熱し，ついで 99.53 g，22.6 ℃ の水の入った熱量計に入れた．熱量計は外部に対して密閉され，温度は一定に保たれている．いま $C_p[\text{Cu(s)}] = 0.385$ J g^{-1}

K^{-1}, C_p[H$_2$O] = 4.18 J g^{-1} K^{-1} とする.
(a) 熱量計内部で起こる変化を熱力学第零法則と熱力学第一法則の観点から議論せよ.
(b) 系内部の最終的な温度はいくらか.
(c) Cu(s) のエントロピー変化はいくらか.
(d) H$_2$O(l) のエントロピー変化はいくらか.
(e) 系の全エントロピー変化はいくらか.
(f) 熱量計内部で起こる過程を熱力学第二法則の観点から議論せよ. それは自発的な過程といえるか.

3.35 150 ℃ にある 1.00 mol の銀が 0 ℃ で 1.00 mol の銀と接したとする. (a) 二つの銀の試料の最終的な温度, (b) 温度の高かった銀試料の ΔS, (c) 温度が低かった銀試料での ΔS, (d) 系全体での ΔS を計算せよ. (e) この過程は自発的に生じる過程か. どうしたらそれを知ることができるか. ここでは銀の熱容量は 25.75 J mol^{-1} K^{-1} で一定であるとする.

3.36 問題 3.34 の Cu と H$_2$O はともに理想気体ではない. (c), (d), (e) で求めた ΔS がどのくらい信頼できるものかについて述べよ. 〔ヒント:ΔS を求めるのに用いた式の導出過程を考えよ.〕

3.37 2.22 mol の水を 25.0 ℃ から 100 ℃ まで温めたときのエントロピー変化はいくらか. 熱容量は 4.18 J g^{-1} K^{-1} で一定であるとする.

3.38 800 ポンドのエンジン(1 ポンドは 0.455 kg)が通常の外界の温度 20 ℃ から運転時の平均温度 650 ℃ に上昇した場合のエントロピー変化量を計算せよ. (エンジンの主要な材料である)鉄の熱容量は 0.45 J g^{-1} K^{-1} とする.

3.39 初期の圧力が 2.55 atm, 外圧が 0.97 atm であった風船が破裂することで起こる気体のモルエントロピー変化を計算せよ.

3.40 通常の呼吸量は約 1 L である. 圧力が 760 mmHg の海面レベルで息を吸い込んだとする. そのあとただちに, 大気圧が 590 mmHg のニューメキシコ州ロスアラモスに移動して(あくまでも架空の実験である), はきだしたとする. 理想気体の性質を仮定すると, 空気のエントロピー変化はいくらか. 温度は 37 ℃ とする.

3.41 熱力学第一法則は, それに"勝つことはできない"と表現されることがある. 一方, 熱力学第二法則を同様にいい表すと"引分けにすらできない"となる. この二つの表現が熱力学第一法則と第二法則に対して完全でないにせよ, どのような意味で適切かを説明せよ.

3.42 トルートンの規則は標準沸点における沸騰のエントロピーが 85 J mol^{-1} K^{-1} であることを述べている.
(a) 例題 3.2 のデータにおいてトルートンの規則は成り立っているか.
(b) H$_2$O は 40.7 kJ mol^{-1} の蒸発熱をもつ. 標準沸点での H$_2$O の $\Delta_{vap}S$ はトルートンの規則にかなっているか. あるいは何らかの違いがあるか.
(c) シクロヘキサン C$_6$H$_{12}$ の沸点を, $\Delta_{vap}H$ が 30.1 kJ mol^{-1} として予測せよ. また答えを標準沸点の実測値 80.7 ℃ と比較せよ.

3.43 熱力学第二法則のケルビン・プランク式によると「一周期で熱を熱浴から吸い込み, まったく同じだけの仕事をする熱機関をつくることは不可能である」. このような不可能な熱機関を図 3.1 のようなかたちで表してみよ. その熱効率はどのようになるか. そのような熱機関はなぜ不可能なのか.

3.6 節の問題

3.44 Boltzmann による定義から, S は決して負の値にならないことを説明せよ. 〔ヒント:式(3.26)を参照せよ.〕

3.45 ボルツマン定数の値を (a) L atm K^{-1}, (b) cm^3 mmHg K^{-1} の単位で表せ.

3.46 以下のそれぞれ二つのうち, エントロピーが大きいのはどちらか.
(a) 整然とした台所と, 雑然とした台所.
(b) 文字が書かれた黒板と, 完全に消された黒板.
(c) 0 ℃ の氷 1 g と, 0 ℃ の氷 10 g.
(d) 0 K の氷 1 g と, 0 K の氷 10 g.
(e) 22 ℃ (ほぼ室温)のエチルアルコール 10 g と, 2 ℃ (冷たい飲み物のおよその温度)のエチルアルコール 10 g.

3.47 次のどちらの系のエントロピーが高いか.
(a) 1 g, 1064 K の固体の金と, 1 g, 1064 K の液体の金.
(b) STP, 1 mol の CO と, STP, 1 mol の CO$_2$.
(c) 1 atm, 1 mol のアルゴンと, 0.01 atm, 1 mol のアルゴン.

3.48 298.15 K のヘリウムのエントロピーの絶対値は 126.04 J mol^{-1} K^{-1} である. 1000.00 K でのエントロピーの絶対値はいくらか. 熱容量は一定であると仮定せよ.

3.49 298.15 K の Kr のエントロピーの絶対値は 163.97 J mol^{-1} K^{-1} である. 体積が変化しないとした場合の 200.00 K のエントロピーの絶対値はいくらか. 熱容量は一定であると仮定せよ.

3.50 ヘリウムは絶対零度でも液体のままであると考えられている(固体ヘリウムは液体ヘリウムに 26 atm 以上の圧力を加えた場合にのみつくることができる). 絶対零度における液体ヘリウムのエントロピーは完全に

ゼロか．理由とともに述べよ．

3.51 以下の物質をエントロピーが増加していく順に並べよ．
NaCl(s)，C（グラファイト），C（ダイヤモンド），BaSO$_4$(s)，Si(s)，Fe(s)

3.52 ある過程が起こった際のモルエントロピー変化が $1.00\,\mathrm{J\,mol^{-1}\,K^{-1}}$ であるとする．この過程で反応物が生成物に変化した際に，分布の度数 Ω がどのくらい変化するか．式 (3.26) の関係を用いてよい．

3.53 Ω が 2 倍になるような変化が起こった過程でのエントロピー変化はいくらか．式 (3.26) の関係を用いてよい．

3.54 1 mol の理想気体が等温過程で可逆的に 1.00 L ほど膨張した．まず，膨張が 1.00 L からスタートした場合を考え，次に膨張が 10.00 L からスタートした場合を考える．両者の膨張過程に対するエントロピー変化を計算し，それぞれの膨張が Ω の変化量ということに注目すると，相対値の変化になっていることを確かめよ．

3.7 節の問題

3.55 単体元素のエントロピーが標準圧力，室温のもとでゼロにならないのはなぜか．

3.56 以下の化合物の生成エントロピー $\Delta_\mathrm{f}S$ を求めよ．ただし 25 ℃ を仮定する．(a) H$_2$O(l)．(b) H$_2$O(g)．(c) Fe$_2$(SO$_4$)$_3$．(d) Al$_2$O$_3$．

3.57 テルミット反応は固体のアルミニウム粉末と Fe(III) の酸化物から酸化アルミニウムと Fe をつくる反応である．反応は非常に発熱的で，生成される Fe は一般に溶けている．このテルミット反応の化学反応式を示し，この過程での $\Delta_\mathrm{rxn}S$ を求めよ．ただし標準状態の条件を仮定する．

3.58 上の問題 3.57 のテルミット反応において，Fe(III) の酸化物の代わりに Cr(III) の酸化物を用いて金属 Cr と酸化アルミニウムをつくることができる．この場合のテルミット反応における $\Delta_\mathrm{rxn}H$ と $\Delta_\mathrm{rxn}S$ を計算せよ．ただし同様に，標準状態の条件を仮定する．

3.59 標準状態の条件のもとで，以下の二つの反応における $\Delta_\mathrm{rxn}S$ の差を求めよ．
$$\mathrm{H_2(g) + \tfrac{1}{2}\,O_2(g) \longrightarrow H_2O}(l)$$
$$\mathrm{H_2(g) + \tfrac{1}{2}\,O_2(g) \longrightarrow H_2O}(g)$$
また，その差の理由を説明せよ．

3.60 炭酸カルシウムはアラゴナイト（貝やカタツムリの殻から生成する）とカルサイト（方解石．堆積岩のなかで生成する）という二つの結晶系をもつ．1 atm での次の反応

カルサイト ⟶ アラゴナイト

のエンタルピー変化は，380 ℃ で $-0.20\,\mathrm{kJ\,mol^{-1}}$ である．この相変化の ΔS を計算せよ．

3.61 ガソリンの化学式は大まかに C$_8$H$_{18}$ と表すことができる．ガソリンの燃焼は
$$\mathrm{2\,C_8H_{18}}(l) + 25\,\mathrm{O_2(g)} \longrightarrow 16\,\mathrm{CO_2(g)} + 18\,\mathrm{H_2O}(l)$$
で与えられる．$S(\mathrm{C_8H_{18}}) = 361.2\,\mathrm{J\,mol^{-1}\,K^{-1}}$ としたとき，2653 g（= 1.00 ガロン）のガソリンの燃焼で生じるエントロピー変化を計算せよ．

3.62 以下の反応に対するモルエントロピー変化はいくらか．

C(s，グラファイト) ⟶ C(s，ダイヤモンド)

グラファイトとダイヤモンドの構造と結びつけて，ΔS の符号がどうなるか説明せよ．

3.63 この章の最初で，自発的に起こる吸熱化学反応である
$$\mathrm{Ba(OH)_2 \cdot 8\,H_2O(s) + 2\,NH_4SCN(s)}$$
$$\longrightarrow \mathrm{Ba(SCN)_2(s) + 2\,NH_3(g) + 10\,H_2O}(l)$$
にふれた．この反応の個々の物質の S の値を用いずに，この反応の ΔS は正，負のどちらが期待できるか考えよ．答えは，この反応の自発性を支持することになるか．

3.64 植物は CO$_2$(g) と H$_2$O(l) を取り込み，グルコース〔C$_6$H$_{12}$O$_6$(s)〕と O$_2$(g) をつくる．この反応全体での標準エントロピー変化を求めよ．

数値計算問題

3.65 カルノーサイクルの四つの段階に対して，仕事と熱を計算する式を示せ．また一定の量（たとえば 1 mol）の理想気体に対して圧力と体積についての初期条件を定め，そこから仕事と熱を各段階について計算し，過程全体での仕事と熱を求めよ．さらにサイクルが可逆的に進めば $\Delta S = 0$ であることを示せ．なお，ほかの変数を定義してもかまわない．

3.66 圧力一定のもとで，4.55 g の金属ガリウムを 298 K から 600 K まで加熱する．このときの温度変化に伴う ΔS を数値的に計算せよ．ただしモル熱容量は
$$\overline{C}_p = 27.49 - 2.226 \times 10^{-3} T + \frac{1.361 \times 10^5}{T^2}$$
で与えられるとする．ここで熱容量には標準的な単位を用いている．

3.67 C_p/T-T のグラフは，その曲線の下の面積がエントロピーに相当するので，物質のエントロピーを決めるのに利用される．硫酸ナトリウム Na$_2$SO$_4$ に対して，以下のデータがある．

T(K)	C_p(cal K^{-1})	T(K)	C_p(cal K^{-1})
13.74	0.171	52.72	7.032
16.25	0.286	68.15	10.48
20.43	0.626	82.96	13.28
27.73	1.615	95.71	15.33
41.11	4.346		

出典：G. N. Lewis, M. Randall, "Thermodynamics," 2nd ed. (revised by K. S. Pitzer, L. Brewer), McGraw-Hill, New York (1961).

$f(T) = kT^3$（k は定数）の式を用いて 0 K まで外挿を行い，このプロットから Na$_2$SO$_4$ の 90 K でのエントロピーの実験値を求めよ．

4 ギブズエネルギーと化学ポテンシャル

前の章では"ある変化が自発的に起こるか"という問題について考えることからスタートした．変化の自発性を決めているのは，全系，すなわち対象にしている系とその外界を合わせた系のエントロピー変化であることを示した．もし ΔS_{univ} がゼロよりも大きければ，その過程は自発的に起こることになる．しかし，対象にしている系と外界の双方のエントロピー変化を決めるのは，いつも簡単とは限らない．たとえば化学反応の場合には，反応の自発的な進行条件は系において評価するほうが好ましい．化学反応の自発的な条件を求めるには，一般的で制御しやすい，定温，定圧条件で考えることが有効である．この章では，そのような条件下での自発性の基準を決め，それを具体的な物理，化学系に適用していく．

4.1	あらまし
4.2	自発的条件
4.3	ギブズエネルギーとヘルムホルツエネルギー
4.4	自然な変数の式と偏導関数
4.5	マクスウェルの関係式
4.6	マクスウェルの関係式の使い方
4.7	とくにギブズエネルギーの変化について
4.8	化学ポテンシャルとそのほかの部分モル量
4.9	フガシティー
4.10	まとめ

4.1 あらまし

エントロピーだけを用いた議論の限界について考察することから，この章を始めることにする．そしてギブズエネルギーとヘルムホルツエネルギーを導入する．最終的には，ほとんどの化学的な過程においてギブズエネルギーがその過程の自発性，非自発性を決める厳密な指標になっていることを導きだす．

著名な熱力学者にちなんで名づけられたギブズエネルギーとヘルムホルツエネルギーを，残った最後の二つのエネルギーとして新たに導入する．それらの定義と偏導関数をうまく利用すると，多くの数学的な関係を導きだすことができる．そうした数学的な関係を通して熱力学の力を存分に化学反応や化学平衡といったさまざまな現象に応用することができ，また，さらに大事なことには，こうした化学的な現象の予測といったことにも利用できるのである．これらの関係は，物理化学が煩雑であることの代名詞のようにいわれることがある．しかしむしろこうした関係は，物理化学が化学の全領域にわたって適用できることを示す証拠であると考えたほうがよいだろう．

4.2 自発的条件

$\Delta S_{univ} > 0$ をある過程の自発的変化の基準と考えることは有効であるが，

状況は複雑である．熱力学的には，全系のなかで考えている物理的，化学的な変化の過程が生じる部分を"系"といい，それ以外の部分を"外界"という．外界は，考えている系以外の部分であると定義される．それならば，自発的な変化の条件を導くのに，なぜ考えている系だけでなく，全系での状態関数も考慮しないといけないのか．現実には，全系を考えず，問題にしている系だけの条件による状態関数を導入することもできる．すなわち，科学的な考察をするにあたって，実際取り扱うことになる条件下で適応できる状態関数を定義することができる．

自発性を考える尺度として3.4節で導いた式

$$\Delta S \geq 0 \tag{4.1}$$

には適用の限界がある[†]．この式は pV 仕事がなされず断熱的，すなわち w と q がともにゼロである孤立系に適用されるものである．しかし，われわれは多くの過程が $w \neq 0$, $q \neq 0$ で起こることを知っている．われわれが知りたいのは実際の生活においてより一般的で，系だけの性質に基づき，外界とは関係なく決まる実験条件での自発的条件である．このような実験条件とは圧力一定（なぜなら多くの変化は大気圧のもとで起こり，ふつう実験を行う間も大気圧は一定だからである），温度一定（温度は最も制御しやすい状態変数である）という条件である．

内部エネルギーやエンタルピーも，ある適当な条件のもとでは自発性を決めるために用いられる．式 (4.1) を考える．$w = 0$, $q = 0$ なので，この過程は一定の内部エネルギー U のもとで起こっていることになる．このとき系の微小エントロピー変化 dS は，こうした一定の値の状態変数を用いて

$$(dS)_{U,V} > 0 \tag{4.2}$$

と書ける．ここで添え字 U, V は，この変数すなわち内部エネルギー U と体積 V が一定であることを示している．

さてここで，この条件と異なった場合に対する，別の自発的条件を考えてみることにする．自発変化に対するクラウジウスの原理は3.4節での議論から

$$\frac{dq}{T} \leq dS$$

で，これを書きかえると

$$\frac{dq}{T} - dS \leq 0$$

になる．ここで

$$dU = dq - p\,dV$$

すなわち

$$dq = dU + p\,dV$$

[†] 訳者注 系が外界との熱のやりとりがない孤立系であれば，その系のエントロピー変化は $\Delta S_{sys} \geq 0$ となる．外界との間に熱や仕事のやりとりがある場合は，$\Delta S_{univ} \geq 0$ という条件を考えることになる．

だから，これを代入して

$$\frac{dU + p\,dV}{T} - dS \le 0$$

となる．この式の等号は，この過程が可逆的であるときに成り立つ．全体に T を掛ければ，自発変化に対して

$$dU + p\,dV - T\,dS \le 0$$

を得る．この過程が体積一定かつエントロピー一定，すなわち dV と dS がゼロであるという条件で起これば，この式は自発的条件を与える式

$$(dU)_{V,S} \le 0 \qquad (4.3)$$

となる．この条件は体積 V とエントロピー S が一定であるかどうかに依存するので，V と S のことを内部エネルギー U の**自然な変数** (natural variable) と呼ぶ．ある状態関数の自然な変数とは，それらの変数に対して状態関数がどのようにふるまうかがわかれば，そこから系のすべての熱力学的性質を決定できるような変数である（この点は，あとの例題で明らかになる）．

なぜ式 (4.3) を自発的条件として早い段階で導入しなかったのだろうか．その理由としてはまず第一に，前章の疑問の段階ではエントロピーそのものが十分に定義されていなかったことがあげられる．第二に，これはさらに重要なことだが，この式では微小変化を考えれば $dS = 0$，過程全体で考えれば $\Delta S = 0$ となる**等エントロピー的** (isentropic) な過程を考える必要があるからである．ある系に対してこのような過程，つまり原子や分子レベルでの秩序状態が変わらないような過程を実現することが，いかにむずかしいかは容易に想像できるだろう．これは dV がゼロ，すなわち過程全体に対しては ΔV がゼロになる過程を考察することの容易さとはたいへん対照的である——正直なところ，式 (4.3) はそれほど有効な自発性の判断基準にはならないのである．

ここで式 (2.17)

$$dH = dU + d(pV)$$

より

$$dU = dH - p\,dV - V\,dp$$

これを式 (4.3) の上の式の dU に代入すれば

$$(dH - p\,dV - V\,dp) + p\,dV - T\,dS \le 0$$

二つの $p\,dV$ は打ち消しあって

$$dH - V\,dp - T\,dS \le 0$$

を得る．これが自発変化の指標になる．この変化が圧力一定，エントロピー一定のもとで起これば dp と dS がともにゼロになるから，自発的条件は

$$(\mathrm{d}H)_{p,S} \leq 0 \tag{4.4}$$

となる．この式もまた等エントロピー系を考えなければ成立しない．その意味では有効な自発性の判断基準ではない．エンタルピー変化 $\mathrm{d}H$ を自発性の判断基準とするために圧力 p とエントロピー S を一定にしなければならないということは，この二つの変数がエンタルピー H の自然な変数であることを意味する．そして式 (4.4) から，自発変化の多くがなぜ発熱的であるのかを知ることができる．多くの反応過程は一定の圧力，すなわち大気圧のもとで起こる．圧力一定であることは，エンタルピーが自発性についての判断基準となる要求の半分をすでに満たしている．しかしエントロピー変化がゼロでない過程はたくさんあるので，この条件だけでは十分でないということになる．

一つの傾向に注目する．式 (4.1) のエントロピーに関する自発的条件は，自発過程ではエントロピー変化が正であることを示している．すなわち，エントロピーは増大するのである．一方，式 (4.3) と (4.4) で示された内部エネルギーとエンタルピーというエネルギーについての自発的条件は，どちらの場合もその変化がゼロより小さくなることを要求している．つまり，系のエネルギーは自発変化において減少するのである．エントロピーの増加やエネルギーの減少を伴う変化はそれぞれ適正な条件が満たされていれば，一般には自発的に起こるのである——しかしわれわれは，最も実現しやすい条件である圧力一定，温度一定という条件のもとでの自発性についての判断基準をまだ得ていない．

例題 4.1

以下の過程が自発的かどうかを述べよ．
(a) V と p が一定で，ΔH が正の過程．
(b) ΔU が負で，ΔS がゼロの等圧過程．
(c) ΔS が正で，体積変化がない断熱過程．
(d) 等圧，等エントロピー的で，ΔH が負の過程．

解答

(a) 自発過程は式 (4.4) より，圧力 p とエントロピー S が一定であれば ΔH が負であることを要求する．問題では p と S についての条件はないので，この過程が自発的である必要はない．
(b) 等圧過程だから $\Delta p = 0$ である．また ΔU が負であることと，$\Delta S = 0$ であることが与えられている．残念ながら式 (4.3) より，ΔU が負のときの自発的条件は体積一定すなわち $\Delta V = 0$ の変化であることだから，この過程が自発的でなければならないとはいえない．
(c) 断熱過程は $q = 0$ であり，体積変化もないので $\Delta V = 0$ である．したがって $w = 0$ となるので $\Delta U = 0$ である．U と V が一定という条件のもとでは，式 (4.2) で示したエントロピーを用いた自発性の判断基準，すなわち $\Delta S > 0$ であれば過程は自発的であるという基準を用いる．ΔS が正と与えら

れているので，この過程は自発的である．
(d) 等圧，等エントロピー的なので $\Delta p = \Delta S = 0$ である．したがって式 (4.4) で示したエンタルピーを用いた自発性の判断基準を用いることになる．この条件は ΔH がゼロより小さくなることを要求するが，これはここで与えられている条件である．したがってこの過程は自発的である．

　上の例題で考えた過程はすべて自発的になってもよい．しかし，解答のように最後の二つの過程だけが熱力学の法則によって，自発的にならなければならないのである．ここでの"なってもよい"と"ならなければならない"の差は科学的に重要である．科学では，どのようなことでも起こりうることと認識しつつ，現実に起こるはずのことに焦点をあてていく．このような自発性についての判断基準は，何が起こるはずなのかを決めるために有効である．

4.3　ギブズエネルギーとヘルムホルツエネルギー

　ここで二つの新しいエネルギーを定義する．**ヘルムホルツエネルギー**〔Helmholtz energy．**ヘルムホルツの自由エネルギー**（Helmholtz free energy）ともいう〕A は

$$A \equiv U - TS \tag{4.5}$$

と定義され，その微小変化 $\mathrm{d}A$ は

$$\mathrm{d}A = \mathrm{d}U - T\,\mathrm{d}S - S\,\mathrm{d}T$$

と表される．ここで $\mathrm{d}U$ と可逆過程でのエントロピーの式を代入すれば，以下のようになる．

$$\mathrm{d}A = -S\,\mathrm{d}T - p\,\mathrm{d}V$$

前に $\mathrm{d}U$ と $\mathrm{d}H$ について自然な変数と自発性について議論したのと同様に，A の自然な変数は T と V になり，等温，等容過程に対して

$$(\mathrm{d}A)_{T,V} \leq 0 \tag{4.6}$$

がこの過程の自発性を決めることになる．ここでも等号は可逆過程のときに成り立つ．たとえばボンベ熱量計のように化学的，物理的な変化が体積一定の条件で起こるような場合に，この定義がうまく適用できる．

　さらに**ギブズエネルギー**（Gibbs energy）G を

$$G \equiv H - TS \tag{4.7}$$

と定義する．微小変化 $\mathrm{d}G$ は

$$\mathrm{d}G = \mathrm{d}H - T\,\mathrm{d}S - S\,\mathrm{d}T$$

と与えられる．dH を代入し，ここでもまた可逆過程を仮定すると

$$dG = -S\,dT + V\,dp$$

となる．この式は自然な変数，すなわち T と p を含んでおり，以下の自発的条件が得られる．

$$(dG)_{T,p} \leq 0 \qquad (4.8)$$

これこそが自発性を決める条件としてわれわれが求めていたものである．この関係から，少し性急かもしれないが以下のように述べることができる．すなわち，ある系にとって圧力一定，温度一定の条件のもとでは，どのような過程であろうと

$$\begin{aligned}&\Delta G < 0 \text{ であれば，その過程は自発的である．} \\ &\Delta G > 0 \text{ であれば，その過程は自発的でない．} \\ &\Delta G = 0 \text{ であれば，系は平衡に達している．}\end{aligned} \qquad (4.9)$$

ここで G は状態関数なので

$$\int dG = \Delta G$$

であることを用いた．右辺が G ではないことに注意してほしい．

四つの状態関数 U, H, A, G が p, V, T, S を用いて定義される独立したエネルギー量のすべてである．ここで重要なのは，われわれがいま考えているのが圧力 p と体積 V を使って書き表されるような仕事であるという点である．これとは異なったかたちで仕事がなされる場合には，これらが内部エネルギー変化 dU のなかに含まれなければならない．ふつう，それらは d$w_{\text{non}-pV}$ というかたちで表される．次の章で，われわれはこうした仕事についても考えていくことになる．

さらに条件 $\Delta G < 0$ は自発性だけを決めるもので，変化の速さを決めるものではないことを理解しておかなければならない．ある反応が熱力学的に有利であっても，その進行はゆっくりとしたものであるかもしれないのである．たとえば，反応

$$2\,H_2(g) + O_2(g) \longrightarrow 2\,H_2O(l)$$

の ΔG はとても大きな負の値である．しかし水素 $H_2(g)$ と酸素 $O_2(g)$ が孤立系のなかに何百万年と共存しても，これらが水 $H_2O(l)$ になることは到底起こりえない．こうした点から考えて，反応の速さについてわれわれは何もいえない[†]．ただ自発的であるかどうかだけを評価できるのみである．

ヘルムホルツエネルギーは，ドイツの内科医で物理学者の Helmholtz（図 4.1）の名にちなんでいる．彼は 1847 年，はじめて熱力学第一法則についてくわしく言及した人物として知られている．ギブズエネルギーはアメリカの数理物理学者 Gibbs（図 4.2）の名にちなんでいる．1870 年代，Gibbs は熱力学の原理を化学反応へ数学的に応用した．こうした仕事で彼は熱機関に使

[†] 訳者注　この状態は必ずしも反応速度だけの問題でなく，$H_2(g)$ と $O_2(g)$ は準安定状態にあると考えられる．

われていた熱力学を，化学へと応用することを確立したのだった．

ヘルムホルツエネルギー A の有効性は，次の熱力学第一法則

$$dU = dq + dw$$

を使って示すことができる．$dS \geq dq/T$ より，上の式は次のように書くことができる．

$$dU - T\,dS \leq dw$$

$dT = 0$，すなわち等温変化であれば，この式は

$$d(U - TS) \leq dw$$

と書ける．カッコのなかは A の定義そのものなので，書き直すと

$$dA \leq dw$$

積分を行えば

$$\Delta A \leq w \quad (4.10)$$

が得られる．これは，等温過程でのヘルムホルツエネルギー変化 ΔA は系によって外界になされる仕事 w より小さく，可逆過程である場合にはこれと等しくなることを示している．系によって外界になされる仕事は負の値なので，式 (4.10) は，等温過程での ΔA は系が外界に対してすることのできる最大の仕事であるということを示している．このように仕事と関係することが，ヘルムホルツエネルギーを A という記号で表す理由である．A はドイツ語の Arbeit，すなわち"仕事"に由来している．

同様の関係をギブズエネルギー G についても得ることができるが，この場合には少し違ったかたちの仕事についての認識が必要になる．これまで，われわれは仕事といえば pV 仕事，すなわち外圧に抗して起こる気体の体積変化による仕事を考えてきた．しかし，このかたちが仕事のすべてではない．pV 仕事 w_{pV} でない仕事，すなわち非 pV 仕事 $w_{\text{non}-pV}$ を考え，熱力学第一法則を以下のように書く．

$$dU = dq + dw_{pV} + dw_{\text{non}-pV}$$

これをヘルムホルツエネルギーのときと同様に $dS \geq dq/T$ へ代入し，さらに dw_{pV} を具体的に書き下すと

$$dU + p\,dV - T\,dS \leq dw_{\text{non}-pV}$$

となる．温度 T と圧力 p が一定（これは G が有用な状態関数であるために重要な条件である），すなわち $dT = dp = 0$ であれば，この式は以下のように書ける．

$$d(U + pV - TS) \leq dw_{\text{non}-pV}$$

$U + pV$ はエンタルピー H の定義そのものなので，これを代入して

図 4.1 Hermann Ludwig Ferdinand von Helmholtz (1821-1894) ドイツの物理学者・生理学者．視覚や聴覚をはじめ生理学のさまざまな面を研究すると同時に，エネルギーに関する研究で大きな業績を残した．彼は熱力学第一法則の意味を明確に述べた最初の一人である．

図 4.2 Josiah Willard Gibbs (1839-1903) アメリカの物理学者．化学反応の理解に熱力学の数学的手法を厳密なかたちで取り入れ，熱力学の適用範囲を熱機関などから化学にまで広げた人物である．しかしその研究は当時あまりに傑出していたため，その内容が認められるまでおよそ 20 年を要した．

$$d(H - TS) \leq dw_{\text{non}-pV}$$

ここでまた，$H - TS$ が G の定義そのものだから

$$dG \leq dw_{\text{non}-pV}$$

となる．積分して

$$\Delta G \leq w_{\text{non}-pV} \tag{4.11}$$

を得る．つまり非 pV 仕事がなされる場合には，ΔG が事実上の上限を表している．系によって外界になされる仕事は負の値なので，ΔG は系が外界に対してすることのできる非 pV 仕事 $w_{\text{non}-pV}$ の最大値を表している．可逆過程において，ギブズエネルギー変化は非 pV 仕事に等しくなる．式 (4.11) は，第 8 章で電気化学や電気的な仕事を考える際に重要になってくる．

dA，dG の定義にある "TdS" の項は，分子レベルのエネルギー状態の乱れと結びついている分の内部エネルギー，エンタルピーへの寄与である．これは，圧力-体積の変化にかかわる通常の pV 仕事，あるいはそれ以外の非 pV 仕事かどうかの議論とは関係なく，仕事として利用できるものではない（これまでに，仕事とは秩序だって生じるエネルギーの移動であり，また熱はランダムさを伴って生じるエネルギーの移動であることを解説したことを思い起こそう）．このことが，A，G がしばしば**ヘルムホルツ自由エネルギー** (Helmholtz free energy)，**ギブズ自由エネルギー** (Gibbs free energy) といわれる理由である（この呼び名は，G に関しては一般に使われているが，A に対してはあまり使われていない．そしてどちらも IUPAC では推奨されていない）．"自由" に仕事に用いられるエネルギー量という意味が含まれている．式 (4.10)，(4.11) が示していることは，まさにこのような意味である．

例題 4.2

1 mol の理想気体を 100 L から 22.4 L へ等温可逆圧縮するときのヘルムホルツエネルギー変化 ΔA を求めよ．ただし温度は 298 K とする．

解 答

問題の過程はカルノーサイクルの三番目の段階である．さて，この過程は可逆的なので，式 (4.10) より $\Delta A = w$ の関係が成り立つ．したがって，この過程での ΔA を求めるためには仕事 w を計算すればよい．式 (2.7) より

$$w = -nRT \ln \frac{V_{\text{f}}}{V_{\text{i}}}$$

それぞれの値を代入すれば

$$w = -(1 \text{ mol}) \times 8.314 \text{ J mol}^{-1} \text{ K}^{-1} \times 298 \text{ K} \times \ln \frac{22.4 \text{ L}}{100.0 \text{ L}}$$

$$= 3710 \text{ J}$$

上で述べたように，この可逆過程では $\Delta A = w$ だから

$$\Delta A = 3710 \text{ J}$$

となる.

例題 4.3

電池が,ある回路のなかで 776 J の仕事をする.この仕事に関係した状態関数は何か.そしてその状態関数の変化の値はいくらか.

解 答

電気的な仕事は,非 pV 変化による仕事である.したがって,ΔG と関係している.式(4.11)によると,この過程では $\Delta G \leq -776$ J となる.

pV,非 pV 仕事のいかんにかかわらず,系によってなされる仕事は負になる.

多くの過程は等温的に起こすことができるので(少なくとも,元の温度に戻すことはできるので),ヘルムホルツエネルギーとギブズエネルギーについて次のような考察ができる.まずヘルムホルツエネルギー A について式(4.5)から

$$A = U - TS$$
$$dA = dU - T\,dS - S\,dT$$

等温変化を考えると

$$dA = dU - T\,dS$$

これを積分して

$$\Delta A = \Delta U - T\,\Delta S \qquad (4.12)$$

同様に,ギブズエネルギー G について式(4.7)から

$$G = H - TS$$
$$dG = dH - T\,dS - S\,dT$$

等温変化を考えると

$$dG = dH - T\,dS$$

これを積分して

$$\Delta G = \Delta H - T\,\Delta S \qquad (4.13)$$

式(4.12)と(4.13)はどちらも系の等温変化に対するものである.ほかの状態関数の変化がわかっていれば,これらの式から ΔA と ΔG を計算することができる.

さて一方,化学変化に伴う ΔU,ΔH,ΔS がヘスの法則で求められるのと同様に,化学反応に伴う ΔG と ΔA の値を,生成物の値から反応物の値を引き算する方法で求めることができる.ふつう ΔG のほうが有用な状態関数だ

から，ここではこちらに注目する．生成エンタルピー $\Delta_f H$ と同様に**生成ギブズエネルギー**（Gibbs energy of formation）$\Delta_f G$ を定義し，これを表にする．標準熱力学条件で決められている $\Delta_f G$ であれば °をつけて $\Delta_f G°$ と表す．これによって，反応のエンタルピー $\Delta_{rxn} H$ を求めたのと同様に反応の ΔG すなわち $\Delta_{rxn} G$ を求めることができる．つまり反応に伴うギブズエネルギー変化 $\Delta_{rxn} G$ を計算するのには二通りの方法があることになる．$\Delta_f G$ の値を用いて生成物の値から反応物の値を引き算する方法と，式（4.13）を用いる方法である．選択はどのような情報が与えられているか，または得られるかによる．理想的には，どちらの方法でも同じ答えになるはずである．

上で述べたことは，標準状態の単体元素の $\Delta_f G$ すなわち $\Delta_f G°$ が厳密にゼロであることを意味することに注意してほしい．同じことは $\Delta_f A°$ についてもいえる．これは生成反応が，標準状態の単体元素からの化学種の生成として定義されているからである．

例題 4.4

上で述べた $\Delta_{rxn} G$ を決定する二通りの方法によって，以下の反応
$$2\,H_2(g) + O_2(g) \longrightarrow 2\,H_2O(l)$$
の 25 ℃ すなわち 298.15 K における $\Delta_{rxn} G$ を求め，二つの方法で答えが一致することを示せ．ただし標準状態を仮定し[†]，巻末の付録 2 にあげた各種の熱力学的データを用いるものとする．

[†]**訳者注** この例題では添え字 °が省略されていることに注意せよ．

解 答

下の表にまとめたデータが付録 2 から得られる．

	$H_2(g)$	$O_2(g)$	$H_2O(l)$
$\Delta_f H\,(\mathrm{kJ\,mol^{-1}})$	0	0	-285.83
$S\,(\mathrm{J\,mol^{-1}\,K^{-1}})$	130.68	205.14	69.91
$\Delta_f G\,(\mathrm{kJ\,mol^{-1}})$	0	0	-237.13

まず $\Delta_{rxn} H$ を計算する．式（2.55）から
$$\Delta_{rxn} H = 2 \times (-285.83) - (2 \times 0 + 1 \times 0)\,\mathrm{kJ}$$
$$= -571.66\,\mathrm{kJ}$$
次に $\Delta_{rxn} S$ を計算する．式（3.29）から
$$\Delta_{rxn} S = 2 \times 69.91 - (2 \times 130.68 + 1 \times 205.14)\,\mathrm{J\,K^{-1}}$$
$$= -326.68\,\mathrm{J\,K^{-1}}$$

このエントロピー変化は，3 mol の気体から 2 mol の液体への変化と考えると妥当である．

$\Delta_{rxn} H$ と $\Delta_{rxn} S$ をいっしょに用いるので単位を一致させておく必要がある．$\Delta_{rxn} S$ の単位を kJ を含む形に変換して
$$\Delta_{rxn} S = -0.32668\,\mathrm{kJ\,K^{-1}}$$

1000 で割って kJ の単位としている．

ここで式（4.13）を用いて $\Delta_{rxn} G$，すなわち ΔG を以下のように計算する．$\Delta_{rxn} H$ と $\Delta_{rxn} S$ をそれぞれ ΔH と ΔS に代入して

$$\Delta G = \Delta H - T\Delta S$$
$$= -571.66\,\text{kJ} - 298.15\,\text{K} \times (-0.32668\,\text{kJ K}^{-1})$$

第二項で温度の単位の K が打ち消しあうことに注意する．どちらの項も kJ という同じ単位になるので，式 (4.13) を用いた場合には以下を得る．

$$\Delta G = -474.26\,\text{kJ}$$

一方，生成物の値から反応物の値を引き算するという方法を用いると，表に与えられた $\Delta_f G$ の値から

$$\Delta_{\text{rxn}} G = 2 \times (-237.13) - (2 \times 0 + 1 \times 0)\,\text{kJ}$$
$$= -474.26\,\text{kJ}$$

となる．二つの方法で求めた答えはたしかに一致し，この結果はどちらの求めかたも正しいことを示している．

> ここで使った方法はデータがあれば有効である．

4.4 自然な変数の式と偏導関数

ここまでで p, V, T, S を用いて表される独立なエネルギー量 U, H, A, G をすべて定義してきたので，これらのエネルギー状態関数をそれぞれの自然な変数を用いて整理してみると，以下のようになる．

$$dU = T\,dS - p\,dV \tag{4.14}$$
$$dH = T\,dS + V\,dp \tag{4.15}$$
$$dA = -S\,dT - p\,dV \tag{4.16}$$
$$dG = -S\,dT + V\,dp \tag{4.17}$$

自然な変数に対してこれらのエネルギー状態関数がどのようにふるまうかがわかれば，**系のすべての熱力学的性質を決定することができる**ので，これらの式は重要である．

例として内部エネルギー U を考える．自然な変数は S と V だから，U はこれらの関数として

$$U = U(S, V)$$

と書ける．前の章で議論したように dU は S とともに変化する部分と，V とともに変化する部分とに分けられる．S のみによる U の変化（すなわち V を一定にしておく場合の変化）は $(\partial U/\partial S)_V$ と書き表せる．これは U を S に対してプロットしたグラフの傾きに相当し，V を一定にしたときの U の S についての偏導関数という．同様に，S を一定にした場合の V による U の変化は $(\partial U/\partial V)_S$ となり，S を一定にしたときの U の V についての偏導関数と呼ぶ．これは U を V に対してプロットしたグラフの傾きに相当する．したがって dU は

$$dU = \left(\frac{\partial U}{\partial S}\right)_V dS + \left(\frac{\partial U}{\partial V}\right)_S dV$$

となる．一方，自然な変数の式（4.14）から

$$dU = T\,dS - p\,dV$$

であることがわかっている．この二つの式を比較し，dS の掛かっている項，dV の掛かっている項どうしが等しいとすると

$$\left(\frac{\partial U}{\partial S}\right)_V dS = T\,dS$$

$$\left(\frac{\partial U}{\partial V}\right)_S dV = -p\,dV$$

これから以下の式が得られる

$$\left(\frac{\partial U}{\partial S}\right)_V = T \tag{4.18}$$

$$\left(\frac{\partial U}{\partial V}\right)_S = -p \tag{4.19}$$

式（4.18）は，体積一定でのエントロピー変化に伴う内部エネルギー変化は，系の温度と等しくなることを示している．式（4.19）は，エントロピー一定での体積変化に伴う内部エネルギー変化は，系の圧力に負の符号をつけたものに等しくなることを示している．何と魅力ある関係式だろうか！　もし系の圧力がわかっていれば，エントロピー一定のもとでの体積変化による内部エネルギー変化を実際に測定する必要はなく，その圧力の値に負の符号をつけたものがこの変化に対応しているというのである！　これらの変化は内部エネルギーをエントロピーまたは体積に対してプロットしたグラフの傾きを表しているので，われわれは対象とする系の傾きを知ることができる．すなわち内部エネルギーがエントロピーと体積に対してどのようにふるまうかがわかれば，系の温度と圧力もわかってしまうのである．

　さらに，実験的には決定できないような偏導関数を得ることもできる．たとえばエントロピーが一定であるような実験ができるだろうか．エントロピー一定を保証するのはたいへんにむずかしいことなのである．しかし式（4.18）や（4.19）のような関係式を用いれば，そうした実験の必要がなくなる．たとえばエントロピー一定のもとでの体積に対する内部エネルギーの変化は，数学的な関係式から圧力の値に負の符号をつけたものになる．この関係式を用いれば体積の関数として内部エネルギーを測定する必要はなく，圧力さえ測定すれば十分なのである．

　ここで示したような偏導関数はいろいろな式の導出で利用していくことになる．式（4.18）や（4.19）のような式を使えば，複雑な偏導関数を簡単な状態変数に置き換えることができる．このことは，これからさらに熱力学を展開していくうえでとても有用であり，熱力学の素晴らしさの一端を示すものといってよい．

例題 4.5

式 (4.18) の左辺の偏導関数が温度の単位を与えることを示せ．

解 答

U の単位は $\mathrm{J\,mol^{-1}}$ で，S の単位は $\mathrm{J\,mol^{-1}\,K^{-1}}$ である．U と S の変化もこれらの単位を用いて表すことができるから偏導関数，すなわち U の変化を S の変化で割ったものの単位は

$$\frac{\mathrm{J\,mol^{-1}}}{\mathrm{J\,mol^{-1}\,K^{-1}}} = \frac{1}{\mathrm{K^{-1}}} = \mathrm{K}$$

となる．これは温度の単位である．

これ以外の関係式も，ほかの自然な変数の式から導くことができる．$\mathrm{d}H$ からは

$$\left(\frac{\partial H}{\partial S}\right)_p = T \tag{4.20}$$

$$\left(\frac{\partial H}{\partial p}\right)_S = V \tag{4.21}$$

$\mathrm{d}A$ からは

$$\left(\frac{\partial A}{\partial T}\right)_V = -S \tag{4.22}$$

$$\left(\frac{\partial A}{\partial V}\right)_T = -p \tag{4.23}$$

$\mathrm{d}G$ からは

$$\left(\frac{\partial G}{\partial T}\right)_p = -S \tag{4.24}$$

$$\left(\frac{\partial G}{\partial p}\right)_T = V \tag{4.25}$$

が得られる．式 (4.24) と (4.25) から G が p と T の関数であり，これらの変数に対して G がどのようにふるまうかがわかれば，S と V もわかるのである．また G について情報を得て，p と T に対して G がどのように変化するかがわかれば，ほかのエネルギー状態関数を決めることができる．なぜなら式 (2.16) と (4.7)

$$H = U + pV$$
$$G = H - TS$$

の両者を組み合わせれば

$$U = G + TS - pV$$

が成り立ち，ここへ G の偏導関数，つまり式（4.24）と（4.25）を代入すれば以下の式が得られる．

$$U = G - T\left(\frac{\partial G}{\partial T}\right)_p - p\left(\frac{\partial G}{\partial p}\right)_T \tag{4.26}$$

ほかのエネルギー状態関数の式も同様に決めることができる．大事な点は，一つのエネルギー状態関数の変化を正しく知ることができれば，熱力学的な関係式を用いて，ほかのエネルギー状態関数の変化を決めることができるという点である．

例題 4.6

式（4.24）と（4.25）で示したような G の性質がわかっているとして H の表式を求めよ．

解 答

H を求めるために式（4.7）
$$G = H - TS$$
を用いることができる．これより
$$H = G + TS$$
G が自然な変数に対してどのようにふるまうかがわかれば，$(\partial G/\partial T)_p$ を知ることができる．この偏導関数は式（4.24）から $-S$ に等しいので，これを代入すれば

$$H = G - T\left(\frac{\partial G}{\partial T}\right)_p$$

となる．これが H の表式である．

ここでもう一度，自然な変数の式がいかに有用であるかを強調しておく．任意のある一つのエネルギー状態関数が，その自然な変数によってどのように変化するのかがわかれば，いろいろな定義や熱力学の法則から導かれた関係式を使って，ほかのすべてのエネルギー状態関数についての表式を得ることができる．熱力学において，数学は実に有用なのである．

4.5　マクスウェルの関係式

熱力学的エネルギーの偏導関数を含んだ関係式を用いれば，さらに進んだことができる．しかし，その前にいくつかのことを定義しておく．

くり返し強調している通り熱力学関数は状態関数であり，その変化量はどのような経過をたどったかにはよらない．別の言葉でいえば，状態関数の変化量は始状態と終状態にのみ依存し，始状態がどのような経過をたどって終状態に至ったかにはよらないのである．

このことを，自然な変数の式を用いて考えてみる．自然な変数の式はすべて二つの項からなっている．それは一つの状態変数に対する変化の項と，も

う一つの状態変数に対する変化の項である．たとえば dH に関する自然な変数の式は

$$dH = \left(\frac{\partial H}{\partial S}\right)_p dS + \left(\frac{\partial H}{\partial p}\right)_S dp \qquad (4.27)$$

であり，dH は S と p のそれぞれによって生じる変化に分けることができる．状態関数の変化が途中の経路によらないということは，S と p に伴う変化のどちらが先に起こってもかまわないということである．つまり H の偏導関数についての項をどういった順番で考えてもよいということである．この二つの項がともに与えられた初期値から終点の値まで変化する限り，dH は順番によらず一定の値になる．

　同じ議論を数学的に行うことができる．いま二つの変数に依存した数学的な"状態関数"$F(x,y)$ を考え，"自然な変数"の式を使って dF を

$$dF = \left(\frac{\partial F}{\partial x}\right)_y dx + \left(\frac{\partial F}{\partial y}\right)_x dy \qquad (4.28)$$

と表す．関数 $F(x,y)$ は x と y に応じて変化する．さて，ここで x と y の同時変化による F の変化量を求めたい場合，つまり x と y についての二次導関数を求めたい場合を考える．このとき，どのような順序で微分すればよいのだろうか．これは数学的には，まったく問題ない．なぜなら以下の関係式

$$\left\{\frac{\partial}{\partial x}\left(\frac{\partial F}{\partial y}\right)_x\right\}_y = \left\{\frac{\partial}{\partial y}\left(\frac{\partial F}{\partial x}\right)_y\right\}_x \qquad (4.29)$$

が成り立つからである．すなわち F の y についての偏導関数を x で偏微分したものは，F の x についての偏導関数を y で偏微分したものに等しい．これが成り立っていれば，式（4.28）のもともとの微分 dF は**完全微分**（exact differential）であるための一つの条件を満たすことになる．つまり複数回の微分が，その微分の順序にはよらないことになる[*]．式（4.29）は，完全微分に対する**導関数の順序交換条件**（cross-derivative equality requirement）として知られるものである．式（4.29）を実際の熱力学的な関係式に適用すれば，以下の例題に示すように，偏導関数をいくつかの異なった形に書きかえることができる．

[*] 複数回の微分が，微分の順序によらないことは，ある状態関数の積分値は経路によらないという，第 2 章で用いた考え方と等価である．

例題 4.7

以下の式は完全微分と考えられるか．

$$dT = \frac{p}{R}dV + \frac{V}{R}dp$$

解　答

式（4.28）とのアナロジーから

$$\left(\frac{\partial T}{\partial V}\right)_p = \frac{p}{R}$$

$$\left(\frac{\partial T}{\partial p}\right)_V = \frac{V}{R}$$

と考えることができる．最初の式を p で偏微分して

$$\frac{\partial}{\partial p}\left(\frac{\partial T}{\partial V}\right)_p = \frac{1}{R}$$

二番目の式を V で偏微分して

$$\frac{\partial}{\partial V}\left(\frac{\partial T}{\partial p}\right)_V = \frac{1}{R}$$

を得る．ゆえに定義から，与えられた微分は完全微分であるといえる．このように，最終的にどちらも同じ結果を与えるので，どのような順序で $T(p, V)$ を微分するかは問題にならない．

　完全微分を計算する場合には，微分の順序は問題ではない．また状態関数を考える場合には，変化の経路も問題ではない．重要なのは，始めと終わりの状態の違いである．条件はそのままに結論をいいかえると，熱力学的エネルギーの自然な変数の式の微分形は完全微分であるということになる．したがって順序を代えてとった U, H, A, G の二通りの二次導関数は，式 (4.29) の関係から互いに等しくならなければならない．たとえば H については

$$\left\{\frac{\partial}{\partial p}\left(\frac{\partial H}{\partial S}\right)_p\right\}_S = \left\{\frac{\partial}{\partial S}\left(\frac{\partial H}{\partial p}\right)_S\right\}_p \tag{4.30}$$

同様に，ほかのエネルギーについても

$$\left\{\frac{\partial}{\partial V}\left(\frac{\partial U}{\partial S}\right)_V\right\}_S = \left\{\frac{\partial}{\partial S}\left(\frac{\partial U}{\partial V}\right)_S\right\}_V \tag{4.31}$$

$$\left\{\frac{\partial}{\partial V}\left(\frac{\partial A}{\partial T}\right)_V\right\}_T = \left\{\frac{\partial}{\partial T}\left(\frac{\partial A}{\partial V}\right)_T\right\}_V \tag{4.32}$$

$$\left\{\frac{\partial}{\partial p}\left(\frac{\partial G}{\partial T}\right)_p\right\}_T = \left\{\frac{\partial}{\partial T}\left(\frac{\partial G}{\partial p}\right)_T\right\}_p \tag{4.33}$$

となる．これらの関係式の内側の偏導関数についてはすでにわかっており，式 (4.18) から (4.25) に与えられている．たとえば式 (4.30) で，内側の偏導関数に式 (4.20) と (4.21) を代入すれば

$$\left(\frac{\partial}{\partial p}T\right)_S = \left(\frac{\partial}{\partial S}V\right)_p$$

となるが，これは以下のように書くほうがよい．

$$\left(\frac{\partial T}{\partial p}\right)_S = \left(\frac{\partial V}{\partial S}\right)_p \tag{4.34}$$

この関係式は，圧力一定のもとでのエントロピーに対する体積変化を測定す

る必要がなくなるという点で，たいへんに有用である．なぜならこの量が，エントロピー一定のもとでの圧力に対する温度変化と一致するからである．またこの式では，エネルギーに直接関係する部分が消えていることにも注意すべきである．

式 (4.31) から (4.33) を用いて，同様に以下の式を導くことができる．

$$\left(\frac{\partial T}{\partial V}\right)_S = -\left(\frac{\partial p}{\partial S}\right)_V \tag{4.35}$$

$$\left(\frac{\partial S}{\partial V}\right)_T = \left(\frac{\partial p}{\partial T}\right)_V \tag{4.36}$$

$$\left(\frac{\partial S}{\partial p}\right)_T = -\left(\frac{\partial V}{\partial T}\right)_p \tag{4.37}$$

式 (4.34) から (4.37) は**マクスウェルの関係式**（Maxwell relationships）または**マクスウェルの関係**（Maxwell relations）と呼ばれる．この呼び名は，この関係を 1870 年に最初に提案したスコットランドの数学者で物理学者でもある Maxwell（図 4.3）の名前にちなんだものである*．

マクスウェルの関係式は二つの理由からたいへん有用である．第一に，この関係式は対象を選ぶことなく適用できる．理想気体に限るとか，気体でないといけないということがない．固体にも液体にも同じように適用できる．第二には，この関係を用いると，測定しやすい変数を使った関係式に変形できるという点があげられる．たとえばエントロピーを直接に測定することはむずかしいし，温度一定のもとで体積に対してエントロピーがどのように変化するかを決めることはむずかしい．しかし式 (4.36) のマクスウェルの関係式を用いれば，それを直接に測定する必要はない．体積一定での，温度に対する圧力の変化を測定すればこれを知ることができるのである．両者は等しいのである．マクスウェルの関係式を用いれば，系の熱力学的な変化を記述するのに有用な新しい関係式を導くこともできるし，実験的に直接は測定できないような状態関数の変化量を決めることもできる．次の二つの例題は，同じマクスウェルの関係式を二つの違った方法で用いた例である．

図 4.3 James Clerk Maxwell (1831–1879) スコットランドの数学者．48 歳の誕生日を目前にした不慮の死に至るまで，彼は数多くの重要な業績を残した．なかでもマクスウェルの電磁理論は代表的なもので，今日に至るまで電気的現象や磁気的現象を理解する根幹をなしている．彼はまた気体分子運動論と熱力学第二法則にも大きく貢献している．彼は Gibbs の研究を理解する当時数少ない人物の一人だった．

＊ 式 (4.34) から (4.37) の導出はいまでは簡単に思えるが，Maxwell のように熱力学の本質をよく理解した人が現れるまでは導かれていなかったのである．

例題 4.8

ファンデルワールスの式に従う気体の $(\partial S/\partial V)_T$ はどのようになるか．

解　答

式 (4.36) のマクスウェルの関係式は $(\partial S/\partial V)_T$ が $(\partial p/\partial T)_V$ に等しいことを示している．ファンデルワールスの式 (1.20) より

$$p = \frac{nRT}{V-nb} - \frac{an^2}{V^2}$$

体積一定の条件で p を T で微分すると

$$\left(\frac{\partial p}{\partial T}\right)_V = \frac{nR}{V-nb}$$

この式は，（p の導関数を得るために）ファンデルワールス状態方程式を p について解いたものである．

ファンデルワールス状態方程式の第二項は変数 T を含まないため，なくなる．

したがってマクスウェルの関係式 (4.36) より

$$\left(\frac{\partial S}{\partial V}\right)_T = \frac{nR}{V - nb}$$

となる．この式が示すように，温度一定でのエントロピーと体積の関係はファンデルワールスパラメータから決めることができる．実験的にエントロピー変化を測定する必要はない．

例題 4.9

第1章の最後で α を膨張率，κ を等温圧縮率として

$$\left(\frac{\partial p}{\partial T}\right)_V = \frac{\alpha}{\kappa}$$

という関係を示した．20℃の水銀では $\alpha = 1.82 \times 10^{-4}\,\mathrm{K}^{-1}$，$\kappa = 3.87 \times 10^{-5}\,\mathrm{atm}^{-1}$ となる．この温度を等しく保った状態で，体積変化によってエントロピーがどのように変化するかについて述べよ．

第1章に戻り，これらの単位が α，κ に対して適切であることを確認せよ．

解 答

考えるべき偏導関数は $(\partial S/\partial V)_T$ で，これは式 (4.36) によると $(\partial p/\partial T)_V$ に等しくなる．そこで与えられた式に α と κ の値を代入すれば

マクスウェルの関係式によって以下の式が成り立つ．

$$\left(\frac{\partial S}{\partial V}\right)_T = \frac{\alpha}{\kappa}$$

$$\left(\frac{\partial p}{\partial T}\right)_V = \frac{\alpha}{\kappa} = \frac{1.82 \times 10^{-4}\,\mathrm{K}^{-1}}{3.87 \times 10^{-5}\,\mathrm{atm}^{-1}}$$

$$= 4.70\,\mathrm{atm\,K^{-1}}$$

となる．この式に含まれる単位はエントロピーや体積の単位として適当でないように思えるが，以下の関係

$$\mathrm{atm\,K^{-1}} \times \frac{101.32\,\mathrm{J}}{1\,\mathrm{L\,atm}} = 101.32\,\mathrm{J\,K^{-1}\,L^{-1}}$$

ここでは 1 L atm = 101.32 J を変換係数に用いている．単位の換算に注意せよ．

に注目すると，ふつうの単位を用いて答えを書き表すことができて

$$\left(\frac{\partial S}{\partial V}\right)_T = 476\,\mathrm{J\,K^{-1}\,L^{-1}}$$

となる．これが求める変化である．

4.6 マクスウェルの関係式の使い方

マクスウェルの関係式は，熱力学のいろいろな関係式を導くのにきわめて有用である．たとえば式 (4.15)

$$dH = T\,dS + V\,dp$$

において温度を一定に保ち，両辺を dp で割る．$(dH/dp)_T$ を $(\partial H/\partial p)_T$ と書くことにすると

$$\left(\frac{\partial H}{\partial p}\right)_T = T\left(\frac{\partial S}{\partial p}\right)_T + V$$

となる．圧力によるエントロピー変化を測定することは困難だが，マクスウェルの関係式を用いれば，これをほかに置き換えることができる．式（4.37）から $(\partial S/\partial p)_T$ は $-(\partial V/\partial T)_p$ に等しいからこれを代入し，項の順番を入れ替えれば

$$\left(\frac{\partial H}{\partial p}\right)_T = V - T\left(\frac{\partial V}{\partial T}\right)_p \tag{4.38}$$

という有用な式を得る．なぜ，この式が有用なのだろうか．その理由は，たとえば理想気体の法則のような状態方程式を知り，体積と温度，加えて圧力一定での温度による体積の変化の様子がわかれば，それを用いて，エンタルピーそのものを測定することなしに温度一定のもとでの圧力によるエンタルピー変化を計算できるからである．

式（4.38）に示したエンタルピーの偏導関数はジュール・トムソン係数 μ_{JT} とともに用いる．式（2.34）で与えた μ_{JT} と偏導関数の循環則を思いだし，さらに式（2.30）を用いれば

$$\mu_{\mathrm{JT}} = \left(\frac{\partial T}{\partial p}\right)_H = -\left(\frac{\partial T}{\partial H}\right)_p \left(\frac{\partial H}{\partial p}\right)_T$$
$$= -\frac{1}{C_p}\left(\frac{\partial H}{\partial p}\right)_T$$

ここで $(\partial H/\partial p)_T$ に式（4.38）を代入すると

$$\mu_{\mathrm{JT}} = -\frac{1}{C_p}\left\{V - T\left(\frac{\partial V}{\partial T}\right)_p\right\}$$
$$= \frac{1}{C_p}\left\{T\left(\frac{\partial V}{\partial T}\right)_p - V\right\} \tag{4.39}$$

を得る．これをみると，気体の状態方程式とその熱容量がわかれば，ジュール・トムソン係数 μ_{JT} まで計算できることがわかる．式（4.39）では，その気体の定圧熱容量 C_p だけを知っていればよく，系のエンタルピーについては何も知らなくてよいからである．

以下の二つの例題で，マクスウェルの関係式がいかに有用かをみることにする．

例題 4.10

式（4.39）を用いて理想気体のジュール・トムソン係数 μ_{JT} を求めよ．ただし1モル当りの量で計算せよ．

μ_{JT} は気体に対するジュール・トムソン係数であることを思いだすこと．

解 答
ここでは理想気体の状態方程式

$$p\overline{V} = RT$$

が成り立つ.さて,式(4.39)を計算するためには $(\partial \overline{V}/\partial T)_p$ を求める必要がある.上の理想気体の状態方程式を変形して

$$\overline{V} = \frac{RT}{p}$$

これから $(\partial \overline{V}/\partial T)_p$ を計算できて

$$\left(\frac{\partial \overline{V}}{\partial T}\right)_p = \frac{R}{p}$$

ここでは前の式を温度 T の一次関数として扱い,その導関数をとっただけである.

となる.これを式(4.39)に代入すれば

$$\mu_{\mathrm{JT}} = \frac{1}{C_p}\left(T \times \frac{R}{p} - \overline{V}\right) = \frac{1}{C_p}\left(\frac{RT}{p} - \overline{V}\right)$$

ここで,理想気体の法則から RT/p は $\overline{V}$ に等しくなる.よって

$$\mu_{\mathrm{JT}} = \frac{1}{C_p}(\overline{V} - \overline{V}) = \frac{1}{C_p} \times 0$$
$$= 0$$

ゆえに理想気体のジュール・トムソン係数 μ_{JT} は厳密にゼロになる.

例題 4.11

次式を確認せよ.
$$\alpha = \frac{1}{V}\left(\frac{\partial V}{\partial T}\right)_p$$
$$\kappa = -\frac{1}{V}\left(\frac{\partial V}{\partial p}\right)_T$$

dU についての自然な変数の式から始め,T が一定のもとでの内部エネルギーの体積依存性 $(\partial U/\partial V)_T$ を,測定可能な物理量 T,V,p と α,κ を用いて表せ.ただしヒントとして,偏導関数の循環則を利用するとよい.

解 答

dU についての自然な変数の式は,式(4.14)で示される以下である.
$$dU = T\,dS - p\,dV$$
$(\partial U/\partial V)_T$ を求めるため,T を一定に保ったまま,両辺を dV で割ると

$$\left(\frac{\partial U}{\partial V}\right)_T = T\left(\frac{\partial S}{\partial V}\right)_T - p$$

となる.マクスウェルの関係式(4.36)を用いると $(\partial S/\partial V)_T$ は $(\partial p/\partial T)_V$ に等しいことがわかるので,これを代入して

$$\left(\frac{\partial U}{\partial V}\right)_T = T\left(\frac{\partial p}{\partial T}\right)_V - p$$

さて,ここでヒントを参照する.α,κ と偏導関数 $(\partial p/\partial T)_V$ はすべて p,T,V を用いて表すことができる.偏導関数の循環則によって,任意の三つの変数 A,B,C を使って考えられる三つの独立な偏導関数は次のように関係づけられる.

$$\left(\frac{\partial A}{\partial B}\right)_C\left(\frac{\partial B}{\partial C}\right)_A\left(\frac{\partial C}{\partial A}\right)_B = -1$$

変数 p,V,T に対して,この関係は

$$\underbrace{\left(\frac{\partial V}{\partial T}\right)_p}_{=V\alpha}\underbrace{\left(\frac{\partial T}{\partial p}\right)_V}_{}\underbrace{\left(\frac{\partial p}{\partial V}\right)_T}_{=-\frac{1}{V}\frac{1}{\kappa}}=-1$$

となる．この関係式は α と κ が，この循環則を表す式において偏導関数とどのように関係づけられるかを示している．中央の偏導関数は V が一定のときの p と T に関係しており，変形の際の代入で用いる．α と κ を代入して整理すると

$$V\alpha\left(-\frac{1}{V}\frac{1}{\kappa}\right)=-\left(\frac{\partial p}{\partial T}\right)_V$$

ここで偏導関数は代入しやすいように右辺に移した．これによって p の T についての偏導関数に変わっている．左辺の V，また両辺の負の符号は打ち消しあうから，これらをすべてまとめて

$$\left(\frac{\partial p}{\partial T}\right)_V=\frac{\alpha}{\kappa}$$

を得る．この式を $(\partial U/\partial V)_T$ に関する式に代入すれば

$$\left(\frac{\partial U}{\partial V}\right)_T=T\frac{\alpha}{\kappa}-p$$

という望んでいた式を得る．これは実験的に容易に測定できるパラメータ T，p，α と κ を用いた $(\partial U/\partial V)_T$ の表式である．

∂p がどのようにして分数の分子に現れて，∂T が分母にくるのかを，代数の通常の変形方法に基づいて確認せよ．

　上の例題 4.11 は重要である．このように実験的に決定できる量で表された式を数学的に導出できることは，熱力学の数学的な側面として最も重要な点である．熱力学を数学的に取り扱うことはとても有効なのだ．複雑であることはたしかである．しかしそこから多くを知り，語ることができる．極端ないい方をすれば，それこそが "物理化学とはどのようなものか" を示す一断面といえる．

4.7　とくにギブズエネルギーの変化について

　U，H，S が温度によってどのように変化するかはわかった．二つのエネルギー状態関数 U や H の温度変化を表す量は熱容量と呼ばれ，これを用いて S の温度変化に関するいくつかの式，たとえば式 (3.20) や，熱容量が定数でない場合に対する，式 (3.20) の上に示した積分の形をした式を導くことができる．さてギブズエネルギー G が最も有用なエネルギー状態関数であるという点はすでに指摘したが，では G は温度とともにどのように変化するのだろうか．

　dG に関する自然な変数の式 (4.17) から，ギブズエネルギー G と温度 T の間に以下の関係があることがわかっている．

$$\left(\frac{\partial G}{\partial T}\right)_p = -S \qquad (4.40)$$

つまり温度 T が変化するときのギブズエネルギー G の変化は，その系のエントロピー S に負の符号をつけたものに等しくなる．この式に，負の符号が含まれていることに着目してほしい．これは温度が上昇すると自由エネルギーが減少し，温度が低下すると自由エネルギーが増大することを意味している．直感的にはこれは誤っているように見える．温度が上昇したのにエネルギーが減少してもよいのだろうか．しかし，ギブズエネルギー G の $G = H - TS$ というもともとの定義を思いだすとよい．温度 T とエントロピーの絶対値（常に正の値である）を含む項の前にある負の符号は，たしかに T が上昇すると G が減少することを示している．

G の温度依存性に関連する，多少違った形のもう一つの表式がある．G の定義から始めると，式（4.7）より

$$G = H - TS$$

式（4.40）で $-S$ が偏導関数で与えられたことを思いだして，これを代入すれば

$$G = H + T\left(\frac{\partial G}{\partial T}\right)_p$$

となる．両辺を T で割って

$$\frac{G}{T} = \frac{H}{T} + \left(\frac{\partial G}{\partial T}\right)_p$$

さらに G を含むすべての項を左辺に集めると

$$\frac{G}{T} - \left(\frac{\partial G}{\partial T}\right)_p = \frac{H}{T} \qquad (4.41)$$

この式はみたところむずかしいが，式変形をくり返すと簡単な形に整理することができる．すなわち G/T という量を考え，これを p が一定という条件のもとで T について微分する．連鎖則を用いて

$$\frac{\partial}{\partial T}\left(\frac{G}{T}\right)_p = -\frac{G}{T^2}\left(\frac{\partial T}{\partial T}\right)_p + \frac{1}{T}\left(\frac{\partial G}{\partial T}\right)_p$$

$\partial T/\partial T$ は 1 なので，この式は

$$\frac{\partial}{\partial T}\left(\frac{G}{T}\right)_p = -\frac{G}{T^2} + \frac{1}{T}\left(\frac{\partial G}{\partial T}\right)_p$$

と簡単になる．この式に $-T$ を掛けると

$$-T\frac{\partial}{\partial T}\left(\frac{G}{T}\right)_p = \frac{G}{T} - \left(\frac{\partial G}{\partial T}\right)_p$$

この式の右辺は式 (4.41) の左辺と同じなので

$$-T\frac{\partial}{\partial T}\left(\frac{G}{T}\right)_p = \frac{H}{T}$$

または

$$\frac{\partial}{\partial T}\left(\frac{G}{T}\right)_p = -\frac{H}{T^2} \quad (4.42)$$

となる．これはとても簡単な式であり，エネルギーの変化を示すようなかたちでこの式を用いると，物理的，化学的な過程全体について

$$\frac{\partial}{\partial T}\left(\frac{\Delta G}{T}\right)_p = -\frac{\Delta H}{T^2} \quad (4.43)$$

が成り立つことになる．式 (4.42) と (4.43) はギブズ・ヘルムホルツの式 (Gibbs-Helmholtz equation) と呼ばれる関係の二つの表し方である．$u = 1/T$, $du = -(1/T^2)dT$ のような変数変換を行えば，式 (4.43) は

$$\left\{\frac{\partial(\Delta G/T)}{\partial(1/T)}\right\}_p = \Delta H \quad (4.44)$$

と書くことができる．式 (4.44) で与えられた形はとくに有用である．ある過程の ΔH を知ることができれば，ΔG について何らかの情報を得ることができるのである．$\Delta G/T$ を $1/T$ に対してプロットすると，ΔH が傾きに等しくなる（偏導関数がグラフの傾きを与えることを思いだすこと）．さらに ΔH を狭い温度範囲で一定とみなすと，以下の例題で述べるように，式 (4.44) を用いていろいろな温度 T での ΔG を近似的に求めることができる．

例題 4.12

式 (4.44) を

$$\left\{\frac{\Delta(\Delta G/T)}{\Delta(1/T)}\right\}_p \approx \Delta H$$

と近似して，反応

$$2\,H_2(g) + O_2(g) \longrightarrow 2\,H_2O(l)$$

の ΔG (100 ℃, 1 atm) を求めよ．ただし ΔG (25 ℃, 1 atm) $= -474.36$ kJ と $\Delta H = -571.66$ kJ は与えられているものとし，圧力 p と ΔH は一定とする．

解答

まず最初に $\Delta(1/T)$ を求める．温度を絶対温度に直して

$$\Delta\left(\frac{1}{T}\right) = \frac{1}{373\,\text{K}} - \frac{1}{298\,\text{K}} = -0.000674\,\text{K}^{-1}$$

> ここで実行していることは，無限小である "∂" を有限の値である "Δ" に近似することである．

を得る．問題で与えられた，式（4.44）を近似した式にそれぞれの値を代入して

$$\left\{\frac{\Delta(\Delta G/T)}{-0.000674\,\mathrm{K}^{-1}}\right\}_p \approx -571.66\,\mathrm{kJ}$$

よって

$$\Delta\left(\frac{\Delta G}{T}\right) = 0.386\,\mathrm{kJ\,K^{-1}}$$

が得られる．ここで $\Delta(\Delta G/T)$ を $(\Delta G/T)_{\text{final}} - (\Delta G/T)_{\text{initial}}$ と書いて，与えられた温度条件などを代入すると

$$\left(\frac{\Delta G}{373\,\mathrm{K}}\right)_{\text{final}} - \left(\frac{-474.36\,\mathrm{kJ}}{298\,\mathrm{K}}\right)_{\text{initial}} = 0.386\,\mathrm{kJ\,K^{-1}}$$

373 K の ΔG について解くために，数式を変形して

$$\Delta G_{\text{final}} = -450\,\mathrm{kJ}$$

を得る．これが求める ΔG（100℃，1 atm）の値である．この値は，ヘスの法則を使ったアプローチによって ΔH（100℃，1 atm）と ΔS（100℃，1 atm）を計算し直すことで得た $-439.2\,\mathrm{kJ}$ という値に匹敵する．ギブズ・ヘルムホルツの式では取り入れる近似の数が少なく，より正確な ΔG の値が期待できる．

> この数値計算では Δ をあまり広げすぎないように注意すること．その分，正確さを失うことになる．

> この式変形では分母を右辺に掛けている．

　ところで圧力 p とギブズエネルギー G の関係はどうだろうか．ここで再び自然な変数の式から，式（4.25）として示した次の式を最初の答えとして得ることができる．

$$\left(\frac{\partial G}{\partial p}\right)_T = V$$

温度 T が一定のもとでの変化を仮定すると，偏導関数を書き直すことができて

$$\mathrm{d}G = V\,\mathrm{d}p$$

この式の両辺を積分すると，G は状態関数なので $\mathrm{d}G$ の積分は ΔG となり

$$\Delta G = \int_{p_\mathrm{i}}^{p_\mathrm{f}} V\,\mathrm{d}p$$

となる．凝縮相に対しては，V は圧力の小さな変化に対して一定であると近似できる．そのため式は

$$\Delta G = V\int_{p_\mathrm{i}}^{p_\mathrm{f}} \mathrm{d}p = V(p_\mathrm{f} - p_\mathrm{i}) = V\,\Delta p \tag{4.45}$$

のように簡略化できる．理想気体に対しては理想気体の法則を用いることができるので，$V = nRT/p$ を代入して

$$\Delta G = \int_{p_i}^{p_f} \frac{nRT}{p}\,\mathrm{d}p = \int_{p_i}^{p_f} nRT\,\frac{\mathrm{d}p}{p}$$

微積分学において

$$\int \frac{\mathrm{d}x}{x} = \ln x$$

が知られているから，これを上の積分に当てはめて積分範囲の上限と下限を使って計算すれば

$$\Delta G = nRT \ln \frac{p_f}{p_i} \quad (4.46)$$

を得る．この式は等温変化に限って用いることができる．

例題 4.13

室温 295 K，0.022 mol の理想気体の圧力が 2505 psi* から 14.5 psi に変化した．この過程での G の変化量 ΔG はいくらか．

psi は圧力の単位で pounds per square inch の略である．

解 答
式（4.45）を直接に用いると

$$\Delta G = 0.022\ \mathrm{mol} \times 8.314\ \mathrm{J\ mol^{-1}\ K^{-1}} \times 295\ \mathrm{K} \times \ln \frac{14.5\ \mathrm{psi}}{2505\ \mathrm{psi}}$$

$$= -278\ \mathrm{J}$$

と求まる．ところで，この変化を自発変化と考えてよいだろうか．圧力が一定でないので，ΔG を自発性の判断基準として用いることは必ずしも正しくない．しかしふつう，気体は圧力が高い状態から低い状態になる傾向にあるので，この過程は実際には自発的であると考えてもよいだろう．

4.8 化学ポテンシャルとそのほかの部分モル量

　ここまでは，たとえば圧力，温度，体積といった系の物理的変数を使って測定する系の状態変化に注目してきた．しかし化学反応では，物質はその化学的な形態をも変化させる．物質の化学的な形態にも焦点をあて，これがどのように変化するかについても議論を始める必要がある．

　これまで変化の過程では物質量 n は一定のままであると仮定してきた．物質量 n が一定であることを示すためには，すべての偏導関数の右側に $(\partial U/\partial V)_{T,n}$ のように n という添え字をつけなければならない．さらに，n という物質量についての偏導関数を考えてはいけないわけではない．

　自発性を考える場合にはギブズエネルギー G が重要なので，n についての多くの偏導関数も G と関係してくる．物質の**化学ポテンシャル**（chemical potential）μ は温度一定，圧力一定のもとでの，物質量の変化によるギブズ

エネルギーの変化と定義される．すなわち

$$\mu \equiv \left(\frac{\partial G}{\partial n}\right)_{T,p} \tag{4.47}$$

複数の化学成分が存在する系では化学ポテンシャルにも記号をつけ（ふつうは成分の番号か化学式を用いる），どの成分の化学ポテンシャルなのかを区別する．ある一種類の成分の化学ポテンシャルμ_iはi番目の成分の物質量n_iだけが変化して，ほかの成分の物質量$n_j(j \neq i)$は一定のままであると仮定されている．したがって式（4.47）は

$$\mu_i \equiv \left(\frac{\partial G}{\partial n_i}\right)_{T,p,n_j(j \neq i)} \tag{4.48}$$

と書かれる．Gの微小変化dGを考える場合にも，物質量の変化を含むように拡張していかなければならない．dGは一般に，以下のように表されることになる．

$$dG = \left(\frac{\partial G}{\partial T}\right)_{p,n's} dT + \left(\frac{\partial G}{\partial p}\right)_{T,n's} dp + \sum_i \left(\frac{\partial G}{\partial n_i}\right)_{T,p,n_j(j \neq i)} dn_i$$

または

$$dG = -S\,dT + V\,dp + \sum_i \mu_i\,dn_i \tag{4.49}$$

右辺第三項の和は，系が異なった物質で構成されている場合に，その成分の数だけ和をとることを示す．式（4.49）は，すべての状態変数と物質量を含んでいるので，**化学熱力学の基本方程式**（fundamental equation of chemical thermodynamics）と呼ばれることがある．

化学ポテンシャルμ_iは**部分モル量**（partial molar quantity）として導入された最初の量である．これは状態変数であるギブズエネルギーの物質量による変化を示している．純粋物質については単純に，化学ポテンシャルは物質量が変化したときの系のギブズエネルギー変化に等しい．しかし一成分以上からなる系では，化学ポテンシャルは純粋物質のギブズエネルギー変化に等しくない．なぜならそれぞれの成分が互いに相互作用して，系の全エネルギーに影響を与えるからである．すべての成分が理想的であればこうしたことは起こらず，部分モル量はいかなる系のいかなる成分についても一致する*．

熱力学で定義されるいろいろなエネルギーの間の関係を利用して，化学ポテンシャルをほかのエネルギーを用いて定義することもできる．ただしその場合，それぞれ異なった状態変数を一定にすることになる．すなわち

$$\mu_i \equiv \left(\frac{\partial U}{\partial n_i}\right)_{S,V,n_j(j \neq i)} \tag{4.52}$$

$$\mu_i \equiv \left(\frac{\partial H}{\partial n_i}\right)_{S,p,n_j(j \neq i)} \tag{4.53}$$

---

* 部分モル量はすべての状態変数に対して定義できる．たとえばエントロピーの部分モル変化$\overline{S}_i$は，ほかの変数は変化しないとして次のように定義される．

$$\overline{S}_i \equiv \left(\frac{\partial S}{\partial n_i}\right)_{n_j(j \neq i)} \tag{4.50}$$

同様に，部分モル体積$\overline{V}_i$が以下のように定義される．

$$\overline{V}_i \equiv \left(\frac{\partial V}{\partial n_i}\right)_{T,p,n_j(j \neq i)} \tag{4.51}$$

凝縮相では部分モル体積はとくに有用な概念である．1Lの水と1Lのアルコールを混ぜた溶液の体積が2Lにならない（2Lよりわずかに小さくなる）ことは，この概念によって説明できる．熱力学的な考えに厳密に従うと体積どうしは直接に加算できないが，部分モル体積は加算できるのである．なおμを除いて，部分モル量はモル量と同様に変数の上にバーを引いて表す．そのため，この二つの量を用いるときには注意しなければならない．

$$\mu_i \equiv \left(\frac{\partial A}{\partial n_i}\right)_{T,V,n_j(j\neq i)} \quad (4.54)$$

となる．しかしギブズエネルギーの有用性を考えると，最初の化学ポテンシャルの定義がわれわれにとって一番便利である．

　化学ポテンシャルは化学種がどのくらい物理的，化学的な変化を起こしたがっているかを知る尺度になる．二つまたはそれ以上の物質が系中に存在して異なる化学ポテンシャルをもつとき，化学ポテンシャルを等しくしようとする変化が生じる．したがって化学ポテンシャルを用いて，化学反応や化学平衡についての考察を始めることができる．これまで，いくつか例をあげて化学反応について考えてきたが，生成物と反応物の間のエネルギーやエントロピーの変化についての例がほとんどで，反応過程そのものにはあまり注目してこなかった．次の章では，そこに注目する．

4.9　フガシティー

　熱力学を化学反応に適用する第一歩として，実在気体の理想気体からのずれを表す尺度であるフガシティーを定義する．まず，こうした量を定義する必要性についてきちんと述べておこう．

　理論的な理解を進めていくとき，ふつう，対象は理想的な物質であると仮定する．ここまで，熱力学について行ってきた議論でもそうであった．たとえば"理想気体"を仮定することは，これまでの章で何度も行ってきた．しかし現実には，理想気体などというものは存在しない．実在気体は理想気体の法則には従わず，もっと複雑な状態方程式に従うのである．

　予想されるように，気体の化学ポテンシャルは圧力とともに変化していく．化学ポテンシャルはギブズエネルギー G を用いて定義されるので，式 (4.46)

$$\Delta G = nRT \ln \frac{p_f}{p_i}$$

とのアナロジーから，理想気体の化学ポテンシャル μ の変化 $\Delta\mu$ に対して同様の式

$$\Delta \mu = RT \ln \frac{p_f}{p_i} \quad (4.55)$$

を得ることができる．ここで G と μ についた Δ が変化量を表しているとして，これらの式を少し違った形で書いてみる．ΔG と $\Delta \mu$ は $G_\text{final} - G_\text{initial}$，$\mu_\text{final} - \mu_\text{initial}$ と書けるから

$$G_\text{final} - G_\text{initial} = nRT \ln \frac{p_f}{p_i}$$

$$\mu_\text{final} - \mu_\text{initial} = RT \ln \frac{p_f}{p_i}$$

どちらの式に対しても，始状態は 1 atm または 1 bar の標準圧力であると仮定する*．始状態を表すのに°の記号を使い，始状態のエネルギー量を右辺に移項する．final の添え字をとると，これらの式は任意の圧力 p における G または μ を，標準圧力（1 atm または 1 bar）における値 $G°$ と $\mu°$ を基準として計算する以下のような式になる．

$$G = G° + nRT \ln \frac{p}{p°} \tag{4.56}$$

$$\mu = \mu° + RT \ln \frac{p}{p°} \tag{4.57}$$

* 1 atm = 1.01325 bar だから，非 SI 単位の標準圧力 1 atm を用いると非常に小さな誤差が生じる．

二番目の式（4.57）は化学ポテンシャル μ が圧力 p の自然対数のかたちで変化することを示している．μ を p に対してプロットすると図 4.4 に示したような，一般的な対数のグラフが得られる．しかし実在気体で測定を行うと，化学ポテンシャル μ と圧力 p の関係はこの通りにはならない．圧力が非常に小さい場合には，すべての気体が理想気体に近づく．適度な圧力のところでは，化学ポテンシャルは理想気体の値よりも低くなる．これは，実在気体分子間でわずかな引力が生じ，その引力がエネルギーの低下をもたらすためである．圧力が非常に高くなると，化学ポテンシャルは逆に理想気体の値よりも高くなる．これは，分子の充塡度が高くなると気体分子が互いに反発するようになり，その斥力がエネルギーを上昇させるためである．化学ポテンシャルと気体の実際の圧力との関係は図 4.5 に示してある．

実在気体に対して，熱力学では

$$f \equiv \phi p \tag{4.58}$$

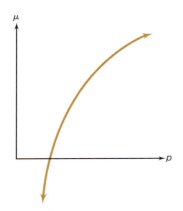

図 4.4 理想気体について，化学ポテンシャル μ と圧力 p の関係を示した概念図

のように定数 ϕ を掛けた圧力 p をフガシティー（fugacity）f と定義する．p は気体の圧力であり，ϕ はフガシティー係数（fugacity coefficient）と呼ばれる．フガシティーという言葉は G. N. Lewis によって 1901 年に用いられ，"fleetness"（動きの速さ）のラテン語に由来する．分子のレベルでは，フガシティーは気体の粒子が互いにどの程度 "逃げたい"（want to flee）かを表す要素であると思われる．フガシティー係数 ϕ には単位がないので，フガシティー f は圧力の単位をもつ．実在気体ではフガシティー f が気体のふるまいを正しく記述するので，化学ポテンシャル μ を表す式（4.57）は

$$\mu = \mu° + RT \ln \frac{f}{p°} \tag{4.59}$$

と書き直される．圧力が低くなるにつれ，どのような実在気体も理想気体のようにふるまうようになる．圧力 p がゼロになる極限ではすべての気体が理想気体としてふるまい，フガシティー係数 ϕ は 1 になる．これを

$$\lim_{p \to 0} f = p \qquad \lim_{p \to 0} \phi = 1$$

と表す．

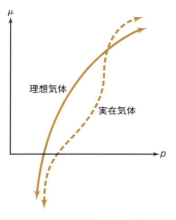

図 4.5 実在気体の化学ポテンシャルは理想気体に比べ，高い圧力領域では分子間の斥力によって大きくなり，中間の圧力領域では分子間の引力のために小さくなる．また，たいへんに低い圧力領域では理想気体に近づく．

実験的にはどのようにフガシティーを決めるのだろうか．式（4.49）で与

えられた化学熱力学の基本方程式

$$dG = -S\,dT + V\,dp + \sum_i \mu_i\,dn_i$$

から始めることにする．一成分系，すなわち和を表す右辺第三項が一つの項だけからなる系において，等温過程を考えると

$$dG = V\,dp + \mu\,dn$$

と書ける．dG は完全微分だから（4.5節をみよ）

$$\frac{\partial \mu}{\partial p} = \frac{\partial V}{\partial n}$$

という関係が成り立つ．右辺は物質の部分モル体積 $\overline{V}$ だから

$$\frac{\partial \mu}{\partial p} = \overline{V}$$

よって

$$d\mu = \overline{V}\,dp$$

となる．理想気体（なぜここでまた理想気体をもちだすかは，すぐあとでわかる）に対しては，この式は

$$d\mu_{\text{ideal}} = \overline{V}_{\text{ideal}}\,dp$$

と書ける．上の二つの式を辺々引き算して

$$d\mu - d\mu_{\text{ideal}} = (\overline{V} - \overline{V}_{\text{ideal}})\,dp$$

ここで右辺の dp はまとめてカッコの外にだした．積分すれば

$$\mu - \mu_{\text{ideal}} = \int_0^p (\overline{V} - \overline{V}_{\text{ideal}})\,dp$$

$$= \int_0^p \overline{V}\,dp - \int_0^p \overline{V}_{\text{ideal}}\,dp \qquad (4.60)$$

ところで式 (4.57) が圧力を使って理想気体の化学ポテンシャル μ_{ideal} を表したもので，式 (4.59) がフガシティーを使って実在気体の化学ポテンシャル μ を表したものと考えると，両者を用いて $\mu - \mu_{\text{ideal}}$ を以下のように計算できる．

$$\mu - \mu_{\text{ideal}} = \mu^\circ + RT \ln \frac{f}{p^\circ} - \left(\mu^\circ + RT \ln \frac{p}{p^\circ}\right)$$

$$= RT\left(\ln \frac{f}{p^\circ} - \ln \frac{p}{p^\circ}\right)$$

$$= RT \ln \frac{f/p°}{p/p°}$$

$$= RT \ln \frac{f}{p}$$

これを式（4.60）の左辺に代入して

$$RT \ln \frac{f}{p} = \int_0^p \bar{V} \, dp - \int_0^p \bar{V}_{\text{ideal}} \, dp$$

変形すると（式4.58も用いて）

$$\ln \frac{f}{p} = \ln \phi$$

$$= \frac{1}{RT} \left(\int_0^p \bar{V} \, dp - \int_0^p \bar{V}_{\text{ideal}} \, dp \right) \quad (4.61)$$

となる．この式は複雑にみえるが，ここで何を意味しているのかを考察することにする．

まず積分は図4.6のそれぞれの曲線の下の面積を表す．最初の積分はこの図に示した，部分モル体積 $\bar{V}$ を圧力 p に対してプロットして得られる曲線の下の面積である．二番目の積分は理想気体のモル体積 $\bar{V}_{\text{ideal}}$ を圧力 p に対してプロットして得られる曲線の下の面積である．二つの積分の差は $p = 0$ と $p \neq 0$ の間の二つのプロットの面積の差を表す．この値を RT で割ると，フガシティー係数 ϕ の対数 $\ln \phi$ を得ることができるのである．よってフガシティーは等温条件のもとで，既知の量である気体の体積を測定し，これを理想状態で期待される体積と比較することによって求めることができる．図4.6は，そのような決め方を図示した例である．

式（4.61）は実在気体の圧縮因子 Z を用いても計算できる．理想気体に対する $\bar{V}_{\text{ideal}} = RT/p$ は，実在気体では $\bar{V} = ZRT/p$ となる．この表式を式（4.61）に代入すると

$$\ln \phi = \frac{1}{RT} \int_0^p \left(\frac{ZRT}{p} - \frac{RT}{p} \right) dp$$

となる．RT 項は両辺から括弧の外にだし，さらに積分の外にもだすと

$$\ln \phi = \frac{RT}{RT} \int_0^p \left(\frac{Z}{p} - \frac{1}{p} \right) dp$$

となる．RT 項が打ち消しあい，積分のなかの二つの項は分母が同一であり，両者を一緒にすると，以下のように一つの項と考えることができる．

$$\ln \phi = \int_0^p \frac{Z - 1}{p} \, dp \quad (4.62)$$

気体の状態方程式がわかっており，Z を状態方程式を用いて表すことができ

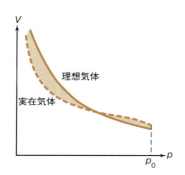

図 4.6　実在気体のフガシティー係数を決める簡単な方法は，気体の実際の体積 V を圧力 p を変えて測定し，理想気体として期待される体積と比較することである．フガシティー係数は2本の曲線で挟まれた部分（図で影を入れた部分）の面積と関係して得られる．式（4.61）をみよ．

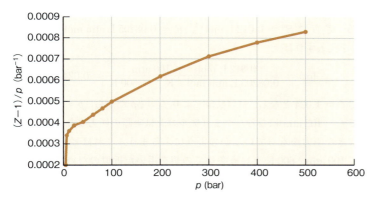

図 4.7 実在気体の $(Z-1)/p$ を圧力 p に対してプロットした図を考える．ここでゼロからある圧力 p の間の曲線の下の面積は，その圧力 p での気体のフガシティー係数 ϕ の対数を与える．図は 150 K のネオンについてプロットしたものである．

れば，式 (4.62) の Z にそれを代入し積分を実行することができる．また Z を使って $(Z-1)/p$ を p に対してプロットし，その曲線の下の面積を数値的に計算することによっても積分を求めることができる．図 4.7 はそのような，150 K におけるネオンのプロットである．ある圧力でのネオンのフガシティーは，ゼロからその圧力までの曲線の下の面積として求めることができる．

例題 4.14

圧縮因子 Z が，第二項までのビリアル方程式

$$Z = 1 + \frac{B'p}{RT}$$

で表されるとして 100 atm，600 K におけるアルゴンのフガシティー f を求めよ．ただしアルゴンの B' は表 1.4 から 600 K で 0.012 L mol^{-1} とする．また得られた答えについて説明を加えよ．

解 答
式 (4.62) に Z などを代入して

$$\begin{aligned}
\ln \phi &= \int_0^{100} \frac{(1 + B'p/RT) - 1}{p} \, dp \\
&= \int_0^{100} \frac{B'p/RT}{p} \, dp \\
&= \int_0^{100} \frac{B'}{RT} \, dp \\
&= \left[\frac{B'p}{RT} \right]_0^{100} \\
&= \frac{B' \times 100 \text{ atm}}{RT}
\end{aligned}$$

ビリアル方程式は状態方程式の一つであり，第 1 章で紹介されている．

となる．さらに $B' = 0.012\,\text{L mol}^{-1}$, $R = 0.08205\,\text{L atm mol}^{-1}\,\text{K}^{-1}$, $T = 600\,\text{K}$ を代入すれば

$$\ln\phi = \frac{0.012\,\text{L mol}^{-1} \times 100\,\text{atm}}{0.08205\,\text{L atm mol}^{-1}\,\text{K}^{-1} \times 600\,\text{K}} = 0.024$$

よって $\phi = 1.024$ となる．式 (4.58) より $f = \phi p$ だから，$p = 100\,\text{atm}$ を代入して $f = 102\,\text{atm}$ になる．つまりアルゴンは実際の圧力よりも，わずかながら大きな圧力をもっているかのようにふるまう．これはビリアル係数 B' として 100 atm，600 K という条件での値を用いた近似のためであると考えられる．

> 式のなかの実数 1 と変数 p が打ち消されて式が簡単になっていることに注目せよ．
>
> ϕ の値を得るためには，対数からもどす作業を行う．

圧力 p によってフガシティーがどのように変化するかをみるため，表 4.1 に窒素ガスのフガシティーを示す．$p = 1\,\text{atm}$ ではフガシティーはほとんど圧力に等しいが，$p = 1000\,\text{atm}$ にもなると圧力のほぼ倍近くになっている．

表 4.1 窒素ガスの 0 ℃におけるフガシティー

圧力 (atm)	フガシティー (atm)	圧力 (atm)	フガシティー (atm)
1	0.99955	300	301.7
10	9.956	400	424.8
50	49.06	600	743.4
100	97.03	800	1196
150	145.1	1000	1839
200	194.4		

出典：G. N. Lewis, M. Randall, "Thermodynamics," 2nd ed. (revised by K. S. Pitzer, L. Brewer), McGraw-Hill, New York (1961).

4.10 まとめ

われわれはこの章で，熱力学で扱う残る二つのエネルギーであるヘルムホルツエネルギーとギブズエネルギーを導入した．どちらも系が行うことのできる最大仕事と関係したものである．四つのエネルギーすべてを自然な変数で書き表すと，偏導関数の性質をうまく使うことによって驚くほど多くの有用な関係式を得ることができる．こうした偏導関数と，その間の関係として知られるマクスウェルの関係式は，直接に測定することがむずかしい量を，測定が容易な状態関数の変化量で書き表せるという点で，たいへんに有用である．

われわれはまた化学ポテンシャルを定義した．これは系の物質量についての偏導関数であるため部分モル量と呼ばれる．ほかの部分モル量も定義できるが，化学ポテンシャルは化学反応や化学平衡を調べるときに役立つので，まず最初に定義したのである．

最後に実在気体を記述するのに必要なフガシティーを定義し，フガシティ

ーを実験的に決める簡単な方法を示した．すでにわれわれは熱力学の基礎的な考え方から多くの関係式を導きだし，それを使って系の直接には得ることができない情報をうまく引きだすことができるようになっているので，このことは比較的容易に行える．

重 要 な 式

$A = U - TS$ 　　　　　　　　　　（ヘルムホルツエネルギーの定義）

$G = H - TS$ 　　　　　　　　　　（ギブズエネルギーの定義）

$(dG)_{T,p} \leq 0$ 　　　　　　　　（等温，定圧条件下での自発的変化の条件）

$\Delta A \leq w$ 　　　　　　　　　　（pV 仕事の下限を決める式）

$\Delta G \leq w_{\text{non}-pV}$ 　　　　　　　（非 pV 仕事の下限を決める式）

$\Delta G = \Delta H - T\Delta S$ 　　　　　　（温度一定条件下でのギブズエネルギー変化）

$\left(\dfrac{\partial U}{\partial S}\right)_V = T, \left(\dfrac{\partial U}{\partial V}\right)_S = -p$ 　　　　　　（自然な変数の関係式）

$\left(\dfrac{\partial H}{\partial S}\right)_p = T, \left(\dfrac{\partial H}{\partial p}\right)_S = V$

$\left(\dfrac{\partial A}{\partial T}\right)_V = -S, \left(\dfrac{\partial A}{\partial V}\right)_T = -p$

$\left(\dfrac{\partial G}{\partial T}\right)_p = -S, \left(\dfrac{\partial A}{\partial p}\right)_T = V$

$\left(\dfrac{\partial T}{\partial p}\right)_S = \left(\dfrac{\partial V}{\partial S}\right)_p$ 　　　　　　　　（マクスウェルの関係式）

$\left(\dfrac{\partial T}{\partial V}\right)_S = -\left(\dfrac{\partial p}{\partial S}\right)_V$

$\left(\dfrac{\partial S}{\partial V}\right)_T = \left(\dfrac{\partial p}{\partial T}\right)_V$

$\left(\dfrac{\partial S}{\partial p}\right)_T = -\left(\dfrac{\partial V}{\partial T}\right)_p$

$\dfrac{\partial}{\partial T}\left(\dfrac{\Delta G}{T}\right)_p = -\dfrac{\Delta H}{T^2}$ 　　　　　　（ギブズ・ヘルムホルツの式）

$\Delta G = V\Delta p$ 　　　（凝縮相における圧力変化によるギブズエネルギー変化）

$$\Delta G = nRT \ln \frac{p_\text{f}}{p_\text{i}} \quad \text{(気体に対する温度一定でのギブズエネルギー変化)}$$

$$\mu = \left(\frac{\partial G}{\partial n}\right)_{T,p} \quad \text{(物質の化学ポテンシャル)}$$

$$f = \phi p \quad \text{(フガシティーとフガシティー係数の定義)}$$

第 4 章の章末問題

4.2 節の問題

4.1 系が自然な変化を起こすときの $\mathrm{d}S$, $\mathrm{d}U$, $\mathrm{d}H$ を使った条件を，リストにして示せ．

4.2 $\Delta S > 0$ が厳密に自発性についての判断基準となるのは，ΔU と ΔV がともにゼロの場合であることを説明せよ．

4.3 自発変化が起こる場合には，エネルギーが減少するかエントロピーが増加するという考え方と，以下の式

$$\frac{\mathrm{d}U + p\mathrm{d}V}{T} - \mathrm{d}S \leq 0$$

が，どのように関係づけられるか説明せよ．

4.4 式 (4.3) と (4.4) で示された自発条件がほかの状態変数による一般の微分 $\mathrm{d}U$ と $\mathrm{d}H$ で与えられ，偏微分で与えられていないのはなぜか．

4.5 理想気体の断熱自由膨張が自発的な過程であることを証明せよ．

4.3 節の問題

4.6 式 (4.5) から (4.6) を導け．

4.7 式 (4.7) から (4.8) を導け．

4.8 式 (4.9) で三つ目に示された説明は，系の状態に目に見える変化が起こらない，平衡という状態に達する条件について述べている．$\mathrm{d}U$, $\mathrm{d}H$, $\mathrm{d}A$ についての，こうした平衡条件はどのようなものか．

4.9 0.160 mol の理想気体が 37 ℃，880 mmHg の一定圧力のもとで 1.0 L から 3.5 L へ膨張する．この過程での ΔA を計算せよ．

4.10 次の反応

$$2\,\mathrm{H}_2 + \mathrm{O}_2 \longrightarrow 2\,\mathrm{H}_2\mathrm{O}$$

において $\Delta_\mathrm{f}G[\mathrm{H}_2\mathrm{O}] = -237.13\,\mathrm{kJ\,mol^{-1}}$, $\Delta_\mathrm{f}G[\mathrm{H}_2] = \Delta_\mathrm{f}G[\mathrm{O}_2] = 0\,\mathrm{kJ\,mol^{-1}}$ とするとき，期待される非 pV 仕事の最大値はいくらか．

4.11 圧縮比が 10：1，すなわち $V_\mathrm{f} = 10 \times V_\mathrm{i}$ のピストンを考える．0.02 mol，1400 K の気体が可逆的に膨張した場合，1 回の膨張での ΔA はいくらか．

4.12 潜水を行うと，10.55 m 潜るごとに水圧が 1 atm だけ上昇する．海の最深部は海面下 10,430 m にも達する．いま 1 mol の気体が小さな風船に入っており，273 K でその深海にあったとする．温度一定の可逆過程を考え，その気体が海の表面にあがってくるときの w, q, ΔU, ΔH, ΔA, ΔS を計算せよ．ただし風船は破裂しないものとする．

4.13 ベンゼンを水素化し，シクロヘキサンにする以下の化学反応を考える．

$$\mathrm{C}_6\mathrm{H}_6(l) + 3\,\mathrm{H}_2(g) \longrightarrow \mathrm{C}_6\mathrm{H}_{12}(l)$$

この反応の $\Delta G°$ (25 ℃) を求めよ．また，この反応は T と p が一定の場合に自発的か．巻末の付録 2 のデータを用いて考えよ．

4.14 イオンについても熱力学的な性質を求めることができる．次の単純な二つの溶解反応について ΔH, ΔS, ΔG を求めよ．

$$\mathrm{NaHCO}_3(s) \longrightarrow \mathrm{Na}^+(aq) + \mathrm{HCO}_3^-(aq)$$
$$\mathrm{Na}_2\mathrm{CO}_3(s) \longrightarrow 2\,\mathrm{Na}^+(aq) + \mathrm{CO}_3^{2-}(aq)$$

ただし標準状態の条件 (標準濃度として水溶液中のイオンは 1 M とする) を仮定し，巻末の付録 2 のデータを用いるものとする．また二つの反応では，どのような類似点と相違点があるか．

4.15 NO_2 の二量体化の ΔG を二通りの方法で計算せよ．

$$2\,\mathrm{NO}_2(g) \longrightarrow \mathrm{N}_2\mathrm{O}_4(g)$$

二つの値は等しくなるか．

4.16 以下のベンゼンの燃焼反応に関する ΔG を 2 通りの方法で計算せよ．

$$2\,\mathrm{C}_6\mathrm{H}_6(l) + 15\,\mathrm{O}_2(g) \longrightarrow 12\,\mathrm{CO}_2(g) + 6\,\mathrm{H}_2\mathrm{O}(l)$$

二つの値は等しいか.

4.17 C（グラファイト）⟶ C（ダイヤモンド）の 25°C での反応は, $\Delta H = +1.897$ kJ, $\Delta G = 2.90$ kJ である. この反応における ΔS はいくらか. ここから, グラファイトとダイヤモンドの構造について何がいえるか. ΔS の値はどのような意味をもつか.

4.18 0°C, 標準圧力における以下の反応の ΔG を求めよ.
$$H_2O(l) \longrightarrow H_2O(s)$$
この反応は自発的か. また, なぜ付録2のデータをこの条件のもとでは適用できないか.

4.19 1.00 mol の CH_4 が 25°C の燃料電池内で起こす化学反応
$$CH_4(g) + 2 O_2(g) \longrightarrow 2 H_2O(l) + CO_2(g)$$
における電気化学的非 pV 仕事の最大値はいくらか.

4.20 人間が行っている仕事は非 pV 仕事である. エネルギーは細胞のなかで以下のようなグルコースの新陳代謝から得られる.
$$C_6H_{12}O_6(s) + 6 O_2(g) \longrightarrow 6 CO_2(g) + 6 H_2O(l)$$
ジョギングによって毎時 2090 kJ の仕事をする場合, 中くらいのサイズのキャンディーバーに相当する 120 g 分のグルコースを燃焼するためには, 何時間のジョギングが必要か.

4.21 非 pV 仕事を $\Delta G = 0$ の過程から取りだすことはできるか. 理由を説明せよ.

4.22 pV 仕事を $\Delta G = 0$ の過程から取りだすことはできるか. 理由を説明せよ.

4.23 電池は非 pV 仕事の代表である電気的な仕事を発生させる化学的な系である. 電池のなかで利用されている一般的な反応は
$$M(s) + \frac{1}{2} X_2(s/l/g) \longrightarrow MX(結晶)$$
で, M はアルカリ金属, X_2 はハロゲン分子を表す. 巻末の付録2を用い, 各種のアルカリ金属とハロゲンの組合せによって得られる最大の仕事量を表にまとめてみよ. 実際に, このような型の電池のいくつかが製品化されている.

4.24 圧力一定の条件下で起こる任意の過程の ΔG の値は厳密に0である. このことから, 1064°C で圧力一定の条件下で起こる以下の反応
$$Au(1 \text{ mol}, s) \longrightarrow Au(1 \text{ mol}, l)$$
の ΔS を決定せよ. 金の融解のエンタルピーは 12.61 kJ mol^{-1} である.

4.25 圧力一定の条件下で起こる任意の相転移の ΔG の値は厳密に0である. このことから, 2808°C で圧力一定の条件下で起こる以下の反応
$$Au(1 \text{ mol}, l) \longrightarrow Au(1 \text{ mol}, g)$$
の ΔS を決定せよ. 金の蒸発のエンタルピーは 343 kJ mol^{-1} である. この値が前問で計算された ΔS の値と比較して, なぜ非常に大きいのか説明せよ.

4.26 相転移が起こっても $\Delta A = 0$ であるのは, どのような条件のときか. 現実の条件下でこれは起こりうるか.

4.27 例題4.2で, カルノーサイクルのある一つの段階における ΔA を計算した. ではカルノーサイクル全体での ΔA はいくらか.

4.4 から 4.6 節の問題

4.28 dU, dH の自然な変数の式から, C_V と C_p をすぐに定義できるか. 理由とともに述べよ.

4.29 温度と体積に対する A のふるまいがわかっているとき, 式 (4.26) と同様にして U を表す式を求めよ.

4.30 α を膨張率, κ を等温圧縮率として
$$dS = \frac{\alpha}{\kappa} dV + \frac{(\partial S/\partial p)_V}{(\partial T/\partial p)_V} dT$$
を示せ. 〔ヒント：V と T を使って dS を自然な変数の式で表し, いくつかの関係を代入する. マクスウェルの関係式と偏導関数の連鎖則を用いればよい.〕

4.31 式 (4.18)〜(4.25) の単位が両辺で等しくなることを示せ.

4.32 式 (4.25) を使って, 温度 T が一定のとき, ギブズエネルギーが圧力の増加に従って必ず上昇することを説明せよ.

4.33 理想的には, 温度 T が一定の条件下であれば, 気相過程は $\Delta U = \Delta H = 0$ であるが, ΔA, ΔG はそのようにならない. なぜそうなのかを説明せよ.

4.34 式 (4.21) と (4.25) を用いて, 気体の場合には液体や固体と比較して, なぜ H, G が圧力とともに大きく変化するのか説明せよ.

4.35 式 (4.35)〜(4.37) を導け.

4.36 以下の式のうちで微分として正しいものはどれか.

(a) $dF = \dfrac{1}{x} dx + \dfrac{1}{y} dy$

(b) $dF = \dfrac{1}{y} dx + \dfrac{1}{x} dy$

(c) $dF = 2 x^2 y^2 dx + 3 x^3 y^3 dy$

(d) $dF = 2 x^2 y^3 dx + 2 x^3 y^2 dy$

(e) $dF = x^n dx + y^n dy$ （n は任意の整数）

(f) $dF = (x^3 \times \cos y) dx + (x^3 \times \sin y) dy$

4.37 以下の式
$$\left(\frac{\partial S}{\partial p}\right)_T = -\alpha V$$

を示せ.

4.38 dH の自然な変数の式から
$$\left(\frac{\partial H}{\partial p}\right)_T = V(1-\alpha T)$$
を導け.

4.39 系の条件の変化が無限小のときには，状態変数の変化を表すのに ∂ や d の記号を用いる．また変化が有限な場合には，Δ の記号を用いて表す．式 (4.14)〜(4.17) の自然な変数の式を，有限な変化の場合について書き直せ.

4.40 式 (4.19) によれば
$$\left(\frac{\partial U}{\partial V}\right)_S = -p$$
である．いま内部エネルギー変化 ΔU を考えると，ΔU の変化について以下のように書ける（同様の議論は上の問題 4.39 でも行った）．
$$\left\{\frac{\partial(\Delta U)}{\partial V}\right\}_S = -\Delta p$$
この関係が熱力学第一法則と矛盾しないことを示せ.

4.41 1.0 mol の気体が 7.33 atm, 3.04 L から 1.00 atm, 10.0 L に変化する等エントロピー過程を考える．このとき ΔU の変化はおよそいくらになるか．〔ヒント：上の問題 4.40 を参照せよ．〕

4.42 理想気体の法則を表す式を用いて，偏導関数の循環則が成り立つことを確かめよ.

4.43 理想気体に対して
$$C_p - \left(\frac{\partial U}{\partial T}\right)_p - \left(\frac{\partial H}{\partial p}\right)_S \left(\frac{\partial p}{\partial T}\right)_V = 0$$
を示せ.

4.44 α を膨張率，κ を等温圧縮率として
$$\frac{\alpha}{\kappa}\left(\frac{\partial V}{\partial S}\right)_T = 1$$
が成り立つことを示せ.

4.45 理想気体について $(\partial U/\partial V)_T$ の値を求めよ．ただし例題 4.11 の関係を用いるものとする．答えは意味があるものか.

4.46 ファンデルワールス気体に対して $(\partial U/\partial V)_T$ を計算せよ．例題 4.11 の三番目の式を使い，前問の答えと比較せよ.

4.47 前問を，問題 1.55 にあるベルテローの状態方程式に従う気体について答えよ.

4.48 理想気体とファンデルワールスの式に従う気体について，それぞれ $(\partial p/\partial S)_T$ はどのように表すことができるか.

4.7 節の問題

4.49 固相反応
$$2\,\text{Al} + \text{Fe}_2\text{O}_3 \longrightarrow \text{Al}_2\text{O}_3 + 2\,\text{Fe}$$
について，偏導関数 $\{\partial(\Delta G)/\partial T\}_p$ の値を求めよ．〔ヒント：問題 3.57 をみよ．〕

4.50 ギブズ・ヘルムホルツの式と等価な関係を，ヘルムホルツエネルギー A に対して導け.

4.51 $1/T$-$\Delta G/T$ プロットの傾きは何を与えるか.

4.52 0.988 mol のアルゴンが一定温度 350 K で 25.0 L から 35.0 L に膨張した．この膨張による ΔG を求めよ.

4.53 3.66 mol のヘリウムが -188 ℃ において 15.5 L から 2.07 L へ体積収縮する．この過程での ΔG を計算せよ.

4.54 式 (4.41) から (4.42) が導けることを確かめよ（ギブズ・ヘルムホルツの式を導くのに偏導関数の連鎖則がいかに重要であるかがわかっただろうか）.

4.55 式 (4.43) から (4.44) を得られることを証明せよ.

4.56 ギブズ・ヘルムホルツの式を使って，任意の温度において，C（ダイヤモンド）は C（グラファイト）と比べると不安定であることを示せ．ΔH, ΔG については問題 4.17 を参照せよ.

4.57 以下の反応式
$$2\,\text{H}_2(\text{g}) + \text{O}_2(\text{g}) \longrightarrow 2\,\text{H}_2\text{O}(\text{g})$$
に対して，$\Delta H(25\,℃) = -241.8\,\text{kJ}$, $\Delta G(25\,℃) = -228.61\,\text{kJ}$ である．ギブズ・ヘルムホルツの式を用いて $\Delta G = 0$ となる温度を見積もれ.

4.58 式 (4.46) を例として，体積が変化する場合の ΔA の式を導け.

4.59 1.00 atm で 1.00 mol の水を，温度一定の条件下で 100.0 atm の圧力まで圧縮したとき，ΔG の値はいくらか．モル体積は 18.02 cm^3 で一定であるとする.

4.60 (a) 25 ℃ で 1.00 mol の H$_2$O（前問を参照）に対して ΔG が $+1.000$ kJ になるためには Δp がいくらである必要があるか.
(b) 25 ℃ で 1 mol の理想気体に対して ΔG が $+1.000$ kJ になるためには Δp がいくらである必要があるか.
(c) 計算で求めた二つの Δp の値の相違について説明せよ.

4.61 G のかわりに A を用いたギブズ・ヘルムホルツの式を導け．この場合，一定に保たなければならない条件は何か.

4.62 混合のエントロピーと同様に，気体の混合のギブズエネルギーは

$$\Delta_{\text{mix}}G = RT \sum_{i=1}^{\text{no of gases}} n_i \ln x_i$$

から導くことができる．ここで n_i は i 番目の気体の物質量，x_i はそのモル分率である．

(a) この式を導出せよ．〔ヒント：$\Delta_{\text{mix}}H = 0$ と仮定し，式（3.25）を用いよ．〕

(b) 気体の混合に対しては，$\Delta_{\text{mix}}G$ は常に負であることを確認し，それが自発的な過程であることを示せ．

(c) 1.0 mol の Ne，2.0 mol の He，3.0 mol の Ar が 35.0 ℃で混合した際の $\Delta_{\text{mix}}G$ を計算せよ．

4.8 と 4.9 節の問題

4.63 式（4.55）には，式（4.46）のように変数 n が含まれていない．なぜか．

4.64 $\left(\dfrac{\partial \mu}{\partial T}\right)_p$ は，どのような量に等しいか．〔ヒント：式（4.40）をみよ．〕

4.65 1 mol の O_2 が存在している系に，さらに 1 mol の O_2 を加える．このとき化学ポテンシャルはどう変化するか．最良の答えは"変化がない"ということだが，それはなぜか．

4.66 μ は示量変数か，示強変数か．また部分モル体積，部分モルエントロピーはどうか．

4.67 1.0 mol の N_2 と 1.0 mol の O_2 を含む系について，化学熱力学の基本方程式を書き下せ．

4.68 (a) 100 K および (b) 300 K において，体積が元の 10 倍になったときの理想気体の化学ポテンシャルのモル当りの変化を求めよ．

4.69 273.15 K で，1.00 atm から 100 bar に変化した理想気体の化学ポテンシャルの変化量を計算せよ．この変化の大きさをどのように考えるか．

4.70 式（4.62）は，理想気体の ϕ を計算するのに用いることができるか．理由とともに述べよ．

4.71 以下に示す系のうち，化学ポテンシャルが大きいのはどちらか．

(a) 25 ℃，10.0 g の鉄と 35 ℃，10.0 g の鉄．

(b) 1 atm，25.0 L の空気と，同じ量を温度一定のまま 100 atm に圧縮した空気．

4.72 ヘリウムガスと酸素ガスでは同じ高圧のもとで，どちらが理想気体から大きくずれると考えられるか．また，通常の圧力のもとではどうか．さらに非常に低い圧力ではどうか．

4.73 ある気体が，簡略化したファンデルワールスの式とよく似た

$$p(V + nb) = nRT$$

という状態方程式に従うとする．この気体に対する ϕ を導け（例題 4.14 を参照のこと）．

数値計算問題

4.74 式（4.39）を用い，25 ℃の二酸化硫黄がファンデルワールスの式に従う場合の μ_{JT} を求めよ．ただしファンデルワールス定数は表 1.6 に示してある．

4.75 表 4.2 は窒素ガス N_2 の 300 K における各圧力での圧縮因子を示したものである．フガシティー係数 ϕ を計算し，その値を例題 4.14 の ϕ の値と比較せよ．

表 4.2 窒素ガスの 300 K における圧縮因子

圧力（bar）	圧縮因子
1	1.0000
5	1.0020
10	1.0041
20	1.0091
40	1.0181
60	1.0277
80	1.0369
100	1.0469
200	1.0961
300	1.1476
400	1.1997
500	1.2520

出典：R. H. Perry, D. W. Green, "Perry's Chemical Engineers' Handbook," 6th ed., McGraw-Hill, New York (1984).

4.76 A，B 2 種類の気体を合わせた 1.00 mol の混合気体を考える．混合分率を 25.0 ℃で $x_B = 0$ から $x_B = 1.00$ へ変化させたときの $\Delta_{\text{mix}}G$ を計算し，プロットせよ．$\Delta_{\text{mix}}G$ が負で最も大きくなるのはどのような相対濃度のところか．

5 化学平衡

化学の重要な研究テーマの一つに**化学平衡**（chemical equilibrium）がある．これはある化学反応の過程で，系を構成する化学的な成分の間に，目にみえる変化がなくなった状態である．熱力学の大きな貢献の一つに，この化学平衡を理解するのに役立つという点があげられる．

立ち止まってじっくり考えてみると，実際に化学平衡にあるといえる過程はわずかしかない．人間の細胞で起こる化学反応を考えてみる．もしこれが平衡にあれば，人間は生きていられないのだ．工業スケールで利用される多くの化学反応も平衡にはない．もし反応が平衡にあれば，次つぎと新しい化学物質をつくり，商品化することもできないのである．

では，なぜわれわれは，こうも平衡に関心をもつのだろう．一つには化学平衡にある系は熱力学的に理解が可能だから，ということがあるだろう．もう一つは，興味ある化学的な系が平衡になくても，平衡についての考え方が研究の第一歩として有用だからである．化学平衡の概念は，平衡にない系を理解するための大切な基礎になる．したがって化学平衡を理解することが，化学全体を理解するためには重要なのである．

5.1　あらまし
5.2　平　　衡
5.3　化学平衡
5.4　溶液と凝縮相
5.5　平衡定数の変化
5.6　アミノ酸の平衡
5.7　まとめ

5.1　あらまし

この章では化学平衡を定義する．容易に実現できる温度一定，圧力一定の過程では dG が自発的条件を与えるため，ギブズエネルギー G が最も便利なエネルギーになる．そのため化学平衡についても，ギブズエネルギーに結びつけて考える．化学反応はこれまで考えてきた範囲では，反応物から生成物が生じる方向にのみ進行していく．そこで純粋な反応物から生成物へ向かって，反応の過程がどのくらい進んだかを表すために反応進行度を定義する．化学平衡を定義するのにも，この反応進行度を使う．

ギブズエネルギー G は化学ポテンシャル μ に関係した量なので，まずは化学ポテンシャルがどのように化学平衡と関係しているかをみることにする．また平衡定数がどのようにして，化学的な過程の特徴を表すものになるのかをみる．なぜ固体や液体が一般に平衡定数の値の決定に寄与しないか，またなぜ溶液中の溶質濃度はこの決定に寄与するのかがわかるだろう．最後に，平衡定数の値が条件とともに変化していくことについて考察する．そこ

5.2 平衡

図 5.1 (a) に示したように山の中腹にある岩石は平衡状態にあるとはいえない．物理学の法則に従って岩石は自然に，すなわち自発的に山を転がり落ちるからである．ところが一方で図 5.1 (b) のような位置にある岩石については，これ以上自発的な変化が起こるとは考えにくく，平衡状態にあるといえる．この系に変化を生じさせたければ，系になんらかの仕事を行わなければならない．この場合の変化は，自発的とはいえなくなる．

次に化学的な系を考えよう．体積 1 cm^3 の立方体の金属ナトリウムが，100 mL の水の入ったビーカー中にある状態を考える．系は平衡状態にあるといえるだろうか．もちろん，いえるはずがない．1 cm^3 のナトリウムを水に入れれば，激しい自発的な化学反応が起こるはずである．この状態は，化学的な平衡状態とはいえないのである．ところで，この例では上のように重力による位置エネルギーについてではなく，化学的な反応性について考えている．したがってわれわれは水中にナトリウムが入っている系は，化学平衡にはないといういい方をする．

金属ナトリウムは以下のように，（過剰の）水と激しく反応する．

$$2\,\mathrm{Na(s)} + 2\,\mathrm{H_2O}(l) \longrightarrow 2\,\mathrm{Na^+(aq)} + 2\,\mathrm{OH^-(aq)} + \mathrm{H_2(g)}$$

反応が終われば，系の化学的な性質にはそれ以上の変化が起こらなくなり，化学平衡に達したと考えてよい．ある意味では，これは岩石と山の関係に似ている．水中のナトリウムは図 5.1 (a) の山の中腹にある岩石に相当し，水酸化ナトリウムの水溶液（上の反応での生成物を正確にはこう呼ぶ）は図 5.1 (b) の山のふもとの谷間にある岩石に相当する．

もう一つの化学的な系の例として，密閉した容器に入った水 $\mathrm{H_2O}$ と重水 $\mathrm{D_2O}$ を考える*．この系は化学平衡にあるといってよいだろうか．おもしろいことに，これも平衡ではないのである．時間が経過すると，水分子間の相互作用によって水素原子の交換が起こる．その結果，最終的にはほとんどの分子が HDO という分子式になる．この結果は実験的にも質量分析などによって容易に確かめられ，またこうした反応は同位体交換反応と呼ばれて，近年の化学研究において重要な位置を占めている．図 5.2 に，この反応を図示し

* 重水素 D とは，核に中性子をもった水素の同位体であることを思いだすこと．

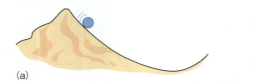 

図 5.1 (a) 山の中腹にある岩石は，非平衡状態にある物理的な系の簡単な例である．(b) 岩石は，山と山の間の谷底に存在している．岩石は重力ポテンシャルが最も低いところに位置しており，このような系は平衡状態にあるといえる．

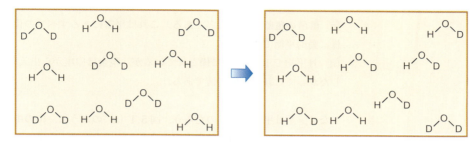

図 5.2 系が化学平衡にあるかどうかを知るのが困難な場合もある．H_2O と D_2O，すなわち水と重水の等モル混合物はどちらもただの"水"なので，混合した直後から平衡状態にあるかのようにも思える．しかし実際には水分子間で水素の同位体置換が起こる．平衡状態では HDO が主要な分子になっている．

た．水溶液から不溶性の塩が沈殿するような過程も化学平衡の一例としてあげられる．溶液から沈殿するイオンと，固体から解離して溶液中へ溶けだすイオンとの間には一定のバランスが存在する．両者は

$$PbCl_2(s) \longrightarrow Pb^{2+}(aq) + 2\,Cl^-(aq)$$
$$Pb^{2+}(aq) + 2\,Cl^-(aq) \longrightarrow PbCl_2(s)$$

と表され，全体として目にみえる変化のない化学平衡の状態にある．

　山の中腹にあった岩石がふもとの谷間に移動する現象は平衡を説明する一例だが，この例はこれ以上何も起こらないような平衡関係である．これを**静的平衡**（static equilibrium）と呼ぶ．化学平衡はこれとは異なる．反応は起こり続けているが，進行する反応と逆向きの反応とがまったく同じ速度で起こっているため，系の化学的性質に変化が起こらないのである．これを**動的平衡**（dynamic equilibrium）と呼ぶ．すべての化学平衡は動的平衡である．つまり常に動いていながら，どこにも変化していかないという状態なのである．

例題 5.1

以下が静的平衡か動的平衡かを述べよ．
(a) 魚を入れる水槽に，フィルターを通して常に水が供給される場合の水面の高さ．
(b) ゆれの止まったロッキングチェア．
(c) 水溶液中で 2% 程度しか電離しない弱酸である酢酸．
(d) 頻繁に引出しや預金があるが，月平均で常に 1000 ドルに保たれている銀行口座．

解　答
(a) 平衡にあっても常に物質の動き，つまり水の流れがある．したがってこれは動的平衡の一例である．
(b) ゆれの止まったロッキングチェアは巨視的にはまったく動かない．したがって，この状態は静的平衡の一例である．

(c) 酢酸の電離は化学反応である．これは平衡にあるすべての化学反応と同様に動的平衡である．
(d) 月平均で 1000 ドルに保たれているが，現金は口座から出入りしている．したがってこれは動的平衡である．

なぜ，系は平衡になるのだろう．図 5.1 (a) のように，山の中腹に岩石がある場合を考える．物理的な考察をすると，重力が岩石を下に引っ張り，山の斜面がこの力に抗して落下を防ぐことができないため，岩石は山肌を転がり落ちて，図 5.1 (b) に示すように，ふもとの谷間で止まる．岩石はこの位置で地面から重力を打ち消す力を受け，釣りあいがとれた状態，つまり静的平衡になる．一方，この系をエネルギーという観点から考察してみる．山の中腹に位置しているときには岩石は大きな重力による位置エネルギーをもっており，これは山を降りるに従って失われていく．つまり，岩石は自発的に重力による位置エネルギーを減少させる場所へと移動するのである[*]．ふもとでは，岩石に働く力の釣りあいがとれて止まっている．すなわち平衡が実現しているのである．

それでは，化学反応ではどうか．化学的な系は最終的になぜ，平衡に達するのだろうか．答えは岩石の場合とよく似ている．系のなかの化学種にも"力"の釣りあいが存在するのである．これらの力も現実にはエネルギー，すなわち平衡にある系に含まれている異なった化学種の化学ポテンシャルなのである．次の節では，化学平衡をこうした立場から考える．

[*] 物理学では，最小エネルギーによる平衡はニュートンの運動の第一法則として記述される．

5.3 化学平衡

閉じた系で起こる化学反応では，始めに存在する化学物質（すなわち反応物）が違った物質（生成物）に変化する．前の章ではギブズエネルギー G が物質量 n に依存することを示し，化学ポテンシャル μ を物質量 n についてのギブズエネルギー G の変化として次のように定義した．

$$\mu_i \equiv \left(\frac{\partial G}{\partial n_i}\right)_{T, p, n_j (j \neq i)}$$

G はそれぞれの n_i に応じて変化するので，化学的な過程を通して系全体の全ギブズエネルギーが変化するのは驚くようなことではない．

ここでわれわれは，反応の進行を表す尺度として反応進行度 ξ を定義する．系中の i 番目の化学種について時刻 $t = 0$ における物質量を $n_{i,0}$，ある時刻 t における物質量を n_i，また反応における i 番目の化学種の化学量論係数を ν_i とすると，反応進行度 ξ は

$$\xi \equiv \frac{n_i - n_{i,0}}{\nu_i} \tag{5.1}$$

と与えられる．ここで ν_i は生成物に対しては正，反応物に対しては負になる

ことを思いだすこと．ξ として可能な値は初期条件と反応物の化学組成によって変化するが，反応のいかなる点においても，すべての化学種について式 (5.1) は同じ値を与える．

例題 5.2

次の反応が，反応式中の各項の下に示された数値を初期量として始まる．

$$\underset{18.0\,\text{mol}}{6\,\text{H}_2} + \underset{2.0\,\text{mol}}{\text{P}_4} \longrightarrow \underset{1.0\,\text{mol}}{4\,\text{PH}_3}$$

以下の (a)，(b) それぞれの場合について，反応進行度 ξ を決定するのにどの化学種を用いても同じ結果になることを示せ．
(a) すべての P_4 が反応して生成物ができる場合．
(b) PH_3 がすべて反応物として反応する場合．

解 答

(a) 2.0 mol の P_4 がすべて反応し，P_4 が残らないとすると P_4 の物質量 n_{P_4} は 0.0 mol になる．またこのとき全体の H_2 のうち 12.0 mol だけが反応して 6.0 mol の H_2 が残るので，H_2 の物質量 n_{H_2} は 6.0 mol になる．この変化で 8.0 mol の PH_3 が発生し，これが最初にあった 1.0 mol に加わるので PH_3 の物質量 n_{PH_3} は 9.0 mol になる．ξ の定義である式 (5.1) に，それぞれの化学種の物質量を代入すれば，H_2 についての計算は

$$\xi = \frac{6.0\,\text{mol} - 18.0\,\text{mol}}{-6} = 2.0\,\text{mol}$$

P_4 についての計算は

$$\xi = \frac{0.0\,\text{mol} - 2.0\,\text{mol}}{-1} = 2.0\,\text{mol}$$

PH_3 についての計算は

$$\xi = \frac{9.0\,\text{mol} - 1.0\,\text{mol}}{+4} = 2.0\,\text{mol}$$

となり，いずれも同じ結果が得られた．正と負の両方の ν_i の値が用いられ，反応進行度 ξ が mol の単位で与えられていることに注意する．
(b) PH_3 がすべて反応すると n_{PH_3} は 0.0 mol になり，H_2 と P_4 はそれぞれ 1.5 mol と 0.25 mol ずつ増加する．したがって最終的に 19.5 mol の H_2 と 2.25 mol の P_4 が生じる．

$$\xi = \frac{19.5\,\text{mol} - 18.0\,\text{mol}}{-6} = -0.25\,\text{mol}$$

P_4 についての計算は

$$\xi = \frac{2.25\,\text{mol} - 2.0\,\text{mol}}{-1} = -0.25\,\text{mol}$$

PH_3 についての計算は

化学平衡の式から P_4 1 mol に対して 6 mol の H_2 が反応するため，12.0 mol の H_2 が反応する．

H_2 と P_4 の増量分は化学反応式の係数から得られる．

$$\xi = \frac{0.0 \text{ mol} - 1.0 \text{ mol}}{+4} = -0.25 \text{ mol}$$

となり，いずれも同じ結果が得られた．

上の例題から反応進行度 ξ はどの化学種を使って計算しても同じ値になり，したがって ξ が化学反応の進行度合を調べるのに適切なものであることが確認できる．さらに反応式の右辺へ進む過程では ξ は正になり，左辺へ進む場合には負になることもわかった．

反応が進行すると，物質量 n_i は変化する．それぞれの物質量の微小変化 $\mathrm{d}n_i$ は式 (5.1) の関係を使うと，反応進行度 ξ を用いて

$$\mathrm{d}n_i = \nu_i \, \mathrm{d}\xi \tag{5.2}$$

と書ける．ところで n_i の値が変化すると，式 (4.49) に従って

$$\mathrm{d}G = -S\,\mathrm{d}T + V\,\mathrm{d}p + \sum_i \mu_i \, \mathrm{d}n_i$$

のように系のギブズエネルギー G も変化する．温度 T と圧力 p が一定の条件のもとでは，この式は

$$(\mathrm{d}G)_{T,p} = \sum_i \mu_i \, \mathrm{d}n_i$$

となる．ここへ式 (5.2) を代入すると

$$(\mathrm{d}G)_{T,p} = \sum_i \mu_i \nu_i \, \mathrm{d}\xi$$

反応進行度 ξ はすべての化学種について同じだから，両辺を $\mathrm{d}\xi$ で割って

$$\left(\frac{\mathrm{d}G}{\mathrm{d}\xi}\right)_{T,p} = \sum_i \mu_i \nu_i \tag{5.3}$$

を得る．さて式 (4.9) で，もし $\Delta G = 0$ が成り立てば系は平衡にあると述べた．また同じことだが，微小変化について表し，$\mathrm{d}G = 0$ が成り立てば系は平衡にあるとも述べた．**化学平衡**（chemical equilibrium）では，**反応ギブズエネルギー**（Gibbs energy of reaction）$\Delta_{\mathrm{rxn}}G$ と定義される式 (5.3) の偏導関数がゼロにならなければならない．すなわち

$$\left(\frac{\mathrm{d}G}{\mathrm{d}\xi}\right)_{T,p} \equiv \Delta_{\mathrm{rxn}}G = \sum_i \mu_i \nu_i = 0 \quad \text{（化学平衡に対して）} \tag{5.4}$$

となる．図 5.3 は式 (5.4) の意味を図解したものである．ある反応進行度のところで，系の全ギブズエネルギーが極小値をとる．この反応進行度のところで，われわれは系が化学平衡に達したという．なお曲線の極大においても

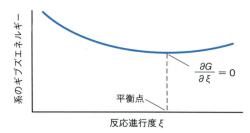

図 5.3 反応の途中で，系の全ギブズエネルギーは極小値をとる（横軸には反応進行度を示した）．この点で反応は化学平衡に達している．

偏導関数はやはりゼロになるが，熱力学の議論では，現実的にはそのようなケースにはまずめぐりあわないと考えてよい．

　図 5.3 の分子レベルでの解釈はどのようになるのだろう．まず次のような反応を考える．

$$A(g) \longrightarrow B(g)$$

反応が進むと系のギブズエネルギーは，図 5.4（a）のように純物質 A のギブズエネルギーから B のギブズエネルギーまで直線的に変化していく．もしこれだけであれば，ギブズエネルギーは生成物が純成分になったところが最小であり，平衡時には純成分 B のみが存在することになる．しかしながら前章でもふれたように，混合のギブズエネルギー変化 $\Delta_{mix}G$（章末問題 4.62 を参照）が生じる．A と B という分子が混合すると，混合のギブズエネルギー変化は図 5.4（b）のようになる．系全体の ΔG は，この二つの寄与の合計として図 5.4（c）で与えられる．反応する分子と生成する分子の混合による寄与が入るため，全体の ΔG は直線的ではなく，純粋な反応物成分と生成物成分の間に極小をもつような曲線となる．したがって，分子の混合のために平衡領域が純粋な A と B の間に存在することになる．

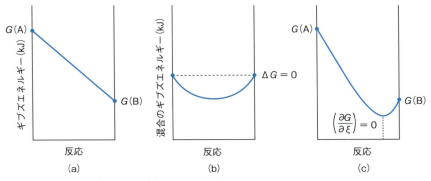

図 5.4　(a) A から B への反応の進行だけを考えると，G の変化は直線となる．(b) しかし，生成物が得られるにつれて，反応物分子と生成物分子の混合のギブズエネルギー変化 ΔG による成分が生じる．水平な点線は $\Delta G = 0$ を示している．(c) 全体の系のギブズエネルギーは，物質のもつギブズエネルギーと混合のギブズエネルギーの和になる．平衡点では，生成物と反応物の混合物が存在する．

例題 5.3

以下の反応が，密閉された容器内で起こるとする．
$$2\,\mathrm{NO_2(g)} \longrightarrow \mathrm{N_2O_4(g)}$$
始めに 3.0 mol の $\mathrm{NO_2}$ があり，$\mathrm{N_2O_4}$ はないとする．反応進行度 ξ を二種類の書き方で示せ．また化学平衡が成立するための条件を示せ．

解　答

ξ は式 (5.1) より $\mathrm{NO_2}$ と $\mathrm{N_2O_4}$ のそれぞれを用いて，以下のように表される．
$$\xi = \frac{n_{\mathrm{NO_2}} - 3.0\,\mathrm{mol}}{-2} \quad \text{または} \quad \xi = \frac{n_{\mathrm{N_2O_4}}}{+1}$$
また化学平衡は，$\mathrm{NO_2}$ と $\mathrm{N_2O_4}$ の化学ポテンシャル $\mu_{\mathrm{NO_2}}$ と $\mu_{\mathrm{N_2O_4}}$ を用いて表した関係
$$\mu_{\mathrm{N_2O_4}} - 2\,\mu_{\mathrm{NO_2}} = 0$$
が満たされる場合に成立する．この関係は式 (5.4) から直接に導くことができる．

一般的な気相反応
$$a\,\mathrm{A} \longrightarrow b\,\mathrm{B}$$
を考える．この過程に対して，式 (5.4) は
$$\Delta_{\mathrm{rxn}}G = b\mu_{\mathrm{B}} - a\mu_{\mathrm{A}}$$
と書ける．ここで a, b は化学反応式の係数である．化学ポテンシャル μ は標準化学ポテンシャル μ° と圧力 p を含む項で書き表すことができる．理想気体のふるまいを仮定すれば，式 (4.57) を用いて上式は次のように書き直される．
$$\Delta_{\mathrm{rxn}}G = b\left(\mu_{\mathrm{B}}^\circ + RT\ln\frac{p_{\mathrm{B}}}{p^\circ}\right) - a\left(\mu_{\mathrm{A}}^\circ + RT\ln\frac{p_{\mathrm{A}}}{p^\circ}\right)$$

対数の性質を用いて整理すると
$$\Delta_{\mathrm{rxn}}G = (b\mu_{\mathrm{B}}^\circ - a\mu_{\mathrm{A}}^\circ) + RT\ln\frac{(p_{\mathrm{B}}/p^\circ)^b}{(p_{\mathrm{A}}/p^\circ)^a} \tag{5.5}$$

となる．ここで**標準反応ギブズエネルギー**（standard Gibbs energy of reaction）$\Delta_{\mathrm{rxn}}G^\circ$ を次のように定義する．
$$\Delta_{\mathrm{rxn}}G^\circ \equiv b\mu_{\mathrm{B}}^\circ - a\mu_{\mathrm{A}}^\circ \tag{5.6}$$

またエンタルピー H やエントロピー S と同様に，生成反応に対して標準生成ギブズエネルギー $\Delta_{\mathrm{f}}G^\circ$ を定義することができる．G は状態関数なので，式 (5.6) は $\Delta_{\mathrm{f}}G^\circ$ を用いて以下のような，さらに有用な形で表すことができる．

$$\Delta_{\text{rxn}}G° = b\,\Delta_{\text{f}}G°(\text{生成物}) - a\,\Delta_{\text{f}}G°(\text{反応物})$$

さてここで，割り算の形になっている $(p_{\text{B}}/p°)^b/(p_{\text{A}}/p°)^a$ を**反応比**（reaction quotient）Q と定義する．すなわち

$$Q \equiv \frac{(p_{\text{B}}/p°)^b}{(p_{\text{A}}/p°)^a}$$

よって式（5.5）は，式（5.6）も用いて

$$\Delta_{\text{rxn}}G = \Delta_{\text{rxn}}G° + RT \ln Q \tag{5.7}$$

となる．$\Delta_{\text{rxn}}G°$ と Q の定義は，反応物と生成物がいくつかある場合には以下のように一般化される．

$$\Delta_{\text{rxn}}G° \equiv \sum \Delta_{\text{f}}G°(\text{生成物}) - \sum \Delta_{\text{f}}G°(\text{反応物}) \tag{5.8}$$

$$Q \equiv \frac{\prod_{\text{生成物}\,i} (p_i/p°)^{|\nu_i|}}{\prod_{\text{反応物}\,j} (p_j/p°)^{|\nu_j|}} \tag{5.9}$$

Q は次元がなく単位をもたない．式（5.9）では Q を分数の形に書いているので，それぞれの ν に対して絶対値を用いることになる．式（5.8）を用いると，標準反応ギブズエネルギー $\Delta_{\text{rxn}}G°$ を標準生成ギブズエネルギー $\Delta_{\text{f}}G°$ から求めることができる．各物質についての $\Delta_{\text{f}}G°$ の値は $\Delta_{\text{f}}H°$ や絶対エントロピー $S°$ の値とともにデータ表で与えられる．$\Delta_{\text{f}}G$ はふつうモル当りの量 $\Delta_{\text{f}}\bar{G}$ として与えられるので，式（5.8）を適用する場合には反応における化学量論係数を用いなければならない．

ここで $\Delta_{\text{rxn}}G$ と $\Delta_{\text{rxn}}G°$ をはっきりと区別する必要がある．$\Delta_{\text{rxn}}G$ は系の厳密な状態，反応の進行度によっていろいろな値をとる．一方，$\Delta_{\text{rxn}}G°$ は生成物と反応物がすべて標準状態の条件の圧力，形態，濃度，さらに加えて，ふつうは 25 ℃ のようにある決められた温度にあるときの，生成物と反応物の間のギブズエネルギーの変化である．$\Delta_{\text{rxn}}G$ が系の厳密な状態，すなわち反応物と生成物のそれぞれの状態に依存するのに対し，$\Delta_{\text{rxn}}G°$ は反応そのものの特徴を表している．たとえば式（5.7）によって，標準圧力以外での条件における反応の $\Delta_{\text{rxn}}G$ を求めることができる．以下の例題でこのことを示す．

例題 5.4

25 ℃ における，以下で示す反応のモル当りの標準反応ギブズエネルギー $\Delta_{\text{rxn}}G°$ は -457.14 kJ である．

$$2\,\text{H}_2(\text{g}) + \text{O}_2(\text{g}) \longrightarrow 2\,\text{H}_2\text{O}(\text{g})$$

この系において $p_{\text{H}_2} = 0.775$ bar, $p_{\text{O}_2} = 2.88$ bar, $p_{\text{H}_2\text{O}} = 0.556$ bar の場合に反応ギブズエネルギー $\Delta_{\text{rxn}}G$ を求めよ．ただし標準圧力としては 1.00 bar を用いる．

解 答
まず最初に Q を求める．式 (5.9) から

$$Q = \frac{\left(\dfrac{p_{H_2O}}{1\,\text{bar}}\right)^2}{\left(\dfrac{p_{H_2}}{1\,\text{bar}}\right)^2\left(\dfrac{p_{O_2}}{1\,\text{bar}}\right)} = \frac{\left(\dfrac{0.556\,\text{bar}}{1\,\text{bar}}\right)^2}{\left(\dfrac{0.775\,\text{bar}}{1\,\text{bar}}\right)^2\left(\dfrac{2.88\,\text{bar}}{1\,\text{bar}}\right)}$$

$$= 0.179$$

を得る．よって式 (5.7) を用いて

分母にある"1 bar"は単位を除くために入れられている．

$$\Delta_{rxn}G = -457.14\,\text{kJ} + (8.314\,\text{J\,K}^{-1} \times 298\,\text{K} \times \ln 0.179) \times \frac{1\,\text{kJ}}{1000\,\text{J}}$$

最後の分数は単位を合わせるため，J を kJ に変換している．

$$= -461\,\text{kJ}$$

となる．温度を絶対温度に換算していること，また始めの式の右辺の最後の項によって単位を J から kJ へ変換していることに注意する．ここでは反応物と生成物の化学量論係数を使い，モル当りで考えているので $\Delta_{rxn}G$ の単位は kJ だけで与えられている．反応物あるいは生成物のモル当りの量で $\Delta_{rxn}G$ を表せば H_2, O_2, H_2O の順に $-231\,\text{kJ\,mol}^{-1}$, $-461\,\text{kJ\,mol}^{-1}$, $-231\,\text{kJ\,mol}^{-1}$ となる．

"発熱的 (exothermic)", "吸熱的 (endothermic)" という言葉と類似させて，$\Delta G < 0$, $\Delta G > 0$ の変化の過程に対してそれぞれ，**エネルギー放出性の** (exergonic), **エネルギー吸収性の** (endergonic) という用語を用いることができる．この用語は「外へ向けた仕事」「中に向けた仕事」というギリシャ語に由来しており，この過程では非 pV 仕事がなされることも意味している．

化学平衡に対しては，式 (5.4) で示したように $\Delta_{rxn}G = 0$ が成り立つ．したがって式 (5.7) は

$$0 = \Delta_{rxn}G° + RT \ln Q$$

となり

$$\Delta_{rxn}G° = -RT \ln Q$$

が得られる．$\Delta_{rxn}G°$ は化学反応に特徴的な値を示すから，平衡における反応比 Q の値も同様にそれぞれの反応に特徴的な値になる．この値を反応の**平衡定数** (equilibrium constant) と呼び，新しい記号 K を用いて表す．したがって上の式は

$$\Delta_{rxn}G° = -RT \ln K \tag{5.10}$$

と書ける．Q と同様に K には単位がない．K は反応物と生成物の平衡における圧力を使って定義されているから，標準反応ギブズエネルギー $\Delta_{rxn}G°$ の値は，反応が化学平衡に達したときに生成物と反応物の相対的な分量がどのようになっているかを示すことになる．K の値が大きければ，平衡状態で生成物が反応物よりも多く，K の値が小さな場合には反対に，反応物が多く

残ることを意味する．例題 5.4 の $\Delta_{\mathrm{rxn}} G°$ の値を用いると K の値として 1.3×10^{80} を得る．この大きな値は平衡状態において生成物がとても多く，反応物がほんのわずかしか残っていないことを意味している．

化学平衡が動的な過程であることを思い起こしてほしい．系のギブズエネルギー G が極小になっても，化学的な変化が止まるわけではない．むしろ正反応と逆反応とが釣りあうというのが正しい表現である．正反応と逆反応が同時に起こっていることを強調して表すため，反応式を書くときには矢印を 2 本用いた記号 $\rightleftharpoons$ を 1 本の矢印 $\longrightarrow$ の代わりに用いる．

平衡定数 K は反応の進行度を求めるため，以下の例題にあるような使い方をする．

例題 5.5

気相反応

$$\mathrm{CH_3COOC_2H_5} + \mathrm{H_2O} \rightleftharpoons \mathrm{CH_3COOH} + \mathrm{C_2H_5OH}$$
　　　酢酸エチル　　　水　　　　酢酸　　　エタノール

の平衡定数 K は 120 °C で 4.00 である．
(a) 酢酸エチルと水が圧力 1.00 bar で体積 10.0 L の容器に入った状態から反応を始める．平衡における反応進行度 ξ はいくらか．
(b) 平衡における反応ギブズエネルギー $\Delta_{\mathrm{rxn}} G$ はいくらか．また，その値について述べよ．
(c) 平衡における標準反応ギブズエネルギー $\Delta_{\mathrm{rxn}} G°$ はいくらか．また，その値について説明せよ．

解　答

(a) 以下の表は始状態と平衡状態における，化学平衡に関与する物質の量を表している．

圧力 (bar)	$\mathrm{CH_3COOC_2H_5}$	+	$\mathrm{H_2O}$	$\rightleftharpoons$	$\mathrm{CH_3COOH}$	+	$\mathrm{C_2H_5OH}$
始状態	1.00		1.00		0		0
平衡状態	$1.00 - x$		$1.00 - x$		$+x$		$+x$

平衡定数 K についての式は化学反応式から次のようになる．

$$K = \frac{\left(\dfrac{p_{\mathrm{CH_3COOH}}}{p°}\right)\left(\dfrac{p_{\mathrm{C_2H_5OH}}}{p°}\right)}{\left(\dfrac{p_{\mathrm{CH_3COOC_2H_5}}}{p°}\right)\left(\dfrac{p_{\mathrm{H_2O}}}{p°}\right)} = 4.00$$

これに上の表の一番下の行の値を代入すれば

$$4.00 = \frac{(+x)(+x)}{(1.00-x)(1.00-x)} = \frac{x^2}{(1.00-x)^2}$$

を得る．この式を展開すれば二次方程式が得られ，それは解の公式を用いて代数的に解くことができる．解 x としては

$$x = 0.667 \text{ bar} \text{ または } x = 2.00 \text{ bar}$$

二次方程式の解は
$$x = \frac{-b \pm \sqrt{b^2 - 4ac}}{2a}$$
であり，x については二つの可能な解があることを思いだすこと．

が得られるが，これらおのおのが現実の状態に合うかどうかの吟味を行わなければならない．まず 1.00 bar しかない反応物から反応を開始して，2.00 bar の気体を失うことは不可能である．したがって $x = 2.00$ bar は物理的にありえない解として除外する．$x = 0.667$ bar を平衡を求めるための変化量として用いると，最終的な反応物と生成物の量は

$$p_{\mathrm{CH_3COOC_2H_5}} = 0.333 \text{ bar} \qquad p_{\mathrm{H_2O}} = 0.333 \text{ bar}$$
$$p_{\mathrm{CH_3COOH}} = 0.667 \text{ bar} \qquad p_{\mathrm{C_2H_5OH}} = 0.667 \text{ bar}$$

となる．平衡における反応進行度 ξ は，単位を mol に変換した任意の反応物の物質量を使って計算できる．ここでは H_2O について，理想気体の法則から

$$n_{\mathrm{H_2O,init}} = 0.306 \text{ mol} \qquad n_{\mathrm{H_2O,equil}} = 0.102 \text{ mol}$$

よって式（5.1）から

$$\xi = \frac{0.102 \text{ mol} - 0.306 \text{ mol}}{-1}$$
$$= 0.204 \text{ mol}$$

を得る．ほかの三種類の物質について計算し，この ξ の値を確かめることもできる．

(b) 平衡に達すると $\Delta_{\mathrm{rxn}}G$ はゼロになる．なぜだろうか．これが平衡の定義の一つだからである．化学反応が平衡に達すれば，それに伴うギブズエネルギーの変化はゼロになる．これは式（4.9）の最後の式が意味していることにほかならない．

(c) $\Delta_{\mathrm{rxn}}G°$ は平衡に達してもゼロにはならない．$\Delta_{\mathrm{rxn}}G°$（°の記号に注意する）は生成物と反応物が標準圧力，濃度にあるときの生成物と反応物のギブズエネルギーの差である．さて $\Delta_{\mathrm{rxn}}G°$ は式（5.10）によって平衡定数 K と以下のように関係づけられている．

$$\Delta_{\mathrm{rxn}}G° = -RT \ln K$$

温度 T が 120 ℃ すなわち 393 K，平衡定数 K が 4.00 と与えられているので，これを代入すれば

$$\Delta_{\mathrm{rxn}}G° = -(8.314 \text{ J mol}^{-1} \text{ K}^{-1}) \times 393 \text{ K} \times \ln 4.00$$
$$= -4530 \text{ J mol}^{-1}$$

と求まる．

ここまで平衡定数 K は各成分の分圧を用いて定義されているので，各成分が mol や g などの単位で与えられる場合には，これらの変換を行わなければならない．次の例題では，もう少し複雑な問題を扱う．

例題 5.6

ヨウ素分子 I_2 は比較的穏やかな温度条件でヨウ素原子 I に解離する．1000 K において 1.00 L，6.00×10^{-3} mol の I_2 が始めに存在し，最終的な平衡圧力が 0.750 atm であったとする．平衡が

$$I_2(g) \rightleftharpoons 2I(g)$$

で与えられるとして，平衡におけるヨウ素分子 I_2 とヨウ素原子 I の量を求め，平衡定数 K と反応進行度 ξ を求めよ．ただし，この条件のもとでは理想気体としてふるまうものとし，圧力の単位には atm を用いよ．

解　答

この問題は少し複雑なので，解答の前に全体の方針を整理しておく．まず，ヨウ素分子 I_2 のある量が解離する．その量を x とすれば，生じるヨウ素原子 I の量は反応の化学量論から $+2x$ となる．体積 1.00 L，温度 1000 K の条件からそれぞれの分圧 p_{I_2} と p_I を決定するのには理想気体の法則を用いる．答えは $p_{I_2} + p_I$ が 0.750 atm であるという事実に一致しなければならない．

さて，この例題については以下のような表にまとめられる．

物質量 (mol)	I_2	$\rightleftharpoons$	$2I$
始状態	6.00×10^{-3}		0
平衡状態	$6.00 \times 10^{-3} - x$		$+2x$

ここで量を表すのには圧力でなく，物質量が用いられている．温度とともに平衡における全圧が与えられているので，理想気体の法則を用いてそれぞれの物質量を圧力に変換することができる．その際に，圧力の合計は 0.750 atm にならなければならない．よって平衡においては以下の表のようになる．

圧力 (atm)	I_2	$\rightleftharpoons$	$2I$
平衡状態	$\dfrac{(6.00 \times 10^{-3} - x) \times 0.08205 \times 1000}{1.00}$		$\dfrac{2x \times 0.08205 \times 1000}{1.00}$

表では見やすくするため単位を省略したが，それぞれの単位は自明だろう．平衡における各成分の分圧はこのように表される．この二つの分圧を足し合わせたものが 0.750 atm にならなければならない．

$$\frac{(6.00 \times 10^{-3} - x) \times 0.08205 \times 1000}{1.00} + \frac{2x \times 0.08205 \times 1000}{1.00} = 0.750$$

という関係が得られる．単位を atm に直したすぐ上の方程式はただちに mol の単位をもつ x について解ける．それぞれの分数項を計算すると

$$0.4923 - 82.05x + 164.1x = 0.750$$
$$82.05x = 0.258$$

ゆえに

$$x = 3.14 \times 10^{-3}$$

を得る．ただし最後の段階で有効数字を 3 桁とした．

ところで平衡におけるヨウ素分子 I_2 とヨウ素原子 I の量を知るには方程式を解かなければならない．反応物 I_2 と生成物 I の物質量について，最初の表を参考にすると以下が成り立つ．

一見複雑そうであるが，すべての数値を掛けたり割ったりすれば，実際は簡単に解ける．

$$(\text{I}_2\text{の物質量}) = 6.00 \times 10^{-3} - x$$
$$= 6.00 \times 10^{-3} - (3.14 \times 10^{-3})$$
$$= 2.86 \times 10^{-3} \text{ mol}$$
$$(\text{Iの物質量}) = +2x$$
$$= 2 \times (3.14 \times 10^{-3})$$
$$= 6.28 \times 10^{-3} \text{ mol}$$

平衡定数 K を決めるために，平衡における分圧 p_{I_2} と p_I を計算すると，上の結果と二番目の表から以下のようになる．

$$p_{\text{I}_2} = \frac{(2.86 \times 10^{-3}) \times 0.08205 \times 1000}{1.00} = 0.235 \text{ atm}$$

$$p_\text{I} = \frac{(6.28 \times 10^{-3}) \times 0.08205 \times 1000}{1.00} = 0.515 \text{ atm}$$

この計算では再び単位を省略した．また得られた値から二つの分圧の和が 0.750 atm になることはすぐに確認できる．これらの圧力を用いると，平衡定数 K は

$$K = \frac{(p_\text{I}/p^\circ)^2}{p_{\text{I}_2}/p^\circ} = \frac{(0.515/1.00)^2}{0.235/1.00} = 1.13$$

となる．この平衡定数 K の値は，生成物と反応物とがほぼ同量だけ存在することを示している．物質量と平衡分圧は同様にこのことを支持している．

反応進行度 ξ は，始状態と平衡状態における I_2 の量から求められる．すなわち

$$\xi = \frac{2.86 \times 10^{-3} \text{ mol} - 6.00 \times 10^{-3} \text{ mol}}{-1}$$
$$= 0.00314 \text{ mol}$$

この値は平衡が，反応物だけの状態と生成物だけの状態の中間くらいに位置していることと矛盾なく理解できる．

これを代わりにヨウ素の平衡量で計算してみよ．もちろん最初のヨウ素 I は 0 である．

5.4 溶液と凝縮相

これまでは平衡定数を分圧を用いて表してきた．しかし実在気体では，各成分のフガシティーを用いなければならない．圧力が十分に小さければ圧力とフガシティーはほぼ等しくなるので，圧力そのものを計算に用いることができる．しかし化学反応によっては，気相以外の相を含むことも多い．固体や液体，溶解した溶質も反応に関与する．平衡定数の計算に，これらはどのように現れるだろうか．

この問題に答えるため，標準化学ポテンシャル μ_i° と標準圧力 p° からずれた条件での化学ポテンシャル μ_i を用いて，物質の**活量**（activity）a_i を定義する．

$$\mu_i = \mu_i^\circ + RT \ln a_i \tag{5.11}$$

これを式 (4.59) と比較すると，実在気体の活量 a_gas はフガシティー f_gas を用いて

$$a_\text{gas} \equiv \frac{f_\text{gas}}{p^\circ} \tag{5.12}$$

と定義される．反応比 Q（したがって平衡定数 K も）は圧力よりもこの活量を用いて表すのが一般的で

$$Q = \frac{\prod_{\text{生成物}\,i} a_i^{|\nu_i|}}{\prod_{\text{反応物}\,j} a_j^{|\nu_j|}} \tag{5.13}$$

となる．この式はそれぞれの反応物と生成物の状態によらず用いることができる．

式 (5.11) の定義はすべての物質に当てはまるが，凝縮相すなわち固体と液体や，溶解した溶質に対しては少し違った活量の表し方をする．凝縮相では，ある相のある温度，標準圧力における活量は μ_i° で表すことになる．ところで前の章で i 番目の物質のモル体積を $\bar{V}_i$ として

$$\left(\frac{\partial \mu_i}{\partial p_i}\right)_T = \bar{V}_i$$

という関係が与えられた．これを変形すれば

$$\mathrm{d}\mu_i = \bar{V}_i\,\mathrm{d}p$$

また温度一定において式 (5.11) を微分すると

$$\mathrm{d}\mu_i = RT\,\mathrm{d}(\ln a_i)$$

上の二つの式を組み合わせて，$\mathrm{d}(\ln a_i)$ について解けば

$$\mathrm{d}(\ln a_i) = \frac{\bar{V}_i\,\mathrm{d}p}{RT}$$

となる．標準状態の $a_i = 1$，$p = 1$ を積分範囲の下限として両辺を積分すると

$$\int_1^{a_i} \mathrm{d}(\ln a_i) = \int_1^p \frac{\bar{V}_i\,\mathrm{d}p}{RT}$$

$$\ln a_i = \frac{1}{RT}\int_1^p \bar{V}_i\,\mathrm{d}p$$

を得る．モル体積 $\bar{V}_i$ が積分する圧力範囲で一定ならば（圧力変化が極端に大きな場合を除けば，これはふつうよい近似になる），この積分は

$$\ln a_i = \frac{\bar{V}_i}{RT}(p - 1) \tag{5.14}$$

となる．

例題 5.7

100 bar は約 98.7 atm である。

温度 25℃，圧力 100 bar における液体の水 H_2O の活量 a_i を求めよ．ただし，この温度での H_2O のモル体積 $\bar{V}_i$ を 18.07 cm³ mol⁻¹ とする．

解 答

式 (5.14) から以下の式を得る．

R が適切な値と単位になっているか，同時に，L と cm³ の変換も確認せよ．

$$\ln a_{H_2O} = \frac{18.07 \text{ cm}^3 \text{ mol}^{-1} \times (1 \text{ L}/1000 \text{ cm}^3)}{0.08314 \text{ L bar mol}^{-1} \text{ K}^{-1} \times 298 \text{ K}} \times (100 \text{ bar} - 1 \text{ bar})$$

整理して

$$\ln a_{H_2O} = 0.0722$$

ゆえに

$$a_{H_2O} = 1.07$$

となる．

　上の例題において，圧力が標準圧力の 100 倍になっていても，液体の活量が 1 に近いことに注目してほしい．これは化学環境で典型的な圧力下の凝縮相について，一般に成り立つ．このためほとんどの場合に凝縮相の活量は 1 と近似でき，反応比や平衡定数に対して数値的な寄与はしないことになる．ただしこれは，極限的な圧力や温度環境下では成り立たないことに注意する必要がある．

　溶媒中（通常は水中）に溶解している化学種に対しては，活量 a_i はモル分率 x_i を使って

$$a_i \equiv \gamma_i x_i \tag{5.15}$$

と定義される．ここで γ_i を**活量係数**（activity coefficient）という．溶質のモル分率 x_i がゼロに近づくと，活量係数 γ_i は 1 に近づく．すなわち

$$\lim_{x_i \to 0} \gamma_i = 1 \quad \lim_{x_i \to 0} a_i = x_i$$

となる．

　ところで，モル分率 x_i をほかの濃度の単位と関係づけることができる．モル分率 x_i と質量モル濃度 m_i の間には数学的に厳密な

$$m_i = \frac{1000 x_i}{(1 - x_i) M_{\text{solv}}}$$

という関係がある．ここで M_{solv} は g mol⁻¹ で表される溶媒のモル質量であり，分子の 1000 は g から kg への変換係数である．希薄溶液では，溶質のモル分率 x_i は 1 に比べて小さいので，分母の x_i は無視できる．よって x_i について解けば

$$x_i = m_i \frac{M_{\text{solv}}}{1000}$$

したがって希薄溶液での溶媒の活量 a_i は式（5.15）より

$$a_i = \gamma_i m_i \frac{M_{\text{solv}}}{1000}$$

と書ける．式（5.11）にこの式を代入すると

$$\mu_i = \mu_i^\circ + RT \ln \gamma_i m_i \frac{M_{\text{solv}}}{1000}$$

M_{solv} と 1000 は定数なので，対数の項は定数部分と，活量係数 γ_i と質量モル濃度 m_i とからなる項に分けることができる．すなわち

$$\mu_i = \mu_i^\circ + RT \ln \frac{M_{\text{solv}}}{1000} + RT \ln \gamma_i m_i$$

ここで，この式の右辺の最初の 2 項を組み合わせ，新しい標準化学ポテンシャル μ_i^* とする．すると上式は

$$\mu_i = \mu_i^* + RT \ln \gamma_i m_i$$

となる．これを式（5.11）と比較して，溶解した溶質の活量 a_i を以下のように，より使いやすい形に定義し直す．

$$a_i \equiv \gamma_i m_i \tag{5.16}$$

式（5.16）は反応比や平衡定数の式において，溶解した溶質の影響を表すのに濃度を用いることができることを示している．a_i が単位をもたなくするため，この式（5.16）を 1 mol kg^{-1} という標準質量モル濃度 m° で割って

$$a_i = \frac{\gamma_i m_i}{m^\circ} \tag{5.17}$$

という形にしておく．

希薄な水溶液では質量モル濃度はモル濃度と近似的に等しくなるので，平衡濃度をモル濃度を使って書くことはめずらしくない（実際，入門的なテキストではそのように書かれることがふつうである）．このことを用いれば，反応比や平衡定数を書き表すのにさらに近似を進めることができる．

例題 5.8

以下の化学平衡について，圧力を使って表した平衡定数 K の適切な式を示せ．

$$\text{Fe}_2(\text{SO}_4)_3(\text{s}) \rightleftharpoons \text{Fe}_2\text{O}_3(\text{s}) + 3\,\text{SO}_3(\text{g})$$

ただし，条件は標準圧力に近いものとする．

解　答

平衡定数 K の正しい式は $\text{Fe}_2(\text{SO}_4)_3$，$\text{Fe}_2\text{O}_3$，$\text{SO}_3$ の活量を順に $a_{\text{Fe}_2(\text{SO}_4)_3}$，$a_{\text{Fe}_2\text{O}_3}$，$a_{\text{SO}_3}$ として

$$K = \frac{(a_{SO_3})^3 a_{Fe_2O_3}}{a_{Fe_2(SO_4)_3}}$$

と書ける．ここで $Fe_2(SO_4)_3$ と Fe_2O_3 は凝縮相で，標準圧力に近いところではその活量は1と近似できるから，上式より

$$K \approx (a_{SO_3})^3 \approx \left(\frac{p_{SO_3}}{p^\circ}\right)^3$$

となる．

例題 5.9

以下の化学平衡について，濃度と圧力を使って表した平衡定数 K の適切な式を示せ．

$$2\,H_2O(l) + 4\,NO(g) + 3\,O_2(g) \rightleftharpoons 4\,H^+(aq) + 4\,NO_3^-(aq)$$

この平衡は大気中で酸性雨が生じる原因の一つとも考えられている．

溶解したイオンの量は容量モル濃度であるが，一方で気体は圧力で表される．

解　答

平衡定数 K の式は

$$K = \frac{\left(\dfrac{\gamma_{H^+} m_{H^+}}{m^\circ}\right)^4 \left(\dfrac{\gamma_{NO_3^-} m_{NO_3^-}}{m^\circ}\right)^4}{\left(\dfrac{p_{NO}}{p^\circ}\right)^4 \left(\dfrac{p_{O_2}}{p^\circ}\right)^3}$$

となる．凝縮相である $H_2O(l)$ についての項は，この式のなかには現れない．

5.5　平衡定数の変化

平衡という名前にもかかわらず，平衡定数の値は条件に依存して変化していく．ふつうは温度によって変化し，その温度による効果は簡単にモデル化できる．前の章ではギブズ・ヘルムホルツの式と呼ばれる以下（式4.43）を導いた．

$$\frac{\partial}{\partial T}\left(\frac{\Delta G}{T}\right)_p = -\frac{\Delta H}{T^2}$$

いま化学反応が標準圧力のもとで起こっているとすると，この式は

$$\frac{\partial}{\partial T}\left(\frac{\Delta_{rxn} G^\circ}{T}\right)_p = -\frac{\Delta_{rxn} H^\circ}{T^2}$$

と書き直すことができる．式 (5.10) より

$$\Delta_{rxn} G^\circ = -RT \ln K$$

だから，これを上の式に代入すると

$$\frac{\partial}{\partial T}(-R \ln K)_p = -\frac{\Delta_{rxn}H°}{T^2}$$

となる．R は定数で，また両辺の負の符号は打ち消しあう．この式から以下のファントホッフの式（van't Hoff equation）が得られる．

$$\frac{\partial \ln K}{\partial T} = \frac{\Delta_{rxn}H°}{RT^2} \tag{5.18}$$

平衡定数 K の定性的な変化は反応のエンタルピーの符号に依存する．反応のエンタルピーが正であれば温度 T の上昇とともに K が大きくなり，また温度が下がれば K も小さくなる．したがって吸熱反応は，温度の上昇とともに生成物の方向へ移動していく．一方，反応のエンタルピーが負であれば温度の上昇とともに K が小さくなり，温度が下がれば K は大きくなる．したがって発熱反応は，温度の上昇とともに反応物の方向へ移動していくことになる．こうした定性的傾向は，ある作用を加えられた平衡にある系は，その作用の影響を最小限にするような方向へ平衡を移動させるという，**ルシャトリエの法則**（Le Chatelier's law）と同じことを意味している．

数学的にはファントホッフの式（5.18）は

$$\frac{\partial \ln K}{\partial (1/T)} = -\frac{\Delta_{rxn}H°}{R} \tag{5.19}$$

と等価である．式（5.19）は $\ln K$ を $1/T$ に対してプロットすると，その傾きが $-\Delta_{rxn}H°/R$ になることを示している点で有用である．このため反応のエンタルピーの値は，平衡定数と温度の関係を測定することによって図式的に求めることができる*．図5.5に，こうしたプロットの一例を示す．

ファントホッフの式からもう少し進んだ議論をするために，式（5.18）で温度変数を右辺に移し両辺を積分する．

* 式（5.19）の関係と，これとよく似たギブズ・ヘルムホルツの式によるプロットを比較してみるとよい．二つのプロットの間にどのような相違と類似があるだろうか．

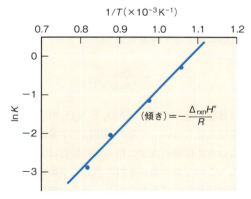

図 5.5 ファントホッフの式（5.19）によるグラフ
このような図を用いて反応のエンタルピーを決めることができる．

$$\mathrm{d}(\ln K) = \frac{\Delta_{\mathrm{rxn}}H^\circ}{RT^2}\mathrm{d}T$$

$$\int_{K_1}^{K_2}\mathrm{d}(\ln K) = \int_{T_1}^{T_2}\frac{\Delta_{\mathrm{rxn}}H^\circ}{RT^2}\mathrm{d}T$$

$\Delta_{\mathrm{rxn}}H^\circ$ がこの温度範囲で一定とすると，R とともに積分の外にだすことができる．積分を実行すると

$$\ln\frac{K_2}{K_1} = \frac{\Delta_{\mathrm{rxn}}H^\circ}{R}\left(\frac{1}{T_1} - \frac{1}{T_2}\right) \quad (5.20)$$

となる．つまり $\Delta_{\mathrm{rxn}}H^\circ$ を知ることができれば，この式を用いて，いろいろな温度での平衡定数の値を決めることができる．また異なった二つの温度での平衡定数がわかっていれば，式（5.19）で示されたようなプロットを行わなくても，この式から $\Delta_{\mathrm{rxn}}H^\circ$ を求めることができる．

例題 5.10

タンパク質の二量体化の平衡定数は 4 ℃で 1.3×10^7，15 ℃で 1.5×10^7 である．この反応の標準エンタルピー $\Delta_{\mathrm{rxn}}H^\circ$ を求めよ．

解 答
温度を絶対温度に直し，式（5.20）を用いれば

$$\ln\frac{1.3 \times 10^7}{1.5 \times 10^7} = \frac{\Delta_{\mathrm{rxn}}H^\circ}{8.314\,\mathrm{J\,mol^{-1}\,K^{-1}}}\left(\frac{1}{288\,\mathrm{K}} - \frac{1}{277\,\mathrm{K}}\right)$$

よって

$$\Delta_{\mathrm{rxn}}H^\circ = 8600\,\mathrm{J\,mol^{-1}} = 8.6\,\mathrm{kJ\,mol^{-1}}$$

となる．

> J を単位に含んだかたちでの R を使っている．この式を使って計算するとき，温度の逆数の引き算の桁数をあまり少なくとらないように注意すること．最終的な値が違ってくることがある．

　平衡に対する圧力の効果は，どのように扱えばよいだろうか．簡単な気相反応として NO_2 と N_2O_4 の間の反応

$$2\,NO_2 \rightleftharpoons N_2O_4$$

を考える．この反応に対する平衡定数 K は

$$K = \frac{p_{N_2O_4}/p^\circ}{(p_{NO_2}/p^\circ)^2}$$

となる．等温的に体積が減少すると，NO_2 と N_2O_4 の圧力は上昇する．しかし，平衡定数の値は変化しない．分母の分圧は化学量論係数により二乗の形となっており，このため体積の減少に伴って，分母は分子よりも早く増加していくことになる．この二乗の効果を打ち消して平衡定数が一定の値になるためには，分母の値は相対的に小さくなり，分子の値は大きくならなければならない．具体的な反応では N_2O_4 の分圧が上昇し，NO_2 の分圧が小さくなることを意味する．一般に，平衡は気体分子数が少なくなるような反応の方

向へ移動していくことになる．これは圧力の効果に対するルシャトリエの法則を簡単なかたちで述べたものである．逆に，たとえば等温にしながら体積を増加させるなどの操作で圧力を減少させると，反応は気体分子数が増すような方向へ移動していく．

例題 5.11

例題 5.6 では，平衡における気相の I_2 と I の分圧は 0.235 atm と 0.515 atm に，また平衡定数は 1.13 になった．いま同じ温度のまま体積が急激に 0.500 L に減少し，その結果として圧力が倍になったとする．平衡はこの圧力変化を緩和するような方向に移動するとして，新しい平衡での分圧はいくらか．また，この新しい値はルシャトリエの法則と矛盾しないか．

解 答

等温で体積が急激に 0.500 L へ減少しているので，I_2 と I の分圧はそれぞれ 0.470 atm と 1.030 atm になる．この変化に対応して平衡は，平衡定数 1.13 を与える適正な分圧になるよう移動することになる．体積が急減した直後と，平衡における分圧は次の表のようになる．

圧力 (atm)	I_2	$\rightleftharpoons$	$2I$
始状態	0.470		1.030
平衡状態	$0.470 + x$		$1.030 - 2x$

ここでは分圧をそのまま平衡の計算に用いる．平衡定数 K の式に $p° = 1.00$ atm を代入して整理し，平衡での分圧を代入すれば

$$K = \frac{(p_I/p°)^2}{p_{I_2}/p°} = \frac{(1.030 - 2x)^2}{0.470 + x} = 1.13$$

これを整理すれば，以下の二次方程式が得られる．

$$4x^2 - 5.25x + 0.5298 = 0$$

この方程式は $x = 1.203, 0.110$ という二つの解をもつ．しかし最初の解は I の分圧が負になってしまうので物理的にありえない解である．したがって $x = 0.110$ が可能な解となり，最終的な分圧は上の表から

$$p_I = 1.030 - 2 \times 0.110 = 0.810 \text{ atm}$$
$$p_{I_2} = 0.470 + 0.110 = 0.580 \text{ atm}$$

となる．

これらの分圧の値が正しい平衡定数を与えることを確めることができる．また圧力が倍になったのに伴い I の分圧は始めの値から減少，I_2 の分圧は増加しており，これはルシャトリエの法則にかなっている．

> 平衡状態の行で I が失なわれ I_2 が増加することを仮定している．そのようにならないかもしれないが，そのときには x の値が負になると考える．どちらの場合でも答は，数学的にも物理的にも正しい．

最後に，不活性ガスが気相の平衡状態に加えられた場合，条件によって次の二つのうちのいずれかの現象が起こることを指摘しておく．不活性ガスを加えても気相の分圧が変化しない場合，すなわち全体の体積がそれに応じて増加する場合には平衡点は移動しない．しかし不活性ガスの圧力が気相の分

圧を変化させてしまう場合には，平衡点は例題5.11でみたように移動することになる．

5.6 アミノ酸の平衡

2.12節と例題5.10で示したように，熱力学の原理は生体細胞のなかで起こるような複雑な反応にも適用できる．こうした生体細胞は孤立系でも閉じた系でもないが，平衡についての考え方を適用することが可能である．

まず，細胞内の化学反応は平衡にはないという，あまり広く認識されていないことがらを指摘しておこう．生物や細胞が化学平衡にあったとしたら，それは死んでしまっているのである．にもかかわらず，平衡という考え方は生化学反応において有用である．弱酸と弱塩基の水溶液中での平衡，緩衝溶液の平衡，平衡への温度効果，そのほかいくつかの現象においても，この考え方をうまく用いることができるからである．

アミノ酸はカルボキシ基 —COOH と，塩基性のアミノ基 —NH$_2$ を含んでいる．カルボキシ基は —COO$^-$ と H$^+$ にイオン化し，またアミノ基は H$^+$ を受け入れて —NH$_3^+$ になる．固体や中性の水溶液中では，実際には，すべての中性のアミノ酸は**双性イオン**（zwitterion*）と呼ばれる二重にイオン化した物質になっている．この状態は，アミノ酸ごとに異なる R 基を用いて

$$\mathrm{RCH(NH_2)COOH} \longrightarrow \mathrm{RCH(NH_3^+)COO^-}$$

と表すことができる．すべてのアミノ酸について，異なるイオンの間での一連の平衡

$$\mathrm{RCH(NH_3^+)COOH} \xrightleftharpoons{K_1} \mathrm{RCH(NH_3^+)COO^-} \xrightleftharpoons{K_2} \mathrm{RCH(NH_2)COO^-} \tag{5.21}$$

が成り立っている．それぞれの平衡の進行度は，たとえばほかの酸などによって周囲から供給される自由な H$^+$ の存在（または不在）に依存する．平衡定数 K_1 は —COOH のイオン化についての酸解離の平衡定数である．一方，K_2 は —NH$_3^+$ から H$^+$ が失われることに関係した酸解離の平衡定数である**．いずれにしても H$^+$ が存在するか否かが，式 (5.21) のそれぞれの平衡の進行度を決める．

簡単のため，ふつうは平衡定数の対数に負の符号をつけたものを表にしている．平衡定数 K の常用対数に負の符号をつけたものを pK*** と書く．すなわち

$$\mathrm{p}K \equiv -\log K \tag{5.22}$$

である．タンパク質中のアミノ酸の pK を表5.1にあげた．アミノ酸が双性イオンのかたちで存在できる pH をそのアミノ酸の**等電点**（isoelectric point）と呼ぶ．多くの場合，等電点は二つの pK の間にあるが，ほかの酸性基や塩基性基を含むようなアミノ酸では必ずしもそうではない．表5.1に示されているように，アミノ酸の性質は水溶液中で大きく異なる．ここで強調

---

* zwitterion という言葉は "hybrid"（複合）を意味するドイツ語の zwitter に由来している．

** 見やすくするため，式 (5.21) では H$^+$ を除いてある．

*** pK は"ピーケー"と発音する．

表 5.1 アミノ酸の pK 値

アミノ酸	pK_1	pK_2
アラニン	2.34	9.69
アルギニン	2.17	9.04
アスパラギン	2.02	8.80
アスパラギン酸	1.88	9.60
システイン	1.96	10.28
グルタミン酸	2.19	9.67
グルタミン	2.17	9.13
グリシン	2.34	9.60
ヒスチジン	1.82	9.17
イソロイシン	2.36	9.60
ロイシン	2.36	9.60
リジン	2.18	8.95
メチオニン	2.28	9.21
フェニルアラニン	1.83	9.13
プロリン	1.99	10.60
セリン	2.21	9.15
トレオニン	2.09	9.10
トリプトファン	2.83	9.39
チロシン	2.20	9.11
バリン	2.32	9.62

しておきたいことはアミノ酸の化学，さらにいえばタンパク質の化学においても，平衡という考え方が重要であるということである．

平衡の概念はヘモグロビン中での O_2 と CO_2 の交換（たとえば，この章末の問題5.8をみよ）や，DNA鎖への小分子の束縛（これは遺伝情報の転写過程で起こるとされている），基質と酵素の相互作用といったような生化学的な過程においても重要である．温度の効果もタンパク質の変性の過程では重要になる．明らかなことは——この章で学んだ考え方は系がどんなに複雑になっても，すべての化学反応に広く適用できるということである．

5.7 まとめ

化学平衡は反応の進行に関するギブズエネルギーの極小を使って定義される．ギブズエネルギーは化学ポテンシャルと関係しているため，化学ポテンシャルを含む式を用いて化学反応の平衡，非平衡を決めるいくつかの条件式を導いた．こうした式のなかに，反応物と生成物に関係した量を含む反応比が現れる．気相反応では，反応比は各成分の分圧またはフガシティーを使って表すことになる．また活量を定義することによって，反応比の適用範囲を固体や液体（これらの活量は1に近く，反応比への影響はほとんど無視できる），さらに溶液にまで拡張できる．溶液については，溶質の質量モル濃度が反応比を表すのに便利な変数となる．

平衡においては，どのような化学反応でもその特徴はギブズエネルギーの変化に現れるので，反応比 Q はそれぞれの化学反応に特徴的な値をとる．この Q のことを平衡定数と呼び，K を用いて表す．平衡定数はギブズエネルギーの極小，すなわち平衡における反応の進行度を知るための有効な尺度となる．平衡定数は系の条件によって変化するが，熱力学の数学的な扱いを通してその変化をモデル化することができる．

重要な式

$\xi = \dfrac{n_i - n_{i,0}}{\nu_i}$ （反応進行度の定義）

$\left(\dfrac{\partial G}{\partial \xi}\right)_{T,p} \equiv \Delta_{\text{rxn}}G = \sum_i \mu_i \nu_i = 0$ （平衡を与える条件）

$\Delta_{\text{rxn}}G° = b\mu_B° - a\mu_A° = b\Delta_f G_B° - a\Delta_f G_A°$ （反応の標準ギブズエネルギー変化）

$\Delta_{\text{rxn}}G = \Delta_{\text{rxn}}G° + RT \ln Q$ （標準状態からずれた場合のギブズエネルギー）

$\Delta_{\text{rxn}}G° = -RT \ln K$ （$\Delta_{\text{rxn}}G°$ と平衡定数との間の関係）

$$\mu_i = \mu_i^\circ + RT \ln a_i \qquad \text{(活量の定義)}$$

$$\ln a_i = \frac{\bar{V}_i}{RT}(p-1) \qquad \text{(凝縮相での活量)}$$

$$a_i = \frac{\gamma_i m_i}{m^\circ} \qquad \text{(質量モル濃度で表した活量)}$$

$$\frac{\partial \ln K}{\partial T} = \frac{\Delta_{\text{rxn}} H^\circ}{RT^2} \qquad \text{(ファントホッフの式)}$$

$$\ln \frac{K_2}{K_1} = \frac{\Delta_{\text{rxn}} H}{R}\left(\frac{1}{T_1} - \frac{1}{T_2}\right) \qquad \text{(ファントホッフの式の積分形)}$$

$$pK = -\log K \qquad \text{(K を常用対数で表した式)}$$

第 5 章の章末問題

5.2 と 5.3 節の問題

5.1 電圧を発生させる電池は平衡状態にある系と考えてよいか．起電力を失った電池はどうか．理由とともに述べよ．

5.2 静的平衡と動的平衡の違いは何か．またこの本でとりあげたのとは別の例をあげてみよ．二つの平衡の類似点は何か．

5.3 以下のそれぞれの組合せのうち標準温度，標準圧力のもとで化学種が平衡にあるのはどちらか．化学の基本的な知識を使って考えてよい．
(a) Rb と H_2O の系と Rb^+, OH^-, H_2 の系．
(b) Na と Cl_2 の系と $NaCl(s)$ の系．
(c) HCl と H_2O の系と $H^+(aq)$, $Cl^-(aq)$ の系．
(d) C（ダイヤモンド）の系と C（グラファイト）の系．

5.4 過飽和溶液とはふつうに溶解するよりも多くの量の溶質を溶かした溶液である．こうした溶液はたいていは不安定である．酢酸カルシウム $Ca(CH_3COO)_2$ の種結晶は，この過飽和溶液中の過剰に存在する溶質から沈殿として生じる．過剰な溶質の沈殿が終わると化学平衡に達する．この平衡に関する式を書き，過程全体を通して起こる化学反応についても示せ．

5.5 閉じた系における亜鉛と塩酸の反応が以下のように表される．

$$Zn(s) + 2\,HCl(aq) \longrightarrow H_2(g) + ZnCl_2(aq)$$

始めに $100.0\,g$ の亜鉛と $150.0\,mL$，$2.25\,M$ の HCl が存在するとき，この反応の ξ の最大値と最小値を求めよ．

5.6 始状態での各物質量が以下のような反応を考える．

$$\begin{array}{ccc} 6\,H_2 & +\ P_4 & \longrightarrow 4\,PH_3 \\ 10.0\,\text{mol} & 3.0\,\text{mol} & 3.5\,\text{mol} \end{array}$$

このとき
(a) $1.5\,mol$ の P_4 が反応して生成物を生じる場合の ξ を求めよ．
(b) この場合，ξ が 3 になることはありうるか．理由も述べよ．

5.7 以下に反応式と，反応前のそれぞれの成分の物質量を記す．

$$\begin{array}{ccc} 2\,Al & +\ 3\,Cl_2 & \longrightarrow 2\,AlCl_3 \\ 5.0\,\text{mol} & 9.5\,\text{mol} & 1.0\,\text{mol} \end{array}$$

(a) $3.5\,mol$ の Al が反応して生成物をつくった場合の ξ を求めよ．
(b) この反応の場合 ξ が 5 になることは可能か．その可否の理由も答えよ．

5.8 血液中のヘモグロビンは酸素と非常に早く平衡に達する．いまヘモグロビンを heme，ヘモグロビンと酸素の錯体を $heme \cdot O_2$ で表すと，平衡は

$$heme + O_2 \rightleftharpoons heme \cdot O_2$$

と書ける．この反応の平衡定数は 9.2×10^{18} である．一方，一酸化炭素も以下の反応でヘモグロビンと結合する．

$$heme + CO \rightleftharpoons heme \cdot CO$$

この反応の平衡定数は 2.3×10^{23} である．どちらの反応の平衡が生成物のほうに寄っているか．またこれから，CO による中毒を説明できるか．

5.9 $1.00\,g$ のショ糖 $C_{12}H_{22}O_{11}$ は $100.0\,mL$ の水に完全に溶ける．しかし $200.0\,g$ のショ糖を同量の水に溶かそ

うとしても 164.0 g しか溶けない．両方の系の平衡について示し，その違いを説明せよ．

5.10 N_2, H_2, NH_3 の気体からなる系で全圧が 100.0 bar のとき，式 (5.9) において $p^\circ = 100.0$ bar としてもよいか．理由とともに述べよ．

5.11 以下に示した反応式と条件から Q の数値を求めよ．

$$N_2(g, 1.4\ atm) + 3H_2(g, 0.044\ atm) \rightleftharpoons 2NH_3(g, 0.26\ atm)$$

この反応における Q の単位はどのようになるか．

5.12 正しいか誤っているかを答えよ．反応物と生成物すべての分圧が半分になった場合，Q の値も半分になる．答えた根拠になる化学反応式を例として示せ．

5.13 次の反応

$$2SO_3(g) \rightleftharpoons 2SO_2(g) + O_2(g)$$

について考える．350 K，10.0 L で体積一定のフラスコに 2.00 mol の SO_3 が加えられたとき，平衡になったところで SO_2 と SO_3 の比が 0.663 であった．平衡定数の値はいくらか．この温度における ΔG° はいくらか．

5.14 25 ℃における反応

$$2CO(g, 0.650\ bar) + O_2(g, 34.0\ bar) \rightleftharpoons 2CO_2(g, 0.0250\ bar)$$

について，付録 2 のデータを用い $\Delta_{rxn}G^\circ$ と $\Delta_{rxn}G$ を求めよ．なお生成物と反応物の分圧は化学反応式のなかに与えた．

5.15 以下の反応

$$2NO_2(g) \rightleftharpoons N_2O_4(g)$$

を考える．298 K で $\Delta G = 0.00$ kJ とした場合，$p_{N_2O_4} = 0.077$ atm の場合の p_{NO_2} はいくらか．

5.16 大気化学の分野では，硫黄を含む物質の燃焼によって通常生じる酸化物 SO_2 が，以下の化学反応によって SO_3 に変化することが知られている．

$$SO_2(g) + \tfrac{1}{2}O_2(g) \rightleftharpoons SO_3(l)$$

この $SO_3(l)$ は H_2O と結合して硫酸を生じ，酸性雨の原因となる．このとき

(a) この平衡に対する K を表す式を示せ．
(b) 巻末の付録 2 の $\Delta_f G^\circ$ の値を用いて，この平衡における ΔG° を計算せよ．
(c) この平衡に対する K の値を求めよ．
(d) 1.00 bar の SO_2 と 1.00 bar の O_2 が $SO_3(l)$ とともに閉じこめられた系を考える．平衡はどちらの方向へ移動するか．

5.17 もう一つの大気中での化学反応として，以下に示す NO の NO_2 への酸化がある．

$$2NO(g) + O_2(g) \rightleftharpoons 2NO_2(g)$$

(a) この平衡反応の K の表式を示せ．(b) 付録 2 の $\Delta_f G^\circ$ の値を使って ΔG° の値を計算せよ．(c) この平衡条件下での K を計算せよ．(d) 1.00 bar の NO，1.00 bar の O_2，0.250 bar の NO_2 が容器に入った場合，反応はどちらの方向に移動するか．

5.18 シアン化水素はイソシアン化水素に以下のような反応で異性化する．

$$HCN(g) \rightleftharpoons HNC(g)$$

$\Delta_f G^\circ$ (kJ mol^{-1})　　75.0　　　120.0

(a) この反応の 25.0 ℃における平衡定数を計算せよ．
(b) $p_{HCN} = 1.000$ atm であるとしたら平衡状態での HNC の分圧はいくらか．

5.19 反応物と生成物のすべての分圧が 1 bar の場合に，平衡が実現するような反応が存在する．系の体積が倍になったとき，すべての物質の分圧は 0.5 bar になるが，この場合でもこの系は平衡にあるか．理由とともに答えよ．

5.20 なぜ Q と K は，圧力を使って定義された場合には単位がなくなるか．

5.21 化学反応式のすべての係数を 2 で割ると，$K = K^{1/2}$ になることを示せ．また例もあげよ．

5.22 正しいか誤っているかを答えよ．もし気相反応で $K = 1$ であるとしたら，反応物，生成物のすべての分圧が 1.00 atm でなければならない．答えを選んだ理由も説明せよ．

5.23 アンモニアをその構成成分から合成する化学反応は

$$N_2(g) + 3H_2(g) \rightleftharpoons 2NH_3(g)$$

と表される．ここで

(a) この反応の $\Delta_{rxn}G^\circ$ はいくらか．
(b) すべての化学種の分圧が 25 ℃ で 0.500 bar とすると，この反応の $\Delta_{rxn}G$ はいくらか．ただしフガシティーは分圧に等しいとする．

5.24 上の問題 5.23 の答えは分圧を変化させれば，たとえ分圧の比が一定であっても（すなわち標準圧力状態では 1:1:1 であり，問題の条件では 0.5:0.5:0.5 である）$\Delta_{rxn}G$ がそれに応じて変化することを示している．このことはすべての成分の分圧 p が等しい場合に，$\Delta_{rxn}G$ が負になって反応方向が逆転するかもしれないという興味深い可能性のあることを意味している．このような平衡に対する圧力 p を求めよ．この答えから考えると，反応では気体を高圧にするのと低圧にするのとどちらがよいか．その理由も述べよ．〔ヒント：この章で考えた対数の性質を用いること．〕

5.25 十分に高い温度での気体の同位体変換反応

$$H_2 + D_2 \rightleftharpoons 2\,HD$$

の平衡定数は 4.00 である．0.50 atm の H_2 と 0.10 atm の D_2 が 488 K の系のなかに 20.0 L 存在する場合の平衡分圧を求めよ．また平衡における反応進行度はいくらか．

5.26 0.50 atm のクリプトンが上の問題 5.25 の平衡にある系に混ざっている．体積が同じとすると，平衡定数の値は同じか，異なるか．またこの問題は例題 5.6 と 5.11 の場合と同じか．

5.27 二酸化窒素 NO_2 は簡単に二量体化して四酸化二窒素 N_2O_4 になる．

$$2\,NO_2(g) \rightleftharpoons N_2O_4(g)$$

このとき
(a) 巻末の付録 2 のデータを用いて，この平衡に対する $\Delta_{rxn}G°$ と K を計算せよ．
(b) 最初に 1.00 mol の NO_2 が存在し，20.0 L の体積で二量体と平衡になるとする．この平衡における ξ を計算せよ．

5.28 NO_2 の反応で，もう一つ大事なものに

$$2\,NO_2(g) + H_2O(g) \longrightarrow HNO_3(g) + HNO_2(g)$$

がある．これは酸性雨が生じる際の主要な反応であると考えられている．この反応の $\Delta_{rxn}G°$ と K を計算せよ．

5.29 例題 5.5 の反応が 20.0 L の容器のなかで起こるとする．平衡における各成分の分量は異なるか．また平衡における ξ はどうか．

5.30 $\Delta_{mix}G$ (章末問題 4.62 を参照) から

$$\Delta_{mix}G = -RT \ln K_{mix}$$

のように K_{mix} を定義することは適切か．なぜそうなのか，あるいはそうではないのか．

5.4 節の問題

5.31 以下の反応について平衡定数の式を示せ．
(a) $PbCl_2(s) \rightleftharpoons Pb^{2+}(aq) + 2\,Cl^-(aq)$
(b) $HNO_2(aq) \rightleftharpoons H^+(aq) + NO_2^-(aq)$
(c) $CaCO_3(s) + H_2C_2O_4(aq)$
$\rightleftharpoons CaC_2O_4(s) + H_2O(l) + CO_2(g)$

5.32 反応

$$AgCl(s) \rightleftharpoons Ag^+(aq) + Cl^-(aq)$$

に対して $K = 1.8 \times 10^{-10}$ である．(a) 付録 2 の $\Delta_f G°$ [AgCl(s)] を用いて，$\Delta_f G$ [$Ag^+(aq) + Cl^-(aq)$] を決定せよ．(b) もし，$\Delta_f G$ [$Cl^-(aq)$] = -131.3 kJ とすると $\Delta_f G$ [$Ag^+(aq)$] はどのような値になるか．

5.33 付録 2 のデータを用いて

$$CaCO_3(s, arag) \rightleftharpoons Ca^{2+}(aq) + CO_3^{2-}(aq)$$

の K を計算せよ．

5.34 炭素が結晶化した状態のダイヤモンドの $\Delta_f G°$ は 25 °C で $+2.90$ kJ mol^{-1} である．以下の反応

$$C(s, グラファイト) \rightleftharpoons C(s, ダイヤモンド)$$

に対する平衡定数を求めよ．この答えを参考に，天然ダイヤモンドの生成について考えよ．

5.35 グラファイトとダイヤモンドの密度はそれぞれ 2.25 g cm^{-3} と 3.51 g cm^{-3} である．次の関係

$$\Delta_{rxn}G = \Delta_f G° + RT \ln \frac{a_{dia}}{a_{gra}}$$

と式 (5.14) を用いて，$\Delta_{rxn}G$ がゼロになる圧力を求めよ．なお添え字 dia はダイヤモンド，gra はグラファイトを表す．また高圧下で安定な炭素の固相は何か．

5.36 バックミンスターフラーレン C_{60} は炭素原子からなる正六角形と正五角形が組み合わさってできた，測地用ドームを思わせる球状の分子で，最近，科学研究の立場からたいへんな注目を集めている．さて C_{60} の 25 °C における $\Delta_f G°$ は 23.98 kJ mol^{-1} である．1 mol の C_{60} の生成反応を示し，生成反応に対する平衡定数を計算せよ．

5.37 バックミンスターフラーレン (前の問題を参照) の密度は 1.65 g cm^{-3} である．100 °C，1500 bar における C_{60} の活量はいくらか．

5.38 H_2O の活量が 2.00 になる圧力はいくらか．温度は 25.0 °C，モル体積は 18.07 cm^3 とせよ．

5.39 HSO_4^- は弱い酸である．水溶液での酸解離反応

$$HSO_4^-(aq) \rightleftharpoons H^+(aq) + SO_4^{2-}(aq)$$

の平衡定数は 1.2×10^{-2} である．このとき
(a) この平衡に対する $\Delta G°$ を計算せよ．温度は 25.0 °C とする．
(b) 低濃度では活量係数はおよそ 1 で，溶解した溶質の活量は質量モル濃度と等しくなる．0.010 molal (質量モル濃度の単位) 硫酸水素ナトリウム溶液の平衡質量モル濃度を求めよ．

5.40
イオンの溶けた溶液の活量の定義は，ほかの溶質が溶けた溶液の場合と少し異なる (第 8 章参照) が，考え方は一緒である．この表は NaCl の溶液での濃度と活量を示している．

質量モル濃度	活量	質量モル濃度	活量
0.001	0.000996	0.050	0.0412
0.002	0.00191	0.100	0.0780
0.005	0.00465	0.200	0.146
0.010	0.00904	0.500	0.340
0.020	0.0175	1.00	0.660

NaCl が式 (5.16) に従うとして，NaCl のそれぞれの組成での活量係数 γ を計算し，そこでみられる傾向を説明

5.41 以下の反応に対して適切な近似を用いて活量を使った平衡定数の表式を示せ．
(a) $C(s) + O_2(g) \rightleftharpoons CO_2(g)$
(b) $P_4(s) + 5O_2(g) \rightleftharpoons P_4O_{10}(s)$
(c) $2HNO_2(g) + 3Cl_2(g) \rightleftharpoons 2NCl_3(g) + H_2(g) + 2O_2(g)$

5.5 節の問題

5.42 以下に示す反応
$$2Na(g) \rightleftharpoons Na_2(g)$$
において，次の表のような K の値が求められている．

T (K)	K
900	1.32
1000	0.47
1100	0.21
1200	0.10

出典：C. T. Ewing et al., *J. Chem. Phys.,* 71, 473 (1967).

このデータから，この反応の $\Delta_{rxn}H°$ を計算せよ．

5.43 ある化学平衡に関して以下のデータが実験的に与えられている．

T (K)	K
350	3.76×10^{-2}
450	1.86×10^{-1}

この反応の $\Delta H°$ を求めよ．

5.44 生物学的な標準状態は，通常の 25.0 ℃の温度ではなく，37.0 ℃の温度で決めた状態となる．$\Delta H = -24.3 \text{ kJ}$（式 2.62 を参照）の化学反応に対して，何％の K の違いになるか．

5.45 (a) 25 ℃において，水の電離平衡に関する K_w は 1.01×10^{-14} であるが，100 ℃では 5.60×10^{-13} である．水の電離における $\Delta H°$ はいくらか．(b) D_2O について，その値は 1.10×10^{-15}, 7.67×10^{-14} である．D_2O の電離における $\Delta H°$ はいくらか．

5.46 標準エンタルピー変化が -100.0 kJ の反応において，298 K における平衡定数の値を倍にするためには温度がいくらでなければならないか．また平衡定数が 10 倍になるためにはどうか．さらに標準エンタルピー変化が -20.0 kJ の場合はどうか．

5.47 以下の反応
$$2NO_2(g) \rightleftharpoons N_2O_4(g)$$
において，$K(0℃) = 58$, $K(100℃) = 0.065$ である．この反応の $\Delta_{rxn}H°$ を求めよ．

5.48 同位体の置換反応
$$H_2(g) + D_2(g) \rightleftharpoons 2HD(g) \quad \Delta_{rxn}H° = 0.64 \text{ kJ}$$
の平衡定数は 1000 K において 4.00 である．$K = 1.00$ のときの温度を決めよ．

5.49 次の平衡について考える．
$$2SO_2(g) + O_2(g) \rightleftharpoons 2SO_3(g)$$
以下のそれぞれの変化が生じた場合に，平衡に与える影響はどのようなものか．必要に応じて標準エンタルピーやギブズエネルギー変化を計算せよ．
(a) 体積を減少させ，圧力を上昇させた場合．
(b) 温度を低下させた場合．
(c) 窒素ガスを加え，圧力を上昇させた場合．

5.50 平衡反応
$$Br_2(g) \rightleftharpoons 2Br(g)$$
において，755 K での平衡状態での分圧が $p_{Br_2} = 0.668 \text{ bar}$, $p_{Br} = 0.226 \text{ bar}$ である．この系の体積が突然 2 倍になり，$p_{Br_2} = 0.334 \text{ bar}$, $p_{Br} = 0.113 \text{ bar}$ になったとすると，再度平衡状態になった場合のそれぞれの分圧はいくらか．この結果はルシャトリエの原理と矛盾しないか．

5.51 台所で消火するために使う $NaHCO_3$ の分解反応は
$$2NaHCO_3(s) \rightleftharpoons Na_2CO_3(s) + CO_2(g) + H_2O(g)$$
で与えられる．
(a) 付録 2 のデータを使って，$\Delta_{rxn}G°$, $\Delta_{rxn}H°$ を計算せよ．
(b) 298 K における K を計算せよ．
(c) 298 K で平衡状態のときの p_{CO_2}, p_{H_2O} はいくらか．
(d) 油の出火では温度が約 1150 ℃にも達する．1150 ℃での p_{CO_2} と p_{H_2O} はいくらか．

5.52 平衡反応
$$Br_2(g) \rightleftharpoons 2Br(g)$$
について，1000 K における平衡状態では $K = 4.55$ である．いま，1.00 L のフラスコに 0.012 mol の Br_2 があるとする．(a) 二つの化学種の平衡状態での分圧を計算せよ．(b) 一度平衡状態になった後，フラスコの体積を倍の 2.00 L にした．新しい平衡状態になったときのそれぞれの圧力を計算せよ．

5.53 式 (5.18) と (5.19) が等価であることを示せ．

5.54 以下の反応
$$3O_2(g) \rightleftharpoons 2O_3(g)$$
について，平衡定数は 1600 K で 0.235 である．(a) もし始状態で 1.00 atm の O_2 が 1600 K の容器に入れられたとしたら平衡状態での分圧はいくらか．〔ヒント：三次の方程式を解くことになる．三次方程式の解法について

はインターネット上に利用できるものがある.〕(b) 二番目の実験として，1600 K の容器に 1.00 atm の O_2 を 0.50 atm の Kr と一緒に導入した．平衡状態での分圧はどのようになるか．

5.55 ファントホッフの式を用いて，(a) 発熱過程，(b) 吸熱過程のどちらの化学反応が，温度が上昇した場合に進行するか議論せよ．その方向はルシャトリエの原理と合っているか．

5.6 節の問題

5.56 表 5.1 にあげたアミノ酸のうち，等電点が中性の水の pH である 7 に最も近いのはどれか．

5.57 グリシン 1.0 mol を使って 1.00 L の水溶液をつくる．このとき存在するグリシンの三つのイオン状態の濃度を求めよ．ただし $pK_1 = 2.34$，$pK_2 = 9.60$ とする．また計算を簡単にするためには，これ以外の仮定も必要か．

5.58 両性イオンであるグリシン $CH_2(NH_3^+)(COO^-)$ が，完全に酸性の状態 $CH_2(NH_3^+)(COOH)$ と完全に塩基性の状態 $CH_2(NH_2)(COO^-)$ から生成する反応は
$$CH_2(NH_3^+)(COOH) + CH_2(NH_2)(COO^-)$$
$$\rightleftharpoons 2\,CH_2(NH_3^+)(COO^-)$$
と表される．表 5.1 のデータを用いて，この反応の平衡定数を決めよ．この結果は，溶液中での両性イオンの相対的な量についてどのようなことを示唆しているか．

5.59 グルタミン酸ナトリウム (MSG) は，アミノ酸であるグルタミン酸のナトリウム塩である．その化学式はイオンがわかるように書くと $Na^+(C_5H_8NO_4^-)$ である．グルタミン酸ナトリウム (MSG) $0.010\,m$ の水溶液中での両性イオンであるグルタミン酸の濃度を計算せよ．質量モル濃度は活量と等しいとせよ．〔ヒント：式 (5.21) と表 5.1 を参照せよ．〕

5.60 タンパク質の機能にとって重要なプロセスは，近くにある異なるアミノ酸上の S 原子間で，ジスルフィド結合による架橋構造をつくることである．このプロセスのモデルは以下のようなシステイン (Cys) の二量化反応である．
$$2\,シ ス テ イ ン \longrightarrow Cys-S-S-Cys + H_2$$
この反応では $\Delta H = +73.4$ kJ，$\Delta S = 369.9$ J K^{-1} である．$25.0\,°C$ での ΔG と K を計算せよ．これらの値から，タンパク質でのジスルフィド架橋についてどのようなことがいえるか．

数値計算問題

5.61 以下の反応
$$CH_4(g) + 2\,Br_2(g) \longrightarrow CH_2Br_2(g) + 2\,HBr(g)$$
を考える．いま系の始状態を 10.0 mol の CH_4 と 3.75 mol の Br_2，二つの生成物が 0.00 mol の状態とする．ξ とそれぞれの反応物の量，生成物の量との関係をグラフにせよ．また，それぞれのグラフの違いについて説明せよ．

5.62 気相における次の反応
$$2\,H_2 + O_2 \longrightarrow 2\,H_2O$$
の $\Delta_{rxn}G°$ が -457.18 kJ とする．$25\,°C$ における ΔG と $\ln Q$ のグラフはどのようになるか．ただし $\ln Q$ の値は -50 から $+50$ まで変化する．また温度を変化させ，温度の違いによってグラフが大きく変化するかをみよ．

5.63 反応式の係数が互いに異なった（小さな）整数の場合には，簡単な平衡の問題でも数学的には複雑になる．反応
$$2\,SO_3(g) \longrightarrow S_2(g) + 3\,O_2(g)$$
の平衡定数は高温領域で 4.33×10^{-2} である．いま SO_3 の始めの量が (a) 0.150 atm，(b) 0.100 atm，(c) 0.001 atm である場合を考える．それぞれについて，すべての成分の平衡における濃度を計算せよ．

5.64 A → B の反応において $\Delta_f G(A) = -65$ kJ mol^{-1}，$\Delta_f G(B) = -69$ kJ mol^{-1}，$n_A + n_B = 1$ mol，温度 298 K の場合の ΔG (各物質)，ΔG (混合)，両者の和である ΔG の値をプロットせよ（図 5.4 を例として参照せよ）．平衡点での ξ を求めよ．ξ を決めるために，y 軸は拡大しなくてはいけないかもしれない．

6 一成分系における平衡

6.1 あらまし
6.2 一成分系
6.3 相変化
6.4 クラペイロンの式
6.5 気相効果
6.6 状態図と相律
6.7 自然な変数と化学ポテンシャル
6.8 まとめ

　前の章で平衡という概念を導入した．この章と次の章ではこの概念を拡張し，化学的な系に実際に適用していく．この章では最も簡単な系，すなわち一成分から構成されている系を考える．このような単純な系を記述するために多くの努力が払われることを不思議に思うかもしれないが，それには理由がある．単純な系を通して得たいろいろな概念はより複雑な系に適用できるのである．基礎概念を徹底的に追求すれば，それを現実の系に適用することはずっと容易になっていく．

　これから考えようとしている平衡は巨視的な現象である．そのため，この章では，これまで扱ってきた他の章と比較すると微視的なレベルでの考察は少なくなる．

6.1 あらまし

　一成分系で考えられる平衡の種類は少ない．しかし，それは多成分系での平衡を考えていくうえでの基本になる．ここではまず，成分と相を定義する．一成分系の平衡を理解するのに必要な新しい式を得るために，前の章でみた数学的な方法を用いる．このような単純な系では，平衡関係を図示した状態図が便利になる．状態図の簡単な例を紹介し，そこから得られる情報について議論する．最後に多成分系についても同様に有用な，ギブズの相律という関係式を導入する．

6.2 一成分系

　いま熱力学的に取り扱いたい系があるとしよう．さて，どのようにすればよいだろうか．おそらく，一番大切なことはどのような物質が系内に存在するのか，すなわちその系の**成分**を明らかにすることだろう．ここでいう**成分** (component) とは，固有の性質をもった化学物質と定義される．たとえば純粋な UF_6 からなる系は六フッ化ウランという単一の化学成分をもつ．UF_6 はウラン U とフッ素 F という二つの元素からなるが，UF_6 という化合物になると，それぞれは元素としての固有の性質を表さなくなる．"化学的に均一である"というフレーズが一成分系の性質を表すのに用いられる．

一方で，鉄の削りくずと硫黄粉末の混合物は鉄 Fe と硫黄 S の二つの成分からなっている．この混合物は一成分系であるようにみえるが，よく調べればそれぞれ特有な性質をもった二つの異なった物質から成り立っていることがわかる．Fe/S の混合物はしたがって二成分系になる．"化学的に不均一である" というフレーズが多成分系の性質を表すのに用いられる．

　溶体（solution）は均一な混合物である．溶体の例としては NaCl(s) が $H_2O(l)$ に溶けた塩水 NaCl(aq) や，銅と亜鉛の固溶体である黄銅（真ちゅうともいう）などがあげられる．しかし溶体についての考察は少し難しくなる．というのは溶体をつくると，もともとの独立な成分が元と同じ化学的性質をもっているとは限らないからである．たとえば前者の場合には，NaCl(s) と $H_2O(l)$ の二つの成分になるが，NaCl(aq) は溶媒としての過剰な H_2O と Na^+(aq)，Cl^-(aq) からなる．溶体を系の例として考える場合には，その成分の定義が明確でなければならない．たとえ均一なものであっても，溶体の性質についてはこの章では考えないことにする．

　この章では一成分系，すなわち化学的な組成がまったく変化しない系を考えていく．しかし系の状態を記述するのは，なにも化学的な組成だけではない．われわれは物質が，いろいろな物理的な形態で存在することを知っている．相（phase）とは，ある一定の物理的性質をもった物質の存在形態で，相の違いによって物質の状態を明確に区別できる．化学的には固相，液相，気相が存在することはよく知られているし，また一つの化学物質が複数の固体の形態をとり，それぞれが異なった固相として存在することも知られている．一成分系では一つまたはいくつかの相が同時に存在するため，前章で導入した平衡の概念を用いて，このような系で起こる相変化について理解していくことになる．

例題 6.1

それぞれの系に存在する成分と相の数はいくらか．ただし系には，問題で与えられた以外の成分は存在しないものとする．
(a) 氷と水を含む系．
(b) 水とエタノール C_2H_5OH の 50：50 溶液．
(c) 液体と気体の二酸化炭素を含む高圧タンク．
(d) 安息香酸 C_6H_5COOH のペレットと 25.0 bar の $O_2(g)$ が入ったボンベ熱量計．
(e) (d) で爆発が起こり，安息香酸が $CO_2(g)$ と $H_2O(l)$ になったボンベ熱量計．ただし酸素は過剰であるとする．

解　答
(a) 氷水は固体と液体の状態の H_2O からなる．したがって一成分，二相の状態である．
(b) 水とエタノールはともに液体なので一相，二成分の系である．
(c) タンク中で液体と気体になっている二酸化炭素は氷水と同じく，一成分

が二相になっている系である．
(d) 爆発前のボンベ熱量計中の固体ペレットと酸素ガスは二成分，二相の状態である．
(e) 爆発のあと安息香酸は燃焼し，二酸化炭素の気体と液体の水になる．過剰の酸素が存在するので三成分，二相の状態である．

ここで普段われわれが当たり前に思っていて，あまり意識することがない問題についてあらためて考えよう．すなわち一成分系の安定相がどの相になるかは系のおかれている条件によるということである．例として水を考えてみる．寒い日には屋外で雪（これは固体の H_2O である）が降るが，暖かい日には雨（液体の H_2O）になる．パスタをゆでるときには水を沸騰させる（すなわち気体の H_2O をつくっている）．つまり系の温度によって H_2O の安定相が異なっている．このようなことはほとんどの人にとって明らかである．あまり明らかでない点は——その一成分系の相が何になるかは，系のすべての条件によって決まるということである．その条件とは系の圧力であったり温度，体積や物質量であったりする．

純粋な成分が，ある相から別の相に変化するとき**相変化**（phase transition）が起こるという．表 6.1 に相変化の種類について示したが，このうちのほとんどについてはすでによく知っているだろう．一つの化学的な成分が異なる固体の形態間で相変化を起こすことも知られており，これは**多形現象**（polymorphism）といわれている．たとえば炭素はグラファイトとダイヤモンドとして存在し，この二つの間の相変化の条件はよくわかっている．固体の H_2O は温度や圧力に応じて，少なくとも六つの構造的に異なる固体として存在する．これを，水は少なくとも六つの**多形**（polymorph）をもつという．注意しなければならないのは，元素を対象に考えるときは多形の代わりに**同素体**（allotrope）といういい方をする点である．したがってグラファイトやダイヤモンドは炭素の二つの同素体ということになる．炭酸カルシウムは固体結晶として，あられ石または方解石という二つの異なった鉱物として存在する．

体積，物質量，圧力，温度が一定の条件のもとでは，一成分系は一つの安定相を形成する．たとえば大気圧，25 ℃での 1 L の H_2O はふつう液体である．しかし同じ圧力条件でも 125 ℃では気体として存在するようになる．これらの状態は，それぞれの条件のもとで熱力学的に安定な相であるといえる．

体積一定，物質量一定の孤立した一成分系では圧力，温度条件によっては複数の相が同時に存在することが可能になる．系の状態変数を一定に保てば，系はこの状態で平衡になる．したがって，**平衡にある系において二相またはそれ以上の相が共存することが可能である**ということができる．

孤立系ではなく閉じた系の場合には，系に対して熱の出入りが起こりうる．その場合，それぞれの相が占める相対的な物質量が変化する．たとえば固体のジメチルスルホキシド（DMSO）と液体の DMSO が 18.4 ℃，大気圧で共存している系に熱が加えられると，固相の一部が溶けて液相になる．各

表 6.1 相変化[a]

名称	変化
融解（溶融）	固体→液体
沸騰（蒸発）	液体→気体
昇華	固体→気体
凝縮	気体→液体
凝縮（析出）	気体→固体
凝固（凍結）	液体→固体

a) 同一成分からなる固相→固相間の相変化については特別な名称はない．

相の相対的な量が変化した（これは物理的な変化である）としても，系は化学平衡であり続ける．このことはほかの相変化についても同様である．大気圧，189℃において液体の DMSO は気体の DMSO と平衡にある．熱を加えたり奪ったりすると，DMSO はこの化学平衡を保ったまま液相から気相に変化したり，気相から液相に変化したりする．

　与えられた体積と物質量に対して，平衡に達する温度は圧力によって変化し，逆に平衡に達する圧力は温度によって変化する．したがって，ある規準となる条件を決めておくと便利である．**標準融点**（normal melting point）とは，1 atm において固体が液相と平衡になる温度のことをいう[*]．固体と液相は凝縮しているので，一成分系の融点はかなり大きな圧力変化がなければ影響が現れない．**標準沸点**（normal boiling point）は，1 atm において液体が気相と平衡になる温度を意味している．共存する一方の相，すなわち気相は圧力に大きく依存するので，沸点は小さな圧力変化でも大きな影響を受けることになる．したがって沸騰，昇華や凝縮などの過程について議論する場合にはその圧力に対して十分に注意を払わなければならない．

　一成分からなる閉じた系で二つの異なる相が共存して平衡にある場合，前章で導入した考え方や方程式を利用することができる．たとえば図 6.1 に示したような固液平衡について，それぞれの相の化学ポテンシャルを考える．いま一定の圧力と温度を仮定している．化学熱力学の基本方程式（4.49）が成り立つので

$$dG = -S\,dT + V\,dp + \sum_{\text{phases}} \mu_{\text{phase}}\,dn_{\text{phase}}$$

平衡では温度一定，圧力一定で dG はゼロになる．上の式の dT と dp はともにゼロになるので，この相平衡に対して

$$\sum_{\text{phases}} \mu_{\text{phase}}\,dn_{\text{phase}} = 0 \tag{6.1}$$

を得る．ここで扱っている固液平衡については二つの項に書き下すことができて

$$\mu_{\text{solid}}\,dn_{\text{solid}} + \mu_{\text{liquid}}\,dn_{\text{liquid}} = 0$$

となる．一成分系では平衡から微小な変化があった場合，一つの相での物質量の変化はもう一方の相での量の変化に等しくなる．一方が減少するともう一方が増加するので，両成分の微小変化は符号を変えた関係になる．数学的には次のように書ける．

$$dn_{\text{liquid}} = -dn_{\text{solid}} \tag{6.2}$$

こうして微小変化についてはどちらか一方の変化量で表せるから，固相での微小変化のほうを用いることにすると

$$\mu_{\text{solid}}\,dn_{\text{solid}} + \mu_{\text{liquid}}(-dn_{\text{solid}}) = 0$$

[*] "標準"沸点と"標準"融点が非 SI 単位で定義されていることに注意する．

図 6.1　同じ成分からなる二つの異なる相は平衡状態で互いに共存できる．しかし，こうしたことが起こる条件は非常に限られている．

$$\mu_{\text{solid}}\,dn_{\text{solid}} - \mu_{\text{liquid}}\,dn_{\text{solid}} = 0$$
$$(\mu_{\text{solid}} - \mu_{\text{liquid}})\,dn_{\text{solid}} = 0$$

微小変化 dn_{solid} は無限小ではあるがゼロではない．したがってこの式がゼロになるためには，カッコのなかがゼロでなければならない．すなわち

$$\mu_{\text{solid}} - \mu_{\text{liquid}} = 0$$

よって固相と液相の間の平衡を表す関係として

$$\mu_{\text{solid}} = \mu_{\text{liquid}} \tag{6.3}$$

が得られる．これは二つの相の化学ポテンシャルが等しくなることを意味している．この点をさらに一般化して，**平衡においては同じ成分からなる複数の相の化学ポテンシャルは等しくなる**ということができる．

さて，一成分からなる閉じた系を考えているので，平衡においては

$$T_{\text{phase1}} = T_{\text{phase2}}$$
$$p_{\text{phase1}} = p_{\text{phase2}}$$

という，さらに二つの条件が成り立っているはずである．平衡に達したのち温度か圧力が変化すると，式 (6.3) が再び成り立つように各相の相対的な量が変化して平衡が移動することになる．

各相の化学ポテンシャルが等しくなければどうなってしまうだろうか．その条件のもとでは相のうちの一つ（またはそれ以上）が安定ではないということになる．化学ポテンシャルの低い相がより安定な相になるのである．たとえば $-10\,°C$ では固体の H_2O が液体の H_2O よりも低い化学ポテンシャルをもち，また $+10\,°C$ では液体の H_2O が固体の H_2O よりも低い化学ポテンシャルをもつ．しかし標準圧力下，$0\,°C$ では固体と液体の H_2O が同じ化学ポテンシャルを示すことになる．だからこそ両相は，平衡において共存できるのである．

例題 6.2

以下に示した二つの相の化学ポテンシャルは等しいか，異なるか．異なる場合は，どちらの相の化学ポテンシャルのほうが低いか．

(a) 標準融点 $-38.9\,°C$ における液体水銀 $Hg(l)$ と固体水銀 $Hg(s)$．
(b) $99\,°C$，$1\,atm$ における $H_2O(l)$ と $H_2O(g)$．
(c) $100\,°C$，$1\,atm$ における $H_2O(l)$ と $H_2O(g)$．
(d) $101\,°C$，$1\,atm$ における $H_2O(l)$ と $H_2O(g)$．
(e) $2000\,°C$，標準圧力における固体塩化リチウム $LiCl(s)$ と気体塩化リチウム $LiCl(g)$．ただし $LiCl$ の沸点はおよそ $1350\,°C$ である．
(f) 標準温度，標準圧力における酸素 O_2 とオゾン O_3．

解　答
(a) 標準融点では固相と液相が平衡になって共存できる．したがって二つの相の化学ポテンシャルは等しい．
(b) 99℃では液相が安定相である．したがって $H_2O(l)$ の化学ポテンシャルのほうが低い．
(c) 100℃は水の標準沸点で，その温度では二つの相の化学ポテンシャルは等しい．
(d) 101℃では気相が安定相になる．したがって $H_2O(g)$ の化学ポテンシャルのほうが低い〔(b) と比較し，わずか2℃でいかに異なるかをみよ〕．
(e) 問題の温度は LiCl の沸点よりも高いので，気相の LiCl の化学ポテンシャルが固相の LiCl の化学ポテンシャルより低くなる．
(f) 二原子分子 O_2 が O の最も安定な同素体なので，O_2 の化学ポテンシャルのほうが低いと考えられる．なお，この例では相変化は起こらないことに注意せよ．

6.3　相 変 化

　ここまで，同じ成分からなる異なる相が平衡状態として同時に存在できることを考えてきた．ここでわれわれは，そのような平衡に影響を与えるものが何かについて考えていく．いろいろな要因があるが，そのなかで，系に出入りする熱が平衡に与える影響に注目する．熱が出入りする方向に応じてある相の量が増え，同時に別の相の量が減少していく．このような変化が相変化において生じている．熱の出入りに応じて，以下のような過程が起こることはよく知られている．

$$\text{固体} \underset{\text{熱が流出する（発熱的）}}{\overset{\text{熱が流入する（吸熱的）}}{\rightleftarrows}} \text{液体}$$
$$\text{液体} \underset{\text{熱が流出する（発熱的）}}{\overset{\text{熱が流入する（吸熱的）}}{\rightleftarrows}} \text{気体} \quad (6.4)$$
$$\text{固体} \underset{\text{熱が流出する（発熱的）}}{\overset{\text{熱が流入する（吸熱的）}}{\rightleftarrows}} \text{気体}$$

　相変化が起こっている間は，系の温度は一定である．つまり**相変化は等温過程である**．一つの相がすべて完全に別の相になってはじめて，熱は系の温度を変えるように作用しはじめる．各成分には融解，蒸発，昇華などそれぞれの過程で特徴的な熱の出入りがみられるので，純粋な化合物に対して融解熱 $\Delta_{fus}H$, 蒸発熱 $\Delta_{vap}H$, 昇華熱 $\Delta_{sub}H$ を決めることができる．これらの過程はふつう圧力一定のもとで起こるので，ここでいう"熱"とは，実際には融解，蒸発，昇華などに伴うエンタルピーである．これらの多くは体積の変化も伴い，とくに気相が関係した場合にはその変化が大きい．
　ところで，相変化のエンタルピーは形式的には吸熱過程に対して定義される．したがって，すべて正の値になる．しかし上で述べたそれぞれの過程は

熱の流れの方向を除いて同じ条件のもとで起こるから，これら相変化のエンタルピーは逆方向の相変化にも当てはめることができる．すなわち融解のエンタルピーを融解が起こる過程だけでなく凍結が起こる過程にも用いることができる．蒸発のエンタルピーは蒸発が起こる過程だけでなく，逆に気体が凝縮する過程にも用いることができるのである．発熱過程に対しては，エンタルピーに負の符号をつけたものを用いる．これはヘスの法則において逆の過程を考える場合に，エンタルピー変化に負の符号をつけるのと同様である．

さて相変化において吸収または放出される熱量 q は，以下の式で与えられる．

$$q = m \Delta_{trans} H \tag{6.5}$$

ここで m は系の成分の質量である．一方，trans という添え字は融解，蒸発，昇華など任意の相変化を表し，したがって $\Delta_{trans} H$ はこれらの過程に伴うエンタルピー変化を表している．熱の流れの方向を把握し，発熱的であるか吸熱的であるかを正しく考え，$\Delta_{trans} H$ に適切な符号を与えることは解析をする本人が行わなければならない．

物質量 n を使って式（6.5）を書き直すと

$$q = n \Delta_{trans} \overline{H}$$

となる．この場合，相変化のエンタルピーの単位は $kJ\,mol^{-1}$ か $kJ\,g^{-1}$ にな

表 6.2 相変化のエンタルピーと相変化のエントロピーの値[a]

物　質	$\Delta_{fus}H$	$\Delta_{vap}H$	$\Delta_{sub}H$	$\Delta_{fus}S$	$\Delta_{vap}S$	$\Delta_{sub}S$
酢酸	11.7	23.7	51.6(15℃)	40.4	61.9	107.6(−35〜10℃)
アンモニア	5.652	23.35		28.93	97.4	
アルゴン	1.183	6.469			74.8	
ベンゼン	9.9	30.7	33.6(1℃)	38.0	87.2	133(−30〜5℃)
二酸化炭素	8.33	15.82	25.23			
ジメチルスルホキシド	13.9	43.1	52.9(4℃)			
エタノール	5.0	38.6	42.3(1℃)		109.8	
ガリウム	5.59	270.3	286.2	18.44		
ヘリウム	0.0138	0.0817		4.8	19.9	
水素	0.117	0.904		8.3	44.6	
ヨウ素	15.52	41.95	62.42			
水銀	2.2953	51.9	61.38		92.92	
メタン	0.94	8.2			73.2	91.3(〜−190℃)
ナフタレン	19.0	43.3	72.6(10℃)		82.6	167
酸素	0.444	6.820	8.204	8.2	75.6	
水	6.009	40.66	50.92	22.0	109.1	

出典：J. A. Dean, ed., "Lange's Handbook of Chemistry," 14th ed., McGraw-Hill, New York (1992); D. R. Lide, ed., "CRC Handbook of Chemistry and Physics," 82nd ed., CRC Press, Boca Raton (2001).
a) ΔH と ΔS の単位はそれぞれすべて $kJ\,mol^{-1}$ と $J\,mol^{-1}\,K^{-1}$ である．また，すべての値はそれぞれの物質の標準融点と標準沸点とに対するものである．昇華のデータはとくに記載がなければ標準温度に対するものである．

る．表 6.2 は相変化のエンタルピーを示した簡単な表である．単位は脚注に示されており，これらの値を実際に使用していく場合には，それに応じた適切な単位で成分の量を表すようにしなければならない．

相変化そのものは本質的に，温度一定で起こることを思いだしてほしい．また物質の融点や沸点では式 (6.3) を一般化して

$$\mu_{\text{phase1}} = \mu_{\text{phase2}}$$

の関係が成り立っていることをすでに示した．このことは物質量が一定で，平衡において二つの相が共存する系では

$$\Delta_{\text{trans}} G = 0 \tag{6.6}$$

が成り立つことを意味する．これは温度一定で起こる相変化についてのみ当てはまる．温度がその物質の標準融点や標準沸点からずれていくと，式 (6.6) は成り立たなくなる．たとえば 100 ℃ での相変化

$$\mathrm{H_2O}(l,\, 100\,\mathrm{℃}) \longrightarrow \mathrm{H_2O}(g,\, 100\,\mathrm{℃})$$

において，ΔG の値はゼロになる．しかし温度一定でない以下のような過程

$$\mathrm{H_2O}(l,\, 99\,\mathrm{℃}) \longrightarrow \mathrm{H_2O}(g,\, 101\,\mathrm{℃})$$

では，ΔG の値はゼロではなくなる．この過程は単なる相変化ではなく，温度変化の過程も含んでいる．

式 (6.6) を使った一つの結論が，ΔG についての方程式

$$\Delta G = \Delta H - T\,\Delta S$$

から導かれる．すなわち温度一定で起こる相変化において ΔG がゼロならば

$$0 = \Delta_{\text{trans}} H - T_{\text{trans}}\, \Delta_{\text{trans}} S$$

書き直して

$$\Delta_{\text{trans}} S = \frac{\Delta_{\text{trans}} H}{T_{\text{trans}}} \tag{6.7}$$

を得る．$\Delta_{\text{trans}} H$ はふつう表にまとめられている $\Delta_{\text{vap}} H$ や $\Delta_{\text{fus}} H$ の値を代表して表しているので，相変化に伴うエントロピー変化 $\Delta_{\text{trans}} S$ は比較的簡単に計算できる．しかし $\Delta_{\text{vap}} H$ や $\Delta_{\text{fus}} H$ の値はふつう正の値で示されており，これは吸熱過程であることを意味している．しかし実際には融解や蒸発だけが吸熱的で，気体が液体になる，または気体が固体になるなどの凝縮といった相変化や，結晶化または凝固といった相変化は発熱的である．したがって式 (6.7) を計算に用いるときには，$\Delta_{\text{trans}} S$ の正しい符号を得るため吸熱過程であるか発熱過程であるかを決めなければならない．以下の例題 6.3 でこの点について考える．

例題 6.3

以下の相変化について，エントロピー変化を計算せよ．
(a) 1 mol の液体水銀 Hg(l) が，標準融点 $-38.9\,°C$ で凍結する．ただし水銀の融解のエンタルピーを $2.33\,\text{kJ mol}^{-1}$ とする．
(b) 1 mol の四塩化炭素 CCl_4 が標準沸点 $77.0\,°C$ で蒸発する．ただし四塩化炭素の蒸発のエンタルピーを $29.89\,\text{kJ mol}^{-1}$ とする．

解　答
(a) 問題の水銀 Hg の凍結

$$Hg(l) \longrightarrow Hg(s)$$

は $-38.9\,°C$ つまり $234.3\,K$ で起こる．液相が固相になる場合，熱は失われなければならない．したがってこの過程は発熱的である．よって相変化のエンタルピー $\Delta_{trans}H$ は $-2.33\,\text{kJ mol}^{-1}$ すなわち $-2330\,\text{J mol}^{-1}$ となる（Hg に対して融解熱 $\Delta_{fus}H$ として与えられた $2.33\,\text{kJ mol}^{-1}$ のように正の値ではない）．エントロピー変化 ΔS を計算すると，式（6.7）より

$$\Delta S = \frac{-2330\,\text{J mol}^{-1}}{234.3\,\text{K}} = -9.94\,\text{J mol}^{-1}\,\text{K}^{-1}$$

を得る．ΔS が負だから，エントロピーは減少していることになる．これは液体から固体への相変化として予想された通りである．

(b) 標準圧力，$77.0\,°C$ つまり $350.2\,K$ で起こる四塩化炭素 CCl_4 の蒸発は

$$CCl_4(l) \longrightarrow CCl_4(g)$$

と表される．液相から気相へ変化するためには，系にエネルギーが加えられなければならない．すなわち，この変化は吸熱的になる．よって与えられた蒸発熱 $\Delta_{vap}H$ を，符号を変えることなくそのまま用いることができる．ゆえにエントロピー変化 ΔS については，式（6.7）から

$$\Delta S = \frac{29890\,\text{J mol}^{-1}}{350.2\,\text{K}} = +85.35\,\text{J mol}^{-1}\,\text{K}^{-1}$$

と求まる．ただし上の式で $\Delta_{vap}H$ の単位を kJ mol^{-1} から J mol^{-1} に変換した．

温度はケルビン単位で表示．

わかりやすくするため，ジュールに変換する．エントロピー変化は負であり，エントロピーが減少することを意味する．この減少は，液体から固体への相変化で期待されることである．

表 6.2 で与えられる $\Delta_{vap}H$ をジュール単位で表す．ここでは，エントロピーが増加することを示すために＋の符号も明記している．

　多くの化合物の $\Delta_{vap}S$ が $85\,\text{J mol}^{-1}\,\text{K}^{-1}$ 程度になることは 1884 年ごろから知られていた．この現象は**トルートンの規則**（Trouton's rule）と呼ばれている．水素結合のような強い分子間相互作用をもつ物質ではトルートンの規則からのずれが大きくなる．表 6.2 には，いくつかの化合物の $\Delta_{vap}H$ や $\Delta_{vap}S$ の値があげてある．水素やヘリウムでは蒸発エントロピー変化はとても小さな値になる．強い水素結合を含む水 H_2O やエタノール C_2H_5OH のような化合物は予想よりも大きな蒸発エントロピーを示す．表 6.2 には，これらの化合物の $\Delta_{fus}H$ や $\Delta_{fus}S$ の値も載せてある．

6.4 クラペイロンの式

これまでの議論を通して，平衡というものの一般的な性質をくわしく述べてきた．ここからは，より定量的に議論を進めていくために新しい式をいくつか導く必要がある．

式（6.3）を一般化すると，同一成分からなる二つの相の化学ポテンシャルは平衡において等しいという次の関係を得ることができる．

$$\mu_{\mathrm{phase1}} = \mu_{\mathrm{phase2}}$$

式（4.17）で自然な変数を用いて $\mathrm{d}G$ を表したのと同じように，物質量 n が一定という条件のもとで圧力 p，温度 T に対する化学ポテンシャル μ の微小変化 $\mathrm{d}\mu$ を

$$\mathrm{d}\mu = -\overline{S}\,\mathrm{d}T + \overline{V}\,\mathrm{d}p \tag{6.8}$$

と表すことができる．二つの相が平衡になっている状態から T または p が微小変化していくと，平衡の位置はわずかに動くが平衡そのものは維持される．これは μ_{phase1} の変化が μ_{phase2} の変化と等しいことを意味する．すなわち

$$\mathrm{d}\mu_{\mathrm{phase1}} = \mathrm{d}\mu_{\mathrm{phase2}}$$

ここへ式（6.8）を用いれば

$$-\overline{S}_{\mathrm{phase1}}\,\mathrm{d}T + \overline{V}_{\mathrm{phase1}}\,\mathrm{d}p = -\overline{S}_{\mathrm{phase2}}\,\mathrm{d}T + \overline{V}_{\mathrm{phase2}}\,\mathrm{d}p$$

となる．温度変化 $\mathrm{d}T$ と圧力変化 $\mathrm{d}p$ は両方の相で同時に起こるので，どちらの相の条件であるかを示す添え字はとくに必要ない．しかし各相はそれぞれに特徴的なモルエントロピー $\overline{S}$ とモル体積 $\overline{V}$ をもっているので，これらには添え字をつけて相の違いを区別しなければならない．$\mathrm{d}p$ 項と $\mathrm{d}T$ 項を各辺に集めると次のようになる．

$$(\overline{V}_{\mathrm{phase2}} - \overline{V}_{\mathrm{phase1}})\,\mathrm{d}p = (\overline{S}_{\mathrm{phase2}} - \overline{S}_{\mathrm{phase1}})\,\mathrm{d}T$$

カッコのなかは，それぞれ相1から相2への $\overline{V}$ と $\overline{S}$ の変化を表しているので，この差を $\Delta\overline{V}$ と $\Delta\overline{S}$ と書くと

$$\Delta\overline{V}\,\mathrm{d}p = \Delta\overline{S}\,\mathrm{d}T$$

これを変形して

$$\frac{\mathrm{d}p}{\mathrm{d}T} = \frac{\Delta\overline{S}}{\Delta\overline{V}} \tag{6.9}$$

を得る．式（6.9）は，1834年にこの関係を導きだしたフランス人技術者 Clapeyron（図6.2）にちなんで**クラペイロンの式**（Clapeyron equation）と呼ばれている．このクラペイロンの式はあらゆる相平衡に対して，存在する相のモル体積の変化 $\Delta\overline{V}$ とモルエントロピーの変化 $\Delta\overline{S}$ を用いて，圧力変化

図 6.2 Benoît Pierre Émile Clapeyron（1799-1864） フランスの熱力学者．Carnot によって導入された原理を用い，やがて熱力学第二法則へと結びつくエントロピーの概念を導いた．

dp と温度変化 dT を関係づけている．クラペイロンの式はどのような相平衡に対しても適用でき，また以下のように書かれることもある．

$$\frac{\Delta p}{\Delta T} \approx \frac{\Delta \overline{S}}{\Delta \overline{V}} \qquad (6.10)$$

クラペイロンの式が有効に用いられるのは，相平衡を異なった温度へ移動させるのに必要な圧力を見積もるような場合である．以下の例題でこのことを説明していく．

例題 6.4

液体の水 $H_2O(l)$ と氷 $H_2O(s)$ のモル体積をそれぞれ 18.01 mL，19.64 mL とする．このとき $-10\,^\circ\mathrm{C}$ で氷を溶かすのに必要な圧力 Δp を見積もれ．ただしこの過程でのモルエントロピーの変化 $\Delta \overline{S}$ を $+22.04\,\mathrm{J\,K^{-1}}$ とし，これらの値は温度に対してほぼ一定であると仮定する．また 1 L bar = 100 J とせよ．

解 答
反応

$$H_2O(s) \longrightarrow H_2O(l)$$

によるモル体積の変化 $\Delta \overline{V}$ は

$$\Delta \overline{V} = 18.01\,\mathrm{mL} - 19.64\,\mathrm{mL} = -1.63\,\mathrm{mL}$$

となる．L で表せば $-1.63 \times 10^{-3}\,\mathrm{L}$ である．この過程に対する温度変化 ΔT は $-10.0\,^\circ\mathrm{C}$ で，絶対温度で表すと $-10.0\,\mathrm{K}$ となる．$\Delta \overline{S}$ が与えられているので，クラペイロンの式 (6.10) を使って

$$\frac{\Delta p}{-10.0\,\mathrm{K}} = \frac{+22.04\,\mathrm{J\,K^{-1}}}{-1.63 \times 10^{-3}\,\mathrm{L}}$$

単位である K は打ち消しあう．整理すると

$$\Delta p = \frac{-10.0 \times 22.04\,\mathrm{J}}{-1.63 \times 10^{-3}\,\mathrm{L}}$$

となる．圧力についての一般的な単位にするため，与えられた変換関係を用いて

$$\Delta p = \frac{-10.0 \times 22.04\,\mathrm{J}}{-1.63 \times 10^{-3}\,\mathrm{L}} \times \frac{1\,\mathrm{L\,bar}}{100\,\mathrm{J}}$$

単位 J と L は打ち消しあい，bar という標準的な圧力の単位だけが残る．したがって

$$\Delta p = 1.35 \times 10^3\,\mathrm{bar}$$

を得る．1 bar は 0.987 atm なので，H_2O の融点を $-10\,^\circ\mathrm{C}$ まで低くするためにはおよそ 1330 atm が必要になる．$\Delta \overline{V}$ や $\Delta \overline{S}$ の値は $-10\,^\circ\mathrm{C}$ と $0\,^\circ\mathrm{C}$（氷の標準融点）または $25\,^\circ\mathrm{C}$（熱力学的な標準温度）など温度の違いによってわずかに変化するので，これはあくまで概算である．しかし $\Delta \overline{V}$ や $\Delta \overline{S}$ の値はこのような狭い温度範囲では大きくは変わらないので，この概算値はたいへんによい値となる．

体積変化は単位 L で表す．

温度の変化量は絶対温度であれセルシウス温度であれ，同じになることを思いだすこと．

クラペイロンの式は標準状態以外での相変化の条件や化合物の安定相を決めることができるので，極限温度や極限圧力のもとにある物質に対して用いるとよい．こうした極限的な条件はたとえば土星や木星のような，気体からなる大きな惑星の中心部にみられる．またこうした極限的な条件はさまざまな工業プロセスや合成プロセスにも応用される．ふつうは地球の奥深くで起こる（あるいはそう考えられている）ダイヤモンドの合成について考えてみれば，炭素の安定相であるグラファイトから"不安定相"であるダイヤモンドへの相変化は，二つの相がともに固体ではあるが，クラペイロンの式が適用できる範囲にある．

例題 6.5

この合成は 1955 年，General Electric 社によってはじめて工業的に行われたものである．

温度 2298 K，すなわち $\Delta T = 2298\,\mathrm{K} - 298\,\mathrm{K} = 2000\,\mathrm{K}$ においてグラファイトからダイヤモンドをつくるのに必要な圧力 Δp を見積もれ．ただし以下の表のデータを用いることとする．

	C(s, グラファイト) $\rightleftharpoons$	C(s, ダイヤモンド)
$\overline{S}$ (J K^{-1})	5.69	2.43
$\overline{V}$ (L)	4.41×10^{-3}	3.41×10^{-3}

解 答

クラペイロンの式 (6.10) を用いると

$$\frac{\Delta p}{2000\,\mathrm{K}} = \frac{2.43\,\mathrm{J\,K^{-1}} - 5.69\,\mathrm{J\,K^{-1}}}{3.41 \times 10^{-3}\,\mathrm{L} - 4.41 \times 10^{-3}\,\mathrm{L}} \times \frac{1\,\mathrm{L\,bar}}{100\,\mathrm{J}}$$

となる．ただし例題 6.4 で用いたのと同様な J を L bar に変換する変換係数を最後に含んでいる．Δp について解けば

$$\Delta p = 65{,}200\,\mathrm{bar}$$

この値が，グラファイトからダイヤモンドへの変換を進めるのに必要な圧力である．

実際には，これよりもずっと高い 100,000 bar という圧力が，こうした温度でのダイヤモンド合成に用いられている．

クラペイロンの式は液体-気体や固体-気体の相変化を調べるのにも役立つ．しかしこの場合すぐあとでみるように，できるだけ誤差を伴わないかたちでほかの式と組み合わせて用いることができるように，いくつかの近似が行われる．

ここで式 (6.7) を導いたときを参考にしてほしい．相平衡では $\Delta G = 0$ であり

$$0 = \Delta_{\mathrm{trans}}H - T\,\Delta_{\mathrm{trans}}S$$

が成り立つ．この式は

$$\Delta_{\mathrm{trans}}S = \frac{\Delta_{\mathrm{trans}}H}{T}$$

と変形できる．モル当りの量を仮定し，式 (6.9) の $\Delta \overline{S}$ に上の式を代入する

と，クラペイロンの式が

$$\frac{\mathrm{d}p}{\mathrm{d}T} = \frac{\Delta \bar{H}}{T \Delta \bar{V}} \tag{6.11}$$

と書ける．なお，ここでは $\Delta \bar{H}$ から trans の添え字を省略してある．$\mathrm{d}T$ を T が変数になっている右辺に移すと

$$\mathrm{d}p = \frac{\Delta \bar{H}}{T \Delta \bar{V}} \mathrm{d}T$$

整理すると

$$\mathrm{d}p = \frac{\Delta \bar{H}}{\Delta \bar{V}} \frac{\mathrm{d}T}{T}$$

こうしておけば両辺に対して一方は圧力 p，もう一方は温度 T に関する定積分を行うことができる．$\Delta \bar{H}$ と $\Delta \bar{V}$ が温度 T に依存しないとすると

$$\int_{p_\mathrm{i}}^{p_\mathrm{f}} \mathrm{d}p = \frac{\Delta \bar{H}}{\Delta \bar{V}} \int_{T_\mathrm{i}}^{T_\mathrm{f}} \frac{\mathrm{d}T}{T}$$

を得る．圧力 p についての積分は圧力変化 Δp になる．温度 T についての積分は温度 T の自然対数になり，温度範囲の上限と下限から計算できる．ゆえに

$$\Delta p = \frac{\Delta \bar{H}}{\Delta \bar{V}} \ln \frac{T_\mathrm{f}}{T_\mathrm{i}} \tag{6.12}$$

この式は相変化で生じる変化量で示されている．したがって添え字をつけ，$\Delta_\mathrm{trans} \bar{H}$ と $\Delta_\mathrm{trans} \bar{V}$ を使って書き表してもよい．

例題 6.6

1.00 atm における水の沸点 100 ℃（373 K）を 97 ℃（370 K）に変化させるのに必要な圧力 Δp はいくらか．ただし水の蒸発のエンタルピーは 40.7 kJ mol^{-1} で，100 ℃ における液体の水の密度は 0.958 g mL^{-1}，水蒸気の密度は 0.5983 g L^{-1} とする．また 101.32 J = 1 L atm の関係を用いよ．

解 答

まず体積変化 $\Delta \bar{V}$ を計算する．1.00 mol の水の質量は 18.01 g で，その液体での体積は 18.01 g/0.958 g mL^{-1} = 18.8 mL となる．1.00 mol の水蒸気の体積は 18.01 g/0.5983 g L^{-1} = 30.10 L だから，$\Delta \bar{V}$ は 30.10 L − 18.8 mL = 30.08 L となる．ここで体積の単位に気をつけること．さて，式 (6.12) を用いれば

$$\Delta p = \frac{40700 \text{ J}}{30.08 \text{ L}} \ln \frac{370 \text{ K}}{373 \text{ K}}$$

この計算は密度の定義式を変形した $V = m/d$ を使っている．液体の水と蒸気の密度で，異なった体積の単位が使われていることに注意せよ．

ここで $\Delta \bar{H}$ の単位を J に変換していることに注意する．温度の単位である K は打ち消しあい

$$\Delta p = 1353 \text{ J L}^{-1} \times (-0.00808)$$
$$= -10.9 \text{ J L}^{-1}$$

となる．さらに J と L atm の間の変換係数を用いて

$$\Delta p = -10.9 \text{ J L}^{-1} \times \frac{1 \text{ L atm}}{101.32 \text{ J}}$$

単位である J と L は打ち消され，圧力の単位である atm だけが残る．よって

$$\Delta p = -0.108 \text{ atm}$$

ただし，これはもともとの圧力である 1.000 atm からの変化量である．したがって実際に沸点が 97 ℃になる圧力は 1.000 atm − 0.108 atm = 0.892 atm となる．この値は海抜 1000 m，すなわち高さおよそ 3300 フィートでの圧力に相当する．世界中にはこの標高，あるいはもっと高いところに暮らしている人も多いから，水の沸点が 97 ℃であることを体験している人はかなり多い．

6.5 気相効果

気相が関係した相変化の場合には，簡単な近似を行うことができる．気相の体積は凝縮相の体積と比べてとても大きいので（これは例題 6.6 で示した通りである），凝縮相の体積を無視してしまってもほんのわずかな誤差しか生じない．式 (6.11) の $\Delta \bar{V}$ に気相のモル体積 $\bar{V}_{\text{gas}}$ を用いると

$$\frac{dp}{dT} = \frac{\Delta \bar{H}}{T \bar{V}_{\text{gas}}}$$

気体が理想気体の法則に従うとして，$\bar{V}_{\text{gas}} = RT/p$ を代入すると

$$\frac{dp}{dT} = \frac{\Delta \bar{H}}{T(RT/p)} = \frac{\Delta \bar{H} \, p}{RT^2}$$

これを変形すれば

$$\frac{dp}{p} = \frac{\Delta \bar{H}}{R} \frac{dT}{T^2}$$

さらに dp/p が $d(\ln p)$ であることを用いれば

$$d(\ln p) = \frac{\Delta \bar{H}}{R} \frac{dT}{T^2} \tag{6.13}$$

を得る．これは**クラウジウス・クラペイロンの式**（Clausius-Clapeyron equation）の表式の一つである．この式を (p_1, T_1) と (p_2, T_2) の間で積分

する. $\Delta \overline{H}$ をこの温度範囲で一定とすれば

$$\ln \frac{p_1}{p_2} = -\frac{\Delta \overline{H}}{R}\left(\frac{1}{T_1} - \frac{1}{T_2}\right) \qquad (6.14)$$

となる. クラウジウス・クラペイロンの式は気相平衡を考える場合にとても便利である. たとえば, 温度を変化させた場合の平衡圧力を予測するのに役立つ. また, ある圧力を発生させるのに必要な温度を予測したり, 温度と圧力のデータから相変化におけるエンタルピー変化を求めるのに用いることができる.

例題 6.7

すべての液体はそれぞれ特徴的な**蒸気圧**(vapor pressure)を示し, その値は温度とともに変化する. 純粋な水の蒸気圧は 22.0 ℃ で 19.827 mmHg, 30 ℃ で 31.824 mmHg である. これらのデータを用いて, 蒸発過程におけるモル当りのエンタルピー変化 $\Delta \overline{H}$ を求めよ.

解答

温度を絶対温度に換算すると, それぞれ 295.2 K と 303.2 K になる. 式 (6.14) に適当な値を代入すれば

$$\ln \frac{19.827 \text{ mmHg}}{31.824 \text{ mmHg}} = -\frac{\Delta \overline{H}}{8.314 \text{ J mol}^{-1} \text{K}^{-1}}\left(\frac{1}{295.2 \text{ K}} - \frac{1}{303.2 \text{ K}}\right)$$

計算を行って

$$-0.47317 = -\frac{\Delta \overline{H}}{8.314 \text{ J mol}^{-1}} \times (8.938 \times 10^{-5})$$

$\Delta \overline{H}$ について解くと

$$\Delta \overline{H} = 44{,}010 \text{ J mol}^{-1}$$

標準沸点 100 ℃ での水の蒸発のエンタルピー $\Delta_{\text{vap}}H$ は 40.66 kJ mol^{-1} である. また 25 ℃ では実験値は 44.02 kJ mol^{-1} であり, これはクラウジウス・クラペイロンの式で予測された値にとても近い.

> 温度の逆数を計算するときの桁数を早く丸めてしまわないようにする. 答えの数値の精度をなくしてしまう.

> なお, 一方で $\Delta_{\text{vap}}H$ の値は 75 ℃ の温度範囲の間で 3 kJ mol^{-1} 以上も大きくなっており, $\Delta_{\text{vap}}H$ が温度とともに変化していることを示している.

例題 6.8

536 K における水銀の蒸気圧は 103 Torr である. 蒸気圧が 760 Torr のときの水銀の標準沸点を求めよ. ただし水銀の蒸発のエンタルピーを 58.7 kJ mol^{-1} とする.

解答

クラウジウス・クラペイロンの式 (6.14) を用いて

$$\ln \frac{103 \text{ Torr}}{760 \text{ Torr}} = -\frac{58700 \text{ J mol}^{-1}}{8.314 \text{ J mol}^{-1} \text{K}^{-1}}\left(\frac{1}{536 \text{ K}} - \frac{1}{T_{\text{BP}}}\right)$$

ここで T_{BP} は求めるべき標準沸点を表す. これを変形して, 単位を打ち消すと

> 蒸発のエンタルピーをジュール単位に変換していることに注意.

$$-1.999 = -7060.3\,\text{K} \times \left(0.00187\,\text{K}^{-1} - \frac{1}{T_{\text{BP}}}\right)$$

となる．これを解いて

$$T_{\text{Bp}} = 630\,\text{K}$$

を得る．なお，実際に測定された水銀の沸点は 629 K である．

上の例題は，導出に近似的な考えを使っているにもかかわらず，クラウジウス・クラペイロンの式がいかに有効であるかを示している．クラウジウス・クラペイロンの式はまた，物質の蒸気圧の対数が絶対温度 T の逆数と関係づけられることを示している．すなわち

$$\ln(\text{蒸気圧}) \propto -\frac{1}{T} \tag{6.15}$$

が成り立つ．同じことを別の表し方で示すと

$$(\text{蒸気圧}) \propto e^{-1/T} \tag{6.16}$$

となる．すなわち温度 T が上昇するにつれて蒸気圧の増加は加速されるようになり，このため蒸気圧と温度の関係をプロットすると，その多くは指数関数のようにみえることになる．しかし式 (6.15) と (6.16) は，圧力 p がそのまま温度 T に比例する理想気体の法則とは矛盾しない．これら二つの式 (6.15) と (6.16) は相平衡についてのものであり，蒸気相における状態方程式として用いているわけではないからである．

圧力 p の蒸気と平衡状態にある液体を考える．平衡状態にある場合には，二つの相の化学ポテンシャルは等しく

$$\mu(l) = \mu(g)$$

となる．液体にかかる圧力が外部から加えられると，おもしろいことが起こる．たとえば，気相が平衡蒸気圧にある空間に，別の気体を入れてみる．この場合，入れた気体は Δp という圧力を液体にかけることになる．5.4 節に示したように，外的な圧力は凝縮相の活量にはわずかしか影響を与えないが，このわずかな活量の変化は平衡蒸気圧のほうには大きく影響する．上のような平衡状態にある場合は，もし液体の化学ポテンシャルが圧力の増加によって変化するなら，気体の化学ポテンシャルも同じ量だけ変化することになる．そのため

$$d\mu(l) = d\mu(g)$$

が成り立つ．式 (4.25) から

$$\left(\frac{\partial G}{\partial p}\right)_{T,n} = V$$

となる．化学ポテンシャルはモルギブズエネルギーであるので，以下の式も成り立つことになる．

$$\left(\frac{\partial \mu}{\partial p}\right)_{T,n} = \overline{V}$$

偏微分を書き直して

$$\mathrm{d}\mu = \overline{V}\,\mathrm{d}p$$

と表すことができる．右辺の表し方で，液体，蒸気の相を記述すると

$$\overline{V}(l)\,\mathrm{d}p(l) = \overline{V}(g)\,\mathrm{d}p(g)$$

となる．この式にでてくる二つの体積は，それぞれ液体相と気体相のモル体積であり，一方，二つの圧力の項については，それぞれ液体中での圧力変化（式の左辺）と気体中での分圧の変化（式の右辺）である．気体のモル体積 $\overline{V}(g)$ は $RT/p(g)$ に置き換えることができ

$$\overline{V}(l)\,\mathrm{d}p(l) = \frac{RT\,\mathrm{d}p(g)}{p(g)}$$

となる．ここで両辺を，圧力に上限と下限をつけて積分することができる．左辺はもともとの圧力 p から $p + \Delta p$ までの間でモル体積は変化しないと仮定して積分すると，$\overline{V}(l)\Delta p$ となる．右辺に関しては，もともとの圧力 p から新しい蒸気圧 p^* まで積分する．この積分は，いままででてきたものよりやや複雑であるが，以下のように直接実行することができる．

$$\int_p^{p^*} \frac{RT\,\mathrm{d}p(g)}{p(g)} = RT\int_p^{p^*} \frac{\mathrm{d}p(g)}{p(g)} = RT\ln p(g)\Big|_p^{p^*} = RT\ln\frac{p^*}{p}$$

二つの式を等号で結ぶと

$$\overline{V}(l)\,\Delta p = RT\ln\frac{p^*}{p}$$

となり，式を変形して

$$\ln\frac{p^*}{p} = \frac{\overline{V}(l)\,\Delta p}{RT} \tag{6.17}$$

となる．この式をより使いやすいように変形すると，新しい蒸気圧 p^* は

$$p^* = p\mathrm{e}^{\overline{V}(l)\Delta p/RT} \tag{6.18}$$

のように表される．

例題 6.9

エタノールは 20.0 ℃ で 43.7 mmHg の蒸気圧をもつ．また，この温度でのエタノールのモル体積は 58.40 mL である．$C_2H_5OH(l)$，$C_2H_5OH(g)$ が入っており，平衡状態になっている系が，135.0 atm のアルゴンによって加圧された．エタノールの新しい蒸気圧はいくらになるか．

解 答

式（6.18）を用いるが，まず単位に注意する必要がある．モル体積は L で表し，R の値は L と atm で表さなければならない．ここから

$$p^* = (43.7\,\mathrm{mmHg})\,e^{(0.05840\,\mathrm{L\,mol^{-1}})(135\,\mathrm{atm})/(0.08205\,\mathrm{L\,atm\,mol^{-1}\,K^{-1}})(293.2\,\mathrm{K})}$$

$$p^* = (43.7\,\mathrm{mmHg})(1.38380\cdots)$$

$$p^* = 60.6\,\mathrm{mmHg}$$

となる．これはエタノールの蒸気圧として 39% の上昇になる．

> 体積を L に直すだけでなく温度もケルビンの単位に直している．

6.6 状態図と相律

相変化がある場合に系はとても複雑なものに思えるが，状態図を用いることで簡単化して考えることができる．**状態図**（phase diagram）とは温度，圧力，体積などの各種条件がさまざまな値になった場合に，どのような相が安定に存在するかを図に示したものである．最も簡単な状態図は，温度と圧力を軸にとった二次元のものである．

状態図そのものは相平衡を与える温度と圧力の値を示す実線からなっている．たとえば図 6.3 は H_2O の状態図の一部である．図の各領域には安定相が示されている．状態図上の実線は相変化の起こる位置を示し，実線上の任意の点は，複数の相が平衡状態として共存できる圧力と温度を示す．実線上にない任意の点は，その条件のもとで最も安定に存在する H_2O の相を示している．

図 6.3 に記したそれぞれの点について考える．点 A は固体状態の H_2O が

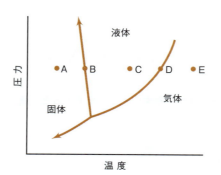

図 6.3　H_2O の状態図（圧力と温度の関係図）の一部を定性的に示したもの　図中の点 A, B, C, D, E はある圧力と温度の条件下でどの相が安定かを表している．

安定になる圧力 p_A と温度 T_A の値を示す．点Bの圧力 p_B と温度 T_B では融解が起こる．ここでは固体と液体が平衡して共存する．点Cは液体が安定相となる圧力および温度条件を示している．点Dは液体が気体と平衡して共存する圧力および温度条件を示し，ここでは沸騰が起こっている．最後に点Eは H_2O の安定相が気体である圧力および温度条件を示している．

状態図から，多くの条件のもとで固体と液体，液体と気体が平衡して共存できることがわかる．現実に起こっているこうした共存を表す実線は，どのような情報をわれわれに与えてくれるだろうか．これらの実線は相平衡において，圧力 p が温度 T とともにどのように変化していくかを示すプロットなので，dp/dT を表している実線だということができる．dp/dT はクラペイロンの式またはクラウジウス・クラペイロンの式を用いて計算できる．一成分系の状態図は物質に対するクラペイロンの式またはクラウジウス・クラペイロンの式をプロットしたものにほかならない．これは，この章でこののちにおもな議論の対象としていく圧力–温度の状態図を考える場合には当てはまる．圧力や温度と同様に体積も変化するような状態図については三次元のプロットが必要になり，すべての相についての状態方程式が必要になる．

例題 6.10

図6.3 に示した H_2O の状態図において固相と液相の間の実線はほぼ直線で，その傾きは一定である．例題6.4の答えを用い，氷の融解についてこの直線の傾きを求めよ．

解　答

直線の傾きの定義が $\Delta y/\Delta x$ であることを思いだす．ここでは y 軸は圧力 p を，x 軸は温度 T を示しているので $\Delta p/\Delta T$ として，$bar\ K^{-1}$ または $atm\ K^{-1}$ という単位をもった傾きを考えることができる．例題6.4では，H_2O の融点を $-10\,\mathrm{℃}$，すなわち $-10\,\mathrm{K}$ だけ変化させるために $1.35 \times 10^3\,\mathrm{bar}$ が必要であることが示された．したがって $\Delta p/\Delta T$ は $1.35 \times 10^3\,\mathrm{bar}/(-10\,\mathrm{K})$，すなわち $-1.35 \times 10^2\,\mathrm{bar\ K^{-1}}$ になる．これはかなり大きな傾きである．

上の例題から気づくもう一つの点は，直線の傾きが負になっていることである．ほとんどすべての化合物では，固液平衡を表す実線は正の傾きをもつ．なぜなら固体では同じ物質量の液体よりも体積が小さくなるからである．負の傾きになるのは，H_2O が固体になって体積が増大する結果である．

固気平衡を表す実線は，昇華が起こる圧力および温度条件を示している．H_2O ではふつうより低圧で顕著な昇華が起こる．すなわち氷の昇華は標準圧力でもゆっくりと起こる．このため冷凍室の角氷は長い時間おいておくと次第に小さくなっていく．冷凍食品のいわゆる冷凍焼けは食物中の氷の昇華によって起こる．だから冷凍食品はしっかりとラップで包むことが大切なのである．二酸化炭素 CO_2 では，標準圧力は昇華を起こすのに十分なほど小さい．図6.4は CO_2 の状態図で，1 atm のところに印がつけてある．液体 CO_2 は加圧下でのみ安定である．二酸化炭素 CO_2 のボンベ内は圧力が高いため，

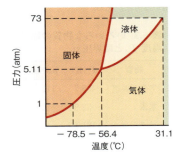

図 6.4 CO_2 の状態図　標準圧力で固体の CO_2 は温度が上昇すると直接に気体になる．液体の CO_2 は高い圧力でのみ安定である．

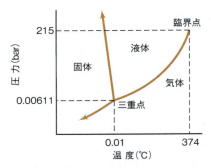

図 6.5 H_2O の三重点と臨界点　どのような物質でも，ある温度と圧力で気液平衡線が消失する．H_2O では 374 ℃，215 bar で気液平衡線が消失する．これよりも高温または高い蒸気圧では "液" 相と "気" 相の間に区別がなくなる．

実際には液体 CO_2 が生じている．

　気液平衡を表す実線は，気相と液相が平衡して共存する圧力および温度条件を示している．圧力 p と温度 T の間には $p \propto e^{-1/T}$ のような指数関数的な関係が存在することに注目する．これは式 (6.16) と矛盾しない．状態図上で蒸発を表す実線もクラペイロンの式またはクラウジウス・クラペイロンの式をプロットしたものにほかならない．ここで図 6.5 に示すように気液平衡を表す実線がある圧力，温度のところで終わっていることに注目する必要がある．実線がどこまでも続いていくことを示す終端の矢印がついていないのはこの線だけである．終点を越えると，つまりこれ以上の温度と圧力になると，気相と液相とが区別できなくなるのである．この点を物質の**臨界点** (critical point) と呼ぶ．臨界点での圧力と温度は**臨界圧** (critical pressure) p_c，**臨界温度** (critical temperature) T_c と呼ばれる．H_2O では p_c と T_c はそれぞれ 215 atm と 374 ℃ である．この温度以上では圧力を加えても H_2O をはっきりとした液体状態にすることはできなくなる．H_2O に p_c よりも高い圧力を加えた場合には液体，気体という明確な状態では存在しえなくなる（ただし温度が十分に低ければ固体としては存在しうる）．H_2O のこうした状態は**超臨界** (supercritical) と呼ばれる．超臨界相は工業的，科学的なプロセスでは重要である．とりわけ超臨界流体クロマトグラフィーという技法は重要であり，この方法を用いると超臨界状態の CO_2 やそのほかの化合物を "溶媒" として，別の化合物を分離することができる*．なお表 6.3 はいくつかの物質について，臨界点を与える圧力と温度をまとめたものである．

　状態図についてもう一点ここで触れておきたい．図 6.5 には固体，液体，気体の三相が互いに平衡になる条件も示されている．この点を**三重点** (triple point) と呼ぶ．H_2O の三重点は 0.01 ℃ すなわち 273.16 K，6.11 mbar すなわちおよそ 4.6 Torr である．H_2O は万人によく知られた物質なので，その三重点は国際的に認められた温度基準にもなっている．すべての物質に三重点，すなわち三つの相すべてが互いに平衡となって共存しうる圧力と温度の点が存在する．

　H_2O の状態図が例として頻繁にとりあげられるのには理由がある．それは

---

* CO_2 の T_c と p_c はおよそ 304 K と 73 bar である．コーヒー豆の脱カフェイン法の一つとして，超臨界 CO_2 を用いる方法がある．

表 6.3 いろいろな物質の臨界温度 T_c と臨界圧 p_c

物質	T_c(K)	p_c(bar)
アンモニア	405.7	111
水素	32.98	12.93
メタン	191.1	45.2
窒素	126	33.1
酸素	154.6	50.43
硫黄	1314	207
水	647.3	215.15

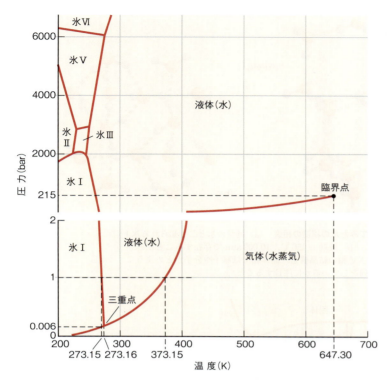

図 6.6 図 6.3 で示した H_2O の状態図のより高温,高圧側を示したもの　固体の H_2O については高圧領域でのみ存在する結晶構造がいくつか示唆されている.少なくとも固体の H_2O として 15 種類の形態が知られている.

H_2O がとてもよく知られている物質でありながら,その状態図が特徴的だからである.図 6.6 は,より広い範囲まで示した H_2O の状態図である.第一に目をひく点は,実際にはいろいろな種類の固体状態の H_2O,すなわち氷が存在することである.しかし状態図の圧力と温度の目盛に注目してほしい.残念ながら実験室以外では,このような氷をつくりだすことはできない.

さまざまな形態の氷は,分子レベルで何が異なっているのか.図 6.7 は,実験的に決められた通常の氷(氷 I)の結晶構造と,約 −150 ℃,10,000 atm で存在する氷(氷 XV)の結晶構造である.二つの結晶構造をみると,異なっているのは明らかである.原子や分子は互いに異なる方向に向いており,その方向の違いが異なった固体相を決める.これらの異なった固体相では,物理的な性質も異なっており,そのいくつか(たとえば融点)は状態図から読みとることができる.それ以外の性質については,一見しただけでははっきりしない.たとえば,120 atm,150 K あたりの氷 IX の密度は約 1.16 g mL^{-1} であり,通常の水より約 26% 高い(そのため,液体の水には浮かばずに沈むことになる).

図 6.8 はヘリウムの状態図である.ヘリウムは 4.2 K まで気体のままなので,この状態図の温度軸の範囲は極低温の狭い領域である.もう一つの極限条件での例として,図 6.9 に炭素の状態図をあげる.ダイヤモンドが安定相になる領域に注目してほしい.

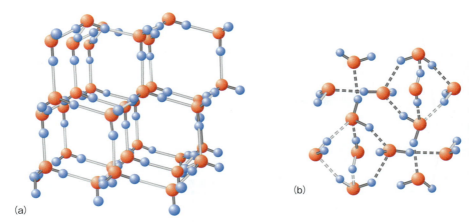

図 6.7　分子レベルでみた氷の構造の相違　(a) 通常の氷として知られる氷 I の結晶構造．(b) 最近 $-150\,^\circ\mathrm{C}$，10,000 atm で存在することがみいだされた氷 XV 相の結晶構造．固体相では原子や分子がどのように異なった配列をしているかに注目すること．

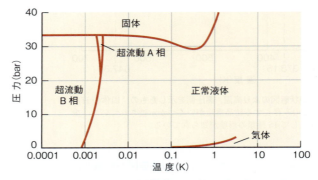

図 6.8　He の状態図　広い温度範囲を必要とせずに描くことができる．また固体の He は高圧領域でしか存在しない．

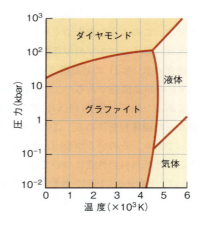

図 6.9　同素体であるグラファイトとダイヤモンドの安定な領域を示した炭素の状態図

　化学で使われる状態図ではよく圧力と温度が変数になっているが，図 6.10 のように体積を状態図の軸にとることもできる．圧力，体積，温度をプロットした三次元の状態図もあり，図 6.11 はその例である．

　状態図は，一成分系のふるまいが条件の変化に伴ってどのように変わって

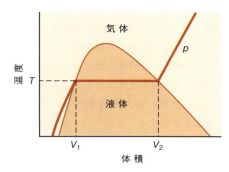

図 6.10 温度–体積の状態図の例　圧力 p のとき，体積 V_1 と V_2 の間を除く領域で，どの相が存在すべきかがはっきりと示されている．V_1 と V_2 の間では液相（影を入れた部分）の量が変化していくが，T と p の値は一定である．こうした不明瞭さが一部に存在しているため，温度–体積の状態図は圧力–温度の状態図に比べてあまり使われない．

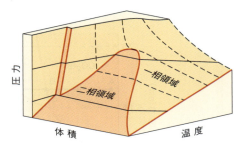

図 6.11 三次元の状態図を用いれば圧力，温度，体積が与えられたとき，どのような相が存在するかを図に示すことができる．

いくかを理解する助けとしてたいへん有用である．条件の変化を状態図上にプロットし，その変化に対応してどのような相変化が起こるかを観察できるからである．一成分系の状態図は，とくに解釈が容易である．

例題 6.11

次のように条件を変化させたときに生じる CO_2 における相の変化を，図 6.4 に示した状態図を用いて説明せよ．
(a) 圧力 1.00 bar のもとで温度を 50 K から 350 K へ変化させる．
(b) 圧力 10 bar のもとで温度を 50 K から 350 K へ変化させる．
(c) 温度 220 K のもとで圧力を 1 bar から 100 bar へ変化させる．

解　答
(a) 図 6.12 は 1.00 bar の等圧過程での状態変化を示している．点 A から出発し，左から右へ進むに従って温度が上昇する．ここでは固相と気相の平衡を示す点 B がのる相境界線に達するまで，固体の CO_2 が温まる．この点 B で固体の CO_2 は昇華し，直接に気相が生じる（これは 196 K, すなわち $-77\,℃$ で起こる）．最終的な条件である 350 K の点 C に到達するまで，温度の上昇とともに気体の CO_2 が温まっていくことになる．

(b) 図 6.13 は 10 bar のもとで等圧的に CO_2 を温めたときの状態変化を示している．この場合，点Aの固体状態から出発するが，CO_2 の三重点の上のほうに位置しているので，点Bでは固体と液体の CO_2 が平衡状態で存在する．熱を加えていくと，固体はすべて液体になるまで融解を続け，そののち液体の CO_2 が温まっていく．液体の CO_2 が気体の CO_2 と平衡になる点Cに達するまで液体の CO_2 は温まり続ける．液体すべてが気体になったのち，最終的な条件である点Dに達するまで気体は温まり続ける．

(c) 図 6.14 は等温過程を示す．出発点Aは十分に低圧なので CO_2 は気体になっている．しかし圧力が増大すると，ほんのわずかな間だけ液相を通り，その後固体になる．温度が数度低いと，この変化は三重点を挟んだ反対側で起こることになり，相変化は気体から固体への直接の凝縮ということになる．

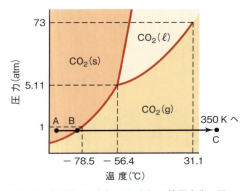

図 6.12 例題 6.11 (a) での CO_2 の等圧変化 図 6.13 と比較せよ．

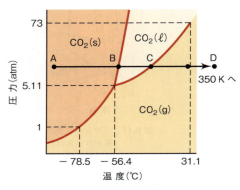

図 6.13 例題 6.11 (b) での CO_2 の等圧変化 図 6.12 と比較せよ．

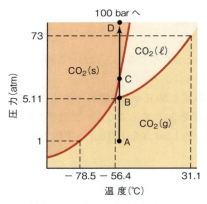

図 6.14 例題 6.11 (c) での変化

一成分系の状態図は，平衡状態にある系での相を決定するのに変数をいくつ決めなければならないか，という一般的な疑問に答えるための考え方を説明するのにも有用である．こうした必要となる変数の数は**自由度**（degree of freedom）と呼ばれる．系の状態を記述するためには，自由度を知る必要が

ある．この情報は，一般に思われているよりも有用である．とくに気相が関係するような相変化の位置は圧力や温度によってすぐに変化してしまうため，状態変数をいくつ決める必要があるかを知ることは重要になってくる．

H_2O の二次元の状態図を考える．平衡において系には H_2O だけが存在し，それが固相を形成しているという情報があるとき，この系は図 6.15 で影を入れた領域にあるすべての点をとることが可能である．したがって温度と圧力の両方を決める必要がある．しかし平衡において，系には固体と液体の H_2O が存在しているという情報があるとする．このとき系のとりうる状態は状態図上で固相と液相を分ける実線によって示される．与えられた相の組み合わせに対して，温度または圧力のどちらか一方がわかればもう一方も決まるので（なぜなら平衡にある二つの相はともにその線上の条件を満たしているはずなので），そのどちらか一方さえ決めればよい．相の数が増えたために，自由度が減少したのである．

平衡にある H_2O の系に，三つの相が共存しているとする．このような状態になるのは H_2O の固体，液体，気体の相に対して，273.16 K，6.11 mbar という条件ひと組しかない．つまり図 6.5 にみるように固体と液体，気体が平衡して存在するのは三重点と呼ばれる一点しかない．したがって，温度や圧力を決める必要はなくなる．

平衡において生じる相の数と，系の状態を記述する状態図上の点を特定するために必要な状態変数の数つまり自由度との間にはある関係がある．1870 年に Gibbs は，自由度と相の数との間の簡単な関係を導きだした．つまり一成分系に対して，平衡における相の数を P と表すと

$$（自由度）= 3 - P \qquad (6.19)$$

が成り立つ．式 (6.19) は**ギブズの相律**（Gibbs phase rule）として知られている関係を一成分系に対して簡略化したものである．この式では系の状態変数の一つ（ふつうは体積であることが多い）は状態方程式によってほかの状態変数から決定されると仮定している．この簡単な式が，これまで議論した場合についてそれぞれ正しい自由度を与えることを確認しておくとよい．

6.7 自然な変数と化学ポテンシャル

前に相平衡の条件は系の状態変数，すなわち体積，温度，圧力，物質量に依存することを示した．ふつう，われわれは温度や圧力が変化したときの系の変化を扱うので，化学ポテンシャル μ が温度 T や圧力 p に対してどのように変化するかを知ることは有用である．つまり $\partial\mu/\partial T$ と $\partial\mu/\partial p$ を知りたいのである．なお 4.8 節で述べたように，化学ポテンシャル μ はギブズエネルギー G の物質量 n に対する変化である．さて純粋物質について，系のギブズエネルギー G は次のように書かれる．

$$G = \mu n$$

ここで n は化学ポテンシャルが μ である物質の物質量である*．上に示した

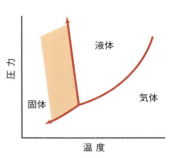

図 6.15 H_2O が固体であるという情報しかなければ，系は色のついた部分のあらゆる温度と圧力の組をとりうることになる．対象とする系を記述するためには，二つの独立な状態変数の値を規定する必要がある．

* この式は μ の定義である式 (4.47)
$$\mu \equiv \left(\frac{\partial G}{\partial n}\right)_{T,p}$$
から直接に導かれる．

G と μ の関係を使い,また式 (4.24) と (4.25) で与えられたように G が T と p に対してどのように変化するかを考えれば,次の二つの式を得る.

$$\left(\frac{\partial \mu}{\partial T}\right)_{p,n} = -\overline{S} \tag{6.20}$$

$$\left(\frac{\partial \mu}{\partial p}\right)_{T,n} = \overline{V} \tag{6.21}$$

また $d\mu$ についての自然な変数の式は

$$d\mu = -\overline{S}\,dT + \overline{V}\,dp \tag{6.22}$$

となる.この式は dG についての自然な変数の式 (4.17) とよく似ている.ところで式 (6.20) と (6.21) から,化学ポテンシャルの変化量 $\Delta\mu$ を使って偏導関数を書くこともできる.相変化を考える場合には,このほうがより適切である.式 (6.20) と (6.21) を書き直して

$$\left\{\frac{\partial(\Delta\mu)}{\partial T}\right\}_p = -\Delta\overline{S} \tag{6.23}$$

$$\left\{\frac{\partial(\Delta\mu)}{\partial p}\right\}_T = \Delta\overline{V} \tag{6.24}$$

これらの式を用いると温度 T や圧力 p が変化した場合に,平衡がどちらの方向に移動するのかを予測できる.いま固体から液体への相変化を考える.液体はふつう,固体より大きなエントロピーをもっているので,固体から液体への変化はエントロピーの増大を伴う.したがって式 (6.23) の右辺の負の符号は,温度 T に対する化学ポテンシャル μ のプロットの傾きが負になることを意味する.よって温度の上昇とともに化学ポテンシャルは減少する.化学ポテンシャルはエネルギー,ここではギブズエネルギーを用いて定義されており,また自発変化の方向はギブズエネルギーの変化が負になる方向なので,温度の上昇につれ,系は化学ポテンシャルの低い相,すなわち液相へと変化していくことになる.式 (6.23) は温度が上昇すると,なぜ物質が溶けるのかを説明しているのである.

同様の議論を液体から気体への相変化に対しても行うことができる.この場合のほうが,一般に相境界線の傾きは大きい.なぜなら液相と気相の間のエントロピー差は,固相と液相の間のエントロピー差よりずっと大きいからである.しかし理屈は同じであり,式 (6.23) は温度を上昇させていくと,なぜ液体が気体に変わるのかを説明する.

圧力が平衡に及ぼす影響は相のモル体積に依存する.この場合も,影響の大きさはモル体積の相対変化に関係する.固体と液体の間の体積変化は,ふつうとても小さい.これが,よほど大きな圧力変化でなければ,その圧力変化が固液平衡の位置に大きく影響を与えない理由である.しかし液体-気体(昇華の場合には固体-気体)の相変化では,モル体積の変化は 100 倍から 1000 倍の桁になる.気体が関係する相平衡の相対的な位置は,圧力変化の影

響を大きく受けることになる.

式 (6.24) は水の固相と液相間のふるまいと矛盾しない. 水は固体でのモル体積が液体でのモル体積よりも大きくなる数少ない物質である*. 式 (6.24) は, 圧力の増大が平衡をモル体積が小さな相の方向へ移動させることを示している. なぜなら自発変化については, ギブズエネルギーが減少するからである. ほとんどの物質では, 圧力の増大は平衡を固相の方向へ移動させる. しかし水は液体のほうが固体よりも密度が大きい数少ない物質の一つである**. 液体から固体になると式 (6.24) の $\Delta \overline{V}$ は正になってしまうため, 自発変化 (すなわち $\Delta \mu$ が負) については圧力の増大は固体から液体への変化を引き起こす. これは確かにふつうのふるまいではないが, 熱力学的には矛盾してはいないのである.

* 別のいい方をすると, ある量の液体の水は同じ量の固体の水と比べ密度が大きいということである.

** もう一つこのような物質の例をあげるとすればビスマスである.

例題 6.12

以下のような条件変化が加えられたとき, 平衡にどのような変化が生じるか. 式 (6.23) と (6.24) の変数を用いて述べよ. ただし, ほかのすべての条件は変わらないものとする.

(a) $H_2O(s, \overline{V} = 19.64 \text{ mL}) \rightleftharpoons H_2O(l, \overline{V} = 18.01 \text{ mL})$ の平衡で圧力を加えた場合.

(b) グリセリン (l) $\rightleftharpoons$ グリセリン (s) の平衡で温度を低下させた場合.

(c) $CaCO_3$(あられ石, $\overline{V} = 34.16$ mL) $\rightleftharpoons$ $CaCO_3$(方解石, $\overline{V} = 36.93$ mL) の平衡で圧力を減少させた場合.

(d) $CO_2(s) \rightleftharpoons CO_2(g)$ の平衡で温度を上昇させた場合.

解 答

(a) $\Delta \overline{V}$ は -1.63 mL である. Δp は正, また自発過程では $\Delta \mu$ は負なので, 全体として $\Delta \mu / \Delta p$ は負になる. したがって, 平衡は負の $\Delta \overline{V}$ の方向, つまり液相へと移動する.

(b) ΔT は負, また自発過程では $\Delta \mu$ は負なので, $\Delta \mu / \Delta T$ は正になる. したがって式 (6.23) の負の符号のため, 反応は負の $\Delta \overline{S}$ を与える方向に進む. つまり平衡は固体のグリセリンが生じる方向へ移動していく.

(c) Δp が負なので, 反応は $\Delta \overline{V}$ が正になる方向へ自発的に移動する. つまり平衡は方解石相の方向へ移動する.

(d) ΔT は正で, また自発変化については $\Delta \mu$ は負でなければならない. したがって平衡はエントロピーが増大する方向へ移動する. つまり気相の方向へ移動する.

以下では状態図や相変化の意味を解釈していくことにする. 第一に, われわれはいろいろな相のエントロピーの大きさが一般に

$$\overline{S}_{\text{solid}} < \overline{S}_{\text{liquid}} < \overline{S}_{\text{gas}}$$

の順であることを知っている. 体積についても一般に

$$\overline{V}_\text{solid} < \overline{V}_\text{liquid} < \overline{V}_\text{gas}$$

の順であることを知っている（ただしあとで述べるように，H_2O についての議論では必ずしもそうはならない）．

圧力一定で温度が変化する場合の化学ポテンシャル変化を考える．これは式（6.23）の左辺が意味するところであり，また図 6.16 の点 A と点 B を結んだ水平線上を動いていくことに相当する．この線に沿った変化を記述する式（6.23）の偏導関数は，温度 T の増加とともにエントロピー変化 $-\Delta\overline{S}$ が負になるよう，化学ポテンシャルが減少しなければならないことを示している．固体から液体への相変化（融解）や，固体から気体への相変化（昇華），また液体から気体への相変化（沸騰）ではエントロピーは常に増大する．したがって，これらの過程の $-\Delta\overline{S}$ は常に負の値になる．式（6.23）を満たすため，温度の上昇を伴う相変化は常に化学ポテンシャルを同時に低下させなければならない．化学ポテンシャルも結局のところエネルギーなので（もともとはギブズエネルギーを用いて定義されていた），ここでいっていることは，系はエネルギーが極小の状態をとろうとする傾向があるということである．これは前の章で述べた，系は自由エネルギーが極小の状態をとろうとする，という考えと同じである．われわれは同じ結論を与える二つの異なる議論をしてきたことになる．つまり熱力学はセルフコンシステント（self-consistent）——つじつまがあい，首尾一貫しているのである．優れた理論は，このようにセルフコンシステントでなければならない．

しかしこの基本的なところは簡単で，みな経験的に知っていることである．低温であれば物質は固体で，温めると融解して液体になり，さらに加熱すると気体になる．多くの人のこうした経験は熱力学の方程式と矛盾しない．また液相の有無が圧力に依存することも，これまでの議論から納得できるだろう．系の圧力が臨界圧より低ければ（CO_2 ではふつう，そうなっている），固体は昇華する．温度が臨界温度よりも高ければ固体は"融解"して超臨界流体になる．なお図 6.16 の点 A と点 B を結んだ線は，三つの相すべてが現れるように引いたものである．

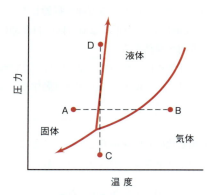

図 6.16　A から B，また C から D の直線は系の状態変化を表す．それぞれの直線に沿って起こる相の変化は，式（6.23）と（6.24）で与えられる，成分の化学ポテンシャルの差 $\Delta\mu$ と関係する．くわしくは本文をみよ．

式 (6.24) は，図 6.16 の点 C と点 D を結んだ垂直線と関係づけられる．温度一定で圧力が大きくなると化学ポテンシャルもまた増大する．なぜならほとんどすべての物質で $\bar{V}_{\text{solid}} < \bar{V}_{\text{liquid}} < \bar{V}_{\text{gas}}$ という関係が成り立つからである．すなわち固体の体積は液体の体積よりも小さく，液体の体積は気体の体積よりも小さいのである．つまり系の圧力が大きくなると体積の小さな相が生じてくることになり，これは式 (6.24) の左辺の偏導関数が常に負であることだけから決まっている．もし系が化学ポテンシャルを低くする方向に変化していくのなら $\Delta\mu$ は負になる．Δp が正，つまり圧力が上昇するのなら式 (6.24) の左辺の分数全体は負の値になる．すなわち圧力が上昇すると，系はより小さな体積の相になる．固体は液体よりも，液体は気体よりも体積が小さくなるので，温度一定で圧力を上げていくと気体から液体，さらに固体というように変化していくのである．まさにこれは，われわれが実際に経験している通りである．

これは H_2O にはあてはまらない．固体の H_2O の結晶構造が原因で，H_2O の固相は同量の液相の H_2O に比べて大きな体積をもつことになる．これは図 6.3 に示した H_2O の状態図上の固液平衡を表す実線の傾きが負であることと関係している．温度一定のもとで圧力が上昇すると，固相ではなく液相が安定相になる．H_2O は標準的でなく，例外なのである．水はたいへんに身近で，その性質は当り前のもののように思われているため，その熱力学的な意味を忘れてしまいがちである．

さて $d\mu$ についての自然な変数の式 (6.22) から導かれるマクスウェルの関係式もある．それは

$$\left(\frac{\partial \bar{S}}{\partial p}\right)_T = -\left(\frac{\partial \bar{V}}{\partial T}\right)_p \tag{6.25}$$

というものである．しかしこれは dG についての自然な変数の式から導かれた式 (4.37) と同じ関係なので，ここからとくに新しい，有用な関係が導かれるわけではない．

6.8　ま と め

一成分系は平衡についての概念を説明するのに便利である．同じ成分からなる二つの相の化学ポテンシャルは，これら二つの相がある系中で平衡して存在するのであれば一致しなければならない．このことを用いて最初にクラペイロンの式，ついでクラウジウス・クラペイロンの式を熱力学的な立場から導いた．相平衡についての圧力および温度条件をプロットすると最もよく知られたかたちの状態図ができあがる．系の正確な状態を記述するため，いくつの条件が必要であるかを決めるのはギブズの相律である．

複数の化学成分をもつ系に対しては，さらに考察を進める必要がある．溶液や混合物，そのほかの多成分系はこの章で導入した考え方を用いて記述される．しかし多くの成分が存在するので，正確な状態を記述するためにはさ

らに多くの情報が必要になる．次の章で，こうした方法をいくつか考えていくことになる．

重要な式

$$\sum_{\text{phases}} \mu_{\text{phase}} \, dn_{\text{phase}} = 0 \quad \text{(相平衡の条件)}$$

$$q = m\Delta_{\text{trans}}H \text{ または } q = n\Delta_{\text{trans}}\overline{H} \quad \text{(相変化に伴って出入りする熱)}$$

$$\Delta_{\text{trans}}S = \frac{\Delta_{\text{trans}}H}{T_{\text{trans}}} \quad \text{(相変化のエントロピー)}$$

$$\frac{dp}{dT} = \frac{\Delta \overline{S}}{\Delta \overline{V}} \approx \frac{\Delta \overline{p}}{\Delta T} \quad \text{(クラペイロンの式)}$$

$$\Delta p = \frac{\Delta \overline{H}}{\Delta \overline{V}} \ln \frac{T_f}{T_i} \quad \text{(クラペイロンの式の変形)}$$

$$\ln \frac{p_1}{p_2} = -\frac{\Delta \overline{H}}{R}\left(\frac{1}{T_1} - \frac{1}{T_2}\right) \quad \text{(クラウジウス・クラペイロンの式)}$$

$$\ln \frac{p^*}{p} = \frac{\overline{V}(l)\Delta p}{RT} \text{ または } p^* = pe^{\overline{V}(l)\Delta p/RT} \quad \text{(液体の圧力変化によって生じる蒸気圧変化)}$$

$$(\text{自由度}) = 3 - P \quad \text{(一成分系におけるギブズの相律)}$$

$$\left(\frac{\partial \mu}{\partial T}\right)_{p,n} = -\overline{S} \text{ および } \left(\frac{\partial \mu}{\partial p}\right)_{T,n} = \overline{V} \quad \text{(化学ポテンシャルと自然な変数の関係)}$$

$$\left(\frac{\partial \overline{S}}{\partial p}\right)_T = -\left(\frac{\partial \overline{V}}{\partial T}\right)_p \quad \text{(化学ポテンシャルから決まるマクスウェルの関係式)}$$

第6章の章末問題

6.2節の問題

6.1 以下の系について，成分の数を求めよ．
(a) 純粋な H_2O からできた氷山．
(b) 銅とスズの合金である青銅．
(c) ビスマス，鉛，スズ，カドミウムの合金であるウッド合金（これは消火用のスプリンクラーに用いられる）．
(d) 水とエチルアルコールの混合物であるウォッカ．
(e) 砂と砂糖の混合物．

6.2 コーヒーは炒った豆から熱いお湯によって抽出されたもので，多くの成分を含んでいる．いくつかの会社では実際にいれたコーヒーをフリーズドライ（冷凍乾燥）することによってインスタントコーヒーを製造している．しかしなぜインスタントコーヒーは，豆から新しくいれたばかりのコーヒーほどのおいしさを保つことができないのか．含まれている成分の立場から考えてみよ．

6.3 金属鉄と塩素ガスから一成分系をいくつつくるこ

とができるか．ただし成分は化学的に安定であるとする．

6.4 周囲とは断熱的になっている閉じた系で固相と液相がどのように平衡状態として存在するか．また，どのような条件のもとで固相と気相とが平衡状態として存在できるか．

6.5 室温で液体の水を注射器に入れ，密閉した．注射器のピストン棒を引いていくと，あるところで水蒸気の泡が生じた．水が沸騰しているとなぜいえるのか．説明せよ．

6.6 系が断熱的でないとき，熱は系に出入りする．いま
(a) 気液平衡にある系から熱が奪われた直後
(b) 固気平衡にある系に熱が加えられた直後
(c) 固液平衡にある系から熱が奪われた直後
(d) 固体だけからなる系から熱が奪われた直後
の系のふるまいについてそれぞれ述べよ．

6.7 純粋物質には標準沸点の値がいくつ存在するか．理由も述べよ．

6.8 式（6.2）を代数的に等価な，異なった形で表せ．また，等価である理由も述べよ．

6.3 節の問題

6.9 式（6.5）を以下の場合に適用したときの $\Delta_{\text{trans}}H$ の符号を決め，これについて説明せよ．
(a) 固体から気体への相変化（昇華）．
(b) 気体から液体への相変化（凝縮）．

6.10 ヘスの法則を用いて，$\Delta_{\text{sub}}H = \Delta_{\text{vap}}H + \Delta_{\text{fus}}H$ を検証せよ．

6.11 $-15.0\,°\text{C}$，$100.0\,\text{g}$ の氷を $110\,°\text{C}$ の水蒸気にするのに必要な熱量を計算せよ．なお氷，水，水蒸気の比熱容量と H_2O の $\Delta_{\text{fus}}H$，$\Delta_{\text{vap}}H$ の値は表 2.1 と表 2.3 に示してある．また，この過程は発熱的か吸熱的か．

6.12 果樹園では降霜が予想される日に，樹に水をまくことがある．このようにする理由を，式（6.4）を使って説明せよ．

6.13 液体の蒸発のためのエンタルピー変化 $\Delta_{\text{vap}}H$ が液体それ自体から供給されるとすると，$\Delta_{\text{vap}}H = -q = mc\Delta T$ という式から決まる温度変化が起こる．
(a) この式でマイナスの符号がついている理由を説明せよ．
(b) もし $1.00\,\text{g}$ の H_2O が，当初 $25.0\,°\text{C}$ で $100.0\,\text{g}$ の H_2O を入れた断熱容器から蒸発したとしたら，水の最終的な温度は何度になるか．熱容量は $25.0\,°\text{C}$ で $c = 4.18\,\text{J}\,\text{g}^{-1}\,\text{K}^{-1}$，$\Delta H_{\text{vap}} = 43.99\,\text{kJ}\,\text{mol}^{-1}$ であるとする．$25.0\,°\text{C}$ の H_2O の蒸気圧は $23.77\,\text{Torr}$ であり，液体の温度変化が起こっても，この値は一定であるとせよ．

6.14 前問の発展として，たとえば真空ポンプを利用するなどして液体から十分な量の物質を蒸気として取り去り，同時に熱を奪うことができれば，液体を凍らせることができる．冷えていく際にも H_2O の蒸気圧が一定であると仮定して（非常に粗っぽい仮定であるが，問題 6.71 を参照），$25.0\,°\text{C}$ で $500.0\,\text{g}$ の H_2O が取り去られた際に生じる氷の質量を求めよ．問題 6.13（a）のデータに加えて $\Delta_{\text{fus}}H(H_2O) = 6.009\,\text{kJ}\,\text{mol}^{-1}$ を用いよ．

6.15 $1\,\text{mol}$ の二酸化炭素が温度変化したときの化学ポテンシャルの変化量はいくらか．ただし温度 $25\,°\text{C}$ から微小変化した場合の化学ポテンシャルについて考えるとする．〔ヒント：式（4.40）を参照せよ．〕

6.16 液体のベンゼンは気体のベンゼンに沸点 $80.1\,°\text{C}$ で等温的に変化する．このときの ΔS はいくらか．また，これはトルートンの規則と矛盾しないか．

6.17 $\Delta_{\text{fus}}H$ が $17.61\,\text{kJ}\,\text{mol}^{-1}$，$\Delta_{\text{fus}}S$ が $10.21\,\text{J}\,\text{mol}^{-1}\,\text{K}^{-1}$ としてニッケルの融点を見積もれ．また，この値を測定で決めた融点 $1455\,°\text{C}$ と比較せよ．

6.18 $\Delta_{\text{vap}}H$ が $510.4\,\text{kJ}\,\text{mol}^{-1}$，$\Delta_{\text{vap}}S$ が $124.7\,\text{J}\,\text{mol}^{-1}\,\text{K}^{-1}$ として白金の沸点を見積もれ．また，この値を測定で決めた沸点 $3827 \pm 100\,°\text{C}$ と比較せよ．

6.19 アイススケートでは，スケート靴の刃が大きな圧力を発生させることで氷を溶かし，スケーターが薄いフィルム状の水の上を滑走していると考えられる．ここにどのような熱力学の原理が働いているか．また，これが本当にアイススケートの原理であることを説明する大ざっぱな計算を示してみよ．ほかの固体の上でスケートを行った場合にはどうなるか．このことはスケートの原理と，どう関係するか．

6.20 $q = mc\Delta T$ という式を用いて，ある相転移において熱容量が無限大になるかを議論せよ．

6.4 と 6.5 節の問題

6.21 式（6.11）を積分して式（6.12）を得るときの仮定は何か．

6.22 クラペイロンの式を導出するときに用いる $d\mu_{\text{phase1}} = d\mu_{\text{phase2}}$ の関係は，閉じた系だけを考えているという意味か．理由とともに述べよ．

6.23 硫黄は分子式 S_8 の環状構造の分子を形成し，固体状態として二つの比較的安定な相をもつめずらしい元素である．斜方晶系の結晶構造の固体は $95.5\,°\text{C}$ 以下で安定で，密度は $2.07\,\text{g}\,\text{cm}^{-3}$ である．$95.5\,°\text{C}$ から融点までの間に安定な単斜晶系の構造をとる相の密度は $1.96\,\text{g}\,\text{cm}^{-3}$ である．式（6.10）を用い，$100\,°\text{C}$ において斜方晶系が硫黄の安定な構造になるのに必要な圧力を計

算せよ．ただし硫黄の転移エントロピー $\Delta_{trans}S$ を 1.00 J mol^{-1} K^{-1} とし，この値は条件によって変わらないとする．また S_8 の分子量を用いて 1 mol を考えよ．

6.24 上の問題 6.23 の相変化に関連して考える．標準圧力での $\Delta_{trans}S$ の値を，このような極端な圧力条件に対してどの程度適用できるだろうか．上の問題の答えがどのくらい現実的かを考えよ．

6.25 リンには，異なった性質をもついくつかの同素体が存在する．白リンから赤リンへの転移のエンタルピー $\Delta_{trans}H$ は -18 kJ mol^{-1} である．白リンと赤リンの密度はそれぞれ 1.823 g cm^{-3}, 2.270 g cm^{-3} である．625 atm の圧力下で白リンが安定な相になるのは，何度であるか．リンの化学式は P_4 であるとせよ．

6.26 クラウジウス・クラペイロンの式を以下の相変化に適用できるかについて述べよ．
(a) 冷凍庫中での氷の昇華．
(b) 水蒸気の水への凝縮．
(c) 6.5 ℃ でのシクロヘキサンの凝固．
(d) 氷 V から氷 VI への変化（図 6.6）．
(e) 二原子分子 O_2(g) から三原子分子 O_3(g) への変化．
(f) 加圧下でのダイヤモンドの生成．
(g) 液体水素からの固体の金属水素の生成（金属水素への変化は 10^6 bar 程度の超高圧で起こるとされており，気体からなる木星や土星のような大きな惑星の一部は金属水素だと考えられている）．
(h) 壊れた温度計で生じる Hg(l) の蒸発．

6.27 物質の通常の大気圧下での沸点（周囲の圧力が 1 atm の場合）と標準沸点（周囲の圧力が 1 bar の場合）では，どちらが高いか．

6.28 ガリウム元素は，固相が液相の上に浮いて存在する（水以外の）もう一つの例である．Ga(s) の密度は 5.91 g cm^{-3} であるが，一方で Ga(l) は 6.09 g cm^{-3} である．大気圧下でのガリウムの融点は 302.9 K である．融点を 298.1 K まで下げるためには，どのくらいの圧力が必要か．ガリウムの融解エントロピーは 18.45 J mol^{-1} K である．

6.29 クラペイロンの式が示す温度と圧力の関係図の傾きから何が計算できるか．言葉で説明せよ．また，どのような測定値をどのようにプロットすれば，式 (6.9) を使ってそれを計算できるか．

6.30 問題 6.23 でとりあげた硫黄の固体での相変化について考える．斜方晶系の構造から単斜晶系の構造への転移エンタルピー $\Delta_{trans}H$ を 0.368 kJ mol^{-1} とし，式 (6.12) を用い，100 ℃ において斜方晶系が安定な構造になるのに必要な圧力を計算せよ．なお，これ以外に必要なデータは問題 6.23 に与えられている．この圧力を問題 6.23 の値と比較してどうか．

6.31 ある物質の融点を 222 ℃ から 122 ℃ へ低下させるとき，モル体積の変化は -3.22 cm^3 mol^{-1} であり，1.334 Mbar の圧力を必要とする．この物質の融解熱はいくらか．

6.32 くり返し使える温熱パックでは，過飽和状態の酢酸ナトリウムや酢酸カルシウムから固体が沈殿する現象が利用され，結晶化のときに放出される熱を利用して暖まることができる．この相変化の条件をクラペイロンの式，またはクラウジウス・クラペイロンの式で理解できるか．理由とともに述べよ．

6.33 C_4H_9OH の化学式で表されるアルコールには 1-ブタノール，2-ブタノール（sec-ブチルアルコール），イソブチルアルコール（2-メチル-1-プロパノール），tert-ブチルアルコール（2-メチル-2-プロパノール）がある．これらは異性体，つまり化学式は同じだが構造が異なる物質の一例である．以下の表に各異性体のデータを示す．

物質	$\Delta_{vap}H$ (kJ mol^{-1})	標準沸点 (℃)
1-ブタノール	45.90	117.2
2-ブタノール	44.82	99.5
イソブチルアルコール	45.76	108.1
tert-ブチルアルコール	43.57	82.3

クラウジウス・クラペイロンの式を用いて，これら異性体の 25 ℃ における蒸気圧を大きなほうから順番に答えよ．これは，標準沸点における $\Delta_{vap}H$ の値を基準にした通常の考え方による順番と一致するか．

6.34 ベンゼンの 40.0 ℃ での蒸気圧は 0.241 atm である．C_6H_6 の蒸発のエンタルピーが 33.9 kJ mol^{-1} だとして，ベンゼンの大気圧下での沸点を求めよ．

6.35 20.0 ℃ におけるエタノールの蒸気圧は 43.7 mmHg である．エタノールの蒸発のエンタルピーが 38.6 kJ mol^{-1} の場合，蒸気圧がちょうど 250.0 mmHg になる温度はいくらか．

6.36 防虫剤の玉として使われているナフタレン $C_{10}H_8$ について，22.0 ℃ における，温度変化に伴う蒸気圧変化の度合い，すなわち dp/dT はいくらか．ただしこの温度での蒸気圧は 7.9×10^{-5} bar で，蒸発熱は 71.40 kJ mol^{-1} であるとする．またこの温度，圧力ではナフタレンの蒸気は理想気体の法則に従うものとする．

6.37 上の問題 6.36 のデータを用いて，100 ℃ におけるナフタレンの蒸気圧を求めよ．

6.38 20.0 ℃ におけるエタノールの密度は 0.789 g cm^{-3}

であり，蒸気圧は 5.95 kPa である．液体のエタノール試料に，さらに 8.53 MPa の Kr で圧力を付加した．この条件下でのエタノールの圧力はいくらか．

6.39 ジエチルエーテル $C_2H_5OC_2H_5$ は非常に早く蒸発するため，ヘアスプレーの成分の一つとなっている．モル当りの体積は 103.9 cm^3 であり，18.3 Torr の蒸気圧を与える温度は 25.0 ℃ である．スプレー缶を 3.30 atm の気体プロパンで加圧した．その際のスプレー缶のなかのジエチルエーテルの蒸気圧はいくらか．

6.40 式 (6.17) と (6.18) は固体の昇華についても適用できる．これは，固相が凝縮相であり，気相と平衡状態にあるため（昇華であるため），導出の過程に関係しないからである．1,4-ジクロロベンゼン（パラジクロロベンゼン）はモスボールなどの防虫剤として使われる．固体ではあるが，25 ℃ における蒸気圧は 1.47 mmHg である．蒸気が放出できるように，パラジクロロベンゼンの試料を圧搾するとする．この温度で蒸気圧を 2.00 mmHg にするためには，どのくらいの圧力まで圧搾することになるか．固体の密度は 1.25 g mL^{-1} とする．

6.41 物質が高い温度に熱せられたるつぼのなかで気体になり，生じた蒸気が小さな孔を通って実験装置に導かれる構造の高温実験装置がある．こうしたるつぼをクヌーセンセルと呼ぶ．さて温度を直線的に増加させた場合，蒸発する物質の圧力と温度の関係はどのようなものか．また高温で物質を蒸発させる場合に注意が必要な理由を説明せよ．

6.42 水の沸点が 300 ℃ になる圧力はいくらか．また海中の水圧が 10 m すなわち 33 フィート下がるごとに 1 atm 増加するとしたら，この圧力はどれくらいの深さのところの値に相当するか．地球上にこのような深さの深海は存在するか．海底火山とのかかわりはどうか．

6.43 コロラド州コロラドスプリングスの大気圧は 582 Torr である．もし $\Delta_{vap}H(H_2O)$ が 40.7 kJ mol^{-1} であるとすると，コロラドスプリングスにおける水の沸点は何度か．

6.44 真空蒸留では容器の中の圧力が低くなるので，溶媒が低温で蒸発する．温度に敏感な物質を取り出すには，この方法は有効である．メタノール（$\Delta_{vap}H = 38.56$ kJ mol^{-1}, $T_{BP} = 351$ K）を 25 ℃ で蒸留するためには，容器はどの程度の圧力まで減圧しなければならないか．

6.45 高圧調理器は 2.02 atm の圧力で働いている．この圧力での H_2O の沸点はいくらか．

6.46 液滴では，表面の液体分子の間に働く相互作用が一様でなくなり，それが表面張力 γ を発生させる．この表面張力は，試料の全ギブズエネルギーの一部になる．一成分系では，ギブズエネルギー G の微小変化は以下のように表される．

$$dG = -SdT + Vdp + \mu_{phase}dn_{phase} + \gamma dA$$

ここで dA は液滴の表面積の変化である．圧力一定，温度一定において，この式は

$$dG = \mu_{phase}dn_{phase} + \gamma dA$$

となる．半径 r の球状の液滴では表面積と体積がそれぞれ $4\pi r^2$，$(4/3)\pi r^3$ だから

$$dA = \frac{2}{r}dV \qquad (6.26)$$

である．このとき
(a) 表面張力 γ の単位を示せ．
(b) A と V の導関数を求め，式 (6.26) を確かめよ．
(c) 式 (6.26) を用いて，dV についての新しい式を導け．
(d) 相の自発変化は dG が正のときに起こる．このとき dG の値を大きくするほうに作用するのは液滴の半径が大きな場合か，小さな場合か．
(e) 大きな液滴と小さな液滴ではどちらが蒸発が早いか．
(f) 噴霧器を使って，香水やコロンをつける方法の長所を (e) によって説明できるか．

6.47 タンパク質のもう一つの重要な相変化は，正常状態，すなわち折りたたまった状態から，折りたたみが外れた状態への変性である．これは卵を料理した際に生じる変化である．変性にもクラウジウス・クラペイロンの式は適用できるが，ここでいう相（状態）の"圧力"は，与えられた温度で変性したタンパク質の分率 f_{den} に相当する．細菌の細胞壁を破る酵素であるリゾチームの変性のエンタルピー $\Delta_{den}H$ は 160.8 kJ mol^{-1} である．変性したリゾチームの分率 f_{den} が 45.0 ℃ で 0.113 であるとすると，75.0 ℃ の f_{den} はいくらか．

6.6 と 6.7 節の問題

6.48 大きな氷のかたまりである氷河はどのようにして動くか．〔ヒント：式 (6.24) を参照せよ．〕

6.49 アメリカ合衆国のロッキー山脈にある合衆国空軍士官学校（US Air Force Academy）では，"USAFA: Mac & Cheese をつくるのに 2 分間よけいに必要なところ"というポスターがある．図 6.5 を使って，この言葉を説明せよ．

6.50 H_2O の固相は H_2O の液相よりも密度が低いことを使って，H_2O の相図（図 6.5）の固相-液相境界の傾きが負になることを議論せよ．

6.51 前問に関連して，適切な条件下で図 6.6 のどの氷

の相が液体よりも密度が高いか議論せよ．

6.52 図6.16のそれぞれの領域，線，線の交点における自由度を求めよ．

6.53 式（6.19）を用いて，単成分系のp-T状態図では四つの相が共存する点は決してないことを示せ．

6.54 仮想的な平らな世界（フラットランド）（1884年にEdwin Abbotによって提案された古い問題）においては，体積は存在せず二次元の面積しか存在しない．式（6.19）で与えられるギブズの相律はこの世界に適用できるか．答えた理由も説明せよ．

6.55 四つの相が，ある一点で共存することはできないこと（問題6.53を参照）を示すもう一つの方法は，化学ポテンシャルがp, Tという二つだけの状態変数で表される関数であることを理解することである．一つの相のμがp, Tだけの関数であるとして

$$\mu = F(p, T)$$

と書く．一相内であっても，いろいろなp, Tの値をとることができる．しかしながら，二つの相が平衡状態になった場合，両者の化学ポテンシャルは等しくなる．したがって

$$\mu_1 = \mu_2 \longrightarrow F_1(p, T) = F_2(p, T)$$

となる．ここから，p, Tという二つの変数を関係づける一つの式を得ることになる．したがって，どちらかの変数の値が決まれば，もう一方の変数はこの関係を満たさないといけないので，（理論上は）計算することができる．したがって，p, Tのとりうる領域は，つながった点のセット，すなわち線になる．もし三相が平衡になっているとしたら，それぞれの相の化学ポテンシャルはみな等しくならなければならない．

$$\mu_1 = \mu_2 = \mu_3 \longrightarrow F_1(p, T) = F_2(p, T) = F_3(p, T)$$

このため，ここでは二つの独立した式が導かれ（一つは相1と相2の関係を示す式，もう一つは相2と相3の関係を示す式），数学的には二つの変数の間に二つの関係式があるため，一つの決まった変数のセット，すなわちある一点のみが二つの関係式を満たすことになる．この議論を四相が平衡にある条件に拡張して，数学的に許される解を得られないことになり，一成分の系で四つの相が平衡になることはないという結論になることを示せ．

6.56 式（6.20）と（6.21）について，両辺の単位に矛盾のないことを示せ．

6.57 系の圧力や温度によって，液相が"準安定相"になりうることを状態図を用いて説明せよ．

6.58 図6.6の水の状態図上に示された相変化の数は全部でいくつか．

6.59 図6.17は極低温における^{3}Heの状態図で，注目すべきことに0.3 K以下の固液平衡線の傾きが負になっている．この不思議な実験事実を説明せよ．

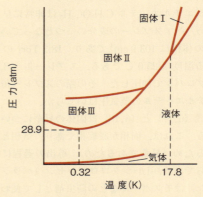

図6.17 ^{3}Heの状態図〔出典：W. E. Keller, "Helium-3, Helium-4," Plenum Press, New York (1969) より改変〕．

6.60 状態図が1本の軸だけで規定されている場合，一成分系に対する相律はどのようなものになるか．また（a）相変化と（b）臨界点の条件を決めるのにパラメータをいくつ指定しなければならないか．

6.61 物質の三重点では，固相，液相にかかる蒸気圧は同じになる．クラウジウス・クラペイロンの式を用いて，三重点の温度T_{tp}は

$$T_{tp} = -\frac{\Delta_{fus}H}{R \ln \frac{p_{liq}}{p_{sol}} + \frac{\Delta_{vap}H}{T_{liq}} - \frac{\Delta_{sub}H}{T_{sol}}}$$

となる．ここで（p_{liq}, T_{liq}），（p_{sol}, T_{sol}）はそれぞれ液体相，固体相の蒸気圧と温度である．
(a) 以下のデータを用いて，ヨウ素I_2のT_{tp}を計算せよ．

$\Delta_{fus}H$ 15.52 kJ mol^{-1}
$\Delta_{sub}H$ 57.09 kJ mol^{-1}
$\Delta_{vap}H$ 41.57 kJ mol^{-1}
p_{sol}（364 K）   10.00 Torr
p_{liq}（410 K）   200.0 Torr

(b) 三重点でのI_2の蒸気圧を，クラウジウス・クラペイロンの式とI_2の1気圧下での沸点が457.4 Kであることを用いて計算せよ．

6.62 ある物質が大気圧で昇華するとき，この物質の液相を得るためにはこれより高い圧力と低い圧力のどちらが必要か．理由も述べよ．

6.63 物質の臨界点を定義するには，二つの独立な状態変数が必要である（それぞれは臨界温度，臨界圧と呼ばれている）．このことをギブズの相律を使って説明せよ．

6.64 図6.6の上部には三つの線が合わさった点がい

くつかある．これらは三重点と考えられるか．答えと，その可否の理由を説明せよ．

6.65 図6.3に示したH$_2$Oの状態図で，図中のそれぞれの線が，どのような量の導関数であるかを示せ．

6.66 上の問題6.65と同じことを，図6.6として示した，より複雑なH$_2$Oの状態図について行え．

6.67 硫黄の状態図が図6.18に与えられている．これをみて以下の問いに答えよ．
(a) 同素体はいくつ示されているか．
(b) 一般的な温度，圧力条件のもとで最も安定な同素体は何か．
(c) 圧力1 atmのもとで温度が25℃から上昇した場合に，硫黄に生じる変化はどのようなものか．

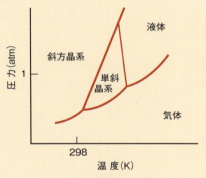

図 **6.18** 硫黄の状態図

6.68 上の問題6.67の硫黄の状態図をもう一度考える．25℃，1 atm（これは1 barにほぼ等しい）から温度を上昇させていったとき，硫黄が斜方晶系から単斜晶系へ変化するときのエントロピー変化について説明せよ．それは正か負か．また熱力学第二法則にもとづいて，この変化が自発的であると考えてよいか答えよ．

6.69 式（6.20）を用いて，−3.00℃に過冷却したH$_2$O(l)の化学ポテンシャル変化を求めよ．$\overline{S}[\mathrm{H_2O}(l)]$ = 69.54 J mol^{-1} K^{-1}とする．

数値計算問題

6.70 式（6.14）のクラウジウス・クラペイロンの式を，物質の圧力p_2を用いて書き直せ．またH$_2$O（沸点100℃，$\Delta_{\mathrm{vap}}H$ = 40.71 kJ mol^{-1}），Ne（沸点−246.0℃，$\Delta_{\mathrm{vap}}H$ = 1.758 kJ mol^{-1}），Li（沸点1342℃，$\Delta_{\mathrm{vap}}H$ = 134.7 kJ mol^{-1}）の蒸気圧をプロットせよ．三つの物質で値は大きく異なるが，温度が上昇したときの蒸気圧のふるまいに似たところはあるだろうか．

6.71 問題6.13（b）の答えは，H$_2$Oの蒸気圧が温度とともに変化するので正確ではない．以下の式を用いてH$_2$Oの蒸気圧を計算せよ．Tの単位はKで与えられる．

$$p = e^{(20.39 - 5132/T)} \text{ mmHg}$$

7 多成分系における平衡

第6章でわれわれは，平衡にある系に適用できるいくつかの重要な概念を導入した．クラペイロンの式やクラウジウス・クラペイロンの式，ギブズの相律は，平衡にある系が到達する状態と，系の変化を理解するのに用いられる考え方である．ところでこれまでは単一の化学成分をもつ系についてのみ考えてきたが，興味深い系のほとんどは二つ以上の化学成分をもっているから，これでは非常に制限されてしまう．興味深いのは多成分系なのである．

われわれは多成分系を二つの方法で考察する．第一の方法は第6章のいくつかの概念を拡張することによって行われる．これについては多くを行わない．第二の方法は第6章で組み立てた概念のうえに多成分系に適用する新しい概念を構築し，発展させるものである．これがわれわれのおもなアプローチになる．

7.1	あらまし
7.2	ギブズの相律
7.3	液体／液体系
7.4	非理想二成分溶液
7.5	液体／気体系とヘンリーの法則
7.6	液体／固体溶液
7.7	固溶体
7.8	束一的性質
7.9	まとめ

7.1 あらまし

まずギブズの相律を最も一般的なかたちで多成分系に拡張することから始める．多成分系といってもせいぜい二，三成分しかない比較的簡単な系に限ることにする．しかし拡張したその考え方は一般に広く適用でき，ここではほとんど考える必要のないより複雑な系にも適用できる．簡単な二成分系の例の一つは二つの液体の混合物である．その液体と平衡にある蒸気相の特徴についても考察する．これは異なる相（固相，液相，気相）が溶質や溶媒として働く溶液についてのよりくわしい研究につながる．

平衡状態での溶液のふるまいはヘンリーの法則やラウールの法則によって一般化でき，これは濃度でなく活量を用いて理解される．すべての溶液について，ある性質の変化は単純に溶媒と溶質粒子の数によって理解される．こうした性質は束一的性質と呼ばれる．

この章を通して多成分系のふるまいを図式的に表す新しい方法を紹介する．ある場合は単純な，またある場合は複雑な状態図を描く新しい方法を提示する．

7.2 ギブズの相律

第6章では一成分系のギブズの相律を述べた．この規則が，平衡にある孤立系の状態を知るために必要な独立変数の数を与えるものであることを思いだしてほしい．一成分系において系の状態を記述するのに必要な変数の数，すなわち**自由度**（degree of freedom）を決めるためには，平衡における安定相の数がわかればよい．

成分の数が1よりも大きな場合には，平衡における系の状態を理解するためにさらに多くの情報が必要である．どれだけ多くの情報が必要になるかを考える前に，われわれがどのような情報をもっているのかについてあらためて考えてみよう．まず系が平衡にあると仮定しているので，系の温度 T_{sys} と系の圧力 p_{sys} はすべての成分で等しくなっている．すなわち

$$T_{comp1} = T_{comp2} = T_{comp3} = \cdots = T_{sys} \tag{7.1}$$
$$p_{comp1} = p_{comp2} = p_{comp3} = \cdots = p_{sys} \tag{7.2}$$

前の章での議論から，さらにすべての相の温度と圧力が同じであることが求められる．つまり

$$T_{phase1} = T_{phase2} = \cdots$$

および

$$p_{phase1} = p_{phase2} = \cdots$$

式（7.2）はそれぞれの気体成分の分圧が等しいことを意味しているのではない．これは気体成分を含め，系のすべての成分が同じ圧力を受けていることを示している．また系が体積一定（定容）に保たれていると仮定し，さらに物質量（ふつうは単位としてmolを使う）がわかっていると仮定する*．

こうした条件で，平衡にある系の状態を知るために必要な独立変数の数，すなわち自由度はいくらだろうか．系が C 個の成分と P 個の相をもつと考える．モル分率のような成分の相対量を記述するには $C-1$ 個の値が決められなければならない（最後の成分については引き算で決定できる）．それぞれの成分の相について記述されなければいけないから $(C-1)P$ 個の値を知る必要がある．圧力と温度を決める必要があるなら，最終的に系を記述するには $(C-1)P+2$ 個の値が必要である．

ここでもし系が平衡にあるなら，それぞれの成分の異なった相の化学ポテンシャルは等しくなければならない．すなわち

$$\mu_{1,\,sol} = \mu_{1,\,liq} = \mu_{1,\,gas} = \cdots = \mu_{1,\,other\ phase}$$

これは成分1だけでなくすべての成分について成り立つ．つまり C 個のすべての成分について $P-1$ 個の値，全体では $(P-1)C$ 個の値を除くことができる．結局，自由度 F を表すのに残った値の数は $\{(C-1)P+2\} - \{(P-1)C\}$，すなわち

---

* 最終的には実験者が系の初期条件を決めるので，われわれは常に最初の物質量を知ってから実験を始める．

$$F = C - P + 2 \tag{7.3}$$

となる．式 (7.3) はより完全な**ギブズの相律**（Gibbs phase rule）である．一成分系では，これは式 (6.19) のようになる．この式は平衡にある系だけに適用できることに注意しなければならない．また気相は気体の相互溶解性のために一つの相しか存在できないが，液相と固相については複数の液相（すなわち不混和液体）や複数の固相（同系中の独立な非合金固体）が存在できることにも注意が必要になる．

では指定できる状態変数はどれだろう．圧力と温度が共通であることはわかっている．多成分系において，われわれはそれぞれの成分の相対量を mol を単位として決めなければならない．簡単な系について図 7.1 を用いて説明する．

化学平衡が存在しているときには，すべての成分は真に独立というわけではなくなる．成分の相対量は化学反応式の化学量論によって決定される．ギブズの相律を適用する前に独立な成分の数を確認する必要がある．それには従属する成分を考察から除けばよい．従属する成分とは，系のほかの成分からつくられる成分である．図 7.1 で水 H_2O とエタノール C_2H_5OH は化学平衡にはないので，これらは独立な成分である．しかし平衡

$$H_2O(l) \rightleftharpoons H^+(aq) + OH^-(aq)$$

では，水素イオン H^+ と水酸化物イオン OH^- の量は化学反応によって関係づけられている．よって独立な成分は三つではなく二つしかない．すなわち H_2O と，H^+ か OH^- のどちらかである（一方は反応が平衡にあるという事実から決定される）．例題 7.1 と 7.2 で自由度について説明する．

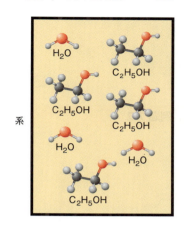

系

平衡にあるときの独立な状態変数は
- 温度
- 圧力
- 一つの成分の量（モル分率．ほかの成分のモル分率は決めることができる）

∴ 自由度は 3

なぜならギブズの相律から

自由度 $F = 2 - 1 + 2 = 3$
$\underbrace{}_{C}\underbrace{}_{P}$

図 7.1 H_2O と C_2H_5OH の単純な多成分系 この系にもギブズの相律を適用できる．

例題 7.1

エタノール C_2H_5OH と水，角氷からなる飲み物を考える．これがいま考える系だとして，この系の自由度はいくらか．また，このとき指定すべき状態量は何か．

解 答

二つの独立な成分，C_2H_5OH と H_2O がある．また相についても二つで，固相（角氷）と液相（C_2H_5OH と水の溶液）がある．化学平衡については考えなくてよいから，成分間の独立性について心配することはない．したがってギブズの相律から

$$F = C - P + 2 = 2 - 2 + 2 = 2$$

を得る．さて，どの状態量を指定すべきだろう．温度が指定されれば，液体と固体の H_2O が平衡にあることはわかっているので系の圧力はわかる．つまり温度が与えられれば，必要な圧力を決定するのに H_2O の状態図を使うことができる†．ほかに一方の成分の量を指定する．ふつう，系の総物質量

† 訳者注　正確には H_2O/C_2H_5OH 系の状態図と組成をあらかじめ知っておく必要がある．いずれにしても二つの状態量を指定すれば系を完全に定義できる．

はわかっている．したがって一方の成分の量を指定することで，ほかの成分の量を引き算で決定できる．二つの状態量を指定することで，この系を完全に定義できる．

例題 7.2

硫酸鉄（III）$Fe_2(SO_4)_3$ は加熱すると次の反応で分解し，酸化鉄（III）Fe_2O_3 と三酸化硫黄 SO_3 になる．

$$Fe_2(SO_4)_3(s) \rightleftharpoons Fe_2O_3(s) + 3\,SO_3(g)$$

平衡反応式中の相の表示を使うと，この平衡の自由度はいくらになるか．

解 答

この平衡では $Fe_2(SO_4)_3$ と Fe_2O_3 の二つの固相と，SO_3 の一つの気相という，合わせて三つの異なる相がある．よって $P = 3$ である．水の解離と同様に，この平衡では独立な成分は二つしかない（三つ目の成分の量は反応の化学量論により決定される）．したがって $C = 2$ である．ギブズの相律を使えば

$$F = 2 - 3 + 2$$
$$= 1$$

となる．

7.3 液体／液体系

多成分系のギブズの相律を理解すれば，多成分系を考察することができるようになる．ここでは二成分系について説明するが，その概念は三成分以上の系にも適用できる．

化学的に相互作用しない二つの液体成分からなる二成分溶液を考える．この溶液の体積が系の体積と同じなら，われわれは二成分の単一相について考えることになる．このとき自由度はギブズの相律から $F = 2 - 1 + 2 = 3$ になる．この系を完全に定義するために温度，圧力，一方の成分のモル分率を指定する．式（3.24）を思いだしてほしい．ある成分 i のモル分率 x_i は，その成分 i の物質量 n_i を系中の成分の総物質量 n_{tot} で割ったものに等しくなる．すなわち

$$(成分\,i\,のモル分率) \equiv x_i = \frac{n_i}{\sum_{すべての\,i} n_i} = \frac{n_i}{n_{tot}} \quad (7.4)$$

また系のなかのすべての成分のモル分率の和をとると 1 になる．式で表せば

$$\sum_i x_i = 1 \quad (7.5)$$

となる．これが二成分溶液では，一方の成分のモル分率しか指定する必要が

ない理由である．もう一方の成分のモル分率は引き算によって求められる．

しかし，もし溶液の体積が系の体積より小さければ，系のなかに"空の"空間が生じることになる．この空間には何もないわけでなく，液体成分の蒸気が満たされている．溶液の体積が系の体積より小さいようなすべての系では図 7.2 に示すように，あまった空間は気相の各成分で満たされている[*]．系が一成分なら，気相の分圧は液相の種類と温度の二つだけで決まる．平衡にある気相の圧力は，その純粋な液体の**蒸気圧**（vapor pressure）と呼ばれる．その蒸気と平衡にある二成分溶液では，気相におけるそれぞれの成分の化学ポテンシャル $\mu_i(g)$ は，液相におけるそれぞれの成分の化学ポテンシャル $\mu_i(l)$ と等しくなければならない．すなわち

$$\mu_i(l) = \mu_i(g) \qquad (i = 1, 2)$$

式（4.59）に従えば，実在気体の化学ポテンシャル $\mu_i(g)$ は標準化学ポテンシャル $\mu_i^\circ(g)$ と気体のフガシティー f による補正項の和になる．

$$\mu_i(g) = \mu_i^\circ(g) + RT \ln \frac{f}{p^\circ} \qquad (7.6)$$

ここで R と T はふつうの熱力学的な定義に従うものとし，p° は標準圧力（1 bar または 1 atm）である．ところで液体（適当な系で，実は固体でもよい）について，これと等価な式がある．しかしこの場合には第 5 章でみたように，化学ポテンシャルをフガシティーではなく**活量**（activity） a_i で定義する．

$$\mu_i(l) = \mu_i^\circ(l) + RT \ln a_i \qquad (7.7)$$

平衡では，液相の化学ポテンシャル $\mu_i(l)$ とその蒸気相の化学ポテンシャル $\mu_i(g)$ は等しくなければならない．よって上の二つの式から

$$\mu_i(g) = \mu_i(l)$$
$$\mu_i^\circ(g) + RT \ln \frac{f}{p^\circ} = \mu_i^\circ(l) + RT \ln a_i \qquad (i = 1, 2) \qquad (7.8)$$

が成り立つ（この時点では，どの項が g, l どちらの相を表しているのかをきちんと整理しておくことが重要である）．蒸気が理想気体としてふるまうと仮定すると，左辺のフガシティー f を分圧 p_i で置き換えることができる．すると式（7.8）は

$$\mu_i^\circ(g) + RT \ln \frac{p_i}{p^\circ} = \mu_i^\circ(l) + RT \ln a_i \qquad (7.9)$$

となる．系が単一の純粋な成分からなっていれば，液相は活量 a_i を含む第二項の補正項を必要としない．よって単一の純粋な成分からなる系について式（7.9）は

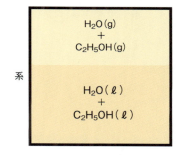

[*] 同じことは多くの場合，完全には系を満たしていない固相を含む系についてもいえる．"冷凍焼け"はこのことが固体の水に対して起こった例である．

図 7.2 凝縮相よりも体積の大きな系には，常に凝縮相と平衡にある蒸気相が存在している．また平衡状態では蒸気と共存する液体を考えることが多いが，多くの場合には蒸気相とともに固相も存在している．

$$\mu_i^\circ(g) + RT \ln \frac{p_i^*}{p^\circ} = \mu_i^\circ(l) \tag{7.10}$$

ここで p_i^* は純粋な液体成分の平衡蒸気圧である．式（7.9）の右辺に式（7.10）の $\mu_i^\circ(l)$ を代入すると

$$\mu_i^\circ(g) + RT \ln \frac{p_i}{p^\circ} = \mu_i^\circ(g) + RT \ln \frac{p_i^*}{p^\circ} + RT \ln a_i$$

を得る．標準化学ポテンシャル $\mu_i^\circ(g)$ は両辺で打ち消され，さらに両辺の RT を含む項を整理する．

$$RT \ln \frac{p_i}{p^\circ} - RT \ln \frac{p_i^*}{p^\circ} = RT \ln a_i$$

R と T を約分し，左辺の対数を一つにする．そして p° を約分すると

$$\ln \frac{p_i}{p_i^*} = \ln a_i$$

両辺の対数を取り除くと，成分 i の液相の活量 a_i について以下の式を得る．

$$a_i = \frac{p_i}{p_i^*} \quad (i = 1, 2) \tag{7.11}$$

ここで p_i は溶液上の平衡蒸気圧，p_i^* は純粋な液体成分の平衡蒸気圧である．式（7.11）を用いると，気体の平衡蒸気圧から液体の活量 a_i を決定できる．

式（7.10）を見直すと，右辺は単純に化学ポテンシャル $\mu_i(l)$ になっている．蒸気と平衡にある二成分溶液について，それぞれの成分は式（7.10）に似た以下の式を満たさなければならない．

$$\mu_i(l) = \mu_i^\circ(g) + RT \ln \frac{p_i}{p^\circ} \quad (i = 1, 2) \tag{7.12}$$

さてもし溶液が理想的なら，蒸気相におけるそれぞれの成分の蒸気圧 p_i は液相中にそれぞれの成分がどれだけ存在するかによって決められるだろう．液体混合物中の一方の成分がより多ければ，蒸気相中の蒸気は $p_i = 0$（これは系中に成分 i が存在しない状態に対応する）から $p_i = p_i^*$（これは系中がすべて成分 i となった状態に対応する）に向かって増加するだろう．**ラウールの法則**（Raoult's law）は理想溶液について，ある成分の分圧 p_i が液相中のその成分 i のモル分率 x_i に比例することを述べている．比例定数は純粋な成分の蒸気圧 p_i^* である．すなわち

$$p_i = x_i p_i^* \quad （二成分溶液に対しては i = 1, 2） \tag{7.13}$$

図 7.3 はラウールの法則に従う溶液の二つの成分の分圧をプロットしたものである．分圧ゼロと p_i^* を結ぶ 2 本の直線はラウールの法則の特徴を示している．すなわち式（7.13）から直線のグラフが要求され，それぞれの直線の

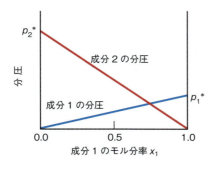

図 7.3 ラウールの法則によれば，液相と平衡している蒸気相のある一つの成分の分圧は，液相中のその成分のモル分率に比例する．それぞれの分圧のプロットは直線になる．また直線の傾きは純粋な液体成分の平衡蒸気圧 p_i^* である．

傾きはそれぞれの成分の平衡蒸気圧 p_i^* に等しくなる．また x 軸は 0 から 1 まで変化するモル分率 x_i で切片は p_i^* に等しくなる．ラウールの法則に従うことは，理想溶液の必要条件の一つである．ほかの必要条件はこの節の最後に示される．

溶液が理想的なら，二成分系において蒸気と平衡にある液体の化学ポテンシャルはラウールの法則を用いて理解できる．式 (7.12) の p_i に式 (7.13) を代入して

$$\mu_i(l) = \mu_i^\circ(g) + RT \ln \frac{x_i p_i^*}{p^\circ} \tag{7.14}$$

対数項を整理して，特徴的な値であるそれぞれの成分の平衡蒸気圧 p_i^* と標準圧力 p° を含んだ項を分けると

$$\mu_i(l) = \mu_i^\circ(g) + RT \ln \frac{p_i^*}{p^\circ} + RT \ln x_i$$

右辺の最初の二つの項は成分に特徴的な項で，与えられた温度で一定である．そこでこれらをいっしょにして一つの項 $\mu_i'(g)$ とする．すなわち

$$\mu_i'(g) \equiv \mu_i^\circ(g) + RT \ln \frac{p_i^*}{p^\circ} \tag{7.15}$$

これを上の式に代入すると，理想溶液における液体の化学ポテンシャル $\mu_i(l)$ について以下の式が得られる．

$$\mu_i(l) = \mu_i'(g) + RT \ln x_i \quad (i = 1, 2) \tag{7.16}$$

多成分系において，このように液体の化学ポテンシャル $\mu_i(l)$ はその液体のモル分率 x_i と関係づけられる．

ラウールの法則は理想溶液の蒸気相のふるまいを理解するのに有用である．蒸気相が理想気体として取り扱われるなら，分圧についてのドルトンの法則から，全圧 p_{tot} はそれぞれの分圧の和で与えられる．二成分系については

$$p_{\text{tot}} = p_1 + p_2$$

ラウールの法則から，これは

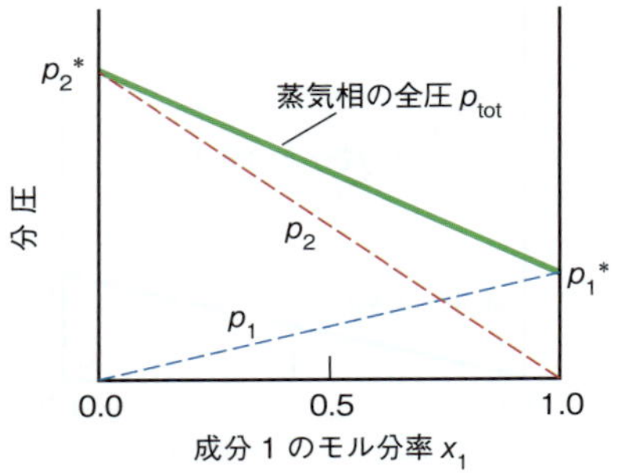

図 7.4 理想溶液の全圧 p_tot は，一方の純粋な成分の蒸気圧からもう一方の純粋な成分の蒸気圧へ滑らかに変化する．

$$p_\text{tot} = x_1 p_1^* + x_2 p_2^*$$

となる．ここで x_1 と x_2 は独立ではない．液相のモル分率の和は1にならなければならないから $x_1 + x_2 = 1$，すなわち $x_2 = 1 - x_1$ である．これを代入して

$$p_\text{tot} = x_1 p_1^* + (1 - x_1) p_2^*$$

整理すると

$$p_\text{tot} = p_2^* + (p_1^* - p_2^*) x_1 \tag{7.17}$$

となる．これは直線の方程式 $y = b + mx$ の形をしている．ここで x_1 は液相中での成分1のモル分率を表している．全圧 p_tot を成分1のモル分率 x_1 に対してプロットすると，図7.4に示すような直線が得られる．傾きは $p_1^* - p_2^*$，切片は p_2^* となる．図7.4は溶液組成の変化に伴って全圧 p_tot が p_1^* から p_2^* へ滑らかに，かつ直線的に変化することを示している．図7.4にはそれぞれの分圧 p_1 と p_2 も破線で示した．図7.3と比較するとよい．

例題 7.3

理想溶液は液体炭化水素ヘキサンとヘプタンで近似される．25℃でヘキサンは平衡蒸気圧 151.4 mmHg，ヘプタンは平衡蒸気圧 45.70 mmHg である．閉じた系においてモル比 50:50（すなわち $x_1 = x_2 = 0.5$）のヘキサン／ヘプタン溶液の平衡蒸気圧はいくらか．なお，どちらの液体に1または2の記号をつけてもよい．

解 答

ここではヘキサンに記号1を，ヘプタンに記号2をつけることにする．ラウールの法則から

$$p_1 = 0.50 \times 151.4 \text{ mmHg} = 75.70 \text{ mmHg}$$
$$p_2 = 0.50 \times 45.70 \text{ mmHg} = 22.85 \text{ mmHg}$$

ドルトンの法則によって，系の全蒸気圧 p_tot は二つの分圧 p_1 と p_2 の和になるから

$$p_\text{tot} = 75.70 \text{ mmHg} + 22.85 \text{ mmHg} = 98.55 \text{ mmHg}$$

となる．これが求めるヘキサン／ヘプタン溶液の平衡蒸気圧である．

ラウールの法則は，揮発性のそれぞれの液体成分に対して $p_i = x_i p_i^*$ である．

液体の沸騰はその液体の蒸気圧が周囲の圧力と等しくなったときに起こる．したがって溶液は組成と純粋な成分の蒸気圧に依存して，異なった温度で沸騰することになる．次の例題で，この考え方がどのように用いられるかについてみる．

例題 7.4

氷浴に似て，液相と気相との平衡によって一定温度を保つ蒸気浴というものがある．ヘキサン/ヘプタン溶液は，圧力 500.0 mmHg の閉じた系で一定温度 65℃ を保つのに使われる．65℃ でのヘキサンの蒸気圧は 674.9 mmHg，ヘプタンの蒸気圧は 253.5 mmHg である．このとき溶液の組成はどうなっているか．

解 答

溶液の組成を明らかにするため，液相の一方のモル分率，たとえば x_1 を決める必要がある．式（7.17）を整理すると

$$x_1 = \frac{p_{tot} - p_2^*}{p_1^* - p_2^*}$$

記号 1 でヘキサンを，記号 2 でヘプタンを表すことにすると，必要なすべての情報，すなわち $p_1^* = 674.9$ mmHg，$p_2^* = 253.5$ mmHg，$p_{tot} = 500.0$ mmHg はわかっているので，これを代入して

$$x_1 = \frac{500.0 \text{ mmHg} - 253.5 \text{ mmHg}}{674.9 \text{ mmHg} - 253.5 \text{ mmHg}}$$

$$x_1 = \frac{246.5 \text{ mmHg}}{421.4 \text{ mmHg}}$$

mmHg の単位は約分され，単位のない数値だけが残る．モル分率は単位がないので，これは正しい．よってヘキサンのモル分率 x_1 は

$$x_1 = 0.5850$$

したがって，この液体混合物は少しヘキサン過剰である．ヘプタンのモル分率 x_2 は $x_2 = 1 - 0.5850 = 0.4150$ となり，半分よりわずかに小さい．

x_2 について解いても，最終的には同じ答えが得られる．

この式を導出できる必要がある．

それらの量が同じ単位をもっているので，変換しないで直接差し引きすることができる．

　蒸気相中の二つの成分のモル分率はどうだろうか．これらは液相のモル分率と等しくはない．蒸気相のモル分率を表すために変数 y_1 と y_2 を用いる[*]．y_1 と y_2 は"混合気体のある成分のモル分率は，その成分の分圧を全圧で割ったものに等しい"というドルトンの法則を使って求めることができる．すなわち

$$y_1 = \frac{p_1}{p_{tot}} = \frac{p_1}{p_1 + p_2} = \frac{x_1 p_1^*}{x_1 p_1^* + x_2 p_2^*} \qquad (7.18)$$

最後の式はラウールの法則を用いて p_1 と p_2 を p_1^* と p_2^* で表したものである．$x_2 = 1 - x_1$ に注意すると，式（7.18）から

[*] ふつう溶液相のモル分率を表すために x_i を，蒸気相のモル分率を表すために y_i を用いる．

$$y_1 = \frac{x_1 p_1^*}{x_1 p_1^* + (1-x_1)p_2^*}$$

整理して

$$y_1 = \frac{x_1 p_1^*}{p_2^* + (p_1^* - p_2^*)x_1} \tag{7.19}$$

が得られる．同様に成分2のモル分率 y_2 は式 (7.18) に対応して

$$y_2 = \frac{x_2 p_2^*}{x_1 p_1^* + x_2 p_2^*} \tag{7.20}$$

と書けるが，同様な代入を行えば式 (7.19) のような式が得られる．例題7.4におけるヘキサンとヘプタンの 0.5850/0.4150 の混合物では，気相のモル分率は式 (7.19) と (7.20) を用いて，それぞれ 0.7896 と 0.2104 となる．気相中のモル分率が液相中のモル分率とかなり異なっていることに注意してほしい．

少し異なった見方をすると，溶液上の全圧を蒸気相の組成で表した式が得られる．理想気体については，混合気体の分圧 p_i は全圧 p_{tot} に気体のモル分率 y_i を掛けたものに等しいので

$$p_i = y_i p_{\mathrm{tot}} \tag{7.21}$$

これとラウールの法則とを結びつければ

$$y_i p_{\mathrm{tot}} = x_i p_i^*$$

この式は全圧 p_{tot}，それに成分 i の蒸気圧 p_i^*，成分 i の液相でのモル分率 x_i と気相でのモル分率 y_i とに関係している．p_{tot} について解けば

$$p_{\mathrm{tot}} = \frac{x_i p_i^*}{y_i} \tag{7.22}$$

となる．図 7.4 と対応づけるため $i=1$ とする．式 (7.19) を x_1 について解くと

$$x_1 = \frac{y_1 p_2^*}{p_1^* + (p_2^* - p_1^*)y_1} \tag{7.23}$$

が得られる．液相でなく蒸気相のモル分率 y_1 で全圧 p_{tot} を表したいので，x_1 を消去する必要がある．$i=1$ とした式 (7.22) に (7.23) を代入して

$$p_{\mathrm{tot}} = \frac{\dfrac{y_1 p_2^*}{p_1^* + (p_2^* - p_1^*)y_1} p_1^*}{y_1}$$

$$= \frac{y_1 p_2^* p_1^*}{\{p_1^* + (p_2^* - p_1^*)y_1\}y_1}$$

分母と分子の y_1 は約分され，最終的に以下を得る．

$$p_{\text{tot}} = \frac{p_2{}^* p_1{}^*}{p_1{}^* + (p_2{}^* - p_1{}^*) y_1} \tag{7.24}$$

同様な式を y_1 の代わりに y_2 を使っても求めることができる．

式（7.24）についてキーポイントが一つある．われわれは式（7.17）と同様に式（7.24）を使い，モル分率 y_1 に対して蒸気相の全圧 p_{tot} をプロットすることができる．しかしこのとき直線は得られず，代わりに曲線が得られる．図7.4と同じ目盛で y_1 に対して p_{tot} をプロットすると，x_1 に対して p_{tot} をプロットした直線の下側に位置する曲線が得られる．図7.5に y_1-p_{tot} プロットと x_1-p_{tot} プロットとの相対的な関係を示す．液体のモル分率 x_1 に対する p_{tot} のプロットは**気泡線**（bubble point line）と呼ばれ，一方，蒸気のモル分率 y_1 に対する p_{tot} のプロットは**露点線**（dew point line）と呼ばれる．モル分率に対して蒸気圧をプロットした図7.5のような図は**圧力-組成の状態図**（pressure-composition phase diagram）と呼ばれる．

ある液相組成の系があるとする．それはすでに示した式で決定される特徴的な蒸気相組成をもっているはずである．液相組成と蒸気相組成の関係を表すのに図7.5のような圧力-組成の状態図を使うことができる．図7.5のような状態図に引いた水平線は等圧条件を表す．図7.6にはモル分率 x_1 の液体の気泡線と露点線をつないだ水平な線分ABを示した．図に示した組成をもった液体の平衡蒸気圧は，状態図をたどり気泡線と交わった点Bで示される．そしてその平衡圧力での蒸気相の組成は，そこから水平に移動し露点線と交わった点Aで示される．このような図を用いた説明は，液相と蒸気相の組成がどのように関係づけられるかを理解するのにたいへん有用である．

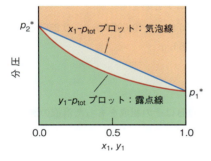

図7.5 蒸気相のモル分率は液相のモル分率とは異なる．気泡線は液相のモル分率 x_1 に対する全圧 p_{tot} を与える．露点線は蒸気相のモル分率 y_1 に対する全圧を与える．両成分の純粋な蒸気圧が等しい場合のみ，2本の線は一致する．

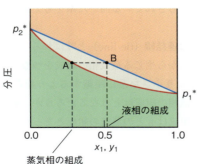

図7.6 圧力-組成の状態図における水平な連結線ABは，液相の組成とそれと平衡にある蒸気相の組成とを結ぶ．

例題 7.5

ある温度における純粋なベンゼン C_6H_6 の蒸気圧は 0.256 bar,純粋なトルエン $C_6H_5CH_3$ の蒸気圧は 0.0925 bar である.溶液中のトルエンのモル分率が 0.600 で系内に空の空間があるとき,液体と平衡にある全蒸気圧はいくらか.また蒸気組成をモル分率を用いて表せ.

解 答

ラウールの法則を用いると,それぞれの成分の分圧 $p_{トルエン}$ と $p_{ベンゼン}$ を決定できる.

$$p_{トルエン} = 0.600 \times 0.0925 \text{ bar} = 0.0555 \text{ bar}$$
$$p_{ベンゼン} = (1 - 0.600) \times 0.256 \text{ bar} = 0.102 \text{ bar}$$

> 1からトルエンのモル分率を引くことで,ベンゼンのモル分率が得られる.

全圧 p_{tot} はこの二つの分圧の和なので

$$p_{tot} = 0.0555 \text{ bar} + 0.102 \text{ bar} = 0.158 \text{ bar}$$

となる.さて蒸気組成をモル分率を用いて決定するために,分圧についてのドルトンの法則を用いると次のようになる.

> 単純に分圧に対するドルトンの法則を利用している.

$$y_{トルエン} = \frac{0.0555 \text{ bar}}{0.158 \text{ bar}} = 0.351$$

$$y_{ベンゼン} = \frac{0.102 \text{ bar}}{0.158 \text{ bar}} = 0.646$$

ただし打切り誤差のため二つのモル分率の和は正確に1にはなっていない.蒸気相ではもとの溶液よりベンゼンが濃縮されていることに注意する.これはベンゼンがトルエンよりも高い蒸気圧であることに対応していると考えられる.

なお別解として全圧 p_{tot} を求めるのに式 (7.17) を使うこともできる.この場合は成分 1 をトルエンとして

$$p_{tot} = 0.256 \text{ bar} + (0.0925 \text{ bar} - 0.256 \text{ bar}) \times 0.600$$
$$= 0.158 \text{ bar}$$

となる.

図 7.6 において,点 B はその組成をもった溶液の沸点ではないことに注意してほしい.点 B は単にその組成をもった溶液の蒸気圧なのである.蒸気圧が周囲の圧力に達したときにのみ,その二成分液体は沸点にあるという(このことは外圧 p_{ext} にさらされている開いた系を考えるときに限って重要になる).

図 7.6 の線分 AB は **連結線** (tie line) と呼ばれる.この線は系中の二成分の液相の組成と,それから生じる蒸気相の組成をつないだものである.

蒸気相がもとの系より小さな系に凝縮するよう組み上げられた系を考える.このとき新しい液相の組成はどうなるだろうか.蒸気を凝縮させただけなら,新しい液相の組成はもとの蒸気の組成とまったく同じになるだろう.図 7.7 は,この新しい液相が気泡線上の点 C で表せることを示している.しかしこの液相も,図 7.7 の連結線 CD で与えられる組成の平衡蒸気相をもっ

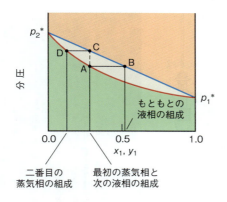

図 7.7 蒸気相は直線 AC に沿ってまったく同じ組成の液相へ凝縮する．しかし新たに生じた液体は同じ組成では蒸発せず，点 D で示す組成の蒸気と平衡になる．

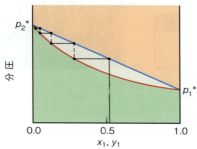

図 7.8 凝縮と蒸発のくり返しにより，最終的に系から純粋な液体が分離できる．これを分留と呼ぶ．

ている．この二番目の蒸気相では一方の成分が濃縮されている．系が何度も蒸発と凝縮をくり返すように組み上げられていると，気泡線と露点線との間を行き来するそれぞれの過程において，次つぎと一方の成分が濃縮されていく気相と液相とが生じることになる．きちんと系が組み上げられていたなら最終的には，本質的に純粋な単一成分からなる液相と気相が得られるだろう．この純粋な成分に導く過程を図 7.8 に示す．つまり二成分混合物から出発し，一方の成分を他方から分離したことになる．このような処理を**分留**（fractional distillation．分別蒸留ともいう）と呼ぶ．これは有機化学ではごくありふれた処理である．図中，ひと組の水平線と垂線で表されているそれぞれのステップは**理論段**（theoretical plate）と呼ばれる．実際に分留を行うように組み上げられた系では，三段程度から数万段程度までの理論段数をもたせることができる．

図 7.9 は分留の三つの例を示している．始めの二つはマクロまたはマイクロスケールのガラス製の装置で，研究室でみることができる．最後は工業スケールの分留装置である．分留はとくに石油化学工業において最も重要で，最も多くのエネルギーを必要とするプロセスである．

温度（ふつうは液体の沸点など）を組成に対してプロットした状態図もありうる．しかし圧力-組成の状態図とは異なりグラフを表す直線の方程式は存在せず，温度-組成の状態図においては気泡線も露点線も曲線になる．その例の一つとして，図 7.5 に対応した図 7.10 を示す．蒸気圧の高い成分 2 は，純粋な成分に対しては沸点が低くなっていることに注意しなければならない．また気泡線と露点線の位置関係が逆になっていることにも注意してほしい．

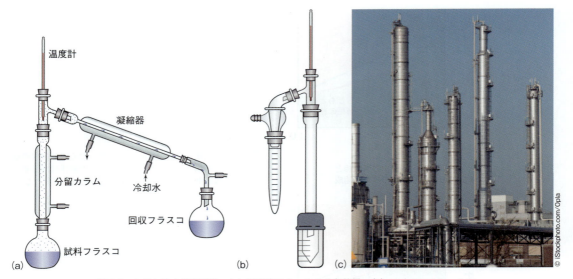

図 7.9　いろいろな分留装置　(a) 研究室スケールの分留装置．(b) マイクロスケールの分留装置．マイクロスケールの装置では少量を扱うので，物質がわずかな量しか得られない場合に適している．(c) 工業スケールでは分留はごくふつうのプロセスである．写真は巨大スケールの分留装置．

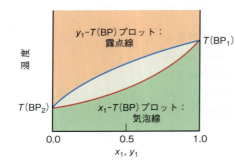

図 7.10　温度-組成の状態図は圧力-組成の状態図よりも一般的である．しかし2本の線とも直線でなく，また沸騰過程と凝縮過程を表す線の位置が圧力-組成の状態図とは入れ替わっている点に注意しなければならない．なお，ここで $T(BP)$ は沸点を表す．図7.5と比較すること．

　分留は温度-組成の状態図を使っても説明できる．ある初期組成の溶液が異なった組成の蒸気へと蒸発する．この蒸気が冷却されれば，蒸気と同じ組成の液体に凝縮する．この新しい液体はより濃縮された組成の別の蒸気と平衡になる．今度はその蒸気が凝縮し……と続いていく．図7.11はこの階段的な過程を図示したものである．三つの理論段を示した．

　ところでラウールの法則は理想溶液の必要条件の一つである．理想溶液についてはこれ以外にもいくつかの必要条件がある．まず二つの純粋な成分が混合されたとき，成分の全内部エネルギーや全エンタルピーが変化してはならない．すなわち

$$\Delta_{\mathrm{mix}} \overline{U} = 0 \quad (7.25)$$
$$\Delta_{\mathrm{mix}} \overline{H} = 0 \quad (7.26)$$

溶液が等圧のもとで混合された場合（これはふつうに当てはまる条件である），式（7.26）は

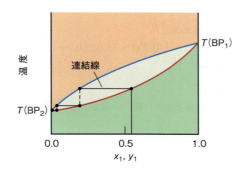

図 7.11 分留は温度-組成の状態図を使っても表すことができる．この図は図 7.8 と同じ過程を示している．同じ過程を表す二つの表現方法の違いを説明してみよ．

$$q_\mathrm{mix} = 0$$

を意味する．混合はふつう自発過程なので，その過程での $\Delta_\mathrm{mix}\overline{G}$ や $\Delta_\mathrm{mix}\overline{S}$ はこれに対して適切な値をもたなければならない．事実，気体混合物とのアナロジーから，理想溶液については等温過程で以下が成り立つ．

$$\Delta_\mathrm{mix}\overline{G} = RT\sum_i x_i \ln x_i \quad (7.27)$$

$$\Delta_\mathrm{mix}\overline{S} = -R\sum_i x_i \ln x_i \quad (7.28)$$

x_i は常に 1 よりも小さいので，x_i の自然対数 $\ln x_i$ は常に負である．よって $\Delta_\mathrm{mix}\overline{G}$ と $\Delta_\mathrm{mix}\overline{S}$ はそれぞれ常に負と正になる．混合はエントロピーを駆動力とする自発過程である．式 (7.27) と (7.28) で与えられる $\Delta_\mathrm{mix}\overline{G}$ と $\Delta_\mathrm{mix}\overline{S}$ の単位には mol^{-1} が含まれるが，この"mol^{-1}"すなわち"モル当り"とは系中の成分の物質量についてのものである．全量を計算するには次の例題で示すように，系中の物質量を掛けなければならない．

例題 7.6

いま 1.00 mol のトルエンと 3.00 mol のベンゼンを混合する．このとき，系の $\Delta_\mathrm{mix}\overline{H}$, $\Delta_\mathrm{mix}\overline{U}$, $\Delta_\mathrm{mix}\overline{G}$, $\Delta_\mathrm{mix}\overline{S}$ はいくらか．ただし理想的なふるまいを仮定し，系の温度は 298 K とする．

解 答
理想溶液の定義から $\Delta_\mathrm{mix}\overline{H}$ と $\Delta_\mathrm{mix}\overline{U}$ は厳密にゼロである．一方，系の全物質量は 4.00 mol で，$x_1 = 0.250$ と $x_2 = 0.750$ を用いると $\Delta_\mathrm{mix}\overline{G}$ は

$$\Delta_\mathrm{mix}\overline{G} = 8.314\ \mathrm{J\ mol^{-1}\ K^{-1}} \times 298\ \mathrm{K}$$
$$\times \{(0.250 \times \ln 0.250) + (0.750 \times \ln 0.750)\}$$
$$= -1390\ \mathrm{J\ mol^{-1}}$$

理想溶液を仮定しているので，ゼロである．

これに全物質量を掛けて

$$\Delta_\mathrm{mix}G = -1390\ \mathrm{J\ mol^{-1}} \times 4.00\ \mathrm{mol} = -5560\ \mathrm{J}$$

を得る．同様に $\Delta_\mathrm{mix}\overline{S}$ について

$\Delta\overline{G}$ が負なので，混合は自発的に起きると予想される．

$$\Delta_{\mathrm{mix}}\overline{S} = -(8.314 \text{ J mol}^{-1}\text{ K}^{-1})$$
$$\times \{(0.250 \times \ln 0.250) + (0.750 \times \ln 0.750)\}$$
$$= 4.68 \text{ J mol}^{-1}\text{ K}^{-1}$$

これに全物質量を掛けて
$$\Delta_{\mathrm{mix}}S = 4.68 \text{ J mol}^{-1}\text{ K}^{-1} \times 4.00 \text{ mol} = 18.7 \text{ J K}^{-1}$$
を得る．

$\Delta_{\mathrm{mix}}\overline{G}$ と $\Delta_{\mathrm{mix}}\overline{S}$ が以下の式
$$\Delta_{\mathrm{mix}}\overline{G} = \Delta_{\mathrm{mix}}\overline{H} - T\Delta_{\mathrm{mix}}\overline{S}$$

を満たすことに注意してほしい．理想溶液についての関係式 $\Delta_{\mathrm{mix}}\overline{H} = 0$ を用いると，この式は次のように簡単になる．

$$\Delta_{\mathrm{mix}}\overline{G} = -T\Delta_{\mathrm{mix}}\overline{S} \tag{7.29}$$

理想溶液の混合に対してはふつう，もう一つの必要条件

$$\Delta_{\mathrm{mix}}\overline{V} = 0 \tag{7.30}$$

がある．理想溶液に対するすべての必要条件のうちでおそらく，ほとんどの実在溶液に対して成り立たないことを示すのが最も容易なのは式（7.30）だろう．ほとんどの人は 1.00 L の純水と 1.00 L の純粋なアルコールを混合したとき，溶液の体積が 2.00 L よりも小さくなることを知っているのだから．

7.4 非理想二成分溶液

溶液の $\Delta_{\mathrm{mix}}\overline{V}$ について示したように，単純な二成分混合物でさえ理想的ではない．液体中の分子は互いに相互作用し，また分子はほかの化学種の液体分子と異なった相互作用をする．これらの相互作用はラウールの法則からのずれを引き起こす．それぞれの成分の蒸気圧が予想される値よりも高ければ，溶液はラウールの法則から**正にずれている**といい，それぞれの蒸気圧が予想される値よりも低ければ，**負にずれている**という．それぞれの場合の液相-蒸気相の状態図はいくつか興味深いふるまいを示す．

図 7.12 にラウールの法則から正にずれている液相-蒸気相の状態図を示す．それぞれの成分は予想される値より高い蒸気圧を示すので，溶液と平衡する蒸気の全圧も予想される値より高い．エタノール/ベンゼン系，エタノール/クロロホルム系，エタノール/水系はラウールの法則から正にずれている系である．図 7.13 にはラウールの法則から負にずれている液相-蒸気相の状態図を示す．アセトン/クロロホルム系はそのような非理想的なふるまいを示す系の一つである．

x_i や y_i のプロットについていえば，温度-組成の状態図のほうが圧力-組成の状態図よりも使いやすいことがある．図 7.14 はラウールの法則から正にずれている状態図を示している（ここで"正"の意味するところを確認す

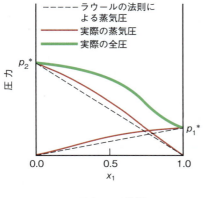

図 7.12 ラウールの法則から正にずれている非理想溶液
図 7.4 と比較せよ．

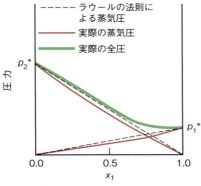

図 7.13 ラウールの法則から負にずれている非理想溶液
図 7.4 と比較せよ．

るとよい．それは蒸気圧がラウールの法則から予想されるよりも高い値であることを意味する．温度と圧力は反比例の関係にあるので，ラウールの法則から正にずれているということは図 7.14 に示すように，沸点が低い温度になることに対応する）．

図 7.14 は温度に対する液相と蒸気相の組成のプロットを示している．このプロットの興味深い点は気泡線と露点線が互いにある一点で接し，そしてそこから再び離れていくことである．この接点では液体の組成と，それと平衡にある蒸気の組成とは厳密に同じモル分率になっている．この組成では，

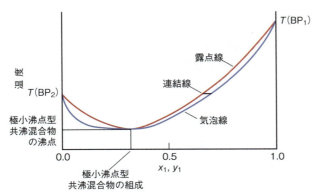

図 7.14 ラウールの法則から正にずれている非理想溶液の温度-組成の状態図
液体と蒸気で同じ組成をもつ点が現れることに注意する．

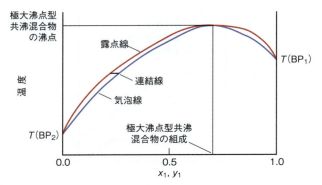

図 7.15 ラウールの法則から負にずれている非理想溶液の温度–組成の状態図
図 7.14 では共沸混合物が極小沸点を示したのに対し，ここでは極大沸点を示している．

系はまるで単一の純粋な成分であるかのようにふるまう．この組成は溶液の**共沸組成**（azeotropic composition）と呼ばれ，この組成をもつ"純粋な成分"は**共沸混合物**（azeotrope）と呼ばれる．図 7.14 の場合，共沸混合物は極小温度で現れるため，それは**極小沸点型共沸混合物**（minimum-boiling azeotrope）と呼ばれる．たとえば水とエタノールは沸点 78.2 ℃，エタノール 96 % で水 4 % という組成の極小沸点型共沸混合物をもつ（純粋なエタノールの沸点は 78.2 ℃ よりもほんのわずかに高い）．

図 7.15 はラウールの法則から負にずれている温度–組成の状態図を示している．ここでも気泡線と露点線が接する点があり，この場合には**極大沸点型共沸混合物**（maximum-boiling azeotrope）を生じている．ここでは二成分系に限定しているため，これらの共沸混合物はすべて二成分共沸混合物だが，三成分以上の系では三成分共沸混合物，さらに四成分共沸混合物，五成分共沸混合物なども存在する．実際の系のほとんどすべては液相–蒸気相の状態図で共沸混合物をもち，どのような組成の組に対しても常にただ一つの共沸組成が存在する．

共沸混合物をもった系に対する分留は図 7.11 で説明した過程と同じようなものである．しかし連結線はある組成から別の組成に移る線なので，最終的には純粋な成分に到達するか共沸混合物に到達するかのどちらかになる．共沸混合物に到達した場合には**蒸気の組成はもはや変化せず**，蒸留によって二つの成分をさらに**分離することもできない**（共沸混合物の成分を分離する方法はほかにあるが，直接的な蒸留では不可能である．これが熱力学の結論である）．

例題 7.7

モル分率 x_1 が 0.9 の溶液を蒸留したときに得られる最終蒸留物の一般的な組成を，図 7.14 のような温度–組成の状態図を使って予測せよ．

解 答

図 7.16 を参照する．それぞれの液相組成に対する蒸気相組成をつなぐ連結線を用いると，最終的には極小沸点型共沸混合物になる．したがって共沸混合物が最終生成物で，それ以上の分離は蒸留では不可能ということになる．

溶液の初めのモル分率 x_1 が 0.1 ならば，どのような結果が予測されるかについても考えてみよ．

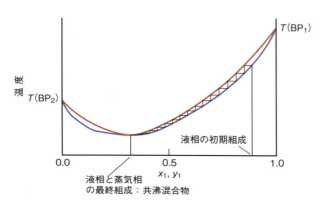

図 7.16 例題 7.7 を参照のこと．図に示す組成の液体から出発すると，極小沸点型共沸混合物が最終生成物になる．

例題 7.8

モル分率 x_1 が 0.5 の溶液を蒸留したときに得られる最終蒸留物の一般的な組成を，図 7.15 のような温度–組成の状態図を使って予測せよ．

解 答

図 7.17 を参照する．それぞれの液相組成に対する蒸気相組成をつなぐ連結線を用いると，最終的に $x_1 = 0$ の混合物になる．したがって純粋な成分 2 が最終生成物である．

溶液の初めのモル分率 x_1 が 0.1 ならば，どのような結果が予測されるかについても考えてみよ．ここでの結論は例題 7.7 の解答の最後で得た結論と一致するか．

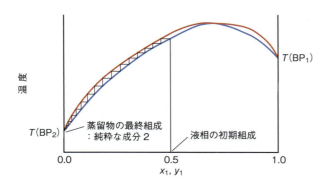

図 7.17 例題 7.8 を参照のこと．図に示す組成の液体から出発すると，最終生成物は一方の成分の純粋物質になる．

表 7.1 いくつかの共沸混合物とその物理特性

成分1	沸点1(℃)	成分2	沸点2(℃)	%(成分1)	%(成分2)	共沸混合物の沸点(℃)
CCl_4	76.75	HCOOH	100.7	81.5	18.5	66.65
CH_3OH	64.7	CH_3COCH_3	56.15	12	88	55.5
H_2O	100.00	C_2H_5OH	78.32	4	96	78.17
H_2O	100.00	$C_2H_5CO_2CH_3$	77.15	8.47	91.53	70.38
H_2O	100.00	ピリジン	115.5	41.3	58.7	93.6
HCl	−85	$(CH_3)_2O$	−22	38	62	−2
HCOOH	100.75	ピリジン	115.5	61.4	38.6	127.4

出典：CRC Handbook of Chemistry and Physics.

* ここでは両方の液体が系中の空いた空間にさらされ，それぞれの液体が蒸気相と平衡になりうると仮定している．密度の高い不混和液体が密度の低い液体で完全に覆われて，密度の高い液体が空いた空間にさらされない系では，全圧は小さくなるだろう．

理想性からのずれがたいへんに大きければ，二つの液体はあるモル分率では溶液をつくらず**不混和**（immiscible）になる．系中にそれぞれの成分が十分に存在し蒸気相と平衡になることができれば，圧力-組成の状態図は図7.18に示すようになる．点Aと点Bの間で二つの液体は不混和であり，液体と平衡する全圧は単純に二つの平衡蒸気圧の和になっている*．

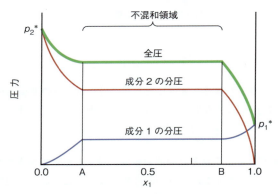

図 7.18 たいへんに非理想的な溶液では不混和領域が存在する可能性がある．この領域では蒸気組成は変化しない．図では点Aと点Bの間が不混和領域である．また，この領域では蒸気圧は一定である．

7.5 液体/気体系とヘンリーの法則

気体は液体に溶解する．実際に液体/気体系は，われわれにとって重要である．一つの例は二酸化炭素が水に溶解した清涼飲料水である．もう一つの例は海洋である．そこでは酸素の溶解が魚やそのほかの動物の生命維持にきわめて重要であり，二酸化炭素の溶解は藻類やそのほかの植物の生命維持にとても大切である．実際，海洋がどれくらいの気体を溶解させるのかについてはほとんどわかっていないが，こうした海洋の能力が対流圏（地表に最も近い大気の層）における気象条件の主要な因子であると考えられている．

液体/気体系はたいへん広範囲にわたっている．塩化水素ガス HCl は水に非常に溶けやすく塩酸水溶液をつくる．反対に 1 bar の純粋な酸素ガス O_2

の水への溶解度はわずか 0.0013 M[†]である.

液体/気体系は非理想的なのでラウールの法則は適用できない.モル分率に対してある気体成分の蒸気圧をプロットした図 7.19 に,この状況を示した.この図は実際と比較したときに,モル分率のどの範囲でラウールの法則がよい予測を与えるかを示している.そのような範囲は大きなモル分率のところに集中しており,つまりほとんどの組成でラウールの法則は実験値と一致しない.

しかし図 7.19 はモル分率が小さな範囲では,蒸気相と平衡している気体の蒸気圧はその成分のモル分率に比例することを示している.モル分率 x_i の小さな範囲で x_i を圧力 p_i に対してプロットして得られるほぼまっすぐな破線が,この比例関係を示している.蒸気圧 p_i がモル分率 x_i に比例しているので,これは数学的には

$$p_i \propto x_i$$

と表される.比例関係を等式で表すために比例定数 K_i を導入すると

$$p_i = K_i x_i \tag{7.31}$$

を得る.ここで定数 K_i は成分と温度に依存する.式 (7.31) はイギリスの化学者 Henry[*]にちなんで**ヘンリーの法則**(Henry's law)と呼ばれ,K_i は**ヘンリーの法則の定数**(Henry's law constant)と呼ばれる.

ラウールの法則とヘンリーの法則の間の類似性と違いとに注意してほしい.両者とも溶液中の揮発性成分の蒸気圧に対して適用される.また両者とも一成分の蒸気圧はその成分のモル分率に比例することを述べている.しかしラウールの法則が純粋な成分の蒸気圧を比例定数として定義するのに対し,ヘンリーの法則は実験的に求められた値を比例定数として定義する.ヘンリーの法則の定数をいくつか表 7.2 にあげておく.

ヘンリーの法則をいろいろに適用すると,異なった観点から系を定義することができる.溶液の組成を指定する代わりに液相や,平衡にある気相成分

[†]訳者注 モル濃度の単位 mol L^{-1} を単に M と書くこともある.本書では以後,この表記をよく用いるので記憶しておくこと.

[*] Henry は原子論と,分圧についてのドルトンの法則で名高い Dalton と同年輩の友人であった.

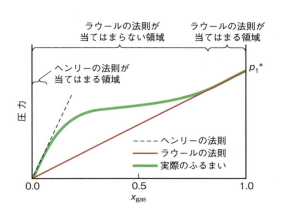

図 7.19 気体が成分の一つになっているとき,気体のモル分率 x_{gas} が小さなところではラウールの法則に従わない.しかし比例関係が成り立つ領域が存在する.この領域での圧力はヘンリーの法則で表される.

表 7.2 水溶液についてのヘンリーの法則の定数 K_i [a]

物 質	K_i (Pa)
アルゴン Ar	4.03×10^9
1,3-ブタジエン C_4H_6	1.43×10^{10}
二酸化炭素 CO_2	1.67×10^8
ホルムアルデヒド CH_2O	1.83×10^3
水素 H_2	7.03×10^9
メタン CH_4	4.13×10^7
窒素 N_2	8.57×10^9
酸素 O_2	4.34×10^9
塩化ビニル $CH_2=CHCl$	6.11×10^7

a) 温度 25 ℃ での値.

の圧力が指定される．では平衡している溶液における気体のモル分率はいくらだろうか．これについて次の例題で説明する．

例題 7.9

Pa＝パスカル，1 bar ＝ 10^5 Pa だから 1.00×10^6 Pa は 10 bar に等しく，これはほぼ 10 atm である．

水中における CO_2 のヘンリーの法則の定数 K_i は 20 ℃ で 1.67×10^8 Pa である．その温度で水と平衡にある CO_2 の圧力が 1.00×10^6 Pa のとき，溶液中の CO_2 のモル分率はいくらか．また CO_2 溶液のモル濃度は見積もれるか．

解 答

この例題では気相中における気体の平衡分圧が指定され，それを用いて溶液中のモル分率 x_i を決定する．式 (7.31) を使うと

$$1.00 \times 10^6 \text{ Pa} = (1.67 \times 10^8 \text{ Pa}) \times x_i$$

これを解いて

$$x_i = 0.00599$$

モル分率は単位をもたない．

を得る．単位がなくなっているが，これは正しい．さて CO_2 のモル分率がとても小さいので，溶液 1 mol の体積を水のモル体積，すなわち 18.01 mL または 0.01801 L と仮定する．さらにその水に溶解している CO_2 の物質量が 0.00599 mol なので，水分子のモル分率をおよそ 1.00 と近似する．そうすると溶液のモル濃度は近似的に

$$\frac{0.00599 \text{ mol}}{0.01801 \text{ L}} = 0.333 \text{ M}$$

炭酸飲料はふつうここで述べた圧力の CO_2 ガスを用いて製造されている．

となる．溶液のモル濃度が高いので，液相のとても小さなモル分率が誤りであると思うかもしれない．

7.6 液体／固体溶液

この節ではモル分率の大部分を占める液体成分〔溶媒（solvent）という〕と，モル分率の小さな固体成分〔溶質（solute）という〕とからなる溶液に

ついて考える．また溶液中に互いに反対の電荷をもったイオンが存在すると溶液の性質が影響を受けるので（この効果については次の章で考察する），溶質は非イオン性と仮定する．また固体成分は，溶液と平衡にある蒸気相に何の寄与もしないということを暗黙のうちに了解する．これは "固体は**不揮発**（nonvolatile）成分であるとする" ということもできる．したがってこの種の溶液からは揮発成分である溶媒のみを，複雑な分留によらず単蒸留で簡単に分離することができる．図 7.20 には単蒸留の実験装置を二つ示した．これらを図 7.9 と比較するとよい．

　液体成分の液相-気相変化はすでに述べた．では液相-固相変化についてはどうだろうか．すなわち溶液が凝固するとき何が起こるだろうか．前に少しだけ述べたように，ふつう溶液の凝固点は純粋な液体の凝固点と同じではない．しかし液体が凝固すると，純粋な固相が生成する．残った液相では溶質が濃縮され，この濃度の上昇は溶液が飽和するまで続く．それ以上の濃縮は，溶媒の凝固を伴う溶質の析出を引き起こす．これはすべての溶質が析出し，すべての液体成分が純粋な固体になるまで続く．

　ほとんどの液体/固体の系では任意の割合で溶液をつくることはない．ふつう与えられた量の液体に溶かすことができる固体の量には限りがある．溶液はこの限界点で**飽和している**（saturated）といわれる．**溶解度**（solubility）は飽和溶液をつくるために溶解させた固体の総量を表し，これはいろいろな単位で与えられる．ふつうは（g で表した溶質の量）/（溶媒 100 mL）で与えられるが，これだけではない．われわれが考える大部分の溶液は不飽和，すなわち溶解させることができる最大量よりも少ない量の溶質を含んだ溶液である．一方で，この最大量よりも多くの溶質を溶解させることができる場合がある．一般にこれは，溶媒を加熱してより多くの溶質を溶解させたのち，この過剰な溶質が析出しないように溶液を注意深く冷却して実現する．こうした溶液を**過飽和**（supersaturated）溶液という．しかし，この溶液は熱力学的に安定でない．

　理想的な液体/固体溶液について，溶質の溶解度を計算することができる．いま飽和溶液を考えることにすると，これは過剰で溶解していない溶質と平衡にある．

$$\text{溶質 (s)} + \text{溶媒 }(l) \rightleftharpoons \text{溶質 (solv)} \tag{7.32}$$

ここで溶質（solv）は溶媒和した溶質，つまり溶解した固体を表す．

　もし平衡が存在していれば，溶解していない溶質の化学ポテンシャルと溶解した溶質の化学ポテンシャルとは等しい．すなわち

$$\mu_{\text{pure solute(s)}}° = \mu_{\text{dissolved solute}} \tag{7.33}$$

溶解していない溶質は純粋物質なので，その化学ポテンシャルには °をつけた．一方，溶解した溶質の化学ポテンシャルは溶液の化学ポテンシャルの一部分になっている．溶解した溶質を液体/液体溶液の一成分であると考えることができれば（もう一方の液体は溶媒そのものである），溶解した溶質の化学ポテンシャル $\mu_{\text{dissolved solute}}$ は

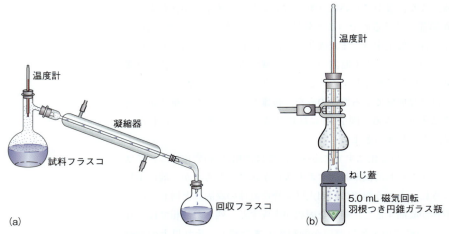

図 7.20　単蒸留の装置　図 7.9 と比較すること．(a) 通常スケールの単蒸留の装置．(b) マイクロスケールの単蒸留の装置．

$$\mu_{\text{dissolved solute}} = \mu_{\text{dissolved solute}(l)}^\circ + RT \ln x_{\text{dissolved solute}} \quad (7.34)$$

となる．式（7.33）の $\mu_{\text{dissolved solute}}$ を代入すれば

$$\mu_{\text{pure solute}(s)}^\circ = \mu_{\text{dissolved solute}(l)}^\circ + RT \ln x_{\text{dissolved solute}} \quad (7.35)$$

$\mu_{\text{dissolved solute}(l)}^\circ$ は純粋な液体溶質の化学ポテンシャル $\mu_{\text{pure solute}(l)}^\circ$ と等しいのでこの関係を用い，また溶液中に溶解した溶質のモル分率 $x_{\text{dissolved solute}}$ を表すように変形すると

$$\ln x_{\text{dissolved solute}} = \frac{\mu_{\text{pure solute}(s)}^\circ - \mu_{\text{pure solute}(l)}^\circ}{RT} \quad (7.36)$$

を得る．式（7.36）の分子は，純粋な溶質の固相の化学ポテンシャルと液相の化学ポテンシャルの差で，これは以下の過程のモルギブズエネルギー変化と等しくなっている．

$$\text{溶質}(l) \longrightarrow \text{溶質}(s) \quad (7.37)$$

すなわち式（7.36）の分子は凝固の際の自由エネルギー変化に対応している．この過程が融点で起こったとすると，この過程のギブズエネルギー変化はゼロになる．温度 T が融点でないならギブズエネルギー変化はゼロでない．式（7.37）は融解の逆過程なので，このギブズエネルギーの変化は $-\Delta_{\text{fus}}\overline{G}$ と表される．ゆえに式（7.36）は

$$\ln x_{\text{dissolved solute}} = \frac{-\Delta_{\text{fus}}\overline{G}}{RT} = \frac{-(\Delta_{\text{fus}}\overline{H} - T\Delta_{\text{fus}}\overline{S})}{RT} \quad (7.38)$$

となる．ここで $\Delta_{\text{fus}}\overline{G}$ に代入を行ったが，これらの $\Delta_{\text{fus}}\overline{H}$ と $\Delta_{\text{fus}}\overline{S}$ は融点でなく，ある温度 T でのエンタルピー変化とエントロピー変化を表していることに注意してほしい．

ここで式（7.38）にゼロを加えてみる．ただしこのことを $\Delta_{\text{fus}}\overline{G}_{\text{MP}}/RT_{\text{MP}}$ を加えるという少し変わったかたちで行う．$\Delta_{\text{fus}}\overline{G}_{\text{MP}}$ は溶質の融解ギブズエネルギー，T_{MP} は溶質の融点を表し，融点では $\Delta_{\text{fus}}\overline{G}_{\text{MP}}$ はゼロなので，たしかにこうすれば式（7.38）にゼロを加えることになる．したがって

$$\ln x_{\text{dissolved solute}} = \frac{-(\Delta_{\text{fus}}\overline{H} - T\,\Delta_{\text{fus}}\overline{S})}{RT} + \frac{\Delta_{\text{fus}}\overline{G}_{\text{MP}}}{RT_{\text{MP}}}$$

$$= \frac{-(\Delta_{\text{fus}}\overline{H} - T\,\Delta_{\text{fus}}\overline{S})}{RT} + \frac{\Delta_{\text{fus}}\overline{H}_{\text{MP}} - T_{\text{MP}}\Delta_{\text{fus}}\overline{S}_{\text{MP}}}{RT_{\text{MP}}}$$

$$= -\frac{\Delta_{\text{fus}}\overline{H}}{RT} + \frac{\Delta_{\text{fus}}\overline{S}}{R} + \frac{\Delta_{\text{fus}}\overline{H}_{\text{MP}}}{RT_{\text{MP}}} - \frac{\Delta_{\text{fus}}\overline{S}_{\text{MP}}}{R}$$

ここで，融点における $\Delta_{\text{fus}}\overline{H}$ と $\Delta_{\text{fus}}\overline{S}$ の値を表すのに MP を添え字に用いた．エンタルピー変化とエントロピー変化が，温度にあまり依存しなければ $\Delta_{\text{fus}}\overline{H} \approx \Delta_{\text{fus}}\overline{H}_{\text{MP}}$, $\Delta_{\text{fus}}\overline{S} \approx \Delta_{\text{fus}}\overline{S}_{\text{MP}}$ と近似できる．これを $\Delta_{\text{fus}}\overline{H}_{\text{MP}}$ と $\Delta_{\text{fus}}\overline{S}_{\text{MP}}$ に代入して

$$\ln x_{\text{dissolved solute}} = -\frac{\Delta_{\text{fus}}\overline{H}}{RT} + \frac{\Delta_{\text{fus}}\overline{S}}{R} + \frac{\Delta_{\text{fus}}\overline{H}}{RT_{\text{MP}}} - \frac{\Delta_{\text{fus}}\overline{S}}{R}$$

$\Delta_{\text{fus}}\overline{S}$ を含んだ項は打ち消され，また $\Delta_{\text{fus}}\overline{H}$ を含んだ二つの項を整理すると最終的に以下を得る．

$$\ln x_{\text{dissolved solute}} = -\frac{\Delta_{\text{fus}}\overline{H}}{R}\left(\frac{1}{T} - \frac{1}{T_{\text{MP}}}\right) \tag{7.39}$$

これは溶液中への溶質の溶解度 $x_{\text{dissolved solute}}$ を計算する基本方程式である．ふつう，温度はすべて絶対温度で与えなければならない．また溶解度は，溶液中に溶解した溶質のモル分率で与えられることに注意する．溶解度を M や g L^{-1} で表すときには適当な変換が必要になる．

例題 7.10

25℃の液体トルエン $C_6H_5CH_3$ への固体ナフタレン $C_{10}H_8$ の溶解度を求めよ．ただしナフタレンの融解エンタルピーを 19.123 kJ mol^{-1}, 融点を 78.2℃とする．

解 答

式（7.39）を用いると

$$\ln x_{\text{dissolved solute}} = -\frac{19.123\,\text{kJ mol}^{-1}}{0.008314\,\text{kJ mol}^{-1}\,\text{K}^{-1}}\left(\frac{1}{298.15\,\text{K}} - \frac{1}{351.35\,\text{K}}\right)$$

ここで R に含まれる単位を kJ に，温度を絶対温度に変換していることに注意する．すべての単位は代数的に打ち消しあって

温度の逆数を丸めるのが早すぎると，最後の答えの精度が失われる．

$$\ln x_{\text{dissolved solute}} = -2300.1 \times (0.0033542\cdots - 0.0028461\cdots)$$
$$= -1.1687\cdots$$

対数を解けば

$$x_{\text{dissolved solute}} = 0.311$$

を得る．実験的には，トルエン中に溶解するナフタレンのモル分率 $x_{\text{dissolved solute}}$ は 0.294 である．式 (7.39) を導いたときの仮定を考えると，計算値と実験値とがよく一致していることは注目されてよい．

例題 7.11

ある化合物の溶解度に及ぼす温度上昇の効果を式 (7.39) を用いて示せ．ただし温度は純粋な溶質の融点より低いものとする．

解 答

$\Delta_{\text{fus}}\bar{H}$ が正（定義からそうである）ならば $-\Delta_{\text{fus}}\bar{H}/R$ は負である．温度 T が上昇すると $1/T$ は小さくなり，したがって $1/T - 1/T_{\text{MP}}$ も小さくなる（$T < T_{\text{MP}}$ のとき $1/T > 1/T_{\text{MP}}$ である．よって，$1/T$ が小さければ小さいほど $1/T - 1/T_{\text{MP}}$ は小さくなる）．ゆえに $(-\Delta_{\text{fus}}\bar{H}/R)(1/T - 1/T_{\text{MP}})$ は T の増加とともに絶対値がより小さな負の値になる．絶対値がより小さな負の値を与える対数関数の引数は大きな数である．したがって T が増加すると $x_{\text{dissolved solute}}$ は増加する．いいかえれば温度が上昇すると溶質の溶解度は増加する．これはほとんどすべての溶質に当てはまる（温度の上昇とともに溶解度が減少する溶質もいくつかあるが，まれである）．

7.7 固溶体

多くの固体は実際には二つまたはそれ以上の固体成分が溶けあったものである．合金は固溶体である．鋼（steel）は鉄の合金で，表 7.3 に示すように多くの種類がある．これらは鉄以外の成分の種類やモル分率によって性質が変化する．アマルガム（amalgam）は水銀の合金である．多くの歯の詰め物はアマルガムである[*]．青銅（ブロンズともいう．銅とスズの合金），黄銅（真ちゅうともいう．銅と亜鉛の合金），はんだ，しろめ，色ガラス，半導体用途に不純物がドープされたケイ素などはすべて固溶体の例である．

固溶体は，実際には溶解しない二つまたはそれ以上の固体成分からなる**複合体**（composite）と区別されなければならない．溶液が系全体を通して一様な組成の混合物であることを思いだしてほしい．たとえば塩水は H_2O と NaCl からなり，巨視的には一様な組成である．しかしベニア合板は異なった物質の層からなり一様な組成ではない．複合体は真の固溶体ではないのである．

固溶体では異なった固相の間や，液相と固相の間で興味深い相転移が起こ

[*] 実際に危険ではないのだが，成分である水銀の毒性から危険だと思われ，アマルガムは歯の詰め物としての利用にあまり人気がない．

表 7.3 固溶体の例

固溶体	組成[a]	用途
アルニコ[b]	12 Al, ～20 Ni, 5 Co, 残りは Fe	永久磁石
モニマックス	47 Ni, 3 Mo, 残りは Fe	電磁石用素線
ウッド合金	50 Bi, 25 Pb, 12.5 Sn, 12.5 Cd	散水消化装置
はんだ	25 Pb, 25 Sn, 50 Bi	低融点はんだ
304 ステンレス鋼[c]	18-20 Cr, 8-12 Ni, 1 Si, 2 Mn, 0.08 C, 残りは Fe	標準的ステンレス鋼
440 ステンレス鋼[c]	16-18 Cr, 1 Mn, 1 Si, 0.6-0.75 C, 0.75 Mo, 残りは Fe	高性能ステンレス鋼
バビット合金	89 Sn, 7 Sb, 4 Cu	軸受けの低摩擦化
コンスタンタン	45 Ni, 55 Cu	熱電対
ガンメタル	90 Cu, 10 Sn	銃
スターリング銀	92.5 Ag, 7.5 Cu（または別の金属）	耐久性銀製品

a) すべての数値は重量パーセント．
b) いろいろな異なる組成のアルニコがある．そのなかのいくつかはここで示した以外の金属成分を含んでいる．
c) 多くの種類のステンレス鋼があり，それぞれ特徴ある性質を示す．

る．実際，平衡にある系の相の組成が同じである必要がない液体-気体の相転移と固体-液体の相転移の間には類似性がみられる．固溶体について，それと平衡する液相の組成は考慮されなければならない点の一つである．

次の例題は，ギブズの相律が固溶体についても成り立つことを示している．

例題 7.12

二成分固溶体の温度-組成の状態図において，次の場合の自由度はいくらか．
(a) 系が完全に固体の場合．
(b) 固相と液相とが平衡にある場合．
また，それぞれの場合について独立な状態変数を示せ．

解 答

(a) ギブズの相律を使うと，単相の固溶体について
$$F = C - P + 2 = 2 - 1 + 2$$
$$= 3$$
を得る．系の独立な状態変数としては圧力，温度，一方の成分のモル分率（もう一方の成分のモル分率は引き算で求まる）があげられる．

(b) 固相が液相と平衡にある場合には
$$F = C - P + 2 = 2 - 2 + 2$$
$$= 2$$
を得る．この場合，系の独立な状態変数としては温度と一方の成分のモル分率があげられる．平衡では二つの相が存在することがわかっているので，圧力は状態図と，ある組成と温度における固相-液相間の平衡を表す実線から求めることができる．

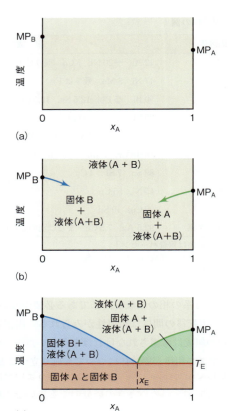

図 7.21 簡単な固体-液体の状態図の作成 (a) 純粋な固体成分ははっきりとした融点 MP をもつ．(b) ほかの成分が加わると，どちらの融点も低下する．それぞれの線分よりも上では，系は液体状態にある．線分よりも下では液体が存在し，かつおもな成分の一部は凝固している．(c) ある点で 2 本の線がつながる．この点よりも下では，系は固体である．したがって状態図は，すべて固体，固体＋液体，液体の領域に分けられる．しかし二つの固体＋液体の領域は異なった組成になっている．

　固溶体の（最もありふれた）固体-液体の相転移を表す温度-組成の状態図を理解することは，前節で述べたことがらを含むことになる．液体の溶液が凝固の起こる温度に到達すると，ふつう溶液から純粋な相が凝固してくる．このため残った液体ではほかの成分が濃縮される．これは分留のようなもので，図 7.10 や 7.11 のような状態図が固体-液体の相転移にも適用できることを示唆している．

　最初に，何か溶質を加えると必ず溶媒の凝固点は低下することを理解しなければならない．これについてはあとでさらにくわしく考察するが，まずここでは，たとえば図 7.21(a) の温度-組成の状態図に示すような，ある特定の融点（MP と表す）をもつ二つの純粋な成分 A，B について考えることから始める．二つの純粋な成分 A，B のモル分率はそれぞれ $x_A = 1$ と $x_A = 0$ で表される．さて図の両側から出発すると，それぞれの純粋な成分が不純物を含むにつれて——すなわち図で両側から中央に向かって動くにつれて——融点が低下する（図 7.21 b）．図では，融点は平衡にある液相と固相（これは純粋な成分 A か B のいずれかである）の境界線として表されている．さらに多量の不純物を取り込むと，ついには固液平衡を表す実線は図 7.21(c) に示すように交わることになる．この点で A，B はともに凝固する．

　状態図の一方の側から出発すると，その状況は液体-蒸気の相転移とたいへんによく似ている．つまり一方の成分は優先的に相を変化させ，もう一方

の成分は残った液体中でどんどん濃縮されていく．これは x_E で示されたある組成に到達するまで，すなわち二つの成分が同時に凝固し，生じる固体が液体と同じ組成をもつようになるまで続く．この組成は**共晶組成**（eutectic composition）と呼ばれる．この組成では液体はあたかも純粋な成分であるかのようにふるまい，固相は共晶温度 T_E で平衡にある液相と同じ組成をもっている．この"純粋な成分"は**共晶**（eutectic）と呼ばれている．共晶は液相–蒸気相の状態図における共沸混合物と似ている．すべての系が共晶をもつわけでなく，一方で二つ以上の共晶をもつ系もある．また多成分系の共晶の組成はその成分に特徴的である．つまり，すべての系について共晶を予測することはできないのである．

図 7.21(c) はAとBの固体混合物のふるまいを示しており，固相と液相が温度変化につれどのようにふるまうかを示している．共晶温度 T_E 以下では系は固体である．T_E 以上では系は液相だけからなっている（ただし共晶組成であれば）か，純粋な固体と液体混合物とからなっている．

例題 7.13

図 7.22(a) は二成分AとBの状態図で，二つの出発点がMとNで示されている．
(a) 点Mから出発して系を冷却するときの成分のふるまいを説明せよ．
(b) 点Nから出発して系を温めるときの成分のふるまいを説明せよ．

解　答
(a) 点Mは成分Aのモル分率がおよそ 0.1 で，ほとんどが成分Bからなる液体である．状態図上を垂直に下がると，固液平衡を表す実線に達するまで二成分液体の温度は低下する．固液平衡を表す実線に達すると純粋な成分Bは凝固し，残った液体中では成分Aが濃縮される．Aのモル分率が 0.2 に達すると共晶組成になり，液体はまるで純粋物質であるかのように凝固し，引き続きAとBの共晶として冷却される．図 7.22(b) にその変化の経路を破線で示す．
(b) 点Nはほぼ等量の成分AとBをもつ固相を表す．温度が上昇すると，やがて成分AとBが溶けはじめる点に達する．そのときの液体は，Bのほうが濃い共晶組成をもつ．残った固体では，成分Aが濃くなる．結果的に成分Bはすべて溶け，その後，純成分AはAの融点で溶ける†．

†**訳者注** この記述は不正確で，平衡状態を保ちながらゆっくり温度を上げると正しくは以下の通りになる．すなわち温度が上昇し共晶温度 T_E に達すると，純成分Bの固体全部と純成分Aの固体の一部が融解して，共晶組成の液体が生じる．さらに温度が上昇すると残った純成分Aの固体が徐々に溶解して減っていき，液体では成分Aの濃度が上昇する．図の矢印の点までくると純成分Aの固体がすべてなくなり，系は単一の液相になる．

共沸混合物と同様に共晶も三成分系や四成分系で存在してもよいが，このとき状態図は一気に複雑になる．ところで，われわれの生活に影響を与える重要な共晶がいくつかある．たとえば，ふつうのはんだはスズと鉛の共晶（スズ 63％，鉛 37％）で 183℃で融解する．一方，スズと鉛の融点はそれぞれ 232℃と 327℃である．ウッド合金はビスマス，鉛，スズ，カドミウム（組成比は 50：25：12.5：12.5）の合金で，70℃（なんと水の沸点よりも低いのだ）で融解する．この合金は消火用のスプリンクラーに使われている．NaCl と H_2O は −21℃で融解する共晶をつくる．この共晶は冬の間の道路

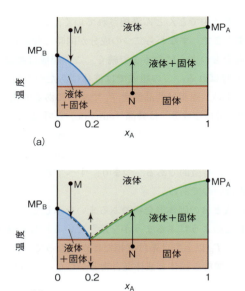

図 7.22　例題 7.13 の状態図

の凍結防止塩として社会から注目されてよいものである（この共晶の組成は NaCl がおよそ 23 wt% である）．セシウムとカリウムには奇妙な共晶が存在する．セシウムとカリウムの比が 77：23 のこの共晶はなんと −48℃ で融解する．この共晶は地球上のほとんどの温度で液体の金属として存在する（そして水に対して非常に活性なのである）．

多くの場合，固液平衡は図 7.21 や 7.22 で示されるよりずっと複雑である．これは二つの理由による．第一に，固体はすべての割合で溶解するわけではなく，温度-組成の状態図において不混和領域があるかもしれないから

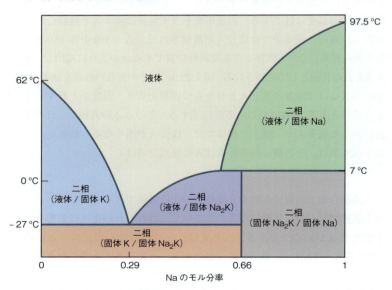

図 7.23　より複雑な固溶体の状態図　これは Na/K 系のものである．図は化学量論的化合物 Na_2K の存在を示している〔出典：T. M. Duncan, J. A. Reimer, "Chemical Engineering Design and Analysis: An Introduction," Cambridge University Press, Cambridge（1988）より改変〕．

である．第二に，二つの成分が純粋な化合物としてふるまう**化学量論的化合物**（stoichiometric compound）を形成するかもしれないからである．たとえば Na と K からなる系の状態図において，化学量論 Na_2K をもつ"化合物"が生成される．この化学量論的化合物の存在が，状態図をさらに複雑にするのである．図 7.23 に示した Na/K 系の温度-組成の状態図でこのことがわかる．ほかの状態図でも図 7.24 で示すようにたいへん複雑になる．

固溶体相のくわしい理解のうえに行われた重要な応用の一つが**帯域精製**（zone refining）と呼ばれるものである．これはたいへんに高純度な材料を調製する方法の一つである．この方法はとくに半導体工業では有用である．なぜなら半導体工業では超高純度ケイ素の製造が，半導体をつくるたいへん重要な第一段階となっているからである．図 7.25 はケイ素と酸化ケイ素の温度-組成の状態図を示している．"純粋な"ケイ素は図 7.25 において，酸素 O の重量パーセントがきわめてゼロに近い組成をもつ．しかし，それでも電気的特性に問題を引き起こすのに十分な量の不純物が含まれており，さらなる高純度化を行わなければならない．

ボウル（boule）と呼ばれるケイ素の固体円柱が，図 7.26 に示すように円柱形をした高温炉のなかをゆっくりと通過する．ケイ素は 1410 ℃で融解する．それが再びゆっくりと凝固するときにきわめて純粋なケイ素になり，不純物は溶融した相に残る．ボウルがさらに炉のなかを通過するとさらに多く

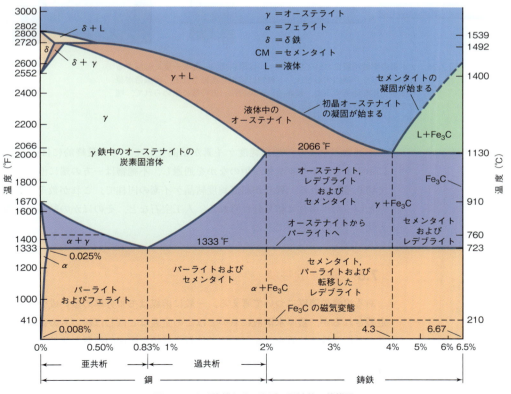

図 7.24 より複雑な Fe/C 系の固溶体の状態図

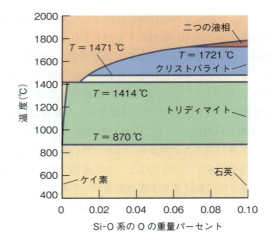

図 7.25 ケイ素と酸化ケイ素の温度-組成の状態図
超高純度ケイ素（シリコン）がマイクロチップ製造の第一段階である半導体工業では，この状態図はたいへんに重要である．

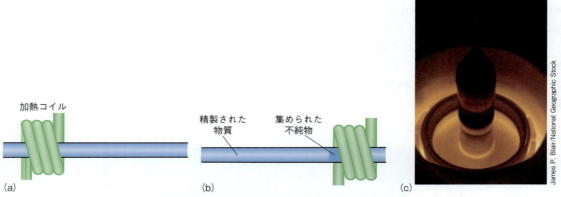

図 7.26 ケイ素の帯域精製において加熱コイルは原料棒の一部を一度に融解する
液体がゆっくり凝固するとき，不純物は液相に濃縮される．溶融帯が原料棒の全体を通過すると，最終的に不純物は一方の端に集められて，純粋な物質から取り除かれる．

の不純物が集まり，超高純度ケイ素が結晶化していく．最終的には図 7.26 に示すようにボウル全体が炉のなかを通過し，不純物は一方の端に濃縮されて切り落とされる．残りが超高純度結晶ケイ素の円柱で，これが数千，数百万といった半導体に切り分けられる．人工宝石など，そのほかの結晶もこの方法でつくることができる．

7.8 束一的性質

　ある溶液の溶媒について考える．一般に溶媒はモル分率の多い成分として定義されるが，濃厚水溶液においてはこの定義はしばしば緩いものになる．さて不揮発性の溶質を含んだ溶液の性質を純粋な溶媒の性質と比較してみると，ある場合には両者の物理的性質が異なっていることがある．これは溶質分子が存在するために生じた相違である．こうした違いは溶質分子の種類にはよらず，溶質分子の数だけで決まる．このような性質を**束一的性質**

(colligative property）と呼ぶ．"束一的"とは，溶質および溶媒粒子が何をしているかを考えたとき"互いに束縛しあっている"ということである．英語の"colligative"は，こうしたことを意味するラテン語に由来している．頻繁に出会う四つの束一的性質は蒸気圧降下，沸点上昇，凝固点降下，浸透圧である．

蒸気圧降下については，すでにラウールの法則のかたちで取り扱ってきた．純粋な液体の蒸気圧は溶質が加えられると低下し，その蒸気圧は溶媒のモル分率に比例する．

$$p_{solv} = x_{solv}\, p_{solv}{}^*$$

ここで p_{solv} は溶媒の圧力，$p_{solv}{}^*$ は純粋な溶媒の蒸気圧，x_{solv} は溶液中の溶媒のモル分率である．モル分率は常に1以下なので，溶液中の溶媒の蒸気圧は**常に純粋な液体の蒸気圧よりも低い**．またラウールの法則は溶質の種類によらず，溶媒のモル分率にのみ依存している．これは束一的性質の特徴の一つである．"何が"ではなく"どれだけ"が問題なのである．

不揮発性溶質が溶媒の蒸気圧を下げる理由は分子レベルで見ると簡単に説明できる．図7.27 では，純粋な溶媒と不揮発性溶質を含む溶液について分子を使って表している．不揮発性溶質分子は，文字通り溶媒分子が蒸気相に逃げるのをブロックしている．このため，溶液の平衡蒸気圧は純粋な液体と比較して低くなっている．

次の束一的性質を考察する前に，濃度の単位である**質量モル濃度**（molality）について思いだしてほしい．溶液の質量モル濃度はLで表された溶液の量ではなく，kgで表された溶媒の量を使って定義されることを除けば，モル濃度と同様である．すなわち

$$（質量モル濃度） \equiv \frac{mol で表された溶質の量}{kg で表された溶媒の量} \tag{7.40}$$

溶媒分子に対する溶質分子の比をより直接的に表すので，質量モル濃度は束一的性質を扱う場合に有用である*．質量モル濃度はLで表された溶媒の量ではなく溶液の量を使って定義されているので，単位質量モル濃度は自ずから部分モル体積の概念を含むことになる．また質量モル濃度は mol や kg で表された溶質と溶媒の量に依存するが，体積や温度には依存しない．このため温度が変化したとき，モル濃度が溶液の体積の膨張や収縮によって変化す

* 質量モル濃度の単位 $mol\ kg^{-1}$ を molal と書くことがある．

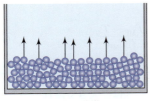 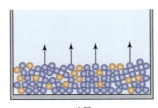

純粋な溶媒　　　　　　　溶質

図 7.27　溶液からの蒸発速度　溶液の場合，溶質分子の存在が溶媒の蒸発速度を下げ，このため平衡蒸気圧が減少する．

るのに対して，質量モル濃度は一定のままである．

次の束一的性質として**沸点上昇**（boiling point elevation）を考える．純粋な液体には，ある圧力に対して明確に定義された沸点がある．ここへ不揮発性の溶質を加えると，この溶質分子は溶媒分子が液相から離脱しようとするのを妨げるようになる．このため液体が沸騰するのに必要なエネルギーは増加し，沸点が上昇する．

同様に不揮発性の溶質は溶媒分子に対して凝固することを妨げ，通常の融点で凝固することを困難にする．このため純粋な溶媒を凝固させるには，より低温が必要になる．これは**凝固点降下**（freezing point depression）の考えを示している．純粋な液体は溶質が溶けると，凝固点が低下する*．

液体-気体または液体-固体の相転移は平衡なので，相転移温度での変化を調べるのに平衡過程での数学的手法が適用できる．どちらの場合も状況は同じだが，ここでは固液平衡に着目し，その結果を液体-気体の相転移に適用することにする．

いくつかの点で，凝固点降下は 7.6 節で議論した溶解の限度を使って考えることができる．ここでは興味ある成分は溶質でなく溶媒である．しかし，同じ議論や式が適用できる．アナロジーによって式（7.39）を適用すると

$$\ln x_{\text{solvent}} = -\frac{\Delta_{\text{fus}}\overline{H}}{R}\left(\frac{1}{T} - \frac{1}{T_{\text{MP}}}\right) \tag{7.41}$$

ここで $\Delta_{\text{fus}}\overline{H}$ と T_{MP} は融解熱と溶媒の融点を表す．希薄溶液を考えると x_{solvent} は 1 にたいへん近い値である．$x_{\text{solvent}} = 1 - x_{\text{solute}}$ だから，これを代入して

$$\ln(1 - x_{\text{solute}}) = -\frac{\Delta_{\text{fus}}\overline{H}}{R}\left(\frac{1}{T} - \frac{1}{T_{\text{MP}}}\right) \tag{7.42}$$

ここでテーラー展開の第一項までの式

$$\ln(1-x) \approx -x \text{ **}$$

を左辺に用いると

$$x_{\text{solute}} \approx \frac{\Delta_{\text{fus}}\overline{H}}{R}\left(\frac{1}{T} - \frac{1}{T_{\text{MP}}}\right) \tag{7.43}$$

負の符号は互いに打ち消されている．温度の項を整理すると

$$x_{\text{solute}} = \frac{\Delta_{\text{fus}}\overline{H}}{R}\frac{T_{\text{MP}} - T}{T T_{\text{MP}}} \tag{7.44}$$

となる．最後にもう一つ近似を行う．ここでは希薄溶液を扱っているので，平衡のときの温度は通常の融点 T_{MP} からそれほど大きく離れているわけではない（凝固点と融点は同じ温度で，"凝固点"と"融点"という言葉は相互に置き換えて使用できることを思いだすとよい）．そこで式（7.44）の分母

---

* この考えは，研究室で化合物を合成しようという人には当たり前のことである．不純な化合物は"溶媒"の凝固点降下のために低温で融解する．

** 第一項以下も示すと次のようになる．
$\ln(1-x) = -x - \frac{1}{2}x^2 - \frac{1}{3}x^3 - \frac{1}{4}x^4 - \cdots$

の T を T_{MP} で置き換え，また $T_{MP} - T$ を ΔT_f と定義する．これは平衡にある融解または凝固の過程の温度変化である．以上より式 (7.44) は

$$x_{solute} \approx \frac{\Delta_{fus}\overline{H}}{RT_{MP}^2} \Delta T_f \qquad (7.45)$$

となる．ところで質量モル濃度とモル分率の関係は単純である．$M_{solvent}$ が溶媒の分子量なら，溶液の質量モル濃度 m_{solute} は

$$m_{solute} = \frac{1000 \, x_{solute}}{x_{solvent} M_{solvent}} \qquad (7.46)$$

で与えられる．式 (7.46) の右辺の分子にある 1000 は g から kg への単位の変換に対応しているので，そこには暗に $g\,kg^{-1}$ の単位が含まれていることになる．ここで溶媒のモル分率 $x_{solvent}$ が 1 に近いことを思いだし，これを 1 と近似する．さらに x_{solute} について解いて，これを式 (7.45) に代入する．整理すれば凝固点が降下する量 ΔT_f について以下の式が得られる．

$$\Delta T_f \approx \left(\frac{M_{solvent} RT_{MP}^2}{1000 \, \Delta_{fus}\overline{H}}\right) m_{solute} \qquad (7.47)$$

溶媒の性質に関係したすべての項はカッコのなかにまとめられ，溶質に関係する項は質量モル濃度 m_{solute} だけである．カッコ内のすべての項すなわち分子量 $M_{solvent}$，融点 T_{MP}，融解エンタルピー $\Delta_{fus}\overline{H}$ は溶媒が決まれば一定になる（1000 と R も定数である）．つまりどのような溶媒についてもこうした定数を集めれば一定の値になるから，式 (7.47) はもっと一般的に次のように書ける．

$$\Delta T_f = K_f \, m_{solute} \qquad (7.48)$$

ここで K_f はその溶媒の**凝固点降下定数**（freezing point depression constant または cryoscopic constant）と呼ばれる．

例題 7.14

シクロヘキサン C_6H_{12} の凝固点降下定数を求めよ．ただし，融解エンタルピーを $2630\,J\,mol^{-1}$，融点を $6.6\,℃$ とする．また，凝固点降下定数の単位は何か．

解　答

シクロヘキサンのモル質量は $84.16\,g\,mol^{-1}$ である．また融点は絶対温度で表さなければならないから $6.6 + 273.15 = 279.8\,K$ である．式 (7.47) と (7.48) を比較すると凝固点降下定数 K_f は

ここでは変換因子 "g kg^{-1}" を明示した．

シクロヘキサンはふつうの溶媒のなかでは大きな K_f をもつものの一つである．

である．ここへそれぞれの値を代入すると

$$K_f = \frac{M_{\text{solvent}} R T_{\text{MP}}^2}{1000\, \Delta_{\text{fus}}\overline{H}}$$

$$K_f = \frac{84.16\ \text{g mol}^{-1} \times 8.314\ \text{J mol}^{-1}\ \text{K}^{-1} \times (279.8\ \text{K})^2}{1000\ \text{g kg}^{-1} \times 2630\ \text{J mol}^{-1}}$$

K kg mol^{-1} 以外の単位は打ち消されて

$$K_f = 20.83\ \text{K kg mol}^{-1}$$

を得る．質量モル濃度の単位が mol kg^{-1} で定義されていることを忘れていると，この単位は奇妙にうつる．質量モル濃度の単位として molal を用いることにすれば

$$K_f = 20.83\ \text{K molal}^{-1}$$

この単位は，凝固点降下を求めるために式 (7.48) を用いる場合に大きな意味をもつ．

不揮発性の溶質が溶けた溶媒の沸点の差についても同じように導ける．導出を初めからくり返す代わりに，最終的な結果のみを示す．

$$\Delta T_b \approx \left(\frac{M_{\text{solvent}} R T_{\text{BP}}^2}{1000\, \Delta_{\text{vap}}\overline{H}} \right) m_{\text{solute}} \tag{7.49}$$

ここで T_{BP} と $\Delta_{\text{vap}}\overline{H}$ は溶媒の沸点と蒸発熱を表す．ここでもカッコのなかの項は任意の溶媒に対して定数となるから，式 (7.49) は

$$\Delta T_b \approx K_b m_{\text{solute}} \tag{7.50}$$

と書ける．K_b はその溶媒の**沸点上昇定数**（boiling point elevation constant．または ebullioscopic constant）と呼ばれる．

凝固点と沸点の変化を表す式で，触れていない点が一つある．それは変化の方向である．きちんとした計算では ΔT_f と ΔT_b の方向も示されるが，式 (7.48) と (7.50) では抜け落ちている．つまりこれらの式は方向については示しておらず，大きさのみを示しているのである．凝固点は低下し，沸点は上昇することを忘れないようにする必要がある．

最後に考察する溶液の束一的性質は浸透圧と呼ばれるものである．これは最後に扱われるとはいえ，おそらく最も重要な束一的性質の一つである．なぜなら，われわれの細胞のような多くの生体系がこの浸透圧の影響を受けているからである．

圧力は単位面積当りの力として定義される．アメリカでは "ポンド毎平方インチ" すなわち psi が圧力の単位としてはふつうである（ただしこれは SI 単位ではない）．熟練のダイバーなら知っているように，圧力は液体がのったあらゆる物体に対して働く．最初に発明された気圧計は，大気圧に対して作用するように組み上げられた水管——水はのちに水銀に置き換えられた——だった（図 7.28）．

図 7.29 に示すような，半透膜で区切られた二つの部分からなる系を考え

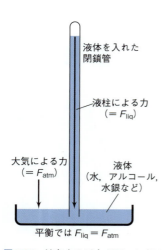

図 7.28 対向する圧力が互いにどのように作用するかを示す．図では大気圧と管内の液柱の圧力が対向する圧力である．平衡状態では二つの圧力が互いに釣りあう．なお，この図は単純な気圧計を示している．

る．**半透膜**（semipermeable membrane）とは，ある分子についてはそれが膜を通過することを許すが，ほかのものについては許さないような薄い膜である．セロハンやほかの高分子はこの例である．また細胞膜は半透膜と考えられる．いま図 7.29(a) のように左側を溶液で，右側を純粋な溶媒で同じ高さになるように満たす．このとき，どちらの側も外圧 P に対して開放しておくとする．

奇妙なことに，異なった濃度は，異なった化学ポテンシャルを与えるのでこの系は平衡ではない．やがて半透膜を容易に通過できる溶媒分子（ふつうは水分子）が，溶液を希釈するように右側から左側に移動する．すると両側の液面の高さが変化する．ある時点で系は平衡に達し，すなわち膜の両側の溶媒の化学ポテンシャル $\mu_{\mathrm{solvent,1}}$ と $\mu_{\mathrm{solvent,2}}$ が等しくなる．

$$\mu_{\mathrm{solvent,1}} = \mu_{\mathrm{solvent,2}}$$

このとき系の両側の液面の高さは図 7.29(b) に示すように異なっている．左側の液柱は右側の液柱とは異なった圧力を受けている．液面の高さの違いで表される二つの圧力の差を**浸透圧**（osmotic pressure）と呼び，記号 Π で表す．したがって平衡において左側は全圧 $P+\Pi$ を受け，右側は圧力 P を受けている．よって二つの化学ポテンシャルの間で以下の式が成り立つ[*]．

$$\mu(P+\Pi) = \mu^{\circ}(P) \tag{7.51}$$

ところで溶媒のモル分率が x_{solvent} である溶液の化学ポテンシャルは，式 (7.35) で与えられたように標準化学ポテンシャルと関係づけられる．少し書き方を変えると

$$\mu(P+\Pi) = \mu^{\circ}(P+\Pi) + RT \ln x_{\mathrm{solvent}} \tag{7.52}$$

となる．ここで，$\mathrm{d}\mu$ の自然な変数の式

$$\mathrm{d}\mu = -\overline{S}\,\mathrm{d}T + \overline{V}\,\mathrm{d}p$$

を考える．一定温度では

$$\mathrm{d}\mu = \overline{V}\,\mathrm{d}p$$

となる．ここで μ を求めるために両辺をある圧力範囲で積分する．いまの場合，圧力範囲は P から $P+\Pi$ までだから

$$\int_{P}^{P+\Pi} \mathrm{d}\mu = \int_{P}^{P+\Pi} \overline{V}\,\mathrm{d}p$$

左辺の積分を実際に行うと

$$\mu_{\mathrm{solvent,solution}}(P+\Pi) - \mu_{\mathrm{solvent,pure}}^{\circ}(P) = \int_{P}^{P+\Pi} \overline{V}\,\mathrm{d}p \tag{7.53}$$

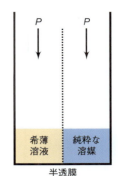

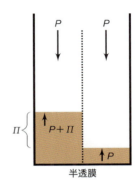

図 7.29 一方が純粋な溶媒，もう一方が希薄溶液で満たされた二つの部分からなる系　(a) 最初，液面の高さは互いに等しい．しかし，これは平衡状態ではない．溶媒は半透膜を通過していく．(b) 平衡状態では，二つの液面の高さは等しくない．液面の高さの差は浸透圧 Π で与えられる．

[*] ここでは気体の圧力を表す小文字 p と区別するために大文字 P を用いる．

となる．全液圧が $P+\Pi$ の側には溶質と結合した溶媒があり，全液圧が P の側には純粋な（だから°がついている）溶媒があるので，これらを表すために μ にいくつかの添え字をつけている．ところで式（7.52）を（7.51）の $\mu(P+\Pi)$ に代入すると

$$\mu°(P+\Pi) + RT\ln x_{\text{solvent}} = \mu°(P)$$

整理して

$$\mu°(P+\Pi) - \mu°(P) = -RT\ln x_{\text{solvent}}$$

この式の左辺は，添え字はないが式（7.53）の左辺と同じだから代入を行って

$$-RT\ln x_{\text{solvent, solution}} = \int_P^{P+\Pi} \bar{V}\,dp \tag{7.54}$$

純粋な溶媒と溶液とでモル体積が一定と仮定すると，$\bar{V}$ は積分の外へだすことができて簡単に答えが求まる．

$$\begin{aligned}
-RT\ln x_{\text{solvent, solution}} &= \bar{V}\int_P^{P+\Pi} dp \\
&= \bar{V}\left[p\right]_P^{P+\Pi} \\
&= \bar{V}(P+\Pi - P) \\
&= \bar{V}\Pi \tag{7.55}
\end{aligned}$$

ここで再び

$$\ln x_{\text{solvent, solution}} = \ln(1-x_{\text{solute}}) \approx -x_{\text{solute}}$$

を考え，これを代入すると

$$x_{\text{solute}} RT = \bar{V}\Pi$$

を得る．これはふつう

$$\Pi\bar{V} = x_{\text{solute}} RT \tag{7.56}$$

のように書かれる．理想気体の法則とよく似たこの方程式は**ファントホッフの式**（van't Hoff equation）と呼ばれる[*]．この名前はこの方程式を1886年に発表したオランダの物理化学者 van't Hoff にちなんでいる[**]．この式は溶液の浸透圧 Π と溶液中の溶質のモル分率 x_{solute} を関連づけている．また，この式は厳密には（多くの理想気体の系を連想させるような）非常に希薄な溶液に対してのみ正しいが，より濃厚な溶液に対しても有用な指針となる．

[*] 式（7.56）は第5章で導入したファントホッフの式（5.18）とは異なる．

[**] van't Hoff は四面体炭素原子の概念を最初に提唱した一人でもあり，また1901年の最初のノーベル化学賞受賞者でもある．

例題 7.15

質量モル濃度 0.0100 molal のショ糖水溶液の浸透圧はいくらか．また，この水溶液を図 7.29 のような系に入れたとする．管の断面積が 100.0 cm² であるとすると，平衡に達したときの希薄ショ糖水溶液の高さはいくらになるか．ただし温度 25℃，溶液の密度を 1.01 g mL^{-1} とする．なお単位の換算にあたっては 1 bar = 10^5 Pa，1 Pa = 1 N m^{-2} の関係を用いることとする．さらに質量 m を等価な力 F に変換するためには $F = ma$ の関係を用いよ（ここで a は重力加速度で，その値は 9.81 m s^{-2} である）．

解 答

質量モル濃度 0.0100 molal の水溶液は 1.00 kg すなわち 1000 g の水に 0.010 mol のショ糖を含んでいる．1.00 kg の水のなかには 1000 g/18.01 g mol^{-1} = 55.5 mol の水分子が存在している．したがってショ糖のモル分率 x_{solute} は

$$x_{\text{solute}} = \frac{0.0100 \text{ mol}}{55.5 \text{ mol} + 0.010 \text{ mol}} = 0.000180$$

となる．水のモル体積 $\overline{V}$ は 18.01 mL mol^{-1} すなわち 0.01801 L mol^{-1} だから，ファントホッフの式 (7.56) を用いて

$$\Pi \times 0.01801 \text{ L mol}^{-1} = 0.000180 \times 0.08314 \text{ L bar mol}^{-1}\text{K}^{-1} \times 298 \text{ K}$$

$$\Pi = 0.248 \text{ bar}$$

を得る．これは，このような希薄溶液を考えたときにはかなりの浸透圧である．さて次に水溶液の高さを知るために，まずこの Π の単位を N m^{-2} に変換する．

$$0.248 \text{ bar} \times \frac{10^5 \text{ Pa}}{\text{bar}} \times \frac{1 \text{ N m}^{-2}}{\text{Pa}} = 2.48 \times 10^4 \text{ N m}^{-2}$$

この時点で，いくつかの変換を行っている．

断面積 100.0 cm² = 1.00 × 10^{-2} m² について，この圧力は以下で求められる力によって生じている．

$$(2.48 \times 10^4 \text{ N m}^{-2}) \times (1.00 \times 10^{-2} \text{ m}^2) = 248 \text{ N}$$

与えられた式 $F = ma$ を使うと，この力 F は以下で求められる質量 m に対応する．

$$248 \text{ N} = m \times 9.81 \text{ m s}^{-2}$$

$$m = 25.3 \text{ kg}$$

ここで 1 N = 1 kg m s^{-2} を使った．

さて密度 1.01 g mL^{-1} のとき，この質量 m は体積

$$25.3 \text{ kg} \times \frac{1000 \text{ g}}{1 \text{ kg}} \times \frac{1 \text{ mL}}{1.01 \text{ g}} \times \frac{1 \text{ cm}^3}{1 \text{ mL}} = 2.50 \times 10^4 \text{ cm}^3$$

ここで 1 cm³ = 1 mL を使った．

に対応する．断面積が 100.0 cm² だから，これは 250 cm の高さに相当する．これはほぼ 8 フィートである．図 7.30 をみると，この高さがどれくらいのものかがわかるだろう．質量モル濃度 0.0100 molal の水溶液はあまり濃いものではないが，予想される浸透圧の効果はかなりのものである．

図 7.30 濃度 0.0100 molal の溶液の浸透圧は，底面積が $100\ \text{cm}^2$ で，高さが子どものキリンくらいの溶液の柱を支えることができる．

[†]訳者注　このようなときには，モル質量ではなく分子量といわれることが多い（分子量には単位をつけないが，値はモル質量と同じ）．

浸透圧についての考察にはいくつか重要な応用例がある．その一つは生物学である．細胞膜は半透膜であるので，膜の両側の浸透圧はほぼ等しくなければならない．さもなければ浸透圧の効果により低濃度側から高濃度側へ水が移動して，細胞がしぼむか膨れることになる．膨れるにせよ，しぼむにせよ細胞を殺すことになる．図 7.31 はそれぞれ浸透圧が高い，等しい，低いといった溶液中に置かれた赤血球の写真を示している．海洋で救命ボートに取り残された人びとにとって海水を飲むことが危険であることも浸透圧の効果で説明できる．海水の浸透圧は高すぎるので，海水を飲むことは細胞へ給水することでなく脱水することになるのである．

浸透圧は地上から数十，数百フィートもあるような樹木の一番上の葉に根から水を供給する要因にもなっている．浸透圧は植物をまっすぐ丈夫に保つことや，生野菜の歯ごたえや食感を保つためにも重要である．

浸透圧は高分子の平均モル質量[†]を決定するのにも利用される．例題 7.15 に示すように，浸透圧の効果はあまり高濃度を要求しない．比較的希薄な溶液で浸透圧の効果を測定することが可能で，溶液の質量モル濃度と溶質のモル質量を計算することができる．もちろん大きなモル質量の高分子に少量でも不純物が含まれていれば，小さなモル質量の不純物の数が最終的な結果に劇的な影響を与えることになる．これは浸透圧が，溶液中の分子の種類によらずその数にのみ依存する束一的性質だからである．

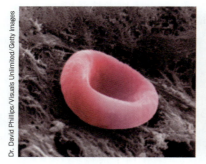  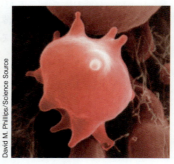

図 7.31　赤血球への浸透圧の効果　赤血球内部の浸透圧と外部の浸透圧が同じ場合には細胞は正常である．一方，外部の浸透圧が低すぎると赤血球は肥大し，高すぎるとしぼむ．どちらの場合も体にはよくない．

例題 7.16

1.00 L の水に 1.00 g の高分子を溶解させたポリビニルアルコール水溶液の浸透圧が 0.00300 bar であった．高分子の平均モル質量はいくらか．ただし温度を 298 K とし，かつ溶媒の体積は溶質が加えられても感知できるほどには変化しないと仮定する．

解　答

ファントホッフの式（7.56）を用いると，次が得られる．

$$0.00300\ \text{bar} \times \overline{V} = x_{\text{solute}} \times 0.08314\ \text{L bar mol}^{-1}\ \text{K}^{-1} \times 298\ \text{K}$$

[†]圧力の単位に bar を用いた R の値を使用している．

ここで $\overline{V}$ と x_solute が必要である．溶質のモル分率 x_solute は小さいから次のように近似できる．

$$\frac{x_\text{solute}}{\overline{V}} \approx \frac{n_\text{solute}}{V_\text{solution}} = （溶液のモル濃度）$$

したがって

$$（溶液のモル濃度）\approx \frac{0.00300 \text{ bar}}{0.08314 \text{ L bar mol}^{-1}\text{ K}^{-1} \times 298 \text{ K}}$$

計算すると

$$n_\text{solute} \approx 1.21 \times 10^{-4} \text{ mol}$$

さて 1.00 L の溶液をつくるのに 1.00 g が使われたのだから

$$1.21 \times 10^{-4} \text{ mol} = 1.00 \text{ g}$$

g mol^{-1} を単位とするモル質量について解けば 8.26×10^3 g mol^{-1} となる．これは高分子の平均モル質量としては異常な値ではない．

ファントホッフの式を $M = \Pi/RT$ に変形した．

半透膜の高濃度溶液側に圧力を加えると，溶液の浸透圧 Π の効果を打ち消すことができる．実際にもし外圧 p_ext が Π よりも大きければ，浸透の過程は逆方向に進む．そのような"逆浸透"プロセスには，いくつかのたいへん実用的な利点がある．最も重要なのは淡水化プラントにおける海水からの淡水の製造だろう．中東では，このようなプラントによってその地方の海や湾の濃い塩水から飲料水を製造している．このプロセスは技術の産物だが，蒸留よりも少ないエネルギーで済む．

ファントホッフの式は，溶質が分子的に溶解していることを仮定している．つまり溶質のすべての分子は，溶媒和された単一の溶質分子となって溶解しているということである．溶媒和された複数の化学種となって溶解する化合物（おもにイオン性化合物）については，溶解する溶質種の数を考慮しなければならない．そのような化合物に対してファントホッフの式は

$$\Pi \overline{V} = N x_\text{solute} RT \tag{7.57}$$

となる．N は一つの化合物が溶解するときに生成する化学種の数である．

7.9 まとめ

二成分溶液に限ったとしても，溶液のふるまいは複雑である．熱力学のいろいろな方程式は，このふるまいを理解するのに役立つ．液体/液体系は蒸気相と平衡になるが，熱力学的な方程式は蒸気相の組成が液相の組成とどのように関係づけられるかを理解するのに役立つ．同じことが固溶体と，それが融解するときに存在する液相との間の関係についてもいえる．どちらの場合にも共沸混合物と共晶という，相の変化に対して純粋な相であるかのようにふるまう特別な組成が存在する．この両方の特別な組成はわれわれの日常

生活に影響を与えている．

　状態図は相転移や溶液の組成を図示するのに有用である．ある瞬間の状態を表すだけでなく，条件が変化するときの溶液のふるまいを予測するのにも役立つ．状態図は温度や圧力といった条件の変化とともに現れる相の正確な組成を表している．実在溶液の状態図は共沸混合物や共晶が，いかに避けられないものであるかを示している．

　束一的性質は溶液の多数成分である溶媒に対する，溶液の物理的性質の変化について取り扱う．ラウールの法則は揮発性溶媒の蒸気圧の変化をまとめたものである．凝固点や沸点は変化する．浸透圧は最も過小に評価されている束一的性質かもしれない．浸透圧は生物の細胞や，海水からの淡水製造において重要である．幸い熱力学的な方程式は，これらすべての現象に対する理解を与えてくれる．

重要な式

$$F = C - P + 2 \quad \text{(多成分に対するギブズの相律)}$$

$$p_i = x_i p_i^* \quad \text{(蒸気圧降下に対するラウールの法則)}$$

$$\Delta_{\text{mix}}\overline{U} = 0,\ \Delta_{\text{mix}}\overline{H} = 0, \quad \text{(理想混合溶液の状態関数)}$$
$$\Delta_{\text{mix}}\overline{G} = RT \sum_i x_i \ln x_i,$$
$$\Delta_{\text{mix}}\overline{S} = -R \sum_i x_i \ln x_i$$

$$p_i = K_i x_i \quad \text{(気体/液体溶液に対するヘンリーの法則)}$$

$$\ln x_{\text{dissolved solute}} = -\frac{\Delta_{\text{fus}}\overline{H}}{R}\left(\frac{1}{T} - \frac{1}{T_{\text{MP}}}\right) \quad \text{(溶液中での固体の溶解度)}$$

$$\Delta T \approx \left(\frac{M_{\text{solvent}} R T_{\text{MP}}^2}{1000\, \Delta_{\text{fus}}\overline{H}}\right) m_{\text{solute}} = K_{\text{f}}\, m_{\text{solute}} \quad \text{(凝固点降下)}$$

$$\Delta T \approx \left(\frac{M_{\text{solvent}} R T_{\text{BP}}^2}{1000\, \Delta_{\text{fus}}\overline{H}}\right) m_{\text{solute}} = K_{\text{b}}\, m_{\text{solute}} \quad \text{(沸点上昇)}$$

$$\Pi \overline{V} = x_{\text{solute}} RT \ \text{または}\ \Pi \overline{V} = N x_{\text{solute}} RT \quad \text{(浸透圧に対するファントホッフの式)}$$

第7章の章末問題

7.2 節の問題

7.1 例題7.1で，ここではさらに混合飲料中にオリーブが1粒入っているとする．自由度はいくらか．また独立な状態変数は何か．

7.2 例題 7.2 で，系中に $Fe_2(SO_4)_3$ のみがあるとき自由度はいくらか．

7.3 三成分系において，系の自由度をゼロにするにはいくつの相が必要か．

7.4 平衡にある一成分系において，自由度が負になることはあるか．二成分系ではどうか．

7.5 閉じた系中のこの化学平衡の自由度はいくらか．

$$2\,NaHCO_3(s) \overset{高温}{\rightleftharpoons} Na_2CO_3(s) + H_2O(l) + CO_2(g)$$

7.6 自動車のエアバッグでの窒素生成は次の化学反応を利用している．

$$4\,NaN_3(s) + O_2(g) \longrightarrow 6\,N_2(g) + 2\,Na_2O(s)$$

この反応が平衡にあるとき，この系を記述するのに必要な独立な状態変数の数はいくつか．

7.3 節の問題

7.7 モル分率の定義式 (7.4) から式 (7.5) を導け．

7.8 いま蒸気は理想気体としてふるまうと仮定する．25.0 ℃，5.00 L の系で液相と蒸気相が平衡するのに必要な H_2O の最小量はいくらか．同じ条件で，液相と蒸気相が平衡するのに必要な CH_3OH の最小量はいくらか．ただし H_2O と CH_3OH のこの温度での平衡蒸気圧をそれぞれ 26.76 Torr，125.0 Torr とする．

7.9 H_2O と CH_3OH の $x_{H_2O} = 0.35$ の溶液について，蒸気相における H_2O と CH_3OH のモル分率を求めよ．ただし上の問題 7.8 で与えた条件とデータを用いよ．

7.10 H_2O の蒸気圧が 100.0 ℃で 748.2 mmHg の多成分溶液がある．この多成分溶液中の $H_2O(l)$ の活量はいくらか．

7.11 $x_1 = 1 - x_2$ と定義して，式 (7.17) に対応する式を導け．それは直線か．もしそうならば，m と b はどうなるか．

7.12 式 (7.19) を導け．

7.13 式 (7.19) を y_1 でなく y_2 に対して導け．

7.14 ヘキサン C_6H_{14} とシクロヘキサン C_6H_{12} の平衡蒸気圧をそれぞれ 151.4 Torr，97.6 Torr とする．このとき両者のモル比が 1：1 の溶液と平衡する蒸気の全圧を求めよ．

7.15 ヘキサン C_6H_{14} とシクロヘキサン C_6H_{12} の平衡蒸気圧をそれぞれ 151.4 Torr，97.6 Torr とする．このとき両者のモル比が 2：1 の溶液と平衡する蒸気の全圧を求めよ．前問の答えと比較せよ．

7.16 飲酒ドライバーをチェックするために多くの警察は呼気検査を行う．血中アルコール量がおよそ 0.06 mol％すなわち $x_{C_2H_5OH} = 0.0006$ であるとき，呼気中のアルコールの分圧はいくらか．ただし 37 ℃での C_2H_5OH の平衡蒸気圧を 115.5 Torr とする．さらにこの結果から，検査に必要な感度について述べよ．

7.17 水とエタノールの共沸混合物 (7.4 節を参照) は，モル分率 0.045 の水とモル分率 0.955 のエタノールからなっている．もしも $p^*(H_2O) = 17.5$ Torr で $p^*(C_2H_5OH) = 43.7$ Torr ならば，この混合物の蒸気圧はいくらか．

7.18 純粋な液体 A と純粋な液体 B の蒸気圧が，それぞれ 45.9 Torr，99.2 Torr のとき，以下の蒸気圧を求めよ．
(a) 1.00 mol の液体 A と 3.00 mol の液体 B からなる溶液．
(b) 3.00 mol の液体 A と 1.00 mol の液体 B からなる溶液．

7.19 純粋なエタノール C_2H_5OH の蒸気圧は 20 ℃で 43.7 mmHg，純粋な 1-プロパノール C_3H_7OH の蒸気圧は 20 ℃で 18.0 mmHg である．それぞれのアルコールを 50 g ずつ含む溶液の蒸気圧はいくらか．

7.20 メタノール CH_3OH とエタノール C_2H_5OH のある溶液の蒸気圧が 50.0 ℃で 350.0 mmHg とする．メタノールとエタノールの平衡蒸気圧がそれぞれ 413.5 mmHg と 221.6 mmHg のとき，この溶液の組成はいくらか．

7.21 純粋なエタノール C_2H_5OH の蒸気圧は 20 ℃で 43.7 mmHg，純粋な 1-プロパノール C_3H_7OH の蒸気圧は 20 ℃で 18.0 mmHg である．二つのアルコールのある溶液の蒸気圧は 28.6 mmHg であった．溶液の組成はいくらか．

7.22 式 (7.19) から (7.23) を導け．

7.23 ヘキサン C_6H_{14} とシクロヘキサン C_6H_{12} の平衡蒸気圧をそれぞれ 151.4 Torr，97.6 Torr とする．このとき両者のモル比が 1：1 の溶液と平衡する蒸気中の，それぞれの成分のモル分率を求めよ．

7.24 ヘキサン C_6H_{14} とシクロヘキサン C_6H_{12} の平衡蒸気圧をそれぞれ 151.4 Torr，97.6 Torr とする．このとき両者のモル比が 2：1 の溶液と平衡する蒸気中の，それぞれの成分のモル分率を求めよ．

7.25 純粋なエタノール C_2H_5OH の蒸気圧は 20 ℃で 43.7 mmHg，純粋な n-プロパノール C_3H_7OH の蒸気圧は 20 ℃で 18.0 mmHg である．それぞれのアルコールを 10 g ずつ含む溶液をつくり，その蒸気と平衡になるようにした．それぞれの成分の蒸気相におけるモル分率はいくらか．

7.26 式 (7.24) を使って次の二つの式
$$\lim_{y_1 \to 0} p_{tot} = p_2^* \quad \lim_{y_2 \to 0} p_{tot} = p_1^*$$
を示せ．

7.27 式 (7.24) に似た p_{tot} の式を y_1 ではなく y_2 の項

で書け.

7.28 例題 7.5 で，蒸気の全圧を決定するのに式（7.24）を直接に使えないのはなぜか.

7.29 トルエン 1.00 mol とベンゼン 1.00 mol を 20.0℃で混合するときの $\Delta_{mix}G$ と $\Delta_{mix}S$ はいくらか. ただし理想溶液をつくると仮定する.

7.30 25.0 g のペンタン C_5H_{12}, 45.0 g のヘキサン C_6H_{14}, 55.0 g のシクロヘキサン C_6H_{12} を混合したとき，その溶液は実際上理想溶液とみなせる. 混合が 37.0℃で行われたと仮定して，$\Delta_{mix}G$ と $\Delta_{mix}S$ を計算せよ.

7.4 節の問題

7.31 ぬれたガラス製品をすすぐのにアセトンを使うのはなぜか.〔ヒント：表 7.1 を見よ.〕

7.32 状態図として図 7.14 を用い，$x_1 = 0.1$ の溶液から出発して例題 7.7 を解け.

7.33 状態図として図 7.15 を用い，$x_1 = 0.4$ の溶液から出発して例題 7.7 を解け.

7.34 純粋に物理的な方法によって共沸混合物と純粋物質とを区別するにはどうしたらよいか.〔ヒント：可能なほかの相の変化を考えよ.〕

7.35 表 7.1 において極小沸点型共沸混合物と極大沸点型共沸混合物を選別せよ. その違いについて説明せよ.

7.36 表 7.1 のデータを使って，CCl_4/HCOOH 溶液および HCOOH/ピリジン溶液の温度-組成状態図を描け（たとえば図 7.14 や 7.15 を参照）. 二つの状態図はどう違うか. また，どう似ているか.

7.37 エタノールは水と低沸点の二成分共沸混合物をつくるため，蒸留ではおよそ 95% にしかできない. "100%" エタノールは 64.9℃で沸騰する三成分共沸混合物をつくるように，ある量のベンゼンを加えることで得られる. しかし，このエタノールは摂取すべきではない. なぜか.

7.38 図 7.32 は H_2O とエチレングリコールの状態図を示している. およそ 50:50 の比の混合物が自動車エンジンの冷却液や不凍液として使われる理由を説明せよ.

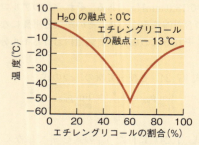

図 7.32 H_2O とエチレングリコールの温度-組成の状態図

7.5 節の問題

7.39 表 7.2 に示した CO_2 に対するヘンリーの法則の定数の値の単位を mmHg, atm, bar に変換せよ. どの場合に定数の値が変化するか.

7.40 分圧 103.6 atm のアルゴンが水溶液と平衡状態にあるとき，水溶液中のアルゴンのモル分率はいくらか. 1 atm = 101,325 Pa を使用せよ.

7.41 水素エンジンに使われるときの不活性溶媒中の水素の最小モル分率は 0.185 である. 水溶液でそのモル分率を得るために必要な水素の圧力はいくらか.

7.42 塩化水素と塩酸の違いは何か. また，どちらが理想的にふるまうか.

7.43 水溶液中での塩化メチル CH_3Cl のヘンリーの法則の定数は 2.40×10^6 Pa である. 水溶液中でモル分率が 0.0010 になるのに必要な CH_3Cl の圧力はいくらか.

7.44 以前は冷媒として使われていた化合物 CCl_2F_2 の水溶液中のモル分率は常圧で 4.17×10^{-5} であった. この溶液のモル濃度はいくらか. またこの気体のヘンリーの法則の定数はいくらか. 水の密度を $1.00\,g\,cm^{-3}$ とする.

7.45 25℃で水中の空気のモル分率がおよそ 1.388×10^{-5} である. (a) この溶液のモル濃度はいくらか. (b) 空気のヘンリーの法則の定数はいくらか. (c) 温度が上昇すると，空気の溶解度は増加するか減少するか. 得られた値を表 7.2 に示した窒素と酸素の定数と比較せよ.

7.46 25℃で水中の窒素 $N_2(g)$ のモル分率が 1.274×10^{-5} である. (a) この値を上の問題 7.45 の値と比較せよ. (b) 空気がおよそ 80% の窒素と 20% の酸素からできている事実を用いて，酸素 $O_2(g)$ の水への溶解度を求めよ. (c) 酸素のヘンリーの法則の定数を計算せよ. 得られた値を表 7.2 に示した値と比較せよ.

7.47 ヘンリーの法則の大きな定数は気体が液体に溶けやすいことを意味するか，それとも溶けにくいことを意味するか. 理由も述べよ.

7.48 スキューバダイバーには，周囲の全圧力が 4.0 atm となる水深約 66 フィート（約 20 m）で窒素酔いが現れはじめる. 血中への窒素の溶解が水への窒素の溶解と似ていると仮定すると，その深さでの血中の窒素の溶解度はいくらになるか.

7.6 と 7.7 節の問題

7.49 溶液が凝固するときの考え方を用いて，純粋でない水（水道水でさえも）からつくられた角氷の中心がときどき濁っている理由を説明せよ.

7.50 100 mL の水に 8.70 g のフェノール C_6H_5OH が溶解したフェノールの飽和溶液のモル濃度はいくらか。ただしフェノールの密度を $1.06\,\mathrm{g\,cm^{-3}}$ とし，溶液の全体積について理想的なふるまいを仮定せよ。

7.51 フェノール C_6H_5OH の融点が 40.9 ℃で，$\Delta_{fus}H$ が $11.29\,\mathrm{kJ\,mol^{-1}}$ であるとき，25 ℃の水へのフェノールの溶解度を計算せよ。また，ここで計算した溶解度と上の問題 7.50 の値とを比較せよ。違いがあれば，その違いについて説明せよ。

7.52 (a) 例題 7.10 で計算したトルエン中に溶解したナフタレンのモル分率を，体積に厳密に加成性が成り立つと仮定してモル濃度に変換せよ。ただしトルエンの密度を $0.866\,\mathrm{g\,mL^{-1}}$，ナフタレンの密度を $1.025\,\mathrm{g\,mL^{-1}}$ とする。(b) 密度 $0.730\,\mathrm{g\,mL^{-1}}$ である n-デカンへのナフタレンの溶解度を g/100 mL とモル濃度で見積もれ。

7.53 式 (7.39) は，液体中の気体の溶解度に対して用いることができるか。理由も述べよ。

7.54 塩化ナトリウム水溶液，ショ糖水溶液，$C_{20}H_{42}$ のシクロヘキサン溶液，四塩化炭素中の水といった四つの溶液を考える。このうち溶解度の計算値が実験値と近いものはどれか。その理由も述べよ。

7.55 それぞれの溶液中の溶質のモル分率を計算し，これを予想されたモル分率と比較することで，以下の系がどれだけ理想溶液に近いかを決定せよ。なお，すべてのデータは 25.0 ℃でのものとする。(a) C_6H_6 中の 14.09 wt% の I_2。I_2 の融点は 112.9 ℃（昇華性），$\Delta_{fus}H$ は $15.27\,\mathrm{kJ\,mol^{-1}}$。(b) C_6H_{12} 中の 2.72 wt% の I_2。I_2 の融点は 112.9 ℃（昇華性），$\Delta_{fus}H$ は $15.27\,\mathrm{kJ\,mol^{-1}}$。(c) ヘキサン中の 20.57 wt% の p-ジクロロベンゼン。p-ジクロロベンゼンの融点は 52.7 ℃（昇華性），$\Delta_{fus}H$ は $17.15\,\mathrm{kJ\,mol^{-1}}$。

7.56 金属鉄の $\Delta_{fus}H$ は $14.9\,\mathrm{kJ\,mol^{-1}}$ で，25 ℃において $x_{Fe} = 8.0 \times 10^{-3}$ 程度まで水銀中に溶解する。鉄の融点を見積もれ。またこの値を文献値 1530 ℃と比較せよ。

7.57 二成分系の共晶を特定するのに必要な独立な状態変数の数はいくらか。

7.58 冬場に塩を用いる地域では，NaCl と H_2O とで低融点の共晶をつくるのに十分なだけの量の塩を使うか。また一般に，凝固点降下は利用されるか。そう考えた理由も述べよ。

7.59 図 7.23 で $x_{Na} = 0.50$ の液体領域から出発し，温度の低下に伴って溶液すべてが固体になるまでに何が起こるか。

7.60 92% Sn と 95% Sn とに，それぞれ 199 ℃と 240 ℃で融解する共晶をもった Sn/Sb 系の定性的な状態図をつくれ。ただし Sn と Sb の融点はそれぞれ 231.9 ℃と 630.5 ℃である。

7.61 超高純度ケイ素をつくるのに使われる帯域精製は，超高純度炭素をつくるのには現実的な方法ではない。この理由を説明せよ。

7.62 0 ℃における Na の Hg への溶解度を見積もれ。ただし Na の融解熱を $2.60\,\mathrm{kJ\,mol^{-1}}$，融点を 97.8 ℃とする。

7.63 図 7.23 の化学量論的化合物の化学式がどのように決定されるかを示せ。

7.8 節の問題

7.64 蒸発と気化はどちらも気相が関係しているが，蒸発過程に対しては蒸気圧降下を定義し，気化過程に対しては沸点上昇を定義した。両過程とも液体が気体になることに関するものであるのに，なぜ違う現象を定義しなければならないのか。

7.65 モル濃度は部分モル体積の概念をどのように含むか。

7.66 不揮発性溶質は，純粋な溶媒と比較して溶液の蒸気圧を（一つ選べ：いつも，時々，まったくない）増加させる。一方，揮発性溶質は，純粋な溶媒と比較して溶液の蒸気圧を（一つ選べ：いつも，時々，まったくない）増加させる。答えを説明せよ。

7.67 2-プロパノールの蒸気圧は 25 ℃で 47.0 mmHg である。もしも 0.500 mol の不揮発性ヘキサクロロベンゼンが 2.00 mol の 2-プロパノールに溶解しているとき，溶液の蒸気圧はいくらか。

7.68 25.0 g の固体アントラセンが 250.0 g の CCl_4 に溶解している。もしも純粋な四塩化炭素の蒸気圧が 72.2 Torr ならば，溶液の蒸気圧はいくらか。

7.69 1.66 g の不揮発性固体が 10.00 g のベンゼンに溶解している。純粋なベンゼンの蒸気圧は 76.03 Torr で，溶液の蒸気圧が 73.29 Torr であった。未知の不揮発性固体のモル質量はいくらか。

7.70 ある技術者が 12.00 g の不揮発性固体をメチルエチルケトン（MEK）に溶解させた。純粋な MEK の蒸気圧は 99.40 mmHg で，溶液の蒸気圧が 97.23 mmHg であった。その固体のモル質量はいくらか。

7.71 高地に暮らす人びとがパスタなどをゆでるとき，水に塩を加えるのはなぜか。また水の沸点を 3 ℃だけ上昇させるのに必要な NaCl のモル分率はいくらか。水に加えられた塩（一般には水およそ 4 L 当り小さじ 1 杯）は沸点を変化させるか。ただし $K_b(H_2O) = 0.51\,℃\,\mathrm{molal}^{-1}$ とする。

7.72 1.08 molal の NaCl 溶液とみなせる海水の浸透圧，凝固点，沸点を見積れ．ただし H_2O の K_f と K_b を計算するのに式 (7.47) と (7.49) を用い，$\Delta_{fus}H[H_2O] = 6.009$ kJ mol^{-1} と $\Delta_{vap}H[H_2O] = 40.66$ kJ mol^{-1} を利用せよ．得られた結果から，海水についてどのようなことが推測されるか．

7.73 2006 年 2 月，ある製薬会社の技術者が 23.0% NaCl 溶液 (23.0 g NaCl/100.0 g 溶液) を過って子どもの静脈内に注入し，その子供は死亡した．23.0% NaCl 溶液の浸透圧はいくらか．NaCl はイオンに分かれるために全粒子の濃度が倍になると仮定せよ．また温度は 37.0 ℃ とせよ．

7.74 セロリのような軟らかい野菜は冷水（塩水はだめ）に浸すことによってシャキシャキにできる．この効果を細胞膜と浸透圧で説明せよ．なぜ塩水は使わないのか．

7.75 ナトリウムのモル分率が 0.0477 のとき，このナトリウムが溶解したことによる水銀の凝固点降下を求めよ．ただし水銀の凝固点は -39 ℃で，融解熱は 2331 J mol^{-1} とする．

7.76 氷酢酸は融点 16.0 ℃をもち，融解エンタルピーは 11.7 kJ mol^{-1} である．(a) 氷酢酸の凝固点降下定数を計算せよ．(b) 73.3 g の $HC_2H_3O_2$ に 27.6 g の I_2 を溶解させた溶液の凝固点はいくらか．

7.77 シクロヘキサンは K_f として 20.3 K molal^{-1} をもつ．通常の融点が 279.6 K であるならば，C_6H_{12} の $\Delta_{fus}H$ はいくらか．

7.78 問題 7.62 の系を用いて，Na の Hg 溶液の 0 ℃における浸透圧を計算せよ．ただし体積は 15.2 cm^3 とする．

7.79 問題 7.62 の系を用いて，溶液からの Hg の蒸気圧降下を計算せよ．ただし Hg の 0 ℃における蒸気圧を 0.000185 Torr とする．

7.80 液体臭素の凝固点降下定数と沸点上昇定数を求めよ．ただし $\Delta_{fus}H = 10.57$ kJ mol^{-1}，$\Delta_{vap}H = 29.56$ kJ mol^{-1}，融点は -7.2 ℃，沸点は 58.78 ℃ とする．

7.81 ある溶媒に対して，凝固点降下定数と沸点上昇定数のどちらが大きいか．その理由を説明せよ．

7.82 200,000 amu の平均分子量（訳者注：分子量は相対比なので，単位はない）の高分子が 100 amu の不純物（モノマーと思われる）を 0.5% 含んでいる．1.000×10^{-4} molal の水溶液が使われたとき，分子量を決定する際の誤差はいくらか．ただし温度を 25 ℃と仮定せよ．

7.83 平均分子量 185,000 amu の高分子水溶液を考える．37 ℃で浸透圧が 30 Pa となるのに必要な質量モル濃度を計算せよ．また，これは溶媒 1 kg 当り何 g か．

7.84 式 (7.49) を導け．

7.85 以下の溶液に対して 30 ℃での浸透圧を決定せよ．塩の完全解離を仮定せよ．

(a) 0.900 mol の H_2O に 0.100 mol の NaCl
(b) 0.900 mol の H_2O に 0.100 mol の $Ca(NO_3)_2$
(c) 0.900 mol の H_2O に 0.100 mol の $Al(NO_3)_3$

7.86 以下の溶液に対して浸透圧を決定せよ．塩の完全解離を仮定せよ．

(a) 20 ℃において 100.0 g の H_2O に 10.0 g の KBr
(b) 80 ℃において 100.0 g の H_2O に 20.0 g の $SrCl_2$
(c) 37.0 ℃の 0.100 molal HCl（これは胃酸のよい近似）

数値計算問題

7.87 25.0 ℃のベンゼンと 1,1-ジクロロエタンの蒸気圧はそれぞれ 94.0 mmHg と 224.9 mmHg である．溶液中のベンゼンのモル分率に対して全圧をプロットせよ．また 1,1-ジクロロエタンのモル分率に対して全圧をプロットせよ．

7.88 25.0 ℃のベンゼンと 1,1-ジクロロエタンの蒸気圧はそれぞれ 94.0 mmHg と 224.9 mmHg である．蒸気中のベンゼンのモル分率に対する全圧のプロットはどのようになるか．また 1,1-ジクロロエタンのモル分率に対する全圧のプロットはどのようになるか．これらのプロットを上の問題 7.87 のプロットと比較せよ．

7.89 上の問題 7.87 と 7.88 のプロットを考える．(a) 露点線を示せ．(b) 気泡線を示せ．(c) 2 本の適当な線を用いて，モル比 50：50 のベンゼンと 1,1-ジクロロエタンを分留するときの軌跡を追い，理論段を示せ．そして最初に蒸留される生成物の組成を予測せよ．

7.90 トルエン中のナフタレンの溶解度を -50 ℃から 70 ℃まで 5 ℃刻みで表にせよ．ただしナフタレンの融解エンタルピーは 19.123 kJ mol^{-1} で，融点は 78.2 ℃である．

8 電気化学とイオン溶液

化学では電荷をもつ化学種を扱うことが多い．電子，カチオンやアニオンはすべて電荷を帯びた粒子である．電子は，ある化学種から別の化学種に移って，新しい化学種を生成する．自発的な電子の移動もあれば，強制的な電子の移動もある．また水素原子や酸素原子のような単純な系の電子の移動もあれば，何百というペプチドからなるタンパク質のような複雑な系での移動もある．

電荷を帯びた化学種つまり荷電種については，同じ符号の荷電種が反発し，異なる符号の荷電種が引きあうことを考える必要がある．このような荷電種の間の相互作用を考察するには，荷電種を近づけたり離したりする過程における仕事とエネルギーを理解しなければならない．エネルギーと仕事，それはまさに熱力学である．したがって荷電種の化学を理解する**電気化学**（electrochemistry）は，熱力学に基礎をおくことになる．

現代生活において，電気化学がいろいろなところで利用されていることを実感する人は少ないだろう．しかし燃料電池を含め，すべての電池は電気化学によって理解される．あらゆる酸化還元過程は電気化学で理解できる．金属や非金属，あるいはセラミックスに起こる腐食も電気化学である．生化学的に重要な反応も電荷の移動を含む場合が多く，まさに電気化学なのである．この章で展開される荷電種の熱力学を学習すれば，この原理が多くの系や反応に適用されることがわかるだろう．

- 8.1 あらまし
- 8.2 電　荷
- 8.3 エネルギーと仕事
- 8.4 標準電位
- 8.5 非標準状態の起電力と平衡定数
- 8.6 溶液中のイオン
- 8.7 デバイ・ヒュッケル理論とイオン溶液
- 8.8 イオン輸送と電気伝導
- 8.9 まとめ

8.1 あらまし

はじめに近代科学の発展のなかでは比較的初期に理解された電荷の相互作用について整理してみよう．荷電種が移動するときの仕事やエネルギーは，ΔG のような熱力学量と容易に関係づけられる．すべての電気化学反応は，ある化学種が電子を失う酸化過程と，別の化学種が電子を受けとる還元過程に分離することができる．われわれは，これらの過程を分離したり組み合わせたりして新しい電気化学反応をつくることができる．

もちろん，電気化学反応は荷電種の量に依存するが，異なる符号の電荷は互いに引きあうので，単純に濃度だけでこれを説明することはできない．こうした反応系と荷電種の量との関係を理解するにはイオン強度，活量，活量

係数といった考え方が必要になる．

さらにイオン溶液のふるまいについても理解する必要がある．簡単な仮定から，イオン溶液を記述するデバイ・ヒュッケル理論を導くことができる．第8章ではこの理論を簡単に説明したうえで，溶液中の荷電種の相互作用と化学を扱うことにする．

8.2 電　荷

科学の世界で最初に理解されたのはおそらく**電荷**（charge）の考え方だろう．紀元前7世紀ごろ，ギリシャの哲学者 Thales は *elektron* と呼ばれる樹脂状の物質（こはく）を擦ると，羽や糸のような軽い物質が引きつけられることを見いだした．何世紀もたってから人びとはこはく棒やガラス棒を擦ると，同じものどうしは反発しあい，互いには引きつけあうことを知るようになった．しかし，これらを一度指で触れると，この引きつけあう力はたちまちにして消えてしまうのだった．1752年ごろ多才なアメリカ人 Franklin は（本当かどうかは疑わしいが）雷雨のなかで行った有名な鍵と凧の実験で，この擦ったときのこはく棒と同じ性質が誘起されることを見いだした．Franklin は電気と呼ばれるこの現象が**正**（positive）と**負**（negative）と名づけられた反対の性質をもっていることを示した．彼はガラス棒を擦ると電気がガラス棒に流れこんで正に帯電すると考えた．一方，こはく棒を擦ると，こはく棒から電気が流れだして負に帯電すると考えた．そして帯電したガラス棒とこはく棒を触れさせると，これら異なる符号の電気が互いの電気の量が等しくなるまで流れると考えたのである．同じ符号に帯電した2本の棒は，正に帯電した場合でも負に帯電した場合でも互いに反発する[*]．

Franklin のあとに Coulomb, Galvani, Davy, Volta, Tesla, Maxwell らが電気のかかわる現象をたしかな実験と理論にもとづいて理解しようとした．この節では，彼らの実験や理論をいくつか紹介する．

1785年，フランスの科学者 Coulomb（図8.1）は帯電した小さな球の間の引力と斥力をきわめて厳密に測定した．彼は相互作用の向き，すなわち引力なのか斥力なのかを帯電した小球の電荷の符号によって決定した．二つの小球が正に帯電していても負に帯電していても，同じ符号の場合は互いに反発する．一方，異なる符合の場合には互いに引きあうことを明らかにした．

さらに Coulomb は，帯電した二つの小球に働く相互作用の大きさが，小球間の距離に依存することも見いだした．二つの小球に働く引力または斥力 F は，小球間の距離 r の二乗の逆数に比例する．すなわち

$$F \propto \frac{1}{r^2} \tag{8.1}$$

電荷をもつ物体の間に働く力 F は，物体上の電荷の大きさ q_1 と q_2 に比例する．したがって式（8.1）は次のようになる．

[*] これは驚くべき先見の明だが，実際に動く電荷については Franklin の考えはまちがっていた．しかし電気回路を流れる電流の向きについては，この Franklin による定義がいまなお使われている．

図 8.1 Charles-Augustin de Coulomb (1736–1806) フランスの物理学者．彼は当時としてはたいへん精密な装置を用いて，帯電した物体の間に働く引力を測定した．

$$F \propto \frac{q_1 q_2}{r^2} \quad (8.2)$$

これが**クーロンの法則**（Coulomb's law）である．力の単位に N を用いる SI 単位に書き直すと，式（8.2）は次のようになる．

$$F = \frac{q_1 q_2}{4\pi\varepsilon_0 r^2} \quad (8.3)$$

ここで q_1 と q_2 は C を単位に，r は m を単位としている．分母の 4π は空間の三次元性によるものである*．ε_0 は**真空の誘電率**（permittivity of free space）で，その値は $8.854 \times 10^{-12}\,\mathrm{C^2\,J^{-1}\,m^{-1}}$ である．これは電荷と距離の単位を変換して力の単位にするために導入されている．q_1 と q_2 はそれぞれ正の場合も負の場合もあるので便宜上，F の符号は斥力に対して正，引力に対して負と定義する．

* 実際，4π は空間を定義する三次元座標系と，力が空間的に球対称で粒子間の距離のみに依存するということに関連する．このことは第 11 章で球面極座標を議論するときにもう一度とりあげる．

例題 8.1

次の場合に電荷の間に働く力を求めよ．
(a) $+1.6 \times 10^{-18}$ C と $+3.3 \times 10^{-19}$ C の電荷が距離 1.00×10^{-9} m にある場合．
(b) $+4.83 \times 10^{-19}$ C と -3.22×10^{-19} C の電荷が距離 5.83 Å にある場合．

解　答
(a) 式（8.3）に代入して

$$F = \frac{(+1.6 \times 10^{-18}\,\mathrm{C}) \times (+3.3 \times 10^{-19}\,\mathrm{C})}{4\pi \times (8.854 \times 10^{-12}\,\mathrm{C^2\,J^{-1}\,m^{-1}}) \times (1.00 \times 10^{-9}\,\mathrm{m})^2}$$

C は打ち消され，m は一つ残る．分母にある $\mathrm{J^{-1}}$ は分子に J として現れるので

$$F = +4.7 \times 10^{-9}\,\mathrm{J\,m^{-1}} = +4.7 \times 10^{-9}\,\mathrm{N}$$

最後に $1\,\mathrm{J} = 1\,\mathrm{N\,m}$ を使った．

正の値だから斥力を表す．これは巨視的な物体に対してはとても小さな力だが，イオンのような原子サイズの系においてはとても大きな力である．
(b) 同様に式（8.3）に代入すれば

$$F = \frac{(+4.83 \times 10^{-19}\,\mathrm{C}) \times (-3.22 \times 10^{-19}\,\mathrm{C})}{4\pi \times (8.854 \times 10^{-12}\,\mathrm{C^2\,J^{-1}\,m^{-1}}) \times (5.83 \times 10^{-10}\,\mathrm{m})^2}$$

距離 5.83 Å を m に変換している．

これを計算して

$$F = -4.11 \times 10^{-9}\,\mathrm{N}$$

負の値なので，この場合には二つの電荷に引力が働くことになる．

　式（8.3）は真空中の電荷に働く力を表している．真空以外の媒質中に電荷がある場合にはその媒質の**比誘電率**（dielectric constant）ε_r が分母に現れ，式（8.3）は（8.4）のようになる．

$$F = \frac{q_1 q_2}{4\pi\varepsilon_0 \varepsilon_\mathrm{r} r^2} \quad (8.4)$$

比誘電率は単位をもっていない．比誘電率が大きいほど電荷の間に働く力は小さくなる．たとえば水の比誘電率は 78 である．

電荷 q_1 と相互作用する電荷 q_2 のつくる**電場**（electric field）E は，電荷の間に働く力 F を電荷の大きさで割って与えられる．したがって真空中では次のようになる（真空でない媒質中の場合には，媒質の比誘電率を分母に掛けることになる）．

$$E = \frac{F}{q_1} = \frac{q_2}{4\pi\varepsilon_0 r^2} \tag{8.5}$$

電場 E はまた**電位**（electric potential）ϕ と呼ばれる物理量の位置 r についての一次導関数としても与えられる．

$$E = -\frac{\partial \phi}{\partial r}$$

電位 ϕ は，電荷が電場 E のなかを移動したときに獲得するエネルギーとして表される．上の式を r について積分すると

$$-E\,\mathrm{d}r = \mathrm{d}\phi$$
$$\int(-E\,\mathrm{d}r) = \int \mathrm{d}\phi$$
$$\phi = -\int E\,\mathrm{d}r$$

ここで式 (8.5) の E を代入すれば

$$\phi = -\int \frac{q_2}{4\pi\varepsilon_0 r^2}\,\mathrm{d}r$$

定数を積分の外へだすと

$$\phi = -\frac{q_2}{4\pi\varepsilon_0} \int \frac{1}{r^2}\,\mathrm{d}r$$

積分を実行すれば以下のようになる．

$$\phi = \frac{q_2}{4\pi\varepsilon_0 r} \tag{8.6}$$

この式で与えられる電位 ϕ の単位は $\mathrm{J\,C^{-1}}$ である．さてここで新しい単位 V を次のように定義しておく．

$$1\,\mathrm{V} \equiv 1\,\mathrm{J\,C^{-1}} \tag{8.7}$$

この V という単位は，電気化学について多くの基本的な考えを発表したイタリアの物理学者 Volta にちなんで名づけられたものである．

8.3　エネルギーと仕事

前の節で述べた考えは，熱力学の重要な物理量であるエネルギーとどのようにかかわるのだろうか．まず仕事について考える．われわれはふつう，圧力に逆らって変化する体積量として仕事を定義する．しかしこれが唯一の仕事ではない．電荷が含まれる仕事に対しては別の定義が可能である．電気的な微小仕事 dw_{elect} は，ある電位 ϕ のなかを移動する電荷の微小変化 dQ として定義できる．すなわち

$$dw_{elect} \equiv \phi dQ \tag{8.8}$$

電位は V，電荷は C の単位をもつから，式 (8.7) より，式 (8.8) の仕事は J という単位で表せる．この新しい仕事は，熱力学第一法則のもと，内部エネルギー変化の一部として含まれるものである．すなわち内部エネルギーの微小変化 dU は，次のように表される．

$$dU = dw_{pV} + dq + dw_{elect}$$

これは内部エネルギーの定義が変わったわけではない．別のかたちの仕事が定義できたので，ほかと区別して書き加えただけである．実際，仕事には多くの要因が考えられる．われわれは，これまで圧力-体積という pV 仕事のみを対象にしてきた．非 pV 仕事には電気的な仕事（すなわち電位-電荷という仕事）だけでなく表面張力-面積，重力-質量，遠心力-質量といった仕事が含まれる．この章では電気的な仕事だけを考える．

電気的な仕事は，化学反応において荷電粒子が動く，つまり電子が動くときに発生する（電子と反対の電荷をもったプロトンは，ふつうの化学反応では核に閉じこめられたままである）．電子の電荷の大きさは 1.602×10^{-19} C で，この値は e と表される（したがって電子の電荷は $-e$，反対の電荷をもつプロトンの電荷は $+e$ である）．モル量で表すと eN_A（N_A はアボガドロ数）を計算しておよそ $96,485 \, \mathrm{C \, mol^{-1}}$ になる．これを**ファラデー定数**（Faraday's constant）と呼び F で表す（この名はもちろん Faraday を称えたものである）．電荷数 $+z$ のイオンは 1 mol 当り $+zF$ の正電荷を，電荷数 $-z$ のイオンは $-zF$ の負電荷をもつことになる．

電荷の微小変化 dQ は，イオンの物質量 n の微小変化 dn と関係づけられる．上で述べたことを使うと

$$dQ = zF \, dn$$

これを式 (8.8) に代入して

$$dw_{elect} = \phi zF \, dn \tag{8.9}$$

となる．複数のイオンが含まれる場合は，添え字 i で表した荷電種の数が変化するのに必要な仕事の総量を求める．これは以下のようになる．

$$dw_{\text{elect}} = \sum_i \phi_i z_i F \, dn_i \tag{8.10}$$

電荷の移動があり，また電荷をもつ化学種の数が変化するような系では式 (8.10) の dn_i がゼロでない．ところでギブズエネルギーの微小変化 dG を求めるためには，電荷による仕事の変化を含め自然な変数の式 (4.49)

$$dG = -S\,dT + V\,dp + \sum_i \mu_i\,dn_i$$

を書きかえる必要がある．これまでの議論から上の式に式 (8.10) を加えて

$$dG = -S\,dT + V\,dp + \sum_i \mu_i\,dn_i + \sum_i \phi_i z_i F\,dn_i \tag{8.11}$$

温度一定，圧力一定のもとでは

$$dG = \sum_i \mu_i\,dn_i + \sum_i \phi_i z_i F\,dn_i$$

右辺の二つの項は成分 i に関して共通な変化量 dn_i について足し合わされているので

$$dG = \sum_i (\mu_i + \phi_i z_i F)\,dn_i \tag{8.12}$$

と整理できる．式 (8.12) のカッコ内の項を $\mu_{i,\text{el}}$ と表す．すなわち

$$\mu_{i,\text{el}} \equiv \mu_i + \phi_i z_i F \tag{8.13}$$

と定義すると式 (8.12) から

$$dG = \sum_i \mu_{i,\text{el}}\,dn_i \tag{8.14}$$

を得る．$\mu_{i,\text{el}}$ は**電気化学ポテンシャル**（electrochemical potential）と呼ばれる．電気化学平衡では式 (5.4)

$$\sum_i \mu_i \nu_i = 0$$

に相当する式は

$$\sum_i n_i \mu_{i,\text{el}} = 0 \tag{8.15}$$

である．これは電気化学平衡の基本式である．

電荷すなわち電子の移動を含む反応は酸化還元反応，つまりレドックス反応（redox reaction）である．酸化過程と還元過程はいつも同時に進行するので，まずそれぞれの過程を別々に考えて，あとでそれらを足し合わせて全体の過程を考察するヘスの法則のような方法で考えてみよう．さて化学種 A が酸化されるという化学反応は，次のような化学反応式で表される．

$$A \longrightarrow A^{n+} + ne^-$$

ここで化学種Aはn個の電子を放出している．一方，化学種Bの還元は次の式で書き表される．

$$B^{n+} + ne^- \longrightarrow B$$

したがって全体の反応は

$$A + B^{n+} \longrightarrow A^{n+} + B$$

となる．反応物のn_iを負，生成物のn_iを正とする規則に従うと，この場合に式（8.15）は以下のように書き下せる．

$$0 = \mu_{A^{n+},el} + \mu_{B,el} - \mu_{A,el} - \mu_{B^{n+},el}$$

式（8.13）を使い，またイオンは同じ電荷数nであることが必要なので

$$0 = \mu_{A^{n+}} + \mu_B + nF\phi_{ox} - \mu_A - \mu_{B^{n-}} - nF\phi_{red} \tag{8.16}$$

ここで酸化と還元のそれぞれのϕには添え字oxとredをつけた．式（8.13）の電子の電荷z_iは-1なので，最初のϕ_{ox}は負，2番目のϕ_{red}は，負と負の数の積なので正となる．化学種AとBは電荷をもたないので，その化学ポテンシャルに電気的な仕事，つまり$nF\phi$の項は含まれない（式8.10）．

式（8.16）の酸化と還元の電位の項は打ち消しあわない．これはA^{n+}の電位がB^{n+}の電位と異なるからである*．

式（8.16）を変形して

$$nF\phi_{ox} - nF\phi_{red} = \mu_{A^{n+}} + \mu_B - \mu_A - \mu_{B^{n+}}$$
$$nF(\phi_{ox} - \phi_{red}) = \mu_{A^{n+}} + \mu_B - \mu_A - \mu_{B^{n+}}$$

さらに左辺を書き直せば

$$-nF(\phi_{red} - \phi_{ox}) = \mu_{A^{n+}} + \mu_B - \mu_A - \mu_{B^{n+}} \tag{8.17}$$

となる．

与えられた圧力，温度などの条件では，式（8.17）の右辺の項はすべて定数で一定である．したがって左辺も一定でなければならない．nとFは一定だから，$\phi_{red} - \phi_{ox}$も一定でなければならない．

この還元反応と酸化反応の電位差を**起電力**（electromotive force）Eと定義する．すなわち

$$E \equiv \phi_{red} - \phi_{ox} \tag{8.18}$$

ϕ_{red}とϕ_{ox}の単位はVなので，起電力Eの単位もVである．起電力はEMFと表される．ただし，科学的な意味からすれば起電力は"力"ではなく，電位差である．

起電力Eを用いると式（8.17）は次のように書ける．

$$-nFE = \mu_{A^{n+}} + \mu_B - \mu_A - \mu_{B^{n+}} \tag{8.19}$$

* 次の比較をしてみるとよい．Li^+とCs^+はともに1価のカチオンだが，同じ電位をもつだろうか．もちろん同じではない．Li^+とCs^+はまったく異なる性質をもつ．

式 (8.19) の右辺は，生成物の化学ポテンシャルから反応物の化学ポテンシャルを引いたものになっている．これは，この反応のギブズエネルギー変化 $\Delta_{\text{rxn}}G$ である．したがって式 (8.19) は次のように書ける．

$$\Delta_{\text{rxn}}G = -nFE \tag{8.20}$$

圧力と濃度に関する標準状態の条件では

$$\Delta_{\text{rxn}}G^\circ = -nFE^\circ \tag{8.21}$$

となる．これは，電位の変化と自由エネルギー変化とを関係づける基本式である．また，この式から 1 J = 1 V C の関係がよくわかる．変数 n はレドックス反応で移動する電子の数である．全体のレドックス反応式にはふつう関与する電子の数が現れないので，われわれはこれを見いださなければならない．

例題 8.2

以下の (a), (b) に答えよ．
(a) 次のレドックス反応に関与する電子の数を求めよ．
$$2\,\text{Fe}^{3+}(\text{aq}) + 3\,\text{Mg}(\text{s}) \longrightarrow 2\,\text{Fe}(\text{s}) + 3\,\text{Mg}^{2+}(\text{aq})$$
(b) 標準状態における，この反応のギブズエネルギー変化 $\Delta_{\text{rxn}}G^\circ$ が $-1354\,\text{kJ}$ のとき，還元反応と酸化反応の電位差はいくらか．

解 答
(a) 反応に関与する電子の数を決める最も簡単な方法は，酸化反応と還元反応を分離することである．
$$2\,\text{Fe}^{3+}(\text{aq}) + 6\,\text{e}^- \longrightarrow 2\,\text{Fe}(\text{s})$$
$$3\,\text{Mg}(\text{s}) \longrightarrow 3\,\text{Mg}^{2+}(\text{aq}) + 6\,\text{e}^-$$
これら二つの反応式が組み合わさった場合に 6 個の電子が移動することがわかる．したがって 1 mol 当りでは 6 mol の電子が移動することになる．
(b) $\Delta_{\text{rxn}}G^\circ$ の単位を kJ から J に変換し，式 (8.21) を使えば
$$-1{,}354{,}000\,\text{J} = -(6\,\text{mol}) \times 96{,}485\,\text{C mol}^{-1} \times E^\circ$$
$$E^\circ = 2.339\,\text{V}$$
最後に式 (8.7) を使って単位を V に変換した．

ここで起電力の符号についてひとこと触れておく．ΔG からは等温等圧過程の自発性を判定できた．すなわち ΔG が正であれば非自発過程，ΔG が負であれば自発過程，ゼロの場合は平衡状態であった．このことと式 (8.20) の負の符号を考慮すれば，電気化学過程の自発性を判定することができる．すなわち E が正の場合に酸化還元過程は自発的であり，負の場合には自発的ではない．E がゼロの場合は電気化学的に平衡状態にあるといえる．こうした自発性の判定条件を表 8.1 に示す．

レドックス反応は必ずしも電気化学的に有用とは限らないので，化学物質の生産のほかにレドックス反応から何か有用なものを得るためには反応を正

表 8.1 自発的条件

ΔG	E	過程
負	正	自発的
ゼロ	ゼロ	平衡
正	負	自発的でない

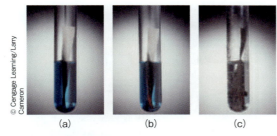

図 8.2 (a) 金属亜鉛 Zn(s) を Cu^{2+} を含む青色の水溶液に加える．(b) 金属の亜鉛と Cu^{2+} が反応すると，亜鉛板は金属の銅で被覆される．(c) 溶液中のほとんどの Cu^{2+} が金属の亜鉛と反応すると，溶液は Cu^{2+} の青色が消え，無色の Zn^{2+} が生成する．

しく設計しなければならない．もっといえば，正しく設計したレドックス反応の電位の差から，どれほど有用なものを期待できるのかということになる．

答えは，電位の差 E と反応のギブズエネルギー変化 $\Delta_{rxn}G$ の関係式（式 8.20）にある．第 4 章で述べたように非 pV 仕事 $w_{\text{non-}pV}$ が系に対してなされたり，系によってなされたりした場合，そのギブズエネルギー変化 ΔG は実現可能な非 pV 仕事の総量の事実上の上限を表している．すなわち

$$\Delta G \leq w_{\text{non-}pV}$$

これは式（4.11）である．電気的な仕事 w_{elect} は非 pV 仕事なので

$$\Delta G \leq w_{\text{elect}} \tag{8.22}$$

となる．系によってなされた仕事は負の値で表されるから，式（8.22）は以下のことを意味している．すなわち，レドックス反応におけるギブズエネルギー変化 ΔG は，系が外界に対して行うことができる電気的な仕事 w_{elect} の最大量である．

さて，どうすればこの仕事を見積もることができるだろうか．いま図 8.2 に示すように，溶液中に Cu^{2+} と金属亜鉛 Zn(s) が含まれているとする．Zn(s) は反応して無色の Zn^{2+} として溶けだしている．青色の Cu^{2+} は反応し金属銅 Cu(s) となって析出している．この自発的なレドックス反応は，以下のように表される．

$$\text{Zn(s)} + Cu^{2+} \longrightarrow Zn^{2+} + \text{Cu(s)} \qquad E° = +1.104 \text{ V}$$

この反応は自発的に進行しているが，この方法では有用な仕事を取りだすことはできない．

そこで図 8.3 のように，この酸化反応と還元反応を物理的に分離して行わせてみる．左側では金属亜鉛が亜鉛イオンに酸化され，右側では銅イオンが金属銅に還元される．しかし二つの**半反応**（half-reaction）は完全には分離していない．つまり二つの反応系を**塩橋**（salt bridge）で連結し，全体の電荷のバランスを保つ工夫をしているのである．塩橋のなかではカチオンが系の還元側に移動し，アニオンが酸化側に移動して，二つの半反応の電気的中性を保つように働いている*．そのうえで二つの金属**電極**（electrode）を導

* 電荷のバランスを保つためには，ほかの方法もある．

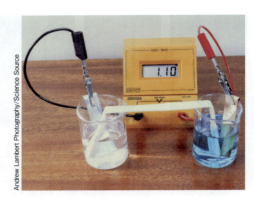

図 8.3　図 8.2 と同じレドックス反応を示す．ただし，この場合は二つの半反応が物理的に隔てられている．ここに示したように，このレドックス反応による電子の移動からは有用な仕事を取りだすことができる．

線で連結し，電圧計や電球などの電気デバイスをつなげば，これらのデバイスを動かすことができる．つまり図 8.3 に示したように，自発的な電気化学反応から仕事を取りだすことができるのである．すなわちそれぞれの半反応を分離することによって自発的な化学反応から，電気的な仕事としてエネルギーを得たということになる．

　この二つの独立な反応系を**半電池**（half cell）と呼ぶ．酸化側の半電池を**アノード**（anode），還元側の半電池を**カソード**（cathode）と呼ぶ．自発的な反応になるように，二つの半電池を組み合わせた反応系を**ボルタ電池**（voltanic cell）または**ガルバニ電池**（galvanic cell）と呼ぶ．実用電池のレドックス反応の過程や構造は図 8.3 に示したほど単純ではないが，すべてがボルタ電池である．なかでも Zn/Cu ボルタ電池は，1836 年にこれを発明したイギリスの化学者 Daniell にちなんで**ダニエル電池**（Daniell cell）と呼ばれている．これは当時，最も信頼性の高い電源だった．図 8.4 に現在のボルタ電池の構造を示す．

　一方，二つの半電池の間で電子を強制的に移動させ，非自発的な反応を進行させる系を**電解槽**（electrolytic cell）と呼ぶ．電解槽は宝石や金属器具へ電気めっきを施すなど，いろいろな方面で利用されている．

　ある電気化学反応について求められた ΔG は，その反応が行うことができる最大の電気的な仕事を表している．実際には，この最大値より少ない仕事しか取りだせない．これは，すべての過程が 100% 以下の効率でしか進行しないことを示している．

8.4　標 準 電 位

　起電力 E は式（8.18）に示したように，還元電位 ϕ_{red} と酸化電位 ϕ_{ox} の差として定義される．では，それぞれの還元反応または酸化反応について起電力の絶対量を見積もることはできるだろうか．残念ながら起電力の絶対量を見積もることはできない．このことは内部エネルギーや，ほかのいろいろなエネルギーを定義した場合の事情とよく似ている．系が，ある絶対量で表さ

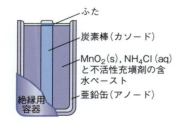

図 8.4　最近の乾電池はダニエル電池に比べて複雑な構造をしているが，電気化学的な原理は同じである．

れるエネルギーをもっていることはわかっても，それがどれだけであるかを正確に知ることはできない．しかし系のエネルギー変化を計算することはできる．同じことが起電力 E にも当てはまる．

系のエネルギー変化を考えるために，われわれは化合物の生成熱というある基準を定義した（標準状態の単体元素の生成熱を厳密にゼロと定義した）．起電力に対しても同じことを行う．慣習的に，次のような**標準電位**（standard potential）を定義している．

① 組み合わされた全体のレドックス反応でなく，酸化反応と還元反応に分離された半反応を考える．こうすれば，どのようなレドックス反応も，適当な二つ以上の半反応を代数的に組み合わせてつくることができる．
② 標準電位は，還元反応のかたちで書かれた半反応式として定義する．二つ以上の半反応を組み合わせる場合，少なくとも一つの半反応は酸化反応として逆反応のかたちで表す必要がある．この場合，逆反応の標準電位は符号が反対になる．
③ 標準電位は，圧力と濃度に関して熱力学的な標準状態の条件のもとで定義される．すなわち半反応の標準電位を用いる場合には温度 25 ℃，気体についてはフガシティー 1，溶質については活量 1 を想定する（これらの条件は，ごくふつうには気体に対して圧力 1 atm または 1 bar，溶質については濃度 1 M とすることで近似される）．
④ 次の還元半反応の標準電位を 0.000 V と定義する．

$$2\,\mathrm{H}^+(\mathrm{aq}) + 2\,\mathrm{e}^- \longrightarrow \mathrm{H}_2(\mathrm{g}) \tag{8.23}$$

これは**標準水素電極**（standard hydrogen electrode，SHE と略す）の反応である（図 8.5）．ほかのすべての標準電位は，この半反応を基準に定義される．

このようにして電気化学的な標準還元電位 $E°$ が定義される．表 8.2 に標準還元電位を示す．電気化学を使いこなすためには上のような規則を理解し，応用できなければならない．

ただしこれらの規則は慣習にもとづいたものなので，ときどき変更されることがある．以前は還元反応でなく，酸化反応のかたちで半反応が示されていた．古い本では酸化反応のかたちで半反応が示されている場合があるので注意を要する．また SHE は，ほかのさまざまな半反応の標準電位を定義する唯一の標準電極ではない．たとえば次の半反応で示される**飽和カロメル電極**〔saturated calomel electrode，SCE と略す．なおカロメル（calomel）とは塩化水銀(I) $\mathrm{Hg}_2\mathrm{Cl}_2$ の慣用名である〕も標準電極の一つである．

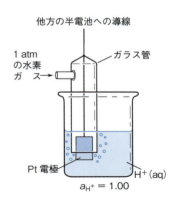

図 8.5　標準水素電極．この電極で起こる半反応の標準還元電位を厳密に 0.000 V と定めている．

$$\mathrm{Hg}_2\mathrm{Cl}_2 + 2\,\mathrm{e}^- \longrightarrow 2\,\mathrm{Hg}(l) + 2\,\mathrm{Cl}^- \tag{8.24}$$
$$E° = +0.2682\,\mathrm{V}\ \text{対 SHE}$$

この標準電極は爆発性の水素ガスを使用しないので有用である．こちらを用いる場合には，SHE に対して定義された標準還元電位から 0.2682 V だけ引けばよい．

ある電気化学反応に対して標準電位を適用するためには，まず半反応に分

表 8.2 標準還元電位 $E°$

反　応	$E°$ (V)	反　応	$E°$ (V)
$F_2 + 2e^- \longrightarrow 2F^-$	2.866	$Hg_2Cl_2 + 2e^- \longrightarrow 2Hg + 2Cl^-$	0.26828
$H_2O_2 + 2H^+ + 2e^- \longrightarrow 2H_2O$	1.776	$AgCl + e^- \longrightarrow Ag + Cl^-$	0.22233
$N_2O + 2H^+ + 2e^- \longrightarrow N_2 + H_2O$	1.766	$Cu^{2+} + e^- \longrightarrow Cu^+$	0.153
$Au^+ + e^- \longrightarrow Au$	1.692	$Sn^{4+} + 2e^- \longrightarrow Sn^{2+}$	0.151
$MnO_4^- + 4H^+ + 3e^-$	1.679	$AgBr + e^- \longrightarrow Ag + Br^-$	0.07133
$\longrightarrow MnO_2 + 2H_2O$		$2H^+ + 2e^- \longrightarrow H_2$	0.0000
$HClO + H^+ + e^-$	1.63	$Fe^{3+} + 3e^- \longrightarrow Fe$	−0.037
$\longrightarrow (1/2)Cl_2 + H_2O$		$2D^+ + 2e^- \longrightarrow D_2$	−0.044
$Mn^{3+} + e^- \longrightarrow Mn^{2+}$	1.5415	$Pb^{2+} + 2e^- \longrightarrow Pb$	−0.1262
$MnO_4^- + 8H^+ + 5e^-$	1.507	$Sn^{2+} + 2e^- \longrightarrow Sn$	−0.1375
$\longrightarrow Mn^{2+} + 4H_2O$		$Ni^{2+} + 2e^- \longrightarrow Ni$	−0.257
$Au^{3+} + 3e^- \longrightarrow Au$	1.498	$Co^{2+} + 2e^- \longrightarrow Co$	−0.28
$Cl_2 + 2e^- \longrightarrow 2Cl^-$	1.358	$PbSO_4 + 2e^- \longrightarrow Pb + SO_4^{2-}$	−0.3588
$O_2 + 4H^+ + 4e^- \longrightarrow 2H_2O$	1.229	$Cr^{3+} + e^- \longrightarrow Cr^{2+}$	−0.407
$Br_2 + 2e^- \longrightarrow 2Br^-$	1.087	$Fe^{2+} + 2e^- \longrightarrow Fe$	−0.447
$2Hg^{2+} + 2e^- \longrightarrow Hg_2^{2+}$	0.920	$Cr^{3+} + 3e^- \longrightarrow Cr$	−0.744
$Hg^{2+} + 2e^- \longrightarrow Hg$	0.851	$Zn^{2+} + 2e^- \longrightarrow Zn$	−0.7618
$Ag^+ + e^- \longrightarrow Ag$	0.7996	$2H_2O + 2e^- \longrightarrow H_2 + 2OH^-$	−0.8277
$Hg_2^{2+} + 2e^- \longrightarrow 2Hg$	0.7973	$Cr^{2+} + 2e^- \longrightarrow Cr$	−0.913
$Fe^{3+} + e^- \longrightarrow Fe^{2+}$	0.771	$Al^{3+} + 3e^- \longrightarrow Al$	−1.662
$MnO_4^- + e^- \longrightarrow MnO_4^{2-}$	0.558	$Be^{2+} + 2e^- \longrightarrow Be$	−1.847
$I_3^- + 2e^- \longrightarrow 3I^-$	0.5360	$H_2 + 2e^- \longrightarrow 2H^-$	−2.23
$I_2 + 2e^- \longrightarrow 2I^-$	0.5355	$Mg^{2+} + 2e^- \longrightarrow Mg$	−2.372
$Cu^+ + e^- \longrightarrow Cu$	0.521	$Na^+ + e^- \longrightarrow Na$	−2.71
$O_2 + 2H_2O + 4e^- \longrightarrow 4OH^-$	0.401	$Ca^{2+} + 2e^- \longrightarrow Ca$	−2.868
$Cu^{2+} + 2e^- \longrightarrow Cu$	0.3419	$Li^+ + e^- \longrightarrow Li$	−3.04

離し，関係する半反応を標準電位 $E°$ の表から見つける．一つ以上の半反応を酸化反応のかたちになるよう逆反応で表す必要があるが，この場合には $E°$ に −1 を掛けて符号を反対にする．酸化と還元の半反応が正しく組み合わされたレドックス反応式には電子の項が残らないはずなので，半反応を適当に整数倍して足し合わせ，反応式から電子を消去する．しかし，ある半反応を整数倍する場合でも $E°$ は**整数倍してはならない**．なぜなら $E°$ は電位で，物質の量とは独立に定義された示強変数だからである*．いい方を変えれば，反応が進行すると，それに比例して ΔG が変化する．しかし，電子数 n も変化するので，$E°$ は同じ値となる．

厳密にいえば，酸化と還元の半反応に現れる電子数が等しく組み合わされた電気化学反応においてのみ標準電位の加成性が成立する．反対に次の例で示すように酸化と還元の半反応に現れる電子数が等しくない場合には，標準電位を足したり引いたりはできない．すなわち†

* 反対の意味で示量変数がある．これは物質の量に依存する．

†訳者注　すでに述べたように rxn は reaction の意味の略号である．

$$\text{Fe}^{3+} + 3\,\text{e}^- \xrightarrow{\text{rxn 1}} \text{Fe}(s) \qquad E° = -0.037\,\text{V}$$

$$\text{Fe}(s) \xrightarrow{\text{rxn 2}} \text{Fe}^{2+} + 2\,\text{e}^- \qquad E° = +0.447\,\text{V}$$

よって全体で

$$\text{Fe}^{3+} + \text{e}^- \xrightarrow{\text{overall rxn}} \text{Fe}^{2+} \qquad E° = +0.410\,\text{V}$$

としがちだが,この $E° = +0.410\,\text{V}$ は表 8.2 に示された

$$\text{Fe}^{3+} + \text{e}^- \longrightarrow \text{Fe}^{2+}$$

の $E° = +0.771\,\text{V}$ とは異なっている.つまり,このように電子が消去されない場合には $E°$ の加成性は成り立たないのである.

しかし,ヘスの法則ではエネルギーについての加成性が成り立つ.それぞれの $E°$ を $\Delta G°$ に変換し,関与する電子数を考慮してヘスの法則のように $\Delta G°$ を足し合わせてから再び $E°$ に変換すると正しい標準電位 $E°$ が得られる.上の例についてこれを行えば,まず rxn 1 について

$$\Delta G_{\text{rxn1}}° = -(3\,\text{mol}) \times 96{,}485\,\text{C mol}^{-1} \times (-0.037\,\text{V}) = 10{,}700\,\text{J}$$

rxn 2 について

$$\Delta G_{\text{rxn2}}° = -(2\,\text{mol}) \times 96{,}485\,\text{C mol}^{-1} \times (+0.447\,\text{V}) = -86{,}300\,\text{J}$$

よってヘスの法則を使って反応全体については

$$\begin{aligned}\Delta G_{\text{overall}}° &= \Delta G_{\text{rxn1}}° + \Delta G_{\text{rxn2}}° \\ &= 10{,}700\,\text{J} + (-86{,}300\,\text{J}) \\ &= -75{,}600\,\text{J}\end{aligned}$$

これを標準電位 $E_{\text{overall}}°$ に変換して

$$-75{,}600\,\text{J} = -(1\,\text{mol}) \times 96{,}485\,\text{C mol}^{-1} \times E_{\text{overall}}°$$

$$E_{\text{overall}}° = +0.783\,\text{V}$$

となる.これは表 8.2 に記されている値にきわめて近い(差は溶液中の鉄イオンの活量の違いに関係している).重要なことは,反応式の両辺で電子が完全に消去された場合にのみ,電位についての加成性が成り立つということである.一方,エネルギーの加成性は常に成り立つ.

例題 8.3

次の (a), (b), (c) に答えよ.
(a) 以下の不完全な化学反応式の $E°$ を求めよ.

$$\text{Fe}(s) + \text{O}_2(g) + 2\,\text{H}_2\text{O}(l) \longrightarrow \text{Fe}^{3+} + 4\,\text{OH}^-$$

(b) 化学反応式を完成せよ.
(c) この反応の条件を示せ.

この反応の最終的な生成物は FeO(OH) と H_2O である.これらはレドックス反応を経由せずに生成する.水和した FeO(OH) は赤さびとして知られている.

この最初の反応式は，表 8.2 の還元反応の逆反応である．

解　答

(a) 表 8.2 を用いて，次の二つの半反応に分離する．

$$Fe(s) \longrightarrow Fe^{3+} + 3\,e^- \qquad E° = +0.037\,V$$

$$O_2(g) + 2\,H_2O(l) + 4\,e^- \longrightarrow 4\,OH^- \qquad E° = +0.401\,V$$

まずはこれらの $E°$ から全体の $E°$ を求める（まだ反応式を完成させる必要はない）．$E°$ は

$$E° = +0.438\,V$$

となる．したがってこの反応は自発的である．実際に，この反応は鉄の腐食反応，つまり鉄がさびる反応として知られている．

(b) 電気化学的に完全な反応式，つまりレドックス反応式では電子は消去されていなければならない．この酸化反応には 3 電子，還元反応には 4 電子が関与している．よって電子数が最小公倍数の 12 になるように各半反応を整数倍して化学反応式を完成させればよい．

$$4\,Fe(s) + 3\,O_2(g) + 6\,H_2O(l) \longrightarrow 4\,Fe^{3+}(aq) + 12\,OH^-(aq)$$

これらの条件は気体の化学種については圧力 1 bar または 1 atm，溶液内の化学種については濃度 1 M とすることで近似される．

(c) $E°$ の添え字 ° は温度 25 ℃，$O_2(g)$ のフガシティーが 1，さらに $Fe(s)$，$H_2O(l)$，$Fe^{3+}(aq)$，$OH^-(aq)$ の活量が 1 であることを意味している．

実際には，標準状態の条件では鉄はさびない．標準状態の条件でない場合には，起電力を見積もるために次の節で述べる方法が必要になる．

複雑な生化学反応も多くは電子移動反応で，同様に標準還元電位 $E°$ が考えられる．たとえばニコチンアミドアデニンジヌクレオチド（NAD^+）は標準状態の条件のもとでプロトン H^+ を一つと電子 e^- を二つ受けとって NADH を生成する．

$$NAD^+ + H^+ + 2\,e^- \longrightarrow NADH \qquad E° = -0.105\,V$$

ミオグロビンとシトクロム c に含まれる鉄の一電子還元反応の電位 $E' = +0.046\,V$ と $E' = +0.254\,V$ は生化学的標準状態（つまり pH 7，37 ℃）に対して定義されている．このように生化学的な過程を考える場合には，問題にしている反応の条件を知ることが重要である．

図 8.6 Walther Hermann von Nernst（1864–1941）　ドイツの化学者．彼は電気化学反応における電位と，生成物と反応物の自発的条件の関係をはじめて定式化した．しかし彼へのノーベル賞はこの業績に対してではなく，熱力学第三法則を確立したことによるものだった．

8.5　非標準状態の起電力と平衡定数

例題 8.3 では熱力学的標準状態を想定した．しかしこれは，実際にはほとんどありえない条件（とくに濃度 1 M という点）にもとづいたものである．反応はいろいろな温度や濃度，圧力条件で起こる．実際に多くの電気化学的な反応がきわめて低いイオン濃度で起こる．車がさびる場合を考えてみるとよい．

さて電気化学反応のさまざまな起電力を書き表すにはエネルギーと同じ規則を用いる．すなわち標準状態の起電力は標準を意味する ° を添えた $E°$ で表し，いろいろな反応条件におけるそれぞれの起電力を表すには，この添え字 ° をはずした E を用いる．

非標準状態の起電力 E と標準状態の起電力 $E°$ の関係はネルンストの式（Nernst equation）としてよく知られている．これはドイツの化学者 Nernst（図 8.6）が 1889 年に発表した*．式（8.20）と（5.7）として示した次の二つの式

$$\Delta_{\mathrm{rxn}}G = -nFE$$
$$\Delta_{\mathrm{rxn}}G = \Delta_{\mathrm{rxn}}G° + RT \ln Q$$

と式（8.21）より

$$-nFE = -nFE° + RT \ln Q$$

これを E について解けば

$$E = E° - \frac{RT}{nF} \ln Q \qquad (8.25)$$

これがネルンストの式である．Q は，そのときどきの（非平衡状態の）反応物と生成物の濃度，圧力，活量またはフガシティーで表される反応比である．

* Nernst の業績はこれだけではない．熱力学第三法則を提唱し，また枝分れする連鎖反応を使って爆発現象を最初に説明したのも彼である．さらに赤外線を放出する有用な光源としてネルンストランプを発明した．1920 年，熱力学における業績に対してノーベル化学賞を授与されている．

例題 8.4

次に示すダニエル電池の反応式に現れる化学種の非標準状態の濃度を使って，起電力 E を計算せよ．

$$\mathrm{Zn} + \mathrm{Cu}^{2+}(0.0333\ \mathrm{M}) \longrightarrow \mathrm{Zn}^{2+}(0.00444\ \mathrm{M}) + \mathrm{Cu}$$

解 答
まず Q を書き下すと

$$Q = \frac{m_{\mathrm{Zn}^{2+}}/m°}{m_{\mathrm{Cu}^{2+}}/m°} \approx \frac{[\mathrm{Zn}^{2+}]}{[\mathrm{Cu}^{2+}]}$$

これは $0.00444\ \mathrm{M}/0.0333\ \mathrm{M} = 0.133$ となる．標準状態の起電力 $E°$ は $+1.104\ \mathrm{V}$ なので式（8.25）から

$$E = +1.104\ \mathrm{V} - \frac{8.314\ \mathrm{J\ mol^{-1}\ K^{-1}} \times 298\ \mathrm{K}}{2\ \mathrm{mol} \times 96{,}485\ \mathrm{C\ mol^{-1}}} \times \ln 0.133$$

$\mathrm{J\ C^{-1}}$ 以外の単位はすべて消え，またこの単位は V に等しいから

$$E = +1.104\ \mathrm{V} - (-0.0259\ \mathrm{V})$$
$$= +1.130\ \mathrm{V}$$

この値は標準状態の起電力よりわずかに大きい．

ここで，質量モル濃度をモル濃度に置き換えられると仮定する．

　ネルンストの式によって，濃度と圧力が標準状態の条件にない場合の化学電池の起電力を見積もることができる．ネルンストの式には温度 T が含まれているが，標準温度 25 ℃以外での利用は制限される．その理由は，標準状態の起電力 $E°$ 自体が温度に依存するからである．次の式

$$\Delta G° = -nFE°$$
$$\left(\frac{\partial G}{\partial T}\right)_p = -S \quad \text{または} \quad \left\{\frac{\partial(\Delta G)}{\partial T}\right\}_p = -\Delta S$$

を使って $E°$ がどの程度, 温度に依存するかを見積もってみる. まず, これらの式を組み合わせて以下を得る.

$$\left\{\frac{\partial(\Delta G°)}{\partial T}\right\}_p = -nF\left(\frac{\partial E°}{\partial T}\right)_p = -\Delta S°$$

これから温度変化に対する $E°$ の変化について

$$\left(\frac{\partial E°}{\partial T}\right)_p = \frac{\Delta S°}{nF} \tag{8.26}$$

を得る. 偏導関数 $(\partial E°/\partial T)_p$ は反応の**温度係数**(temperature coefficient)と呼ばれる. さて式 (8.26) から次のような近似が成り立つ.

$$\Delta E° \approx \frac{\Delta S°}{nF}\Delta T \tag{8.27}$$

ΔT は標準温度(ふつうは 25 ℃)からの温度差である. $\Delta E°$ は反応の起電力の変化なので, 温度が標準状態の条件にない場合の起電力 E は

$$E \approx E° + \Delta E° \tag{8.28}$$

となる. これはきわめてよい近似式である. 温度変化に対する $\Delta S°$ については議論していないが, これは前の章で述べたように大きな値である. 式 (8.26) と (8.27) は温度が変化した場合の電気化学的な系のふるまいを大ざっぱに理解する指針を与えてくれる. ファラデー定数 F が大きな値なので, 温度変化に対する $\Delta E°$ は小さな値だが, いくつかの電気化学反応では無視できない効果を与える.

例題 8.5

これは多くの燃料電池のはじめの反応式である.

次の反応の 500 K における起電力 E を見積もれ.
$$2\,H_2(g) + O_2(g) \longrightarrow 2\,H_2O(g)$$

解 答

まず標準状態の起電力 $E°$ を求める. このために反応式を二つの半反応に分離する.

反応式を 2 倍しても, $E°$ を 2 倍にしないことに注意せよ.

$$2 \times \{H_2(g) \longrightarrow 2\,H^+ + 2\,e^-\} \quad E° = 0.000\,\text{V}$$
$$O_2(g) + 4\,H^+ + 4\,e^- \longrightarrow 2\,H_2O(l) \quad E° = +1.229\,\text{V}$$

したがって標準状態の起電力 $E°$ は $+1.229\,\text{V}$ である.

反応の $\Delta S°$ は巻末の付録 2 に載せた $H_2(g)$, $O_2(g)$, $H_2O(g)$ の $S°$ を用いて求められる.

$$\Delta S° = 2 \times 188.83 \text{ J K}^{-1} - (2 \times 130.68 \text{ J K}^{-1} + 205.14 \text{ J K}^{-1})$$
$$= -88.84 \text{ J K}^{-1}$$

ただし，これは反応 1 mol 当りについての値である．さて温度変化 ΔT は 500 K − 298 K = 202 K だから，式 (8.27) を使って $\Delta E°$ を見積もると

$$\Delta E° = \frac{-88.84 \text{ J K}^{-1}}{4 \text{ mol} \times 96{,}485 \text{ C mol}^{-1}} \times 202 \text{ K} = -0.0465 \text{ V}$$

J C^{-1}，つまり V を除いてすべての単位はキャンセルされる．

したがって 500 K における，この反応の起電力 E は，式 (8.28) から

$$E = +1.229 \text{ V} + (-0.0465 \text{ V})$$
$$= +1.183 \text{ V}$$

これは小さな値だが，この減少は重要である．

ここで ΔG のもともとの定義

$$\Delta G° = \Delta H° - T \Delta S°$$

を使って $\Delta H°$ を求めることにする．式 (8.26) を $\Delta S°$ について解いて

$$\Delta S° = nF\left(\frac{\partial E°}{\partial T}\right)_p \tag{8.29}$$

また，すでに述べた関係式

$$\Delta G° = -nFE°$$

も同時に代入すれば，次の式が得られる．

$$-nFE° = \Delta H° - T \times nF\left(\frac{\partial E°}{\partial T}\right)_p$$

これを変形して

$$\Delta H° = -nF\left\{E° - T\left(\frac{\partial E°}{\partial T}\right)_p\right\} \tag{8.30}$$

を得る．電気化学的なデータを使って，この式からある過程の $\Delta H°$ を計算できる．

例題 8.6

次の $H_2O(l)$ の生成反応を考える．

$$2 H_2(g) + O_2(g) \longrightarrow 2 H_2O(l)$$

25 ℃ において $\Delta H° = -571.66$ kJ，$n = 4$ の場合に温度係数 $(\partial E°/\partial T)_p$ を求めよ．

この問題を解くために使う表 8.2 から，二つの半反応を見つけられるだろうか．

解 答

式 (8.30) を用いる．表 8.2 より $E° = +1.23$ V で，これらの値を式 (8.30)

に代入すれば

$$-571{,}660 \text{ J} = -(4 \text{ mol}) \times 96{,}485 \text{ C mol}^{-1} \times \left\{+1.23 \text{ V} - 298 \text{ K} \times \left(\frac{\partial E°}{\partial T}\right)_p\right\}$$

ここで両辺を $-(4 \text{ mol}) \times 96{,}485 \text{ C mol}^{-1}$ で割る．左辺の単位については mol とマイナス符号は消え，残る J C^{-1} は V に等しいから

$$1.481 \text{ V} = +1.23 \text{ V} - 298 \text{ K} \times \left(\frac{\partial E°}{\partial T}\right)_p$$

$$-0.25 \text{ V} = 298 \text{ K} \times \left(\frac{\partial E°}{\partial T}\right)_p$$

$$\left(\frac{\partial E°}{\partial T}\right)_p = -8.4 \times 10^{-4} \text{ V K}^{-1}$$

最終的に温度係数を表す正しい単位が得られている．

　これまで圧力 p に対する起電力の変化については議論してこなかった．そこで，ここで式 (4.25)

$$\left(\frac{\partial G}{\partial p}\right)_T = V$$

を考えることにする．これより

$$\left\{\frac{\partial(\Delta G°)}{\partial p}\right\}_T = -nF\left(\frac{\partial E°}{\partial p}\right)_T = +\Delta V$$

ただし $\Delta G° = -nFE°$ を用いた．これを変形して

$$\left(\frac{\partial E°}{\partial p}\right)_T = -\frac{\Delta V}{nF} \tag{8.31}$$

を得る．ほとんどのボルタ電池は凝縮相（すなわち液体または固体）から構成されており，圧力変化がきわめて大きくない限り凝縮相の体積変化 ΔV はとても小さい．この小さな ΔV を大きな値の F で割るので，E の圧力効果 $(\partial E°/\partial p)_T$ はふつう無視できる．しかし気体の反応物や生成物が電気化学反応に含まれる場合，これらの分圧の変化が E に与える影響は大きい．しかし反応物や生成物の分圧の効果は反応比 Q に含まれているので，圧力効果はネルンストの式を用いて取り扱うことができる．

　最後に平衡定数 K と標準状態の起電力 $E°$ の関係について考えることにする．この関係は化学電池の電圧測定など，いろいろな系の測定で用いられる．次の関係

$$\Delta G° = -nFE°$$
$$\Delta G° = -RT \ln K$$

について，これら二つの式を組み合わせれば以下の式が導かれる．

$$E° = \frac{RT}{nF} \ln K \tag{8.32}$$

ところで，この式は平衡状態 $E = 0$，つまりカソードとアノードの電位の差がない場合を考えればネルンストの式からも導ける．平衡状態 $E = 0$ においては反応比 Q は厳密に平衡定数 K なので，ネルンストの式（8.25）は

$$0 = E° - \frac{RT}{nF} \ln K$$

変形すれば

$$E° = \frac{RT}{nF} \ln K$$

となって結局，式（8.32）に帰結する．以上から標準状態の条件における反応の起電力 $E°$ によって，その反応の平衡の位置すなわち $E = 0$ の点を決定できることになる．

例題 8.7

電気化学的なデータを使って，25 ℃ における AgBr の溶解度積 K_{sp} を求めよ．

解答

AgBr の溶解を表す反応式は

$$\text{AgBr(s)} \rightleftharpoons \text{Ag}^+\text{(aq)} + \text{Br}^-\text{(aq)}$$

これは表 8.2 から，以下のような二つの反応を組み合わせたものとして書くことができる．

$$\text{AgBr(s)} + \text{e}^- \longrightarrow \text{Ag(s)} + \text{Br}^-\text{(aq)} \quad E° = +0.07133 \text{ V}$$
$$\text{Ag(s)} \longrightarrow \text{Ag}^+\text{(aq)} + \text{e}^- \quad E° = -0.7996 \text{ V}$$

これより，反応全体の $E°$ は -0.728 V である．モル量を仮定して，式（8.32）を用いると

$$-0.728 \text{ V} = \frac{8.314 \text{ J mol}^{-1}\text{K}^{-1} \times 298 \text{ K}}{1 \text{ mol} \times 96{,}485 \text{ C mol}^{-1}} \ln K_{sp}$$

右辺の単位については J C^{-1} 以外は消え，さらに J C^{-1} が V に等しいことを使うと左辺の V と打ち消される．よって $\ln K_{sp}$ について解けば

$$\ln K_{sp} = \frac{-0.728 \times 1 \times 96{,}485}{8.314 \times 298} = -28.4$$

自然対数をはずして

$$K_{sp} = 4.63 \times 10^{-13}$$

を得る．

$E°$ の合計が正しいことを確かめよ．

この例題では，$n = 1$ であることをどのように知るかを考えよ．

AgBr の溶解度積 K_{sp} は 25 ℃ で 5.35×10^{-13} と実測されている．

起電力 E と反応比 Q の関係は分析化学でよく利用される．いま標準状態の条件における水素の還元反応

$$2\text{H}^+\text{(aq)} + 2\text{e}^- \longrightarrow \text{H}_2\text{(g)}$$

を考える．この反応は $E° \equiv 0$ と定義されている．濃度が標準状態の条件に

ない場合，この半反応の E はネルンストの式（8.25）を用いて求められる．$E° = 0$, $n = 2$ から

$$E = -\frac{RT}{2F} \ln Q = -\frac{RT}{2F} \ln \frac{f_{H_2}}{(a_{H^+})^2} \approx -\frac{RT}{2F} \ln \frac{p_{H_2}}{[H^+]^2}$$

ここで標準圧力 $p_{H_2} = 1$ bar とする．さらに

$$\mathrm{pH} = -\log[H^+] = -\frac{1}{2.303} \ln[H^+]$$

$$\ln[H^+] = -2.303 \times \mathrm{pH}$$

を代入し，対数の性質を用いて整理すれば

$$E = -2.303 \times \frac{RT}{F} \times \mathrm{pH} \tag{8.33}$$

25.0℃では $2.303 \times (RT/F) = 0.05916$ V であるから，式（8.33）を以下のように書きかえる．

$$E = -0.05916 \times \mathrm{pH} \tag{8.34}$$

もちろん単位は V である．このように水素電極の還元電位 E は溶液の pH と直接に関係する．このことは任意の半反応と組み合わせた水素電極を用いれば，溶液の pH が測定できることを意味している．このようにして組み立てられた化学電池の起電力 E は次のように求められる．

$$E = -0.05916 \times \mathrm{pH} + E° \text{（ほかの半反応）} \tag{8.35}$$

右辺の各項の単位は V である．もちろん第二項の $E°$（ほかの半反応）は酸化反応か還元反応かといったように，どのような反応であるかに依存する．重要なことは，このような電池の起電力は容易に測定でき，そこから電気化学的に溶液の pH を決定できるということである．

水素電極は取り扱いにくいので，ほかの電極を用いて pH が測定されている．どの場合も同じ電気化学的な原理にもとづき，溶液の pH を決めるために起電力を測定する．図 8.7 に示した**ガラス pH 電極**（glass pH electrode）が最も有名である．多孔性のガラス管に適当な緩衝液と Ag/AgCl 電極が組み込まれている．Ag/AgCl の半反応は

$$\mathrm{AgCl(s)} + \mathrm{e}^- \longrightarrow \mathrm{Ag(s)} + \mathrm{Cl}^- \qquad E° = +0.22233 \text{ V}$$

で，電極の緩衝液は pH がおよそ 7 のとき $E = 0$ になるよう調製され，回路は pH が 7.00 のとき厳密に $E = 0$ になるよう校正される．この pH 電極は世界中のどこの実験室でも使われている．

この種の電気化学測定では水素イオンだけが特別というわけではない．あらゆるイオンがレドックス反応に関与するのだから，すべてのイオンの濃度が同じような原理で分析できるはずである．このような**イオン選択性電極**

図 8.7 機器による pH 測定は電気化学にもとづいている．図は水素イオン濃度に依存して電極電位が変化するガラス pH 電極である．

図 8.8 電気化学的に濃度が測定できるのは水素イオンだけではない．図には別のイオン電極を示した．これらはすべて，ある特定のイオンの濃度を決めるために適当な電気化学過程の電位を利用している．

(ion-specific electrode) は適当な半反応が内部に組み込まれ，多孔性のガラス殻をまたいで化学電池を形づくっている．そして，その電池の起電力から特定のイオンの濃度を求めることができる．図 8.8 にイオン選択性電極を示す．これらは pH 電極によく似ているので，どのイオンを分析するための電極なのかについて注意を払わなければならない．

例題 8.8

Fe/Fe^{2+} の酸化型反応と水素電極を組み合わせた化学電池の起電力が $+0.300\,\mathrm{V}$ のとき，溶液の pH はいくらか．ただし Fe^{2+} の濃度を $1.00\,\mathrm{M}$，ほかの条件は標準状態の条件であると仮定せよ．

解　答

表 8.2 の半反応によると考えられる自発的な反応は Fe から Fe^{2+} への酸化反応と，H^+ の H_2 への還元反応だけである．

$$Fe(s) + 2\,H^+(aq, ?M) \longrightarrow Fe^{2+}(aq) + H_2(g)$$

Fe^{2+} の標準還元反応の逆反応を使うから，式 (8.35) の右辺第二項である $E°$（ほかの半反応）の値は $+0.447\,\mathrm{V}$ である．式 (8.35) より

$$+0.300\,\text{V} = -0.05916\,\text{V} \times \text{pH} + (+0.447\,\text{V})$$

pH について解くと

$$-0.147 = -0.05916 \times \text{pH}$$
$$\text{pH} = 2.48$$

これは，かなりの酸性である．水素イオンの濃度にするとおよそ 3.3 mM になる．

8.6　溶液中のイオン

　希薄溶液についてさえも，溶液中のイオンが"理想的"にふるまうと考えるのは早計である．エタノールや二酸化炭素のような分子性の溶質の場合には溶質と溶媒の相互作用は小さく，水素結合やそのほかの極性相互作用が支配的である．また，これらの溶質は互いにあまり強く相互作用しない．

　希薄溶液中のイオンを考えると，その反対電荷のイオンの存在が溶液の性質に影響を与える．ところで"希薄な"イオン溶液とは 0.001 M 以下の濃度のイオン溶液である（たとえば海水のイオン濃度はおよそ 0.5 M である）．このような低い濃度では，モル濃度は束一的性質を論じる場合に便利な質量モル濃度と数値的にほとんど等しくなる[*]．したがって，この濃度領域ではモル濃度を質量モル濃度に置き換え，希薄イオン溶液を 0.001 molal 以下の濃度のものと定義することができる．

　イオンの電荷も重要である．式 (8.2) のクーロンの法則によると，電荷の間に働く力は電荷の大きさの積に比例する．たとえば，大きさが +2 と -2 の電荷の間に働く力は，+1 と -1 の電荷の場合に比べて 4 倍大きい．したがって質量モル濃度が同じであっても，希薄な NaCl 溶液の性質は希薄な $ZnSO_4$ 溶液の性質とは異なる．

　ほかの非理想系と同じように，イオン溶液をより正しく理解するには化学ポテンシャルと活量の考え方に戻って考察する必要がある．第 4 章で，ある物質 i の化学ポテンシャル μ_i を 1 mol 当りのギブズエネルギー変化と定義した．すなわち式 (4.48) から

$$\mu_i = \left(\frac{\partial G}{\partial n_i}\right)_{T,p} \qquad (8.36)$$

また標準化学ポテンシャル $\mu_i°$ によって実際の化学ポテンシャル μ_i を定義したときに使った非理想性を示すパラメータと同じように，多成分系におけるある成分 i の活量 a_i を式 (5.11) で次のように定義した．

$$\mu_i = \mu_i° + RT \ln a_i \qquad (8.37)$$

混合気体の場合には，気体 i の活量 a_i をその分圧 p_i に関係づけて定義した．溶液中のイオンについてはイオン i の活量 a_i を濃度，ここでは質量モル濃度

[*]　束一的性質を論じる場合に質量モル濃度が便利なのは，そのようなときには溶液の性質が溶質の種類に依存しないからである．なお質量モル濃度が式 (7.40) で定義され，その単位 mol kg^{-1} を molal とも書くことを思いだしてほしい．

m_i に関係づける.

$$a_i \propto m_i \tag{8.38}$$

これまでに現れた比例関係に対して行ったのと同じ数学的取扱いを式 (8.38) にも行う. まず質量モル濃度 m_i の単位を除くために, 式 (8.38) の右辺を標準濃度 $m°$ (これは正確に 1 molal) で割る. そして**活量係数** (activity coefficient) γ_i と呼ぶ比例定数を導入して

$$a_i = \gamma_i \frac{m_i}{m°} \tag{8.39}$$

とする. 活量係数 γ_i は濃度によって変化するので, これを表か計算によって求める必要がある. しかし無限に希釈された条件では, イオン溶液は質量モル濃度 m_i が直接に化学ポテンシャルと関係するかのようにふるまう. すなわち

$$\lim_{m_i \to 0} \gamma_i = 1 \tag{8.40}$$

イオンの濃度が高くなるにつれて γ_i は小さくなり, 活量 a_i は実際の質量モル濃度 m_i に比べてますます小さくなる.

　上の式の変数に添え字 i をつけるのは, それぞれの化学種 i が固有の質量モル濃度, 活量, 活量係数をもつからである. たとえば, 硫酸ナトリウム Na_2SO_4 の 1.00 molal 溶液では

$$m_{Na^+} = 2.00 \text{ molal}$$
$$m_{SO_4^{2-}} = 1.00 \text{ molal}$$

である. ここで質量モル濃度を表す文字 m に, 該当するイオン式を添え字としてつけていることに注意してほしい.

　正電荷の合計と負電荷の合計は等しいので, イオンの電荷数と質量モル濃度の間にはある関係が存在する. カチオンとアニオンの電荷数をそれぞれ添え字 n_+ と n_- で表した塩 $A_{n_+}B_{n_-}$ のイオン溶液では, そのカチオンとアニオンの質量モル濃度 m_+ と m_- に対して次式が成り立つ.

$$\frac{m_+}{n_+} = \frac{m_-}{n_-} \tag{8.41}$$

これを硫酸ナトリウムに当てはめる. 化学式 Na_2SO_4 より $n_+ = 2$, $n_- = 1$ なので以下のようになる.

$$\frac{2.00 \text{ molal}}{2} = \frac{1.00 \text{ molal}}{1}$$

　式 (8.37) に (8.39) を代入し, さらにそこへカチオンとアニオンの活量 a_+ と a_- を代入すると, カチオンとアニオンの化学ポテンシャル μ_+ と μ_- は

$$\mu_+ = \mu_+^\circ + RT \ln\left(\gamma_+ \frac{m_+}{m^\circ}\right)$$

$$\mu_- = \mu_-^\circ + RT \ln\left(\gamma_- \frac{m_-}{m^\circ}\right)$$

となる．カチオンとアニオンで標準化学ポテンシャル μ_+° と μ_-°，また質量モル濃度 m_+ と m_- は必ずしも等しくないので，カチオンとアニオンの化学ポテンシャル μ_+ と μ_- はおそらく異なるだろう．イオン溶液全体のギブズ自由エネルギー G は，イオン式に含まれる変数 n_+ と n_- で与えられるイオンの量（molで表される）に依存し，以下で与えられる．

$$G = n_+\mu_+ + n_-\mu_- \tag{8.42}$$

μ_+ と μ_- を代入して

$$G = n_+\mu_+^\circ + n_-\mu_-^\circ + n_+ RT \ln\left(\gamma_+ \frac{m_+}{m^\circ}\right) + n_- RT \ln\left(\gamma_- \frac{m_-}{m^\circ}\right)$$

この式を簡単に表すため，次のようにイオンの**平均質量モル濃度**（mean molality） $m_\pm$ と**平均活量係数**（mean activity coefficient） $\gamma_\pm$ を定義する．

$$m_\pm \equiv (m_+^{n_+} m_-^{n_-})^{1/(n_++n_-)} \tag{8.43}$$

$$\gamma_\pm \equiv (\gamma_+^{n_+} \gamma_-^{n_-})^{1/(n_++n_-)} \tag{8.44}$$

さらに

$$n_\pm = n_+ + n_-$$

$$G_\pm^\circ = n_+\mu_+^\circ + n_-\mu_-^\circ$$

とすると，イオン溶液全体のギブズエネルギー G は以下のように書ける．

$$G = G_\pm^\circ + n_\pm RT \ln\left(\gamma_\pm \frac{m_\pm}{m^\circ}\right) \tag{8.45}$$

以上より式 (8.37) とのアナロジーから，塩 $A_{n_+}B_{n_-}$ の平均活量 $a_\pm$ が次のように定義できる．

$$a_\pm \equiv \left(\gamma_\pm \frac{m_\pm}{m^\circ}\right)^{n_\pm} \tag{8.46}$$

これらの式はイオン溶液が実際にどのようにふるまうかを示している．

例題 8.9

$Cr(NO_3)_3$ の 0.200 molal 溶液について，イオンの平均質量モル濃度 $m_\pm$ と平均活量 $a_\pm$ を求めよ．ただし平均活量係数 $\gamma_\pm$ を 0.285 とする．

解 答

$Cr(NO_3)_3$ の n_+ と n_- は 1 と 3 なので $n_\pm = 1 + 3 = 4$ である.$Cr^{3+}(aq)$ と $NO_3^-(aq)$ の質量モル濃度 m_+ と m_- は 0.200 molal と 0.600 molal なので,平均質量モル濃度 $m_\pm$ は

$$m_\pm = \{(0.200\ \text{molal})^1 \times (0.600\ \text{molal})^3\}^{1/(1+3)}$$
$$= 0.456\ \text{molal}$$

これは,上記の式 (8.43) から求められる.

となる.これと,与えられた平均活量係数 $\gamma_\pm$ を使って平均活量 $a_\pm$ を求めることができる.すなわち式 (8.46) から

$$a_\pm = \left(0.285 \times \frac{0.456\ \text{molal}}{1.00\ \text{molal}}\right)^4$$
$$= 2.85 \times 10^{-4}$$

活量には単位がないことに注意せよ.

を得る.この溶液は質量モル濃度が 0.200 molal ではなく,平均活量が 2.85×10^{-4} の溶液としてふるまう.これはとても大きな違いとして現れる.

もっと多価のイオンを含む溶液では,このような静電的効果がより顕著に現れる.こうした効果は,以下で定義される溶液の**イオン強度** (ionic strength) I によって評価できる.

$$I = \frac{1}{2} \sum_{i=1}^{\text{イオンの数}} m_i z_i^2 \tag{8.47}$$

ここで z_i は i 番目のイオンの電荷数である.イオン強度 I は 1921 年に Lewis によって定義された.なおもう一度くり返すが,カチオンとアニオンが 1:1 でないイオン性の溶質のカチオンとアニオンの質量モル濃度は,次の例題が示すように同じではない.

例題 8.10

以下の (a),(b) に答えよ.
(a) 0.100 molal の $NaCl$,Na_2SO_4,$Ca_3(PO_4)_2$ のイオン強度を計算せよ.
(b) 0.100 molal の $Ca_3(PO_4)_2$ と同じイオン強度を与える Na_2SO_4 の質量モル濃度を求めよ.

解 答

(a) それぞれのイオン強度を順に I_{NaCl},$I_{Na_2SO_4}$,$I_{Ca_3(PO_4)_2}$ とする.式 (8.47) を用いて

$$I_{NaCl} = \frac{1}{2}\{(0.100\ \text{molal})(+1)^2 + (0.100\ \text{molal})(-1)^2\}$$
$$= 0.100\ \text{molal}$$

$$I_{Na_2SO_4} = \frac{1}{2}\{(2 \times 0.100\ \text{molal})(+1)^2 + (0.100\ \text{molal})(-2)^2\}$$
$$= 0.300\ \text{molal}$$

電荷の符号は残しておくと便利である.

上の式で太字で示した 2 は $n_+ = 2$ から来ている．さらに

$$I_{\mathrm{Ca_3(PO_4)_2}} = \frac{1}{2}\{(3 \times 0.100\ \mathrm{molal})(+2)^2 + (2 \times 0.100\ \mathrm{molal})(-3)^2\}$$
$$= 1.50\ \mathrm{molal}$$

同様に太字で示した 3 は $n_+ = 3$ から，2 は $n_- = 2$ から来ている．イオンの電荷数が大きくなるにつれ，溶液のイオン強度がいかに大きくなるかに注目してほしい．

(b) 上で求めた濃度 0.100 molal の $\mathrm{Ca_3(PO_4)_2}$ と同じイオン強度 1.50 molal を与える $\mathrm{Na_2SO_4}$ の質量モル濃度 m を求める．同じく式 (8.47) を用いて

$$I_{\mathrm{Na_2SO_4}} = 1.50\ \mathrm{molal} = \frac{1}{2}\{(2 \times m)(+1)^2 + (m)(-2)^2\}$$

よって

$$1.50\ \mathrm{molal} = \frac{1}{2}(2m + 4m)$$
$$= 3m$$

ゆえに

$$m = 0.500\ \mathrm{molal}$$

結局，0.100 molal の $\mathrm{Ca_3(PO_4)_2}$ と同じイオン強度を得るには，$\mathrm{Na_2SO_4}$ 溶液では 5 倍の質量モル濃度が必要ということになる．NaCl の場合には，どれだけの質量モル濃度が必要なのかについても考えてみよ．

ほかの化学種と同様に，溶媒和したイオンについても生成エンタルピーや生成自由エネルギー，エントロピーを考えることができる．式 (8.23) より

$$\frac{1}{2}\mathrm{H_2(g)} \longrightarrow \mathrm{H^+(aq)} + \mathrm{e^-} \qquad E° = 0.000\ \mathrm{V}$$

これは $\mathrm{H^+(aq)}$ の生成反応のように思えるし，また E と ΔG の関係を使えば $\Delta_\mathrm{f} G[\mathrm{H^+(aq)}] = 0$ が得られる．しかし，この議論には問題が残る．まず，この反応式に生成物として電子 $\mathrm{e^-}$ が現れるのが問題である．第二に，$\mathrm{H^+}$ のようなカチオンの生成には常にアニオンの生成が伴うはずである．

元素の生成熱をゼロと定義して化合物の生成熱を決定したように，イオンについても同様な定義が必要である．そこで，$\mathrm{H^+(aq)}$ の標準生成エンタルピー $\Delta_\mathrm{f} H°[\mathrm{H^+(aq)}]$ と標準生成自由エネルギー $\Delta_\mathrm{f} G°[\mathrm{H^+(aq)}]$ をゼロと定義する．すなわち

$$\Delta_\mathrm{f} H°[\mathrm{H^+(aq)}] = \Delta_\mathrm{f} G°[\mathrm{H^+(aq)}] \equiv 0 \qquad (8.48)$$

ほかのイオンの生成エンタルピーと生成自由エネルギーは $\mathrm{H^+(aq)}$ を基準に求められる．

同じような事情が，イオンのエントロピーについても当てはまる．どのイオンのエントロピーも，必ず存在する反対電荷のイオンのエントロピーと分離して，実験的に求めることはできない．そこで，$\mathrm{H^+(aq)}$ のエントロピー $S[\mathrm{H^+(aq)}]$ をゼロと定義して，この問題を回避することにする．

$$S[\mathrm{H^+(aq)}] \equiv 0 \qquad (8.49)$$

これを基準に，ほかのイオンのエントロピーが求められる．

　イオンは溶媒（ふつうは水）中で生成するので，イオンの自由エネルギー，エンタルピーやエントロピーの概念は簡単ではない．生成エンタルピーや生成自由エネルギー，エントロピーにはイオンが存在するために再配列する溶媒分子からの寄与も含まれる．この溶媒効果のためにイオンの生成エンタルピーや生成自由エネルギー，さらにエントロピーは $H^+(aq)$ の場合に比べて大きくなる場合も小さくなる場合もある（つまり正であったり負であったりする）．イオンについての熱力学的データは，この溶媒効果を考慮に入れないと説明がむずかしい．見かけ上だが絶対エントロピーの考え方や熱力学第三法則に反して，イオンのエントロピーが負になる場合もありえることに注意しなければならない．イオンのエントロピーは $H^+(aq)$ を基準に決められており，これより大きい場合も小さい場合もあることを記憶しておく必要がある．

例題 8.11

以下の (a), (b) に答えよ．ただしともに，すべての化学種について標準状態を仮定する．

(a) 次の反応のエンタルピーが $-167.2\,\mathrm{kJ}$ のとき，$\Delta_f H°[Cl^-(aq)]$ を求めよ．

$$\tfrac{1}{2}H_2(g) + \tfrac{1}{2}Cl_2(g) \longrightarrow H^+(aq) + Cl^-(aq)$$

(b) 次の反応のエンタルピーが $+3.9\,\mathrm{kJ}$ のとき，$\Delta_f H°[Na^+(aq)]$ を求めよ．ただし $\Delta_f H°[NaCl] = -411.2\,\mathrm{kJ}$ を用いることとする．

$$NaCl(s) \longrightarrow Na^+(aq) + Cl^-(aq)$$

解　答

(a) 標準状態を仮定すると $\Delta_f H°[H_2(g)] = \Delta_f H°[Cl_2(g)] = 0$．また式 (8.48) の定義より $\Delta_f H°[H^+(aq)] = 0$．さらに $\Delta_{rxn}H = -167.2\,\mathrm{kJ}$ なので式 (2.55) より

$$\Delta_{rxn}H = \{\Delta_f H°[Cl^-(aq)] + \Delta_f H°[H^+(aq)]\}$$
$$- \{\tfrac{1}{2}\Delta_f H°[H_2(g)] + \tfrac{1}{2}\Delta_f H°[Cl_2(g)]\}$$
$$-167.2\,\mathrm{kJ} = \{\Delta_f H°[Cl^-(aq)] + 0\,\mathrm{kJ}\} - \left(\tfrac{1}{2} \times 0\,\mathrm{kJ} + \tfrac{1}{2} \times 0\,\mathrm{kJ}\right)$$

ゆえに

$$\Delta_f H°[Cl^-(aq)] = -167.2\,\mathrm{kJ}$$

(b) 上で求めた $\Delta_f H°[Cl^-(aq)]$ を用い，NaCl の溶解に対して同様な方法を適用すると

$$\Delta_{rxn}H = \{\Delta_f H°[Na^+(aq)] + \Delta_f H°[Cl^-(aq)]\} - \Delta_f H°[NaCl(s)]$$
$$+3.9\,\mathrm{kJ} = \{\Delta_f H°[Na^+(aq)] + (-167.2\,\mathrm{kJ})\} - (-411.2\,\mathrm{kJ})$$

ゆえに

標準状態の単体は，これらの値をゼロとする．

負の値であることに注意せよ．

$$\Delta_f H°[\text{Na}^+(\text{aq})] = -240.1 \text{ kJ}$$

イオンのエントロピーと生成自由エネルギーも同様に求められる.

8.7 デバイ・ヒュッケル理論とイオン溶液

　イオン強度を使えばイオンの種類にかかわらず，イオン強度にだけ依存した一般的な式を考えることができるので有用である．1923年にDebyeとHückelはイオン溶液のふるまいについて，ある簡単なモデルを提案した．彼らはまずとても希薄な溶液を仮定し，その溶媒がある比誘電率ε_rの連続で構造をもたない媒体であるとした．さらに彼らは，その溶液の性質の理想溶液からのずれは，すべてそこに含まれるイオンの間に働く斥力と引力のクーロン相互作用に帰結できると仮定した．

　DebyeとHückelは統計学とイオン強度の考え方を使って，希薄溶液における活量係数$\gamma_\pm$とイオン強度Iの簡単な関係式を導いた．

$$\ln \gamma_\pm = A z_+ z_- I^{1/2} \tag{8.50}$$

z_+とz_-はそれぞれカチオンとアニオンの電荷数を表す．ここでカチオンの電荷数z_+は正，アニオンの電荷数z_-は負であることに注意してほしい．定数Aは以下の式で与えられる．

$$A = (2\pi N_A \rho_{\text{solv}})^{1/2} \left(\frac{e^2}{4\pi\varepsilon_0\varepsilon_r kT}\right)^{3/2} \tag{8.51}$$

ここでN_A，ρ_{solv}，eは順にアボガドロ定数，溶媒密度（単位はkg m^{-3}），電気素量（C）であり，ε_0は真空の誘電率，ε_rは溶媒の比誘電率，kとTはそれぞれボルツマン定数と絶対温度である．

　式(8.50)はイオン溶液に関する**デバイ・ヒュッケル理論**（Debye-Hückel theory）の基本式である．この式は，厳密にはとても希薄な溶液（$I < 0.01$ molal）についてのみ適用できるので，とくに**デバイ・ヒュッケルの極限法則**（Debye-Hückel limiting law）としてよく知られている．定数Aは正，電荷数の積$z_+ z_-$は負なので，$\ln \gamma_\pm$は常に負である．これは$\gamma_\pm$が常に1より小さいことを意味する．またこれは十分に希薄な溶液でも，理想溶液からのずれが生じることを意味している．

　デバイ・ヒュッケルの極限法則は，どこまで正しく成り立つのか．図8.9にイオン強度の平方根に対する$\ln(\gamma_\pm)$の実験データを示す．デバイ・ヒュッケル式からは，電荷数の異なる3種類のイオン性化合物に対して，黒い線で示したような直線関係が予想される．カラーの線は，異なる電荷数のNaCl, CaCl_2, CuSO_4に対して得られた実験値を示す．低い濃度（$I^{1/2} < 0.2$ molal）では，理論と実験はよく一致するが，高いイオン強度では両者はずれている．イオンの電荷数が増えるほど，このずれは大きくなる．

　デバイ・ヒュッケルの極限法則について重要なことが一つある．それは定

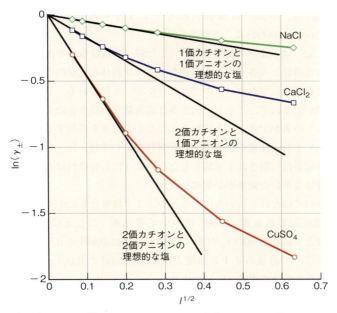

図8.9 水溶液における $I^{1/2}$ に対する $\ln(\gamma_\pm)$ の実測値プロット 黒い線はデバイ・ヒュッケルの極限法則から予想される直線関係を示し，カラーの線は3種類の塩についての実験値を示す．デバイ・ヒュッケルの極限法則は希薄溶液でのみ成り立つことに注意せよ．

数 A に溶媒の密度と比誘電率が含まれるので，この法則が溶媒の種類に依存するということである．しかしこの法則は，溶質のイオンの電荷数以外の変数は含まれないので，溶質の種類には表面上は依存しない．たとえば NaCl の希薄溶液と KBr の希薄溶液は成分であるイオンの電荷数が同じなので，同じ性質を示すことになる．一方，同じ1：1塩を溶解した NaCl の希薄溶液と $CuSO_4$ の希薄溶液ではカチオンとアニオンの電荷数が異なるので，溶液の性質は異なることになる．

もう少し精密な計算を行うと，含まれるイオンの大きさも溶液の性質を決める要因になる．平均活量係数 $\gamma_\pm$ でなく各イオンの活量係数 γ_+ と γ_- を考慮した，より精密なデバイ・ヒュッケル理論の基本式は次のようになる．

$$\ln \gamma = -\frac{A z^2 I^{1/2}}{1 + B \mathring{a} I^{1/2}} \qquad (8.52)$$

ここで z はイオンの電荷数，$\mathring{a}$ はイオン直径（単位は m）で，定数 B は次式で与えられる．

$$B = \left(\frac{e^2 N_A \rho_{\text{solv}}}{\varepsilon_0 \varepsilon_r k T} \right)^{1/2} \qquad (8.53)$$

変数はすべて前に記した通りである．I はここでも両方のイオンからの寄与を組み入れた溶液のイオン強度である．z の正負によらず z^2 は正なので，式 (8.52) の負の符号は $\ln \gamma$ が常に負，つまり γ が常に1より小さいことを示

している．式（8.52）は**拡張デバイ・ヒュッケル則**（extended Debye-Hückel law）といわれることがある．

式（8.52）はイオンの活量係数 γ（したがって活量も）が溶媒の性質や，イオンの電荷数と大きさにのみ依存してイオン自体の化学的な性質に依存しないことを意味しており，この点は式（8.50）と似ている．したがってイオンの種類が示されず，イオンの大きさと電荷数を変数とした表 8.3 のような活量係数 γ の表ができることになる．ただしこの表を利用する場合には，単位について十分な注意が必要である．具体的にいえば，$\ln \gamma$ を計算するためには各単位が打ち消されて単位をもたないようにしなければならない．このために適切な単位の変換が必要になる．

これらの式はどれくらい有用だろうか．まず簡略化したデバイ・ヒュッケルの極限法則である式（8.50）について考える．たとえば 0.001 molal の HCl 溶液と $CaCl_2$ 溶液の $\gamma_\pm$ の 25 ℃ での実験値は 0.966 と 0.888 である．一方，この二つの溶液のイオン強度 I は 0.001 molal と 0.003 molal であるから，水溶液中ではまず式（8.51）より

$$A = (2\pi N_A \rho_{solv})^{1/2} \left(\frac{e^2}{4\pi \varepsilon_0 \varepsilon_r k T} \right)^{3/2}$$

$$= \{2\pi \times (6.02 \times 10^{23}\,\text{mol}^{-1}) \times 997\,\text{kg m}^{-3}\}^{1/2}$$

$$\times \left\{ \frac{(1.602 \times 10^{-19}\,\text{C})^2}{4\pi \times (8.854 \times 10^{-12}\,\text{C}^2\,\text{J}^{-1}\,\text{m}^{-1}) \times 78.54 \times (1.381 \times 10^{-23}\,\text{J K}^{-1}) \times 298\,\text{K}} \right\}^{3/2}$$

ここで 25 ℃ における水の密度 997 kg m^{-3} と比誘電率 78.54，および基本定数を代入した．最終的に単位は $\text{kg}^{1/2}\,\text{mol}^{-1/2}$ となるが，これは質量モル濃度

表 8.3 イオンの電荷数と大きさ，イオン強度に依存する活量係数 γ

イオンの直径 (10^{-10} m)	イオン強度				
	0.001	0.005	0.01	0.05	0.10
±1価イオン					
9	0.967	0.933	0.914	0.86	0.83
7	0.965	0.930	0.909	0.845	0.81
5	0.964	0.928	0.904	0.83	0.79
3	0.964	0.925	0.899	0.805	0.755
±2価イオン					
8	0.872	0.755	0.69	0.52	0.45
6	0.870	0.749	0.675	0.485	0.405
4	0.867	0.740	0.660	0.445	0.355
±3価イオン					
6	0.731	0.52	0.415	0.195	0.13
5	0.728	0.51	0.405	0.18	0.115
4	0.725	0.505	0.395	0.16	0.095

出典：J. A. Dean, ed., "Lange's Handbook of Chemistry," 14th ed., McGraw-Hill, New York（1992）．

の単位の平方根の逆数 molal$^{-1/2}$ に相当する．結局，定数 A は

$$A = 1.171 \text{ molal}^{-1/2} \tag{8.54}$$

となる．この値は25℃の水溶液について妥当な値である．

さて HCl はイオン強度 $I = 0.001$ molal, また $z_+ = +1$, $z_- = -1$ なので式（8.50）と（8.54）から

$$\ln \gamma_\pm = 1.171 \text{ molal}^{-1/2} \times (+1) \times (-1) \times (0.001 \text{ molal})^{1/2} {}^*$$
$$= -0.03703$$

* 質量モル濃度の単位である molal が打ち消されることに注意すること．

よって

$$\gamma_\pm = 0.964$$

この値は実験値 0.966 にきわめて近い．また $CaCl_2$ についても同様に

$$\ln \gamma_\pm = 1.171 \text{ molal}^{-1/2} \times (+2) \times (-1) \times (0.003 \text{ molal})^{1/2}$$
$$= -0.1283$$

よって

$$\gamma_\pm = 0.880$$

この値も実験値 0.888 にきわめて近い．以上から，希薄溶液では簡略化したデバイ・ヒュッケルの極限法則によっても十分に平均活量係数 $\gamma_\pm$ の値を予測できることがわかった．より精密なデバイ・ヒュッケル則は，もっと濃度の高い溶液に対して威力を発揮する．

デバイ・ヒュッケル理論は，なぜ希薄溶液でのみ成り立つのだろうか．第一に，この理論はイオンを点電荷と仮定するが，実在のイオンは有限の体積をもつ．その体積はイオン自身の体積だけではない．イオンの溶媒和にかかわる溶媒分子の体積も加えなければならない．したがって，実在のイオンは点電荷より明らかに大きい．さらに，濃度が増加すると，異種電荷のイオンには引力が作用するが，同種電荷のイオンには斥力が働く．これらの因子はデバイ・ヒュッケル理論に考慮されていない．式（8.51）に現れる真空の誘電率 ε_0 と溶媒の比誘電率 ε_r は，（界面の影響のない）物質固有の値なのに対して，イオンの相互作用は分子レベルの性質である．同様に，溶媒の密度 ρ_{solv} の値も，イオン近傍では物質固有の値とは異なるだろう．なぜなら，電荷の周りの溶媒は，明らかに物質固有と異なる局所構造をもつからである．これも分子レベルの効果である．これらすべての因子は，溶液中のイオン濃度が増加すると顕著になり，単純化された理論予測からずれてくる．

デバイ・ヒュッケル理論を用いて，イオン溶液の活量係数を求めることができた．この活量係数から，溶液中のイオンの活量を決定することができる．またイオンの活量は溶液中のイオンの質量モル濃度，つまり濃度と関係する．そこでイオン溶液のふるまいを理解するために，これまで述べてきた方法を少し修正する．たしかに，いままで述べた考え方はすべての溶液に当

てはまるが，ここではイオン溶液だけを対象にしているからである．溶液の濃度を何か測定可能な性質と関係づけるより，イオン溶液の測定可能な性質をイオンの活量に関係づけるほうがより正確なのである．したがって式（8.25）は以下のように書いたほうがよい．

$$E = E^\circ - \frac{RT}{nF} \ln Q$$
$$= E^\circ - \frac{RT}{nF} \ln \frac{\prod_i a_i (\text{生成物})^{|\nu_i|}}{\prod_j a_j (\text{反応物})^{|\nu_j|}} \tag{8.55}$$

ここで次のように反応比 Q を定義し直した．

$$Q \equiv \frac{\prod_i a_i (\text{生成物})^{|\nu_i|}}{\prod_j a_j (\text{反応物})^{|\nu_j|}} \tag{8.56}$$

a_i（生成物）と a_j（反応物）はそれぞれ生成物と反応物の活量である．指数 ν_i と ν_j はそれぞれ酸化反応と還元反応を組み合わせた全体の化学反応式に現れる生成物と反応物の化学量論係数である．表 8.3 の γ をみると，イオン溶液の濃度が高くなるに従い，電気化学反応の E のような性質は，濃度の関数としてよりも活量の関数として表したほうが正確になることがわかる．この違いは次の例題でよくわかるだろう．

例題 8.12

以下の（a），（b）に答えよ．
(a) 与えられた質量モル濃度を用いて，次の電気化学反応で期待される起電力 E を求めよ．

$$2\,\text{Fe}(s) + 3\,\text{Cu}^{2+}(\text{aq, 0.050 molal})$$
$$\longrightarrow 2\,\text{Fe}^{3+}(\text{aq, 0.100 molal}) + 3\,\text{Cu}(s)$$

(b) 次に，今度はデバイ・ヒュッケル理論によって導いた活量 a を用いて起電力 E を求めよ．ただし反応は 25.0℃ で進行し，この温度における定数 B を $2.32 \times 10^9\,\text{m}^{-1}\,\text{molal}^{-1/2}$，$A$ を $1.171\,\text{molal}^{-1/2}$ とする．さらに質量モル濃度はモル濃度に十分近く，モル濃度の値をそのまま用いることができるとする．またアニオンは NO_3^- であると仮定せよ．つまり実際には 0.050 molal の $\text{Cu(NO}_3)_2$ と 0.100 molal の $\text{Fe(NO}_3)_3$ を考えることとせよ．なお Fe^{3+} と Cu^{2+} のイオン直径 $å$ をそれぞれ 9.0 Å と 6.0 Å とする．

解 答

問題の反応について表 8.2 より $E^\circ = +0.379\,\text{V}$ である．また 1 mol 当りの反応において移動する電子の個数は $n = 6$ である．

先に進む前に，この結果を各自確認せよ．

(a) 質量モル濃度を用いたネルンストの式 (8.25) より

$$E = +0.379\,\text{V} - \frac{8.314\,\text{J mol}^{-1}\,\text{K}^{-1} \times 298\,\text{K}}{6\,\text{mol} \times 96{,}485\,\text{C mol}^{-1}}$$

$$\times \ln \frac{(0.100\,\text{molal}/1.00\,\text{molal})^2}{(0.050\,\text{molal}/1.00\,\text{molal})^3}$$

$$= +0.379\,\text{V} - 0.0188\,\text{V}$$

$$= +0.360\,\text{V}$$

となる.

(b) まず式 (8.52) からイオンの活量係数 γ を求める.Fe^{3+} について

$$\ln \gamma_{Fe^{3+}} = -\frac{1.171\,\text{molal}^{-1/2} \times (+3)^2 \times (0.600\,\text{molal})^{1/2}}{1 + (2.32 \times 10^9\,\text{m}^{-1}\,\text{molal}^{-1/2}) \times (9.00 \times 10^{-10}\,\text{m}) \times (0.600\,\text{molal})^{1/2}}$$

ここで Fe^{3+} のイオン直径 $\overset{\circ}{a}$ の単位を m に変換し,また 0.100 molal の $Fe(NO_3)_3$ 溶液について計算で求めたイオン強度を用いた.整理すると

$$\ln \gamma_{Fe^{3+}} = -3.119 \cdots$$

$$\gamma_{Fe^{3+}} = 0.0442$$

よって Fe^{3+} の活量 $a_{Fe^{3+}}$ は式 (5.17) より

$$a_{Fe^{3+}} = 0.0442 \times \frac{0.100\,\text{molal}}{1.00\,\text{molal}} = 0.00442$$

Cu^{2+} についても同様に求めて

$$\gamma_{Cu^{2+}} = 0.308$$

よって

$$a_{Cu^{2+}} = 0.308 \times \frac{0.050\,\text{molal}}{1.00\,\text{molal}} = 0.0154$$

活量を用いたネルンストの式 (8.55) より

$$E = +0.379\,\text{V} - \frac{8.314\,\text{J mol}^{-1}\,\text{K}^{-1} \times 298\,\text{K}}{6\,\text{mol} \times 96485\,\text{C mol}^{-1}} \times \ln \frac{0.00442^2}{0.0154^3}$$

$$= +0.379\,\text{V} - 0.00718\,\text{V}$$

$$= +0.372\,\text{V}$$

となる.

0.01 molal $Fe(NO_3)_3$ のイオン強度を計算せよ.

Cu^{2+} の活量を確認せよ.

例題 8.12 で二つの起電力 E に大きな差はみられなかった.しかし,この差は測定可能であり,精密な測定においては,この差がイオン溶液の物性予測に大きな影響を与えると考えられる.たとえば pH 電極やイオン選択性電極を用いる場合には,活量について考慮する必要がある.なぜなら測定される化学電池の正確な起電力はイオンの濃度ではなく活量に依存するからである.フガシティーと同じように,活量は実際の化学種がどのようにふるまうかをより正確に表している.イオン溶液についての精密な計算では濃度でなく,活量を用いなければならない.

8.8 イオン輸送と電気伝導

イオン性の溶質の溶液にあって，非イオン性の溶質の溶液にない性質の一つは電気を通すことである．このためイオン性の溶質のことを**電解質**（electrolyte）と呼び，一方，電気を通さない溶液をつくる溶質を**非電解質**（nonelectrolyte）と呼ぶ．1884 年に Arrhenius（図 8.10）が発表したように，電解質のこうした性質はイオン溶液の基本的な特徴になっている．Arrhenius は博士論文のなかで"電解質とは反対の電荷をもつイオンからなる化合物で，これは溶解したときに分かれ，その結果電気を通すのだ"と述べた．ちなみに彼は最低の成績で合格した．しかし，やがて原子や物質の電気的性質に関する発見が相つぐことになり 1903 年，彼は三人目のノーベル化学賞受賞者になる．

図 8.10　Svante Arrhenius（1859-1927）　スウェーデンの化学者．彼はイオン溶液を理解する基礎を確立した．彼はかろうじて博士の学位試験に合格したが，のちにそのときの研究でノーベル化学賞を受賞することになる．

イオン溶液の電気伝導はカチオンとアニオンの移動による．両者は互いに反対方向に動くので，正電荷（カチオン）による電流 I_+ と負電荷（アニオン）による電流 I_- を考えることにする．図 8.11 に示したように，電流 I_+ と I_- をそれぞれ単位時間当りに断面積 A を通過するカチオンとアニオンによる電荷の総量と考えれば

$$I_+ = \frac{\partial q_+}{\partial t}$$

$$I_- = \frac{\partial q_-}{\partial t}$$

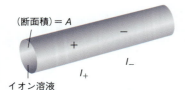

図 8.11　イオンによる電流は二つの方向へ生じ，これは単位時間当りに断面積 A を通過するイオンの数を使って定義される．

と書ける．正にしろ負にしろ電荷の総量は電荷数 z_i と電気素量 e との積にイオン i の個数 N_i を掛けたものに等しい．よって上の式は次のようになる．

$$I_i = e|z_i|\frac{\partial N_i}{\partial t} \tag{8.57}$$

ここで z_i の絶対値をとっているのは，電流 I_i を正にするためである．

さて断面積 A を速度 v_i でイオン i が通過し，またイオン i の濃度が体積を V として N_i/V と与えられるとする．このとき $\partial N_i/\partial t$ を濃度 N_i/V と断面積 A，速度 v_i の積として表すことができる．すなわち

$$\frac{\partial N_i}{\partial t} = \frac{N_i}{V} A v_i$$

式（8.57）へ代入すれば

$$I_i = e|z_i|\frac{N_i}{V} A v_i$$

を得る．

ところで溶液中の電流を担うイオンは，溶液に作用する起電力に応答して運動している．力 F と電場 E との関係を示した式（8.5）を思いだせば，電荷 q_i をもつイオン i について

$$F_i = q_i E$$

が成り立つことがわかる．電気素量 e とイオンの電荷数を用いて表せば次のようになる．

$$F_i = e|z_i|E$$

運動の第二法則によれば，物体に力が作用していると物体は加速され，速度が増加する．電場による力が常に存在していると，イオンは永久に（あるいは物理的に電極に衝突するまで）加速されることになる．しかし溶液中にはプールで泳いでいる人が水の抵抗を感じるように，溶媒中の運動に伴う摩擦力が存在する．この摩擦力は運動の方向と反対向きに働き，大きさはイオンの速度 v_i に比例する．すなわち

$$（イオンに働く摩擦力の大きさ）= f v_i$$

ここで f は比例定数である．よって上で述べた電場 E による力と合わせればイオン i に作用する力 F_i は

$$F_i = e|z_i|E - f v_i \tag{8.58}$$

となる．摩擦力のため，ある速度でイオンに作用する力の総和はゼロになり，イオンはもはや加速されることなく速度が一定になる．式（8.58）によると，このときの速度は次のように求められる．$F_i = 0$ として

$$0 = e|z_i|E - f v_i$$

ゆえに

$$v_i = \frac{e|z_i|E}{f} \tag{8.59}$$

ところで，摩擦力の比例定数 f は何を意味するのだろうか．半径 r_i の球が粘度 η の流体中を運動するときの摩擦定数 f は，ストークスの法則から以下で与えられる*．

$$f = 6\pi \eta r_i \tag{8.60}$$

またストークスの法則を使ってイオン i の速度 v_i を表すと

$$v_i = \frac{e|z_i|E}{6\pi \eta r_i}$$

これを電流 I_i の式に代入すれば

$$I_i = e^2 |z_i|^2 \frac{N_i}{V} A \frac{E}{6\pi \eta r_i} \tag{8.61}$$

この式はイオン i による電流 I_i がその電荷数の絶対値 $|z_i|$ の二乗に関係することを示している．実際にすべてのイオン溶液で，カチオンによる電流

---

* 粘度の測定は一般に $P^\dagger$ という単位を用いて行われ
$1\,\mathrm{P} \equiv 1\,\mathrm{g\,cm^{-1}\,s^{-1}} = 0.1\,\mathrm{kg\,m^{-1}\,s^{-1}}$
と定義されている．

†訳者注　粘度の単位 P はポアズ (poise) という．

I_+ とアニオンによる電流 I_- は異なっている．全体の電気的中性を保つために反対電荷のイオン，つまりカチオンとアニオンは異なった速度で移動しなければならない．

導体にかかる電圧 V と導体を流れる電流 I の関係は，次に示す**オームの法則**（Ohm's law）に従う．

$$V \propto I \tag{8.62}$$

ここで比例定数として**電気抵抗**（electric resistance）R を導入すれば

$$V = IR$$

またイオン溶液の電気抵抗 R は二つの電極間の距離 l に比例し，電極の表面積 A に反比例する．よって

$$R = \rho \frac{l}{A} \tag{8.63}$$

比例定数 ρ は溶液の**抵抗率**（resistivity）または**比電気抵抗**（specific electric resistance）と呼ばれ，$\Omega\,\mathrm{m}$ または $\Omega\,\mathrm{cm}$ の単位をもつ．また抵抗率 ρ の逆数として**電気伝導率**〔electric conductivity．**比電気伝導率**（specific electric conductivity）ともいう〕κ を定義する．

$$\kappa \equiv \frac{1}{\rho} \tag{8.64}$$

電気伝導率の単位は $\Omega^{-1}\,\mathrm{m}^{-1}$ である*．抵抗率や電気伝導率は最新の電子機器によってとても簡単に測定できる．しかし抵抗率はイオンの電荷だけでなく濃度にも依存するので，抵抗率 ρ や電気伝導率 κ はイオン溶液固有の値ではなく，変数である．したがって，これらの因子を考慮した物理量を定義することが望ましい．そこでイオン溶液の**当量電気伝導率**（equivalent conductivity）Λ を次のように定義する．

$$\Lambda \equiv \frac{\kappa}{N} \tag{8.65}$$

ここで N は溶液の規定度である．**規定度**（normality）とは，溶液 1 L 中に含まれる当量数である．イオンの電荷数を考慮するため，mol で表された物質量の代わりに当量を用いる．

しかし，この当量電気伝導率 Λ もイオンの濃度によって変化する．およそ 0.1 N 以下の希薄溶液の場合，Λ は濃度（規定度 N）の平方根 $\sqrt{N}$ と直線関係にあり，$\sqrt{N}$ に対する Λ の y 切片はイオン溶液の特徴を表すものになる．この無限希釈における値を Λ_0 と書き，極限モル伝導率と呼ぶ．表 8.4 に Λ_0 を示した．数学的には Λ と N の関係は次のように書ける．

$$\Lambda = \Lambda_0 + K\sqrt{N} \tag{8.66}$$

* S で表されるジーメンス（siemens）という単位が Ω^{-1} と定義されているので，電気伝導率の値が $\mathrm{S\,m}^{-1}$ の単位で与えられる場合がある．

表 8.4 電解質の極限モル伝導率 Λ_0

電解質	$\Lambda_0\,(\mathrm{cm}^2\,\Omega^{-1}\,\mathrm{mol}^{-1})$
NaCl	126.45
KCl	149.86
KBr	151.9
$\mathrm{NH_4Cl}$	149.7
$\mathrm{CaCl_2}$	135.84
$\mathrm{NaNO_3}$	121.55
$\mathrm{KNO_3}$	144.96
$\mathrm{Ca(NO_3)_2}$	130.94
HCl	426.16
LiCl	115.03
$\mathrm{BaCl_2}$	139.98

ここで K は直線の傾きを表す比例定数である．式（8.66）は**コールラウシュの法則**（Kohlrausch's law）と呼ばれている[*]．Debye と Hückel，のちにそれに加えノルウェー生まれの化学者 Onsager が K の中身について次式を導いた．

$$K = -(60.32 + 0.2289 \Lambda_0) \tag{8.67}$$

式（8.66）と（8.67）を合わせて，イオン溶液の電気伝導率に関する**オンサーガーの式**（Onsager's equation）と呼ぶ．

[*] コールラウシュの法則の名は，イオン溶液の電気的性質について詳細な実験研究を行ったのち，19世紀後半に，はじめてこの式を提唱したドイツの化学者 Kohlrausch にちなんでいる．

8.9 まとめ

　イオンは多くの熱力学的な系で重要な役割を果たしている．イオン溶液は電流を流すので，前の章では議論しなかった化学変化が自発的に起こる．これらの変化のうち，系から電気的な仕事を取りだすことができるものはとても有用である．しかし自発的でありながら，本質的に有用でない変化もある．たとえば望ましくない電気化学変化に腐食がある．もちろんわれわれは，こうした望ましくない変化を抑制したり，逆転させたりすることができる．しかし熱力学第二法則は，そうすることが効率的でないことを示している．熱力学の法則は，ある変化からどれだけのエネルギーが取りだせるか，あるいはそこへどれだけのエネルギーを供給しなければならないかを教えてくれる．そしてこの計算のために，われわれは標準電気化学ポテンシャルを定義した．

　熱力学を電気化学的な系に適用すると，非標準状態の起電力を知ることができ，平衡定数と反応比の関係が明らかになる．また溶液の性質を表すときには慣れ親しんだ濃度が必ずしも適当な物理量ではなく，活量がより適当であることも学んだ．デバイ・ヒュッケル理論を用いればイオンの活量を計算できるので，非理想溶液のふるまいについてより正確に理解することができる．

重要な式

$F = \dfrac{q_1 q_2}{4\pi\varepsilon_0 r^2}$　　　　　　　　　　（電荷間に作用するクーロンの法則）

$E = \dfrac{q_2}{4\pi\varepsilon_0 r^2}$　　　　　　　　　　　（電荷がつくる電場）

$dw_{\text{elect}} = \sum \phi z_i F \, dn_i$　　　　　　（複数のイオンの電気的な微小仕事）

$\sum n_i \mu_{i,\text{el}} = 0$　　　　　　　　　　（電気化学平衡の基本式）

$E = \phi_{\text{red}} - \phi_{\text{ox}}$　　　　　　　　　（レドックス反応の起電力）

$\Delta_{\text{rxn}} G^\circ = -nFE^\circ$　　　　　　　　（ギブズエネルギーと起電力の関係）

$$\Delta G \leq w_{\text{elect}} \qquad \text{(ギブズエネルギーと電気的な仕事の関係)}$$

$$E = E° - \frac{RT}{nF} \ln Q \qquad \text{(非標準状態のネルンストの式)}$$

$$\left(\frac{\partial E°}{\partial T}\right)_p = \frac{\Delta S°}{nF} \qquad \text{($E°$ の温度係数)}$$

$$\Delta H° = -nF\left(E° - T\frac{\partial E°}{\partial T}\right) \qquad \text{($\Delta H°$ と $E°$ の関係)}$$

$$\left(\frac{\partial E}{\partial p}\right)_T = -\frac{\Delta V}{nF} \qquad \text{(E の圧力依存性)}$$

$$E° = \frac{RT}{nF} \ln K \qquad \text{($E°$ と平衡定数の関係)}$$

$$m_\pm = (m_+^{n_+} m_-^{n_-})^{1/(n_++n_-)} \qquad \text{(イオンの平均質量モル濃度)}$$

$$\gamma_\pm = (\gamma_+^{n_+} \gamma_-^{n_-})^{1/(n_++n_-)} \qquad \text{(イオンの平均活量係数)}$$

$$a_\pm = \left(\gamma_\pm \frac{m_\pm}{m°}\right)^{n_\pm} \qquad \text{(イオンの平均活量)}$$

$$\ln \gamma_\pm = Az_+z_- I^{1/2} \qquad \text{(デバイ・ヒュッケル極限法則)}$$

$$\ln \gamma = \frac{Az_+z_- I^{1/2}}{1 + B\mathring{a}I^{1/2}} \qquad \text{(拡張デバイ・ヒュッケル則)}$$

$$\Lambda = \Lambda_0 + K\sqrt{N} \qquad \text{(電気伝導率に関するオンサーガーの式)}$$

第 8 章の章末問題

8.2 節の問題

8.1 1.00 C の電荷をもつ球から 100.0 m 離れた小球が 0.0225 N の引力を受けている．小球上の電荷を求めよ．

8.2 重力相互作用による引力の大きさ F はクーロンの法則に似た次の式に従う．

$$F = G\frac{m_1 m_2}{r^2}$$

ここで m_1 と m_2 は物体の質量で，r は物体間の距離，G は重力定数 6.672×10^{-11} N m^2 kg^{-2} である．このとき
(a) 地球と太陽の間に働く重力相互作用による引力の大きさを計算せよ．ただし地球と太陽の質量をそれぞれ 5.97×10^{24} kg と 1.984×10^{30} kg，地球と太陽の間の距離を 1.494×10^8 km とする．
(b) 地球と太陽が大きさは同じで反対の符号の電荷をもつと仮定する．このとき両者に働く重力相互作用による引力と同じ大きさのクーロン力が生じるのに必要な電荷の大きさを見積もれ．また，この電荷は mol を単位とするとどれだけの電子に相当するか．地球がすべて純粋な鉄で構成されているとした場合にはおよそ 10^{26} mol の鉄原子と見積もられるが，これを解答で得られた電子の量と比較して考察せよ．

8.3 二つの金属球に反対の符号の電荷を帯電させている．ただし負電荷は，正電荷の 2 倍量を帯電させているものとする．二つの球を水中で 6.075 cm 離しておくと，1.55×10^{-6} N の引力が生じた．水の比誘電率を 78 として以下に答えよ．(a) 金属球に帯電している電荷を求めよ．(b) 二つの金属球による電場の大きさを求めよ．

8.4 cgs 単位系では電荷の単位として

$$\frac{(1 \text{ statcoulomb})^2}{(1 \text{ cm})^2} \equiv 1 \text{ dyn}$$

という静電単位の statcoulomb が定義されている．1 C を statcoulomb で表すといくらか．

8.5 負電荷の電子と正電荷の陽子が 0.529 Å だけ離れている．この場合に働く引力を求めよ．

8.3 と 8.4 節の問題

8.6 $F = eN_A$ を数値計算せよ．

8.7 1 V の電位差のなかを，電子 1 個を移動させるときの仕事を求めよ．なお，この仕事またはエネルギーの大きさが 1 eV と定義されている．

8.8 起電力は力ではない．この理由を説明せよ．

8.9 $E°$ には厳密な加成性が成り立たない．なぜか．
〔ヒント：示量変数と示強変数の性質を考えよ．〕

8.10 次の化学反応式を完成し，標準電位と標準反応ギブズエネルギーを求めよ．
(a) $Co + F_2 \longrightarrow Co^{2+} + 2F^-$
(b) $Zn + Fe^{2+} \longrightarrow Zn^{2+} + Fe$
(c) $Zn + Fe^{3+} \longrightarrow Zn^{2+} + Fe$
(d) $Hg^{2+} + Hg \longrightarrow Hg_2^{2+}$

8.11 次の化学反応式を完成し，標準電位と標準反応ギブズエネルギーを求めよ．なお反応式を完成させる場合に H_2O などの溶媒分子を加えてもよい．また表 8.2 の半反応式を参考にせよ．
(a) $MnO_2 + O_2 \longrightarrow OH^- + MnO_4^-$
(b) $Cu^+ \longrightarrow Cu + Cu^{2+}$
(c) $Br_2 + F^- \longrightarrow Br^- + F_2$
(d) $H_2O_2 + H^+ + Cl^- \longrightarrow H_2O + Cl_2$

8.12 式 (8.21) の左辺の $\Delta G°$ は示量変数だが，右辺の $E°$ は示強変数である．示強変数を示量変数にどのように関係づけるかを説明せよ．

8.13 不均化反応 $2Fe^{2+} \longrightarrow Fe + Fe^{3+}$ は自発的か．また，この反応の $\Delta G°$ はいくらか．

8.14 5.00×10^2 kJ の仕事が必要な過程がある．この仕事をまかなえるのは次の反応のうちどれか．
(a) $Zn(s) + Cu^{2+} \longrightarrow Zn^{2+} + Cu(s)$
(b) $Ca(s) + H^+ \longrightarrow Ca^{2+} + H_2$
(c) $Li(s) + H_2O \longrightarrow Li^+ + H_2 + OH^-$
(d) $H_2 + OH^- + Hg_2Cl_2 \longrightarrow H_2O + 2Hg + 2Cl^-$

8.15 重力にさからって，20 kg のおもりを 1000 m 引き上げる仕事は 196 kJ である．この仕事をまかなえるのは次の反応のうちどれか．
(a) $Cu^{2+} + H_2 \longrightarrow Cu + H^+$
(b) $Fe + Ag^+ \longrightarrow Fe^{3+} + Ag$
(c) $Co + Ni^{2+} \longrightarrow Co^{2+} + Ni$
(d) $Au^+ + Zn \longrightarrow Au + Zn^{2+}$

8.16 標準水素電極の代わりにカロメル電極を用いると，$E°$ は 0.2682 V だけ正にシフトするか，それとも負にシフトするか．それぞれの標準電極と半反応 $Li^+ + e^- \longrightarrow Li$ または $Ag^+ + e^- \longrightarrow Ag$ を組み合わせた自発的な電気化学反応の電圧を求め，解答の確認を行え．

8.17 SHE と SCE を連結すると，どんな自発反応が起こるか．

8.18 次の反応の $E°$ と ΔG を求めよ．
(a) $Au^{3+} + 2e^- \longrightarrow Au^+$
(b) $Sn^{4+} + 4e^- \longrightarrow Sn$

8.19 次の反応の $E°$ と ΔG を求めよ．
(a) $I_2 + I^- \longrightarrow I_3^-$
(b) $Cr^{2+} + 2e^- \longrightarrow Cr$
（二つの異なる半反応を使うこと）

8.20 ある化学者が Al^{3+} の溶液に金属亜鉛の粉末を加え，アルミニウム金属を沈殿させることを提案している．この提案が可能かどうか，電気化学的に論ぜよ．ただし標準状態を仮定せよ．

8.21 ある配管工が銅パイプを鉄パイプにつないでいる．適当なイオンが存在するとして，どちらのパイプが先に腐食するか．二つの異なる金属をつなぐとき，どんなことを予測しておくべきか．

8.22 次の反応は自発的に進行しないことを示せ．このことは，金が腐食されにくいことを示している．
$$Au(s) + O_2(g) \longrightarrow Au^+(aq) + H_2O$$

8.23 $\Delta_f G$ の値を用いて，次の反応の $E°$ を計算せよ．
$$2Al + Fe_2O_3 \longrightarrow 2Fe + Al_2O_3$$

8.24 金属元素の場合は周期表の左下にある元素の反応性が高く，非金属元素の場合は右上にある元素の反応性が高いとされている．これによれば，電気化学的にはフッ素とセシウムはかなり特異な $E°$ をもつはずである．フッ素は SHE に対して 2.87 V と大きな正の $E°$ をもつが，リチウムは -3.045 V と最も負に大きな $E°$ をもつ金属の一つで，セシウムのそれは -2.92 V にすぎない．このことを説明せよ．

8.25 生化学的標準状態では，次の反応の標準電位は -0.320 V である．
$$NAD^+ + H^+ + 2e^- \longrightarrow NADH$$
NAD^+ と $NADH$ の濃度が 1.0 M のとき，H^+ の濃度を見積もれ．ただし，この反応の $E°$ については 8.4 節の最後の部分を参考にせよ．

8.26 生物学的反応は，異なる標準状態，おもに 37 ℃，pH 7 で評価される．この標準状態で，次の二つの半反応の標準還元電位が与えられている．
$$CH_3COCOO^-(aq) + 2H^+(aq) + 2e^-$$
$$\longrightarrow CH_3CHOHCOO^- \quad E' = -0.166 \text{ V}$$
$$CO_2(aq) + H^+(aq) + 2e^-$$
$$\longrightarrow HCOO^- \quad E' = -0.414 \text{ V}$$
E の ' は生物学的な標準状態を表す．この二つの半反応

からなる自発反応を示せ．また，その起電力を求めよ．

8.5 節の問題

8.27 ネルンストの式は直線で表される．その場合の従属変数，独立変数，傾き m，y 切片 b を示せ．

8.28 25 ℃で 1.000 V の起電力を生じるダニエル電池がある．この電池の $Zn^{2+}:Cu^{2+}$ の反応比 Q を求めよ．また，Zn^{2+} と Cu^{2+} の濃度を見積もることはできるか．その理由も述べよ．

8.29 与えられたイオン濃度で，次の反応の起電力を計算せよ．
$$Au^+(0.00446\ M) + Fe(s) \longrightarrow Au(s) + Fe^{3+}(0.219\ M)$$

8.30 与えられたイオン濃度で，次の反応の起電力を計算せよ．
$$2\ MnO_4^-(2.66\ M) + 2\ H^+(1.22 \times 10^{-4}\ M) + 2\ H_2O(l)$$
$$\longrightarrow 2\ MnO_2(s) + 3\ H_2O_2(0.0705\ M)$$

8.31 問題 8.23 の解答と付録 2 のデータを用いて，次の反応の起電力が 0.000 V となる圧力を求めよ．
$$2\ Al + Fe_2O_3 \longrightarrow 2\ Fe + Al_2O_3$$

8.32 次のテルミット反応は化学電池の基本反応の一つである．
$$2\ Al(s) + Fe_2O_3(s) \longrightarrow Al_2O_3(s) + 2\ Fe(s)$$
$E° = 1.699\ V$ として，1700 ℃におけるこの反応の電気化学ポテンシャルを求めよ．ただし巻末の付録 2 に示した熱力学的データを参照すること．

8.33 濃淡電池では，イオンの種類は同じだが濃度が異なっている．この濃度差のために小さな起電力が生じるが，この効果は腐食を考える場合に問題になる．さて，金属鉄がある場合に起こるとされている次の全反応を考える．
$$Fe^{3+}(0.08\ M) \longrightarrow Fe^{3+}(0.001\ M)$$
このとき (a) $E°$ を求めよ．(b) Q を表せ．(c) 濃淡電池の E を求めよ．(d) 濃淡電池は束一的性質と考えられるか．理由も述べよ．

8.34 $Cu^{2+}(0.035\ molal) \longrightarrow Cu^{2+}(0.0077\ molal)$ の濃淡電池について起電力 E を求めよ．

8.35 次のイオンからなる濃淡電池が 0.050 V の起電力を発生するために必要な濃度比を求めよ．(a) Fe^{2+}．(b) Fe^{3+}．(c) Co^{2+}．(d) 得られた答えの類似点と相違点について考察せよ．

8.36 (a) 次の反応の平衡定数を求めよ．
$$H_2 + 2\ D^+ \rightleftharpoons D_2 + 2\ H^+$$
ただし $2\ D^+ + 2\ e^- \longrightarrow D_2$ の $E°$ は $-0.044\ V$ である．(b) どちらの水素同位体が水溶液中の $+1$ 状態で支配的になるか．

8.37 450 K における次の反応の E を見積もれ．
$$H_2(g) + I_2(s) \longrightarrow 2\ HI(g)$$

8.38 上の問題 8.36 の反応の $E°$ が 0.00 V のとき，必要な温度を見積もれ．ただし $S[D^+(aq)] \approx 0$ とする．

8.39 $AgCl(s) + e^- \longrightarrow Ag(s) + Cl^-(aq)$ の半反応の温度係数は $-0.73\ mV\ K^{-1}$ である．次の反応のエントロピー変化を求めよ．この値は，付録 2 のデータを用いて得た値とどの程度合うか．
$$H_2(g) + 2\ AgCl(s)$$
$$\longrightarrow 2\ Ag(s) + 2\ H^+(aq) + 2\ Cl^-(aq)$$

8.40 付録 2 のデータを用いて，次のよく知られた燃料電池の反応の温度係数を求めよ．標準状態を仮定せよ．
$$CH_4 + 2\ O_2 \longrightarrow 2\ H_2O + CO_2$$

8.41 適当な熱力学的な関係式を用いて 298 K から 500 K におけるエントロピーを補正し，例題 8.5 をあらためて解け．どのくらい答えが異なるかについて検討せよ．

8.42 HI の生成反応を考える．
$$H_2(g) + I_2(g) \longrightarrow 2\ HI(g)$$
25 ℃で $\Delta H° = 53.0\ kJ$，$n = 2$ のとき，標準電位 $E°$ の温度係数を求めよ．

8.43 付録 2 の熱力学データを用いて，次の反応の温度係数を求めよ．
$$H_2(g) + D_2(g) \longrightarrow 2\ HD(g)$$
高温では，同位体がそれぞれ違う HD と，同位体が同じ H_2 と D_2 のどちらが多いか．

8.44 電気化学過程における定圧熱容量の変化 $\Delta C_p°$ を表す式を求めよ．〔ヒント：式 (8.30) を参照し，熱容量の定義を用いよ．〕

8.45 式 (8.33) を導け．

8.46 適当な半反応を組み合わせて得られる次の平衡反応の K_w を電気化学的に決定せよ．求めた値が正しいかどうか，理由をつけて説明せよ．
$$H_2O \rightleftharpoons H^+(aq) + OH^-(aq)$$

8.47 次の反応の平衡定数を求めよ．
$$Sn + Pb^{2+} \longrightarrow Sn^{2+} + Pb$$

8.48 電気化学的データを用いて AgCl の K_{sp} を求めよ．

8.49 電気化学的データを用いて $PbSO_4$ の K_{sp} を求めよ．

8.50 Hg_2^{2+} と Cl^- に解離する Hg_2Cl_2 の溶解度積を求めよ．

8.51 いま $[MnO_4^-] = 0.034\ molal$，$[Mn^{2+}] = 0.288\ molal$，$E = 1.200\ V$，$p_{H_2} = 1\ bar$ の条件で，水素電極が MnO_4^-/Mn^{2+} 半電池と組み合わせた場合の，溶液の pH を求めよ．ただし $E°$ のデータについては表 8.2 を参

照せよ．

8.52 Cu^{2+}/Cu の半反応と組み合わせた水素電極の起電力が 0.300 V のとき，溶液の pH を求めよ．標準状態を仮定せよ．

8.53 例題 8.8 の電池において，Fe から Fe^{2+} への酸化反応（これは鉄が腐食する際のおもな反応である）が加速されるのは高い pH（つまり塩基性溶液）においてか，低い pH（酸性溶液）においてか．

8.54 標準カロメル電極における Cl^- の平衡濃度を求めよ．〔ヒント：Hg_2Cl_2 の K_{sp} を求める必要がある．〕

8.55 次の半反応の生物学的な標準状態（問題 8.26 を参照）での還元電位を求めよ．

$$2\,H^+(aq) + 2\,e^- \longrightarrow H_2(g)$$

8.56 次の半反応は $E° = -0.105\,V$ である．E' の値を求めよ．

$$NAD^+ + H^+ + e^- \longrightarrow NADH$$

8.57 細胞壁のような半透膜をはさんでイオン濃度が異なるとき，ギブズ・ドナン効果（Gibbs-Donnan effect）と呼ばれる現象が起こる．電荷のバランスは，タンパク質のような他のイオンによって補償される．このような異なるイオン濃度を利用した濃淡電池の起電力は次のように与えられる．

$$\phi = -\frac{RT}{F}\ln\frac{c_{\text{low}}+c_{\text{high}}}{c_{\text{high}}}$$

ここで c_{low} と c_{high} は，それぞれ低いほうのイオン濃度と高いほうのイオン濃度を表す．この細胞内の K^+ 濃度が 139 mM（mM はミリモル濃度），細胞外の K^+ 濃度が 4.5 mM のとき，起電力 ϕ を求めよ．

8.6 と 8.7 節の問題

8.58 m をイオン溶液の質量モル濃度とすると，$a_\pm$ が $\gamma_\pm^{n+}m^{n+}n_+^{n+}n_-^{n-}$ と表されることを示せ．

8.59 平均活量係数 $\gamma_\pm$ が 0.233 で，質量モル濃度 0.05 の $CuSO_4$ 溶液について，イオンの平均質量モル濃度と平均活量を求めよ．

8.60 次の溶液のイオン強度を計算せよ．ただし，すべて 100% イオン化しているとする．(a) 0.0055 molal の HCl．(b) 0.075 molal の $NaHCO_3$．(c) 0.0250 molal の $Fe(NO_3)_2$．(d) 0.0250 molal の $Fe(NO_3)_3$．

8.61 0.01 m の $Ca_3(PO_4)_2$ 溶液と同じイオン強度を与える NaCl 溶液の質量モル濃度を求めよ．

8.62 次の表は生体内の細胞内と細胞外の溶液のおおよそのイオン濃度を表す．
(a) イオン強度に加成性が成り立つとして，細胞内外の溶液のイオン強度を求めよ．

イオン	細胞内 (mM)	細胞外 (mM)
Na^+	12	140
K^+	139	5
Cl^-	4	105
HCO_3^-	12	24

(b) 細胞内外のイオン濃度が異なるだけでなく，カチオンの濃度とアニオンの濃度も等しくない．イオン全体の電荷がどのように均衡を保っているか推察せよ．

8.63 NH_3 はイオン性溶質ではないが，1.00 molal の溶液は弱電解質で，およそ 1.4×10^{-5} molal のイオン強度を示す．このことを説明せよ．

8.64 $H_2(g) + I_2(s) \longrightarrow 2\,H^+(aq) + 2\,I^-(aq)$ のモル生成エンタルピーが $-110.38\,kJ$ のとき，$I^-(aq)$ のモル生成エンタルピーを求めよ．

8.65 $Mg^{2+}(aq)$ の生成エントロピーは，$-138.1\,J\,mol^{-1}\,K^{-1}$ である．このとき (a) この値が熱力学第三法則と矛盾しないのはなぜか．(b) どのイオンも生成エントロピーが負であるのはなぜか．分子レベルで考察せよ．

8.66 次の反応の $\Delta H°$ と $\Delta G°$ を求めよ．付録 2 のデータを用いて，該当するイオンのみが反応すると仮定せよ．
(a) $Na_2CO_3(aq) + Ca(NO_3)_2(aq)$
$$\longrightarrow CaCO_3(s,\text{arag}) + 2\,NaNO_3(aq)$$
(b) $Li_2SO_4(aq) + BaCl_2(aq)$
$$\longrightarrow 2\,LiCl(aq) + BaSO_4(s)$$

8.67 フッ化水素酸 HF(aq) は溶液中で完全に解離しない弱酸である．
(a) 巻末の付録 2 の熱力学的データを用いて，この解離過程の $\Delta H°$，$\Delta S°$，$\Delta G°$ を求めよ．
(b) 25℃ での HF(aq) の酸解離定数 K_a を求めよ．また求めた値を文献値 3.5×10^{-4} と比較せよ．

8.68 実験によって求めた $CaCl_2$ 溶液のエンタルピー変化が $-81.3\,kJ\,mol^{-1}$ のとき，次の反応の $\Delta_f H°[Cl^-(aq)]$ を計算せよ．問題 8.11 で計算した値と比較せよ．
$$CaCl_2(s) \longrightarrow Ca^{2+}(aq) + 2\,Cl^-(aq)$$

8.69 25℃ における CaF_2 溶液の標準エンタルピーを求めよ．ただし，$\Delta_f H[CaF_2] = -1225.9\,kJ\,mol^{-1}$ とする．

8.70 下記のデータを見てその傾向を説明せよ．

イオン	$\Delta_f H\,(kJ\,mol^{-1})$
$F^-(aq)$	-332.6
$Cl^-(aq)$	-167.2
$Br^-(aq)$	-121.6
$I^-(aq)$	-55.3

8.71 $NaHCO_3$ と Na_2CO_3 の溶解反応について $\Delta H°$, $\Delta S°$, $\Delta G°$ を求めよ．なお熱力学的データについては巻末の付録 2 を参照するものとする．

8.72 式 (8.54) の値と単位を確かめよ．

8.73 25 ℃における，0.0020 molal の KCl 水溶液の平均活量係数は 0.951 である．式 (8.50) のデバイ・ヒュッケルの極限法則は，この平均活量係数をどのくらい正しく予測できるか．さらに式 (8.52) と (8.53) を使って γ を，式 (8.44) を使って $\gamma_\pm$ を求めよ．ただし $\mathring{a}(K^+) = 3 \times 10^{-10}$ m, $\mathring{a}(Cl^-) = 3 \times 10^{-10}$ m とする．

8.74 ヒトの血しょうはおよそ 0.9% の NaCl を含む．ヒトの血しょうのイオン強度を求めよ．

8.75 式 (8.52) の拡張デバイ・ヒュッケル則がデバイ・ヒュッケル極限法則に等しくなるのはどのような条件か．

8.76 価数の高いイオン種がデバイ・ヒュッケル極限法則からのずれが大きいのはなぜか．

8.77 次の電気化学反応
$$Zn(s) + Cu^{2+}(aq, \; 0.05 \; molal)$$
$$\longrightarrow Zn^{2+}(aq, \; 0.1 \; molal) + Cu(s)$$
の起電力を (a) 反応式に与えられた質量モル濃度を用いて，また (b) デバイ・ヒュッケル理論を使って活量を計算して求めよ．ただし Zn^{2+} と Cu^{2+} の $\mathring{a}$ はともに 6×10^{-10} m とする．

8.78 (a) 例題 8.12 で，アニオンの寄与は何もないようにみえるのに，アニオンの種類を特定することが重要な理由を説明せよ．
(b) 電解質アニオンがともに硫酸イオンとして，例題 8.12 (b) をあらためて計算せよ．ただし例題に与えられている濃度が電解質の濃度でなく，結果として生じるカチオンの濃度であることに注意せよ．

8.79 式 (8.40) は表 8.3 にも当てはまるか．

8.8 節の問題

8.80 式 (8.61) が電流の単位である A を与えることを示せ．なお電場 E の正しい単位を得るには式 (8.5) を用いよ．

8.81 (a) $NaNO_3$ は $NaCl + KNO_3 - KCl$ と考えることができる．表 8.4 に示した NaCl, KNO_3, KCl の Λ_0 から $NaNO_3$ の Λ_0 を求めるのに，このような加成性が成り立つかを調べよ．また，こうして求めた値と表の値とを比較せよ．(b) 表 8.4 の値を用いて，NH_4NO_3 と $CaBr_2$ の Λ_0 を予測せよ．

8.82 ガルバニ電池において，I_+ と I_- はカソードとアノードのどちらの方向に移動するか．また電解槽の場合はどうか．

8.83 内部の電場が $100.0 \; V \; m^{-1}$ であるダニエル電池中の水中を移動する Cu^{2+} の速度を見積もって，その値について考察せよ．ただし Cu^{2+} の $\mathring{a}$ を 4 Å，水の粘度を 0.00894 P とする．

数値計算問題

8.84 真空中または比誘電率 ε_r の媒体中で，反対の符号をもった二つの単位電荷の間に働く力を距離の関数として表せ．これを使って，二つの電荷の距離を 1 Å から 25 Å まで 1 Å ごとに変化させたときの力を計算せよ．二つの電荷の間に働く力は，真空中と媒体中でどのように変化するか．また，同じ符号の電荷に対して働く力を同様に計算して比較せよ．

8.85 Zn^{2+} 以外はすべて標準濃度で構成されたダニエル電池がある．Zn^{2+} の濃度は 0.00010 M, 0.0074 M, 0.0098 M, 0.0275 M, 0.0855 M である．この電池の起電力はいくらか．また濃度の変化に対して，起電力の変化はどのような傾向を示すか．

8.86 電解質は電荷数が -3 から $+4$ までのイオンで構成されている．これらのイオンのあらゆる組合せについて，イオンの電荷数に対する 1 molal 溶液のイオン強度を計算して，表を作成せよ．

8.87 次のデータを使って (a) Ag_2CO_3 の溶解度積と (b) K_w を計算せよ．

$$Ag_2CO_3(s) + 2\,e^- \longrightarrow 2\,Ag(s) + CO_3^{2-}(aq)$$
$$E = 0.47 \; V$$
$$Ag^+(aq) + e^- \longrightarrow Ag(s) \quad E = 0.7996 \; V$$
$$O_2(g) + 2\,H_2O(l) + 4\,e^- \longrightarrow 4\,OH^-(aq)$$
$$E = 0.401 \; V$$
$$O_2(g) + 4\,H^+(aq) + 4\,e^- \longrightarrow 2\,H_2O(l)$$
$$E = 1.229 \; V$$

9 量子力学の前に

科学の成熟につれ，物理的な世界は規則的で，そこでのふるまいはある規則と指針に従うという考え方が発展した．こうした規則とは，おもに19世紀までは物体の動きを説明する運動の法則，とくにニュートンの運動の三法則であった．科学者たちは，これによって自然界とその仕組みを理解しはじめていると確信を深めていた．

19世紀を通じて "科学者たちは自然界を本当に理解しているのではない" と示されることはほとんどなかった．というよりある事象に対しては，当時受け入れられていた物理法則を適用して予測を行うことがなされなかったのである．宇宙の本質を理解するためには物質のふるまいを記述する新しい理論が必要である——19世紀の終わりごろ，何人かの急進的な思索者たちはそのことに気がついた．やがて1925年から1926年にかけ，量子力学と呼ばれる新しい理論を用いると，それまでの古典力学では説明できなかった観測事実が，正確に説明できることがわかった．

量子力学と，それが化学者に与えてくれる内容をきちんと理解するためには，量子力学が誕生する直前の物理学の状況を知ることが重要である．この章では古典力学を復習し，古典力学では説明のできない現象について議論する．最初はあまり化学らしい内容でないかもしれない．しかし物理化学の大きな目標が原子・分子のふるまいをモデル化することであることを忘れてはならない．化学的に最も重要な原子のパーツは電子だから，そのふるまいをきちんと理解することは化学の理解には絶対に欠かせない．電子が物質の一部であることはわかっていたので，伝統を重んじた科学者は電子のふるまいを理解するのに古典的な運動方程式を使おうとした．しかしそうした古いモデルは，電子のような小さな物質に対しては役に立たないことがすぐにわかった——新しいモデルを生みださなければならなかった．そして量子力学こそが，その新しいモデルだったのである．

9.1 あらまし

この章ではまず，科学者が物質の運動をどのように分類するかについてまとめる．運動を記述する数学的方法にはいくつかあるが，ニュートンの運動法則が最も一般的である．さて簡単に歴史を振り返ると，19世紀の科学では

9.1 あらまし
9.2 運動の法則
9.3 説明のつかない現象
9.4 原子スペクトル
9.5 原子構造
9.6 光電効果
9.7 光の本性
9.8 量子論
9.9 水素原子についてのボーアの理論
9.10 ドブロイの式
9.11 古典力学の終焉

説明のできない現象がいくつかあった．そのほとんどは当時，ようやく直接に調べられつつあった原子の性質に根ざしたものだった．そうした現象についてもここで述べ，のちに，量子力学を使ってあらためて考察する．ところでほとんどの物質は光を使って調べられるから，この光の性質をよく理解することはぜひとも必要である．Planckによる黒体の量子論は，光に対する理解に劇的な変化をもたらした．1900年に提案された量子論は科学の新しい時代を拓き，やがてこの新しい考えが古い考えに置き換わりはじめた．これは古い考えが適用性に欠けていたからというよりも，新しく観測された現象をうまく説明する巧妙さに欠けていたからであった（だから古典力学はいまでもたいへん有用なのである）．1905年のEinsteinによる量子論の光への応用は重要なステップだった．やがて水素についてのボーアの理論，ドブロイの物質波やほかの新しい考え方によって，現代的な量子力学が導入される準備が整っていった．

9.2 運動の法則

中世とルネサンス期を通じて，自然哲学者たちは彼らをとりまく世界を研究し，宇宙を理解しようとした．こうした自然哲学者のなかで最も優れていたのがNewton（図9.1）であった．彼は17世紀末から18世紀初頭にかけて物体の運動についてまとめ，ニュートンの運動法則（Newton's laws of motion）を導いた．これは次のようなものである．

① **運動の第一法則**：釣りあいのとれていない力が物体に働かない限り，静止している物体は静止し続けようとし，運動している物体は運動し続けようとする（これは慣性の法則としても知られる）．
② **運動の第二法則**：釣りあいのとれていない力が物体に働くと，その物体は力の方向に加速される．加速度の大きさは物体の質量に反比例し，力に正比例する．
③ **運動の第三法則**：あらゆる作用に対して，等価で反対の作用がある．

とくに運動の第二法則は最もよく知られた法則だろう．それだけに，いっそうていねいに考える必要がある．

いま力 F はベクトル（vector）量で，大きさと方向をもっているとする．このとき質量 m の物体に対して，ニュートンの運動の第二法則はふつう次の形に書かれる*．

$$F = ma \qquad (9.1)$$

ここで太字で表された変数はベクトル量である．加速度 a も大きさと方向をもつベクトル量であることに注意してほしい．質量，加速度，力の単位は一般に kg, m s^{-2}, N で 1 N = 1 kg m s^{-2} である．なお式 (9.1) では質量 m を一定と仮定している．

ところで式 (9.1) は微積分の記号を使って別の形で書ける．加速度 a は速度 v の時間変化つまり dv/dt で，v は位置の時間変化である．したがって一次元座標 x で位置を表すと，加速度 a は位置 x の時間微分の時間微分と

図 9.1 Sir Isaac Newton (1642–1727) 1687年に "Philosophiae Naturalis Principia Mathematica" を出版し，そのなかで運動の三法則がはじめて述べられた．このニュートンの運動法則は，物体の運動を記述するために，今日でも最もよく使われる方法である．1705年，彼はナイトに叙せられたが，この栄誉はふつう考えられるように科学的な業績によるものではなく，政治的な活動を認められてのものだった．

* ニュートンの運動の第二法則の最も一般的な形は
$$F = \frac{dp}{dt} = \frac{d(mv)}{dt}$$
だが，式 (9.1) の形が，おそらく最もよく知られている．

いうことになるから

$$a = \frac{d^2 x}{dt^2} \tag{9.2}$$

よってニュートンの運動の第二法則，式 (9.1) は

$$F = m\frac{d^2 x}{dt^2} \tag{9.3}$$

と書けることになる．力 F と位置 x がベクトル量であることを無視して単に F, x と書き

$$F = m\frac{d^2 x}{dt^2}$$

とすることもよくある．

　ニュートンの運動の第二法則について注意が二つある．まず，これが二階の常微分方程式ということである*．つまり一般に，どのような物体の運動を理解するにも二階の常微分方程式を解かなければならないのである．次に位置もベクトル量だから，位置，速度，加速度の変化を考えるときには大きさだけでなく，方向の変化にも注意しなければならないということである．ベクトル量である速度が方向を変えるとき，その方向変化は加速度となって現れる．あとでわかるように，これは原子構造を考える際に重大な結果をもたらすことになる．

　ニュートンの運動法則が当時の科学者たちに受け入れられるには時間がかかった．しかし，これらの法則によって，運動している物体を理解することがとても簡単になった．単純な運動はこれらの法則によって研究できるようになり，また運動の予測も可能になった．さらに運動量やエネルギーなど，ほかの性質も研究できるようになった．やがて重力や摩擦のような力もよく理解できるようになると，ニュートンの運動法則によってあらゆる物体の運動がうまく説明できると考えられるに至った——ニュートンの運動法則が物質の研究にまで広く応用できることから，17 世紀から 19 世紀にかけての科学者は，あらゆる物体の運動はこの三法則でモデル化できると確信したのである．

　物体の運動をモデル化するにはいつも複数の方法がある．ただ理解や応用の場面によって，そのうちの一つがほかの方法よりも扱いやすいものになる．ニュートンの運動法則も，物体の運動を記述する唯一の方法ではない．実際に Lagrange と Hamilton が物体の運動を記述する別の方法をそれぞれ見いだしている．ともに数学的表現は異なるが，両者ともニュートンの運動法則と等価である．

　フランス系イタリア人の数学者・天文学者 Lagrange（図 9.2）が現れたのは Newton の百年後であった．当時，すでに Newton による天才的な貢献は認められていたが，Lagrange は，形式は異なるが等価な方法でニュートンの運動の第二法則を書き直し，彼独自の貢献をなしえたのである．

* 常微分方程式は常微分だけを含んで偏微分は含まないこと，また常微分方程式の階数は方程式に含まれる微分の最高階数であることに注意せよ．式 (9.3) には二階微分があるから，二階の常微分方程式になる．

図 9.2 Joseph Louis Lagrange (1736-1813)　彼は Newton とは異なるが等価な方法を用いて，ニュートンの運動法則をあらためて定式化した．彼はまた天文学者としても有名である．数人の優れたフランスの科学者とともに，1795 年にはメートル法を考案した．

質量 m の粒子の運動エネルギー K が粒子の速度だけによるとき（これは当時，とてもよい仮定だった），運動エネルギー K は

$$K \equiv \frac{m}{2}(\dot{x}^2 + \dot{y}^2 + \dot{z}^2) \tag{9.4}*$$

と書ける．ここで $\dot{x} = dx/dt$, $\dot{y} = dy/dt$, $\dot{z} = dz/dt$ である．さらにポテンシャルエネルギー V が位置すなわち x, y, z だけの関数なら

$$V \equiv V(x, y, z) \tag{9.5}$$

と書け**，このとき粒子のラグランジアン〔Lagrangian．ラグランジュ関数 (Lagrange function) ともいう〕L が以下のように定義される．

$$L(\dot{x}, \dot{y}, \dot{z}, x, y, z) \equiv K(\dot{x}, \dot{y}, \dot{z}) - V(x, y, z) \tag{9.6}$$

L の単位はエネルギーの SI 単位の J である（$1\,\text{J} = 1\,\text{N m} = 1\,\text{kg m}^2\,\text{s}^{-2}$）．$x$, y, z は互いに独立で，こうしてニュートンの運動の第二法則が以下のようなラグランジュの運動方程式の形で書ける．

$$\frac{d}{dt}\left(\frac{\partial L}{\partial \dot{x}}\right) = \left(\frac{\partial L}{\partial x}\right) \tag{9.7}$$

$$\frac{d}{dt}\left(\frac{\partial L}{\partial \dot{y}}\right) = \left(\frac{\partial L}{\partial y}\right) \tag{9.8}$$

$$\frac{d}{dt}\left(\frac{\partial L}{\partial \dot{z}}\right) = \left(\frac{\partial L}{\partial z}\right) \tag{9.9}$$

* 変数の上にドットをつけるのは，時間についての導関数を表す一般的な書き方である．ドット二つは時間についての二次導関数を表し，三つ以降も同様である．

** 式 (9.4) と (9.5) は運動エネルギーとポテンシャルエネルギーの定義を表している．運動エネルギーとは運動のエネルギーであり，ポテンシャルエネルギーとは位置のエネルギーである．

L はいくつかの変数に依存するので偏導関数が用いられる．ラグランジュの運動方程式 (9.7) から (9.9) をみると，座標の違いを除いて三つがまったく同じ形をしていることに気づく．これは r, θ, ϕ で表される球面極座標など任意の座標系でも成り立つ．球面極座標は，あとで原子について議論するときに用いることになる．

ラグランジュの運動方程式はニュートンの運動方程式と数学的に等価で，系に作用する力よりも，系の運動エネルギーとポテンシャルエネルギーの意味を明確にすることに重きをおいている．系にもよるが一般にラグランジュの運動方程式はニュートンの運動方程式よりも解きやすく，また理解しやすい．たとえば太陽の周りを回る惑星や，荷電粒子の周りを回る反対電荷の粒子のように，ある中心周りの回転を含む系はラグランジアンを用いるほうが簡単に記述できる．これはポテンシャルエネルギーの式がわかっているからである．

アイルランドの数学者 Hamilton 卿（図 9.3）は Lagrange が亡くなる 8 年前，1805 年に生まれた．Hamilton も形式は異なるが数学的には等価な，運動する物体のふるまいを表現する方法にたどりついた．彼の方程式はラグランジアン L にもとづいており，系中の粒子それぞれについて，L が時間に依存する三つの座標 $\dot{q}_j$（$j = 1$, 2, 3. たとえば，ある質量の一つの粒子については $\dot{x}$, $\dot{y}$, $\dot{z}$ である）で定義されると仮定する．さらに Hamilton はそれぞ

図 9.3 Sir William Rowan Hamilton (1805–1865) 彼はニュートンとラグランジュの運動法則をやがて量子力学の数学的基礎となる形式にまとめなおした．彼は行列代数も発明した．

れの粒子について

$$p_j \equiv \frac{\partial L}{\partial \dot{q}_j} \ (j = 1, 2, 3) \tag{9.10}$$

で与えられる三つの**共役運動量**（conjugate momentum）p_j を定義した．そしてハミルトニアン〔Hamiltonian．ハミルトン関数（Hamiltonian function）ともいう〕H を以下で定義する．

$$H(p_1, p_2, p_3, q_1, q_2, q_3) \equiv \sum_{j=1}^{3} p_j \dot{q}_j - L \tag{9.11}$$

ハミルトニアン H の有用性は，それが位置の時間微分，すなわち速度 $\dot{q}_j$ の関数である運動エネルギー K に依存する点にある．K が

$$K = \sum_{j=1}^{N} c_j \dot{q}_j^{\ 2} \tag{9.12}$$

のように速度 $\dot{q}_j$ の二乗の和に依存すれば（ここで c_j は K のそれぞれの成分の展開係数である），ハミルトニアン H は次のようになる．

$$H = K + V \tag{9.13}$$

つまりハミルトニアン H は，単純に運動エネルギー K とポテンシャルエネルギー V の和なのである．ここで考える運動エネルギーは実際に式（9.12）の形をしている．科学者にとって基本的で重要な系の全エネルギーがハミルトニアン H でうまく与えられる．ところでハミルトニアン H を偏微分すると，分離されて

$$\frac{\partial H}{\partial p_j} = \dot{q}_j \tag{9.14}$$

$$\frac{\partial H}{\partial q_j} = -\dot{p}_j \tag{9.15}$$

が得られる．この二つがハミルトンの運動方程式である．三つの空間次元それぞれに対して二つの方程式があるから，三次元中の一つの粒子の運動を理解するには六つの一階微分方程式を解くことが必要になる．ニュートンの運動方程式もラグランジュの運動方程式もそれぞれの粒子に対して三つの二階微分方程式になる．したがって系を理解するために必要な微分の数はいずれも同じである．系について知っている情報は何か，どのような情報を得たいのかによってどの方程式を使うかを決めることになる．しかしいずれも数学的にはすべて等価である．

例題 9.1

簡単な一次元のフックの法則に従う，質量 m のおもりをつけた調和振動子を考える．このとき三つの運動方程式すなわち（a）ニュートンの運動方程

式，(b) ラグランジュの運動方程式，(c) ハミルトンの運動方程式がそれぞれ同じ結果を与えることを示せ．

解　答

フックの法則に従う調和振動子に加わる力 F（ここではベクトル量として表さない）は

$$F = -kx$$

で与えられる．またポテンシャルエネルギー V は

$$V = \frac{1}{2}kx^2$$

である．ここで x は平衡位置からの変位であり，k は力の定数である．

> これらは調和振動子に対する F と V の古典的な式である．

(a) ニュートンの運動法則から，運動している物体は式 (9.3) として示した以下の方程式に従わなければならない．

$$F = m\frac{d^2x}{dt^2}$$

ここで力 F についての二つの式を等しいとおけば

$$m\frac{d^2x}{dt^2} = -kx$$

> ここでは，ニュートンの第二法則の力と，調和振動子に対するフックの法則の力を等しくおいた．

これを代数的に整理すると以下の二階微分方程式が得られる．

$$m\frac{d^2x}{dt^2} + kx = 0$$

この微分方程式は一般解

$$x(t) = A\sin\omega t + B\cos\omega t$$

をもつ．ここで A と B は，その系の特徴を表す定数である（たとえば振動子のはじめの位置と速度によって決まる）．また

$$\omega = \left(\frac{k}{m}\right)^{1/2}$$

である．

(b) ラグランジュの運動方程式には運動エネルギー K とポテンシャルエネルギー V が必要である．それぞれは古典的に

$$K = \frac{1}{2}m\left(\frac{dx}{dt}\right)^2 = \frac{1}{2}m\dot{x}^2$$

$$V = \frac{1}{2}kx^2$$

> これらは古典力学における運動エネルギーとポテンシャルエネルギーの式である．

と与えられる．よってラグランジアン L は式 (9.6) から

$$L = \frac{1}{2}m\dot{x}^2 - \frac{1}{2}kx^2$$

> これは調和振動子系のラグランジュ関数である．

となる．さて，この一次元系についてのラグランジュの運動方程式としては式 (9.7)

$$\frac{d}{dt}\left(\frac{\partial L}{\partial \dot{x}}\right) - \frac{\partial L}{\partial x} = 0$$

> これが満たされるべき方程式である．

を考えればよい．ここで$\dot{x}$はxの時間微分だから，xについてと同様に$\dot{x}$についてLを微分することができて

$$\frac{\partial L}{\partial \dot{x}} = m\dot{x} \qquad \frac{\partial L}{\partial x} = -kx$$

となる．このように調和振動子に対するLを書きなおして

$$\frac{\mathrm{d}}{\mathrm{d}t}(m\dot{x}) - (-kx) = 0$$

を得る．質量の時間変化はないので，変数mは一階微分の外にだすことができて，次のように書きなおすことができる．

$$m\frac{\mathrm{d}}{\mathrm{d}t}(\dot{x}) + kx = 0$$

整理すると

$$\frac{\mathrm{d}^2 x}{\mathrm{d}t^2} + \frac{k}{m}x = 0$$

のようになる．これはニュートンの運動方程式から得られる二階微分方程式と同じである．それゆえ両者は同じ解をもつ．

(c) ハミルトンの運動方程式を考えると，ここでのqは単純にxで，また$\dot{q}$は$\dot{x}$である．式 (9.10) で定義される共役運動量pを見つける必要があるが，それは

$$p = m\dot{x}$$

である（ここでは一次元運動を考えているので，共役運動量はこの一つだけでよい）．式 (9.11) から一次元のハミルトニアンHは

$$H = p\dot{x} - L$$

ここへpとLを代入して

$$H = m\dot{x} \times \dot{x} - \left(\frac{1}{2}m\dot{x}^2 - \frac{1}{2}kx^2\right)$$
$$= \frac{1}{2}m\dot{x}^2 + \frac{1}{2}kx^2$$

ここで式 (9.14) と (9.15) の一階微分を簡単に計算するために，ハミルトニアンHを以下のように書きなおす．

$$H = \frac{1}{2m}p^2 + \frac{1}{2}kx^2$$

これを式 (9.14) の右辺に代入すると

$$\frac{\partial H}{\partial p} = \frac{\partial}{\partial p}\left(\frac{1}{2m}p^2 + \frac{1}{2}kx^2\right)$$
$$= \frac{1}{m}p$$
$$= \frac{1}{m} \times m\dot{x}$$
$$= \dot{x}$$

となるが，これはあたりまえの式で，ここから新しいものは何も得られない．しかし書きなおした形のハミルトニアンHを使って，式 (9.15) の左辺

それぞれの微分を計算する．最初の微分式では，第二項の微分はゼロであることに注意せよ．これはラグランジアンの第二項には$\dot{x}$がないからである．同様に二番目の微分式では，第一項の$\dot{x}$についての微分はゼロである．これは第一項にはxがない（$\dot{x}$であってxではない）からである．

ここでは二階微分によって書き，全体をmで割っている．

一次元の問題なので，ハミルトニアンの中の和は一項だけである．

ここで$m\dot{x}$にpを代入すると，最初のハミルトニアンにはmが一つしかないので，分母にmが現れる．

を計算すると
$$\frac{\partial H}{\partial x} = kx$$

これが式 (9.15) の右辺，$-\dot{p}$ に等しくなければならないから
$$kx = -\dot{p}$$

すなわち
$$kx = -\frac{\mathrm{d}}{\mathrm{d}t}p = -\frac{\mathrm{d}}{\mathrm{d}t}m\dot{x} = -m\ddot{x}$$
$$= -m\frac{\mathrm{d}^2 x}{\mathrm{d}t^2}$$

これは
$$\frac{\mathrm{d}^2 x}{\mathrm{d}t^2} + \frac{k}{m}x = 0$$

のように書きなおすことができる．これは結局，ニュートンやラグランジュの運動方程式を使って導いた微分方程式と同じものである．

$\dot{p}$ をあらわな時間微分で書きなおした．

これは一つ前の式について，単純な代数的整理を行ったものである．

　　例題 9.1 は三つの異なる運動方程式から始めて別々の道筋をたどっても結局，系の運動についての記述は同じになることを示している．それならなぜ，三つの異なる方法を考えるのだろうか．それは状況によって，それぞれの使いやすさがまちまちだからである．ニュートンの運動法則は直線運動に対して最も適している．しかし中心周りの回転を含むような系や，系の全エネルギーが重要なときにはほかの形式のほうが適している．あとでわかるように原子・分子系では，ほぼ例外なくハミルトニアンが用いられる．
　　この話を終える前に，以上の三つの運動方程式が何を与えてくれるかについて確認しておく——粒子や粒子の集団に作用する力を明らかにできれば，粒子のふるまいが予測できる．また系のなかの粒子のポテンシャルエネルギーの正確な形がわかり，系の全エネルギーを正確に知りたいと思えば系をモデル化することができた．19 世紀の科学者たちはポテンシャルエネルギーや力を数学的に正しく表現できれば，系の力学的なふるまいを完全に予測できると自己満足をしていた．彼らはニュートンやラグランジュ，そしてハミルトンの運動方程式によって世界で起こるすべては理解できると確信していた．
　　しかし彼らはどのような系を扱っていたのだろう．それはレンガや金属球，木片のような巨視的なものだった．ドルトンの原子論以来，原子と呼ばれる物体も同じ運動方程式に従わなければならなくなった．結局ちっぽけで，それ以上は分割できない物質のかけらであるということ以外に一体，原子とは何なのだろう——原子はふつうの物質と異なったふるまいをすべきではないし，たしかに同じ規則に従ってふるまうものと思われた．しかしハミルトニアンが物質の運動を記述する新しい方法として登場したころ，物質をもう少しくわしく観察しはじめた科学者たちがいた．彼らはそこでみたものに説明を与えられなかったのである．

9.3　説明のつかない現象

　科学の進歩や発展につれ，科学者たちはそれまでとは違う新しい方法で身のまわりの世界を研究しはじめた．当時の概念では説明できない重要な観測例がいくつかあった．あとになってから，このとき"新しい概念が必要だった"ということは簡単だろう．しかしその時点までは，当時の科学で理解できない現象は発見されていなかったのである．さらに研究者の考え方というものを理解しておくことも必要である．つまり彼らは"自然は理解されている"という仮定のもとで教育されていたので，自然はそうした規則に従うものと考えていた．変わった実験結果が得られても，古典的な科学にもとづいて説明が試みられた．しかし，やがてある観測事実については古典的な科学では説明のつかないことがはっきりした（それらは今日でも，古典的な科学では説明のつかないものである）．そうした現象を理解し説明することは，新しい世代の科学者の仕事として残された（何人か重要な例外はいるが，量子力学の発展にかかわった科学者たちは当時，ほとんど全員が比較的若かったのである）．

　説明のつかない現象とは原子の線スペクトル，原子の核構造，光の性質，光電効果などであった．これらの実験的観測事実には，古典力学による予測と合わないものがあった．新しい力学が必要な理由を本当に知るためには，これらの現象を一つひとつ吟味し，なぜ古典力学では説明がつかないのかを理解することが重要である．

9.4　原子スペクトル

　1860年，ドイツの化学者 Bunsen（ブンゼンバーナーで有名である）と Kirchhoff は分光計を発明した．この装置（図9.4）ではプリズムを用いて白色光を成分の色に分け，その光を試料へ通していた．試料は，ある波長の光を吸収するが別の波長の光は吸収しない．その結果，連続スペクトル中に1本の暗線が生じることになる．一方，熱せられて光を発している試料についてその光を分析したところ，今度は暗線と同じ位置に明線が現れた．やがて Bunsen と Kirchhoff は，それぞれの元素はある特定の波長の光だけを吸収または放出することに気づき，これが元素を特定する技術になると提案した．図9.5は，いくつかの元素の蒸気の特徴的なスペクトルである．それぞれがまったく異なっていることに注意してほしい．1860年，ある鉱物の分析において彼らの提案が試され，そこで得られたスペクトルには，それまで測定されたことのない新しい線スペクトルが存在していた．Bunsen と Kirchhoff は，この新しいスペクトルが未発見の元素によるものに違いないと発表した．このようにしてセシウムが発見され，最終的に化学分析によって確認されたのである．それから1年もたたないうちに，同じ方法でルビジウムも発見された*．

　それぞれの元素は光を吸収するときも放出するときも特徴的なスペクトルを示す．前者は光が気体試料を通過するとき，後者は試料が光を放出するよ

---

* 実際，両元素の名前は，それぞれのスペクトル光の主たる色に由来している．

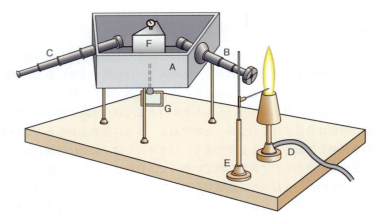

図9.4 BunsenとKirchhoffによって発明された初期の分光計　このような分光計で元素に特有な光を検出し，二人はルビジウムやセシウムなどの元素を発見した．なおA：分光計箱，B：入力光学系，C：観測光学系，D：励起源（ブンゼンバーナー），E：試料ホルダー，F：プリズム，G：プリズムの回転装置である．

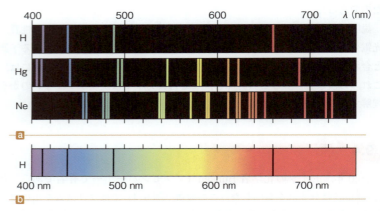

図9.5 いくつかの元素の線スペクトル　Hについては比較的単純なスペクトルであることに注意せよ．(a) 発光スペクトル，(b) 吸収スペクトル．両方のスペクトルでの実際の線は，図に示したものよりもはるかにシャープである．

うにエネルギー的に刺激されたときなどに生じる．多くのスペクトルは複雑だが，いくつかの理由から水素のスペクトルは比較的単純になる（図9.5をみよ）．既知の元素のうちで水素は最も軽く，そしておそらく最も単純である．これはそのスペクトルを解釈するにあたって重要な事実になる．1885年スイスの数学者Balmerは，水素の可視スペクトル中の明線の位置が以下のような単純な数式で予測できることを示した．

$$\frac{1}{\lambda} = R\left(\frac{1}{4} - \frac{1}{n^2}\right) \tag{9.16}$$

ここでλは光の波長，nは2よりも大きな整数，そしてRは比例定数で，その値は線スペクトルの波長測定から決められる．この式は驚くほど単純だったので科学者たちは赤外や紫外など，ほかの領域の水素のスペクトルについても解析する気になった．Lyman, Brackett, Paschen, Pfundらが別のス

ペクトル系列を発見したが 1890 年に Rydberg がそれらを次のような一つの式にうまくまとめあげた．

$$\tilde{\nu} \equiv \frac{1}{\lambda} = R_H \left(\frac{1}{n_2^2} - \frac{1}{n_1^2} \right) \quad (9.17)$$

ここで n_1 と n_2 は異なる整数で，n_2 は n_1 よりも小さい．また R_H は**リュードベリ定数**（Rydberg constant）として知られている．変数 $\tilde{\nu}$ は光の波数で，cm の逆数すなわち cm^{-1} の単位をもつ．これは 1 cm 当りの光波の数を示している*．水素原子のスペクトルは精度よく測定できるので，リュードベリ定数 R_H が最も正確にわかっている物理定数の一つであることは興味深い．その値は 109,737.315685 cm^{-1} である．

* 波数の SI 単位は m^{-1} だが，ふつうは cm^{-1} が用いられる．

例題 9.2

式（9.17）で，$n_2 = 4$ の場合のスペクトル系列をブラケット系列という．このとき最初の 3 本の線スペクトルの波数 $\tilde{\nu}$ を cm^{-1} の単位で求めよ．

解　答

$n_2 = 4$ だから最初の 3 本の線スペクトルでは $n_1 = 5,\ 6,\ 7$ である．式（9.17）に R_H と n_2 を代入すると

$$\tilde{\nu} = 109{,}737.315685 \text{ cm}^{-1} \times \left(\frac{1}{4^2} - \frac{1}{n_1^2} \right)$$

n_1 に 5，6，7 を代入して（有効数字 4 桁まで）計算すると順に 2469 cm^{-1}，3810 cm^{-1}，4619 cm^{-1} となる．

R_H は cm^{-1} 単位であるから，波数も cm^{-1} 単位となる．括弧のなかの整数には単位がない．

しかし疑問が残った．なぜ水素のスペクトルはこんなに単純なのだろうか．リュードベリの式（9.17）は，どうしてこんなにうまく当てはまるのだろうか．水素は最も軽くて最も簡単な原子であると暗黙のうちに理解されていたが，水素がある波長の光だけを放出すると仮定した理由はまったくなかった．ほかの元素のスペクトルがもう少し複雑で，単純な数式で記述できないことは問題ではなかった．水素のスペクトルがこれほど簡単で，しかも説明不能なことは古典力学に問題を引き起こした——しかし古典力学ではこれを説明できないことがおよそ 30 年後に明らかになった．ほかの理論が必要だったのである．

9.5　原子構造

紀元前 4 世紀に Democritus は，物質は原子と呼ばれる小さな粒からできていると考えた．しかし，われわれは経験的に物質は滑らかであることを知っている．つまり物質は連続的で，それぞれの断片には割れないのである．のちに，とくに気体の研究を含めた多くの証拠から Dalton（図 9.6）が原子論を近代的なかたちで復活させ，これは徐々に受け入れられていった．この

図 9.6 John Dalton（1766–1844）1803 年，彼はデモクリトスの原子論を近代的な形式で表現しなおした．ほんのわずかだけ手を加えれば，それは今日でもなお通用する．原子質量単位の別名が"ドルトン"であるのは彼を称えたものである．彼はまた色覚障害についてはじめて説明を行ったので，この症状を時に"daltonism"と呼ぶが，これも彼の名に由来する．彼の実験記録のオリジナルは第二次世界大戦の爆撃によって失われた．

図 **9.7** Sir Joseph John Thomson (1856-1940)　多くの場合に Thomson が電子の発見者とされるが，実際には多くの人びとが物質の基本的な構成単位としての電子の同定に貢献した．彼の研究助手のうち 7 名はこの問題に深くかかわっており，本来なら彼らもノーベル賞を受けてしかるべきである．

＊　現在受け入れられている電子の質量の値は 9.109×10^{-31} kg である．

＊＊　1860 年代に Maxwell によってまとめられた電磁気学の方程式は，自然を理解するためのもう一つの大きな進歩であった．

理論には，原子は分割できないものという考え方が含まれている．

　1870 年代と 1880 年代には，真空に引いた管に少量の気体を入れ，そこへ電流を流したときに起こる現象が研究された．1890 年代に J. J. Thomson（図 9.7）は真空に引いた管を使った一連の実験を行い，放電は電磁放射（これは誤まって陰極線と呼ばれた）によるものでなく，管のなかに残留した気体からできた粒子の流れによるものであることを示した．さらに磁場によって流れがゆがむことから，これらの粒子が電荷をもつことがわかった．磁場による流れのゆがみから測定した電荷 e と質量 m の比 e/m はたいへんに大きな値だった．これは電荷が巨大であるか，質量がとても小さいかを意味する．Thomson は電荷が大きいはずはないので，質量が小さいことだけが可能であると考えた．

　電子と呼ばれるこの粒子の質量は，水素原子の質量（これは既知であった）の 1/1000 以下でなければならなかった．しかしこれはある物質粒子が原子よりも小さいことを意味しており，ドルトンの原子論によって排除された概念であった．だが，この負の電荷をもった粒子が唯一の原子の断片であることははっきりとしていた．つまり，原子は分割できないものではないということなのだった．

　1908 年から 1917 年にかけて Millikan が行った実験により，電荷 e のおよその大きさが確定した．この値はさらに電子の質量 m を求めるため，Thomson が得た比 e/m とともに利用された．図 9.8 に示した有名な油滴実験で，Millikan らは小さな油滴を帯電した平板の間に導入し，イオン化させるための放射線（X 線）を照射した．そして静電的に油滴を浮遊させるため，平板に加える電圧を変化させた．油の密度，平板間の電位差，油滴の半径を知って空気の浮力について補正をし，Millikan はその電荷がおよそ 4.77×10^{-10} esu すなわち 1.601×10^{-19} C であると計算した．さらに e/m から Millikan は電子の質量をおよそ 9.36×10^{-31} kg と計算することができた．これは水素原子の質量の約 1/1800 である＊．ところで原子のなかには負の電荷があるわけだから，正の電荷もなければならない．これで物質は電気的に中性になる．正の電荷である陽子は 1911 年，Rutherford によって確認された．

　1908 年に金属箔を用い Marsden とともに行った古典的な散乱実験に続いて，Rutherford は原子の核モデルを提唱した．核モデルでは質量（これは陽子と，のちに発見される中性子とからなる）の大部分が核と呼ばれる中心領域に集中し，小さな電子が核から比較的離れたところをぐるぐると回っている．この実験と，その結果得られたモデルを図 9.9 に示す．

　原子の核モデルは実験結果に合うものの大きな問題があった．マクスウェルの電磁理論によれば，そのような原子は安定ではありえないのである＊＊．電荷は加速されると，すなわち速さや方向が変化するとエネルギーを放射する．電子が陽子に引きつけられるとしたら（当時，反対の電荷どうしが引きあうことはわかっていた）電子は陽子に向かって加速され，運動しながらエネルギーを放射するはずである．そうすると，やがて電子のエネルギーはすべて放射されエネルギーはなくなり，原子はつぶれて電気的に中和されてし

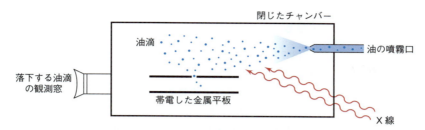

図 9.8 電子の正確な電荷を決定したミリカンの油滴実験 電荷と質量の比（これは磁石を用いた実験で求められた）を使って決定された電子の質量は，原子の質量よりもはるかに小さかった．なおドルトンの原子論は否定されきったわけではなく，修正を受けただけである．電子のふるまいを理解することは量子力学の中心的な課題となった．

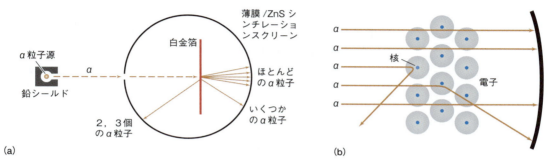

図 9.9 (a) 白金箔を使った Rutherford と Marsden による実験装置．(b) 実験にもとづいた原子の核モデル．原子を通り抜けるα粒子は大きくて重く，電荷をもつ核の影響で三つの経路に分かれる．このモデルの細かい部分は改められてきたが，質量の大きな核とその周りを運動する軽い電子という全体的なアイディアはそのまま残っている．

まうことになる．しかし実際にそのようなことは起こらない．

巨視的な物体に対してたいへんによく成り立つマクスウェルの電磁理論が原子やそれ以下の粒子に対しても成り立つとしたら，物質として知られる電子と陽子は存在すらできないことになってしまう．それらはエネルギーを常に放射して失い，そして最後にはともにつぶれてしまう．しかし研究者たちは物質が安定である事実を疑わなかった．つまり，当時の電磁気学と古典力学では原子の存在がまったく説明できなかったのである．電荷をもった別々の粒子から原子が構成されているという考えは，宇宙を理解する権威ある方法に公然と反旗をひるがえしたものである*．

1896 年の Becquerel による発見に始まる放射能の研究は，原子構造に関連するもう一つの問題だった．実際，放射能は古典力学では説明できないもう一つの謎であった．いろいろな研究から原子は三つの異なる型の放射を自発的に行うことがわかり，そのうちの二つはやがて物質粒子の放射であることが示された．α粒子は2価にイオン化したヘリウム原子に等しく，β粒子は電子に等しかった（三番目の放射の型であるγ放射は電磁放射の一つである）．それまで放射能のようなかたちで，原子から粒子が放出される化学的な過程は知られていなかったのである．

* 1932 年に Chadwick によってなされた電荷をもたない中性子の発見は，この問題には含まれない．なぜなら中性子は電気的に中性だからである．

9.6　光電効果

　1887 年に Hertz（彼はラジオ波の発見によってより広く知られている）は真空に引いた管を使った研究をしているとき，真空中の金属片に光を照射すると，いろいろな電気的効果が生じることに気がついた．電子はまだ発見されていなかったので，これについてすぐに説明がつくということはなかった．しかし電子の発見後にほかの科学者，とくにハンガリー系ドイツ人物理学者 von Lenard によって行われたこの現象の再研究で，光照射によって金属がたしかに電子を放出することが示された．使われたなかでは紫外線が最もよい光で，一連の実験から興味深い傾向がいくつか明らかになった．まず，金属を照射するのに使われる光の振動数によって差が現れた．**しきい値振動数**（threshold frequency）と呼ばれる振動数以下では電子は放出されず，それ以上の振動数で電子が放出された．第二に，もっと説明できないことには光の強度を大きくしても放出される電子の速さが大きくなるのではなく，電子の数が増えるということであった．しかし光の波長を短くすると，すなわち光の振動数を大きくすると電子は大きな速さで，すなわち大きな運動エネルギーをもって放出された．波（とくに音波）についての近代的な理論では，波のエネルギーはその強度と直接に関連するので，これは異常な現象であった．光は波だから，大きな強度の光ほど大きなエネルギーをもつはずである．しかし光の強度が増加しても，電子が大きな運動エネルギーをもって放出されることはなかった．電子の運動エネルギーは光の振動数が増加したときに大きくなった．光と波，電子についての当時の理解からは，こうした結果に対する合理的な説明がまったくできなかったのである．

9.7　光 の 本 性

　Newton の時代から"光とは何か"ということがずっと議論されていた．それはおもに矛盾した観測事実のためだった．光が粒子としてふるまうことを示す証拠もあれば，波としてふるまうことを示すものもあった．1801 年に Young が行った二重スリット実験（図 9.10）では，光の強めあいと弱めあいの干渉によって生じる回折パターンがはっきりと示された．これにより光は，その色によって 4000 Å から 7000 Å というごく短い波長をもった波であることが明らかなように思われた[*]．

＊ 1 Å は 10^{-10} m に等しい．単位の由来となった Ångström はスウェーデンの物理学者・天文学者である．

　科学者たちは分光器を導入し，物体がどのように光を放出したり吸収したりするのかを理解しようと，光と物質の相互作用を調べはじめた．熱せられて輝く固体は，あらゆる波長の光からなる連続スペクトルを放出していた．波長の異なる放出光の強度が測定されグラフ化されると，この強度分布についての議論が活発に行われた．

　理論的な取扱いが最も簡単な物体は**黒体**（blackbody）と呼ばれるものだった．黒体は放射の完全な吸収体であり放出体である．この吸収と放射の分布は絶対温度だけに依存し，黒体の材料にはよらない．また黒体は小さな中空の箱で近似でき，そこには光が逃げるためのとても小さな孔だけがあいて

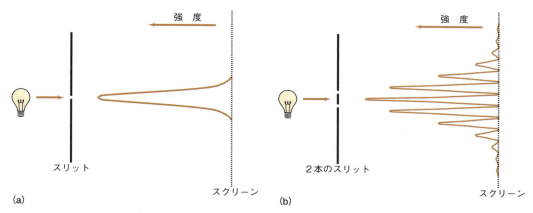

図 9.10　Young による，光が波であることの証明　(a) 光が細い1本のスリットを通り抜けると，スリットと反対側のスクリーン上には1本の明るい線がみえる．(b) 光が2本の近接したスリットを通り抜けると，スクリーン上には明るい線と暗い線のパターンがみえる．このパターンは，光の波の強めあいと弱めあいの干渉によって生じる．

いる（図 9.11）．黒体から放出される光は**黒体放射**（blackbody radiation）または**空洞放射**（cavity radiation）といわれる．

　放出される光の強度やパワー密度を波長の関数としていろいろな温度で測定しはじめると，以下のような興味深い結果がいくつか得られた．

① すべての波長の光が等しく放出されているのではない．どのような温度においても，放出される光の強度は波長がゼロに近づくにつれゼロに近づく．放出される光の強度は，ある波長で最大強度 I_{max} まで増加し，それから波長が増加するにつれて減少しながらゼロに近づく．ある温度における，波長に対するパワー密度の変化のグラフを図 9.12 に示す[†]．

② 黒体から放出される単位面積当りの全パワー（これは W m^{-2} という単位で表される）は任意の温度で絶対温度 T の四乗に比例する．

[†] **訳者注**　エネルギー密度は単位体積および単位波長当りのエネルギーなので，その単位は J m^{-4} である．パワー密度は単位時間，単位体積および単位波長当りのエネルギーで，その単位は J s^{-1} m^{-4} = W m^{-4} である．両者の単位は異なるが，ここでは比例するものとし，ともに光の強度を表すとしている．

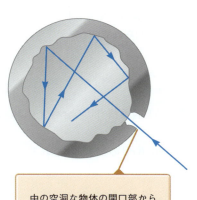

中の空洞な物体の開口部から入る光によって，黒体をうまく近似できる．その孔は完全な吸収体として働く．

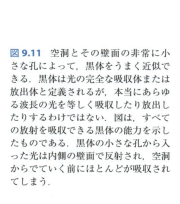

図 9.11　空洞とその壁面の非常に小さな孔によって，黒体をうまく近似できる．黒体は光の完全な吸収体または放出体と定義されるが，本当にあらゆる波長の光を等しく吸収したり放出したりするわけではない．図は，すべての放射を吸収できる黒体の能力を示したものである．黒体の小さな孔から入った光は内側の壁面で反射され，空洞からでていく前にほとんどが吸収されてしまう．

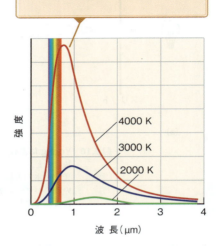

図 9.12 実験的に求められた黒体のふるまい
このグラフは異なる温度の黒体から放出されるいろいろな波長の光の強度を示したものである．これらの曲線を理論的に説明することは，古典力学にとっては大きな問題だった．

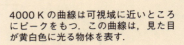

4000 K の曲線は可視域に近いところにピークをもつ．この曲線は，見た目が黄白色に光る物体を表す．

$$（単位面積当りの全パワー）= \sigma T^4 \qquad (9.18)$$

ここで比例定数 σ は**シュテファン・ボルツマン定数**（Stefan-Boltzmann constant）と呼ばれ，その値は実験的に $5.6705 \times 10^{-8}\,\mathrm{W\,m^{-2}\,K^{-4}}$ と求められている．この関係はオーストリアの物理学者 Stefan によって 1879 年に実験的に見いだされ，数年後に同国の Boltzmann によって理論的に導出された．

③ 放出される光の最大強度を与える波長 λ_max は絶対温度 T に対して，以下の関係を満たすように変化する．

$$\lambda_\mathrm{max} T = （定数） \qquad (9.19)^*$$

ここで定数の値はおよそ $2898\,\mathrm{\mu m\,K}$ である（ただし波長 λ_max は $\mathrm{\mu m}$ で表されているとする）．この式は 1894 年に Wien によって発表されたので**ウィーンの変位則**（Wien displacement law）として知られている．

* 式 (9.19) の関係は，高温計（パイロメータともいう）と呼ばれる光学装置によって高温物体の温度を見積もるときに今日でも使われている．高温計とは，ある一定の波長の光の強度を決めるものである．

例題 9.3

以下の (a), (b) に答えよ．
(a) 温度 $T = 1250\,\mathrm{K}$ の黒体から放出される単位面積当りの全パワーはいくらか．
(b) 黒体の面積が $1.00\,\mathrm{cm^2}$, すなわち $0.000100\,\mathrm{m^2}$ のとき放出される全パワーはいくらか．

解 答
(a) 式 (9.18) にシュテファン・ボルツマン定数の値と与えられた温度を代入して

$$（単位面積当りの全パワー）= (5.6705 \times 10^{-8} \text{ W m}^{-2} \text{ K}^{-4}) \times (1250 \text{ K})^4$$
$$= 1.38 \times 10^5 \text{ W m}^{-2}$$

K^4 の単位は消しあってなくなる.

を得る.

(b) 単位面積当りの全パワーが 1.38×10^5 W m^{-2} なので，0.000100 m^2 の面積から放出される全パワーは

$$（全パワー）= (1.38 \times 10^5 \text{ W m}^{-2}) \times 0.000100 \text{ m}^2$$
$$= 13.8 \text{ W}$$
$$= 13.8 \text{ J s}^{-1}$$

m^2 の単位は消しあってなくなる.

である．最後に W の定義を用いて変形した．毎秒どれくらいのエネルギーが放出されるかが示されている．

例題 9.4

電球のフィラメントが温度 $T = 2500$ K のとき，放出される光が最大強度を示す波長 $\lambda_{\max}$ はいくらか．

解 答

式 (9.19) で与えられるウィーンの変位則を用いると以下のように求まる．

$$\lambda_{\max} \times 2500 \text{ K} = 2898 \text{ µm K}$$

よって

$$\lambda_{\max} = 1.1592 \text{ µm} = 11592 \text{ Å}$$

この波長は可視領域にとても近い赤外領域にある．これは可視光が放出されないということでなく，単に放出される光の最大強度を与える波長がスペクトル中の赤外領域にあることを意味している．

これらの関係を説明するために黒体放射のふるまいをモデル化する試みがいくつかなされた．しかし，それらはいずれも部分的な成功を収めただけだった．このうち最も成功したのは，光は黒体中の小さな振動子に由来するという，イギリス貴族 Rayleigh 卿の仮定によるものだった．Rayleigh は光のエネルギーがその波長に比例することも仮定した[†]．したがって短い波長の光ほど，この振動子から簡単に放出されることになる．Rayleigh は気体分子運動論における等分配則（第 19 章をみよ）を用いて，波長範囲 dλ に対する，黒体の単位体積当りの微小エネルギー dρ〔エネルギー密度（energy density）とも呼ばれる〕を表す簡単な式を提案した．これはのちに Jeans によって次のように修正された．

$$d\rho = \frac{8\pi kT}{\lambda^4} d\lambda \qquad (9.20)$$

[†] 訳者注 光のエネルギーは振動数に比例するので，この仮定はもちろん正しくない．

ここで k はボルツマン定数，λ は波長，T は絶対温度である．ある温度における単位体積当りの全エネルギーは，この式を積分して得られる．式 (9.20) はレイリー・ジーンズの法則（Rayleigh-Jeans law）として知られてい

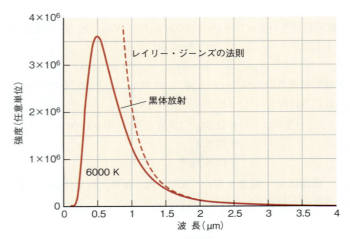

図 9.13 黒体のふるまいをモデル化する初期の試みの一つにレイリー・ジーンズの法則がある．しかしグラフからわかるように，この法則による計算ではスペクトル強度の左端が無限大になってしまう．いわゆる紫外発散が起こるのである．

る．

　これは光のふるまいをモデル化する試みとしては重要な第一歩だったが，レイリー・ジーンズの法則には限界があった．この法則は図 9.12 のように実験で観測された黒体の強度曲線と一致するが，それは高温で，かつスペクトルの長波長領域においてだけである．最も問題なのは，レイリー・ジーンズの法則で予測される短波長における強度である．すなわち波長が短くなるにつれ，波長範囲 $d\lambda$ に対するエネルギー密度 $d\rho$ が波長 λ の四乗に比例して大きくなるのである（これは式 9.20 の分母にある λ^4 から来ている）．最終的な結果を図 9.13 に示す．ここではレイリー・ジーンズの法則と既知の黒体のふるまいを比較している．レイリー・ジーンズの法則で予測される強度は，光の波長がゼロに近づくにつれ無限大に近づいている．Rayleigh が行った仮定によると光の波長が短くなるにつれ，そのエネルギーは小さくなるから黒体はそのような光をもっと簡単に放出するようになる．しかし無限大の強度はありえない．当時の実験でも，短波長の光の強度が無限大へ近づかないのは明らかだった．それどころか波長が短くなるにつれ強度は次第に弱くなりゼロに近づいていったのである．レイリー・ジーンズの法則は，実際には起こらない**紫外発散**（ultraviolet catastrophe）を予測してしまうことになる．

　黒体放射を使って光の性質を説明する試みはほかにも行われたが，レイリー・ジーンズの法則以上に成功したものはなかった．結局，この問題は 1900 年まで未解決のままだったのである．また上で述べた説明のつかない現象のすべてが，当時の理論では説明できないままだった――といって，当時の理論がまちがっていたわけではなかった．科学的な方法を使いはじめてから数百年が経ち，科学者たちは宇宙の営みを理解しはじめたという確信を深めていた．しかし，これらの理論は不完全だったのである．19 世紀最後の 40 年間に行われた実験はそれまでみたこともなく，当時の概念では説明しえない

世界——原子の世界——を探りはじめていた．そのような世界に対する新しい概念，新しい理論，そして新しい思考法が要求されていたのである．

9.8 量子論

ドイツの物理学者 Planck（図 9.14）が 1900 年に提案した黒体放射の強度を予測する比較的簡単な式は，原子の世界をより理解するための第一歩となった．彼は新しい概念を考えだし，それを積み重ねて現象を探るというよりは，データと一致し，それを正当化できるような方法を使ってこの式にたどりついた．しかし彼がどのような方法論でこの式を得たのかは問題でなく，重要なのは彼が正しかったという事実なのである．

Planck は熱力学者であり，ベルリンで Kirchhoff のもとに学んで黒体放射の問題に着目し，熱力学的な観点からこれにアプローチした．その正確な誘導はむずかしくはないが，ここでは省略する（もちろん統計熱力学のテキストにはそれが書いてある）．Planck は光を物質中の電気振動子と相互作用するものとして扱った．彼はその振動子のエネルギー E が任意でなく，振動数 ν に比例すると考えた．すなわち

$$E = h\nu \tag{9.21}$$

とした．ここで h は比例定数である．Planck はこのエネルギーの量を**量子**（quantum）と呼んだ．そして，この振動子のエネルギーは**量子化**（quantize）されていると考える．彼は黒体放射のエネルギー密度の分布式を導くために統計学を利用した．Planck が提案した式を現代的な形で書けば

$$d\rho = \frac{8\pi hc}{\lambda^5} \left\{ \frac{1}{\exp(hc/\lambda kT) - 1} \right\} d\lambda \tag{9.22}$$

となる．ここで λ は光の波長，c は光の速さ，k はボルツマン定数，T は絶対温度である．さらに h は定数で J s の単位をもち，**プランク定数**（Planck's constant）として知られている．その値は 6.626×10^{-34} J s である．式（9.22）はプランクの**放射分布則**（radiation distribution law）といわれ，またプランクの式と呼ぶこともある．これは黒体放射に対するプランクの**量子論**（quantum theory）の中心的な部分である．

さてプランクの式（9.22）はエネルギー密度でなく，単位面積当りの微小パワーすなわち**パワー束**（power flux）〔これは**エミッタンス**（emittance）ともいわれ，強度に関係した量である〕を使って別の形に表せる．ここでパワーが単位時間当りのエネルギーと定義されていることを思いだす．ある波長範囲 $d\lambda$ で放出される単位面積当りの微小パワー dE を使うと，プランクの式（9.22）は

$$dE = \frac{2\pi hc^2}{\lambda^5} \left\{ \frac{1}{\exp(hc/\lambda kT) - 1} \right\} d\lambda \tag{9.23}$$

のように書ける（導出は省略する）．

図 9.14 Max Karl Ernst Ludwig Planck (1858-1947)　1900 年に提唱されたプランクの量子論は，現代科学の幕開けを告げるものだった．熱力学者であった彼は，熱力学的な議論をその理論の基礎とした．彼は自分のアイディアが真実であるかどうかについて，それを支持する実験的証拠が得られるまで少し不安がっていたといわれている．彼を称えカイザー・ウィルヘルム協会は 1938 年にマックス・プランク研究所と改名された．これは現在でもドイツの有力な研究所である．Planck は 1918 年にノーベル賞を受けた．

式（9.23）のグラフを図 9.15 に示す．これが黒体放射のグラフと同じであることに注意してほしい．プランクの式によればすべての波長，すべての温度で黒体放射の強度が予測できるのである．このようにプランクの量子論では黒体放射の強度を予測でき，古典科学では不可能だった現象のモデル化が正確に行えるのである．

プランクの式（9.23）は $\lambda = 0$ から ∞ まで直接に積分できて

$$E = \frac{2\pi^5 k^4}{15 c^2 h^3} T^4 \quad (9.24)$$

が得られる．ここで E は**全パワー束**（total power flux．単位は $\mathrm{J\,m^{-2}\,s^{-1}}$ または $\mathrm{W\,m^{-2}}$）である．定数をまとめると，全パワー束 E が絶対温度 T の四乗に比例することがわかる．つまりプランクの式からシュテファン・ボルツマンの法則（式9.18）を得ることができ，ひとまとめにした定数からシュテファン・ボルツマン定数 σ の正しい値が予測できるのである．これは Planck による導出から得られるもう一つの予測であり，やはり観測によって支持される．

以上をまとめて考えると Planck による導出は無視できないこと，また式（9.22）と（9.24）を導く Planck による仮定も軽視できないことがわかる．しかし多くの科学者は（当初は Planck 自身も含めて），プランクの式は数学的におもしろいだけで，物理的に重要なことはないと考えていた．

しかしプランクの量子論が"数学的におもしろいだけ"とされたのは最初の 5 年間だけであった．1905 年に 26 歳のドイツの物理学者 Einstein（図 9.16）は**光電効果**（photoelectric effect）についての論文を発表した．Einstein はこの論文で，Planck による量子化されたエネルギーの仮説を電気振動子でなく，光そのものに適用した．光の量子とは光のもつエネルギーと仮定さ

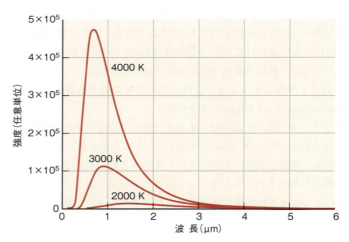

図 9.15　プランクの放射分布則を正しいと仮定して，異なる温度の黒体から放出されるいろいろな波長の光の強度をプロットしたもの．プランクの放射分布則にもとづく予測は実験結果と合っており，その意味するところがどうであれ，正しい理論的な基礎を与えるものであることを示している．

れ，そのエネルギーの総量 E_light は以下のように振動数 ν に比例するとした．

$$E_\text{light} = h\nu$$

さらに Einstein は光電効果について，いくつかの仮定を行った．
① 光は金属中の電子に吸収され，光のエネルギーは電子のエネルギーを増加させる．
② 電子は，ある特徴的なエネルギーによって金属試料に束縛されている．光を吸収した電子が金属から飛びでるには，この束縛エネルギーに打ち勝たなければならない．この特徴的な束縛エネルギーを金属の**仕事関数**（work function）と呼び，ϕ で表す．
③ 仕事関数に打ち勝ったあとに残る余分なエネルギーは，運動エネルギーに変わる．

運動エネルギーは $(1/2)mv^2$ と書かれる．Einstein はそれぞれの電子が光の量子を一つ吸収すると仮定して，次の関係を導いた．

$$h\nu = \phi + \frac{1}{2}mv^2 \qquad (9.25)$$

ここで光のエネルギー $h\nu$ は仕事関数に打ち勝つために使われ，そしてさらに電子の運動エネルギーに変わる．いうまでもなく光のエネルギーが仕事関数よりも小さければ，運動エネルギーはゼロよりも小さくなれないから電子は放出されない．したがって仕事関数は光電効果のしきい値エネルギーを表すことになる．光の強度は式に含まれていないので，これを変えても放出電子の速度は変化しない．しかし光の強度の増加は，放出される電子数の増加を意味する．また特定の金属の仕事関数 ϕ は一定だから，試料に照射される光の振動数が増加すれば放出電子の運動エネルギーは増加する．光の振動数に対して放出電子の運動エネルギーをプロットすると図 9.17 に示すような直線が得られる．Einstein は手に入るデータを使って（彼は実験家ではなかったので），この解釈が光電効果について知られていた事実とたしかに一致することを示したのだった．

図 9.16 Albert Einstein（1879-1955） 彼の研究は現代科学の発展にたいへん大きな役割を果たした．彼が 1921 年に受けたノーベル賞は光電効果と，プランクの放射分布則を光の性質に適用したことに対するものであった（彼の相対性理論は，なお実験家たちに吟味されていたのだった）．

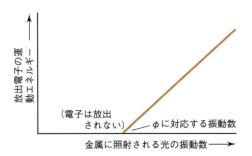

図 9.17 金属試料に照射される光の振動数と放出電子の運動エネルギー（これは電子の速度と直接に関係する）を示す簡単なグラフ しきい値以下の光の振動数では電子は放出されない．このしきい値振動数に対応する電子の運動エネルギー ϕ は，その金属の仕事関数と呼ばれる．光の振動数が大きいほど放出電子は大きな運動エネルギーをもつので速く運動する．量子化されたエネルギーに関する Planck のアイディアを用いて，Einstein は光の振動数を放出電子の運動エネルギーに関係づけた．こうして彼は光のエネルギーの量子化という概念だけでなく，プランクの放射分布則に対しても独立した物理的な基礎を与えたのである．

例題 9.5

以下の (a), (b) に答えよ.
(a) 波長 11,592 Å のとき,光の量子一つのエネルギーはいくらか. ただし波長 λ を振動数 ν に変換するには $c = \lambda\nu$ の関係を用い,また $c = 3.00 \times 10^8$ m s^{-1} とする.
(b) 波数 20,552 cm^{-1} のとき,光の量子一つのエネルギーはいくらか.

解 答

(a) まず波長を振動数に変換する.

$$3.00 \times 10^8 \text{ m s}^{-1} = 11{,}592 \text{ Å} \times \frac{1 \text{ m}}{10^{10} \text{ Å}} \times \tilde{\nu}$$

$$\tilde{\nu} = 2.59 \times 10^{14} \text{ s}^{-1}$$

よって前ページで与えられた $E_{\text{light}} = h\nu$ を用いて

$$E_{\text{light}} = (6.626 \times 10^{-34} \text{ J s}) \times (2.59 \times 10^{14} \text{ s}^{-1})$$
$$= 1.71 \times 10^{-19} \text{ J}$$

> s(秒)の単位は打ち消しあってなくなる.

これは大きなエネルギーではない.しかし,これが光の量子一つだけのエネルギー値であることに注意する.

(b) プランクの式を直接使うために波数 20,552 cm^{-1} を振動数 ν に変換しなければならない.波数は波長の逆数である.

$$\tilde{\nu} = \frac{1}{\lambda}$$

波長を求めるために整理すると

$$\lambda = \frac{1}{\tilde{\nu}} = \frac{1}{20{,}552 \text{ cm}^{-1}}$$
$$= 4.8728 \times 10^{-5} \text{ cm}$$
$$= 4.8728 \times 10^{-7} \text{ m}$$

> ここでは m 単位への変換をあらわには示していない.メートルによる最終解答が正しいことを確認せよ.

ここで $c = \lambda\nu$ つまり $\nu = c/\lambda$ を用いて

$$\nu = \frac{3.00 \times 10^8 \text{ m s}^{-1}}{4.8728 \times 10^{-7} \text{ m}}$$
$$= 6.16 \times 10^{14} \text{ s}^{-1}$$

この振動数にプランク定数をかけるとエネルギーが得られる.

$$E_{\text{light}} = (6.626 \times 10^{-34} \text{ J s}) \times (6.16 \times 10^{14} \text{ s}^{-1})$$
$$= 4.08 \times 10^{-19} \text{ J}$$

が得られる.これも大きなエネルギーではなく,光量子 1 個分だけの値である.

例題 9.6

仕事関数 ϕ は,ふつう eV と書かれる電子ボルトという単位で与えられる.ここで 1 eV = 1.602×10^{-19} J である.さて,いま振動数 $\nu = 4.77 \times 10^{15}$ s^{-1}

の光が吸収されたとき，$\phi = 2.90\,\text{eV}$ の Li から放出される電子の速度 v はいくらか．

解答

光電効果に関するアインシュタインの式（9.25）
$$h\nu = \phi + \frac{1}{2}mv^2$$
にそれぞれの値を代入すると

$(6.626 \times 10^{-34}\,\text{J s}) \times (4.77 \times 10^{15}\,\text{s}^{-1})$
$= 2.90\,\text{eV} \times \dfrac{1.602 \times 10^{-19}\,\text{J}}{1\,\text{eV}} + \dfrac{1}{2} \times (9.109 \times 10^{-31}\,\text{kg}) \times v^2$

これを整理して
$$3.16 \times 10^{-18}\,\text{J} = (4.65 \times 10^{-19}\,\text{J}) + (4.56 \times 10^{-31}\,\text{kg}) \times v^2$$
$$v^2 = 5.92 \times 10^{12}\,\text{m}^2\,\text{s}^{-2}$$
$$v = 2.43 \times 10^{6}\,\text{m s}^{-1}$$

を得る．速度 v の単位が m s^{-1} となることを確かめよ．

ここでプランクの式を用いる．s の単位は消えることに注意．

この v の値は光の速さのおよそ 1% の大きさである．

　こうしたプランクの放射分布則に対する独立した実験的な裏づけと，Einstein による光への応用は消えずに残り，1905 年以降，光についての正しい理解として広く受け入れられるようになった．Planck と Einstein の研究によって光は**粒子**——あるエネルギー量をもった粒子として扱えるという考えが再びもたらされたのだった．とはいえ光が波のようにふるまう事実は否定できない．波だけに可能なように光は反射し，屈折し，干渉する．しかし，光が粒子の性質をもつことも否定できない．光は粒子の流れであり，その粒子それぞれが波長によって決まるあるエネルギー量をもつものとして扱えるのである．

　さらに光の粒子性を示す証拠が 1923 年に現れた．Compton がグラファイトによって単色 X 線を散乱させると，X 線のいくらかが少し長い波長へシフトすることを示したのである．この現象に対する唯一の説明は，単色 X 線が特定のエネルギーをもつ粒子としてふるまい，電子との衝突によってそのエネルギーが減少し波長が増加するという，二粒子間のエネルギー伝達を考えることだった（あとでみるように運動量についても考察された）．1926 年に Lewis は**フォトン**（photon. 光子ともいう）という言葉を，光の粒子の名前として提案した．

　ところで，すでにみたようにプランク定数 h の値は $6.626 \times 10^{-34}\,\text{J s}$ である．この単位は s^{-1} を単位とする振動数との積がエネルギーの単位である J になるようになっている（別の単位の異なる h の値も使われるが，その考え方は同じである）．h の値は極端に小さく 10^{-34} の桁である．したがって原子や分子，またはフォトンのように極端に小さな物体のふるまいに注目しない限り，量子の存在など気づきもしないだろう．こうしたことを調べる分光器のような装置が発展する 19 世紀後半までそういう考え方はなかったし，それまでは離散的なエネルギーの束と，いわゆる連続エネルギーとの違いに科

学者が気づくこともなかった．

h の単位である J s はエネルギーと時間の組合せである．エネルギーと時間の積は**作用**（action）として知られる量になる．科学者たちは早くから最小作用の原理と呼ばれるものを発展させていたが，これは古典力学では重要な概念である．作用の単位をもつ量は，量子力学ではすべてプランク定数 h と密接に関連することがやがてわかるだろう．

プランクの量子論はそれまでの科学が答えられなかった大きな疑問の一つ，黒体放射に解答を与えた．答えのでていない疑問もまだいくつかあったが量子論は最初のブレークスルーであり，一般には古典物理学と現代物理学の境界であるとみなされている．つまり 1900 年以前のあらゆる発展は古典科学であり，1900 年以後は現代科学であるとみなされるのである．すべての化学の基礎である，原子と分子についての新しい理解が定式化されたのは 1900 年以後であった．

9.9　水素原子についてのボーアの理論

原子中の電子を理解するための次のステップは，デンマークの科学者 Bohr（図 9.18）によって 1913 年に提案された．これは水素原子のスペクトルの放出線についてのリュードベリの式（9.17）を考察している際に得られたものだった．彼は当時新しく Rutherford によって提案された原子の核モデルと，フォトンのエネルギーのように**測定可能な量の量子化**という，自然についての二つの新しい概念に照らしてリュードベリの式を考えていた．原子の核モデルでは負の電荷をもった電子が，より質量の大きな核の周りの軌道中にあると仮定する．マクスウェルの電磁理論によれば，電荷をもった物質が運動方向を変えるときにはその加速度のため，放射が起こらなければならない．しかし原子中の電子は，核の周りの軌道を回っても放射を起こさない．

Bohr はエネルギーが量子化される唯一の量ではないと考えた．粒子が核の周りの円軌道をめぐっているのなら，その**角運動量は量子化されていない**だろうか．

そこで Bohr はいくつかの仮定を行った．それらは正しいと理由づけることはできないが，正しいと**仮定されるべき**ものだった．やがて彼はそこから水素原子中の電子についてある関係式を導いた——彼の仮定は次のようなものだった．

① 水素原子中の電子は核の周りの円軌道を動く．力学的には，電子の方向を曲げる向心力は互いに反対の電荷をもった粒子（負の電荷をもった電子と核のなかの正の電荷をもった陽子）の間のクーロン力に由来する．
② 電子が核の周りの軌道にあるときは，電子のエネルギーは一定である．このことは電荷の加速に関するマクスウェルの電磁理論に反すると考えられた．たしかにこの"反則"は起こっているようにみえるため，それは受け入れなければしようがないと Bohr は考えた．
③ 角運動量が量子化された値をもつ軌道だけが許される．

図 **9.18**　Niels Henrik David Bohr （1885–1962）　彼の研究は現代科学の発展のなかでも傑出したものだった．彼は量子化の概念をエネルギーから，さらにほかの測定量にまで拡張した．とくに電子のように原子よりも小さな粒子の角運動量の量子化はその典型である．Bohr と Einstein は新しい理論についてのさまざまな解釈をめぐって論争をくり広げたが，ほとんどの論争に勝利したのは Bohr であった*．第二次世界大戦のさなか，彼はヨーロッパから密出国するときに危うく死にかけている．原子爆弾の開発を手伝うことで Bohr は生き延びたのである．

*　一般に Bohr と Einstein は 20 世紀において最も影響力の大きかった二人の科学者と考えられている．現今の議論ではさらに影響力が大きくなっている．

④ 軌道間の遷移は許されるが，それは電子が軌道のエネルギー差にちょうど等しいだけのエネルギーをもつフォトンを吸収または放出するときに限られる．

さて，力の間の関係についての仮定 ① は

$$F_{\text{cent}} = F_{\text{Coulomb}} \tag{9.26}$$

と書ける．ここで F_{cent} と F_{Coulomb} はそれぞれ向心力とクーロン力である．これらを表す式は古典力学で知られており，それを代入すると

$$\frac{m_e v^2}{r} = \frac{e^2}{4\pi\varepsilon_0 r^2} \tag{9.27}$$

となる．ここで r は円軌道の半径，e は電気素量，m_e は電子の質量，v は電子の速度で，ε_0 は **真空の誘電率**（permittivity of free space）と呼ばれる物理定数である（その値は 8.854×10^{-12} $C^2\,J^{-1}\,m^{-1}$ に等しい）．系の全エネルギー E_{tot} は単純に運動エネルギー K とポテンシャルエネルギー V の和だから

$$E_{\text{tot}} = K + V \tag{9.28}$$

ここで電子の運動エネルギーは $(1/2)m_e v^2$，二つの引きあう電荷をもった粒子のポテンシャルエネルギーは $-e^2/4\pi\varepsilon_0 r$ とわかっているので

$$E_{\text{tot}} = \frac{1}{2} m_e v^2 - \frac{e^2}{4\pi\varepsilon_0 r} \tag{9.29}$$

となる．式（9.27）を書きなおすと

$$m_e v^2 = \frac{e^2}{4\pi\varepsilon_0 r} \tag{9.30}$$

これを式（9.29）の右辺第一項に代入して整理すると

$$E_{\text{tot}} = -\frac{1}{2} \times \frac{e^2}{4\pi\varepsilon_0 r} \tag{9.31}$$

が得られる．

ここで仮定 ③ を使うことになる．古典的には質量 m の物体が中心から半径 r の円周上を速度 v で動くとき，角運動量の大きさ L は

$$L = mvr \tag{9.32}$$

となる*．SI 単位では質量は kg，速度は $m\,s^{-1}$，距離（ここでは半径）は m を単位にもつ．したがって角運動量の単位は $kg\,m^2\,s^{-1}$ となる．ところで，プランク定数の単位である J s が

$$J\,s = N\,m\,s = kg\,m\,s^{-2}\,m\,s$$
$$= kg\,m^2\,s^{-1}$$

---

* 角運動量はベクトル量で L と表され，きちんとした定義では速度ベクトル v と半径ベクトル r の外積を含んでいる．

$$L \equiv m r \times v$$

式（9.32）は角運動量の大きさだけについてのもので，速度ベクトルは半径ベクトルに垂直であると仮定している．

と書きなおせることにも注意する．すなわちプランク定数は角運動量と同じ単位をもつのである．いいかえれば角運動量は作用の単位をもつ．すでに少し触れたように，作用の単位をもつ任意の量はプランク定数 h に関係づけられる．Bohr の行ったことはまさにこれであった．彼は量子化された電子の角運動量 L の値がプランク定数 h の倍数であると仮定した．すなわち

$$L = m_e vr = \frac{nh}{2\pi} \tag{9.33}$$

ここで n は電子の角運動量がプランク定数 h の倍数であることを示す整数である．ただし $n = 0$ なら電子は運動量をもたず，核の周りの軌道を動かないのでこの値は許されない．また式 (9.33) の分母の 2π は円周が 2π rad であるということから来ている．Bohr は電子の軌道が円形であると仮定したのである．

式 (9.33) を

$$v = \frac{nh}{2\pi m_e r}$$

と書きなおして式 (9.30) の v に代入し（式 9.30 は力について Bohr が最初に行った仮定から得られたものだった），r について解くと

$$r = \frac{\varepsilon_0 n^2 h^2}{\pi m_e e^2} \tag{9.34}$$

が得られる．これが長さの単位をもつことは簡単に示せる．水素原子の電子の軌道半径 r の値が ε_0, h, π, m_e, e および整数 n といった定数の集まりで決定されることに注意してほしい．n だけは変化させることができるが，これは Bohr が行った仮定 ③ によって正の整数に限られている．したがって水素原子の電子の軌道半径 r は n だけで決まる値をもつ．つまり電子の軌道半径 r は**量子化されている**のである．n と表される整数は**量子数**（quantum number）と呼ばれる．特定の半径の電子軌道をもったボーア水素原子を図 9.19 に示す．

半径 r についての議論を終える前に，考えなければならない点が二つある．まず，r がプランク定数 h に依存するということである．Planck たちが光の量子論を発展させなければ h の概念そのものが存在しなかったろうし，Bohr も彼の仮定の理由づけができなかっただろう．つまり光の量子論は物質の量子論に対して，いや少なくとも水素の理論に対してはそのさきがけとして必要だったのである．第二には，r の最小値が量子数 $n = 1$ に対応していることである．Bohr の時代に知られていた定数値をすべて代入すると，$n = 1$ に対して

$$r = 5.29 \times 10^{-11}\,\text{m} = 0.529\,\text{Å}$$

が得られる．これは原子的な距離を考えるときの重要な基準で，**第一ボーア半径**（Bohr radius）と呼ばれる．ところで，これは水素原子の直径がおよそ

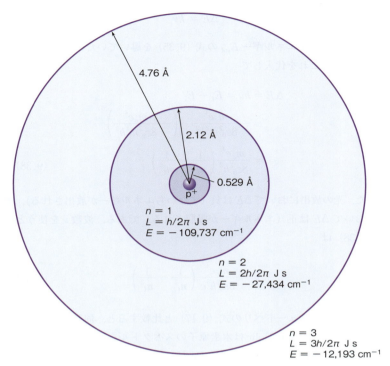

図 9.19　水素原子のボーア模型（図には最も低い三つのエネルギー状態のみを示す）は正しくはなかった．しかし量子力学の発展にとって重要なステップだった．

1 Å であることを意味する．当時，ちょうどブラウン運動についての Einstein の理論的研究を含め原子サイズの見積もりが始まっていたが，この半径の予言値は実験的な考察にぴたりと合うものだった．

　系の全エネルギーには最も興味がある．全エネルギー E_{tot} を表す式（9.31）に，式（9.34）で与えられる水素原子の電子の量子化された半径 r を代入すると以下が得られる．

$$E_{\text{tot}} = -\frac{m_e e^4}{8\varepsilon_0^2 n^2 h^2} \tag{9.35}$$

これが水素原子の全エネルギーである．

　全エネルギー E_{tot} も半径 r のように，定数の集まりと整数 n の値に依存することに注意してほしい．つまり**水素原子の全エネルギーは量子化されている**のである．

　最後にエネルギー準位の間の変化を扱った仮定 ④ について考える．終わりのエネルギー E_f と始めのエネルギー E_i の差を ΔE と定義すれば

$$\Delta E \equiv E_f - E_i \tag{9.36}$$

Bohr は，この ΔE がフォトンのエネルギー $h\nu$ に等しくなければならないとした．

$$\Delta E = h\nu \tag{9.37}$$

彼は水素原子の全エネルギー E_{tot} の式（9.35）を導いていたので，式（9.36）と（9.37）にこれを代入して

$$\begin{aligned}\Delta E = h\nu &= E_{\text{f}} - E_{\text{i}} \\ &= -\frac{m_e e^4}{8\varepsilon_0{}^2 n_{\text{f}}{}^2 h^2} - \left(-\frac{m_e e^4}{8\varepsilon_0{}^2 n_{\text{i}}{}^2 h^2}\right) \\ &= \frac{m_e e^4}{8\varepsilon_0{}^2 h^2}\left(\frac{1}{n_{\text{i}}{}^2} - \frac{1}{n_{\text{f}}{}^2}\right)\end{aligned} \tag{9.38}$$

を得た．光の放出において ΔE は負（すなわちエネルギーが放出される），吸収において ΔE は正（エネルギーが吸収される）である．波数 $\tilde{\nu}$ を使うと，式（9.38）は

$$\tilde{\nu} = \frac{m_e e^4}{8\varepsilon_0{}^2 h^3 c}\left(\frac{1}{n_{\text{i}}{}^2} - \frac{1}{n_{\text{f}}{}^2}\right) \tag{9.39}$$

となる．これをリュードベリの式（9.17）と比較すると，同じ形の式であることに気づく．つまり Bohr は水素原子のスペクトルを予測する式を導いたことになる．またリュードベリ定数 R_{H} が

$$R_{\text{H}} = \frac{m_e e^4}{8\varepsilon_0{}^2 h^3 c} \tag{9.40}$$

であることを予測していることにもなる．Bohr は当時知られていた定数値を代入し，式（9.40）から R_{H} の値を計算したところ，その値と実験値との差は 7% 以下だった．現在知られている定数値による理論値と，実験値との差は 0.1% 以下である[*]．

この結論の重要さはいくら強調しても足りないほどである．簡単な古典力学を使い，マクスウェルの電磁理論から生じる問題は無視し，新しい仮定を一つ——電子の角運動量の量子化——用いることによって，Bohr は水素原子のスペクトルを推論することができたのである．これは古典力学ではなしえなかった偉業である．実験的に決められるパラメータであるリュードベリ定数の値を推論することによって，Bohr は原子・分子の理解には自然についての新しい概念がきわめて重要であると科学界に示したのだった．当時の科学者たちはその導出の根拠がどうであれ，Bohr が原子のスペクトルを理解する方法を見つけたという事実を無視できなかった．角運動量のようなほかの測定可能な量も量子化できるとみなすこのきわめて重要なステップにより，水素原子についてのボーアの理論は，原子・分子の現代的理解において最も重要なものの一つになった．

しかし Bohr の得た結論の限界も忘れてはならない．それは水素原子だけにしか当てはまらないということである．Bohr の得た結論は限定されたもので，二つ以上の電子をもつ原子には適用できない．しかしボーアの理論はただ一つの電子をもつ原子系（大きな電荷をもったカチオンを含む）には適

[*] 電子の質量 m_e の代わりに水素原子の換算質量を用いると実験値にもっと近くなる．換算質量については次の章で考える．

用可能であり，その系の全エネルギー E_{tot} を表す式は最終的に

$$E_{\text{tot}} = -\frac{Z^2 m_e e^4}{8\varepsilon_0{}^2 n^2 h^2} \tag{9.41}$$

と書ける．ここで Z は核の電荷数である．したがってボーアの理論は，一つを除いてすべての電子が核からはぎとられているような U^{91+} に対しても使うことができる*．しかし残念ながら化学者にとって興味ある物質のほとんどは一電子原子からできているわけではないので，ボーアの理論は本質的に限定されたものになっている．

とはいえ，こうした結論は当時の科学者の眼を新しい概念に向けて開かせることになった．それは**オブザーバブル**（observable）と呼ばれる測定可能な量のとりうる値が，数直線上の位置のように連続的ではないという概念である——それらは離散的すなわち量子化されていて，ある値だけをとることができるのである．この概念は，やがて登場する量子力学の中心的な考え方の一つになった．

* しかし相対論的効果のために，ボーアの式を適用することはもっと制限される．

9.10 ドブロイの式

ボーアの理論が導入され量子力学が発展する間の期間，新たに物質の理解へ寄与するようなことがらはほとんどみられなかった．しかし1924年に de Broglie（図 9.20）によって提出されたある重要な概念は例外である．de Broglie は光のような波が**粒子性**をもつのなら，電子や陽子などの粒子は**波動性**をもちうるという仮説を立てた．

彼が立てた仮説は特殊相対性理論でのエネルギーの式と，量子論でのエネルギーの式を等しくおいて理解できる．すなわち

$$E = mc^2 \qquad E = h\nu$$

より

$$mc^2 = h\nu$$

ここで $c = \lambda\nu$ の関係から

$$mc^2 = h \times \frac{c}{\lambda}$$

両辺を c で約分し，m と c の積が運動量 p であることを使って，さらに λ について解くと

$$\lambda = \frac{h}{mc} = \frac{h}{p}$$

が得られる．

de Broglie はこの関係が，運動量 p が質量 m と速度 v の積に等しい $p = mv$ であるような粒子に使えることを示唆した．粒子に対する**ドブロイの式**

図 9.20 Louis de Broglie (1892–1987) 物質が波として挙動することをはじめて指摘したフランスの物理学者．彼の名前はフランス語独特の流儀でほぼド・ブロイと発音される．de Broglie の家系はフランスの貴族社会の一角を占めていた．

(de Broglie equation) は以下のように表される.

$$\lambda = \frac{h}{mv} = \frac{h}{p} \tag{9.42}$$

この式は粒子の波長 λ (これをドブロイ波長と呼ぶ) が運動量 $p = mv$ に反比例すること，またその比例定数がプランク定数 h であることを示している．つまりドブロイの式は質量 m の粒子が波のようにふるまうことを意味している．波だけが波長をもつことを思いだしてほしい.

フォトンが運動量をもつということは，そのほんの1年前に Compton がグラファイトによって散乱されたX線のエネルギー変化について発表した際に実験的に暗示されていた．コンプトン効果では，フォトンが電子と衝突するときにエネルギーと運動量が同時に変化する．運動量の保存とエネルギーの保存の両方を理解するとフォトンのエネルギー変化だけでなく，その運動方向の変化も正確に予測できる．波が粒子性をもつなら，物質が波動性をもちうると考えることは，それほどこじつけがましいことではない.

ドブロイの式 (9.42) が重要であることを示す例を二つ考える．まず質量 150 g (これは $m = 0.150$ kg である) の野球のボールが 150 km h^{-1} (これは $v = 41.6$ m s^{-1} に等しい) で動いているとする．このドブロイ波長 λ は式 (9.42) より

$$\lambda = \frac{6.626 \times 10^{-34} \text{ J s}}{0.150 \text{ kg} \times 41.6 \text{ m s}^{-1}} = 1.06 \times 10^{-34} \text{ m}$$

となる．この 10^{-34} m, すなわち1 Å の10億分の1の10億分の1のさらに100万分の1という波長は現代でも検知できない．野球のボールのドブロイ波長は19世紀末の科学者では (野球選手でも！) 絶対に検知できないものであった.

二番目の例は野球のボールよりもはるかに小さい電子である．ドブロイ波長は質量に反比例するので，粒子のドブロイ波長は粒子が小さくなるにつれて大きくなると考えられる．野球のボールと同じ速度で動いている電子のドブロイ波長 λ は同様にして

$$\lambda = \frac{6.626 \times 10^{-34} \text{ J s}}{(9.109 \times 10^{-31} \text{ kg}) \times 41.6 \text{ m s}^{-1}} = 1.75 \times 10^{-5} \text{ m}$$

すなわち 17.5 µm と求まる．これは赤外領域の光の波長に対応する．19世紀末であっても，この波長は検知できたはずである.

電子は一般にこれよりももっと速く動くので，そのドブロイ波長はもっと短く，X線と同じ領域にある．X線が結晶によって回折されることは当時すでに知られていたので，それなら電子も回折されるのではないかと考えられていた．1925年に Davisson は，まさしくこのことを行った．彼はニッケル試料の入った真空管を誤って割ってしまったとき，ニッケル試料を加熱して大きなニッケル結晶をつくって修理した．de Broglie による考えを知っていた Davisson は共同実験者の Germer とともにこのニッケル結晶を電子にさ

らし，電子が本当に波であるとしたときに予想される通りの回折パターンを見いだしたのだった．粒子のこの回折は de Broglie が予言したように，まさに粒子が波動性をもつことを示していた．電子の波動性を確認するさらに進んだ研究は後年 G. P. Thomson によってなされた．彼は 1897 年に電子を粒子として発見した J. J. Thomson の息子である．フォトンのような粒子がもつ**波動と粒子の二重性**は，それ以降の現代科学の基礎となった．

例題 9.7

$100\ \text{km h}^{-1}$ で走っている $1000\ \text{kg}$ の自動車と，光の速さの 1%（すなわち $0.01\,c = 3.00 \times 10^6\ \text{m s}^{-1}$）で動いている電子のドブロイ波長をそれぞれ計算せよ．

解答

どちらの場合も式（9.42）を用いる．自動車については

$$\lambda = \frac{6.626 \times 10^{-34}\ \text{J s}}{1000\ \text{kg} \times \{100\ \text{km h}^{-1} \times (1\ \text{h}/3600\ \text{s}) \times (1000\ \text{m}/1\ \text{km})\}}$$
$$= 2.39 \times 10^{-38}\ \text{m}$$

電子については

$$\lambda = \frac{6.626 \times 10^{-34}\ \text{J s}}{(9.109 \times 10^{-31}\ \text{kg}) \times (3.00 \times 10^6\ \text{m s}^{-1})}$$
$$= 2.42 \times 10^{-10}\ \text{m}$$
$$= 2.42\ \text{Å}$$

となる．自動車のドブロイ波長は現代的な方法を使っても検知できない．一方，電子のドブロイ波長はＸ線の波長に近く，正しい条件のもとでは確実に検知できる．

> ここでドブロイの式に入れて km から m へ，また hr から s への単位変換を行った．単位の消しあいによって，最終的に速度が m s^{-1} 単位で得られることに注意せよ．

> この波長は，大きな原子のサイズにだいたい等しい．

　de Broglie による洞察と Davisson と Germer による実験は，物質が波動性をもつことを指摘するものであった．大きな物質では波動性は無視できる．しかし電子のように小さな物質では波動性を無視できない．古典力学は物質を波として考えないので，物質のふるまいを記述するには不十分なものになった．

9.11　古典力学の終焉

　1925 年までには，物質を記述する古典的概念は原子レベルでは使えないことが認識されるようになった．プランクの量子論，Einstein による量子論の光への応用，水素原子についてのボーアの理論，ドブロイの式といったいくつかの進歩がみられたが，それらはすべて特別なもので，広く原子・分子に対して適用されることはなかった．

　四半世紀にわたって新鮮で素晴らしい概念を見せつけられても，新しい考えをもった者たちが新しい理論を提出するまでには世代交代が必要だった．"新しい考えをもった者たちが必要なのか．つまり古い科学者たちは古い理

論に縛られて完全に新しい概念には到達できないのか"といったことが哲学的に議論されたりした．

　1925年から1926年にかけてドイツの物理学者 Heisenberg とオーストリアの物理学者 Schrödinger は，電子とそのふるまいを考察する新しい方法である**量子力学**（quantum mechanics）の成立を告げる研究を，異なる視点から独立に発表した．彼らが基礎とする議論から原子や分子に対するまったく新しい概念が打ち立てられた．最も重要なのはここで与えられた描像が原子や分子の構造についての疑問に答えており，しかもそれ以前あるいは以後のどの理論よりも完全な答えを与えているために，この理論がいまも生き続けているということである．多くの理論と同様に量子力学も**仮定**（postulate）の集まりのうえに成り立っている．1925年当時の科学者たちには，こうした仮定のいくつかは自然に対するまったく新しい考え方として映った．やがて量子力学の成功が認められるにつれて，これらの仮定は事実としてもっと容易に受け入れられるようになり，科学者たちはその意味するところを把握しようと努めるようになった．

　量子力学そのものについて考える前に，量子力学は原子や分子に適用されるもので，巨視的物体に対して適用されるものでないことを理解しておくことが重要である．ふつう古典力学は電子でなく，野球のボールのふるまいを理解するために用いられる．これは 100 km h^{-1} で進む自動車をニュートンの運動方程式を用いて理解し，光の速さに近い自動車をアインシュタインの相対性理論の式を用いて理解することとまったく同じである．速度のとても小さな運動をモデル化するために相対性理論を使うこともできるが，測定限界の範囲ではあまり実際的ではない．量子力学でもそうである．量子力学はあらゆる物質に適用できるが，野球のボールのような大きさのものを記述するには必要ない．19世紀末になって科学者たちははじめて原子サイズの物質を探りはじめたが，その観測結果を古典力学を用いて説明することはできなかった．それはニュートンの運動方程式で記述されるようにふるまうと仮定されていた原子が，実際にはそうでなかったからである．それぞれの電子や原子のふるまいを説明するためには異なるモデルが必要だった．

　量子力学の基本的な部分はおおよそ 1930 年までに発展した．電子に適用され発展した量子力学は，やがて原子核の新しい理論へとつながっていった．今日，それらすべての理論は本質的に量子仮説を含み，量子力学は原子のふるまいすべてを包含したものになっている．化学は原子から出発するのだから，量子力学は現代科学としての化学の，まさしく基礎を与えるものなのである．

重要な式

$$F = ma \qquad \text{（ニュートンの第二法則）}$$

$$L(\dot{x}, \dot{y}, \dot{z}, x, y, z) = K(\dot{x}, \dot{y}, \dot{z}) - V(x, y, z) \qquad \text{（ラグランジュ関数の定義）}$$

$$\frac{d}{dt}\left(\frac{\partial L}{\partial \dot{q}}\right) = \frac{\partial L}{\partial q} \quad (q = x, y, z \text{ など}) \quad \text{(ラグランジュの運動方程式)}$$

$$H = K + V \quad \text{(ハミルトン関数の定義)}$$

$$\frac{\partial H}{\partial p_j} = \dot{q}_j \quad \frac{\partial H}{\partial q_j} = -\dot{p}_j \quad \text{(ハミルトンの運動方程式)}$$

$$\frac{1}{\lambda} = \tilde{\nu} = R_H\left(\frac{1}{n_2^2} - \frac{1}{n_1^2}\right) \quad \text{(H 原子についてのリュードベリの式)}$$

$$\text{(単位面積当りの全パワー)} = \sigma T^4 \quad \text{(シュテファン・ボルツマンの法則)}$$

$$\lambda_{\max} T = \text{(定数)} \quad \text{(ウィーンの変位則)}$$

$$E = h\nu \quad \text{(光に対するエネルギー量子についてのプランクの式)}$$

$$d\rho = \frac{8\pi hc}{\lambda^5}\left\{\frac{1}{\exp(hc/\lambda kT) - 1}\right\} d\lambda \quad \text{(黒体放射についてのプランクの放射分布則)}$$

$$h\nu = \phi + \frac{1}{2}mv^2 \quad \text{(光電効果についてのアインシュタインの式)}$$

$$\Delta E = h\nu = \frac{m_e e^4}{8\varepsilon_0^2 h^2}\left(\frac{1}{n_i^2} - \frac{1}{n_f^2}\right) \quad \text{(水素原子に対するボーアの式)}$$

$$E_{tot} = -\frac{Z^2 m_e e^4}{8\varepsilon_0^2 n^2 h^2} \quad \text{(ボーアの理論による水素型原子の全エネルギー)}$$

$$\lambda = \frac{h}{mv} = \frac{h}{p} \quad \text{(物質の波長についてのドブロイの式)}$$

第 9 章の章末問題

9.2 節の問題

9.1 z 方向に落下する質量 m の物体の運動エネルギーは $(1/2)m\dot{z}^2$, ポテンシャルエネルギーは mgz である. ここで g は重力加速度（およそ $9.8\,\mathrm{m\,s^{-2}}$), z は位置とする. この一次元の運動についてラグランジアン L を求め, ラグランジュの運動方程式を書け.

9.2 上の問題 9.1 の系について, ハミルトンの運動方程式を書け.

9.3 式 (9.14) と (9.15) が, 上の問題 9.2 で導いたハミルトンの運動方程式において成り立っていることを示せ.

9.4 (a) 斜面を押し上げられている木片には, ある力が働く. すなわち押す力, 摩擦力, 重力による力である. この系を記述するにはどの運動方程式が最も適しているか. またそれはなぜか. (b) 速度と高度が常にモニターされているロケットについて, (a) と同じ質問に答えよ.

9.5 次にあげる光の性質について, 波動性, 粒子性, その両方, あるいはどちらとも異なるか, 分類せよ.
(a) 振動数, (b) 速度, (c) エネルギー, (d) 干渉, (e) 運動量.

9.3 から 9.7 節の問題

9.6 古典的な科学では説明できなかった現象をあげて, 当時は何が説明できなかったかを述べよ.

9.7 分光器の部品をスケッチして名前を示し, それぞれの役割を説明せよ.

9.8 (a) 波長 218 Å を $\mathrm{cm^{-1}}$ に, (b) 振動数 $8.077 \times 10^{13}\,\mathrm{s^{-1}}$ を $\mathrm{cm^{-1}}$ に, (c) 波長 3.31 μm を $\mathrm{cm^{-1}}$ に, それぞれ単位を変換せよ.

9.9 人間の目は, 波長 550 nm の可視光に対して最も感度が高い. この光の波数を $\mathrm{m^{-1}}$ と $\mathrm{cm^{-1}}$ 単位で表せ.

9.10 異なる二つの物質において, ちょうど同じ波長に線スペクトルが見られるという事実から, どのような結

論が導けるか.

9.11 水素原子のバルマー系列では 27,434 cm^{-1} よりも大きな波数の線スペクトルは存在しない（これは系列の極限と呼ばれる）．この理由を説明せよ．

9.12 ライマン系列（$n_2 = 1$）とブラケット系列（$n_2 = 4$）の系列の極限はいくらか（前問をみよ）．

9.13 n_2 が 1 の水素原子の線スペクトルをライマン系列，2 の線スペクトルをバルマー系列，同様に 3，4，5 の場合をパッシェン系列，ブラケット系列，フント系列と呼ぶ．以下にあげた系列と n_1 の場合に生じるエネルギー変化を計算せよ．ただし単位には cm^{-1} を用いる．(a) ライマン系列，$n_1 = 5$．(b) バルマー系列，$n_1 = 8$．(c) パッシェン系列，$n_1 = 4$．(d) ブラケット系列，$n_1 = 8$．(e) フント系列，$n_1 = 6$．

9.14 バルマー系列は，水素原子のスペクトルの他の系列から離れている．しかしどの系列でもそうというわけではない．水素のスペクトル系列が重なる最初の n の値を求めよ．

9.15 バルマー系列の最初の 3 本の線スペクトルの波長が 656.2 nm，486.1 nm，434.0 nm とわかっているとき，R の平均値を求めよ．

9.16 リュードベリ原子を研究している科学者がいる．これは，電子が大きな量子数 n をもつような原子である．リュードベリ水素原子は星間化学で重要なものでありうる．$n = 100$ であるリュードベリ水素原子の半径を求めよ．

9.17 Millikan によって決められた値によると，電子の電荷の大きさと質量の比 e/m の値はいくらになるか．ただし単位には C kg^{-1} を用いよ．

9.18 (a) 陽子や中性子，電子の質量と，α 粒子（ヘリウム核）と β 粒子（電子）の性質から，α 粒子一つ分の質量を形づくるのに必要な β 粒子の個数を求めよ．(b) この結果から，同じ運動エネルギーの α 粒子と β 粒子ではどちらが，より速い放射線になるか．(c) この解答は，β 粒子が α 粒子より大きな透過性をもつという実験的観測をきちんと説明するか．

9.19 (a) 1000 K の電気ストーブのヒーターからは，どれだけの放射エネルギーがでているか．ただし単位には W m^{-2} を用いよ．(b) ヒーターの面積を 250 cm^2 とすると，どれだけのパワーが放射されているか．ただし単位には W を用いよ．

9.20 式 (9.18) のシュテファン・ボルツマンの法則は，どのような温度でもあらゆる物体がエネルギーを放出することを示している．1.00 W m^{-2} のパワー束でエネルギーを放出するには，物体の温度はいくらでなければならないか．10.00 W m^{-2}，100.00 W m^{-2} ではどうか．

9.21 ピットバイパー（マムシの一種）は，餌を探すために頭部に熱感知器官であるくぼみ（ピット）をもつ毒ヘビの亜科である．これらのくぼみは最大波長 9.4 μm をもつ放射光を検知する．この λ_{max} は温度でいえば何度に相当するか．

9.22 ベテルギウス（英語ではビートルジュースと発音）はオリオン星座の中で赤く見える星である．一方，リゲル（英語ではライジェルと発音）は同じ空の方向にある青みがかった星である．図 9.12 を用いて，どちらの星がより熱いか議論せよ．

9.23 人体の平均表面積は 0.65 m^2 である．37 ℃ の体温では，どれくらいのパワーを放出しているか．単位に W を用いて答えよ（こうした放射は NASA などの宇宙関連部局で，宇宙服のデザインのときに重要である）．

9.24 太陽の表面温度はおよそ 5800 K である．これが黒体であるとして (a) 太陽からのパワー束は W m^{-2} を単位とするといくらか．(b) 太陽の表面積を 6.087×10^{12} m^2 として，放出される全パワーは W を単位に用いるといくらか．(c) 1 年間，すなわち 365 日で放出されるエネルギーはいくらか．ただし W = J s^{-1} の関係を使い，J の単位で答えよ（実際には太陽を黒体とする近似はあまりよくない）．

9.25 レイリー・ジーンズの法則において，波長に対するエネルギーのグラフの傾きは式 (9.20) を整理して

$$\frac{d\rho}{d\lambda} = \frac{8\pi kT}{\lambda^4}$$

と与えられる．次のような温度と波長の黒体では，この傾きの値はいくらか．単位とともに示せ．(a) 1000 K，500 nm．(b) 2000 K，500 nm．(c) 2000 K，5000 nm．(d) 2000 K，10,000 nm．また，これらの答えは紫外発散の存在を示しているか．

9.26 (a) 太陽の表面温度を 5800 K とし，ウィーンの変位則を用いてその λ_{max} を求めよ．(b) 人間の眼には，5000 Å（1 Å = 10^{-10} m）の波長の光が最も効率よく見える．これはスペクトルのうちで緑色の部分である．これは黒体の温度ではいくらになるか．(c) 上の (a) と (b) の答えを比較し，説明を加えよ．

9.27 人間の目は，錐体と呼ばれる細胞によって色を感じる．錐体には感じる色によって三種類がある．L 錐体は波長 572 nm の光に対して最高感度をもつ．一方，M および S 錐体は，それぞれ波長 546 nm と 430 nm の光に対して最高感度をもつ．これらの波長をもつフォトンのエネルギーを計算せよ．

9.28 日焼けは紫外（UV）放射によって起こる．なぜ

赤色光では日焼けが起こらないのか．

9.29 以下の数値をもつフォトンのエネルギーを計算せよ．(a) 5.42×10^{-6} m の波長．(b) $6.69 \times 10^{13}\,\text{s}^{-1}$ の振動数．(c) 3.27 nm の波長．(d) 106.5 MHz の振動数（1 Hz = 1 ヘルツ = 1 s^{-1}．この単位は，しばしば振動数に対して用いられる）．(e) 4321 cm^{-1} の波数．

9.8 節の問題

9.30 プランクの放射分布則において，波長に対するエネルギーのグラフの傾きは式（9.22）を整理して

$$\frac{d\rho}{d\lambda} = \frac{8\pi hc}{\lambda^5}\left\{\frac{1}{\exp(hc/\lambda kT)-1}\right\}$$

と与えられる．次のような温度と波長の黒体では，この傾きの値はいくらか．単位とともに示せ．(a) 1000 K, 500 nm．(b) 2000 K, 500 nm．(c) 2000 K, 5000 nm．(d) 2000 K, 10,000 nm．(e) これらの答えと問題 9.25 の答えを比較せよ．(f) レイリー・ジーンズの法則はどれくらいの温度で，またどのようなスペクトル領域でプランクの放射分布則に近くなるか．

9.31 式（9.23）で表されるプランクの放射分布則を $\lambda = 0$ から ∞ まで積分し，式（9.24）を導け．変数を再定義し，積分

$$\int_0^\infty \frac{x^3}{e^x-1}dx = \frac{\pi^4}{15}$$

を使って式を書きなおすとよい．

9.32 1000 K，3000 K，10,000 K において，波長範囲 $\lambda = 350$ nm から 351 nm の光のパワーを計算せよ．ただしプランクの放射分布則での $d\lambda$ を $\Delta\lambda = 1$ nm，また λ を 350.5 nm とせよ．

9.33 式（9.24）の定数の集まりが，シュテファン・ボルツマン定数の正しい値か，あるいは近い値を与えることを確かめよ．

9.34 一般に仕事関数 ϕ は eV の単位で与えられる．1 eV は 1.602×10^{-19} J に等しい．Li, Cs, Ge といった金属の仕事関数に打ち勝つのに必要な光の最小波長を求めよ．ただしそれぞれの仕事関数は 2.90 eV，2.14 eV，5.00 eV で，また"最小"とは過剰の運動エネルギー $(1/2)mv^2$ がゼロであることを意味する．

9.35 以下の波長の光が真空中で表面に照射されたとき，ルビジウム（$\phi = 2.16$ eV）から放出される電子の速度を求めよ．(a) 550 nm．(b) 450 nm．(c) 350 nm．

9.36 リチウムは 2.90 eV の仕事関数をもつ．波長 1850 Å の光を Li 表面に照射したとき，放出電子の運動エネルギーを求めよ．

9.37 前問で，放出粒子が電子ではなくプロトンのとき，その運動エネルギーと速度はいくらになるか．

9.38 光電効果で，電子が 1 個より多くのフォトンを吸収できると仮定する．(a) Fe 中の電子が鉄表面〔$\phi(\text{Fe}) = 4.67$ eV〕から飛びでるには，波長 776.5 nm のフォトンを何個吸収する必要があるか．(b) 放出電子の速度はいくらか．

9.39 光電効果は今日，光応答性の検出器をつくるのに用いられる．密閉された容器内の金属試料に適当な波長の光が当たると，電子の流れが生じる．セシウムはそのような検出器をつくるのに望ましい．なぜか．

9.40 波長がそれぞれ 10 m（ラジオやテレビの電波），10.0 cm（マイクロ波），10 μm（赤外領域），550 nm（緑色の光），300 nm（紫外光），1.00 Å（X 線）の光を考える．それぞれの場合について，フォトン 1 個のエネルギーを J を単位に用いて，また 1 mol のフォトンのエネルギーを J mol^{-1} を単位に用いて計算せよ．

9.41 本章では，フォトンが運動量をもつことを示唆している．実際，フォトンの運動量は $p = E/c = h\nu/c = h/\lambda$ で与えられる．無燃料推進型式の一つとして提唱されたソーラーライトセイル（太陽帆）は，フォトンによる運動量伝達の利点をもつ．4.29 kg の質量をもつ 400 m^2 のライトセイルを考えてみる．(a) 波長 435 nm のフォトンが毎秒 1.00×10^{18} 個ライトセイルにぶつかるとき，セイルの加速度はどれほどになるか．(b) 式 $v = at$ を用いて，10.0 y （$= 3.156 \times 10^8$ s）後のセイルの速度を見積もってみよ．(c) 式 $s = (1/2)at^2$ を用いて，セイルが 10.0 y 後に進んだ距離を求めよ．(d) 上記 (b) および (c) の答えから，ソーラーライトセイルの有用性についてコメントせよ．

9.42 式（9.34）が長さの単位をもつことを示せ．

9.43 もしもあるとすれば，水素原子についての Bohr の仮定のうちのどれが古典物理学と相反するか．その説明もせよ．

9.9 節の問題

9.44 式（9.27）の両辺が力の単位すなわち N になることを示せ．

9.45 式（9.34）を用い，ボーア水素原子の四，五，六番目のエネルギー準位にある軌道の半径を m と Å の単位で求めよ．

9.46 式（9.35）がエネルギーの単位をもつことを確かめよ．

9.47 ボーア水素原子の四，五，六番目のエネルギー準位にある電子のエネルギーを求めよ．

9.48 ボーア水素原子の四，五，六番目のエネルギー準位にある電子の角運動量を求めよ．

9.49 式 (9.40) で与えられる定数の集まりがリュードベリ定数の正しい値を与えることを示せ．

9.50 (a) ライマン系列と (b) ブラケット系列に相当する電子遷移に対して，図 9.19 のようなダイヤグラムを描け（それぞれの系列の定義については問題 9.13 を見よ）．

9.51 式 (9.33) と (9.34) を組み合わせて整理すれば，ボーア水素原子における電子の量子化された速度を見いだすことができる．(a) 電子の速度を表す式を求めよ．(b) 導いた式から，最低量子化状態にある電子の速度を計算せよ．また，この値を光の速さ $c = 2.9979 \times 10^8 \text{ m s}^{-1}$ と比較せよ．(c) ボーア水素原子の最低エネルギー状態にある電子の角運動量 $L = mvr$ を計算せよ．また，これを式 (9.33) で仮定された角運動量の値と比較せよ．

9.52 (a) 式 (9.31) と (9.34)，(9.41) を比較し，電荷数 Z の水素型原子の半径を表す式を導け．(b) 電子の量子数が 100 として，U^{91+} の半径を計算せよ．ただし相対論的効果はすべて無視せよ．

9.53 次にあげる電子の性質について，粒子性，波動性，その両方，あるいはどちらとも異なるか，分類せよ．(a) 質量．(b) ドブロイ波長．(c) 回折．(d) 速度．(e) 運動量．

9.10 節の問題

9.54 粒子に対するドブロイの式は，核の周りの軌道中の電子に適用できる．ただしこのとき電子は半径 r の軌道の円周を覆う．$n\lambda = 2\pi r$ の関係を満たすような波長 λ と整数 n をもつものとする．これから Bohr による量子化された角運動量の仮定を導け．

9.55 160 km h^{-1} で運動する質量 100.0 g の野球のボールのドブロイ波長はいくらか．また同じ速度で運動する電子のドブロイ波長はいくらか．

9.56 電子顕微鏡は，電子が波動としてふるまうことによって作動する．典型的な電子の運動エネルギーは 100 keV（$1 \text{ eV} = 1.602 \times 10^{-19} \text{ J}$）である．そのような電子の波長はいくらか（相対論的効果は無視せよ）．

9.57 1.00 Å のドブロイ波長をもつために必要な電子の速度はいくらか．また同じドブロイ波長をもつために必要な陽子の速度はいくらか．

数値計算問題

9.58 種々の温度における微小パワー束と波長についてのプランク則（式 9.23）のグラフを描け．これを積分してシュテファン・ボルツマン則とその定数が得られることを示せ．

9.59 レイリー・ジーンズの法則は，どのような温度と波長のもとでプランクの放射分布則の近似となるか．

9.60 調和振動子についての二階微分方程式を解き，これを時間に対してプロットせよ．

9.61 水素原子のスペクトルの最初の六つの系列について，はじめの 50 本の線スペクトルの表をつくれ．それぞれの系列の極限を予測できるか．

10 量子力学入門

前の章でみたように，次つぎとなされる新しい発見から，物質のふるまいを原子レベルで記述する，より優れた理論が必要になってきた．この理論は**量子力学**（quantum mechanics）と呼ばれ，自然をモデル化するまったく新しい方法である．量子力学は原子・分子レベルのふるまいを記述，説明し，予測するための優れた基礎を与える．ほかの理論と同じように，量子力学は"うまくいく"という理由で科学者に受け入れられたのである（正直なところ量子力学はこうした理論のうちで，最も成功したものの一つである）．つまり，量子力学は実験と一致する予測の理論的な背景になっている——はじめは概念的に少しむずかしいところがあるかもしれない．だから"量子力学ではなぜこうなのか"という質問をよく受ける．しかし量子力学の哲学は哲学者にまかせよう．この章では量子力学がどのように定義され，いかに原子や分子に適用されるかについてみていく．

量子力学はいくつかの**仮定**（postulate）にもとづいている．それは仮定であって，証明できるものではない．電子や原子，分子の姿がそっくり仮定にもとづくなどとは理解しがたいかもしれない．しかし理由は単純で，その仮定にもとづいた原子や分子についての予測が実際の観測に合うので，これでよしとするのである．ここ数十年の間に得られた原子や分子に関する莫大な数の測定データは，こうした量子力学の仮定にもとづいて得られた結論と一致している．このような理論と実験の満足な一致によって証明されていない仮定も受け入れられ，もはや疑問視されなくなっている．これから始まる量子力学の基礎についての議論を異常に感じ，正反対のことを述べているとさえ思うことがあるかもしれない．しかし最初はいぶかしくても，やがてその仮定にもとづいた記述と方程式が実験と一致し，原子よりも小さな物質，とくに電子を記述する適切なモデルを与えることが次第にわかるだろう．

10.1	あらまし
10.2	波動関数
10.3	オブザーバブルと演算子
10.4	不確定性原理
10.5	波動関数についてのボルンの解釈—確率—
10.6	規格化
10.7	シュレーディンガー方程式
10.8	箱のなかの粒子—シュレーディンガー方程式の厳密解—
10.9	平均値とそのほかの性質
10.10	トンネル現象
10.11	三次元の箱のなかの粒子
10.12	縮　　退
10.13	直　交　性
10.14	時間に依存するシュレーディンガー方程式
10.15	仮定のまとめ

10.1　あらまし

物質についての新しい概念と新しい考え方が含まれているため，量子力学は最初，少しむずかしく思えるかもしれない．こうした概念については以下の節でくわしく述べていく．とはいえ，まずここでの話がどのように進んでいくかをわかりやすくまとめておくことも役に立つだろう．最終的な目標は

物質のふるまいがわかり、実験と一致する予測のできる理論を手中に収めることである。それがうまくいかなければ、ほかの理論が必要になる。

おもな考え方は、以下のようにまとめられる。

① これまでに波のような性質をもつことが知られている電子のふるまいは**波動関数**（wavefunction）と呼ばれる数学的表現を使って表される。
② 波動関数は、系についてのすべての情報を含む。
③ 波動関数は任意でなく、ある簡単な条件を満たす関数でなければならない。たとえば連続でなければならない。
④ 最も重要な条件は、波動関数が時間に依存する**シュレーディンガー方程式**（Schrödinger equation）を満たさなければならないことである。また、ある仮定によってシュレーディンガー方程式から時間を分離することができ、その残りが時間に依存しないシュレーディンガー方程式になる。ここでは、おもに時間に依存しないシュレーディンガー方程式に焦点をあてる。
⑤ 以上の条件を実際の系に適用すれば、たしかに波動関数が観測と一致する情報を与えることがわかる。つまり**量子力学は実験と一致する値を予測する**。次の章で述べるように最も理解のやさしい実際の系は水素原子で、Rydberg、Balmer そして Bohr がその扱いにある程度の成功を収めている。量子力学は彼らの成功を再現しただけでなく、その成功の範囲をさらに広げた。量子力学は原子サイズ以下の粒子のふるまいを記述しようとした彼らの理論よりも、ずっと優れたものなのである。

この章では上に述べた考え方をさらに発展させていく。量子力学を正しく理解するためには、その原理に対する理解が必要である。この原理とうまくつきあうことは本質的で、何よりも大切なことなのである。こうした原理について論じるにあたっては、上の⑤で述べたことを忘れないようにしてほしい——量子力学は観測で決定される物質のふるまいを正しく記述するのである。

10.2 波動関数

波のふるまいは簡単な関数で表すことができる。たとえば

$$y = A\sin(Bx + C) + D \tag{10.1}$$

は振幅が y で、x 方向に進む正弦波を表す一般式である。定数 A, B, C, D によって、この正弦波の形が厳密に決まる。

de Broglie によって物質が波の性質をもつことが示されているので、波を表す式を使って物質のふるまいを記述すればよいのではないだろうか。量子力学の第一の仮定は

　　系の状態は**波動関数**（wavefunction）で記述できる。

というものである。量子力学の波動関数は一般に Ψ や ϕ で表される。いろいろな物理的また数学的な理由から波動関数 Ψ には制限が加えられ、次の

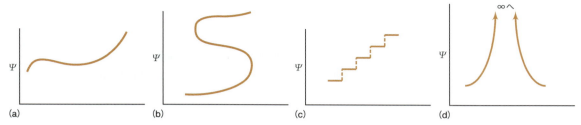

図 10.1 (a) 適切な波動関数は連続で一価，かつ有界で，また積分可能である．(b) この関数は一価でないので，適切でない．(c) この関数は連続でないので，適切でない．(d) この関数は発散するので，適切でない．

ような関数に限定されている*．

① 一価であること．つまり，すべての x に対して $\Psi(x)$ の可能な値はただ一つだけであること．
② 連続であること．
③ 微分可能であること．つまり数学的に Ψ の導関数が存在すること．

とくに最後の制限は，正か負の無限大に発散する関数を禁じることになる．別の表現をすれば関数が**有界**（bounded）であるということである．波動関数のなかにどのような変数があるにせよ，上で述べた制限は変域全体で満足されなければならない．変数の範囲は $-\infty$ から $+\infty$ のときもあるし，ある範囲に限られているときもある．これらすべてを満たせば適切な波動関数と考えられるが，そうでないものは物理的に意味のある結論を与えない．図 10.1 に適切な波動関数とそうでないものの例を示す．

第一の仮定の最後に述べてある部分からすると，系のいろいろな観測可能な性質について得られるすべての情報は波動関数から導かれなければならない．一見すると，これは奇妙ないい方である．この考え方はあとでくわしく述べるが，波動関数を導入するにあたって，次の点だけはいまここで指摘しておく．すなわち粒子に関するすべての情報は，ここで粒子の波動関数として定義された関数だけから求められる．この事実のために，波動関数は量子力学において中心的な役割を担うことになる．

* ①から③に加え，多くの Ψ はまた二乗積分可能でなければならない．つまり $|\Psi|^2$ の積分の値も存在しなければならない．しかし，これは必ずしも絶対的な要求ではない．

例題 10.1

次のうちで，適切な波動関数とそうでないものを区別せよ．また，その理由も述べよ．

(a) $f(x) = x^2 + 1$．ただし x は任意．
(b) $f(x) = \pm\sqrt{x}$ ただし $x \geq 0$．
(c) $\Psi = (1/\sqrt{2})\sin(x/2)$．ただし $-\pi/2 \leq x \leq \pi/2$．
(d) $\Psi = 1/(4-x)$．ただし $0 \leq x \leq 10$．
(e) $\Psi = 1/(4-x)$．ただし $0 \leq x \leq 3$．

解 答

(a) 適切でない．x が正または負の無限大に近づくと関数も無限大になる．すなわち有界でないから．

(b) 適切でない．一価でないから．
(c) 適切である．すべての基準を満たす．
(d) 適切でない．変域中の $x = 4$ で関数は無限大になるから．
(e) 適切である．すべての基準を満たす．なお，これと (d) の結論とを比較すること．

10.3 オブザーバブルと演算子

系の状態を調べるときには一般に質量，体積，位置，運動量，エネルギーといった性質についてさまざまな測定を行うことになる．こうした性質は**オブザーバブル**（observable）と呼ばれている．量子力学では系の状態は波動関数で与えられると仮定するが，ではどのようにしていろいろなオブザーバブルの値（つまり位置や運動量，エネルギー）を波動関数から決定するのだろうか．

量子力学の第二の仮定は

> オブザーバブルの値を決めるためには波動関数にある数学的な操作をする必要がある．

ということである．この操作は**演算子**（operator）によって表される．演算子は数学的な手続きを示すもので"この関数やこれらの数にこのようなことをしなさい"という指示を行うものである．いいかえれば，演算子はある関数に作用して別の関数をつくりだすものである*．

たとえば $2 \times 3 = 6$ における操作は掛け算である．演算子は×で"二つの数を掛けあわせよ"ということを意味する．もっと気のきいた書き方をすれば $\widehat{M}(a, b)$ という記号で掛け算という操作を定義することもできる．その定義は"二つの数 a と b について，それらを掛けあわせよ"というものである．つまり

$$\widehat{M}(2, 3) = 6$$

のようにして掛け算を表すことができる．$\widehat{M}$ は**乗算演算子**（multiplication operator）で，$\widehat{}$ は演算子であることを表す記号である．

演算子はもちろん関数にも作用できる．簡単な関数 $F(x) = 3x^3 + 4x^2 + 5$ の x についての微分

$$\frac{\mathrm{d}}{\mathrm{d}x}(3x^3 + 4x^2 + 5) = 9x^2 + 8x$$

を考える．ここで関数を簡単に $F(x)$ で表せば

$$\frac{\mathrm{d}}{\mathrm{d}x}F(x) = 9x^2 + 8x$$

と書ける．演算子は導関数を与える $\mathrm{d}/\mathrm{d}x$ で，これはたとえば $\widehat{D}$ という記号

---

* 数とは関数の特別な形で値を変えないものだから，演算子が数に作用しても，もちろんかまわない．

で表すことができる．そうすると上の式は以下のように簡単に書けることになる．

$$\widehat{D}[F(x)] = 9x^2 + 8x$$

つまり演算子がある関数に作用して，別の関数をつくったことになる．演算子はかなり複雑な形をもつこともあるので，記号を使って表すのがふつうである．たとえば波動関数 Ψ に対する $(-h^2/8\pi^2 m)(\mathrm{d}^2/\mathrm{d}x^2)$ のような複雑な数学的操作を表すのに

$$\frac{-h^2}{8\pi^2 m}\frac{\mathrm{d}^2}{\mathrm{d}x^2}\Psi$$

と書く代わりに $(-h^2/8\pi^2 m)(\mathrm{d}^2/\mathrm{d}x^2)$ を $\widehat{T}$ と定義して，もっと簡単に

$$\widehat{T}\Psi$$

と書いたりする．この式は "$(-h^2/8\pi^2 m)(\mathrm{d}^2/\mathrm{d}x^2)$ という数学的操作のひとまとまり $\widehat{T}$ を関数 Ψ に対して行え" ということを意味する．操作を実行すると一般に数か関数が得られる．

最後の例では，$\widehat{T}$ と Ψ が掛けあわせられているように見えるが，必ずしもそうではない．$\widehat{T}$ は演算子を表し，掛け算になることもあるし，ならないこともある．

例題 10.2

次のような演算子 $\widehat{O}$, $\widehat{B}$, $\widehat{S}$ と関数 Ψ_1, Ψ_2, Ψ_3 を考える．

$$\widehat{O} = 4\times \qquad \widehat{B} = \frac{\partial^2}{\partial x^2} \qquad \widehat{S} = \exp(\ )$$

$$\Psi_1 = 2x+4 \qquad \Psi_2 = -3 \qquad \Psi_3 = \sin 4x$$

exp( ) は e = 2.7183 の何乗かの意味．

以下の (a), (b), (c) についてそれぞれの数学的操作を示し，計算を実行せよ．

(a) $\widehat{S}\Psi_2$ (b) $\widehat{O}\Psi_1$ (c) $\widehat{B}\Psi_3$

解 答

(a) $\widehat{S}\Psi_2 = \exp(-3) = 2.7183^{-3} = 0.04979$

(b) ここでの演算は，単に "4を掛ける" だけである．

$$\widehat{O}\Psi_1 = 4\times(2x+4) = 8x+16$$

それぞれの演算子と適当な関数を組み合わせて，その演算結果を調べてみよ．

(c) 次のようになる．

$$\widehat{B}\Psi_3 = \frac{\mathrm{d}^2}{\mathrm{d}x^2}(\sin 4x) = \frac{\mathrm{d}}{\mathrm{d}x}(4\cos 4x) = -16\sin 4x$$

上の例題ではすべて数学的に計算のできる演算子と関数の組合せが与えられた．しかし

$$\widehat{L} = \ln(\ ) \qquad \Psi = -10$$

という場合を考えてみる．負の数の対数は存在しないので $\widehat{L}\Psi$ は計算できない．演算子と関数の組合せがすべて数学的に可能なわけでなく，また意味のある結果が得られるわけではない．とはいえ量子力学的に興味のあるほとんどの演算子と関数の組合せについては，意味のある結果が得られる．

演算子が関数に作用すると，ふつうは別の関数が生成する．しかし場合によっては，計算を行うと元の関数と定数，または元の関数とひとかたまりの定数との積が得られるような特別な演算子と関数の組合せが存在する．たとえば例題 10.2 (c) では演算子 d^2/dx^2 が関数 $\sin 4x$ に作用し，（定数）× $\sin 4x$ という結果が得られている．すなわち

$$\frac{d^2}{dx^2}(\sin 4x) = -16 \sin 4x$$

このような演算子と関数に，もっと簡潔な記法を使いたければ

$$\widehat{B}\Psi = K\Psi \tag{10.2}$$

と表すことができる．ここで K は定数（上の場合には -16）である．ある関数 Ψ に演算子 $\widehat{B}$ が作用して元の関数に定数 K（1 や，ときとして 0 でもよい）が掛かったものになるとき，式 (10.2) を**固有値方程式**（eigenvalue equation）と呼び，定数 K を**固有値**（eigenvalue）と呼ぶ．また，この関数 Ψ は演算子 $\widehat{B}$ の**固有関数**（eigenfunction）と呼ばれる．すべての関数が，なんらかの演算子の固有関数であるわけではない．むしろ任意の演算子と関数の組合せが固有値方程式を生じることはまれである．上の例では，固有値方程式は

$$\frac{d^2}{dx^2}(\sin 4x) = -16(\sin 4x)$$

である．ここで元の関数をわかりやすく示すためにカッコを使った．すなわち演算子 d^2/dx^2 の固有関数は $\sin 4x$ で，固有値は -16 である．

例題 10.3

次の演算子と関数の組合せのうち，固有値方程式を生じるものはどれか．また，その固有値を求めよ．

(a) $\dfrac{d^2}{dx^2}\left(\cos \dfrac{x}{4}\right)$　　(b) $\dfrac{d}{dx}(e^{-4x})$　　(c) $\dfrac{d}{dx}(e^{-4x^2})$

解　答
(a) これは

$$\frac{d^2}{dx^2}\left(\cos \frac{x}{4}\right) = -\frac{1}{16}\left(\cos \frac{x}{4}\right)$$

となるから固有値方程式で，固有値は $-1/16$ である．
(b) 計算を行うと

$$\frac{d}{dx}(e^{-4x}) = -4(e^{-4x})$$

となるから固有値方程式で，固有値は -4 である．

(c) これは

$$\frac{d}{dx}(e^{-4x^2}) = -8x(e^{-4x^2})$$

となるので固有値方程式ではない．元の関数は残っているが，定数ではなくほかの関数 $-8x$ が掛かっているからである．したがって固有値方程式にはならない．

量子力学のもう一つの仮定では

> すべての興味ある物理的なオブザーバブルには，対応する演算子が存在する．

ということが述べられている．1 回の測定で得られるオブザーバブルのただ一つの値は式（10.2）のような，演算子と波動関数からなる固有値方程式の固有値でなければならない．これもまた量子力学の中心的な概念である．

二つの基本的なオブザーバブルは位置（任意だが，ふつうは x 方向を選ぶ）と，これに対応する運動量〔とくに**直線運動量**（linear momentum）と呼ぶこともある〕である．これらは古典力学ではそれぞれ x と p_x と表される．ほかの多くのオブザーバブルは，この二つの基本的なオブザーバブルのいろいろな組合せである．量子力学では**位置演算子**（position operator）$\hat{x}$ が変数 x を関数に掛けるものとして

$$\hat{x} \equiv x \times \tag{10.3}$$

のように定義され，また x 方向の**運動量演算子**（momentum operator）（とくに直線運動量演算子と呼ぶこともある）$\hat{p}_x$ が微分の形で

$$\hat{p}_x \equiv -i\hbar \frac{\partial}{\partial x} \tag{10.4}$$

と定義される．ここで虚数単位 i は -1 の平方根で，$\hbar$ はプランク定数を 2π で割ったもの，すなわち

$$\hbar \equiv \frac{h}{2\pi}$$

である．この定数 $\hbar$ は量子力学でよく用いられる．なお運動量についての定義が位置についての微分で，古典力学での定義のように時間についての微分でないことに注意してほしい．もちろん y 方向と z 方向についても同様の演算子が存在する．

固有関数と固有値方程式についての仮定は，以下のようにいうと，もっとはっきりとしてくる．すなわち "オブザーバブルの唯一可能な値は，対応す

る演算子が作用したときの波動関数の固有値だけであり，ほかの値は観測されない"というのである．このことはいずれわかるように，原子スケールの多くのオブザーバブルが量子化されていることを意味する．なお付け加えると，すべての実験観測量が任意の波動関数から得られるわけではない．与えられた波動関数はある演算子の固有関数で（つまりこれを使って，そのオブザーバブルの値を求められるが），ほかの演算子の固有関数ではないからである．

例題 10.4

波動関数 Ψ が $\exp(-i4x)$ のとき，オブザーバブルである運動量の値を求めよ．

解　答

上で述べた仮定から，これは

$$\hat{p}_x \Psi = -i\hbar \frac{\partial}{\partial x}\{\exp(-i4x)\}$$

から得られる固有値に等しい．計算すると

$$-i\hbar \frac{\partial}{\partial x}\{\exp(-i4x)\} = -i\hbar \times (-i4)\exp(-i4x)$$
$$= -4\hbar\{\exp(-i4x)\}$$

これは固有値が $-4\hbar$ の固有値方程式である．

演算子と関数を組み合わせる．演算子のなかに微分操作が含まれるため，単純な掛け算ではないことに注意せよ．

指数関数の微分を求め，続いて $-i\hbar$ の項を掛けておく．

量子力学で考える固有値方程式は実数の固有値をもつ．すなわち式（10.2）の K は常に実数または実数値をとる定数の集まりになる．これまで虚数単位 i を含む固有関数や演算子についてもみてきたが，固有値を求めるときにはそれが実数になるよう虚数部は相殺されなければならない．**エルミート演算子**（Hermitian operator）は常に実数を固有値とする演算子である*．観測されるためにはその量は実数でなければならないので，量子力学的なオブザーバブルを生じる演算子はすべてエルミート演算子でなければならない．

* エルミート演算子は 19 世紀のフランスの数学者 Hermite にちなんで命名された．

10.4　不確定性原理

量子力学で最も奇妙に思われるのは，おそらく**不確定性原理**（uncertainty principle）と呼ばれるものだろう．この原理は提唱者であるドイツの物理学者 Heisenberg（図 10.2）にちなんで，ハイゼンベルクの不確定性原理またはハイゼンベルクの原理と呼ばれることもある．不確定性原理は測定の正確さに究極的な限界があることを述べたものである．さまざまな疑問に対するはっきりとした解答を見いだすのに科学は重要であると考えられていたから，この考えは当時の多くの科学者たちにとって問題であった．科学者たちは得られる解答が，どれだけはっきりとしたものであるかについて限界があることを知ったのである．

古典的には，ある瞬間の質点の位置と運動量とが**同時に**わかれば，それが

図 **10.2** Werner Karl Heisenberg (1901-1976)　ハイゼンベルクの不確定性原理は，自然に対する測定能力の限界についての科学的な理解を完全に変えた．第二次世界大戦中，彼はドイツの原爆計画の責任者であった．しかしナチスによる原爆開発を最小限に抑えるため，彼はあきらかな意図をもってこの計画を遅らせたのだった．

どこにあり，またどこへ行くかがわかるから，その質点の運動についてすべてを知ったことになる．ところで，もし小さな質点粒子が波の性質をもっていて，そのふるまいが波動関数によって記述されるなら，その位置はどれくらいの高い精度で決められるだろうか．ドブロイの式（9.42）によれば，ドブロイ波長は運動量に関係している．しかし波のふるまいをする物体の位置と運動量とを同時に決めることができるのだろうか．原子より小さな物質に対する理解が深まるにつれ，二つのオブザーバブルを同時に特定する正確さにはなんらかの限界があると認識されるようになった．

　Heisenberg はこれを理解し，1927 年に不確定性原理を発表したのである（この原理は数学的に導けるので，量子力学的な仮定ではない．ここでは，その導出までは行わないことにする）．不確定性原理は同時に測定できる，あるオブザーバブルに関するものである．こうしたオブザーバブルには位置 x（いま x 方向を考えることにするので）と運動量 p_x（これも x 方向とする）がある．位置の不確かさを Δx，運動量の不確かさを Δp_x とすれば，ハイゼンベルクの不確定性原理は

$$\Delta x \, \Delta p_x \geq \frac{\hbar}{2} \tag{10.5}$$

と表される．ここで $\hbar$ は $h/2\pi$ である．この式の $\geq$ に注意してほしい．不確定性原理は不確かさの上限でなく，下限を与えるものなのである*．

　ところで運動量 p_x の古典的定義は mv_x だから，式（10.5）は次のように書かれることもある．

$$\Delta x \, m \, \Delta v_x \geq \frac{\hbar}{2} \tag{10.6}$$

ここで質量 m は定数としている．式（10.6）は，大きな質量 m に対しては Δx と Δv_x は検知できないほど小さくなりうることを意味している．しかしたいへんに小さな質量 m に対しては Δx と Δv_x が相対的に大きくなって，無視できなくなる．

* 位置の単位である m に運動量の単位である $\mathrm{kg\,m\,s^{-1}}$ を掛けたものは，プランク定数 h の単位である J s に等しく，これはまた $\mathrm{kg\,m^2\,s^{-1}}$ とも書ける．

例題 10.5

以下の場合について，位置の不確かさ Δx を求めよ．
(a) 速度 $100\,\mathrm{m\,s^{-1}}$ で走行している質量 1000 kg のレーシングカーについて，速度 v が $1\,\mathrm{m\,s^{-1}}$ 以内でわかっている場合．
(b) 速度 $2.00 \times 10^6\,\mathrm{m\,s^{-1}}$（これはほぼボーアの第一量子化準位にある電子の速度である）で運動している電子について，速度の不確かさが真の速度の 1％である場合．

解　答
(a) 速度 $100\,\mathrm{m\,s^{-1}}$ の自動車では，$1\,\mathrm{m\,s^{-1}}$ の不確さはまた 1％ の不確かさを意味する．不確定性原理の式は

数値を式（10.6）に代入した．

$$\Delta x \times 1000\,\mathrm{kg} \times 1\,\mathrm{m\,s^{-1}} \geq \frac{6.626 \times 10^{-34}\,\mathrm{J\,s}}{2 \times 2 \times \pi}$$

となる．これを Δx について解くと

単位系の動きを見るには，ジュール単位を分解する必要がある．

$$\Delta x \geq 5.27 \times 10^{-38}\,\mathrm{m}$$

を得る．この不確かさの最小値は最新の位置測定器を用いても検知できないので，測定上，この下限が認められることはない．

(b) 電子に対しても同じ式（10.6）を使って

電子の質量は自動車のそれよりもずっと小さく，また $2.00 \times 10^6\,\mathrm{m\,s^{-1}}$ の 1% は $2.00 \times 10^4\,\mathrm{m\,s^{-1}}$ である．

$$\Delta x \times (9.109 \times 10^{-31}\,\mathrm{kg}) \times (2.00 \times 10^4\,\mathrm{m\,s^{-1}}) \geq \frac{6.626 \times 10^{-34}\,\mathrm{J\,s}}{2 \times 2 \times \pi}$$

となる．これを Δx について解くと

この解答を，最も大きなサイズをもつ直径約 0.54 nm のフランシウム原子と比較せよ．

$$\Delta x \geq 2.89 \times 10^{-9}\,\mathrm{m} = 2.89\,\mathrm{nm}$$

を得る．電子の位置の不確かさは少なくとも 3 nm であり，原子自体の数倍大きい．電子の位置を 3 nm 以下の範囲内に絞りこめないことは実験によって簡単にわかる．このように，不確定性は原子レベルでは重要な問題となる．

上の例題は，原子レベルでは不確定性の概念が無視できないことを示している．たしかに，たとえばもし誤差 1/10 といった低い精度で速度が知られていれば，対応する位置を決定する精度は高くなる．不確定性原理は一方の精度が上がればもう一方の精度は下がり，同時決定では両方の不確かさともがゼロになることがないことを数学的に述べている．不確定性原理は最大の不確かさを云々するものではないので，不確かさは（たいていそうだが）式（10.5）や（10.6）で示されるよりも大きくなる．またほかのオブザーバブルと同時にそれがどれだけ正確に決定できるかについて，基本的な限界をもつ測定もある．

最後に，位置と運動量が不確定性原理を考える場合のただ一つのオブザーバブルの組合せではないことを述べておく．不確定性原理の関係が当てはまらないオブザーバブルの組合せもあるが，それは任意の精度で，それらのオブザーバブルを同時に知ることができることを意味している．不確定性原理の導入では位置と運動量がよく用いられるが，この概念はこの二つに限ったものではない．

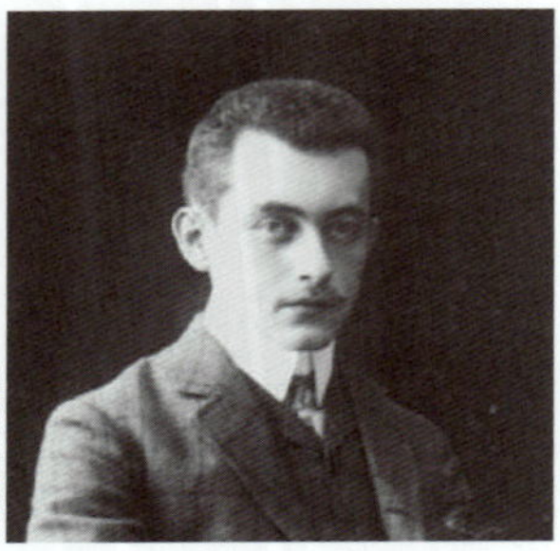

AIP Emilio SegrÈ Visual Archives/ Science Source

図 10.3 Max Born（1882–1970） 波動関数を“実在”でなく“確率”とする彼の解釈は，量子力学に対するそれまでの理解を塗り替えた．

10.5 波動関数についてのボルンの解釈—確率—

これまでに得られたものは，一見相容れない二つの概念である．一つは電子のふるまいが波動関数で表されるというもの，もう一つは位置と運動量のようないろいろなオブザーバブルの組合せについて，不確定性原理がその測定の正確さの限界を与えるというものである．では一体，電子の運動はどのくらい正確に論じられるのだろうか．

ドイツの科学者 Born（図 10.3）は不確定性原理の見地から波動関数の解釈を行った．この**ボルンの解釈**（Born interpretation）は波動関数 Ψ についての正しいとらえ方であると一般にみなされている．不確定性原理から，彼

は Ψ が電子の特定の道すじを表すものと考えるべきではないとした．特定の時刻，特定の場所に，特定の電子が存在するということを完全に立証することはたいへんに困難である．そうではなく，電子は長時間にわたってある領域に存在する確率をもち，その確率は波動関数 Ψ から求めることができる——Born は空間中の点 a と b の間の領域に電子が存在する確率 P を次のようであるとした．

$$P = \int_a^b \Psi^* \Psi \, \mathrm{d}\tau \tag{10.7}$$

ここで Ψ^* は Ψ の**複素共役**（complex conjugate．波動関数中のすべての i を $-i$ に置き換えたもの），$\mathrm{d}\tau$ は考えている次元空間の微小体積（一次元なら $\mathrm{d}x$，二次元なら $\mathrm{d}x\mathrm{d}y$，三次元なら $\mathrm{d}x\mathrm{d}y\mathrm{d}z$ で，球面極座標なら $r^2 \sin\theta \, \mathrm{d}r \, \mathrm{d}\theta \, \mathrm{d}\phi$ である）で，積分は考えている範囲にわたって行う．Ψ^* と Ψ が単純に掛けあわされることに注意してほしい*．またボルンの解釈では確率を空間中の特定の点ではなく，一定の**領域**にわたって見積もる．

* Ψ^* と Ψ の積を $|\Psi|^2$ と書くこともある．

ボルンの解釈は量子力学の意味そのものに影響を与える．波動関数 Ψ は電子の正確な位置を与える代わりに，その確率を与えるにすぎない．ニュートンの運動法則によって物質の位置を正確に計算できると理解し満足していた人たちにとって，このように物質のふるまいを正確に述べることはできないとする解釈は問題であった．できることといえば，どのようにふるまうかの**確率**を述べることだけなのである．しかし，やがてボルンの解釈は波動関数を考察するのに適切であるとして，受け入れられていった．

例題 10.6

$x = 0$ から 1 の範囲で一次元の波動関数 $\Psi = \sqrt{2} \sin \pi x$ をもつ電子を考える．ボルンの解釈を用いて，次の確率を求めよ．
(a) $x = 0$ から 0.5 の範囲に電子が存在する確率．
(b) $x = 0.25$ から 0.75 の範囲に電子が存在する確率．

解 答
ともに式 (10.7) から与えられる次の積分

$$P = \int_a^b (\sqrt{2} \sin \pi x)^* (\sqrt{2} \sin \pi x) \, \mathrm{d}x$$

これがボルンによる確率の定義である．

の計算が必要である．しかし積分範囲の上限と下限は異なる．また波動関数が実関数なので，複素共役をとっても関数は変わらない．よって

$$P = 2 \int_a^b \sin^2 \pi x \, \mathrm{d}x$$

上式はこのように単純化できる．

ここで定数 2 は積分記号の外にだした．この積分はよく知られていて次のようになる．

> これは付録1の積分公式による解である．ただし，ここでは定数 b を π とおいている．このあと上端，下端の値を入れて計算する．

$$P = 2\int_a^b \sin^2 \pi x \, dx = 2 \times \left[\frac{x}{2} - \frac{1}{4\pi}\sin 2\pi x\right]_a^b$$

この一般形に，それぞれの定数を代入すればよい．

(a) $x = 0$ から 0.5 までの範囲について計算すると，

$$P = 2 \times \left\{0.25 - \frac{1}{4\pi} \times 0 - \left(0 - \frac{1}{4\pi} \times 0\right)\right\}$$
$$= 2 \times 0.25$$
$$= 0.50$$

> これが $x = 0.5$ と $x = 0$ を積分の解に代入して得られる値である．

となって確率は50%である．これはおそらく予測した通りだろう．すなわち全体の1/2の範囲に電子が存在する確率が1/2，すなわち50%になるのである．

(b) $x = 0.25$ から 0.75 までの範囲について計算すると，

$$P = 2 \times \left\{0.375 - \frac{1}{4\pi} \times (-1) - \left(0.125 - \frac{1}{4\pi} \times 1\right)\right\}$$
$$= 2 \times 0.409$$
$$= 0.818$$

> 積分の解に $x = 0.75$ と $x = 0.25$ を代入したときに得られる値であることを確かめよ．前半部分とは違って，ゼロになる項はない．

となる．これは中央1/2の範囲で電子を見いだす確率が81%であることを意味している．これは1/2よりもずっと大きい．またこれは，量子力学で予言されるいっそう不思議な現象でもある．

ボルンの解釈により波動関数が有界で，一価であることの必要性がはっきりする．波動関数が有界でなければ，それは無限大に近づくことがある．このとき空間にわたる積分，すなわち確率は無限大になってしまう．確率は無限大にはなりえないのである．また確率は物理的に観測可能な量なので，特定の値をもたなければならない．したがって波動関数 Ψ とその二乗 $|\Psi|^2$ は一価である必要がある．

上の例題の波動関数 Ψ は時間に依存しないので，その確率分布もまた時間に依存しない．これが**定常状態**（stationary state）の定義である．ボルンの解釈によると，これは $|\Psi|^2$ に関係する確率分布が時間によって変化しない状態である．

10.6 規格化

ボルンの解釈は，適切な波動関数としての要求がもう一つあることを示唆している．すなわち粒子が存在する確率を全空間にわたって計算すれば，その値は1，つまり100%になるはずである．そのために波動関数 Ψ は**規格化**（normalization）されていなければならない．数学的に表せば次の関係

$$\int_{\substack{\text{all} \\ \text{space}}} \Psi^* \Psi \, d\tau = 1 \tag{10.8}$$

が成り立っているとき，波動関数が規格化されているという．積分の範囲

は，粒子の存在する空間領域を表すように変更する（この例はよくでてくる）．式（10.8）は，波動関数に**規格化定数**（normalization constant）と呼ばれる定数を掛ける必要があることを意味し，それによって$\Psi^*\Psi$の曲線の下の面積が1となる．ボルンの解釈によれば，規格化は粒子が存在する確率が，全空間を考えると100%であることも保証している．

例題 10.7

ある系の波動関数を$\Psi(x) = \sin(\pi x/2)$とする．$x = 0$から1までの範囲を考え，この波動関数を規格化せよ．

この問題は，確率の計算とは異なっている．確率の計算では積分の値を求める．規格化の計算では必要な規格化定数を得るために，積分値を表す既知の式を1とおく．

解 答

ここでの"全空間"は0から1までに限定されており，また一次元のため$d\tau$でなくdxであることに注意すると，式（10.8）から

$$\int_0^1 \Psi^* \Psi \, dx = 1$$

ただしこれが成り立つためには，Ψに何か定数を掛けなければならない．Ψに掛ける定数をNとしてΨを$N\Psi$と書きなおし，これを代入すると

波動関数は本当の意味では変化していない．規格化定数を表す変数を付け加えただけである．

$$\int_0^1 (N\Psi)^*(N\Psi) \, dx = \int_0^1 N^*N \left(\sin\frac{\pi}{2}x\right)^* \left(\sin\frac{\pi}{2}x\right) dx$$

NとN^*は定数なので積分の外にだすことができる．また，この正弦関数は実関数なので複素共役をとっても元と同じ関数になる．したがって上の式の右辺は

$$\int_0^1 N^*N \left(\sin\frac{\pi}{2}x\right)^* \left(\sin\frac{\pi}{2}x\right) dx = N^2 \int_0^1 \sin^2\frac{\pi}{2}x \, dx$$

ここでは積分からNをくくりだし，被積分関数を$\sin^2$関数に簡単化している．

規格化によって，これが1にならなければならないので

$$N^2 \int_0^1 \sin^2\frac{\pi}{2}x \, dx = 1$$

となる．この式の積分はよく知られていて解くことができるので，0から1の範囲で定積分の計算ができる．巻末の付録1の積分の表を参照すれば，上の式は

$$\int \sin^2 bx \, dx = \frac{x}{2} - \frac{1}{4b}\sin 2bx$$

これは$\sin^2$関数の積分として知られた形である．

となり，$b = \pi/2$である．上記の範囲で積分を計算すると

$$N^2 \times \frac{1}{2} = 1$$

となる．Nについて解いて

$$N = \sqrt{2}$$

を得る．ただし，ここでは正の値のほうだけを選んだ．よって正しく規格化された波動関数は$\Psi(x) = \sqrt{2}\sin(\pi x/2)$となる．

慣習としては正の平方根を用いる．負の平方根を用いても同じことである．

上の例題では波動関数は変化せず，正弦関数のままである．しかし規格化の条件である式（10.8）を満たすように定数が掛けられている．この定数は関数の形には影響しない，単に振幅を変えるためのスケール因子——あとでみるように，とても便利なスケール因子——である．以後，本書ではとくに断らない限り波動関数は規格化されているか，または規格化できるものとする．

例題 10.8

ある電子の波動関数が $x = 0$ から 1 までの範囲で $\Psi(x) = \sqrt{2}\,\sin(\pi x)$ であるとする．この範囲に電子が存在する確率が 100% であること，すなわちこの波動関数が規格化されていることを確かめよ．

解 答

式（10.7）から得られる次の式

$$P = 2\int_0^1 \sin^2 \pi x \, dx$$

を計算し，これが 1 であることを示せばよい．例題 10.6 でもみたように，この式の積分はよく知られている．結果を示すと

$$P = 2 \times \left[\frac{x}{2} - \frac{1}{4\pi}\sin 2\pi x\right]_0^1$$

$$P = 2 \times \left[\frac{1}{2} - 0 - \left(\frac{0}{2} - 0\right)\right]$$

これを解いて

$$P = 1$$

を得る．したがって与えられた波動関数が規格化されていることが確かめられた．このようにボルンの解釈から，$x = 0$ から 1 までの範囲に電子を見いだす確率は 100% になる．

これは $\int \Psi^* \Psi \, d\tau$ と同じ意味をもち，$d\tau$ に適当な変数を入れて系を限定したものであることに注意する．2 は規格化定数を二乗したもので，積分の外にだせる．

$\sin 2\pi(1)$ と $\sin 2\pi(0)$ は両方ともゼロで，これで三番目と四番目の項がわかる．

図 10.4 Erwin Schrödinger (1887-1961) 彼は Heisenberg とは異なるが等価な量子力学の表現を提案した．この表現は電子のふるまいを理解しやすいかたち，すなわち波というかたちで表すという点で扱いやすいものである．シュレーディンガー方程式は量子力学の中心をなす方程式である．

10.7 シュレーディンガー方程式

量子力学における最も重要な概念の一つは**シュレーディンガー方程式**（Schrödinger equation）で，これは最も重要なオブザーバブルであるエネルギーを扱うものである．原子または分子のエネルギー変化はふつう，最も測定しやすい（前の章で述べたように多くは分光学的方法による）．したがって量子力学によってエネルギーが予測できることは重要になる．1925 年と 1926 年に Schrödinger（図 10.4）は，第 9 章やこの章ですでに説明した演算子や波動関数といった多くの概念を世に送りだした．シュレーディンガー方程式は系の全エネルギー E_{tot}

$$E_{tot} = K + V$$

を自然に示してみせるものだから，ハミルトニアンにもとづいている．ここ

で K は運動エネルギー，V はポテンシャルエネルギーを表す．では，まず一次元系から始める．運動エネルギー K の形は古典力学から決まっており，運動量 p_x を使えば

$$K = \frac{p_x^2}{2m}$$

と与えられる．しかし Schrödinger は波動関数に作用する演算子によって運動エネルギーを考え，演算子を用いてハミルトニアンを書きかえた．まず式 (10.4) の運動量演算子 $\widehat{p_x}$ の定義

$$\widehat{p_x} = -i\hbar\frac{\partial}{\partial x}$$

を用いる．次にポテンシャルエネルギーが位置の関数すなわち x の関数で，したがってポテンシャルエネルギーが位置演算子

$$\widehat{x} = x\times$$

を用いて書けるとする．Schrödinger はこれらを全エネルギー E_{tot} の式に代入し，以下に示すような**ハミルトニアン**（Hamiltonian）$\widehat{H}$ と呼ばれるエネルギーについての演算子を導いた．

$$\widehat{H} = -\frac{\hbar^2}{2m}\frac{\partial^2}{\partial x^2} + \widehat{V}(x) \tag{10.9}$$

この演算子 $\widehat{H}$ は波動関数 Ψ に作用し，その固有値は系の全エネルギー E に対応する．すなわち

$$\left\{-\frac{\hbar^2}{2m}\frac{\partial^2}{\partial x^2} + \widehat{V}(x)\right\}\Psi = E\Psi \tag{10.10}$$

となる．式 (10.10) が**シュレーディンガー方程式**（Schrödinger equation）として知られるもので，量子力学ではたいへんに重要な方程式である．

さて，われわれは波動関数に制限（連続で一価であることなど）を課してきたが，これまで"適切な波動関数は特別な固有値方程式を満たす"といった要求はしてこなかった．しかし波動関数 Ψ が定常状態であるなら（すなわちその確率分布が時間に依存しないなら），それはシュレーディンガー方程式 (10.10) を満たさなければならない．また式 (10.10) が時間変数を含まないことにも注意してほしい．このため，とくに式 (10.10) を**時間に依存しないシュレーディンガー方程式**（time-independent Schrödinger equation）と呼ぶ．なお時間に依存するシュレーディンガー方程式についてはこの章の終わりあたりで議論する．これはまた量子力学のもう一つの仮定を表している．

シュレーディンガー方程式を受け入れることに，はじめは抵抗があるかもしれない．しかしこれは役に立つものなのである．理想的な系であれ実際の系であれ，シュレーディンガー方程式は系のエネルギーの値を与える．たと

えば Schrödinger の数十年前から研究されていた水素原子のエネルギー変化を正確に予測する．量子力学では観測可能な原子的な現象を予測するためにシュレーディンガー方程式を用いる．シュレーディンガー方程式と波動関数を用いると，原子や分子のオブザーバブルの値をうまく予測できるから，これは原子的な現象を考察する正しい方法と考えられる．電子のふるまいは波動関数によって記述されるし，電子のあらゆる性質を決定するためにも波動関数が用いられる．これらの性質を表す値は，適当な演算子を波動関数に作用させて予測できる．電子のエネルギーを予測するのに適した演算子がハミルトニアンなのである．

シュレーディンガー方程式の働きをみるために，次の例題でハミルトニアンが波動関数へどのように作用するかを説明しよう．

例題 10.9

ある有限な系に閉じこめられた電子を考え，この電子の状態が波動関数 $\Psi(x) = \sqrt{2}\sin k\pi x$ で記述されるとする．ここで k は定数である．ポテンシャルエネルギーをゼロとしたときの，この電子のエネルギー E を求めよ．

解 答

ポテンシャルエネルギーがゼロなので，電子は運動エネルギーだけをもつ．よってシュレーディンガー方程式 (10.10) は

$$\left(-\frac{\hbar^2}{2m}\frac{\partial^2}{\partial x^2}\right)\Psi = E\Psi$$

$V = 0$ なので式には現れず，シュレーディンガー方程式は簡単になる．

のように簡単になり，さらに

$$-\frac{\hbar^2}{2m}\frac{\partial^2 \Psi}{\partial x^2} = E\Psi$$

と書きなおすことができる．さて E を求めるには Ψ の二次導関数 $\partial^2\Psi/\partial x^2$ を計算し，適当な定数を掛けて元の波動関数 Ψ をもう一度つくりなおし，どのような定数 E が Ψ に掛かっているかを見いだせばよい．Ψ の二次導関数 $\partial^2\Psi/\partial x^2$ を計算すると

右側は一次導関数である．

$$\frac{\partial^2(\sqrt{2}\sin k\pi x)}{\partial x^2} = \frac{\partial}{\partial x}(-k\pi)(\sqrt{2}\cos k\pi x)$$
$$= -k^2\pi^2(\sqrt{2}\sin k\pi x) = -k^2\pi^2\Psi$$

左側は二次導関数であり，右側は複雑な正弦関数を Ψ に代入しただけのものである（規格化定数が含まれているが，ほかの定数と一緒にならないように注意してある）．

これを上のシュレーディンガー方程式の左辺に代入して整理すれば

$$-\frac{\hbar^2}{2m}(-k^2\pi^2\Psi) = \frac{\hbar^2 k^2\pi^2}{2m}\Psi = E\Psi$$

ゆえに電子のエネルギー E は

量子化されたエネルギーの正確な値を決めるために残っている唯一のものは，k の値である．

$$E = \frac{\hbar^2 k^2\pi^2}{2m}$$

となる．

どの系に対しても，ハミルトニアンの運動エネルギーの部分は同じような

表 10.1 いろいろなオブザーバブルの演算子と，その古典的対応量[a]

オブザーバブル	演算子	古典的対応量
位置	$\hat{x} = x \times$ （x 以外の座標についても同じ）	x
運動量（直線運動量）	$\hat{p}_x = -i\hbar \dfrac{\partial}{\partial x}$ （x 以外の座標についても同じ）	$p_x = mv_x$
角運動量	$\hat{L}_x = -i\hbar \left(\hat{y} \dfrac{\partial}{\partial z} - \hat{z} \dfrac{\partial}{\partial y} \right)$	$L_x = yp_z - zp_y$
一次元の運動エネルギー[b]	$\hat{K} = -\dfrac{\hbar^2}{2m} \dfrac{\mathrm{d}^2}{\mathrm{d}x^2}$	$K = \dfrac{1}{2}mv_x^2 = \dfrac{p_x^2}{2m}$
三次元の運動エネルギー[b]	$\hat{K} = -\dfrac{\hbar^2}{2m} \left(\dfrac{\partial^2}{\partial x^2} + \dfrac{\partial^2}{\partial y^2} + \dfrac{\partial^2}{\partial z^2} \right)$	$K = \dfrac{1}{2}m(v_x^2 + v_y^2 + v_z^2)$ $= \dfrac{p_x^2 + p_y^2 + p_z^2}{2m}$
調和振動子の ポテンシャルエネルギー	$\hat{V} = \dfrac{1}{2}kx^2 \times$	$V = \dfrac{1}{2}kx^2$
クーロン相互作用による ポテンシャルエネルギー	$\hat{V} = \dfrac{q_1 q_2}{4\pi\varepsilon_0 r} \times$	$V = \dfrac{q_1 q_2}{4\pi\varepsilon_0 r}$
全エネルギー	$\hat{H} = -\dfrac{\hbar^2}{2m} \left(\dfrac{\partial^2}{\partial x^2} + \dfrac{\partial^2}{\partial y^2} + \dfrac{\partial^2}{\partial z^2} \right) + \hat{V}$	$H = \dfrac{p^2}{2m} + V$

a）x, y, z で表される演算子は直交座標の演算子であり，r, θ, ϕ で表されるのは球面極座標の演算子である．
b）運動エネルギー演算子は $\hat{T}$ とも表される．

形をしている（ただし回転運動でみるように，異なる座標系を使って記述されると形が異なってみえることはある）．しかしポテンシャルエネルギーは考えている系によって違った形をしている．いろいろな系のシュレーディンガー方程式の例では，異なった形のポテンシャルエネルギーが用いられる．のちにポテンシャルエネルギーの形によって，シュレーディンガー方程式が厳密に解けるかどうかが左右されることがわかるだろう．厳密に解けるとき，われわれは厳密解が得られるという．しかし多くの場合には厳密に解けず，近似をしなければならない．こうした近似がとてもうまく実験結果と一致する予測を与える場合もある．しかしいずれにしろシュレーディンガー方程式の厳密解は，エネルギーのようないろいろなオブザーバブルをはっきりと予測し，量子力学の真の有用性を示すために必要なのである．

これまで述べた量子力学的演算子のうち，最も重要なのはハミルトニアンだろう．量子力学的演算子とその古典的対応量を表 10.1 に簡単にまとめておく．

10.8 箱のなかの粒子 ―シュレーディンガー方程式の厳密解―

シュレーディンガー方程式が厳密に解けるような系はほんのわずかしかない．厳密解をもつ系のほとんどは理想気体のように，理想的に定義されたものである．しかし，だからといって絶望することはない．厳密解をもつわず

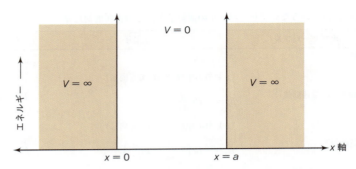

図 10.5 箱のなかの粒子は，量子力学で取り扱われる最も単純で理想的な系である．この箱は $x=0$ から $x=a$ までのある長さの領域からできており，そこではポテンシャルエネルギーがゼロである．この領域の外側（$x<0$ または $x>a$）ではポテンシャルエネルギーが無限大なので，箱のなかのどのような粒子も，その外側には存在しない．

かな数の理想的な系でも実際の系への応用があり，理想的ということだけで捨て去られるものではないからである．こうした系の存在についてはシュレーディンガー方程式を生みだす際に，Schrödinger 自身も気づいていた．

　厳密解をもつ最初の系として，壁が無限に高い障壁になっている一次元の"牢屋"に閉じこめられた粒子を考える．この系は**箱のなかの粒子**（particle in a box）と呼ばれる．無限に高い障壁は無限大のポテンシャルエネルギーに対応し，また箱のなかのポテンシャルエネルギーはゼロと定義される．図 10.5 にこの系を示す．ここで箱の片側の壁の位置を $x=0$ とし，もう一方を $x=a$ とした．箱のなかではポテンシャルエネルギーはゼロだが，外側では無限大である．

　さて量子力学を使ってこの系の解析を始めるが，これは以後のいろいろな系に対するやり方と共通である．まず，ポテンシャルエネルギーが無限大の二つの領域を考える．この領域 $x<0$，$x>a$ ではシュレーディンガー方程式（10.10）

$$\left\{-\frac{\hbar^2}{2m}\frac{\partial^2}{\partial x^2}+\infty\right\}\Psi = E\Psi$$

が成り立たなければならない．この式の ∞ は問題だが，ここではゼロを掛けてこれを除くことにする．よって $x<0$，$x>a$ で Ψ は常にゼロでなければならないことになる．なお，このときエネルギーの固有値がどうあろうと問題ではない．Ψ が常にゼロだからボルンの解釈によって，その領域に粒子が存在する確率はゼロになるからである．

　次に $0<x<a$ の領域を考える．この領域でのポテンシャルエネルギーはゼロだから，シュレーディンガー方程式（10.10）は次のようになる．

$$\left(-\frac{\hbar^2}{2m}\frac{\partial^2}{\partial x^2}\right)\Psi = E\Psi$$

これは二階微分方程式で，既知の解をもつ．すなわち，この二階微分方程式

に代入して等号が成り立つような関数が知られている．この微分方程式の最も一般的な解 Ψ の形は以下で与えられる．

$$\Psi = A\cos kx + B\sin kx$$

ここで A, B, k は系の条件から決まる定数である*．Ψ の形が上のようにわかったから，これをシュレーディンガー方程式に代入して計算すると E が求まる．結果のみを示すと E は

$$E = \frac{\hbar^2 k^2}{2m}$$

となる．

* 適切な解は
$\Psi = A'e^{ikx} + B'e^{-ikx}$
の形にも書ける．これはオイラーの定理
$e^{i\theta} = \cos\theta + i\sin\theta$
によって
$\Psi = A\cos kx + B\sin kx$
に関係づけられる．

例題 10.10

箱のなかの粒子のエネルギーが $E = \hbar^2 k^2/2m$ と表されることを示せ．

解 答

波動関数 $\Psi = A\cos kx + B\sin kx$ をシュレーディンガー方程式の左辺に代入するだけでよい．ポテンシャルエネルギーはゼロだから

$$-\frac{\hbar^2}{2m}\frac{\partial^2}{\partial x^2}\Psi = -\frac{\hbar^2}{2m}\frac{\partial^2}{\partial x^2}(A\cos kx + B\sin kx)$$

$$= -\frac{\hbar^2}{2m}\frac{\partial}{\partial x}(-kA\sin kx + kB\cos kx)$$

$$= -\frac{\hbar^2}{2m}(-k^2 A\cos kx - k^2 B\sin kx)$$

これは一次導関数である．導関数の連鎖則により，各項にどのように k が掛かっているかに注意せよ．

これは二次導関数である．k の項がもう一つ現れて，正弦と余弦の項には k^2 が掛かる．二つの負符号の消え方に注意せよ．

$-k^2$ をカッコの外にくくりだして，元の波動関数 Ψ がみえるようにすると

$$-\frac{-\hbar^2 k^2}{2m}(A\cos kx + B\sin kx) = \frac{\hbar^2 k^2}{2m}\Psi$$

となる．波動関数 Ψ に掛かる項はすべて定数だから，こうして固有値方程式が得られることがわかった．この固有値がこの波動関数をもつ粒子のエネルギー E だから

$$E = \frac{\hbar^2 k^2}{2m}$$

を得る．

前の例題のように，E を決めるためには k の値が必要である．

　上の例題で，求められた波動関数は二，三の点で不十分である．とくにいくつかの定数の決め方が問題である．これらの定数がどのような値をとるかについては，ここまでまったく制限してこなかった．古典的にはそうした定数はどのような値でもとることができ，したがってエネルギーはどのような値でもとることができた．しかし量子力学では波動関数に制限を課す．

　波動関数に対する最初の要求は連続性である．箱の外側である $x < 0$ と $x > a$ では波動関数がゼロでなければならないことがわかっているので，$x = 0$ と $x = a$ における波動関数の値はゼロでなければならない．箱の外側か

らこれら x の値に近づくときには，このことはたしかに正しい．しかし箱の内側からこれら x の値に近づくときにも波動関数 $\Psi(x)$ の連続性のため，これが成立しなければならない．すなわち $\Psi(0)$ は $\Psi(a)$ に等しく，さらにゼロに等しくなければならない．系の境界で，波動関数がある値をとらなければならないというこうした要求は**境界条件** (boundary condition) と呼ばれる[*]．

まず $\Psi(0) = 0$ という境界条件を考えてみる．$x = 0$ なので，波動関数 $\Psi(x)$ は

$$\Psi(0) = 0 = A \cos 0 + B \sin 0$$

となる．$\sin 0 = 0$ なので，第二項は B に対する制限にはならない．一方，$\cos 0 = 1$ なので $A = 0$ でなければ困ることになる．よって，この第一の境界条件 $\Psi(0) = 0$ を満たすためには $A = 0$ でなければならず，ただ一つの適切な波動関数 $\Psi(x)$ は

$$\Psi(x) = B \sin kx$$

となる．次に，もう一つの境界条件 $\Psi(a) = 0$ を考える．上の $\Psi(x)$ を用いれば

$$\Psi(a) = 0 = B \sin ka$$

となる．しかしここで $B = 0$ とおくことはできない．もし $B = 0$ ならば $0 < x < a$ で $\Psi(x)$ がゼロになる．そうすると，あらゆる場所で $\Psi(x)$ がゼロになり，粒子はどこにも存在しないことになってしまう．粒子の存在は疑いようがないので，この可能性は受け入れられないことになる．したがって $\Psi(a) = 0$ であるためには $\sin ka$ の値がゼロでなければならない．すなわち

$$\sin ka = 0$$

では，どのようなときに $\sin ka$ はゼロに等しいだろう．単位に rad を用いたときには，ka が $0, \pi, 2\pi, 3\pi, \cdots$，つまり ka が π の整数倍のときに $\sin ka$ がゼロになる．ただし $ka = 0$ は除くことにする．$\sin 0$ はゼロに等しく，そうすると波動関数がどこにも存在しなくなってしまうからである．したがって正弦関数について，次の制限が得られる．

$$ka = n\pi \quad (n = 1, 2, 3, \cdots)$$

これを k について解くと

$$k = \frac{n\pi}{a}$$

が得られる．ここで n は正の整数である．n が負の整数ではいけない数学的な理由はないが，負の整数を使っても解について何も新しいことは得られないので無視してしまうのである．もっとも，いつもこうするわけではない．

k についての式を使って波動関数 $\Psi(x)$ とエネルギー E を次のように書きなおすことができる．

[*] 境界条件は古典的な波においてもはっきりとしたものがある．たとえばギターの弦は，弦を固定している端で振幅がゼロになる．

$$\Psi(x) = B \sin \frac{n\pi x}{a}$$

$$E = \frac{n^2 \pi^2 \hbar^2}{2ma^2} = \frac{n^2 h^2}{8ma^2}$$

E の最後の変形では $\hbar$ の定義を代入した．エネルギー E の値はいくつかの定数と正の整数 n に依存する．これはエネルギーが任意の値をとれるわけでなく h, m, a, n（この n が最も重要である）によって決められる値だけをとりうることを意味する．ある値だけがとれるようにエネルギーの値が限定されているので，箱のなかの粒子のエネルギーは量子化されていることになる．n は**量子数**（quantum number）と呼ばれる．

波動関数の決定はまだ終わりではない．さらに規格化が必要である．それには

$$\int_0^a (N\Psi)^* (N\Psi) \, \mathrm{d}x = 1$$

が成り立つように波動関数 Ψ にある定数 N を掛けると仮定する．ゼロでない波動関数が存在する領域が $x=0$ から $x=a$ なので，積分範囲も 0 から a までである．微小量 $\mathrm{d}\tau$ は単に $\mathrm{d}x$ になる．

規格化定数が波動関数 $\Psi(x)$ の正弦部分に掛かる定数 B の一部と仮定すると，求める積分は

$$\int_0^a \left(N \sin \frac{n\pi x}{a} \right)^* \left(N \sin \frac{n\pi x}{a} \right) \mathrm{d}x = 1$$

となる．ここに含まれるのはすべて実数か実関数だから，複素共役をとってもカッコのなかは何も変わらない．これと似た関数は例題 10.7 で計算した．そこと同様の手続きに従い $N = \sqrt{2/a}$ を得る（各自で確かめること）．波動関数もエネルギーも同じ量子数 n に依存するので，ふつうこの依存性を添え字 n として Ψ_n や E_n のように表す．よって一次元の箱のなかの粒子の適切な波動関数 Ψ_n は

$$\Psi_n(x) = \sqrt{\frac{2}{a}} \sin \frac{n\pi x}{a} \quad (n = 1, 2, 3, \cdots) \qquad (10.11)$$

と書かれ，量子化されたエネルギー E_n は

$$E_n = \frac{n^2 h^2}{8ma^2} \qquad (10.12)$$

である．

さて，この波動関数はどのような外見をしているだろうか．図 10.6 に最初のいくつかの波動関数について示す．これらはみな，境界条件によって箱の壁でゼロになっている．また，どれも正と負の値をとる単純な正弦関数のようにみえる（実際にそうである）．

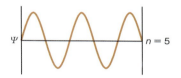

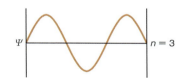

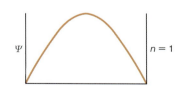

図 10.6 箱のなかの粒子の波動関数のうち，量子力学的に適切なもの．最初のいくつかを示す．

例題 10.11

幅 10.0 Å，すなわち $a = 10.0$ Å $= 1.00 \times 10^{-9}$ m の箱のなかの電子を考える．この電子の最初の四つの波動関数とエネルギーを求めよ．

解答
式 (10.11) を使うと，波動関数はすぐに求まる．

$$\Psi_1(x) = \sqrt{\frac{2}{a}} \sin \frac{\pi x}{a}$$

$$\Psi_2(x) = \sqrt{\frac{2}{a}} \sin \frac{2\pi x}{a}$$

$$\Psi_3(x) = \sqrt{\frac{2}{a}} \sin \frac{3\pi x}{a}$$

$$\Psi_4(x) = \sqrt{\frac{2}{a}} \sin \frac{4\pi x}{a}$$

また式 (10.12) を使うと，エネルギーは以下のようになる．

$$E_1 = \frac{1^2 \times h^2}{8 m_e a^2} = \frac{1^2 \times (6.626 \times 10^{-34}\,\mathrm{J\,s})^2}{8 \times (9.109 \times 10^{-31}\,\mathrm{kg}) \times (1.00 \times 10^{-9}\,\mathrm{m})^2}$$
$$= 6.02 \times 10^{-20}\,\mathrm{J}$$

$$E_2 = \frac{2^2 \times h^2}{8 m_e a^2} = \frac{2^2 \times (6.626 \times 10^{-34}\,\mathrm{J\,s})^2}{8 \times (9.109 \times 10^{-31}\,\mathrm{kg}) \times (1.00 \times 10^{-9}\,\mathrm{m})^2}$$
$$= 24.1 \times 10^{-20}\,\mathrm{J}$$

$$E_3 = \frac{3^2 \times h^2}{8 m_e a^2} = \frac{3^2 \times (6.626 \times 10^{-34}\,\mathrm{J\,s})^2}{8 \times (9.109 \times 10^{-31}\,\mathrm{kg}) \times (1.00 \times 10^{-9}\,\mathrm{m})^2}$$
$$= 54.2 \times 10^{-20}\,\mathrm{J}$$

$$E_4 = \frac{4^2 \times h^2}{8 m_e a^2} = \frac{4^2 \times (6.626 \times 10^{-34}\,\mathrm{J\,s})^2}{8 \times (9.109 \times 10^{-31}\,\mathrm{kg}) \times (1.00 \times 10^{-9}\,\mathrm{m})^2}$$
$$= 96.4 \times 10^{-20}\,\mathrm{J}$$

エネルギーを表す指数のべきは，量子数 n によるエネルギー変化をみるため，わざと 10^{-20} にそろえてある．波動関数は n に依存するが，エネルギーは n^2 に依存することに注意してほしい．また上の式の単位が，エネルギーの単位である J になることを確認すること．

10.9 平均値とそのほかの性質

エネルギーのほかにも，よくでてくるオブザーバブルがある．たとえば波動関数には位置演算子 x を作用させることができ，これは単純に座標 x を波動関数に掛けるだけでよい．しかし，このようにしても固有値方程式は得られない．式 (10.11) の波動関数は，$\hat{x}$ の固有関数ではないからである．

これはどうということではない．量子力学の仮定は，適切な波動関数が位

置演算子の固有関数であることを要求しているわけではないからである．量子力学の仮定は，適切な波動関数がハミルトニアンの固有関数を要求しているのである．しかしこれは波動関数から位置についての情報をまったく引きだせないということを意味するのではなく，位置についての固有値を決められないというだけなのである．これは運動量のようなほかの演算子についても同様である．

量子力学の次の仮定は，このようなオブザーバブルに関するものである．すなわち

> ある明確なオブザーバブルの値は波動関数からは得られないが，その平均の値は決めうる．

量子力学においては演算子が $\widehat{A}$ であるオブザーバブル A の**平均値**（average value）すなわち**期待値**（expectation value）$\langle A \rangle$ は次の式で与えられる．この式では $\widehat{A}$ は Ψ に演算をする演算子で，その結果に Ψ^* が掛かる．

$$\langle A \rangle = \int_{\substack{\text{all} \\ \text{space}}} \Psi^* \widehat{A} \, \Psi \, d\tau \tag{10.13}$$

式（10.13）は量子力学におけるもう一つの仮定である．式（10.13）では波動関数 Ψ は規格化されているとしているが，そうでない場合にはこれを少し拡張して

$$\langle A \rangle = \frac{\displaystyle\int_{\substack{\text{all} \\ \text{space}}} \Psi^* \widehat{A} \, \Psi \, d\tau}{\displaystyle\int_{\substack{\text{all} \\ \text{space}}} \Psi^* \Psi \, d\tau}$$

とする．平均値とはその呼び名の通りである．同じ量をくり返し測定したときの平均値はどうなるだろうか．量子力学的には，平均値とは同じ量に対して無限回の測定ができたとして，その無限回の測定の平均をいうのである．

式（10.13）で与えられる期待値と，固有値方程式から求められる固有値との違いは何だろうか．あるオブザーバブルについては違いはない．箱のなかの粒子がある状態にあるとすれば，それはある波動関数をもつ．このときシュレーディンガー方程式によって，その正確なエネルギーもわかるのである．エネルギーの平均値はその瞬間のエネルギーに等しい．なぜなら，その波動関数で記述される状態の間はエネルギーは変化しないからである．しかしオブザーバブルのいくつかは，波動関数をすべて使っても固有値方程式からその値を決めることができない．たとえば箱のなかの粒子の波動関数は位置演算子や角運動量演算子の固有関数ではないので，このようなオブザーバブルのその瞬間の正確な値は決められない．しかし，その平均値を求めることはできるのである*．

---

* 不確定性原理はどのような粒子についても，その位置と運動量の正確な値を同時に知りうることを否定する．しかし位置と運動量の平均値を知ることについての制限はしていないことに注意する．式（10.13）から，平均値は積分内部にでてくる式が表す曲線の下の面積に等しい．これは，理論上いつも計算できる．

例題 10.12

幅 a の箱のなかの粒子を考える．このとき最低エネルギー準位（$n = 1$）にある電子の位置の平均値 $\langle x \rangle$ を求めよ．

解　答

式（10.11）より，この電子の波動関数 Ψ_1 がわかる．よって式（10.13）から位置の平均値 $\langle x \rangle$ は

$$\langle x \rangle = \int_0^a \left(\sqrt{\frac{2}{a}} \sin \frac{\pi x}{a}\right)^* \widehat{x} \left(\sqrt{\frac{2}{a}} \sin \frac{\pi x}{a}\right) dx$$

これは式（10.13）に，波動関数と位置演算子を代入したものである．

と求まる．ここで系の範囲を 0 から a，$d\tau$ を dx としたことに注意する．関数は実関数で複素共役をとっても変化せず，また $\widehat{x} = x$ で，さらに掛け算の順番を変更してもかまわないから

$$\langle x \rangle = \frac{2}{a} \int_0^a x \sin^2 \frac{\pi x}{a} dx$$

元の式がこのように簡単化されることを確認せよ．

となる．この積分もまた既知である．巻末の付録1をみて，これを解くと

$$\langle x \rangle = \frac{2}{a} \left[\frac{x^2}{4} - \frac{xa}{4\pi} \sin \frac{2\pi x}{a} - \frac{a^2}{8\pi^2} \cos \frac{2\pi x}{a} \right]_0^a$$

計算を実行すると位置の平均値 $\langle x \rangle$ が次のように求まる．

$$\langle x \rangle = \frac{a}{2}$$

位置の平均値が箱の真ん中であることは妥当だろうか．

このように，与えられた電子の平均の位置は箱の中央になる．

　上の例題は二つのことを示している．まず，固有値方程式では求められないオブザーバブルの平均値も求めることができるということ（これは量子力学がオブザーバブルについて要求している仮定である），次に，平均値が意味をもっているということである．箱のなかで粒子がはね返り，行きつ戻りつするとき，その平均の位置は箱の中央と考えられる．粒子は箱の両側に同じ時間だけ存在するので，平均の位置はちょうど中央になるだろう——少なくともこの場合に式（10.13）はこう教えるが，直感的にこれは理にかなっている．古典力学とは異なった議論であるにもかかわらず，多くの例で量子力学は合理的な平均の値を与える．この事実のため，量子力学は広い範囲で応用されるのである．箱のなかの粒子の位置の平均値は，どのような量子数 n に対しても $a/2$ になる．たとえば量子数 $n = 3$ の波動関数

$$\Psi_3(x) = \sqrt{\frac{2}{a}} \sin \frac{3\pi x}{a}$$

について位置の平均値 $\langle x \rangle$ を計算してみるとよい．平均値を求める積分は，n がどのような値であっても $\langle x \rangle$ の値に影響しない（ただし，この結論は箱のなかの粒子の定常状態に対してのみ当てはまる．波動関数が定常状態でなければ $\langle x \rangle$ やそのほかの平均値は，必ずしも古典力学と直感的に一致しな

くなる).

箱のなかの粒子について，そのほかの性質も波動関数から求めることができる．これはすべての系について当てはまるので，ここで指摘しておく．なお特別な波動関数をもつ粒子のエネルギーについてはすでに議論した．さて例題 10.12 では平均値としてだけだが，オブザーバブルとしての位置を決めうることを示した．一方，（一次元的な）運動量の平均値は運動量演算子を使って求めることができる．ところで図 10.6 には箱のなかの粒子の最初のいくつかの波動関数を示したが，これは波動関数の別の特徴も表している．たとえば箱のなかで常に波動関数 Ψ がゼロになる場所がある．どの場合も箱の端である $x = 0$ と $x = a$ がそうである．Ψ_1 については $\Psi = 0$ となるのはその二点だけだが，より大きな量子数 n に対しては $\Psi = 0$ になる場所がもっとある．Ψ_2 については箱の中央にこうした場所がもう一つある．Ψ_3 についてはあと二つあり，Ψ_4 についてはもう三つある．このように波動関数が厳密にゼロになる点を **節**（node）という．境界を含めなければ，Ψ_n には $n-1$ 個の節がある．

$\Psi^*\Psi$ のグラフからはもっと多くの情報が得られるが，それは粒子が箱のなかのある点に存在する確率密度に関するものである*．箱のなかの粒子の波動関数 Ψ について，$\Psi^*\Psi = |\Psi|^2$ をいくつか図 10.7 に示す．グラフは箱のなかのそれぞれの場所で，その場所に粒子が存在する確率がいろいろな値をもつことを示している．境界やそれぞれの節では，粒子がその点に存在する確率が厳密にゼロである——このことは境界では問題でない．しかし節ではどうだろう．節のところに粒子が存在する確率がゼロなのに，どうして粒子は節を挟んで一方の側にも反対の側にも存在できるのだろうか．これは戸口に立たず，部屋のなかから外へと移動するようなものである．これは量子力学の解釈において，第一に奇妙な点である．

もう一つ気のつくことは，量子数 n が大きくなるにつれて $|\Psi|^2$ のグラフが定数で近似できるようになるということである．これは **対応原理**（correspondence principle）の例である．すなわちエネルギーが十分大きければ，量子力学は古典力学に一致するのである．対応原理は Bohr によって最初に述べられ，古典力学を正しく位置づけるものになった．つまり古典力学は高エネルギーの状態や大きな量子数をもった状態の原子に対して，たいへんよい近似になるのである（もちろん古典力学は実際的な目的で巨視的な系に応用されれば絶対的に正しい）．

さて，この節を終える前に，こうした理想的な系が実際の系に適用できることを指摘しておこう．例としては，交替した単結合と二重結合をもった大きな有機分子がある．これはいわゆる共役二重結合系である．この場合，二重結合の電子は交替系の一方からもう一方に，一種の箱のなかの粒子のようにかなり自由に動くと考えられる．こうした分子が吸収する光の波長は，箱のなかの粒子に対して導かれた式を用いるとたいへんよく近似できる．理論と実験の間で完全な一致が得られるわけではないが，このモデルが有用なことを示すには十分である．

* 正しくは，確率密度は空間のそれぞれの点についてではなく，領域についてのみ求められるものである．

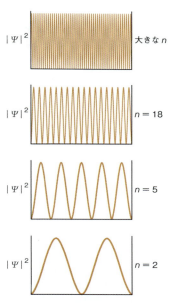

図 10.7 対応原理を表す $|\psi|^2$ のグラフ　大きな量子数 n に対しては，量子力学と古典力学が表すものは近くなる．箱のなかの粒子が大きな n をもつときには，箱のなかのあらゆる部分に粒子が等しい確率で存在するようにみえる．

例題 10.13

β-カロテンは多くの野菜にみられる高次の共役ポリエンである．これが酸化されると，哺乳類の視覚の化学で重要な役割を果す色素が合成される．親物質である β-カロテンは波長 $\lambda = 480$ nm に最大の光吸収を示す．この遷移が，箱のなかの電子の量子数 $n = 11$ から 12 への遷移に対応するとすれば，この分子の"箱"の幅はおよそいくらか．

解答

まず吸収される光の波長 λ を，J を単位とするエネルギー E に換算する．式 (9.21) と $c = \lambda\nu$ の関係から

$$E = \frac{hc}{\lambda}$$

この式は，$E = h\nu$ と $c = \lambda\nu$ を組み合わせてでてくる．

$$= \frac{(6.626 \times 10^{-34}\,\text{J s}) \times (2.9979 \times 10^8\,\text{m s}^{-1})}{4.8 \times 10^{-7}\,\text{m}}$$

$$= 4.14 \times 10^{-19}\,\text{J}$$

次に $n = 11$ から 12 への遷移におけるエネルギー変化を ΔE とし，式 (10.12) を使うと次の関係を得る．

第 9 章を思いだすと，これはボーアの振動数条件からでてくる．

$$\Delta E \equiv E_{12} - E_{11}$$

$$= \frac{12^2 \times h^2}{8m_e a^2} - \frac{11^2 \times h^2}{8m_e a^2}$$

$$= (12^2 - 11^2) \times \frac{h^2}{8m_e a^2}$$

$$= 23 \times \frac{h^2}{8m_e a^2} = 4.14 \times 10^{-19}\,\text{J}$$

ここで，二つの準位間のエネルギー差と吸収される光のエネルギーの計算値を等しくおいた．

h と m_e の値はわかっているので，これらを代入して

$$4.14 \times 10^{-19}\,\text{J} = 23 \times \frac{(6.626 \times 10^{-34}\,\text{J s})^2}{8 \times (9.109 \times 10^{-31}\,\text{kg}) \times a^2}$$

ゆえに

式を整理して a について解いた．

$$a^2 = \frac{23 \times (6.626 \times 10^{-34}\,\text{J s})^2}{8 \times (9.109 \times 10^{-31}\,\text{kg}) \times (4.14 \times 10^{-19}\,\text{J})}$$

J が $\text{kg m}^2\,\text{s}^{-2}$ であることを用いると，分子の m^2 を除いてすべての単位が打ち消しあう．計算を進めて

$$a^2 = 3.35 \times 10^{-18}\,\text{m}^2$$
$$a = 1.83 \times 10^{-9}\,\text{m}$$
$$= 18.3\,\text{Å}$$

33% 以上の誤差は良い結果にはみえない．しかしこれでも，古典的な科学によって得られるものよりはましである．

を得る．実験的には β-カロテンの長さは約 29 Å なので完全な一致ではないが，それでも定性的に考えるには十分である．とくに異なった共役長さの類似の分子と比較するときにはこれで十分である．

10.10 トンネル現象

箱のなかの粒子のモデルでは，箱の外側のポテンシャルエネルギーは無限大で，粒子が壁を通り抜けることはまったくないと仮定した．ポテンシャルエネルギーが無限大のところでは，波動関数はどの点でも常にゼロなのである．しかしいまポテンシャルエネルギーが無限大ではなく，非常に大きなだけなのだとしたらどうだろう．またそれほど大きくはなく，粒子のエネルギーよりもいくらか大きいだけだとしたらどうだろう．さらに壁の幅が限られているとしたら，つまり壁の反対側のどこかでまたポテンシャルエネルギーがゼロになるとしたら，波動関数はどのような影響を受けるだろう．

このような系を図10.8に示す．実際にある多くの物理的な系はこうしたモデルで記述される．たとえばとても細い金属の針を清浄な表面に対して物理的には接触させず数Åにまで近づけるとする．この二つの物質の間の距離は，両物質中の電子のエネルギーよりも高い，有限のポテンシャルエネルギー障壁をつくる．

ポテンシャル障壁を挟んで系の一方の側にある電子の適切な波動関数は，量子力学の仮定を適用して決めなければならない．とくに粒子の波動関数はシュレーディンガー方程式を満足しなければならない．ポテンシャルエネルギーがゼロである図10.8の内側の領域では，波動関数 Ψ は箱のなかの粒子のそれに似ている．しかしポテンシャルエネルギーがゼロではなく，また無限大でもない領域ではシュレーディンガー方程式（10.10）より

$$-\frac{\hbar^2}{2m}\frac{\partial^2}{\partial x^2}\Psi + \widehat{V}(x)\Psi = E\Psi$$

を解く必要がある．ポテンシャルエネルギーが x に依存せず，E よりも大きな定数 V とすると，この式は以下のように整理できる．

$$\frac{\partial^2}{\partial x^2}\Psi = \frac{2m(V-E)}{\hbar^2}\Psi$$

これは二階微分方程式で，既知の厳密解をもつ．その解，すなわち上の方程式を満たす一般的な波動関数 Ψ は

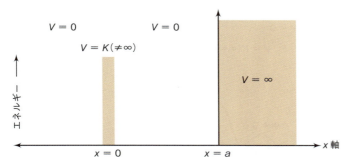

図10.8 トンネル現象が起こりうるポテンシャルエネルギー　実際に存在する系の多くは，このようなポテンシャルエネルギーで表せる．トンネル現象は古典力学では予測されない注目すべき現象である．

$$\Psi = Ae^{kx} + Be^{-kx} \tag{10.14}$$

であり，ここで

$$k = \left\{\frac{2m(V-E)}{\hbar^2}\right\}^{1/2}$$

である．式（10.14）の波動関数 Ψ と，367 ページの傍注に示した箱のなかの粒子の波動関数の指数形が似ていることに注意してほしい．式（10.14）は指数部分が虚数でなく，実数になっている．

　系についてさらに情報が与えられなければ，A と B を用いてこの領域の波動関数 Ψ の正確な形について多くをいうことはできない．たとえば全空間で Ψ は連続でなければならないが，これはポテンシャルエネルギーがゼロの領域の幅とその領域の Ψ を通して，A と B の値になんらかの制限を課すことになる．ところで図 10.8 において，ポテンシャルエネルギーが粒子の全エネルギーよりも大きな領域の波動関数がゼロでないことは注意すべき点である．さらにこの波動関数の数学的な形は，任意の有限な x に対して波動関数がゼロでないことを保証する．これは粒子の全エネルギーがポテンシャル障壁より低くても，この波動関数の粒子がポテンシャル障壁の反対側に存在する確率がゼロでないことを意味する．これを図 10.9 に定性的に示す．古典的にはポテンシャル障壁が全エネルギーよりも高ければ，粒子はポテンシャル障壁の反対側には存在できない．しかし量子力学的には存在できる．これが**トンネル現象**（tunneling）である．

　トンネル現象は単純だが，量子力学的に深い意味をもつ予言である．この現象が発表されたのち，1928 年にロシアの科学者 Gamow は放射性原子核の α 崩壊の説明にトンネル現象を用いた．ほかの核子のつくる巨大なポテンシャル障壁を α 粒子がどのようにすり抜けてでていくかということは，それまで推測の域をでていなかったのである*．もっと最近では**走査トンネル顕微鏡**（scanning tunneling microscope．**STM** と略称される）の発展がある．図 10.10 に示すこの単純な装置は，鋭い針と表面の間のたいへん小さな間隙で生じる電子のトンネル現象を利用する．トンネル現象の大きさは距離ととも

* α 粒子はヘリウム原子の核である．

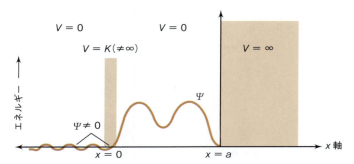

図 10.9 ポテンシャル障壁の高さと深さが有限なため，波動関数は障壁の外側でもゼロでない存在確率をもつ．α 粒子の崩壊のほか，二つの系の界面の間の小さな隙間でもトンネル現象がみられる．

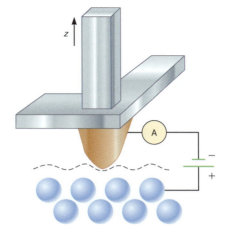

図 10.10　市販の走査トンネル顕微鏡（STM という）1980 年代初頭に発明された STM は，量子力学的な現象を利用したものである．

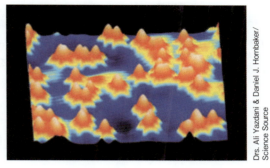

図 10.11　金属の表面上につくった原子の STM 像

に指数関数的に変化するので，とても小さな距離の変化でも，電子のトンネル現象の大きさ（電子の流れは電流なので，これは電流として測定される）にはたいへん大きな変化が現れる．STM はきわめて感度が高いので，原子スケールの滑らかな表面の写真が得られる．図 10.11 に STM で得られた画像を示す．

トンネル現象は現実に起こり，検知できるものである．古典力学では予測されない，それどころか禁止される現象が量子力学では自然に現れてくる．このように，トンネル現象は奇妙で素晴らしい量子力学的世界の身近な例である．

10.11　三次元の箱のなかの粒子

一次元の箱のなかの粒子は，簡単に二次元と三次元に拡張できる．その取扱いは同じなので，ここでは三次元系のみを考える（以下の取扱いを二次元系で行うことは簡単だろう．章末の問題 10.80 を参照のこと）．さて，いま原点が $(0, 0, 0)$，各辺の長さが a, b, c の箱を図 10.12 に示す．箱のなかではポテンシャルエネルギーがゼロで，箱の外側ではポテンシャルエネルギーが無限大である．ポテンシャルエネルギーがゼロの三次元の箱のなかの粒子のシュレーディンガー方程式は次のようになる．

$$-\frac{\hbar^2}{2m}\left(\frac{\partial^2}{\partial x^2} + \frac{\partial^2}{\partial y^2} + \frac{\partial^2}{\partial z^2}\right)\Psi = E\Psi \qquad (10.15)$$

ここで三次元の演算子

$$\frac{\partial^2}{\partial x^2} + \frac{\partial^2}{\partial y^2} + \frac{\partial^2}{\partial z^2}$$

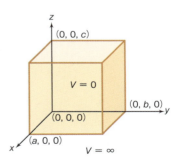

図 10.12　三次元の箱のなかの粒子の波動関数は一次元の箱のなかの粒子の波動関数をもとに理解できるが，このことは変数分離の概念を表している．$a = b = c$ のときの波動関数は特別な性質をもつが，一般には $a \neq b \neq c$ である．

を ∇^2 と表し，これは今後よく使うことになる．すなわち

$$\nabla^2 \equiv \frac{\partial^2}{\partial x^2} + \frac{\partial^2}{\partial y^2} + \frac{\partial^2}{\partial y^2} \tag{10.16}$$

である．∇^2 は"デル二乗"と読み，**ラプラシアン**（Laplacian）または**ラプラス演算子**（Laplacian operator）と呼ばれる[†]．ふつう，三次元のシュレーディンガー方程式は ∇^2 を用いて

$$-\frac{\hbar^2}{2m}\nabla^2 \Psi = E\Psi$$

と書かれる．本書では以後，シュレーディンガー方程式で Ψ に作用するそれぞれの系のラプラシアンを ∇^2 で表すことにする．

[†]訳者注　日本ではふつうナブラ二乗ということが多い．またラプラシアンは Δ と書くこともある．

さてもう一つの仮定を試みて，この系の適切な波動関数を決めよう．いま x, y, z の関数である三次元の波動関数 $\Psi(x, y, z)$ が，それぞれただ一つの変数で書ける三つの関数 $X(x), Y(y), Z(z)$ の積で表せるとする．すなわち

$$\Psi(x, y, z) = X(x)Y(y)Z(z) \tag{10.17}$$

ここで $X(x)$ は x のみ，$Y(y)$ は y のみ，$Z(z)$ は z のみの関数である．このように書ける波動関数は分離可能であるといわれる．なぜこのような特別な仮定をするのだろうか．それは分離されるとシュレーディンガー方程式の ∇^2 についての計算で，それぞれの二次微分が分離されたうちの一つだけの関数に作用してほかの関数は消えてしまうからで，こうなるとシュレーディンガー方程式の解が最終的にずっと簡単になるからである．

三つの関数 $X(x), Y(y), Z(z)$ のカッコ内の変数を省略して簡単に書くことにし，式（10.17）をシュレーディンガー方程式（10.15）に代入すると

$$-\frac{\hbar^2}{2m}\left(\frac{\partial^2}{\partial x^2} + \frac{\partial^2}{\partial y^2} + \frac{\partial^2}{\partial z^2}\right)XYZ = EXYZ$$

が得られる．ここで積 XYZ をカッコのなかの三つの偏微分に分配して

$$-\frac{\hbar^2}{2m}\left\{\frac{\partial^2}{\partial x^2}(XYZ) + \frac{\partial^2}{\partial y^2}(XYZ) + \frac{\partial^2}{\partial z^2}(XYZ)\right\} = EXYZ$$

とする．ここで偏微分の便利な性質を使う．すなわち偏微分では決まった変数についてのみ微分を行い，ほかの変数は定数であるとみなすのである．最初の微分の項では偏微分は x についてのみ行い，y と z はそのままである．上で定義したように関数 X だけが変数 x に依存し，Y と Z は x に依存しない．したがって関数 Y と Z がどのようなものであれ，ここでは定数としてこれらを微分の外にだすことができる．そうするとこの第一項は

$$YZ\frac{\mathrm{d}^2}{\mathrm{d}x^2}X$$

のようになる．ここで偏微分の記号を書きかえたことにも注意してほしい．同様なことがそれぞれ変数 y, z についての第二項と第三項にも行えるから，シュレーディンガー方程式は

$$-\frac{\hbar^2}{2m}\left(YZ\frac{\mathrm{d}^2}{\mathrm{d}x^2}X + XZ\frac{\mathrm{d}^2}{\mathrm{d}y^2}Y + XY\frac{\mathrm{d}^2}{\mathrm{d}z^2}Z\right) = EXYZ$$

となる．最後にこの式の両辺を XYZ で割り，$-\hbar^2/2m$ を右辺にもっていく．結局，以下のようになる．

$$\frac{1}{X}\frac{\mathrm{d}^2}{\mathrm{d}x^2}X + \frac{1}{Y}\frac{\mathrm{d}^2}{\mathrm{d}y^2}Y + \frac{1}{Z}\frac{\mathrm{d}^2}{\mathrm{d}z^2}Z = -\frac{2mE}{\hbar^2}$$

左辺の各項はそれぞれ一つの変数 x, y, z のみに依存する．右辺は定数の 2, m, E, $\hbar$ だけからなるので，全体でも定数になる．このような場合，左辺の各項も定数でなければならない．そうした場合にのみ，それぞれ異なる変数に依存する三つの項が加えられて定数になるからである．ここで第一項を $-2mE_x/\hbar^2$ と定義する．すなわち

$$\frac{1}{X}\frac{\mathrm{d}^2}{\mathrm{d}x^2}X \equiv -\frac{2mE_x}{\hbar^2}$$

ここで E_x は全体の波動関数である式（10.17）の X に由来する粒子のエネルギーである．同様に第二項と第三項について

$$\frac{1}{Y}\frac{\mathrm{d}^2}{\mathrm{d}y^2}Y \equiv -\frac{2mE_y}{\hbar^2}$$

$$\frac{1}{Z}\frac{\mathrm{d}^2}{\mathrm{d}z^2}Z \equiv -\frac{2mE_z}{\hbar^2}$$

と定義する．E_y と E_z の定義も E_x と同様である．以上の三つの式を書き直して

$$-\frac{\hbar^2}{2m}\frac{\mathrm{d}^2}{\mathrm{d}x^2}X = E_x X$$
$$-\frac{\hbar^2}{2m}\frac{\mathrm{d}^2}{\mathrm{d}y^2}Y = E_y Y \qquad (10.18)$$
$$-\frac{\hbar^2}{2m}\frac{\mathrm{d}^2}{\mathrm{d}z^2}Z = E_z Z$$

を得る．この三つの方程式を，この系の元のシュレーディンガー方程式と比較すると

$$E = E_x + E_y + E_z \qquad (10.19)$$

であることがわかる．

式（10.18）は，366 ページで述べた一次元の箱のなかの粒子に対するシュレーディンガー方程式と同じ形である．よって三次元の場合についてもう一

度あらためて解を求めるよりも，簡単に一次元のときの解をそのまま利用したほうがよい．記号については適当にあらためることにすると，式 (10.11) より x 方向についての解 $X(x)$ が

$$X(x) = \sqrt{\frac{2}{a}} \sin \frac{n_x \pi x}{a}$$

と得られる．ここで n_x は量子数 1，2，3，…である．量子化されたエネルギー E_x も同様に一次元のときの結果，式 (10.12) から

$$E_x = \frac{n_x^2 h^2}{8ma^2}$$

となる．

残りの二つの次元についても同様な解析を行うことができて，解 $Y(y)$ と $Z(z)$ はそれぞれ

$$Y(y) = \sqrt{\frac{2}{b}} \sin \frac{n_y \pi y}{b} \qquad Z(z) = \sqrt{\frac{2}{c}} \sin \frac{n_z \pi z}{c}$$

量子化されたエネルギー E_y と E_z は

$$E_y = \frac{n_y^2 h^2}{8mb^2} \qquad E_z = \frac{n_z^2 h^2}{8mc^2}$$

となる．波動関数 $\Psi(x, y, z)$ が式 (10.17) のように，上で示した $X(x)$，$Y(y)$，$Z(z)$ の積であることを思いだすと以下が得られる．

$$\Psi(x, y, z) = \sqrt{\frac{8}{abc}} \sin \frac{n_x \pi x}{a} \sin \frac{n_y \pi y}{b} \sin \frac{n_z \pi z}{c} \qquad (10.20)$$

ただし定数はすべてまとめて示した．同様に式 (10.19) で示した，この三次元の箱のなかの粒子の全エネルギー E は

$$E = \frac{n_x^2 h^2}{8ma^2} + \frac{n_y^2 h^2}{8mb^2} + \frac{n_z^2 h^2}{8mc^2}$$
$$= \frac{h^2}{8m} \left(\frac{n_x^2}{a^2} + \frac{n_y^2}{b^2} + \frac{n_z^2}{c^2} \right) \qquad (10.21)$$

で与えられる．

三次元の箱のなかの粒子の波動関数は，一次元の箱のなかの粒子の波動関数と定性的には同じだが，少し異なった部分もある．まず，どのオブザーバブルも x，y，z の三つの部分をもつということである（式 10.21 の E をみよ）．たとえば三次元の箱のなかの粒子の運動量については "x 方向の運動量 p_x，y 方向の運動量 p_y，z 方向の運動量 p_z" のように分けるほうがよい．それぞれのオブザーバブルは対応する演算子をもち，運動量においては $\widehat{p}_x$，$\widehat{p}_y$，$\widehat{p}_z$ がそうである．すなわち

$$\widehat{p}_x = -i\hbar \frac{\partial}{\partial x}$$

$$\widehat{p}_y = -i\hbar \frac{\partial}{\partial y} \quad (10.22)$$

$$\widehat{p}_z = -i\hbar \frac{\partial}{\partial z}$$

重要なのは波動関数がそれぞれ一次元に分離されても，演算子は波動関数全体に作用するということである．波動関数全体は三次元的で，一次元演算子は関連する座標に依存する部分だけに作用する．

また期待値については三次元の場合，次元が多くなっただけ一次元の場合と異なった扱いをしなければならない．それぞれの次元は独立だから，それぞれの次元に対して独立に積分を実行する必要がある．このため積分は三重積分になるが，波動関数が x, y, z 部分に分離できるので計算は簡単に実行できる．三次元では積分に含まれる dτ は dτ = dxdydz のように三つの微小量 dx, dy, dz で表される．したがって式 (10.13) より，規格化された波動関数 Ψ に対して，演算子が $\widehat{A}$ であるオブザーバブル A の平均値 $\langle A \rangle$ は以下のように与えられる．

$$\langle A \rangle = \iiint \Psi^* \widehat{A} \Psi \, \mathrm{d}x\mathrm{d}y\mathrm{d}z \quad (10.23)$$

波動関数 Ψ と演算子 $\widehat{A}$ が Ψ_x, Ψ_y, Ψ_z と $\widehat{A}_x$, $\widehat{A}_y$, $\widehat{A}_z$ と表される x, y, z 部分に分離できるなら，この三重積分は以下のように三つの積分の積に分離できる．

$$\langle A \rangle = \int \Psi_x^* \widehat{A}_x \Psi_x \, \mathrm{d}x \int \Psi_y^* \widehat{A}_y \Psi_y \, \mathrm{d}y \int \Psi_z^* \widehat{A}_z \Psi_z \, \mathrm{d}z$$

それぞれの積分には系の範囲に依存する上限と下限がある．演算子に含まれない次元についての積分は，その演算子の影響を受けない．このことを次の例題で示そう．

例題 10.14

箱のなかの粒子の波動関数は運動量演算子の固有関数ではない．しかし運動量の平均値を求めることはできる．三次元の波動関数（ただし $n_x = 1$, $n_y = 2$, $n_z = 3$）

$$\Psi(x, y, z) = \sqrt{\frac{8}{abc}} \sin \frac{1\pi x}{a} \sin \frac{2\pi y}{b} \sin \frac{3\pi z}{c}$$

について，$\langle p_y \rangle$ を求めよ．

解 答

式 (10.23) より，以下の積分を計算すればよい．

> これは三次元の問題だから三重積分を計算する必要があり，一つの積分がそれぞれの次元に対応する．しかしこの演算子は，積分内で y だけに作用することに注意せよ．

$$\langle p_y \rangle = \iiint \left(\sqrt{\frac{8}{abc}} \sin \frac{1\pi x}{a} \sin \frac{2\pi y}{b} \sin \frac{3\pi z}{c} \right)$$
$$\times \left(-i\hbar \frac{\partial}{\partial y} \right) \left(\sqrt{\frac{8}{abc}} \sin \frac{1\pi x}{a} \sin \frac{2\pi y}{b} \sin \frac{3\pi z}{c} \right) dx\, dy\, dz$$

ただしここで $\Psi^* = \Psi$ であることと式 (10.22) の関係を用いた．さてこの積分は一見複雑にみえるが，三つの積分の積に分離することで簡単になる．規格化定数 $\sqrt{8/abc}$ は適当に分けることにし，演算子 $-i\hbar(\partial/\partial y)$ は y 部分だけに影響するから y についての積分のなかだけに現れることに注意すると，積分の範囲も考えて

$$\langle p_y \rangle = \int_0^a \sqrt{\frac{2}{a}} \sin \frac{1\pi x}{a} \sqrt{\frac{2}{a}} \sin \frac{1\pi x}{a} dx$$
$$\times \int_0^b \sqrt{\frac{2}{b}} \sin \frac{2\pi y}{b} \left(-i\hbar \frac{\partial}{\partial y} \right) \sqrt{\frac{2}{b}} \sin \frac{2\pi y}{b} dy$$
$$\times \int_0^c \sqrt{\frac{2}{c}} \sin \frac{3\pi z}{c} \sqrt{\frac{2}{c}} \sin \frac{3\pi z}{c} dz$$

> 三次元の波動関数と同様に，この三重積分は分離できる．

三つの積分のこの積は比較的簡単に計算できる．x と z に関する積分は一次元の箱のなかの粒子の場合とまったく同様で，規格化もされている．したがって x と z に関する積分はそれぞれ 1 である．よって上式は

$$\langle p_y \rangle = 1 \times \int_0^b \sqrt{\frac{2}{b}} \sin \frac{2\pi y}{b} \left(-i\hbar \frac{\partial}{\partial y} \right) \sqrt{\frac{2}{b}} \sin \frac{2\pi y}{b} dy \times 1$$

y 部分の演算子 $-i\hbar(\partial/\partial y)$ についての微分の計算は簡単で，定数をすべて積分の外にだして書きなおすと

$$\langle p_y \rangle = 1 \times \left\{ \frac{2}{b} \times \frac{2\pi}{b} (-i\hbar) \int_0^b \sin \frac{2\pi y}{b} \cos \frac{2\pi y}{b} dy \right\} \times 1$$

となる．巻末の付録 1 の積分表を用いると，上の式に含まれる積分がゼロになることがわかる．したがって

$$\langle p_y \rangle = 0$$

> この結論は驚くほどのものでもない．粒子はある瞬間には確かに運動量をもつが，反対向きの二つの運動量ベクトルが時間の半分ずつ現れる．反対向きのベクトル量は打ち消しあうので，運動量の平均の値すなわち平均値はゼロになる．

を得る．

　三重積分はむずかしそうにみえるが，上の例題で示したように，扱いやすい部分に分離することができる．この積分の分離可能性は，波動関数が分離可能であるという仮定と直接に結びついている．波動関数が分離可能でなければ，三変数の三重積分を同時に解かなければならなくなる．これは大変な作業である．波動関数が分離可能なためにどれほど計算が簡単になるかという例がいずれまたでてくる．シュレーディンガー方程式を実際の系に応用するにあたっては，波動関数が分離可能であることが最も重要なのである．

10.12　縮　　退

　一次元の箱のなかの粒子では，波動関数のエネルギーはすべて異なる．一般の三次元の箱のなかの粒子では，全エネルギーは量子数 n_x, n_y, n_z だけで

なく箱の大きさ a, b, c にも依存するので，場合によっては異なる量子数のセット (n_x, n_y, n_z) で指定される二つの波動関数が同じ全エネルギーを与える場合があることも想像できるだろう．

対称性をもった系では，こうしたことがよく起きる．$a = b = c$ の立方体の箱を考える．立方体の一辺の長さを a で表すと，波動関数 $\Psi(x, y, z)$ とエネルギー E はそれぞれ式（10.20）と（10.21）から次のようになる．

$$\Psi(x, y, z) = \sqrt{\frac{8}{a^3}} \sin \frac{n_x \pi x}{a} \sin \frac{n_y \pi y}{a} \sin \frac{n_z \pi z}{a} \quad (10.24)$$

$$E = \frac{n_x^2 h^2}{8ma^2} + \frac{n_y^2 h^2}{8ma^2} + \frac{n_z^2 h^2}{8ma^2}$$

$$= \frac{h^2}{8ma^2}(n_x^2 + n_y^2 + n_z^2) \quad (10.25)$$

エネルギー E は定数と，三つの量子数 n_x, n_y, n_z の二乗の和に依存している．三つの量子数のセット (n_x, n_y, n_z) による和が別のセットによる和と等しいとき，または二つの量子数が値を交換するとき，波動関数が異なっていてもエネルギー E はまったく同じになる．この状態を**縮退**（degeneracy）と呼ぶ．また同じエネルギーをもつが相異なる線形独立な波動関数は**縮退している**（degenerate）といわれる．同じエネルギーをもつ異なる波動関数の数で縮退の度合，すなわち縮退度を示す．波動関数が二つなら縮退度は 2，または二重縮退しているといい，三つなら縮退度は 3，または三重縮退していると呼ばれる．

量子数が決まると，式（10.25）からエネルギーが求まる．n_x, n_y, n_z を量子数として，これに対応するエネルギーを $E_{n_x n_y n_z}$ と書くことにすると

$$E_{111} = \frac{h^2}{8ma^2}(1^2 + 1^2 + 1^2) = 3 \times \frac{h^2}{8ma^2}$$

$$E_{112} = \frac{h^2}{8ma^2}(1^2 + 1^2 + 2^2) = 6 \times \frac{h^2}{8ma^2} \quad *$$

$$E_{113} = \frac{h^2}{8ma^2}(1^2 + 1^2 + 3^2) = 11 \times \frac{h^2}{8ma^2}$$

* E_{112} は $n_x = 1$, $n_y = 1$, $n_z = 2$ である波動関数の固有値である．

などとなる**．さて波動関数についても上で述べたエネルギーと同様の表し方をする．すなわち量子数 n_x, n_y, n_z をもった波動関数を $\Psi_{n_x n_y n_z}$ と書くことにする．ここで次の二つの波動関数を考える．式（10.24）より

$$\Psi_{121} = \sqrt{\frac{8}{a^3}} \sin \frac{1\pi x}{a} \sin \frac{2\pi y}{a} \sin \frac{1\pi z}{a}$$

$$\Psi_{211} = \sqrt{\frac{8}{a^3}} \sin \frac{2\pi x}{a} \sin \frac{1\pi y}{a} \sin \frac{1\pi z}{a}$$

** 計算を実行し J を単位に用いて数値で示すよりも h, m, a を使ったままで表したほうが，量子数との関係がわかりやすい．

この二つは異なる波動関数である（これは各自で確かめてみるとよい．一方は x 方向に量子数 2 をもち，もう一方は y 方向に量子数 2 をもつ）．しかし，そのエネルギーは

$$E_{121} = \frac{h^2}{8ma^2}(1^2 + 2^2 + 1^2) = 6 \times \frac{h^2}{8ma^2}$$

$$E_{211} = \frac{h^2}{8ma^2}(2^2 + 1^2 + 1^2) = 6 \times \frac{h^2}{8ma^2}$$

となって，それぞれが異なる波動関数に対応しているにもかかわらず，E_{121} と E_{211} は同じになる．さらにこれは E_{112} とも一致する．つまり三重縮退していることになる．同じエネルギーをもつ三つの異なる波動関数があるのである（ただしエネルギー以外のオブザーバブルに対しては，縮退している波動関数は異なる値を与えるかもしれない）．

ここで述べた縮退の例は，それぞれの次元は独立だが等価である三次元空間中の波動関数についての結果である．これは対称性による縮退と考えられる．また偶然による縮退（これを偶然縮退と呼ぶこともある）の例も考えられる．たとえば $(3, 3, 3)$ と $(5, 1, 1)$ のような量子数のセットに対するエネルギーは

$$E_{333} = \frac{h^2}{8ma^2}(3^2 + 3^2 + 3^2) = 27 \times \frac{h^2}{8ma^2}$$

$$E_{511} = \frac{h^2}{8ma^2}(5^2 + 1^2 + 1^2) = 27 \times \frac{h^2}{8ma^2}$$

であり，これが偶然縮退の例である．対応する波動関数は共通の量子数をもたないがエネルギーは完全に一致する．E_{151} と E_{115} とも同じであることに注意すると，この例は四重縮退である．図 10.13 に示した三次元の箱のなかの粒子のエネルギー準位図は，エネルギー準位の縮退を示したものである．

例題 10.15

一辺の長さが a の立方体の箱のなかの粒子を考える．このときエネルギーが $27 \times (h^2/8ma^2)$ である四つの波動関数を示し，それらが実際に異なる関数であることを確かめよ．

解　答

$(3, 3, 3)$，$(5, 1, 1)$，$(1, 5, 1)$，$(1, 1, 5)$ の四つの量子数のセットを考えると，式 (10.24) より

$$\Psi_{333} = \sqrt{\frac{8}{a^3}} \sin \frac{3\pi x}{a} \sin \frac{3\pi y}{a} \sin \frac{3\pi z}{a}$$

$$\Psi_{511} = \sqrt{\frac{8}{a^3}} \sin \frac{5\pi x}{a} \sin \frac{1\pi y}{a} \sin \frac{1\pi z}{a}$$

$$\Psi_{151} = \sqrt{\frac{8}{a^3}} \sin \frac{1\pi x}{a} \sin \frac{5\pi y}{a} \sin \frac{1\pi z}{a}$$

$$\Psi_{115} = \sqrt{\frac{8}{a^3}} \sin \frac{1\pi x}{a} \sin \frac{1\pi y}{a} \sin \frac{5\pi z}{a}$$

量子数のセット $(3, 3, 3)$ に対する波動関数は一つだけである．

量子数のセット $(5, 1, 1)$ に対する波動関数は異なるものが三つある．どの n が 5 の値をとるかによって形が変わる．

となる．量子数の組合せが異なっていること，すなわち波動関数 Ψ の添え字が異なっていることをみれば，これら四つの波動関数がすべて異なっていることがわかる．

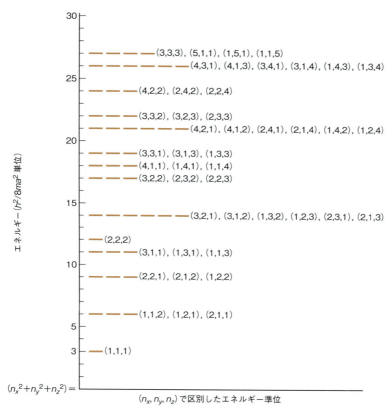

図 10.13　三次元の箱（ただし立方体）のなかの粒子のエネルギー準位　この系では，異なる波動関数が同じエネルギーをもつことがありうる．これは縮退の一例である．

10.13　直交性

ここで波動関数のもう一つの重要な性質を紹介する．これまでに系はただ一つの波動関数だけでなく，いくつかの波動関数をもちうることがわかった．波動関数はそれぞれ固有値方程式を用いて得られたあるエネルギーをもち，またこれに加えてほかのオブザーバブルの固有値をもつこともある．さてシュレーディンガー方程式が複数の解をもつことは，以下のようにまとめて書くことができる．

$$\hat{H}\Psi_n = E_n\Psi_n \quad (n = 1, 2, 3, \cdots) \quad (10.26)$$

式（10.26）が満たされるときにはただ一つの波動関数ではなく，ふつうは箱のなかの粒子のときのように（無限個からなるかもしれない）ひと組の波

動関数が得られる．このひと組の方程式は数学的にたいへん有用な性質をもっている．

すべての波動関数 Ψ_n は

$$\int \Psi_n{}^* \Psi_n \, d\tau = 1$$

のように規格化されていなければならない．ただし積分は空間全体について行うものとする．これは式（10.8）と同様に規格化を定義する式である．一方，異なった二つの波動関数 Ψ_m と Ψ_n については上の積分は厳密にゼロにならなければならない．すなわち，同じように空間全体の積分に対して以下が成り立つ．

$$\int \Psi_m{}^* \Psi_n \, d\tau = 0 \quad (m \neq n) \tag{10.27}$$

ここで波動関数の掛け算の順は問題ではなく，$\Psi_n{}^* \Psi_m$ としても積分はゼロのままである．この性質は波動関数の**直交性**（orthogonality）と呼ばれ，またこのとき波動関数は互いに**直交している**（orthogonal）という．系のすべての波動関数が互いに直交していることがわかれば，いろいろな計算において多くの積分をゼロとおけるので便利である．こうした積分をゼロにする直交性を利用するためには積分のなかの波動関数が異なることに気づくだけでよい．両方の波動関数は同じ系についてのもので異なる固有値をもたなければならず*，また積分のなかに演算子が含まれていてはならない（定数である演算子もありうるが定数は積分の外にだせる．その残りが式10.27を満たせばよい）．

波動関数が規格化されていることと直交性とはふつう，以下の一つの式にまとめて表される．

$$\int \Psi_m{}^* \Psi_n \, d\tau = \begin{cases} 0 & (m \neq n) \\ 1 & (m = n) \end{cases} \tag{10.28}$$

これは**規格直交性**（orthonormality）と呼ばれる．

---

* 式（10.27）は二つの波動関数 Ψ_m と Ψ_n が同じエネルギー固有値をもつとき，すなわち縮退しているときには使えない．このときにはほかの考え方を用いるが，これについてはここでは議論しない．

例題 10.16

幅 a の一次元の箱のなかの粒子について，式（10.11）で与えられる波動関数 Ψ_1 と Ψ_2 が直交していることを示せ．

解 答

式（10.28）より以下の積分を計算すればよい．

$$\frac{2}{a} \int_0^a \sin \frac{1\pi x}{a} \sin \frac{2\pi x}{a} \, dx$$

ここで定数 $2/a$ を積分の外にだし，積分範囲を 0 から a としたことに注意してほしい．巻末の付録1の積分表を用いると

$$\frac{2}{a}\int_0^a \sin\frac{1\pi x}{a}\sin\frac{2\pi x}{a}\,\mathrm{d}x$$

$$=\frac{2}{a}\left[\frac{\sin(1\pi/a - 2\pi/a)x}{2(1\pi/a - 2\pi/a)} - \frac{\sin(1\pi/a + 2\pi/a)x}{2(1\pi/a + 2\pi/a)}\right]_0^a$$

$$=\frac{2}{a}\left[\frac{\sin(-1\pi/a)x}{-2\pi/a} - \frac{\sin(3\pi/a)x}{6\pi/a}\right]_0^a$$

$$=\frac{2}{a}\left\{\frac{\sin(-1\pi/a)a}{-2\pi/a} - \frac{\sin(3\pi/a)a}{6\pi/a}\right\}$$

$$\quad -\frac{2}{a}\left\{\frac{\sin(1\pi/a)\times 0}{-2\pi/a} - \frac{\sin(3\pi/a)\times 0}{6\pi/a}\right\}$$

$$=\frac{2}{a}\left\{\frac{\sin(-\pi)}{-2\pi/a} - \frac{\sin 3\pi}{6\pi/a}\right\} - \frac{2}{a}\left\{\frac{\sin 0}{-2\pi/a} - \frac{\sin 0}{6\pi/a}\right\}$$

$$=\frac{2}{a}\left(\frac{0}{-2\pi/a} - \frac{0}{6\pi/a}\right) - \frac{2}{a}\left(\frac{0}{-2\pi/a} - \frac{0}{6\pi/a}\right)$$

$$=0$$

ゆえに

$$\frac{2}{a}\int_0^a \sin\frac{1\pi x}{a}\sin\frac{2\pi x}{a}\,\mathrm{d}x = 0$$

これは直交していることを表している.

　規格直交性の概念はとても有用である.値がちょうど0か1になる積分があると数学的な扱いがずっと簡単になる.したがって積分が1(すなわち被積分関数である波動関数が規格化されていること)または0(被積分関数である波動関数が直交していること)であることを見抜く技術を身につけることは重要である.しかし規格直交性は,積分のなかに演算子がないことを条件としている点に注意しなければならない.演算子がある場合には積分が0か1になるかを考える前に,演算子を用いた演算をしておく必要がある.

10.14　時間に依存するシュレーディンガー方程式

　この章ではおもに時間に依存しないシュレーディンガー方程式を用いてきたが,これはシュレーディンガー方程式の基本の形ではない.時間に依存しないシュレーディンガー方程式を用いた場合に,意味のある固有値が与えられるのは定常状態,すなわち波動関数の確率分布が時間によって変化しない場合についてだけである.時間を含んだシュレーディンガー方程式もあり,これを**時間に依存するシュレーディンガー方程式**(time-dependent Schrödinger equation)と呼び,以下の形をしている.

$$\widehat{H}\Psi(x,t) = i\hbar\frac{\partial\Psi(x,t)}{\partial t} \quad (10.29)$$

ここでは波動関数 Ψ が位置 x だけでなく時間 t によっても変化することを示すために，Ψ の x および t 依存性が $\Psi(x, t)$ という形ではっきりと書かれている．Schrödinger は，すべての波動関数がこの微分方程式を満たさなければならないと仮定した．これが本書で考える，量子力学についての最後の仮定である．この仮定によって，量子力学においてはハミルトニアン $\widehat{H}$ が最も重要であるということがゆるぎないものになる．

式 (10.29) を扱う方法の一つは，三次元の箱で x, y, z を分離したように，時間 t と位置 x が分離できると仮定することである．すなわち

$$\Psi(x, t) = f(t)\, \Psi(x) \tag{10.30}$$

とする．波動関数 $\Psi(x, t)$ が時間 t だけに依存する部分 $f(t)$ と，位置 x だけに依存する部分 $\Psi(x)$ とに分かれている．これを導くのは比較的簡単だが，それは省略し，ここでは結果として得られる適切な解

$$\Psi(x, t) = \mathrm{e}^{-iEt/\hbar}\, \Psi(x) \tag{10.31}$$

についてだけ簡単に述べることにする．なおここで E は系の全エネルギーである．さて，この波動関数 $\Psi(x, t)$ の時間に依存する部分の関数 $\mathrm{e}^{-iEt/\hbar}$ は，位置に依存する部分の関数 $\Psi(x)$ には何の制限も加えない．波動関数 $\Psi(x, t)$ については，この章のはじめの部分の議論に戻ればよい．式 (10.30) の仮定によって波動関数 $\Psi(x, t)$ の時間依存性は形のうえではかなり簡単になる．しかし位置依存性のほうは対象としている系ごとに考える必要がある．$\Psi(x, t)$ が式 (10.31) の形に分離できれば，時間に依存するシュレーディンガー方程式は以下の例題で示すように，時間に依存しないシュレーディンガー方程式に単純化できる．

例題 10.17

式 (10.31) で与えられる $\Psi(x, t)$ を時間に依存するシュレーディンガー方程式 (10.29) に代入し，時間に依存しないシュレーディンガー方程式 (10.10) が得られることを示せ．

解 答

式 (10.31) を (10.29) に代入して

$$\widehat{H}\{\mathrm{e}^{-iEt/\hbar}\, \Psi(x)\} = i\hbar \frac{\partial}{\partial t}\{\mathrm{e}^{-iEt/\hbar}\, \Psi(x)\}$$

右辺については指数部分を t で偏微分し，$\Psi(x)$ は t に依存しないのでそのままにすると

$$\widehat{H}\{\mathrm{e}^{-iEt/\hbar}\, \Psi(x)\} = i\hbar\, \Psi(x)\, \frac{-iE}{\hbar}\, \mathrm{e}^{-iEt/\hbar}$$

右辺では $\hbar$ が打ち消しあい，負の符号も $i^2 = -1$ と打ち消しあう．一方ハミルトニアン $\widehat{H}$ は時間を含まないので，左辺の指数部分は演算子 $\widehat{H}$ の前にだせる．よって

$$e^{-iEt/\hbar}\widehat{H}\Psi(x) = E\Psi(x)e^{-iEt/\hbar}$$

両辺の指数部分は消え，以下が残る．

$$\widehat{H}\Psi(x) = E\Psi(x)$$

これは時間に依存しないシュレーディンガー方程式（10.10）である．

上の例題では，$\Psi(x,t)$ の形と時間に依存しない $\widehat{H}$ を仮定し，時間に依存するシュレーディンガー方程式から時間に依存しないシュレーディンガー方程式を導いた．したがって時間に依存するシュレーディンガー方程式（10.29）が量子力学の基本方程式であるといったほうがより正確である．しかし多くのテキストでは分離可能であるという仮定のもとで，式（10.31）の位置に依存する部分 $\Psi(x)$ を理解することにもっぱら注意が向けられている．式（10.31）の波動関数の確率分布が時間に依存しないことから，この波動関数が定常状態であることは簡単に示せる．式（10.31）の形をしていない波動関数もあるが，このときには時間に依存するシュレーディンガー方程式を使わなくてはならない．

10.15 仮定のまとめ

表 10.2 に，この章でとりあげなかったものも含めて量子力学における仮定をまとめておく．異なる節でとりあげたものにはそれぞれ別の番号をつけてあげてある．また独立させたものや，ひとまとめにしたものもある．最初にとりあげた理想的な系である箱のなかの粒子に対して，これらの仮定がどのように用いられたかがわかるだろう．

無限の高さの壁をもった箱に入った粒子など実際には存在しない．しかし

表 10.2 量子力学における仮定

仮定① 粒子系の状態は波動関数 Ψ で与えられる．この Ψ は粒子の座標と時間の関数で，系の状態について決めることのできるあらゆる情報を含む．また Ψ は一価で連続，有界でなければならず，$|\Psi|^2$ は積分可能でなければならない（10.2 節）． **仮定②** すべての物理的オブザーバブルと変数 O に対して，対応するエルミート演算子 $\widehat{O}$ が存在する．まず位置と運動量（直線運動量）を古典的表現で表し，ついでこの表現について位置変数 x を "x を掛ける"（すなわち $x\times$）操作に置き換え，運動量変数 p_x に対しては $-i\hbar(\partial/\partial x)$ に置き換えることによって演算子がつくられる．同様の置き換えを y，z 座標とそれぞれの運動量成分に対して行う（10.3 節）． **仮定③** 1 回の測定で得られるオブザーバブルのただ一つの値は，対応する演算子 $\widehat{O}$ と波動関数 Ψ からつくられた固有値方程式 $$\widehat{O}\Psi = K\Psi$$ の固有値 K である．ここで K は定数である（10.3 節）． **仮定④** 波動関数 Ψ は，時間に依存するシュレーディンガー方程式	$$\widehat{H}\Psi = i\hbar\frac{\partial \Psi}{\partial t}$$ を満たさなければならない（10.14 節）．なお Ψ が時間と位置の関数に分離できると仮定すれば，この式は時間に依存しないシュレーディンガー方程式 $\widehat{H}\Psi = E\Psi$ に書きかえられる（10.7 節）． **仮定⑤** オブザーバブルの期待値 $\langle O \rangle$ は，規格化された波動関数 Ψ に対する式 $$\langle O \rangle = \int \Psi^* \widehat{O} \Psi \, d\tau$$ によって与えられる．ただし積分は空間全体について行うものとする（10.9 節）． **仮定⑥** どのような量子力学的演算子の固有関数系も，数学的に完全な関数系をつくる． **仮定⑦** 与えられた系の波動関数 Ψ は，固有値 a_n をもつ縮退していない波動関数 Ψ_n の線形結合で書くことができる．すなわち $$\Psi = \sum_n c_n \Psi_n \quad \text{かつ} \quad \widehat{A}\Psi_n = a_n\Psi_n$$ となる．このとき対応する測定による値が a_n になる確率は $|c_n|^2$ である．すべての Ψ_n を結合して Ψ が得られることは重ね合わせの原理と呼ばれる．

このような箱のなかの粒子はシュレーディンガー方程式を満たし，規格化，直交性，量子化されたエネルギー，縮退など，量子力学の重要なことがらをすべて示す．実際の系であれ理想的な系であれ，すべての系はこうした性質をもつ．次の章ではほかの理想的な系や実際の系へと量子力学を応用していくが，以上のことがらについて読者はよく知っているものとする．もしそうでなければ本章を復習してほしい．この章には理想的な箱のなかの粒子からDNA分子に至るまで，あらゆる系に量子力学を適用する場合に必要な予備知識がすべて含まれている．次章以下で新しい概念がいくつかでてくるが，量子力学の基礎的な部分はほとんどすでに説明してしまったのである．量子力学のどのような議論も，基本的には本章の内容にもとづいている．

重要な式

$$\widehat{O}\varPsi = K\varPsi \quad (K = 定数) \qquad (固有値方程式)$$

$$\widehat{x} \equiv x \times \qquad (位置演算子の定義)$$

$$\widehat{p_x} \equiv -i\hbar \frac{\partial}{\partial x} \qquad (運動量演算子の定義)$$

$$\Delta x \, \Delta p_x \geq \frac{\hbar}{2} \qquad (ハイゼンベルクの不確定性原理)$$

$$P = \int_a^b \varPsi^* \varPsi \, d\tau \qquad (ボルンによる確率の定義)$$

$$\int_{\text{all space}} \varPsi^* \varPsi \, d\tau = 1 \qquad (波動関数に対する規格化条件)$$

$$\left[-\frac{\hbar^2}{2m}\frac{\partial^2}{\partial x^2} + \widehat{V}(x)\right]\varPsi = E\varPsi \qquad (時間に依存しないシュレーディンガー方程式)$$

$$\varPsi = \sqrt{\frac{2}{a}} \sin \frac{n\pi x}{a} \quad (n = 整数) \qquad (箱の中の粒子の波動関数)$$

$$E = \frac{n^2 h^2}{8ma^2} \qquad (箱の中の粒子の量子化エネルギー)$$

$$\langle A \rangle = \int_{\text{all space}} \varPsi \widehat{A} \varPsi \, d\tau \qquad (演算子に関連した平均値)$$

$$\nabla^2 = \frac{\partial^2}{\partial x^2} + \frac{\partial^2}{\partial y^2} + \frac{\partial^2}{\partial z^2} \qquad (ラプラシアン演算子)$$

$$\Psi = \sqrt{\frac{8}{abc}} \sin\frac{n_x \pi x}{a} \sin\frac{n_y \pi y}{b} \sin\frac{n_z \pi z}{c} \quad \text{(三次元の箱のなかの粒子の波動関数)}$$

$$E = \frac{h^2}{8m}\left(\frac{n_x^2}{a^2} + \frac{n_y^2}{b^2} + \frac{n_z^2}{c^2}\right) \quad \text{(三次元の箱のなかの粒子のエネルギー)}$$

$$\int_{\text{all space}} \Psi_m{}^* \Psi_n \, d\tau = 0 \quad (\Psi_m \neq \Psi_n) \quad \text{(波動関数の直交性についての要求)}$$

$$\hat{H}\Psi = i\hbar \frac{\partial \Psi}{\partial t} \quad \text{(時間に依存するシュレーディンガー方程式)}$$

第10章の章末問題

10.1 本章で述べた量子力学における仮定を，自分自身の言葉で述べよ．

10.2 節の問題

10.2 適切な波動関数に対する四つの要求は何か．

10.3 与えられた範囲において，次の関数は妥当か．そうでない場合には，その理由を述べよ．
(a) $F(x) = x^2 + 1 \quad (0 \leq x \leq 10)$
(b) $F(x) = \sqrt{x} + 1 \quad (-\infty < x < +\infty)$
(c) $f(x) = \tan x \quad (-\pi \leq x \leq +\pi)$
(d) $\Psi = e^{-x^2} \quad (-\infty < x < +\infty)$

10.4 与えられた範囲において，次の関数は妥当か．そうでない場合には，その理由を述べよ．
(a) $\Psi = e^{x^2} \quad (-\infty < x < +\infty)$
(b) $F(x) = \sin 4x \quad (-\pi \leq x \leq +\pi)$
(c) $x = y^2 \quad (x \geq 0)$
(d) 次のような関数

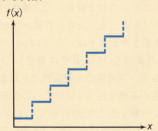

(e) 次のような関数

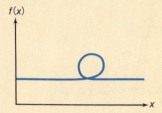

10.5 以下の要求を満たす波動関数と満たさない波動関数の例を自分で考えてみよ．
(a) 連続性
(b) 有界性
(c) 微分可能性

10.3 節の問題

10.6 次の式における演算は何か．
(a) 2×3
(b) $4 \div 5$
(c) $\ln x^2$
(d) $\sin(3x+3)$
(e) $\exp\left(-\frac{\Delta E}{kT}\right)$
(f) $\frac{d}{dx}\left(4x^3 - 7x + \frac{7}{x}\right)$

10.7 上の問題 10.6 (a), (b), (f) の演算を実行せよ．

10.8 次の演算子と関数が定義されている．

$\hat{A} = \frac{\partial}{\partial x}(\quad) \quad \hat{B} = \sin(\quad) \quad \hat{C} = \frac{1}{(\quad)} \quad \hat{D} = 10^{(\quad)}$

$p = 4x^3 - 2x^{-2}$ $q = -0.5$ $r = 45xy^2$ $s = \dfrac{2\pi x}{3}$

このとき以下の演算を実行せよ．(a) $\hat{A}p$．(b) $\hat{C}q$．
(c) $\hat{B}s$．(d) $\hat{D}q$．(e) $\hat{A}(\hat{C}r)$．(f) $\hat{A}(\hat{D}q)$．

10.9 演算子を重ねて関数に作用させることもできる．$\hat{P}_x$ が座標 x に作用して $-x$ を，$\hat{P}_y$ が座標 y に作用して $-y$ を，$\hat{P}_z$ が座標 z に作用して $-z$ を生じるとき，三次元直交座標に対する次の演算を実行せよ．

(a) $\hat{P}_x(4, 5, 6)$
(b) $\hat{P}_y\hat{P}_z(0, -4, -1)$
(c) $\hat{P}_x\hat{P}_x(5, 0, 0)$
(d) $\hat{P}_y\hat{P}_x(\pi, \pi/2, 0)$
(e) $\hat{P}_x\hat{P}_y$ と $\hat{P}_y\hat{P}_x$ はどのような座標のセットに対しても等しいか．理由とともに述べよ．

10.10 次の式のうちで固有値方程式になるものを示し，その固有値を求めよ．

(a) $\dfrac{\mathrm{d}}{\mathrm{d}x}\sin\dfrac{\pi x}{2}$

(b) $\dfrac{\mathrm{d}^2}{\mathrm{d}x^2}\sin\dfrac{\pi x}{2}$

(c) $-i\hbar\dfrac{\mathrm{d}}{\mathrm{d}x}\sin\dfrac{\pi x}{2}$

(d) $-i\hbar\dfrac{\mathrm{d}}{\mathrm{d}x}e^{-imx}$　（m は定数）

(e) $\dfrac{\mathrm{d}}{\mathrm{d}x}(e - x^2)$

(f) $\left(-\dfrac{\hbar^2}{2m}\dfrac{\mathrm{d}^2}{\mathrm{d}x^2} + 0.5\right)\sin\dfrac{2\pi x}{3}$

(g) $\dfrac{\mathrm{d}}{\mathrm{d}y}(e^{-y^2})$

10.11 以下のうち，固有値方程式になるものを答えよ．またそのときの固有値も示せ．

(a) $\dfrac{\mathrm{d}}{\mathrm{d}x}\cos 4x$

(b) $\dfrac{\mathrm{d}^2}{\mathrm{d}x^2}\cos 4\pi x$

(c) $\hat{p}_x\left(\sin\dfrac{2\pi x}{3}\right)$

(d) $\hat{x}\left(\sqrt{\dfrac{2}{a}}\sin\dfrac{2\pi x}{a}\right)$

(e) $\hat{3}(4\ln x^2)$　（$\hat{3} = 3\times$）

(f) $\dfrac{\mathrm{d}}{\mathrm{d}\theta}\sin\pi\cos\theta$

(g) $\dfrac{\mathrm{d}^2}{\mathrm{d}\theta^2}\sin\pi\cos\theta$

(h) $\dfrac{\mathrm{d}}{\mathrm{d}\pi}\tan\pi$

10.12 関数に定数を掛けたものが，固有値方程式と考えられるのはなぜか．

10.13 上の問題 10.12 に関連して，あるテキストでは関数にゼロを掛けたものも固有値方程式と考えている．これには，どのような問題があると考えられるか．

10.14 運動量演算子と古典的な運動エネルギーのもともとの定義を使って，一次元の運動エネルギー演算子

$$\hat{K} = -\dfrac{\hbar^2}{2m}\dfrac{\mathrm{d}^2}{\mathrm{d}x^2}$$

を導け．

10.15 i, すなわち -1 の平方根を掛けた演算子は，どのような条件のもとでエルミート演算子になると考えられるか．

10.16 環上の粒子が

$$\Psi = \dfrac{1}{\sqrt{2\pi}}e^{im\phi}$$

という波動関数をもつとする．ここで ϕ は 0 から 2π までの値をとり，m は定数である．いま

$$\hat{p}_\phi = -i\hbar\dfrac{\partial}{\partial\phi}$$

として，粒子の角運動量の固有値 p_ϕ を計算せよ．角運動量は定数 m にどのように依存するか．

10.4 節の問題

10.17 質量 250 g，速度の不確かさが 4 km h^{-1} で，160 km h^{-1} で運動している野球のボールの位置の不確かさ Δx を計算せよ．また，同じ速度で運動している電子の位置の不確かさを求めよ．

10.18 水銀原子の 1s 電子が光の速さのおよそ 58% で運動している．このような速さでは，電子のふるまいに対して相対論的補正が必要になる．この電子の質量が $1.23\, m_e$（m_e は電子の静止質量）で，速さの不確かさが 10,000 m s^{-1} であるとき，位置の不確かさを求めよ．

10.19 古典的な水素原子は，直径 74 pm であるようにふるまう．古典的な H 原子中の電子について $\Delta x = 74$ pm とすると，運動量の不確定性 Δp およびその結果としての速度の不確定性 Δv はいくらになるか．

10.20 最大の原子として知られているフランシウム Fr は，540 pm の原子直径をもつ．Fr 中電子について $\Delta x = 540$ pm とすると，運動量の不確定性 Δp およびその結果としての速度の不確定性 Δv はいくらになるか．

10.21 水素原子に対するボーアの理論は，不確定性原理とどのように矛盾するか（実際には，非水素型原子に

対しては限定的にしか適用できないという矛盾がボーアの理論の限界だった).

10.22 厳密には等価でないが,オブザーバブルである時間とエネルギーの間には同様の不確かさの関係

$$\Delta E \Delta t \geq \frac{\hbar}{2}$$

がある.さて発光スペクトルではスペクトル線幅(ΔE の測定値を与える)を励起状態の寿命(すなわち Δt)と関係づけられる.スペクトル線幅が $1.00\,\mathrm{cm}^{-1}$ のとき,遷移寿命の最小の不確かさはいくらか.単位に気をつけること.

10.23 不確定性原理は波動関数に作用する二つの演算子の順番に関係づけられる.以下に示す式

$$\widehat{x}(\widehat{p}_x \sin \pi x) \quad と \quad \widehat{p}_x(\widehat{x} \sin \pi x)$$

を計算し,得られる結果が異なることを示せ.

10.5 節の問題

10.24 次の波動関数の複素共役を示せ.
(a) $\Psi = 4x^3$. (b) $\Psi(\theta) = \mathrm{e}^{i\pi\theta}$. (c) $\Psi = 4 + 3i$.
(d) $\Psi = i \sin(3\pi x/2)$. (e) $\Psi = \mathrm{e}^{-iEt/\hbar}$.

10.25 次の波動関数の複素共役を示せ.
(a) $\Psi = 3x$
(b) $\Psi = 4 - 3i$
(c) $\Psi = \cos 4x$
(d) $\Psi = -i\hbar \sin 4x$
(e) $\Psi = \mathrm{e}^{3\hbar\phi}$
(f) $\Psi = \mathrm{e}^{-2\pi i\phi/\hbar}$

10.26 ある状態の粒子が区間 $x = 0$ から a の範囲で,規格化された波動関数

$$\Psi = \sqrt{\frac{2}{a}} \sin \frac{\pi x}{a}$$

をもつ.この粒子が次の区間に存在する確率はいくらか.(a) $x = 0$ から $0.02a$ まで.(b) $x = 0.24a$ から $0.26a$ まで.(c) $x = 0.49a$ から $0.51a$ まで.(d) $x = 0.74a$ から $0.76a$ まで.(e) $x = 0.98a$ から $1.00a$ まで.また,この確率を x に対するグラフに示せ.確率に対するこのグラフは何を示しているか.

10.27 上の計算を

$$\Psi = \sqrt{\frac{2}{a}} \sin \frac{2\pi x}{a}$$

についても行ってみよ.結果はどのように違うか.

10.28 環上の粒子が波動関数 $\Psi = \mathrm{e}^{im\phi}$ をもつとする.ここで ϕ は 0 から 2π までの値をとり,m は定数である.
(a) この波動関数を規格化せよ.なお $\mathrm{d}\tau$ は $\mathrm{d}\phi$ とせよ.規格化定数は定数 m にどのように依存するか.
(b) $\phi = 0$ から $2\pi/3$ で示される環上に粒子が存在する確率はいくらか.この答えには意味があるか.また確率は定数 m にどのように依存するか.

10.29 質量 m の粒子が規格化されていない波動関数 $\Psi = k$ で記述されるとする.粒子が $x = 0$ から a である一次元の長さ a の区間に閉じこめられた場合に,k はある定数となる.この粒子がこの区間の最初の $1/3$,すなわち $x = 0$ から $(1/3)a$ までの範囲に存在する確率はいくらか.また粒子が区間の最後の $1/3$,すなわち $x = (2/3)a$ から a までの範囲に存在する確率はいくらか.

10.30 上の問題 10.29 と同じ箱のなかにある,同じ粒子を考える.しかし規格化されていない波動関数は異なっていて $\Psi = kx$ とし,波動関数の値が箱の端からの距離に正比例するとする.上の問題と同じ二種類の確率を計算せよ.また,ここでの答えと前問の答えとの違いについて述べよ.

10.6 節の問題

10.31 次の波動関数を,与えられた区間で規格化せよ.ただし巻末の付録1の積分表を用いてもよい.
(a) $\Psi = x^2$ ($x = 0$ から 1 まで)
(b) $\Psi = 1/x$ ($x = 5$ から 6 まで)
(c) $\Psi = \cos x$ ($x = -\pi/2$ から $\pi/2$ まで)
(d) $\Psi = \mathrm{e}^{-r/a}$ ($r = 0$ から ∞ まで.ただし a は定数で,$\mathrm{d}\tau = 4r^2\mathrm{d}r$ とする)
(e) $\Psi = \mathrm{e}^{-r^2/a}$ ($r = -\infty < x < +\infty$ まで.ただし a は定数で,$\mathrm{d}\tau = 4\pi r^2 \mathrm{d}r$ とする)

10.32 次の波動関数を,与えられた区間で規格化せよ.ただし巻末の付録1の積分表を用いてもよい.
(a) $\Psi = x$ ($x = 0$ から 1 まで)
(b) $\Psi = x$ ($x = 0$ から 2 まで)
(c) $\Psi = \sin 2x$ ($x = 0$ から π まで)
(d) $\Psi = \sin 2x$ ($x = 0$ から 2π まで)
(e) $\Psi = \sin^{3/2} x$ ($x = 0$ から 2π まで)

10.33 ガウス型関数は e^{-ax^2} という形をもち,a は定数である.$x = -\infty$ から $+\infty$ までの範囲でこのガウス型関数を規格化せよ.〔ヒント:$x = -\infty$ から 0 までと,$x = 0$ から $+\infty$ の二つの範囲に分ける必要がある.〕

10.34 波動関数が規格化できるためには,波動関数に対する条件のうちのどれが満たされていなければならないか.

10.35 ポテンシャルエネルギーがまったくない,すなわち $V = 0$ のとき,質量 m の束縛されていない,つまり"自由な"粒子の適切な一次元の波動関数は $\Psi =$

$A \exp\{i(2mE)^{1/2}x/\hbar\} + B \exp\{-i(2mE)^{1/2}x/\hbar\}$ である．ここで A と B は定数，E は粒子のエネルギーを表す．この波動関数は $-\infty < x < +\infty$ で規格化できるか．また，この答えの意味するところを述べよ．

10.7 節の問題

10.36 シュレーディンガー方程式は運動エネルギーに対して具体的な演算子をもつが，ポテンシャルエネルギーに対しては一般的な式 V をもつだけである．なぜか．

10.37 シュレーディンガー方程式において，運動エネルギー演算子の部分が導関数であるのに，ポテンシャルエネルギー演算子の部分は単に関数 V の掛け算である．なぜか．

10.38 定数の波動関数 $\Psi = k$ で運動が記述される質量 m の粒子の全エネルギーをシュレーディンガー方程式を用いて計算せよ．ただし $V = 0$ と仮定する．また解答が正しいかどうかについても吟味せよ．

10.39 ポテンシャルエネルギー V が任意単位で 0 および 0.5 の場合について考える．このとき質量 m，波動関数 $\Psi = \sqrt{2} \sin \pi x$ の粒子の全エネルギーを表す式を求めよ．二つのエネルギー固有値の差はいくらか．また，この差は妥当か．

10.40 ハミルトニアンがどのようにしてエルミート演算子になるかを説明せよ（エルミート演算子の制限については 10.3 節をみよ）．

10.41 次の波動関数がシュレーディンガー方程式の固有関数になっていることを確かめ，そのエネルギー固有値を求めよ．
(a) $\Psi = e^{iKx}$（ただし $V = 0$ で，K は定数とする）
(b) $\Psi = e^{iKx}$（ただし $V = k$ で，k はある定数のポテンシャルエネルギー，K は定数とする）
(c) $\Psi = \sqrt{\dfrac{2}{a}} \sin \dfrac{\pi x}{a}$ （ただし $V = 0$）

10.42 上の問題 10.41(a) において波動関数は規格化されていない．この波動関数を規格化し，これもシュレーディンガー方程式を満たすことを確かめよ．ただし x は 0 から 2π までとする．エネルギー固有値の式はどのように異なるか．

10.8 節の問題

10.43 積分を計算して N について解くことにより，箱の中の粒子の波動関数の規格化定数を確認せよ．

10.44 式 (10.11) がシュレーディンガー方程式を満たし，式 (10.12) がエネルギー値を与えることを確かめよ．

10.45 箱の中の粒子に対して，$n = 0$ が許されない理由を説明せよ．

10.46 幅 1.00 nm の箱に閉じこめられたプロトンの最初の三つのエネルギーを求めよ．

10.47 1.00×10^{-32} J のエネルギー差は，ほかの量子化されたエネルギーと区別できないと仮定する．つまりその値よりも近いエネルギー準位は本質的に連続である．
(a) このエネルギーに対応する光の波長はいくらか．この波長を地球の直径 1.27×10^7 m と対比してみよ．
(b) 箱のなかの電子がこのエネルギーをもつには，箱の幅はどれくらいであればよいか．$n = 1$ とせよ．

10.48 箱の幅が 2 倍になったとき，箱のなかの粒子のエネルギーはどうなるか．

10.49 カロテンは C—C 結合と C=C 結合が交替している分子で，電子は交替結合系全体に非局在化している．このように考えると，電子は箱のなかの粒子として近似できる．リコペンとは，トマトやスイカにみいだされるカロテンである．結合交替のある炭素結合系が 2.64 nm の幅をもつとして，
(a) $n = 11$ のエネルギー準位の値はいくらか．
(b) $n = 12$ のエネルギー準位の値はいくらか．
(c) $n = 11$ と $n = 12$ の間の ΔE はいくらか．
(d) ボーアの振動数条件 $\Delta E = h\nu$ によれば，$n = 11$ から $n = 12$ への遷移に対応する光の振動数と波長はどれほどか．

10.50 ブタジエン分子 $CH_2=CH-CH=CH_2$ の電子スペクトルは，共役二重結合が四つの炭素原子全体に広がっていると仮定すれば，一次元の箱のなかの粒子を用いて近似できる．波長 2170 Å のフォトンを一つ吸収した電子が $n = 2$ から $n = 3$ の準位に移るとすると，ブタジエン分子の長さはおよそいくらになるか（実験値はおよそ 4.8 Å である）．

10.51 Ψ_5，Ψ_{10}，Ψ_{100} で表される状態にある一次元の箱のなかの粒子には節がいくつあるか．ただし箱の端は節に含めないものとする．

10.52 一次元の箱のなかの粒子の最初の五つの波動関数について，だいたいのグラフを描いてみよ．また同じ関数について確率密度を描け．それぞれの波動関数とその確率密度でどこが似ているか．

10.53 一般の波動関数 $\Psi = \sin(nx/a)$ の規格化定数は同じで，量子数 n に依存しないことを示せ．

10.54 一次元の箱のなかの一番目から四番目までの準位にある粒子が，$0.495a$ から $0.505a$ までと表される箱のほぼ中央に存在する確率をそれぞれ求めよ．これから波動関数のどのような性質が明らかになるか．

10.55 0.50 nm の箱のなかにあって，$n = 1$ である電

子の古典的速度を求めよ．このとき量子化エネルギーが運動エネルギー $1/2\,mv^2$ に等しいと仮定せよ．またその速度についてコメントせよ．

10.56 公式の野球ボールは質量 145 g をもっている．
(a) ニューオーリンズのスーパードーム（幅は 310 m）のなかにある野球ボールが箱のなかの粒子としてふるまうとすると，$n=1$ の状態のエネルギーはいくらか．
(b) 上記の野球ボールのエネルギーがすべて運動エネルギー〔$=(1/2)\,mv^2$〕とすると，その $n=1$ の状態の速度はいくらか．
(c) 打たれた野球ボールは $44.7\,\mathrm{m\,s^{-1}}$ で飛ぶことができる．この打球の古典的な運動エネルギーを計算せよ．このエネルギーが量子化されるとして，打球の量子数を求めよ．

10.57 ハイゼンベルクの不確定性原理は，一次元の箱のなかの粒子の波動関数による記述と矛盾しないか．〔ヒント：箱のなかの粒子の波動関数に対して，位置演算子は固有値を与えないことを思いだすこと．〕

10.58 一次元の箱のなかの粒子を考える．図 10.7 のような高いエネルギーをもつ波動関数で表される粒子の確率の図から，高エネルギー状態では，箱のなかを単純に往復する粒子について，量子力学が古典力学と一致することを対応原理がどのように示しているか考察せよ．

10.59 $x > a$ で箱のなかの粒子がみいだされる確率を求めよ．なぜそのようになるかの説明もせよ．

10.60 一次元の箱の区間を $x=0$ から a までとする代わりに，$x=+a/2$ から $-a/2$ までとする．このような箱のなかの粒子に対する適切な波動関数を導け．なお規格化定数を決めるために積分表を使ってもよい．また，この粒子の量子化エネルギーはどれほどか．

10.61 $|\Psi|^2$ のグラフにおいて，その最大値を最も確からしい位置という．(a)〜(c) において，箱のなかの粒子の最も確からしい位置はどこか．
(a) $n=1$ のとき．
(b) $n=2$ のとき．
(c) $n=3$ のとき．
(d) 以上についてなんらかの傾向があるか．

10.9 節の問題

10.62 $\Psi=\sqrt{2/a}\,\sin(n\pi x/a)$ が位置演算子の固有関数でないことを説明せよ．

10.63 問題 10.32 (a)〜(c) における波動関数の平均位置 $\langle x \rangle$ を求めよ．最初にまず波動関数を規格化する必要があろう．

10.64 円環状の系における $\langle r \rangle$ は，$\langle r \rangle \int_0^\infty \Psi^* r \Psi\,4\pi r^2\,dr$ と表される．
(a) $\Psi=\left(\dfrac{1}{\pi a^3}\right)e^{-r/a}$ について $\langle r \rangle$ を求めよ．a は定数である．付録 1 の積分表を参照せよ．
(b) $a=5.29\times 10^{-11}\,\mathrm{m}$ のとき，$\langle r \rangle$ の値はいくらか．

10.65 一次元の箱のなかの粒子の Ψ_2 に対して位置の期待値 $\langle x \rangle$ を求め，例題 10.12 の答えと比較せよ．

10.66 一次元の箱のなかの粒子の Ψ_1 に対して $\langle p_x \rangle$ を求めよ．

10.67 演算子 $\hat{x}^2 = \hat{x}\cdot\hat{x}=x^2$ について，$n=1$ および $n=2$ の状態にある箱のなかの粒子について $\langle x^2 \rangle$ を求めよ．

10.68 演算子 $\hat{p}_x^2 = \hat{p}_x \cdot \hat{p}_x = -\hbar^2 \dfrac{\partial^2}{\partial x^2}$ について，$n=1$ および $n=2$ の状態にある箱のなかの粒子について $\langle p_x^2 \rangle$ を求めよ．

10.69 一次元の箱のなかの粒子の Ψ_1 に対して $\langle E \rangle$ を求め，これがシュレーディンガー方程式を使って得られるエネルギー固有値と一致することを示せ．また，この結果が正しい理由も示せ．

10.70 環上の粒子の角運動量演算子が $\hat{p}_\phi = -i\hbar(\partial/\partial\phi)$ であるとする．規格化されていない波動関数 $\Psi = e^{3i\phi}$ をもつ粒子の角運動量の固有値はいくらか．また積分区間を 0 から 2π とすれば，この波動関数をもつ粒子の角運動量の期待値 $\langle p_\phi \rangle$ はいくらか．この結果は正しいか．

10.71 数学的には，あるオブザーバブル A の不確かさ ΔA は $\Delta A = \sqrt{\langle A^2 \rangle - \langle A \rangle^2}$ で与えられる．この式を使って $\Psi=\sqrt{(2/a)}\,\sin(\pi x/a)$ に対する Δx と Δp_x を求め，不確定性原理が成り立っていることを示せ．

10.11 と 10.12 節の問題

10.72 $(1/X)(d^2/dx^2)X$ を $-2mE/\hbar^2$ と定義し，単純に E と定義しないのはなぜか．

10.73 $(1/X)(d^2/dx^2)X$ の単位は何か．これは上の問題 10.72 の解答に対する助けになるか．

10.74 式 (10.20) の波動関数が三次元のシュレーディンガー方程式を満たすことを示せ．

10.75 電子が $2\,\text{Å}\times 3\,\text{Å}\times 5\,\text{Å}$ の大きさの箱のなかに閉じこめられているとする．最初の五つの波動関数を求めよ．

10.76 (a) $1\,\mathrm{nm}\times 1\,\mathrm{nm}\times 1\,\mathrm{nm}$ の箱と，$2\,\mathrm{nm}\times 2\,\mathrm{nm}\times 2\,\mathrm{nm}$ の箱において，同じ量子数をもつエネルギー準位の比はいくらか．
(b) それぞれの量子数セットの縮退度は，両方の立方体の箱に対して同じか．理由も説明せよ．

10.77 箱の中の一次元的な粒子と，同じサイズの箱のなかの三次元的な粒子を考える．
(a) 両方の箱での可能な最低の量子数をもつ粒子のエネルギー比はいくらか．
(b) 量子数が可能な最低の値でないとき，上記のエネルギー比は同じままか．

10.78 粒子が立方体の箱に閉じこめられているとする．縮退した波動関数がはじめて現れるのは，どのような三つの量子数のセットに対してか．また三つの量子数がそれぞれ異なる場合，どのようなセットに対してはじめて縮退した波動関数が現れるか．

10.79 立方体の箱を考える．量子数のセット $(1,1,1)$ で表される最低エネルギー準位の波動関数から，$(4,4,4)$ で表される波動関数までのすべてのエネルギー準位について，縮退を調べよ．〔ヒント：適切な縮退を決めるためには，4よりも大きな量子数を使ってもよい．例題 10.15 をみよ．〕

10.80 一次元と三次元の箱のなかの粒子に対する式から，二次元の箱のなかの粒子に対するハミルトニアン，適切な波動関数，量子化されたエネルギーを示せ．

10.81 箱のなかの二次元的な粒子（ここまでの問題をみよ）について，$n_x = n_y = 8$ までのエネルギーすべての縮退度を求めよ．図 10.13 と同様のグラフに，エネルギー準位をプロットせよ．

10.82 三次元の箱のなかの粒子の Ψ_{111} について $\langle x \rangle$, $\langle y \rangle$, $\langle z \rangle$ を求めよ（y または z が代入されていること以外，y と z に対する演算子は x に対する演算子と同様である）．この期待値が表す点は，箱のなかのどこか．

10.83 三次元の箱のなかの粒子の Ψ_{111} について $\langle x^2 \rangle$, $\langle y^2 \rangle$, $\langle z^2 \rangle$ を求めよ．ただし演算子 $\hat{x}^2$ は，単に x^2 が掛け算されるだけと仮定せよ．ほかの演算子も同様に定義される．なお必要に応じて巻末の付録 1 の積分表を用いよ．

10.13 節の問題

10.84 箱のなかの一次元的な粒子の Ψ_2 と Ψ_3 が互いに直交することを示せ．

10.85 三次元の箱のなかの粒子の Ψ_{111} と Ψ_{222} が互いに直交することを示せ．

10.86 箱のなかの一次元的な粒子について，$\int_0^a \Psi_1 \hat{x} \Psi_2 \, d\tau$ の値は積分のなかに異なる二つの波動関数があるにもかかわらず，ゼロと即答することはできない．これはなぜか．

10.87 一次元の箱のなかの粒子について
$$\int \Psi_1^* \Psi_2 \, d\tau = \int \Psi_2^* \Psi_1 \, d\tau = 0$$
であることを証明せよ．これは，積分記号のなかでは波動関数の積の順番が問題にならないことを示している．

10.88 箱のなかの粒子の波動関数について，以下の積分を計算せよ．ただし積分を解く代わりに式 (10.28) の関係を用いよ．

(a) $\int \Psi_4^* \Psi_4 \, d\tau$ (b) $\int \Psi_3^* \Psi_4 \, d\tau$

(c) $\int \Psi_4^* \hat{H} \Psi_4 \, d\tau$ (d) $\int \Psi_4^* \hat{H} \Psi_2 \, d\tau$

(e) $\iiint \Psi_{111}^* \Psi_{111} \, d\tau$ (f) $\iiint \Psi_{111}^* \Psi_{121} \, d\tau$

(g) $\iiint \Psi_{111}^* \hat{H} \Psi_{111} \, d\tau$ (h) $\iiint \Psi_{223}^* \hat{H} \Psi_{322} \, d\tau$

10.14 節の問題

10.89 時間に依存するシュレーディンガー方程式に
$$\Psi(x, t) = e^{-iEt/\hbar} \Psi(x)$$
を代入し，これが微分方程式の解であることを示せ．

10.90 オイラーの定理 $e^{i\theta} = \cos\theta + i\sin\theta$ を使って
$$\Psi(x, t) = e^{-iEt/\hbar} \Psi(x)$$
を三角関数で表す．このとき $\Psi(x, t)$ の時間に対するグラフはどのような形になるか．

10.91 $|\Psi(x, t)|^2$ を計算し，これを $|\Psi(x)|^2$ と比較せよ．

数値計算問題

10.92 幅 a の一次元の箱のなかの粒子について，最初の三つの波動関数が与える確率密度をグラフに描け．また節がどこにあるかを示せ．

10.93 箱のなかの粒子の Ψ_{10} について，位置の期待値を与える式を数値的に積分せよ．また得られた答えについて説明せよ．

10.94 1 から 10 までの量子数 n_x, n_y, n_z に対して，三次元の箱のなかの粒子のエネルギーを表した表をつくれ．ただしエネルギーは $h^2/8ma^2$ を単位とせよ．また偶然縮退のある場合はそれを明示せよ．

10.95 一次元の箱のなかの粒子の波動関数の積 $\Psi_3^* \Psi_4$ を全空間にわたって数値的に積分せよ．また，この二つの関数が直交していることを示せ．

11 量子力学の適用
—モデル系と水素原子—

第10章では量子力学の基本的な仮定を導入し,いくつかのキーポイントについて説明した.さらに箱のなかの粒子という簡単で理想的な系にその仮定を適用した.箱のなかの粒子は理想的に定義されたモデル系だが,その考え方はエチレンのように炭素-炭素二重結合をもった化合物や,ブタジエンや 1,3,5-ヘキサトリエン,いくつかの染料分子のようにたくさんの共役二重結合をもった系にも適用できる.このような系の電子は完全な箱のなかの粒子のようにふるまうわけではないが,このモデルを用いると,古典力学に比べて分子のエネルギーをずっと正しく記述できる.量子力学によれば,ある種の π 結合の電子については簡単で近似的だが有用な記述ができて,これは古典力学によるどのような結果よりも信頼できるものである.

モデル系によっては,時間に依存しないシュレーディンガー方程式を数学的に厳密に用いることができる.そのような系ではシュレーディンガー方程式を解析的に解くことができ,箱のなかの粒子の波動関数とエネルギーの式のように正確な答えを与える式を導くことができる.シュレーディンガー方程式が解析的に解ける系は二,三しかなく,本書ではそのほとんどを扱う.そのほかの系についてはまず数値や式をシュレーディンガー方程式に代入し,どのような答えが得られるかに注意しながら数値的に解かなければならない.量子力学にはこのための手段が用意されている.そのため解析解がめったに得られなくても電子や原子・分子のふるまいを理解するために,そして広く化学を理解するために量子力学が最良の理論であることに変わりはないのである.

- 11.1 あらまし
- 11.2 古典的調和振動子
- 11.3 量子力学的調和振動子
- 11.4 調和振動子の波動関数
- 11.5 換算質量
- 11.6 二次元の回転運動
- 11.7 三次元の回転運動
- 11.8 回転系におけるそのほかのオブザーバブル
- 11.9 水素原子について —中心力問題—
- 11.10 さらに水素原子について —量子力学的な解—
- 11.11 水素原子の波動関数
- 11.12 まとめ

11.1 あらまし

シュレーディンガー方程式が解析解 Ψ をもつような次の系を考える.
① 調和振動子.すなわちフックの法則に従い,変位の二乗に比例するポテンシャルエネルギーのもとで行ったり来たりの運動をする質点.
② 二次元の回転運動.すなわち円周上の運動.
③ 三次元の回転運動.すなわち球面上の運動.

この章は水素原子についての議論で締めくくる.ボーアの理論が水素原子を記述し,そのスペクトルを正確に予言したことを思いだしてほしい.しか

し彼の理論は，正しい答えを与えるためのある仮定にもとづいていた．量子力学は独特の仮定のうえに成り立っているが，量子力学によっても水素原子について同じスペクトルが導かれることがのちにわかる．量子力学が優れた理論であればボーアの理論と同じ答えを導くだけでなく，さらに多くの疑問に対しても答えられるはずである．次の章では水素原子よりも大きな系（興味ある系のほとんどは水素原子よりもかなり大きい）にどのように量子力学が適用されるかを学び，量子力学が物質に対する優れた記述法であることを確かめる．

11.2 古典的調和振動子

古典的調和振動子（harmonic oscillator）はフックの法則に従った往復運動を行う．フックの法則によると平衡位置からの一次元の変位が x であるとき，質量 m の質点には変位と反対向き，すなわち質点を平衡位置に戻すような方向の，変位に比例する力 F が働く．

$$F = -k\boldsymbol{x} \tag{11.1}$$

ここで k は**力の定数**（force constant）と呼ばれる．F も x もベクトル量で，式中の負の符号は力 F と変位ベクトル x が反対向きであることを示している．力の単位は一般に N または dyn で，変位は距離の単位をもつから，力の定数 k は N m^{-1} のような単位になる．ただしときには mdyn Å^{-1} のように扱いやすい数になる単位を使うこともある．

フックの法則に従う調和振動子のポテンシャルエネルギー V は，簡単な積分によって力 F と関係づけられる．

$$V = -\int F \cdot d\boldsymbol{x} = \frac{1}{2}kx^2$$

V を表す式中で x は二乗されているので，負の x を特別扱いする必要はない．こうして調和振動子のポテンシャルエネルギー V は以下で与えられる．

$$V = \frac{1}{2}kx^2 \tag{11.2}$$

ポテンシャルエネルギー V は振動子の質量 m によらない．図 11.1 にポテンシャルエネルギーのグラフを示す[*]．

古典的には，理想調和振動子のふるまいはよく知られている．時刻 t における振動子の位置 $x(t)$ は以下のように表される．

$$x(t) = x_0 \sin\left(\sqrt{\frac{k}{m}}\, t + \phi\right)$$

ここで x_0 は振動の最大振幅，k と m は力の定数と振動子の質量で，ϕ は**位相因子**（phase factor）である[**]．この式はニュートン，ラグランジュ，ハミルトンのいずれかの形式で表されている運動方程式を解いて得られる．

振動子が完全に1周期を終えるためには，ある時間 τ s を必要とする．し

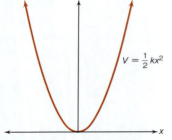

図 11.1 理想調和振動子が受けるポテンシャルエネルギー $V(x) = (1/2)kx^2$ のグラフ．

[*] 非調和振動子（anharmonic oscillator）はフックの法則に従わず，式 (11.2) で示されるようなポテンシャルエネルギーをもたない．非調和振動子についてはのちの章で論じる．

[**] 位相因子は時刻 $t = 0$ における質点の絶対的な位置を表す．

たがって振動子は 1 s 間で $1/\tau$ だけの振動をすることになる．正弦関数的な運動では 1 周期は 2π の角度変化に相当する．ここで振動子の 1 s 当りの振動，つまり単純に 1/s すなわち s^{-1} という単位で表された振動の数を**振動数**（frequency）ν と定義する[*]．つまり

$$\nu \equiv \frac{1}{\tau} = \frac{1}{2\pi}\sqrt{\frac{k}{m}} \tag{11.3}$$

とする．振動数 ν は変位に無関係である．このような関係は 17 世紀の終わりごろから知られていた．なじみ深い調和振動子としては，ばねについたおもりや時計の振り子の例がある．

[*] SI 単位で認められている s^{-1} の別の表現は Hz である．

例題 11.1

力の定数 k の単位を $N\,m^{-1}$，質量 m の単位を kg として，振動数 ν の単位が s^{-1} となることを式（11.3）から証明せよ．

解　答

N という単位が次のように成り立っていることを思いだす．

$$N = kg \times m\,s^{-2}$$

したがって k の単位 $N\,m^{-1}$ は

$$N\,m^{-1} = (kg \times m\,s^{-2}) \times m^{-1} = kg \times s^{-2}$$

$1/2\pi$ は単位をもたないので，式（11.3）から ν の単位は

$$\sqrt{\frac{kg \times s^{-2}}{kg}} = \sqrt{s^{-2}} = s^{-1}$$

となる．以上より振動数 ν の単位が s^{-1} であることを証明できた．

例題 11.2

以下の (a), (b) に答えよ．
(a) 小さな変位をする時計の振り子は調和振動子として扱える．この振り子の振動数 ν が $1.00\,s^{-1}$ で質量 m が 5.00 kg のとき，この振り子の力の定数 k はいくらか．ただし $N\,m^{-1}$ を単位として用いよ．また $mdyn\,\text{Å}^{-1}$ を単位とするといくらか．
(b) 質量 $m = 1.673 \times 10^{-27}$ kg の水素原子が，原子レベルで平坦な金属表面に付着して $\nu = 6.000 \times 10^{13}\,s^{-1}$ の振動数で振動している．このとき (a) と同様に力の定数 k を求めよ．

解　答

(a) 式（11.3）に適当な値を代入すればよい．力の定数 k の単位として $N\,m^{-1}$ を用いるときは，以下のようになる．

$$1.00\,s^{-1} = \frac{1}{2\pi}\sqrt{\frac{k}{5.00\,kg}}$$

この変換を確認せよ．

この式を整理して k を求めると 197 N m^{-1} になる．ところで 1 N は 10^5 dyn, 1 dyn は 1000 mdyn, 1 m は 10^{10} Å なので，この値が 1.97 mdyn Å^{-1} であることはすぐにわかる．

(b) 同様に式 (11.3) を使って

$$6.000 \times 10^{13} \, \text{s}^{-1} = \frac{1}{2}\sqrt{\frac{k}{1.673 \times 10^{-27}\,\text{kg}}}$$

これを計算して 237.8 N m^{-1} が得られる．これは 2.378 mdyn Å^{-1} に等しい．

11.3 量子力学的調和振動子

一次元調和振動子の波動関数 Ψ を量子力学的に求めるには，時間に依存しないシュレーディンガー方程式

$$\left\{-\frac{\hbar^2}{2m}\frac{d^2}{dx^2} + \widehat{V}(x)\right\}\Psi = E\Psi$$

を用いる．量子力学系のポテンシャルエネルギー $\widehat{V}$ は古典力学系と同じ形をもつ*．したがって調和振動子に対するシュレーディンガー方程式は，式 (11.2) を参照して

$$\left(-\frac{\hbar^2}{2m}\frac{d^2}{dx^2} + \frac{1}{2}kx^2\right)\Psi = E\Psi \tag{11.4}$$

と表される．この一次元系に対する適切な波動関数 Ψ は，この固有値方程式を満たさなければならない．

さて，この微分方程式 (11.4) は解析解をもつ．ここで微分方程式を解く一般的な方法を使い，波動関数 Ψ をべき級数として定義する．シュレーディンガー方程式を解くためには，べき級数が特別な形をもたなければならないことがのちにわかる．

まず，シュレーディンガー方程式 (11.4) の k に式 (11.3) を代入する．式 (11.3) から力の定数 k は

$$k = 4\pi^2 \nu^2 m \tag{11.5}$$

よって一次元調和振動子のシュレーディンガー方程式 (11.4) は

$$\left(-\frac{\hbar^2}{2m}\frac{d^2}{dx^2} + 2\pi^2\nu^2 m x^2\right)\Psi = E\Psi$$

となる．

ここで三つのことを行う．まず α を定義する．

$$\alpha \equiv \frac{2\pi\nu m}{\hbar}$$

* 一般にポテンシャルエネルギーは位置のエネルギーだから，古典力学でも量子力学でも同じ形である．しかしシュレーディンガー方程式の形のために，ポテンシャルエネルギー演算子 $\widehat{V}$ には波動関数 Ψ が掛かる．

次に方程式の両辺を $-\hbar^2/2m$ で割る．さらにすべての項を一方の辺に集め，方程式をゼロとおく．これでシュレーディンガー方程式は

$$\left(\frac{d^2}{dx^2} - \alpha^2 x^2\right)\Psi + \frac{2mE}{\hbar^2}\Psi = 0$$

または

$$\frac{d^2\Psi}{dx^2} + \left(\frac{2mE}{\hbar^2} - \alpha^2 x^2\right)\Psi = 0 \tag{11.6}$$

となる．式 (11.6) は Ψ の掛かった二つの項をカッコ内にまとめて整理したもので，第一項は Ψ の二次導関数である．

このシュレーディンガー方程式 (11.6) を満たす波動関数 Ψ が，変数 x のべき級数の形をもつと仮定する．すなわち波動関数 Ψ は x^0（これは単純に 1 である）を含む項，x^1 を含む項，x^2 を含む項，…と続く無限項までの和で表される関数 $f(x)$ であるとする．それぞれの x のべきを含む項には係数として定数が掛けられており，したがって $f(x)$ の形は $x^0 = 1$ であることを使って

$$f(x) = c_0 + c_1 x^1 + c_2 x^2 + c_3 x^3 + \cdots$$

となる．ここで c_0, c_1, c_2, … が x のべきに掛かる係数である．標準的な和の表し方を用いると，上の関数 $f(x)$ は次のようにもっと簡単に書ける．

$$f(x) = \sum_{n=0}^{\infty} c_n x^n \tag{11.7}$$

ここで n は和のための指標で，和は無限項までとる．ただし n が大きい項ほど小さくならなければ，無限項までの和が多くの場合に発散してしまうという潜在的な問題がある．これを切り抜けるため和の各項に，x 自体が（したがって x^n も）大きくなるにつれ，小さくなるようなもう一つの項を掛けておく．この役に立つのは $e^{-\alpha x^2/2}$ という項である*．ここで定数 α が含まれているこのような特別な形の指数関数を用いることを不思議に思うかもしれない．しかしここでは，解析解を得るためにこの関数が使えるということだけを知っておけばよい．以上より，この系の波動関数 Ψ は次のようになる．

$$\Psi = e^{-\alpha x^2/2} f(x) \tag{11.8}$$

ここで $f(x)$ は式 (11.7) で与えられるべき級数である．

ここで x についての Ψ の一次導関数と二次導関数を求める．元の関数とともに二次導関数をシュレーディンガー方程式 (11.6) に代入すると，上で指数関数 $e^{-\alpha x^2/2}$ を選んだ理由が数学的に明らかになる．微分の積の法則を使うと，一次導関数 Ψ' は次のようになる．

$$\Psi' = (-\alpha x)e^{-\alpha x^2/2} f(x) + e^{-\alpha x^2/2} f'(x)$$

* $e^{-\alpha x^2/2}$ はガウス型関数 (Gaussian-type function) の例の一つである．この名前は 18 世紀から 19 世紀の数学者 Gauss に由来している．

ここで $f'(x)$ は x についての $f(x)$ の一次導関数である．この式にもう一度，微分の積の法則を使えば，x についての Ψ の二次導関数 Ψ'' が求まる．少し計算をして，各項から $\mathrm{e}^{-\alpha x^2/2}$ をくくりだすと

$$\Psi'' = \mathrm{e}^{-\alpha x^2/2}\{\alpha^2 x^2 f(x) - \alpha f(x) - 2\alpha x f'(x) + f''(x)\} \tag{11.9}$$

が得られる．シュレーディンガー方程式 (11.6) に式 (11.8) と (11.9) で求められた Ψ と Ψ'' を代入すると以下を得る．

$$\begin{aligned}\mathrm{e}^{-\alpha x^2/2}\{\alpha^2 x^2 f(x) - \alpha f(x) - 2\alpha x f'(x) + f''(x)\} \\ + \left(\frac{2mE}{\hbar^2} - \alpha^2 x^2\right)\mathrm{e}^{-\alpha x^2/2} f(x) = 0\end{aligned} \tag{11.10}$$

式 (11.10) の各項は指数部分 $\mathrm{e}^{-\alpha x^2/2}$ をもつので，これで割ることができる．この指数部分は，二次導関数中の α や x といった形で影響を残している．さらに $f(x)$，$f'(x)$，$f''(x)$ の項をまとめて簡単にできる．こうしてシュレーディンガー方程式 (11.10) は以下のようになる．

$$f'' - 2\alpha x f' + \left(\frac{2mE}{\hbar^2} - \alpha\right)f = 0 \tag{11.11}$$

ただし $f(x)$ の (x) は省略して表し，また $\alpha^2 x^2 f$ の項は打ち消しあった．この式 (11.11) はべき級数 f，その一次導関数 f' と二次導関数 f'' を含む項からなっている．ところで式 (11.7) のように f をべき級数と仮定しているから，その導関数もべき級数で表せる．式 (11.7) は

$$f(x) = \sum_{n=0}^{\infty} c_n x^n$$

だから

$$f' = \sum_{n=1}^{\infty} n c_n x^{n-1}$$

$$f'' = \sum_{n=2}^{\infty} n(n-1) c_n x^{n-2}$$

である．c_n は定数だから微分による影響はない．一方，それぞれの導関数で n の最初の値は異なっている．一次導関数 f' では元の関数 f の第一項が定数だから $n=0$ の項は消える．$n=1$ の項に対する x のべきはゼロになる（$x^{1-1}=x^0=1$）から，今度は $n=1$ の項が定数になる．二次導関数 f'' では f' で定数だった $n=1$ の項がゼロになって，和は $n=2$ から始まる．上の三つの式の初項がこのように変わり，和をとる範囲が変化することを納得してほしい（一方で，無限大まで和をとることは変わらない）．

ところで f の初項は f' ではゼロになるので，f' で初項としてゼロを加え $n=0$ から和が始まるとしても話は変わらない．初項すなわち $n=0$ の項は

ゼロだから f' は変化しないのである．こうすると，和の先頭を $n = 1$ の代わりに $n = 0$ とすることができる．これが重要であることはまもなく明らかになる．以上から f' を次のように表すことができる．

$$f' = \sum_{n=0}^{\infty} n c_n x^{n-1} \tag{11.12}$$

くり返すが，べき級数そのものは変わっていない．n の最初の値が変わっただけである．

　同様のことは f'' に対しても行えるが，そのようにしても数学的に何も得るところはない．しかし代わりに n を二段階にわたって再定義すると，多くのことが楽になる．n は，べき級数の項の指標で単なる数だから，たとえば $i \equiv n - 2$ のように i をあらためて定義し，ずらすことができる．これは $n = i + 2$ を意味するので，二次導関数 f'' のすべての n を置き換えて

$$f'' = \sum_{i+2=2}^{\infty} (i+2)\{(i+2)-1\} c_{i+2} x^{(i+2)-2}$$

これは簡単に次のようになる．

$$f'' = \sum_{i=0}^{\infty} (i+2)(i+1) c_{i+2} x^i$$

数学的に f'' は変わっていない．変わったのは添え字であり，2 だけずれている．これはもともと決められた二次導関数と同じ関数なのである．さて，もちろん添え字としてどのような文字が使われてもよいから，それなら n を使うのがよいだろう．ゆえに二次導関数 f'' は

$$f'' = \sum_{i=0}^{\infty} (n+2)(n+1) c_{n+2} x^n \tag{11.13}$$

となる．これが役に立つ形である．

　式 (11.12) や (11.13) を得るためにこのような工夫をした理由は，この和をシュレーディンガー方程式に代入したとき，同じ和の記号のもとにすべての項を集められるからである．和の添え字が同じ数字から始まって，すべての式で同じでなければ，これは不可能なのである．式 (11.7)，(11.12) と (11.13) で与えられた f，f' と f'' をシュレーディンガー方程式 (11.11) に代入すると

$$\sum_{n=0}^{\infty} (n+2)(n+1) c_{n+2} x^n - 2\alpha x \sum_{n=0}^{\infty} n c_n x^{n-1} + \left(\frac{2mE}{\hbar^2} - \alpha\right) \sum_{n=0}^{\infty} c_n x^n = 0$$

この式に含まれる和は $n = 0$ から ∞ までで，同じ意味の添え字を使っているので一つの和に書きなおすことができる．これがすべての和で添え字をそろえた理由である．よって上の方程式は

$$\sum_{n=0}^{\infty}\left\{(n+2)(n+1)c_{n+2}x^{n}-2\alpha xnc_{n}x^{n-1}+\left(\frac{2mE}{\hbar^{2}}-\alpha\right)c_{n}x^{n}\right\}=0$$

第二項で x と x^{n-1} の掛け算によって x のべきが n になる．その結果，三つの項すべてで x のべきが n になって，この式を簡単にできる．整理して x^n をくくりだすと

$$\sum_{n=0}^{\infty}\left\{(n+2)(n+1)c_{n+2}-2\alpha nc_{n}+\left(\frac{2mE}{\hbar^{2}}-\alpha\right)c_{n}\right\}x^{n}=0 \tag{11.14}$$

を得る．

次に定数 c_n の値を決める必要がある．シュレーディンガー方程式に試行的な波動関数を代入して，この方程式を求めたことを思いだしてほしい．したがって調和振動子の系がシュレーディンガー方程式の固有関数である波動関数をもつなら，そのような波動関数は式 (11.8) で与えられる形，すなわち $\Psi = e^{-\alpha x^2/2}f(x)$ の形になるだろう．定数を求めれば，調和振動子の波動関数 Ψ は完全に決まる．

式 (11.14) の左辺はゼロに等しくなる無限級数である．この結論は興味深いもので，ここに含まれる無限個の項すべてを足し合わせると厳密にゼロになるという意味である．これがすべての変数 x に対して成り立つためには，式 (11.14) の x^n の係数が厳密にゼロでなければならない．すなわち，任意の n に対して

$$(n+2)(n+1)c_{n+2}-2\alpha nc_{n}+\left(\frac{2mE}{\hbar^{2}}-\alpha\right)c_{n}=0$$

でなければならない．このことは c_n や c_{n+2} で表される係数すべてがゼロであることを意味しているのではない．もしそうなら，べき級数 $f(x)$ そのものがゼロになってしまう．上の式の左辺全体でゼロということである．これから係数 c_n と，二つとなりの係数 c_{n+2} の関係が得られる．

$$c_{n+2}=\frac{\alpha+2\alpha n-2mE/\hbar^{2}}{(n+2)(n+1)}c_{n} \tag{11.15}$$

このように連続する係数の間を関係づける式を漸化式という．これによってはじめの係数がわかると，それに続く係数を決めることができる．最終的には二つの係数 c_0 と c_1 だけを出発点として，偶数べきの係数 c_2, c_4, c_6, $\cdots$ を c_0 から，奇数べきの係数 c_3, c_5, c_7, $\cdots$ を c_1 からそれぞれ決めることができる．

ここで適切な波動関数に対する要求の一つ，波動関数は有界でなければならないということを適用する．ここでの導出は無限級数を解と仮定することから出発したが，波動関数は"無限"ではなく現実に沿ったものでなければならない．$e^{-\alpha x^2/2}$ の項を含めても，無限級数が有界であることを保証しない．しかし式 (11.15) の漸化式を使うと，これが保証できる．係数 c_{n+2} は

c_n に依存するので，ある n に対して c_n がゼロなら，これに続くすべての係数 c_{n+2}, c_{n+4}, c_{n+6}, $\cdots$ もゼロになる．もちろん，これはほかの係数 c_{n+1}, c_{n+3}, c_{n+5}, $\cdots$ には影響しない．したがってまず波動関数 Ψ が有界であることを保証するために，f を偶数項と奇数項からなる二つの級数 f_{even} と f_{odd} に分離する．

$$f_{\text{even}} \equiv \sum_{n=0}^{\infty, \text{even}} c_n x^n$$

$$f_{\text{odd}} \equiv \sum_{n=1}^{\infty, \text{odd}} c_n x^n$$

ただし波動関数 Ψ 自体は，$e^{-\alpha x^2/2}$ と偶数項だけからなる級数 f_{even} との積，または $e^{-\alpha x^2/2}$ と奇数項だけからなる級数 f_{odd} との積のいずれかであるとする．次に波動関数が発散しないよう，それぞれの級数について，ある n の値に対し，それに続く係数 c_{n+2} がゼロにならなければならないとする．こうすると，それに続く係数すべてがゼロになる．係数 c_{n+2} は前の係数 c_n から漸化式 (11.15) によって計算できるので，c_{n+2} にゼロを代入すると

$$0 = \frac{\alpha + 2\alpha n - 2mE/\hbar^2}{(n+2)(n+1)} c_n$$

係数 c_{n+2} がゼロになるためには，つまりこの式が成り立つためには，右辺の分子がゼロにならなければならない．すなわち

$$\alpha + 2\alpha n - \frac{2mE}{\hbar^2} = 0$$

この式は調和振動子の全エネルギー E を含んでいる[*]．波動関数が発散しないためには，調和振動子のエネルギーを α, n, m, $\hbar$ で表したときに，これが上の式を満たす必要がある．これからエネルギー E の値が求まる．$\alpha = 2\pi\nu m/\hbar$ を代入して整理すると

$$E = \left(n + \frac{1}{2}\right) h\nu \qquad (11.16)$$

ここで n は係数がゼロでない最後の項の指標，h はプランク定数，ν は振動子の古典的な振動数である．つまり量子力学的調和振動子の全エネルギーは振動子の古典的な振動数（これは質量と力の定数によって決まる）とプランク定数，そしてある整数 n だけに依存する．上の式 (11.16) によって決まるエネルギーの値だけをとるから，調和振動子の全エネルギー E は**量子化** (quantize) されているといえる．n が**量子数** (quantum number) で，ゼロから無限大までの値をとりうる．あとで波動関数の形からわかるが，この場合は量子数としてゼロが可能である．

さて波動関数の話に戻る前に，全エネルギー E について少し考えておく．異なる量子数 n に対するエネルギー準位を図 11.2 に示した．ただし質量と

[*] エネルギーは重要なオブザーバブルなので，すぐあとであらためて考える．

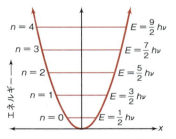

図 11.2 シュレーディンガー方程式の解による，理想調和振動子のエネルギー準位　量子化された最低のエネルギー準位 ($n = 0$) の値がゼロでないことに注意する．

力の定数は同じままとした．理想調和振動子ではエネルギー準位は等間隔で，その間隔は $\Delta E = h\nu$ である．さらにエネルギー E がとりうる最も小さな値はゼロではない．このことは最も小さな量子数 $n = 0$ を代入すればわかる．つまり式（11.16）から

$$E(n=0) = \left(0 + \frac{1}{2}\right)h\nu = \frac{1}{2}h\nu$$

となる．ここから**ゼロ点エネルギー**（zero-point energy）の概念がでてくる．量子数が最小値をとっても，つまり振動子の**基底状態**（ground state）であっても，系のエネルギーの値はまだゼロにはならないのである．

振動数 ν は s^{-1} という単位で表される．s^{-1} にプランク定数 h の単位である J s を掛けると J となるが，これはエネルギーの単位である．また調和振動子はボーアの水素原子のようにフォトンの吸収または放出によって状態間を移るので，あるエネルギー準位から別の準位へ系を励起するのに必要なフォトンを使ってエネルギー差を表すのがふつうである．フォトンの記述に用いる特性の一つは波長 λ である．$c = \lambda\nu$ の関係を用いると，波長 λ を振動数 ν に変換できる．ただしここで c は光の速さである．以下の例題 11.4 でこのことを示す．

例題 11.3

滑らかな金属表面に付着している酸素原子 1 個が振動数 $\nu = 1.800 \times 10^{13}\,\text{s}^{-1}$ で振動している．このとき量子数 $n = 0$，1，2 について全エネルギー E を計算せよ．

解 答

式（11.16）を用いると

$$E(n=0) = \left(0 + \frac{1}{2}\right) \times (6.626 \times 10^{-34}\,\text{J s}) \times (1.800 \times 10^{13}\,\text{s}^{-1})$$

$$E(n=1) = \left(1 + \frac{1}{2}\right) \times (6.626 \times 10^{-34}\,\text{J s}) \times (1.800 \times 10^{13}\,\text{s}^{-1})$$

$$E(n=2) = \left(2 + \frac{1}{2}\right) \times (6.626 \times 10^{-34}\,\text{J s}) \times (1.800 \times 10^{13}\,\text{s}^{-1})$$

ゆえに

$$E(n=0) = 5.963 \times 10^{-21}\,\text{J}$$
$$E(n=1) = 1.789 \times 10^{-20}\,\text{J}$$
$$E(n=2) = 2.982 \times 10^{-20}\,\text{J}$$

が得られる．この振動する酸素原子の最小エネルギー，すなわちゼロ点エネルギーは 5.963×10^{-21} J である．

> エネルギーの単位（J）を残しながら，どのようにして秒の単位（s）が消えるかに注意せよ．

例題 11.4

例題 11.3 の調和振動子を,あるエネルギー状態から一つだけ高いエネルギー状態へ励起するのに必要な光の波長 λ を求めよ.ただしこの波長 λ を m,μm,Å のそれぞれの単位で表すこととする.

解 答

となりあう状態の間のエネルギーの差 ΔE はどれも同じで,$h\nu$ に等しい.すなわち

$$\Delta E = (6.626 \times 10^{-34}\,\text{J s}) \times (1.800 \times 10^{13}\,\text{s}^{-1}) = 1.193 \times 10^{-20}\,\text{J}$$

フォトンのエネルギー E は $E = h\nu$ で与えられるから,必要なフォトンの振動数 ν が逆算できる.これから,フォトンの振動数 ν は $1.800 \times 10^{13}\,\text{s}^{-1}$ となる.よって $c = \lambda\nu$ の関係を使って

$$2.9979 \times 10^8\,\text{m s}^{-1} = \lambda \times (1.800 \times 10^{13}\,\text{s}^{-1})$$

ゆえに

$$\lambda = 0.00001666\,\text{m} = 1.666 \times 10^{-5}\,\text{m}$$

これは $16.66\,\mu\text{m}$ または $166{,}600\,\text{Å}$ である.物理化学では $E = h\nu$ と $c = \lambda\nu$ を用いた計算をよく行う.これらの式は E,ν,λ のような量をほかの単位で表した対応量に変換するときに用いられるので記憶しておくこと.

> これはボーアの振動数条件である.

11.4 調和振動子の波動関数

さて,波動関数そのものについての話に戻る.これまでの議論から,調和振動子の波動関数が $e^{-\alpha x^2/2}$ に有限個の項からなる級数を掛けたものであることがはっきりした.級数の最後の項は量子数 n の値で決まり,またこの n で振動子の全エネルギーも決まる.さらにそれぞれの波動関数はすべて x の奇数べきからなる級数か,すべて x の偶数べきからなる級数で組み立てられる.このようにして波動関数が,以下のように表される.

$$\begin{aligned}
\Psi_0 &= e^{-\alpha x^2/2}(c_0) \\
\Psi_1 &= e^{-\alpha x^2/2}(c_1 x) \\
\Psi_2 &= e^{-\alpha x^2/2}(c_0 + c_2 x^2) \\
\Psi_3 &= e^{-\alpha x^2/2}(c_1 x + c_3 x^3) \\
\Psi_4 &= e^{-\alpha x^2/2}(c_0 + c_2 x^2 + c_4 x^4) \\
\Psi_5 &= e^{-\alpha x^2/2}(c_1 x + c_3 x^3 + c_5 x^5) \\
&\vdots
\end{aligned} \quad (11.17)$$

ここで Ψ_0 の定数 c_0 が Ψ_2,Ψ_4,… の c_0 の値とは異なることに注意する.このことは c_1,c_2 などについても同様である.最初の波動関数 Ψ_0 は定数と指数項の積だけからできており,このゼロでない波動関数が,この系に許される量子数ゼロの状態に対応する.これは箱のなかの粒子の場合と異なる.ほ

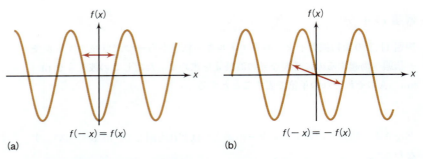

図 11.3 偶関数と奇関数の例 (a) 偶関数の例．x の符号が変わっても（x から $-x$ に変わっても），矢印のように $f(x)$ は同じ値になる．(b) 奇関数の例．x の符号が変わると，矢印のように $-f(x)$ になる．

かの波動関数はすべて一つまたはそれ以上の項からなる x のべき級数と指数項の積からできている．これらは無限級数でなく，単純な多項式になっている．

これらの波動関数も規格化する必要がある．Ψ_0 はただ一つの項でできているため最も規格化しやすい．位置の変化については制限がないから，一次元調和振動子の位置変数 x の範囲は $-\infty$ から $+\infty$ である．規格化のために波動関数 Ψ_0 に定数 N を掛けて

$$N^2 \int_{-\infty}^{+\infty} (c_0\, \mathrm{e}^{-\alpha x^2/2})^* (c_0\, \mathrm{e}^{-\alpha x^2/2})\, \mathrm{d}x = 1 \tag{11.18}$$

ここで N と c_0 はともに定数なので，ふつうは一つの定数 N にまとめる．指数部分は虚数単位 i を含まないので，その複素共役をとっても形は変わらない．よって積分は

$$N^2 \int_{-\infty}^{+\infty} \mathrm{e}^{-\alpha x^2}\, \mathrm{d}x = 1$$

のようになる．この積分を実行するには指数部分の x が二乗されていて，x が正でも負でも同じ $\mathrm{e}^{-\alpha x^2}$ の値を与えることに気をつけるとよい．これは数学的には偶関数の定義の方法の一つである．正式には，すべての x について $f(-x) = f(x)$ であれば偶関数，$f(-x) = -f(x)$ であれば奇関数である．簡単な奇関数と偶関数の例を図 11.3 に示しておく．さて話を元に戻す．上の式の指数部分が正と負の x に対して同じ値をもつことは，$x = 0$ から $-\infty$ への積分と $x = 0$ から $+\infty$ への積分が同じ値になることを意味する．したがって $x = -\infty$ から $+\infty$ への積分の代わりに，$x = 0$ から $+\infty$ への積分をとり，その値を 2 倍にすることにする．よって規格化のための上の式は

$$2N^2 \int_0^{+\infty} \mathrm{e}^{-\alpha x^2}\, \mathrm{d}x = 1$$

となる．ここで積分について

$$\int_0^{+\infty} e^{-\alpha x^2} dx = \frac{1}{2}\sqrt{\frac{\pi}{\alpha}}$$

が成り立つことが知られている．これを代入して N について解けば

$$N = \left(\frac{\alpha}{\pi}\right)^{1/4}$$

ここで習慣として正の平方根を選んだ．ゆえに完全な波動関数 Ψ_0 は次のようになる．

$$\Psi_0 = \left(\frac{\alpha}{\pi}\right)^{1/4} e^{-\alpha x^2/2}$$

調和振動子の波動関数の組はすでによく知られている．これは書きなおされた形のシュレーディンガー方程式（11.6）と同様の微分方程式が，量子力学が発展する以前から数学的に調べられ，解かれていたからである．調和振動子の波動関数の指数部分を除いた多項式の部分は，その性質を調べた19世紀のフランスの数学者 Hermite にちなんで**エルミート多項式**（Hermitian polynomial）と呼ばれている．便宜上 $\xi \equiv \alpha^{1/2}x$ と定義すると，x の最高べきが n であるエルミート多項式は $H_n(\xi)$ と表される．$H_n(\xi)$ の最初のいくつかを表 11.1 に示す．また表 11.2 はエルミート多項式を含む積分の値をまとめたものである．表 11.1 と 11.2 を使うときには，変数を変更したことに気をつけなければならない．表にまとめられたエルミート多項式を使うときに陥りがちな点を以下の例題で説明する．

表 11.1 最初の六つのエルミート多項式 $H_n(\xi)$[a]

n	$H_n(\xi)$
0	1
1	2ξ
2	$4\xi^2 - 2$
3	$8\xi^3 - 12\xi$
4	$16\xi^4 - 48\xi^2 + 12$
5	$32\xi^5 - 160\xi^3 + 120\xi$
6	$64\xi^6 - 480\xi^4 + 720\xi^2 - 120$

[a] 調和振動子の取扱いでは $\xi = \alpha^{1/2}x$ であることに注意する．

表 11.2 エルミート多項式を含む積分

$$\int_{-\infty}^{+\infty} H_a(\xi)^* H_b(\xi) e^{-\xi^2} d\xi = \begin{cases} a \neq b \text{ なら } 0 \\ a = b \text{ なら } 2^a a! \pi^{1/2} \end{cases}$$

例題 11.5

表 11.2 の積分を使って，量子力学的調和振動子の波動関数 Ψ_1 を規格化せよ．

解 答

表 11.2 の積分を使うときには，表中の式と波動関数 Ψ_1 の間で変数の違いがあることに注意しなければならない．$\xi = \alpha^{1/2}x$ より $d\xi = \alpha^{1/2}dx$ となり，この ξ と $d\xi$ を代入すればそのまま積分を使うことができる．規格化条件は，数学的には

$$\int_{-\infty}^{+\infty} \Psi_1^* \Psi_1 \, dx = 1$$

となる．積分範囲の上限と下限は $+\infty$ と $-\infty$ で，一次元のため dx を用いる．いま波動関数 $\Psi_1 = H_1(\alpha^{1/2}x) e^{-\alpha x^2/2}$ に規格化定数 N を掛け，次の関係

> これは微積分でよく行われる，典型的な置換である．

が満たされるとする．

$$N^2 \int_{-\infty}^{+\infty} \{H_1(\alpha^{1/2}x)\,\mathrm{e}^{-\alpha x^2/2}\}^* \{H_1(\alpha^{1/2}x)\,\mathrm{e}^{-\alpha x^2/2}\}\,\mathrm{d}x = 1$$

ξ と $\mathrm{d}\xi$ を代入して

$\mathrm{d}x$ について $\mathrm{d}\xi$ を用いて表し，それを代入した．

$$N^2 \int_{-\infty}^{+\infty} \{H_1(\xi)\,\mathrm{e}^{-\xi^2/2}\}^* \{H_1(\xi)\,\mathrm{e}^{-\xi^2/2}\}\frac{\mathrm{d}\xi}{\alpha^{1/2}} = 1$$

複素共役をとっても波動関数は変わらず，また $\alpha^{1/2}$ は定数だから積分の外にだせる．積分記号の内側の関数をすべて掛けあわせると，これは以下のように簡単になる．

二つの指数部分を集めて，一つにした．

$$\frac{N^2}{\alpha^{1/2}} \int_{-\infty}^{+\infty} H_1(\xi)\,H_1(\xi)\,\mathrm{e}^{-\xi^2}\,\mathrm{d}\xi = 1$$

表 11.2 によるとここに含まれる積分は既知で，$2^1 1!\,\pi^{1/2}$ である．したがって

$1! = 1$ なので，式からは消える．

$$\frac{N^2}{\alpha^{1/2}} \times 2^1 1!\,\pi^{1/2} = 1$$

よって

$$N^2 = \frac{\alpha^{1/2}}{2\pi^{1/2}}$$

$$N = \frac{\alpha^{1/4}}{\sqrt{2}\,\pi^{1/4}}$$

となる．ここで習慣として正の平方根のみを選んだ．上式の $\sqrt{2}$ は 4 の四乗根，すなわち $\sqrt[4]{4}$ つまり $4^{1/4}$ なので，べき部分がまとめられる．ゆえに規格化定数 N は

$$N = \left(\frac{\alpha}{4\pi}\right)^{1/4}$$

と書きなおせる．以上から，規格化された完全な波動関数 Ψ_1 は x を再度代入して

$$\Psi_1 = \left(\frac{\alpha}{4\pi}\right)^{1/4} H_1(\alpha^{1/2}x)\,\mathrm{e}^{-\alpha x^2/2}$$

となる．

　調和振動子の波動関数 Ψ_n の規格化定数はある形式に従うので（積分公式がエルミート多項式を含むことがこの理由になっている），規格化定数を一つの公式として表すことができる．以下で与えられる調和振動子の波動関数 Ψ_n の一般式は，量子数 n を用いた規格化定数の式を含んでいる．

$$\Psi_n = \left(\frac{\alpha}{\pi}\right)^{1/4}\left(\frac{1}{2^n n!}\right)^{1/2} H_n(\alpha^{1/2}x)\,\mathrm{e}^{-\alpha x^2/2} \qquad (11.19)$$

ここで α などは前に定義した通りである．
　$x = 0$ を中心とした $-\infty$ から $+\infty$ の範囲にわたる奇関数の積分はゼロになるので，ある関数が奇関数か偶関数かを調べることは有用である．結局，

積分とは曲線の下の面積にすぎない．奇関数では曲線の半分の部分から得られる "正の" 面積が，もう半分の部分から得られる "負の" 面積に打ち消されてしまう．このことに気がつくと，積分の計算をしなくて済むようになる．関数の積が奇関数か偶関数のどちらになるかは，それぞれの関数に依存する．それは奇関数を（奇），偶関数を（偶）で表すと

$$（奇）\times（奇）=（偶）$$
$$（偶）\times（偶）=（偶）$$
$$（偶）\times（奇）=（奇）$$

となる．これは正と負の数の掛け算の規則と似ている．以下の例題をみるとこの考え方が便利なことがわかる．

例題 11.6

調和振動子の波動関数 Ψ_3 について，実際に計算する代わりに，関数の性質を考察することで位置の平均値 $\langle x \rangle$ を求めよ．

解 答

調和振動子の波動関数 Ψ_3 における位置の平均値 $\langle x \rangle$ は，次の式で求めることができる．

$$\langle x \rangle = N^2 \int_{-\infty}^{+\infty} \{H_3(\alpha^{1/2}x)\,e^{-\alpha x^2/2}\}^* \hat{x} \{H_3(\alpha^{1/2}x)\,e^{-\alpha x^2/2}\}\,dx$$

ここで N は規格化定数である．さて位置演算子 $\hat{x}$ が座標 x の掛け算であることを思いだし，また被積分関数のほかのすべての部分を掛けあわせると，これは以下のように簡単になる．

$$\langle x \rangle = N^2 \int_{-\infty}^{+\infty} x\{H_3(\alpha^{1/2}x)\}^2\,e^{-\alpha x^2}\,dx$$

エルミート多項式 $H_3(\alpha^{1/2}x)$ は x の奇数べきだけを含むが，二乗すると x の偶数べきだけを含む多項式になる．したがってこれは偶関数になる．指数部分は x^2 を含むので，これも偶関数である．さらに x だけの項は奇関数で，また dx は関数でなく積分操作の一部なので考えなくてよい．よって関数全体は奇関数で，したがってゼロを中心にした $-\infty$ から $+\infty$ までの積分はゼロになる．ゆえに $\langle x \rangle = 0$ である．

奇関数×偶関数＝奇関数であると思いだすこと．

奇関数のこの性質はたいへんに有用である．偶関数ならば，積分を計算しなければならない．この時点での最良の方法は実際のエルミート多項式を代入して各項を掛けあわせ，その形に応じてそれぞれの項を計算することである．このとき巻末の付録1に与えた積分が役に立つだろう．しかし奇関数は適当な範囲で積分されればゼロになる．これは積分を計算するのではなく，関数を"みる"ことによって行うもので，時間の節約になるのである．

図 11.4 に調和振動子の最初のいくつかの波動関数のグラフを，調和振動子のポテンシャルエネルギー曲線と重ねて示す．グラフの正確な形は質量 m

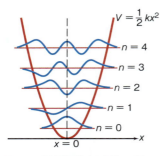

図 11.4 調和振動子の最初の五つの波動関数 系のポテンシャルエネルギーの図と重ねて描いてある．波動関数がポテンシャルエネルギーの外側にでる点は古典的折返し点と呼ばれる．古典的には，エネルギーが不足するため調和振動子は折返し点より外側には絶対にでない．量子力学的には，調和振動子として運動する粒子が，この点よりも外側に存在する確率がゼロではなくなる．

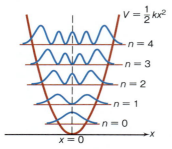

図 11.5 調和振動子の最初の五つの波動関数 ψ の二乗 $|\psi|^2$ のグラフ 系のポテンシャルエネルギーの図と重ねて描いてある．量子数が増加すると，ポテンシャルエネルギーの中央における粒子の存在確率は減少し，側面における存在確率が増加する．量子数が大きいときには量子力学は古典力学に似てくる．これは対応原理のもう一つの例である．

と力の定数 k によるが，一般的な結論は変わらない．さて古典的調和振動子では，質点が中心を行ったり来たりすることを思いだしてほしい．中心 $x = 0$ を通過するときに，質点は最小のポテンシャルエネルギー（ゼロとおける）と最大の運動エネルギーをもつ．つまり最大の速さで動いている．質点が中心から離れるにつれてポテンシャルエネルギーは大きくなり，やがてエネルギーすべてがポテンシャルエネルギーとなって運動エネルギーがなくなり，質点は瞬間的に静止する．そのあと質点は反対の方向に運動を始める．質点が向きを変える点を**古典的折返し点**（classical turning point）と呼ぶ．古典的調和振動子は決して折返し点を越えない．もし越えれば，全エネルギー以上のポテンシャルエネルギーをもつことになるからである．

ところが図 11.4 にみるように量子力学的調和振動子の波動関数は，古典的には全エネルギーがポテンシャルエネルギーになる点を越えた領域にも存在する．つまり波動関数がゼロにならないので，振動子は古典的折返し点の外でも存在できることになる．これは振動子が負の運動エネルギーをもつというパラドックスである——しかし実際には，これがパラドックスであるという観点が古典的な考え方なのである．古典的な考え方に従わない量子力学の例は，これが最初ではない．最初の例は，有限の高さの障壁を通り抜ける粒子のトンネル現象だった．調和振動子の古典的折返し点を越えたところに波動関数が存在するという現象は，トンネル現象と似ている．この場合の"障壁"はポテンシャルエネルギー曲線の表面で，垂直な障壁ではない．

一次元空間を運動する粒子の存在確率が $|\Psi|^2$ に比例することを思いだしてほしい．$|\Psi|^2$ のグラフをいくつか図 11.5 に示す．一番上のグラフは大きな量子数 n をもつもので，その形は古典的調和振動子のふるまいに近づいている．すなわち $x = 0$ の近くではたいへんに素早く動き，そこに存在する確率は低く，折返し点の近くではゆっくりになって，そこにみいだされる確率は高い．これは**対応原理**（correspondence principle）のもう一つの例である．すなわち大きな量子数（したがって高エネルギー）のもとでは，量子力学は古典力学から期待されるものと近い結果を与えるのである．

例題 11.7

調和振動子の波動関数 Ψ_1 について，x 方向の運動量の平均値 $\langle p_x \rangle$ を求めよ．

解 答

式 (10.22) で与えられた運動量演算子 $\widehat{p_x} = -i\hbar(\partial/\partial x)$ を使った以下の式を計算すればよい．

これは運動量の平均値の定義である．式のなかで運動量演算子が現れることに注意せよ．

$$\langle p_x \rangle = N^2 \int_{-\infty}^{+\infty} \left\{ H_1(a^{1/2}x)\, e^{-ax^2/2} \right\}^* \left(-i\hbar \frac{\partial}{\partial x} \right) \left\{ H_1(a^{1/2}x)\, e^{-ax^2/2} \right\} dx$$

エルミート多項式に代入して，表 11.1 から上の式は

$$\langle p_x \rangle = N^2 \int_{-\infty}^{+\infty} (2\alpha^{1/2} x\, \mathrm{e}^{-\alpha x^2/2})^* \left(-i\hbar \frac{\partial}{\partial x}\right)(2\alpha^{1/2} x\, \mathrm{e}^{-\alpha x^2/2})\, \mathrm{d}x$$

ここでは複素共役をとっても変わらない．そこで右辺の微分を計算し，定数を積分の外にだすと

$$\langle p_x \rangle = -4\alpha i\hbar N^2 \int_{-\infty}^{+\infty} x\, \mathrm{e}^{-\alpha x^2/2} (\mathrm{e}^{-\alpha x^2/2} - \alpha x^2 \mathrm{e}^{-\alpha x^2/2})\, \mathrm{d}x$$

これは

$$\langle p_x \rangle = -4\alpha i\hbar N^2 \int_{-\infty}^{+\infty} (x\, \mathrm{e}^{-\alpha x^2} - \alpha x^3 \mathrm{e}^{-\alpha x^2})\, \mathrm{d}x$$

のように簡単になる．カッコのなかの二つの項は積分範囲全体を通じて奇関数なので，この積分は厳密にゼロになる．ゆえに

$$\langle p_x \rangle = 0$$

を得る．運動量がベクトル量であること，また質点は両方向に行ったり来たりしていることを考えれば，運動量の平均値がゼロであることは了解できるだろう．

指数部分は偶関数だが，それぞれの指数部分に x の奇数べき（一乗と三乗）が掛かる．このためにそれぞれの項は奇関数となる．

11.5　換算質量

多くの調和振動子は振り子や動かない重い壁にくっついた原子のように，一つの質点が行ったり来たりする簡単なものではない．多くは図 11.6 の二原子分子のように，二つの原子がそれぞれともに行ったり来たりするようなものである．このような系を調和振動子として記述する場合には，振動子の質量を単純に二つの原子の質量の和とはしない．このような系では，少し違ったやり方をする必要がある．

図 11.6 の二つの質点の質量を m_1 と m_2，位置を x_1 と x_2 で表し，これが調和振動子のように行ったり来たりしている場合を考える．ここではこれら二つの質点の振動運動だけに注目し，並進や回転のようなほかの運動は無視することにする．純粋な調和振動*では質量中心は動かないから

$$m_1 \frac{\mathrm{d}x_1}{\mathrm{d}t} = -m_2 \frac{\mathrm{d}x_2}{\mathrm{d}t}$$

が成り立つ．負の符号は二つの質点が反対の方向に動いていることを意味する．両辺に $m_2(\mathrm{d}x_1/\mathrm{d}t)$ を加えると

$$m_1 \frac{\mathrm{d}x_1}{\mathrm{d}t} + m_2 \frac{\mathrm{d}x_1}{\mathrm{d}t} = -m_2 \frac{\mathrm{d}x_2}{\mathrm{d}t} + m_2 \frac{\mathrm{d}x_1}{\mathrm{d}t}$$

$$(m_1 + m_2) \frac{\mathrm{d}x_1}{\mathrm{d}t} = m_2 \left(\frac{\mathrm{d}x_1}{\mathrm{d}t} - \frac{\mathrm{d}x_2}{\mathrm{d}t}\right)$$

右辺では導関数の並び順を変えた．これを以下のように変形する．

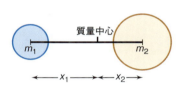

図 11.6　質量 m_1 と m_2 の二つの質点が，動かない質量中心の周りをあちこちと運動している．ここから換算質量 μ を定義する．

* 多粒子系の質量中心 (x_{CoM}, y_{CoM}, z_{CoM}) が

$$x_{\mathrm{CoM}} = \frac{\sum_i m_i x_i}{\sum_i m_i}$$

で定義されることを思いだすこと．ここで和は系中の粒子 i についてとり，また m_i は粒子の質量，x_i は粒子の x 座標である．同様の式が y_{CoM} と z_{CoM} についても成り立つ．

$$\frac{\mathrm{d}x_1}{\mathrm{d}t} = \frac{m_2}{m_1+m_2}\left(\frac{\mathrm{d}x_1}{\mathrm{d}t} - \frac{\mathrm{d}x_2}{\mathrm{d}t}\right) \tag{11.20}$$

さて多くの場合，絶対座標の代わりに相対座標を定義するとたいへん便利である．たとえば，直交座標のある値を特定するのは絶対座標を使うやり方である．しかし，直交座標における差は引かれる値や引く値に関係しないから相対的なものである（たとえば5と10の差は，125と130の差に等しい）．そこで相対座標 q を

$$q \equiv x_1 - x_2$$

と定義すると

$$\frac{\mathrm{d}q}{\mathrm{d}t} = \frac{\mathrm{d}x_1}{\mathrm{d}t} - \frac{\mathrm{d}x_2}{\mathrm{d}t}$$

となる．これを式（11.20）に代入すると，$\mathrm{d}x_1/\mathrm{d}t \equiv \dot{x}_1$ と書いて

$$\dot{x}_1 = \frac{m_2}{m_1+m_2}\frac{\mathrm{d}q}{\mathrm{d}t} \tag{11.21}$$

が得られる．元の質量中心の式に対して同様に $m_1(\mathrm{d}x_2/\mathrm{d}t)$ を加えると，二番目の式として

$$\dot{x}_2 = \frac{m_1}{m_1+m_2}\frac{\mathrm{d}q}{\mathrm{d}t} \tag{11.22}$$

が得られる．ただし同様に $\mathrm{d}x_2/\mathrm{d}t \equiv \dot{x}_2$ とした．

ところで全エネルギーを考えると，ポテンシャルエネルギーはどの調和振動子でも同じだが，運動エネルギー K は二つの粒子の運動エネルギーの和

$$K = \frac{1}{2}m_1\dot{x}_1^{\,2} + \frac{1}{2}m_2\dot{x}_2^{\,2}$$

になる．式（11.21）と（11.22）を上の式に代入すると，運動エネルギー K は時間についての相対座標の導関数 $\dot{q}$ で表された簡単な形になる．すなわち

$$K = \frac{1}{2}\frac{m_1 m_2}{m_1+m_2}\dot{q}^{\,2} \tag{11.23}$$

ここで**換算質量**（reduced mass）μ を次のように定義する．

$$\mu \equiv \frac{m_1 m_2}{m_1+m_2} \tag{11.24}$$

そうすると運動エネルギー K は以下のように簡単になる．

$$K = \frac{1}{2}\mu\dot{q}^{\,2} \tag{11.25}$$

これは，より簡単な運動エネルギーの式である．換算質量 μ はまた

$$\frac{1}{\mu} = \frac{1}{m_1} + \frac{1}{m_2} \tag{11.26}$$

とも表せる.

　さて以上述べたことが意味するところは，元の系の二つの質点の換算質量を質量とする一つの質点が行ったり来たりする運動エネルギーによって，振動子の運動エネルギーが表されるということである．これによって二粒子の調和振動子を一粒子の調和振動子として扱うことができるようになり，単純な調和振動子について導いたのと同じ方程式や関係式が使えることになる．つまり系の換算質量 μ を使うようにすれば，これまでの節で得られたすべての式が使えることになる．たとえば式 (11.3) は

$$\nu = \frac{1}{\tau} = \frac{1}{2\pi}\sqrt{\frac{k}{\mu}} \tag{11.27}$$

のようになる．また換算質量 μ を使うとシュレーディンガー方程式は以下のようになる．

$$\left\{-\frac{\hbar^2}{2\mu}\frac{d^2}{dx^2} + \widehat{V}(x)\right\}\Psi = E\Psi \tag{11.28}$$

幸いどの式でも m の代わりに μ を代入するだけでよいから，これらの式をもう一度導く必要はない．換算質量 μ の単位は質量 m の単位と同じだが，これは簡単に示せる．

例題 11.8

換算質量 μ の単位が質量の単位と同じであることを示せ.

解 答

式 (11.24) の右辺を考えると

$$\frac{\text{kg} \times \text{kg}}{\text{kg} + \text{kg}} = \frac{\text{kg}^2}{\text{kg}} = \text{kg}$$

が得られる．よって換算質量 μ が質量と同じ単位をもつことが確かめられた．

例題 11.9

水素分子 H_2 は 1.32×10^{14} Hz の振動数 ν で振動している．このとき以下を求めよ．
(a) H—H 結合の力の定数 k.
(b) 水素分子が理想調和振動子としてふるまうと仮定したときの，振動準位 $n = 1$ から $n = 2$ への遷移に伴うエネルギー変化．

解 答

(a) 水素原子 1 個の質量は 1.674×10^{-27} kg である．よって水素分子の換算質量 μ は式 (11.24) より

$$\mu = \frac{(1.674 \times 10^{-27}\,\text{kg}) \times (1.674 \times 10^{-27}\,\text{kg})}{(1.674 \times 10^{-27}\,\text{kg}) + (1.674 \times 10^{-27}\,\text{kg})}$$
$$= 8.370 \times 10^{-28}\,\text{kg}$$

> 1 個の水素原子の質量は，kg 単位で表したモル質量をアボガドロ定数で割ったものに等しい．

となる．力の定数 k について整理した式 (11.5) で，質量 m の代わりに換算質量 μ を用い，適当な値を代入すると

$$k = 4\pi^2 \times (1.32 \times 10^{14}\,\text{s}^{-1})^2 \times (8.370 \times 10^{-28}\,\text{kg})$$
$$= 576\,\text{kg}\,\text{s}^{-2}$$

を得る．ただし Hz が s^{-1} に等しいという単位の間の関係を用いた．この k の値はすでに説明したように 576 N m^{-1} または 5.76 mdyn Å^{-1} に等しい．

(b) 式 (11.16) によると，調和振動子のエネルギー E は

$$E = \left(n + \frac{1}{2}\right)h\nu$$

である．$n = 1$ と $n = 2$ に対して，適当な値を代入すれば

$$E(n=1) = \left(1 + \frac{1}{2}\right) \times (6.626 \times 10^{-34}\,\text{Js}) \times (1.32 \times 10^{14}\,\text{s}^{-1})$$
$$= 1.31 \times 10^{-19}\,\text{J}$$

$$E(n=2) = \left(2 + \frac{1}{2}\right) \times (6.626 \times 10^{-34}\,\text{Js}) \times (1.32 \times 10^{14}\,\text{s}^{-1})$$
$$= 2.19 \times 10^{-19}\,\text{J}$$

となる．ここでも同様に Hz が s^{-1} に等しいという関係を用いた．よってエネルギー変化は 2.19×10^{-19} J から 1.31×10^{-19} J を引いて 8.8×10^{-20} J となる．

例題 11.10

HF 分子は振動数 $\nu = 1.241 \times 10^{14}$ Hz の調和振動を行う．
(a) HF 分子の換算質量 μ を用いて力の定数 k を求めよ．
(b) いま F 原子は動かず，振動は H 原子の運動のみで生じているとする．H 原子の質量と (a) で計算した力の定数を用いると，H 原子の振動数はいくらになるか．また，ここで求めた振動数と与えられた振動数の間の差について説明せよ．

解 答

(a) H 原子と F 原子の質量 1.674×10^{-27} kg と 3.154×10^{-26} kg を用いると，式 (11.24) から換算質量 μ は以下のように求まる．

> これらの質量は，kg 単位で表したそれぞれの原子のモル質量をアボガドロ定数で割ったものに等しい．

$$\mu = \frac{(1.674 \times 10^{-27}\,\text{kg}) \times (3.154 \times 10^{-26}\,\text{kg})}{(1.674 \times 10^{-27}\,\text{kg}) + (3.154 \times 10^{-26}\,\text{kg})}$$
$$= 1.590 \times 10^{-27}\,\text{kg}$$

上の例題11.9で用いたのと同じ式に同様にして代入すると，力の定数 k について

$$k = 4\pi^2 \times (1.241 \times 10^{14}\,\text{s}^{-1})^2 \times (1.590 \times 10^{-27}\,\text{kg})$$
$$= 966.7\,\text{kg s}^{-2}$$

が得られる．

(b) 質量 $m = 1.674 \times 10^{-27}\,\text{kg}$，力の定数 $k = 966.7\,\text{kg s}^{-2}$ である水素原子の振動数 ν は

$$\nu = \frac{1}{2\pi}\sqrt{\frac{k}{m}}$$
$$= \frac{1}{2\pi}\sqrt{\frac{966.7\,\text{kg s}^{-2}}{1.674 \times 10^{-27}\,\text{kg}}}$$
$$= 1.209 \times 10^{14}\,\text{Hz}$$

と求まる．この振動数は与えられた値よりも 2.5% ほど小さい．これは換算質量を使わないことが影響している．

> これは調和振動子の振動数を表す式である．

> ここで kg 単位は消えて，s^{-1} である $\sqrt{1/\text{s}^2}$ が残る．この単位はヘルツである．

多くの粒子が互いに相対的な運動をする場合は常に，実際の質量の代わりに換算質量を考えなければならない．調和振動子では二つの粒子が互いに相対的な運動をするので，換算質量が用いられる．純粋な並進運動では二つの質点が空間を移動するが，相対的には同じ位置関係を保っている．したがって並進運動の場合には二つの質量の和，すなわち全質量を用いて考えることになる．

11.6　二次元の回転運動

もう一つのモデル系は，円周上を運動する質点からなる．この系を簡単に図 11.7 に示す．質量 m の粒子が，一定の半径 r の円周上を動く．円の中心には別の質点があってもなくてもよく，考えるのは半径 r の円周上の粒子の運動だけである．この系ではポテンシャルエネルギー V は一定であり，任意の値としてゼロとおける．粒子は二次元的に動くので，これを xy 平面上の運動とすると，この系のシュレーディンガー方程式は次のように書ける．

$$-\frac{\hbar^2}{2m}\left(\frac{\partial^2}{\partial x^2} + \frac{\partial^2}{\partial y^2}\right)\Psi = E\Psi \tag{11.29}$$

図 11.7　二次元の回転運動は，一定の半径 r の円周上を動く質点の運動と定義される．

しかし実際のところ，これが最も望ましいシュレーディンガー方程式の形ではない．粒子が円周上を動くときには半径一定で運動し，角度を変えるだけなので x や y よりも角度を使って，この粒子の運動を記述するほうが意味がある．そうでなければ上のシュレーディンガー方程式を，二次元同時に解かなければならなくなる．この場合には変数 x と y が同時に動くので，三次元の箱のなかの粒子のように，x に依存する運動を y に依存する運動から分離できないからである．

全運動エネルギーを回転運動によって表すことができれば，シュレーディンガー方程式の固有関数をみつけることが簡単になる．第 9 章でみたように古典力学では，円周上を運動する粒子は $L = mvr$ で与えられる大きさの**角運動量**（angular momentum）をもつ．また，それぞれの方向における直線運動量 p_i によっても角運動量を与えることができる．粒子が xy 平面内にあるとき，粒子は z 方向に角運動量をもち，その大きさ L_z は以下のように古典力学的な表現で与えられる．

$$L_z = xp_y - yp_x \tag{11.30}$$

ここで p_x, p_y はそれぞれ x, y 方向の直線運動量である．この時点では簡単のため，角運動量がベクトル量であることの性質は，z 方向を除いては無視することにする．

質量 m，中心周りを距離 r で回転している粒子の運動エネルギー K は角運動量 L_z を用いると

$$K = \frac{L_z^2}{2mr^2} = \frac{L_z^2}{2I} \tag{11.31}$$

と与えられる．ここで I は

$$I \equiv mr^2$$

と定義され**慣性モーメント**（moment of inertia）と呼ばれる．ただし慣性モーメント I の式は物体の形によって異なる．$I = mr^2$ は，円周上を運動する単一の質点の慣性モーメントを表す式である．

直線運動量の演算子が定義されているから，角運動量の演算子 $\widehat{L}_z$ も量子力学的に定義できる．すなわち

$$\widehat{L}_z \equiv -i\hbar \left(\widehat{x} \frac{\partial}{\partial y} - \widehat{y} \frac{\partial}{\partial x} \right) \tag{11.32}$$

式（11.31）と（11.32）を使うとアナロジーから，この系のシュレーディンガー方程式が

$$\frac{\widehat{L}_z^2}{2I} \Psi = E\Psi \tag{11.33}$$

と書ける．ところで角運動量演算子 $\widehat{L}_z$ は有用だが，これを使ってもやはりハミルトニアンのなかに x と y が残るので，まだ最良の形ではない．そこで直交座標の代わりに**極座標**（polar coordinates）を使ってこの運動を表すことにする．極座標を使うと二次元空間全体は中心からの距離 r と，ある特別な方向から測定した角度 ϕ（一般には x 軸の正の方向となす角）によって表される．図 11.8 に極座標の定義を示す．さて極座標を用いると，角運動量演算子 $\widehat{L}_z$ は

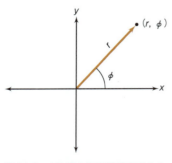

図 11.8 二次元の極座標は原点からの距離 r と，角度 ϕ で定義される．ここで ϕ は x 軸の正の方向となす角である．

11.6 | 二次元の回転運動　419

$$\hat{L}_z = -i\hbar \frac{\partial}{\partial \phi} \quad (11.34)$$

のようにたいへん簡単な形になる．この形の角運動量演算子 $\hat{L}_z$ を使うと，二次元の回転運動に対するシュレーディンガー方程式は

$$-\frac{\hbar^2}{2I}\frac{\partial^2}{\partial \phi^2}\Psi = E\Psi \quad (11.35)$$

となる．式 (11.35) をみると，この系は"二次元の"運動とはいうものの，極座標を使った記述では角度 ϕ という一つの座標だけが変化することがわかる．さて式 (11.35) は既知の解析解 Ψ をもつ簡単な二階微分方程式である．そしてその Ψ こそが，われわれがみつけるべきものである．考えられる Ψ の式は

$$\Psi = A\,e^{im\phi} \quad (11.36)$$

である．定数 A と m の値はこのあとすぐに求める．また ϕ は上で導入された極座標の一つであり，i は -1 の平方根である．なおここで定数 m を粒子の質量と混同しないこと．洞察力の鋭い読者は，この波動関数 Ψ が $\cos m\phi + i \sin m\phi$ を使った形で書けることに気がつくだろう．しかし上の式 (11.36) のような指数による表現は，こうした三角関数を使った書き方よりも有用である．

　上の波動関数 Ψ はシュレーディンガー方程式を満たすが，適切な波動関数であるためには，ほかの性質も備えていなければならない．まず，適切な波動関数は有界でなければならない．しかし，これは波動関数 Ψ が余弦形または正弦形をしているのをみればわかるように問題ではない．また連続で微分可能でなければならないが，これについても，この種の指数関数は数学的に素直なふるまいをするので問題ではない．

　また，適切な波動関数は一価でなければならない．これは問題になる可能性がある．粒子は円周上を動くので 360° すなわち 2π rad だけ進んだあと，再び同じ道を通ることになる．ここで適切な波動関数が一価である条件から，粒子が完全な円を描くときには波動関数 Ψ の値が同じになることが求められる．これは円周境界条件と呼ばれることがあり，数学的には

$$\Psi(\phi) = \Psi(\phi + 2\pi)$$

と表される．式 (11.36) の形の波動関数を使い，上の関係を以下のように少しずつ簡単にする．

$$A\,e^{im\phi} = A\,e^{im(\phi+2\pi)}$$
$$e^{im\phi} = e^{im\phi}e^{im2\pi}$$
$$1 = e^{2\pi im}$$

A と $e^{im\phi}$ は適当な段階で約分した．また変形の最後では指数のなかの文字の並び順を整理した．この最後の式がキーである．**オイラーの定理**（Euler's theorem）

$$e^{i\theta} = \cos\theta + i\sin\theta$$

を使い，虚数の指数を三角関数によって書き下す．右辺から書いて

$$e^{2\pi im} = \cos 2\pi m + i\sin 2\pi m = 1$$

この式が満たされるためには，1は虚数部をもたないのでsinの項はゼロ，かつcosの項が1でなければならない．これは$2\pi m$が2πの倍数（ゼロと負の値も含む）であるときにのみ成り立つ．すなわち

$$2\pi m = 0, \pm 2\pi, \pm 4\pi, \pm 6\pi, \cdots$$

これはmが整数をとることを意味する．つまり

$$m = 0, \pm 1, \pm 2, \pm 3, \cdots$$

このように適切な波動関数を得るためには，指数のなかの定数mは任意ではありえず，整数でなければならない．したがって波動関数は任意の指数関数ではなく，指数がある特定の値をとるような指数関数の組になる．また，この数mは量子数である．

波動関数を規格化するためには積分のための微小量$d\tau$と積分範囲を決める必要がある．変化するのはϕだけなので，$d\tau$は単純に$d\phi$である．また空間の同じところをくり返し動くようになるまでに，ϕは0から2πに変化するので積分範囲は0から2πである．規格化定数をNとして，以上を考えあわせた波動関数の規格化，すなわち

$$N^2 \int_0^{2\pi} (e^{im\phi})^* e^{im\phi} d\phi = 1$$

は次のようにして行う．まず，これらのモデル系でははじめての例だが，上の式では複素共役をとると波動関数の形が変わる．すなわち複素共役をとる関数の指数部分に含まれるiを$-i$に変えて

$$N^2 \int_0^{2\pi} e^{-im\phi} e^{im\phi} d\phi = 1$$

となる．ここで二つの指数関数は互いに打ち消しあい，積分のなかには$d\phi$だけが残る．したがって上の式は以下のようになる．

$$N^2 \int_0^{2\pi} d\phi = 1$$

$$N^2 \left[\phi\right]_0^{2\pi} = 1$$

$$N^2 \times (2\pi - 0) = 1$$

よって$N^2 \times 2\pi = 1$だから

$$N^2 = \frac{1}{2\pi}$$

ゆえに規格化定数 N は

$$N = \frac{1}{\sqrt{2\pi}}$$

ここでも正の平方根のみを選んだ．以上より，二次元の回転運動に対する完全な波動関数 Ψ_m は以下のようになる．

$$\Psi_m = \frac{1}{\sqrt{2\pi}} e^{im\phi} \quad (m = 0, \pm 1, \pm 2, \pm 3, \cdots) \quad (11.37)$$

規格化定数はどの波動関数に対しても同じで，量子数 m にはよらない．図 11.9 に最初のいくつかの Ψ_m のグラフを示す．Ψ_m の大きさは円形の定在波を思わせ，これはまた円軌道中の電子のドブロイ描像も暗示している．ただ

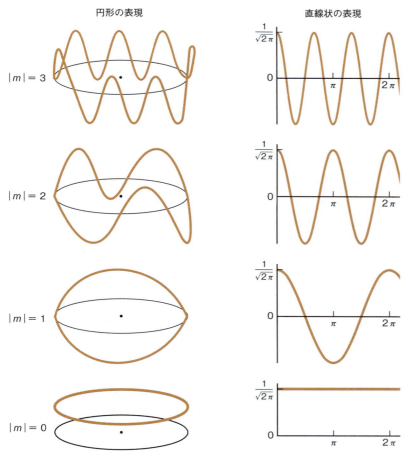

図 11.9 二次元の回転運動の最初の四つの波動関数　左側に示した円形の表現は系の実際の形をまねたもので，右側に示した直線状の表現は剛体回転子の 1 周分（2π rad）を表したものである．

しこれは単に暗示的なもので，このアナロジーによって電子の運動を真に記述するヒントが得られるということを意味するのではない．

さて，系のエネルギー固有値を計算することにする．もちろん，これはシュレーディンガー方程式（11.35）

$$-\frac{\hbar^2}{2I}\frac{\partial^2}{\partial \phi^2}\Psi = E\Psi$$

によって与えられる．式（11.37）で与えられる波動関数の一般形 Ψ_m を代入すると

$$-\frac{\hbar^2}{2I}\frac{\partial^2}{\partial \phi^2}\left(\frac{1}{\sqrt{2\pi}}\mathrm{e}^{im\phi}\right) = E\left(\frac{1}{\sqrt{2\pi}}\mathrm{e}^{im\phi}\right)$$

が得られる．左辺の指数関数の二次導関数は簡単に $-m^2\mathrm{e}^{im\phi}$ と計算できる．もちろん定数 $1/\sqrt{2\pi}$ は影響を受けない．元の波動関数でまとめられていた項を保つように定数を代入，整理して

$$\frac{m^2\hbar^2}{2I}\left(\frac{1}{\sqrt{2\pi}}\mathrm{e}^{im\phi}\right) = E\left(\frac{1}{\sqrt{2\pi}}\mathrm{e}^{im\phi}\right)$$

これは固有値が $m^2\hbar^2/2I$ であることを示している．シュレーディンガー方程式の固有値はエネルギーオブザーバブルに対応するので，結論として

$$E = \frac{m^2\hbar^2}{2I} \tag{11.38}$$

を得る．ここで $m = 0, \pm 1, \pm 2, \pm 3, \cdots$ である．一定距離 r にある質点は慣性モーメント I をもち，プランク定数は一定なので，エネルギーの式（11.38）での変数は整数 m だけである．したがって円周上を運動する粒子の全エネルギーは量子数 m によって量子化されている．次の例題では，これらの量の組合せがエネルギーの単位を与えることを示す．

例題 11.11

電子一つが半径 1.00 Å の円周上を動いている．このとき二次元の回転運動に対する最初の五つの波動関数，すなわち量子数 $m = 0, \pm 1, \pm 2$ である波動関数のエネルギー固有値 E を求めよ．

解 答

まず電子の慣性モーメント I を求める．電子の質量 $m_\mathrm{e} = 9.109 \times 10^{-31}\,\mathrm{kg}$ と，与えられた半径 $r = 1.00\,\text{Å} = 1.00 \times 10^{-10}\,\mathrm{m}$ を使うと，慣性モーメント I は

$$I = (9.109 \times 10^{-31} \text{ kg}) \times (1.00 \times 10^{-10} \text{ m})^2$$
$$= 9.11 \times 10^{-51} \text{ kg m}^2$$

となる．これで各状態のエネルギー固有値 E を考えることができる．最初の状態 $m = 0$ では式 (11.38) より

$$E(m = 0) = 0$$

となることが簡単にわかる．ほかの状態については，エネルギー固有値 E が量子数 m の二乗に依存することを思いだす．したがって $m = +1$ のときのエネルギー固有値と，$m = -1$ のときのエネルギー固有値は等しい．$m = +2$，$m = -2$ でも同様である．このようにして式 (11.38) から

$$E(m = \pm 1) = \frac{1^2 \times (6.626 \times 10^{-34} \text{ J s})^2}{2 \times (9.11 \times 10^{-51} \text{ kg m}^2) \times (2\pi)^2}$$
$$= 6.10 \times 10^{-19} \text{ J}$$

$$E(m = \pm 2) = \frac{2^2 \times (6.626 \times 10^{-34} \text{ J s})^2}{2 \times (9.11 \times 10^{-51} \text{ kg m}^2) \times (2\pi)^2}$$
$$= 2.44 \times 10^{-18} \text{ J}$$

を得る．なお分母にでてきた $(2\pi)^2$ の項は $\hbar^2$ に由来する．

これは慣性モーメントの正しい単位を与えている．

単位は以下のように変化している．
$$\frac{(\text{J s})^2}{\text{kg m}^2} = \frac{\text{J}^2 \text{ s}^2}{\text{kg m}^2} = \frac{\text{J s}^2}{\text{kg m}^2} \times \frac{\text{kg m}^2}{\text{s}^2} = \text{J}$$
二番目から三番目の式に移る際に，ジュール単位 (J) の一乗分を基本単位に分解し，それらがどのように消えるかを示した．

図 11.10 に二次元の回転運動のエネルギー準位を示す．エネルギーは，箱のなかの粒子の場合のように量子数に対して一次に変化するのではなく，量子数の二乗に依存して変化する．エネルギー準位の間隔は量子数が大きくなるにつれて広くなる．

エネルギーは量子数 m の二乗に依存するので，負の m は同じ絶対値の正の m と同じエネルギーを与える．これは上の例題 11.11 で述べた通りである．したがって $m = 0$ の状態を除いて，すべてのエネルギー準位は二重縮退している．つまり二つの波動関数が同じエネルギーをもっているのである．

この系にはもう一つ考慮すべきオブザーバブルがある．それは角運動量で，これにより全エネルギーが定義されていた．波動関数 Ψ が角運動量演算子の固有関数なら，得られる固有値は角運動量のオブザーバブルに対応するだろう．極座標で表した角運動量演算子 $\widehat{L}_z$ を用いると式 (11.34) と (11.37) より

$$\widehat{L}_z \Psi = -i\hbar \frac{\partial}{\partial \phi} \left(\frac{1}{\sqrt{2\pi}} e^{im\phi} \right)$$
$$= -i\hbar \times im \times \left(\frac{1}{\sqrt{2\pi}} e^{im\phi} \right)$$
$$= m\hbar \Psi \qquad (11.39)$$

となる．シュレーディンガー方程式の固有関数である波動関数 Ψ は，角運動量演算子 $\widehat{L}_z$ の固有関数でもある．量子数 m と定数 $\hbar$ の積で表される角運動量演算子 $\widehat{L}_z$ の固有値について考えてみると，粒子の角運動量は量子化されていてある一定の値をとり，この値は量子数 m によって決まるということになる．

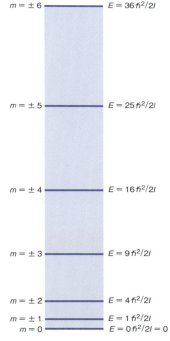

図 11.10　二次元の回転運動の量子化されたエネルギー準位　エネルギーは量子数 m の二乗に応じて増加する．

例題 11.12

例題 11.11 で扱った，二次元の回転運動をする電子の，五つの状態のそれぞれの角運動量はいくらか．

解　答
式 (11.39) に従って，角運動量の値はそれぞれ m の値が小さい状態から順に $-2\hbar$，$-1\hbar$，0，$1\hbar$，$2\hbar$ となる．ある量子数のセットについてはエネルギーが同じになるが，量子化された角運動量の値は異なることに注意してほしい．

　ここで角運動量について二，三の説明が必要である．まず，古典力学では角運動量は連続的であるとして扱うが，量子力学では離散的で量子化されているとする．次に，量子化された角運動量は質量や慣性モーメントによらない．このことは，粒子の質量と運動量とが密接に結びついている古典力学の考え方とはまったく異なる．

　また量子化された角運動量の値が m^2 でなく m に依存するため，それぞれの波動関数は例題 11.12 で述べたように特徴的な角運動量の値をもつ．つまりエネルギー準位は二重縮退しているが，それぞれの状態は特有の角運動量をもつのである．つまり一方の状態の角運動量の値は $m\hbar$ であり，もう一方は $-m\hbar$ である．角運動量はベクトル量なので，この二つの状態の違いを理解する簡単な方法がある．一方の状態では粒子はある方向，たとえば時計回りに運動し，もう一方の状態ではこれと反対方向，たとえば反時計回りに運動するとするのである．

　二つの質点，たとえば二つの原子がつながって平面内で回転運動している場合には，質量を換算質量に置き換えることを除けば，上で述べたすべての式を使うことができる．これは前の節での，互いに相対的に運動する二つの質点についての取扱いと同じである．二次元平面内を回転運動している二粒子系（あるいはもっと多くの粒子からなる系）は二次元の**剛体回転子**（rigid rotor）と呼ばれる．

例題 11.13

HCl の結合距離は 1.29 Å である．その最低の回転状態では分子は回転していないので，剛体回転子の式はその回転エネルギーがゼロであることを示す．エネルギーがゼロでない最初の状態について，そのエネルギーと角運動量を求めよ．ただし Cl 原子の質量は，Cl の原子量で近似せよ．

解　答
H と Cl の質量として 1.674×10^{-27} kg と 5.886×10^{-26} kg を用いると，分子の換算質量は 1.628×10^{-27} kg になる．結合距離は m を単位に用いると 1.29×10^{-10} m である．回転エネルギーがゼロでない最初の状態について

> これらの質量は，kg 単位で表した原子のモル質量をアボガドロ定数で割ったものである．

$$E(m=1) = \frac{1^2 \times (6.626 \times 10^{-34}\,\mathrm{J\,s})^2}{2 \times (1.628 \times 10^{-27}\,\mathrm{kg}) \times (1.29 \times 10^{-10}\,\mathrm{m})^2 \times (2\pi)^2}$$
$$= 2.05 \times 10^{-22}\,\mathrm{J}$$

となる．分子は $m=1$ の状態と $m=-1$ の状態の両方でこのエネルギーをとるので，分子の角運動量は $1\hbar$ と $-1\hbar$ のどちらでもよい．ここで与えられた情報からは，どちらであるか区別できない．

1 Å = 10^{-10} m であることを思い起こせ．

別に慣性モーメントを計算するよりも，ここでは簡単に，式中で I に mr^2 を代入した．

プランク定数 h の単位は角運動量の単位 $\mathrm{kg\,m^2\,s^{-1}}$ と同じ J s である．これは直線運動量の単位である $\mathrm{kg\,m\,s^{-1}}$ と異なっている．プランク定数 h は，古典力学において**作用**（action）と呼ばれる単位をもっているのである．やがてわかることだが，作用の単位をもつ原子レベルのオブザーバブルはどのようなものもある種の角運動量であり，原子レベルのその値はプランク定数に関係している．このような事実が物質の理解における（存在においてすらも），プランク定数の中心的で重要な役割を強固なものにしている．

いくつかの系について角運動量が量子化されることを示したので，ここで Bohr が水素原子の理論をたてたときの古い考えをもう一度みてみる．彼は角運動量が量子化されることを仮定したのであった．この仮定が正しいかどうかは大いに議論の余地のあるところだったが，こうすることにより彼は水素原子のスペクトルを理論的に予測することができたのである．一方，量子力学は角運動量の量子化を仮定とせず，それが必然であることを示すものである．

例題 11.14

有機分子であるベンゼン C_6H_6 は，炭素原子が六角形を形づくる環状構造をしている．環状分子における π 電子は二次元の回転運動を行うと近似できる．波長 260.0 nm で起こる遷移が $m=3$ から $m=4$ への電子遷移に対応するとして，この"電子環"の直径を求めよ．

解 答

はじめに 260.0 nm すなわち 2.600×10^{-7} m の波長 λ に対応するエネルギー E を計算する．そのために，まず振動数 ν を求める．$c = \lambda \nu$ から

$$2.9979 \times 10^{8}\,\mathrm{m\,s^{-1}} = (2.600 \times 10^{-7}\,\mathrm{m}) \times \nu$$
$$\nu = 1.153 \times 10^{15}\,\mathrm{s^{-1}}$$

よって $E = h\nu$ を使えば

$$E = (6.626 \times 10^{-34}\,\mathrm{J\,s}) \times (1.153 \times 10^{15}\,\mathrm{s^{-1}})$$
$$= 7.640 \times 10^{-19}\,\mathrm{J}$$

この E が $m=4$ と $m=3$ のエネルギー準位の差 ΔE に等しくなければならないから，式 (11.38) より

$$\Delta E = 7.640 \times 10^{-19}\,\mathrm{J} = \frac{4^2 \hbar^2}{2m_e r^2} - \frac{3^2 \hbar^2}{2m_e r^2}$$

分母の秒単位 (s) だけ残して，メートル単位は消える．

エネルギーの単位を残しながら，どのようにして秒の単位が消えるかに注意せよ．
これはボーアの振動数条件である．

m² 以外の単位はすべて消える．

ただし，ここで分母の I には $m_e r^2$ を代入しておいた．m_e は電子の質量，r は"電子環"の半径である．それぞれの定数を代入すると

$$7.640 \times 10^{-19} \, \text{J} = \frac{4^2 \times (6.626 \times 10^{-34} \, \text{J s})^2}{2 \times (9.109 \times 10^{-31} \, \text{kg}) \times r^2 \times (2\pi)^2}$$

$$- \frac{3^2 \times (6.626 \times 10^{-34} \, \text{J s})^2}{2 \times (9.109 \times 10^{-31} \, \text{kg}) \times r^2 \times (2\pi)^2}$$

整理して

$$7.640 \times 10^{-19} \, \text{J} = (16 - 9) \times \frac{6.104 \times 10^{-39} \, \text{m}^2}{r^2}$$

$$r^2 = 5.593 \times 10^{-20} \, \text{m}^2$$

ゆえに

$$r = 2.365 \times 10^{-10} \, \text{m}$$
$$= 2.365 \, \text{Å}$$

実験に基づくサイズとしては，ベンゼン分子は差しわたしが 3 Å よりも少し大きな直径をもつ．ここでのモデルはこれよりも少し大きな直径，すなわち半径 r の 2 倍でおよそ 4.7 Å を予測する．しかしこのモデルをベンゼンに適用して，このように近い値が得られたことはよい徴しであるといえる．

　　波動関数の解をくわしく導くのは，本書では二次元の回転運動が最後の系になる．以後では解を導く代わりに，おもな結論を提示していく．これまで考えてきた系によって量子力学の仮定がどう適用され，どのようにして結果が得られるかを十分に示すことができた．以降は解を一歩一歩導いていくことよりも，その結果とそれが意味するところを明らかにすることに集中する．数学的な詳細に興味をもった読者は，より進んだ参考書をみてほしい．

11.7　三次元の回転運動

　　粒子の回転運動や剛体回転子を三次元に拡張するのは簡単である．中心から粒子への距離はここでも一定なので図 11.11 に示すように，三次元の回転運動は球の表面における運動を記述することになる．完全な球を記述できるように座標系を拡張し，第二の角度 θ を導入する．全部で三つの座標 (r, θ, ϕ) が **球面極座標**（spherical polar coordinates）を定義する．座標の定義を図 11.12 に示す．問題をすぐに効率よく扱えるように，以下では球面極座標についてのことがらを，いくつか証明なしで説明する（もし必要なら，あまり苦労せずに証明できるが）．

　　まず三次元直交座標 (x, y, z) と球面極座標 (r, θ, ϕ) との間には，次のような直接的な関係がある．

$$\begin{aligned} x &= r \sin \theta \cos \phi \\ y &= r \sin \theta \sin \phi \\ z &= r \cos \theta \end{aligned} \quad (11.40)$$

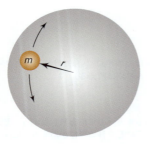

図 11.11　三次元の回転運動は，一定の半径 r の球面上を動く質点の運動と定義される．

次に球面極座標での積分を実行するには積分のための微小量 dτ の形と，積分範囲を考える必要がある．三つの座標すべてについての積分（これは三重積分で，それぞれの積分はただ一つの座標だけを独立に扱う）のための dτ は

$$d\tau = r^2 \sin\theta \, dr \, d\phi \, d\theta \tag{11.41}$$

である．ϕ と θ だけについての二次元の積分では

$$d\tau = \sin\theta \, d\phi \, d\theta \tag{11.42}$$

となる．さて二つの角度が定義されるから全空間を一度だけ積分するには，一方の角度の積分範囲は 0 から π までで，もう一方の角度の積分範囲は 0 から 2π までになる．もし両方の角度の積分範囲が 0 から 2π までなら，全空間を二度覆ってしまうことになる．慣例として ϕ の積分範囲を 0 から 2π，θ の積分範囲を 0 から π までとする．また r による積分が考えられるときには，積分範囲を 0 から ∞ までとする．

球面極座標を使うと二次元の回転運動のときのように，ハミルトニアンの形はまた異なったものになる．θ と ϕ が変化するとき（r はまだ定数とする）ハミルトニアン $\widehat{H}$ は次のようになる．

$$\widehat{H} = -\frac{\hbar^2}{2I}\left(\frac{\partial^2}{\partial\theta^2} + \cot\theta\frac{\partial}{\partial\theta} + \frac{1}{\sin^2\theta}\frac{\partial^2}{\partial\phi^2}\right) + \widehat{V} \tag{11.43}$$

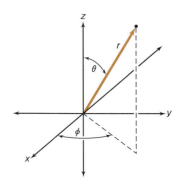

図 11.12 球面極座標 (r, θ, ϕ) の定義 r は考えている点と原点との距離．ϕ はベクトル r の xy 平面への射影について定義されるもので，この射影が x 軸の正の方向となす角である（y 軸の正の方向に向かう角度を正とする）．また θ は r が z 軸の正の方向となす角である．

ただし I は慣性モーメント，$\widehat{V}$ はポテンシャルエネルギー演算子である．ここでハミルトニアンを二次元の回転運動のときのように角運動量演算子を使って書く．しかし今度は一つの次元における角運動量演算子 $\widehat{L}_z$ ではなく，全角運動量演算子 $\widehat{L}$ を用いなければならない．三次元の回転運動のハミルトニアン $\widehat{H}$ は

$$\widehat{H} = \frac{\widehat{L}^2}{2I} + \widehat{V} \tag{11.44}$$

と書かれるから，上の二つの式 (11.43) と (11.44) を比べると

$$\widehat{L}^2 = -\hbar^2\left(\frac{\partial^2}{\partial\theta^2} + \cot\theta\frac{\partial}{\partial\theta} + \frac{1}{\sin^2\theta}\frac{\partial^2}{\partial\phi^2}\right) \tag{11.45}$$

であることがわかる．しかし式 (11.45) の右辺の平方根は解析的には得られず，そのため全角運動量演算子 $\widehat{L}$ は三次元の量子力学系ではふつう用いられない．その代わり全角運動量の二乗の演算子 $\widehat{L}^2$ だけが一般に使われる．角運動量を調べるためには角運動量の二乗の値（最終的には固有値）を決定し，それからそのオブザーバブルの平方根をとらなければならない．

三次元の回転運動のポテンシャルエネルギーもゼロとおける．したがって三次元の回転運動の波動関数 Ψ は，次のシュレーディンガー方程式を満たさなければならない．

$$-\frac{\hbar^2}{2I}\left(\frac{\partial^2}{\partial\theta^2}+\cot\theta\frac{\partial}{\partial\theta}+\frac{1}{\sin^2\theta}\frac{\partial^2}{\partial\phi^2}\right)\Psi=E\Psi \quad (11.46)$$

質点が三つの変数で記述される直交座標中を動いているとしても，球面極座標で運動を定義するのならθとϕの二つの変数だけが必要なのである．上の微分方程式（11.46）の詳細な解法は長くなるので，ここでは示さない．代わりに簡単に解法を示すが，その前にいくつかの点を指摘しておく．まず，解は分離可能であると仮定する．すなわち波動関数Ψは二つの関数ΦとΘの積であると仮定する．ここでΦとΘはそれぞれ変数ϕとθのみに依存する．ゆえに以下のように書ける．

$$\Psi(\phi,\theta)\equiv\Phi(\phi)\,\Theta(\theta)$$

式（11.46）における変数θとϕを独立に考えるなら，左辺の微分の最後の項だけがϕを含むことに注意する．θを一定にすれば左辺の微分の最初の2項はゼロになり（問題の変数が一定なら，その導関数はゼロだから），シュレーディンガー方程式は二次元の回転運動の場合，つまり式（11.35）と同じ形になる．よって解の最初の部分Φは変数ϕだけを含み，二次元の回転運動に対して得られたのと同じ関数になる．すなわち式（11.37）から

$$\Phi(\phi)=\frac{1}{\sqrt{2\pi}}\mathrm{e}^{im\phi}$$

この場合，量子数mがとりうる値についての制限も同じで$m=0$，± 1，± 2，± 3，…となる．

しかし残念ながら，ϕを一定にしたままθだけを変化させて$\Theta(\theta)$をみつけるといったことはできない．なぜならハミルトニアン中の三つの微分の項すべてがθを含み，簡単にはならないからである．第三項にも微分変数ではないが，係数の分数に$\sin^2\theta$が含まれているのである．第三項で変数が混ざっていることが複雑さを増している．$\Theta(\theta)$の最終的な解は，やはり量子数mに依存する．さらに有界であるという適切な波動関数に課せられた制限から，量子数mと今後現れるどのような新しい量子数との間にも，ある関係が導かれることがわかる．

式（11.46）のθについての微分の部分は既知の解をもつ．その解は**ルジャンドルの陪多項式**（associated Legendre polynomial）として知られる関数の組である*．表11.3に示したこれらの多項式はθだけの関数だが，指標として二つの添え字がついている．添え字の一つはlと表される整数でθの最高べき，または次数を示す（これはまた$\cos\theta$と$\sin\theta$の項の組合せの合計次数も表す）．二番目の添え字mは特定の次数のルジャンドルの陪多項式における$\sin\theta$と$\cos\theta$の項の組合せを指定する．ルジャンドルの陪多項式ではmの絶対値が同じなら同じ多項式が与えられる．またmの絶対値は常にlより小さいか等しい．こうしてルジャンドルの陪多項式についての要求から，新しい量子数lがでてくる．lは負ではない整数で

---

* エルミート多項式と同じように，式（11.46）の形の微分方程式はフランスの数学者Legendreにより，別の目的で研究されていた．

表 11.3 ルジャンドルの陪多項式 Θ_{l,m_l}

l	m_l	Θ_{l,m_l}
0	0	$(1/2)\sqrt{2}$
1	0	$(1/2)\sqrt{6}\cos\theta$
1	± 1	$(1/2)\sqrt{3}\sin\theta$
2	0	$(1/4)\sqrt{10}(3\cos^2\theta - 1)$
2	± 1	$(1/2)\sqrt{15}\sin\theta\cos\theta$
2	± 2	$(1/4)\sqrt{15}\sin^2\theta$
3	0	$(3/4)\sqrt{14}\{(5/3)\cos^3\theta - \cos\theta\}$
3	± 1	$(1/8)\sqrt{42}\sin\theta(5\cos^2\theta - 12)$
3	± 2	$(1/4)\sqrt{105}\sin^2\theta\cos\theta$
3	± 3	$(1/8)\sqrt{70}\sin^3\theta$

$$l = 0, 1, 2, 3, \cdots \quad (11.47)$$

となる．どのような量子数 l に対してもそれに関連する量子数 m は，その絶対値が l より小さいか等しくなければならない．すなわち

$$|m| \le l \quad (11.48)$$

である．これらの制限は多項式の形から生じるものである．そしてその多項式は適切な波動関数で，かつシュレーディンガー方程式の固有関数でなければならない．l が m に制限をつけるから，この量子数 m を表すのには m_l とするのがふつうである．

例題 11.15

可能な最初の五つの l に対して，とりうる m_l の値をあげよ．

解 答

量子数 l はゼロから始まる整数である．よって可能な最初の五つの l は 0, 1, 2, 3, 4 となる．さて $l = 0$ に対して m_l は 0 のみである．$l = 1$ に対しては，m_l の絶対値は 1 に等しいかそれよりも小さくなければならないから，整数としては 0, 1, -1 である．もちろんこれを $-1, 0, 1$ と書いてもよい．$l = 2$ に対して可能な m_l は $-2, -1, 0, 1, 2$ である．$l = 3$ に対しては $-3, -2, -1, 0, 1, 2, 3$ で，$l = 4$ に対しては $-4, -3, -2, -1, 0, 1, 2, 3, 4$ である．

量子数 m_l はゼロを含めて $-l$ から $+l$ までの整数をとるので，それぞれの l に対して $2l + 1$ 個の可能な m_l がある．

三次元の回転運動に対するシュレーディンガー方程式（11.46）の完全な解 Ψ を得るために，解の二つの部分 Φ と Θ を組み合わせる．こうすると完全な波動関数 Ψ_{l,m_l} は以下のようになる．

$$\Psi_{l,m_l} = \frac{1}{\sqrt{2\pi}} e^{im_l\phi} \Theta_{l,m_l} \qquad (11.49)$$

ただし，ここで次の条件が必要である．

$$l = 0,\ 1,\ 2,\ 3,\ \cdots$$
$$|m_l| \le l$$

この波動関数は，量子力学を発展させた人びとにはよく知られた関数だった．これは**球面調和関数**（spherical harmonics）と呼ばれ $Y^l_{m_l}$ または Y_{l,m_l} と書かれる．古典数学は微分方程式の解によって，またも量子力学を先取りしたのである．ルジャンドルの陪多項式は量子数 m_l が正であるか負であるかを区別しないが，式 (11.49) で与えられる完全な波動関数の指数部分はこれを区別する．したがって量子数のそれぞれのセット (l, m_l) は唯一の波動関数 Ψ_{l,m_l} を表し，球の表面の粒子がとりうる状態を記述できる．波動関数自体は粒子の質量や，系を定義する球の半径には依存しない．

例題 11.16

波動関数 $\Psi_{1,1}$ が全空間で規格化されていることを示せ．ただし表 11.3 に示したルジャンドルの陪多項式を用いよ．

解　答

完全な波動関数 Ψ_{l,m_l} は式 (11.49) で与えられる．表 11.3 を用いれば $\Psi_{1,1}$ は

$$\Psi_{1,1} = \frac{1}{\sqrt{2\pi}} e^{im\phi} \times \Theta_{1,1} = \frac{1}{\sqrt{2\pi}} e^{im\phi} \times \frac{1}{2}\sqrt{3}\,\sin\theta$$

これは次のように簡単になる．

> ここでは定数をまとめて式の前にだしてある．

$$\Psi_{1,1} = \frac{\sqrt{3}}{2\sqrt{2\pi}} e^{im\phi} \sin\theta$$

さて $|\Psi_{1,1}|^2$ の全空間にわたる積分が 1 に等しくなれば，$\Psi_{1,1}$ が全空間で規格化されていることになる．そこで $|\Psi_{1,1}|^2$ を ϕ と θ について積分する．すなわち

> これは $\int \Psi^*\Psi d\tau$ である．この積分が 1 であることを示す必要がある．

$$\int_0^{2\pi}\int_0^{\pi} \left(\frac{\sqrt{3}}{2\sqrt{2\pi}} e^{im\phi} \sin\theta\right)^* \left(\frac{\sqrt{3}}{2\sqrt{2\pi}} e^{im\phi} \sin\theta\right) d\phi\, \sin\theta\, d\theta$$

最後の $\sin\theta$ は，この二次元系における $d\tau$ の定義からでてきたものである．整理すると

> ここで，複素共役によって $e^{im\phi}$ が $e^{-im\phi}$ に変わる．

$$\frac{3}{4\times 2\pi}\int_0^{2\pi}\int_0^{\pi} e^{-im\phi} \sin\theta\, e^{im\phi} \sin\theta\, d\phi\, \sin\theta\, d\theta$$

二つの指数項は互いに打ち消しあう．残りの ϕ と θ の部分をそれぞれの積分に分けると

> ここで変数分離を行った．

$$\frac{3}{8\pi}\int_0^{2\pi} d\phi \int_0^{\pi} \sin^3\theta\, d\theta$$

ϕ と θ についての積分はそれぞれ別々に計算できる．最初の ϕ についての積分は簡単に

$$\int_0^{2\pi} d\phi = \Big[\phi\Big]_0^{2\pi} = 2\pi - 0 = 2\pi$$

となる．二番目の θ についての積分は部分積分するか，積分表をみながら積分しなければならない．巻末の付録1をみれば

$$\int_0^\pi \sin^3\theta \, d\theta = -\frac{1}{3}\Big[\cos\theta\,(\sin^2 + 2)\Big]_0^\pi$$
$$= -\frac{1}{3} \times \Big\{(-1)\times(0+2) - 1\times(0+2)\Big\}$$
$$= \frac{4}{3}$$

となる．でてきたすべての項を組み合わせると

$$\frac{3}{8\pi} \times 2\pi \times \frac{4}{3} = 1$$

を得る．よって $\Psi_{1,1}$ がたしかに規格化されていると確認できた．

1を残して，すべて消える．

　球面調和関数の具体的な形を使うと，波動関数が互いに直交することを一般的な三角関数の積分を使って示すことができる．すなわち

$$l = l' \text{ かつ } m_l = m_{l'} \text{ でなければ } \int \Psi_{l,m_l}{}^* \Psi_{l',m_{l'}} d\tau = 0 \tag{11.50}$$

である．
　三次元の回転運動のエネルギー固有値は，球面調和関数をシュレーディンガー方程式に代入して E について解けば解析的に求められる．これは数学的な手続きにすぎないからここでは省略し，結果だけを示すと

$$E = \frac{l(l+1)\hbar^2}{2I} \tag{11.51}$$

となる．つまり三次元の回転運動のエネルギー固有値 E は粒子の慣性モーメント I，プランク定数と量子数 l に依存する．全エネルギーはこれ以外の値をとらないから，全エネルギーは量子化されていて，その値は量子数 l に依存することになる．全エネルギーは m_l には依存しないのである．したがって，それぞれのエネルギー準位の縮退度は $2l+1$ である．
　三次元の回転運動についてのエネルギーの式 (11.51) は，二次元の回転運動についての式 (11.38) と少し異なっている．分子に $l+1$ という項があるため，三次元の回転運動のエネルギーが l に対して大きくなるのは，二次元の回転運動のエネルギーが m に対して大きくなるのよりも少し速い．図 11.13 に二次元と三次元の回転運動について，最初の七つのエネルギー準位を示す．
　三次元の剛体回転子は三次元空間中を回転運動する．相対的な位置を固定

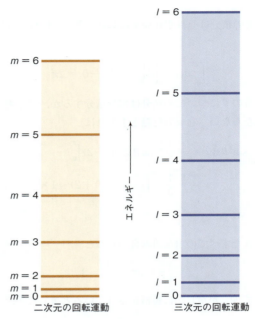

図 11.13 二次元と三次元の回転運動の量子化されたエネルギーの比較
縦軸のスケールを合わせている．三次元の回転運動では同じ量子数の二次元の回転運動よりも，少しエネルギーが高い．

された二つ以上の粒子（すなわち分子）の系である．質量を換算質量に置き換えれば，上で導いたすべての式を用いることができる．こうした系の波動関数，エネルギー固有値，角運動量固有値は，質量を換算質量に置き換えただけの同じ式から得られる．

例題 11.17

炭素からなる分子のバックミンスターフラーレン C_{60} は球に近似でき，分子の電子はこの球表面に閉じこめられていると考えられる．C_{60} の吸収の一つが $l = 4$ から $l = 5$ への電子遷移に対応しているとき，どのような波長の光がこの遷移を引き起こすか．ただし，慣性モーメントの計算には C_{60} を近似した球の半径 $r = 3.50$ Å を用いよ．また実験によると C_{60} の遷移スペクトルは波長 404 nm にみいだされる．この値とここで求めた計算値を比較せよ．

解 答

この系の電子の慣性モーメント I は

$$I = (9.109 \times 10^{-31} \text{ kg}) \times (3.50 \times 10^{-10} \text{ m})^2$$
$$= 1.12 \times 10^{-49} \text{ kg m}^2$$

である．したがって $l = 4$ の状態のエネルギーは式 (11.51) より

ここでÅ単位をメートルに変えた．

分母の 2π は，$\hbar$ からきている．

$$E(l = 4) = \frac{4 \times (4 + 1) \times (6.626 \times 10^{-34} \text{ J s})^2}{2 \times (1.12 \times 10^{-49} \text{ kg m}^2) \times (2\pi)^2}$$
$$= 9.93 \times 10^{-19} \text{ J}$$

$l = 5$ については同様に

$$E(l=5) = \frac{5 \times (5+1) \times (6.626 \times 10^{-34}\,\text{J s})^2}{2 \times (1.12 \times 10^{-49}\,\text{kg m}^2) \times (2\pi)^2}$$
$$= 1.49 \times 10^{-18}\,\text{J}$$

と求められる．よってこの二つの状態のエネルギー差 ΔE は

$$\Delta E = 4.96 \times 10^{-19}\,\text{J}$$

$\Delta E = E = h\nu$ の関係を用いると，このエネルギー差 ΔE は以下の振動数 ν をもつフォトンの吸収に対応することがわかる．

$$\nu = 7.49 \times 10^{14}\,\text{s}^{-1}$$

ここで $c = \lambda \nu$ を用いれば，この振動数 ν が以下の波長 λ に対応することが求められる．

$$\lambda = 4.00 \times 10^{-7}\,\text{m}$$

これは 400 nm に等しい．この値は実験による吸収測定値 404 nm とたいへんによく一致している．

この変換ができるようになっておくこと．

この変換もできるようになっておくこと．

　上の例題は箱のなかの粒子や二次元の回転運動のように，三次元の回転運動のモデルも実際の系に適用できることを示している．こうした例は，モデル系が実際の系に適用できることを示す．この状況は，理想気体のふるまいを表す式があったことに似ている．理想気体は実在気体のふるまいを近似できる．だから理想気体の方程式が実際の場合にも役に立つのである．量子力学の方程式は理想気体の方程式と同じ適用性を備えている．モデル系は実在しないが，そうした系で近似できる原子・分子系は存在するのである．量子力学の方程式は合理的でよくできている．これまで古典力学が与えたどんな式よりも，よくできているのである．

11.8　回転系におけるそのほかのオブザーバブル

　ほかにも考えなければならないオブザーバブルがある．まずは全角運動量である．演算子は $\widehat{L}^2$ で，固有値は全角運動量の二乗になる．全エネルギーは全角運動量の二乗を使って書けるので，球面調和関数が全角運動量の二乗の固有関数にもなることは驚くほどのことではない．エネルギー固有値のときのように固有値方程式を解析的に示すのは複雑なので，ここでは結果

$$\widehat{L}^2 \Psi_{l,m_l} = l(l+1)\hbar^2 \Psi_{l,m_l} \qquad (11.52)$$

だけを示しておく．

　式 (11.52) にみるように，全角運動量の二乗の値は $l(l+1)\hbar^2$ である．全角運動量はこの平方根なので，量子数 l と m_l で記述される任意の状態の三次元の全角運動量 L は

$$L = \sqrt{l(l+1)}\,\hbar \qquad (11.53)$$

となる．全角運動量は量子数 m_l に依存しない．また粒子の質量や球の大きさ，回転運動の半径 r にも依存しない．これも古典力学の概念に反している．

例題 11.18

C_{60} において $l = 4$ と $l = 5$ の状態の電子の全角運動量 L はいくらか．

解 答

式 (11.53) によれば全角運動量 L は l と $\hbar$ だけに依存する．$l = 4$ と $l = 5$ について電子の全角運動量は

$$L(l = 4) = \sqrt{4 \times (4 + 1)} \times \frac{6.626 \times 10^{-34} \, \text{J s}}{2\pi}$$

$$L(l = 5) = \sqrt{5 \times (5 + 1)} \times \frac{6.626 \times 10^{-34} \, \text{J s}}{2\pi}$$

これを計算して

$$L(l = 4) = 4.716 \times 10^{-34} \, \text{J s}$$

$$L(l = 5) = 5.776 \times 10^{-34} \, \text{J s}$$

を得る．

第三の興味深いオブザーバブルとして角運動量の z 成分 L_z がある．角運動量演算子の間の関係からわれわれは全角運動量の二乗 L^2 と，角運動量の直交座標成分のうちの一つを同時に知ることができる．この一つには，ふつう z 成分が選ばれる．その理由は球面極座標を考えていること，そして二次元の回転系でみたように，ϕ を使うと角運動量の z 成分が比較的簡単に定義できることにある．

前にみたように，角運動量の z 成分の演算子 $\hat{L}_z$ は次のように与えられる．

$$\hat{L}_z = -i\hbar \frac{\partial}{\partial \phi} \tag{11.54}$$

これは二次元の回転運動で用いたのと同じ演算子である．三次元の回転運動に対する波動関数の ϕ についての部分は二次元のそれとまったく同じだから，固有値方程式とオブザーバブル L_z の値が次のようにまったく同じであることは驚くにあたらない．

$$\hat{L}_z \Psi = m_l \hbar \Psi \tag{11.55}$$

x, y, z 方向に成分をもつ三次元の角運動量の z 成分は量子化されている．その量子化された値は量子数 m_l に依存する．

L_z は全角運動量 L の一成分にすぎない．ほかの成分は L_x と L_y である．しかし量子力学の原理から，L_z と同時にこれら二成分の量子化された値を知ることはできない．したがって全角運動量の三成分のうちの一つだけが，L^2 と同時に知ることができる固有値をもつことになる．便利のために，角運動量の z 成分である L_z をそのオブザーバブルとする*．

量子化された全角運動量 L とその z 成分 L_z を図 11.14 に図示する．それ

---

* 技術的には全角運動量の x または y 成分を，L^2 と同時に知ることのできるオブザーバブルに選ぶこともできる．しかし z 方向にはほかの二つにはない特色があるので，ふつう z 成分が選ばれることになる．

それの矢印の長さが全角運動量を表し，$l = 2$ に対する五つの矢印の長さはすべて同じである．しかし，この五つの矢印の z 成分は異なり，それぞれが量子数 m_l の -2 から 2 までの異なる値を示している．またこの図は，どの全角運動量も完全に z 方向を向いたものではないことも示している．これは $W = \sqrt{W(W+1)}$ を満たすゼロでない整数 W が存在しないためである．

L_x と L_y の値は l と m_l の間にあるので，図 11.14 は矢印よりも円錐を使って三次元的に表したほうがよい．これを図 11.15 に示す．この図では三次元の表面を表す曲面の上に角運動量の矢印を重ねて描いてある．ここでも，それぞれの円錐の"長さ"は一定である．z 軸に対するそれぞれの円錐の方向は異なっていて，これは量子数 m_l の値で決定される．

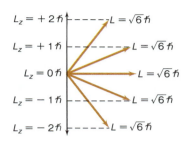

図 11.14 量子化された一つの L の値に対して，いくつか異なった L_z の値がある．$l = 2$ に対して m_l は $2l + 1 = 5$ 通りの可能な値があり，そのそれぞれが異なる L_z になる．

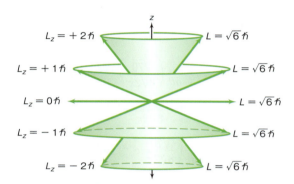

図 11.15 量子力学では角運動量の x 成分と y 成分が決まらないので，L と L_z についての図は円錐形になる．全角運動量 L とその z 成分 L_z は量子化されるが，x 成分と y 成分はどのような値でもとれることになる．

例題 11.19

バックミンスターフラーレン C_{60} の電子は球表面に閉じこめられた粒子のようにふるまうと仮定する．C_{60} の $l = 4$ と $l = 5$ のエネルギー準位の縮退度はいくらか．

解答

$l = 4$ のエネルギー準位には $2l + 1 = 2 \times 4 + 1 = 9$ 個の可能な m_l の値がある．したがってこのエネルギー準位の縮退度は 9 である．同様に $l = 5$ のエネルギー準位の縮退度は 11 である．

例題 11.20

$\Psi_{3,+3}$ に対する完全な球面調和関数をつくれ．また E，L^2，L_z に対する演算子を用いて E，L^2，L_z を求めよ．さらに，これらのオブザーバブルの値が E，L^2，L_z の解析的な式から予測される値にそれぞれ等しいことを示せ．

この例題の目的は，波動関数に演算子が実際に作用すると，適切な固有値方程式が得られることを示すことにある．

解 答

まず $\Psi_{3,+3}$ に対する完全な球面調和関数は，式 (11.49) と表 11.3 から以下で与えられる．

$$\Psi_{3,+3} = \frac{\sqrt{70}}{8\sqrt{2\pi}} e^{+3i\phi} \sin^3\theta$$

> これは表 11.3 のルジャンドルの陪多項式に，該当する m の値が入った $e^{+im\phi}$ を掛けたものである．

さて次に E, L^2, L_z を求めていく．E を求めるのにその計算結果が使えるので，はじめに L^2 を考えることにする．式 (11.45) で示された $\widehat{L}^2$ を $\Psi_{3,+3}$ に作用させる．すなわち $\widehat{L}^2 \Psi_{3,+3}$ を考え，これを書き下すと

$$\widehat{L}^2 \Psi_{3,+3} = -\hbar^2 \left(\frac{\partial^2}{\partial \theta^2} + \cot\theta \frac{\partial}{\partial \theta} + \frac{1}{\sin^2\theta} \frac{\partial^2}{\partial \phi^2} \right) \Psi_{3,+3}$$

ここへ実際に上で得た $\Psi_{3,+3}$ を代入して右辺を計算していく．まず θ についての微分を行うと

$$\frac{\partial}{\partial \theta} \Psi_{3,+3} = \frac{\partial}{\partial \theta} \left(\frac{\sqrt{70}}{8\sqrt{2\pi}} e^{+3i\phi} \sin^3\theta \right)$$

$$= 3 \times \frac{\sqrt{70}}{8\sqrt{2\pi}} e^{+3i\phi} \sin^2\theta \cos\theta$$

$$\frac{\partial^2}{\partial \theta^2} \Psi_{3,+3} = \frac{\partial^2}{\partial \theta^2} \left(\frac{\sqrt{70}}{8\sqrt{2\pi}} e^{+3i\phi} \sin^3\theta \right)$$

$$= 3 \times \frac{\sqrt{70}}{8\sqrt{2\pi}} e^{+3i\phi} (2\cos^2\theta \sin - \sin^3\theta)$$

> これらの微分は，単純に正弦と余弦関数の微分である．二次微分では，微分の連鎖則を用いている．

が得られる．続いて ϕ についての微分は

$$\frac{\partial^2}{\partial \phi^2} \Psi_{3,+3} = \frac{\partial^2}{\partial \phi^2} \left(\frac{\sqrt{70}}{8\sqrt{2\pi}} e^{+3i\phi} \sin^3\theta \right)$$

$$= (+3i)^2 \times \frac{\sqrt{70}}{8\sqrt{2\pi}} e^{+3i\phi} \sin^3\theta$$

$$= -9 \times \frac{\sqrt{70}}{8\sqrt{2\pi}} e^{+3i\phi} \sin^3\theta$$

> ここでの指数関数の微分は，もっと単純である．

となる．これらをすべて右辺に代入すると

$$\widehat{L}^2 \Psi_{3,+3} = -\hbar^2 \Big\{ 3 \times \frac{\sqrt{70}}{8\sqrt{2\pi}} e^{+3i\phi} (2\cos^2\sin\theta - \sin^3\theta)$$

$$+ \cot\theta \left(3 \times \frac{\sqrt{70}}{8\sqrt{2\pi}} e^{+3i\phi} \sin^2\theta \cos\theta \right)$$

$$+ \frac{1}{\sin^2\theta} \left(-9 \times \frac{\sqrt{70}}{8\sqrt{2\pi}} e^{+3i\phi} \sin^3\theta \right) \Big\}$$

$\Psi_{3,+3}$ の定数部分と指数部分を右辺でくくりだせば

$$\widehat{L}^2 \Psi_{3,+3} = -\hbar^2 \Big\{ 3(2\cos^2\theta \sin\theta - \sin^3\theta)$$

$$+ 3\cot\theta (\sin^2\theta \cos\theta) + \frac{1}{\sin^2\theta} (-9\sin^3\theta) \Big\} \frac{\sqrt{70}}{8\sqrt{2\pi}} e^{+3i\phi}$$

$\cot\theta \equiv \cos\theta/\sin\theta$ を代入して整理すれば

$$\hat{L}^2 \Psi_{3,+3} = -\hbar^2 (6\cos^2\theta \sin\theta - 3\sin^3\theta$$
$$+ 3\sin\theta\cos^2\theta - 9\sin\theta)\frac{\sqrt{70}}{8\sqrt{2\pi}}e^{+3i\phi}$$
$$= -\hbar^2 (9\cos^2\theta\sin\theta - 3\sin^3\theta - 9\sin\theta)\frac{\sqrt{70}}{8\sqrt{2\pi}}e^{+3i\phi}$$

ここでは，単純に正弦と余弦の同じべき乗の項を合わせている．

三角関数の公式 $\cos^2\theta = 1 - \sin^2\theta$ を代入して

$$\hat{L}^2 \Psi_{3,+3} = -\hbar^2 \{9(1-\sin^2\theta)\sin\theta - 3\sin^3\theta - 9\sin\theta\}\frac{\sqrt{70}}{8\sqrt{2\pi}}e^{+3i\phi}$$

第一項で，9 と $\sin\theta$ を分配してカッコをほどくと

$$\hat{L}^2 \Psi_{3,+3} = -\hbar^2 (9\sin\theta - 9\sin^3\theta - 3\sin^3\theta - 9\sin\theta)\frac{\sqrt{70}}{8\sqrt{2\pi}}e^{+3i\phi}$$

角カッコ中の二つの項は消しあい，他の二つの項は合わさって

$$\hat{L}^2 \Psi_{3,+3} = -\hbar^2 (-12\sin^3\theta)\frac{\sqrt{70}}{8\sqrt{2\pi}}e^{+3i\phi}$$

12 と $\hbar^2$ をくくりだすと，また元の波動関数に戻ることがわかる．

となる．これは

$$\hat{L}^2 \Psi_{3,+3} = 12\hbar^2 \Psi_{3,+3}$$

と書ける．これは固有値方程式の形になっている．オブザーバブルの値は対応する固有値方程式から得られる固有値に等しいから

$$L^2 = +12\hbar^2$$

よって L の値はこの平方根すなわち $\sqrt{12}\hbar$ でなければならない．これを数値で表すと 3.653×10^{-34} J s または 3.653×10^{-34} kg m^2 s^{-1} である．次に E の値は

$$E = \frac{L^2}{2I}$$

から求まる．これは上の結果から

$$E = \frac{12\hbar^2}{2I}$$

となる．E の正確な数値は系の慣性モーメント I に依存するが，いま I は与えられていないから，E の数値を計算することはできない．最後に L_z は式 (11.54) より，以下の固有値方程式から求まる．

$$\hat{L}_z \Psi_{3,+3} = -i\hbar \frac{\partial}{\partial\phi}\Psi_{3,+3}$$
$$= -i\hbar \frac{\partial}{\partial\phi}\left(\frac{\sqrt{70}}{8\sqrt{2\pi}}e^{+3i\phi}\sin^3\theta\right)$$
$$= -i\hbar \times 3i \times \left(\frac{\sqrt{70}}{8\sqrt{2\pi}}e^{+3i\phi}\sin^3\theta\right)$$
$$= 3\hbar \left(\frac{\sqrt{70}}{8\sqrt{2\pi}}e^{+3i\phi}\sin^3\theta\right)$$
$$= 3\hbar \Psi_{3,+3}$$

ϕ についての微分は指数関数だけを含む．

よって L_z の値は固有値 $3\hbar$ で与えられ，これは 3.164×10^{-34} J s である．

以上の三つ E, L^2, L_z の場合すべてで，予測されたオブザーバブルの値は解析的な式から求まる値に等しい．

上の例題で考えた量子化された三つのオブザーバブル E, L^2, L_z の値を決めるには，エネルギーと角運動量の式を使うほうがもっと簡単で速いだろう．しかし波動関数にその演算子が作用したとき，これらの微分方程式が実際に使えることを理解するのは重要である．上の例題は，すべての演算子によってオブザーバブルの適切な値が生じることを示している．

解析的に解ける系はほかにもいくつかあるが，そのほとんどはこの章と前の章で扱った問題の変形である．ここでモデル系の取扱いをいったんやめて，もっと化学的な系を扱うことにする．しかしその前に，これまで扱ってきた系についての結論をいま一度強調しておく．

① 扱ってきたモデル系の全エネルギー，すなわち運動エネルギーとポテンシャルエネルギーの和は量子化されている．これは量子力学の仮定による結果である．

② 系によっては全エネルギー以外のオブザーバブルも量子化され，運動量のように量子化された値が解析的な式をもつこともある．全エネルギー以外のオブザーバブルの量子化された値が解析的な式をもつかどうかは系に依存する．量子化された値ではなく期待値だけしか求まらないこともある．

③ 実際の系には，これらモデル系とどこか類似した点がある．このためモデル系で得られた結論を既知の化学的な系に近似的に適用することができるのである．これは理想気体の法則が，実在気体のふるまいに適用できるのと同じである．

④ 古典力学では原子・分子系についての観測結果を合理的に説明できない．化学を理解するために量子力学に価値があるのは，この点による．

11.9 水素原子について — 中心力問題 —

三次元の剛体回転子から水素原子へはすぐに移行できる．水素原子は一つの核（これは1個の陽子からなる）と，核の周りの"軌道"中の電子だけからできている．しかし，水素原子では単純な電子の運動ではなく，共通の質量中心の周りを核と電子の二つの粒子が運動していると考えたほうがよい．こうした相対的な運動をしている二粒子系では，質量の代わりに換算質量を用いた関係式を使わなければならない．このとき換算質量は電子の質量にたいへん近いが，その差は測定できるほどである．

水素原子を量子力学的に記述するため，ここで最後に，ϕ と θ に続く球面極座標の第三の座標 r について述べる．三次元の剛体回転子では r は定数としていた．さて原子についての初期の取扱いでは，とくに水素原子についてのボーアの理論では，電子は核の周りに固定された軌道をもつと単純に仮定されていた．この仮定の背景を与えたのは古典力学である．ロープの一端に縛られ，頭の上でぐるぐるとふり回されている石を考えよう．ロープをしっかり握っていれば，石は一定の半径で回転する．回転につれてロープの長さ，すなわち半径が変化すると考えるのは経験に反するだろう．ほかの回転運動を考えるともっとはっきりする．メリーゴーラウンド，観覧車，自動車

のタイヤ，こまなど，日常目にするほとんどすべての回転運動は，軸からの距離が固定されたものである．

では原子スケールで考えてみる．ハイゼンベルクの不確定性原理によれば電子の位置を特定することは，運動量やエネルギーのような電子の状態を記述するほかのオブザーバブルを特定することとは両立しない．つまり，電子をある半径に固定することができない可能性がある．

水素原子の正当な量子力学的取扱いでは，電子と核の距離についての仮定を設けていない．よって水素原子の記述は，ゼロから無限大にわたる距離 r の変化を含む以外は三次元の剛体回転子の場合と同じである．これを図 11.16 に示す．水素原子は距離 r が変化する三次元の剛体回転子として定義される．したがって水素原子の電子の運動を記述する波動関数 Ψ は，球面極座標で表されたシュレーディンガー方程式

$$\left[-\frac{\hbar^2}{2\mu}\left\{\frac{1}{r^2}\frac{\partial}{\partial r}\left(r^2\frac{\partial}{\partial r}\right)+\frac{1}{r^2\sin\theta}\frac{\partial}{\partial\theta}\left(\sin\theta\frac{\partial}{\partial\theta}\right)+\frac{1}{r^2\sin^2\theta}\frac{\partial^2}{\partial\phi^2}\right\}+\widehat{V}\right]\Psi = E\Psi \tag{11.56}$$

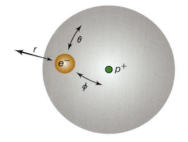

図 11.16 量子力学で定義された水素原子 この系は r が変化すること以外は三次元剛体回転子（図 11.11）と同じである．

を満足しなければならない．ここでハミルトニアンの形は球面極座標の三つの座標 r, θ, ϕ のすべてが変化しうることを反映している．式 (11.56) と，球面極座標のうち r が変化しない場合の式 (11.46) の関係に注意すること．またシュレーディンガー方程式において電子の質量ではなく，換算質量 μ を使うことにも注意する．

水素原子の場合にはポテンシャルエネルギー V はゼロではない．この系では電子と核の間に相互作用がある．この相互作用は静電的なもの，すなわち正に帯電した核と負に帯電した電子の間に働く引力によるものである．幸い水素原子においては，そのような静電ポテンシャルエネルギーは Coulomb の考えにもとづく以下のよく知られた公式に従う．

$$V = \frac{-e^2}{4\pi\varepsilon_0 r} \tag{11.57}$$

ここで e は電気素量で 1.602×10^{-19} C，ε_0 は真空の誘電率で 8.854×10^{-12} C^2 J^{-1} m^{-1} に等しい．r は電子と核の間の距離である．以上から式 (11.57) で与えられる V の単位がエネルギーの単位である J であることはすぐにわかる．

ポテンシャルエネルギー V は式 (11.57) が示すように電子と核の距離 r だけに依存し，角度 θ と ϕ には依存しない．これは θ と ϕ がどのような値であっても，一定の r のもとではポテンシャルエネルギーが同じであることを意味する．すなわちポテンシャルエネルギーは球対称である．したがって水素原子において，電子と核の間に働く力もまた球対称になる．こうした力は**中心力**（central force）と呼ばれ，量子力学による水素原子の記述は**中心力問題**（central force problem）として一般に知られている．

このようにして，この中心力問題についての完全なシュレーディンガー方程式は，式（11.56）と（11.57）から次のようになる．

$$\left[-\frac{\hbar^2}{2\mu}\left\{\frac{1}{r^2}\frac{\partial}{\partial r}\left(r^2\frac{\partial}{\partial r}\right)+\frac{1}{r^2\sin\theta}\frac{\partial}{\partial\theta}\left(\sin\theta\frac{\partial}{\partial\theta}\right)\right.\right.$$
$$\left.\left.+\frac{1}{r^2\sin^2\theta}\frac{\partial^2}{\partial\phi^2}\right\}+\frac{-e^2}{4\pi\varepsilon_0 r}\right]\Psi=E\Psi$$
(11.58)

水素原子の適切な波動関数 Ψ はこのシュレーディンガー方程式を満たさなければならない．式（11.45）で示した全角運動量の二乗の演算子 $\hat{L}^2$ を用いると，このシュレーディンガー方程式は

$$\left[-\frac{\hbar^2}{2\mu}\left\{\frac{1}{r^2}\frac{\partial}{\partial r}\left(r^2\frac{\partial}{\partial r}\right)\right\}+\frac{1}{2\mu r^2}\hat{L}^2+\frac{-e^2}{4\pi\varepsilon_0 r}\right]\Psi=E\Psi$$
(11.59)

のような違った形にも書ける．

11.10 さらに水素原子について — 量子力学的な解 —

ここでは式（11.58）や（11.59）のくわしい数学的な解法は示さず，アプローチだけを説明しておく．まず三次元の回転運動のときのように，適切な波動関数 Ψ はそれぞれ r, θ, ϕ だけに依存する三つの関数 R, Θ, Φ に分離できると仮定する．すなわち

$$\Psi(r,\theta,\phi)\equiv R(r)\Theta(\theta)\Phi(\phi)$$

波動関数 Ψ の Θ と Φ が，先に三次元の剛体回転子について議論した球面調和関数であることは驚くにあたらないだろう．この解から量子数と呼ばれる二つの整数 l と m_l が得られ，この二つの量子数が正確な式を決めるのである．さてシュレーディンガー方程式は全角運動量の二乗の演算子 $\hat{L}^2$ を使って書くことができるので，その演算子部分の解をシュレーディンガー方程式に代入すれば，r についての R の微分方程式が得られる．

$$\left[-\frac{\hbar^2}{2\mu}\left\{\frac{1}{r^2}\frac{\partial}{\partial r}\left(r^2\frac{\partial}{\partial r}\right)\right\}+\frac{\hbar^2 l(l+1)}{2\mu r^2}+\frac{-e^2}{4\pi\varepsilon_0 r}\right]R=ER$$
(11.60)

完全な波動関数に含まれる球面調和関数からの影響は左辺第二項にみられる．この式（11.60）は r についてだけの微分方程式だが，量子数 l が含まれている．つまり，ちょうど量子数 m_l が球面調和関数の l に依存するように，この微分方程式の解 R が量子数 l に依存することを示している．

微分方程式（11.60）の解 R はちょうど球面調和関数が知られていたように，既知であった．調和振動子についての解と同じように，解 R の一部は負

の指数をもった指数関数である．この場合の指数関数は $e^{-r/na}$ で，n は正の整数，a は

$$a = \frac{4\pi\varepsilon_0\hbar^2}{\mu e^2}$$

で与えられる定数の集まりである．なお a に含まれる定数はこれまでの定義通りの意味で，この式についてはあとであらためてくわしくみる．さてこの指数関数 $e^{-r/na}$ は調和振動子の波動関数のときと同様に多項式と積をつくり，微分方程式 (11.60) の解の残りの部分を構成する．この多項式は項の数が変化するもので，**ラゲールの陪多項式**（associated Laguerre polynomial）と呼ばれる．それぞれのラゲールの陪多項式には正の整数の指標がつけられ，ふつうこれには n が用いられる．この n は，解 R の指数部分の n と同じ値である．それぞれの n についてラゲールの陪多項式は複数あり，それぞれ異なる三次元の回転運動の量子数 l をもつ．しかし任意の l が許されるわけではなく，ラゲールの陪多項式で可能な l の値は

$$l < n$$

を満たす整数に限られる．このように正の整数 n は，可能な l の整数の値（ゼロを最小値とする）を制限する．n は正の整数なので，それぞれの n について右に示した表のような単純な l のセットがある．可能な m_l の値は l の値に制限されるので結局，n は m_l の値も制限する．しかしその制限はシュレーディンガー方程式に許された，数学的な解に対する固有の制限から生じている．

水素原子の完全な波動関数 $\Psi_{n,l,m_l}(r,\theta,\phi)$ は球面調和関数

$$Y^l{}_{m_l} = \frac{1}{\sqrt{2\pi}} e^{im_l\phi} \Theta_{l,m_l}$$

n	可能な l の値
1	0
2	0, 1
3	0, 1, 2
4	0, 1, 2, 3
5	0, 1, 2, 3, 4
⋮	⋮

に，指数関数とラゲールの陪多項式の組 $R_{n,l}$ を組み合わせたものである．すなわち

$$\Psi_{n,l,m_l}(r,\theta,\phi) = R_{n,l}Y^l{}_{m_l} = \frac{1}{\sqrt{2\pi}} e^{im_l\phi} \Theta_{l,m_l} R_{n,l} \quad (11.61)$$

ただし次の制限がある．

$$\begin{aligned} n &= 1, 2, 3, \cdots \\ l &< n \\ |m_l| &\leq l \end{aligned} \quad (11.62)$$

ここで便利のためにいくつかの波動関数を，それぞれの量子数 n, l, m_l とともに表 11.4 に示しておく．それぞれに特徴的なセット (n, l, m_l) が特定の波動関数 Ψ_{n,l,m_l} を指定する．任意の n について，量子数が n である波動関数の数は n^2 である＊．

＊ 電子のスピンを含めるとこの n^2 という数は 2 倍になるが，これについては第 12 章で考える．

エネルギー固有値 E も以下のような解析解をもつ.

$$E = -\frac{e^4 \mu}{8\varepsilon_0^2 h^2 n^2} \tag{11.63}$$

エネルギーの値は負になるが，これは反対電荷をもった粒子の間の相互作用はエネルギーの減少に寄与するという決まりにもとづいているからである．反対に，同じ電荷をもった粒子の間の相互作用はエネルギーの増加に寄与するからこの場合，エネルギーの値は正になる．なおエネルギーがゼロの状態は両者が無限に離れてポテンシャルエネルギーがゼロになり，互いに対して運動エネルギーをもっていない核（つまり陽子）と電子の状態に対応する．エネルギーは電気素量 e，水素原子の換算質量 μ，真空の誘電率 ε_0，プランク定数 h といった定数の集まりと整数 n に依存し，n がエネルギーを表す指標になる．この n は量子数で，これにより全エネルギーが量子化されている．水素原子のエネルギーは量子数 l と m_l には依存せず，n だけに依存す

表 11.4 水素型原子の波動関数 Ψ_{n,l,m_l}

n	l	m_l	Ψ_{n,l,m_l} [a]
1	0	0	$\left(\frac{Z^3}{\pi a^3}\right)^{1/2} e^{-Zr/a}$
2	0	0	$\frac{1}{8}\left(\frac{2Z^3}{\pi a^3}\right)^{1/2}\left(2-\frac{Zr}{a}\right)e^{-Zr/2a}$
2	1	-1	$\frac{1}{8}\left(\frac{2Z^3}{\pi a^3}\right)^{1/2}\frac{Zr}{a}e^{-Zr/2a}\sin\theta \cdot e^{-i\phi}$
2	1	0	$\frac{1}{8}\left(\frac{2Z^3}{\pi a^3}\right)^{1/2}\frac{Zr}{a}e^{-Zr/2a}\cos\theta$
2	1	$+1$	$\frac{1}{8}\left(\frac{2Z^3}{\pi a^3}\right)^{1/2}\frac{Zr}{a}e^{-Zr/2a}\sin\theta \cdot e^{i\phi}$
3	0	0	$\frac{1}{243}\left(\frac{3Z^3}{\pi a^3}\right)^{1/2}\left(27-\frac{18Zr}{a}+\frac{2Z^2r^2}{a^2}\right)e^{-Zr/3a}$
3	1	-1	$\frac{1}{81}\left(\frac{Z^3}{\pi a^3}\right)^{1/2}\frac{Zr}{a}\left(6-\frac{Zr}{a}\right)e^{-Zr/3a}\sin\theta \cdot e^{-i\phi}$
3	1	0	$\frac{1}{81}\left(\frac{2Z^3}{\pi a^3}\right)^{1/2}\frac{Zr}{a}\left(6-\frac{Zr}{a}\right)e^{-Zr/3a}\cos\theta$
3	1	$+1$	$\frac{1}{81}\left(\frac{Z^3}{\pi a^3}\right)^{1/2}\frac{Zr}{a}\left(6-\frac{Zr}{a}\right)e^{-Zr/3a}\sin\theta \cdot e^{i\phi}$
3	2	-2	$\frac{1}{162}\left(\frac{Z^3}{\pi a^3}\right)^{1/2}\frac{Z^2r^2}{a^2}e^{-Zr/3a}\sin^2\theta \cdot e^{-2i\phi}$
3	2	-1	$\frac{1}{81}\left(\frac{Z^3}{\pi a^3}\right)^{1/2}\frac{Z^2r^2}{a^2}e^{-Zr/3a}\sin\theta\cos\theta \cdot e^{-i\phi}$
3	2	0	$\frac{1}{486}\left(\frac{6Z^3}{\pi a^3}\right)^{1/2}\frac{Z^2r^2}{a^2}e^{-Zr/3a}(3\cos^2\theta - 1)$
3	2	$+1$	$\frac{1}{81}\left(\frac{Z^3}{\pi a^3}\right)^{1/2}\frac{Z^2r^2}{a^2}e^{-Zr/3a}\sin\theta\cos\theta \cdot e^{i\phi}$
3	2	$+2$	$\frac{1}{162}\left(\frac{Z^3}{\pi a^3}\right)^{1/2}\frac{Z^2r^2}{a^2}e^{-Zr/3a}\sin^2\theta \cdot e^{2i\phi}$

a) $a = \frac{4\pi\varepsilon_0 \hbar^2}{\mu e^2}$ である．Z は式 (11.65) を参照のこと．

る．このため n は**主量子数**（principal quantum number）と呼ばれる．n^2 個の波動関数が同じ量子数 n をもつので，水素原子のそれぞれの状態の縮退度は n^2 である*．また同じ主量子数 n をもつ波動関数の集まりを**殻**（shell）と呼ぶ．

* この縮退度の値ものちにスピンを考えることで2倍になる．

例題 11.21

水素原子の最初の三つの殻のエネルギーを求めよ．ただし水素原子の換算質量を 9.104×10^{-31} kg とする．

解　答

$n = 1,\ 2,\ 3$ に対して，適当な値を式（11.63）に代入すると

$$E(n=1) = -\frac{(1.602 \times 10^{-19}\,\mathrm{C})^4 \times (9.104 \times 10^{-31}\,\mathrm{kg})}{8 \times (8.854 \times 10^{-12}\,\mathrm{C^2\,J^{-1}\,m^{-1}})^2 \times (6.626 \times 10^{-34}\,\mathrm{J\,s})^2 \times 1^2}$$

$$E(n=2) = -\frac{(1.602 \times 10^{-19}\,\mathrm{C})^4 \times (9.104 \times 10^{-31}\,\mathrm{kg})}{8 \times (8.854 \times 10^{-12}\,\mathrm{C^2\,J^{-1}\,m^{-1}})^2 \times (6.626 \times 10^{-34}\,\mathrm{J\,s})^2 \times 2^2}$$

$$E(n=3) = -\frac{(1.602 \times 10^{-19}\,\mathrm{C})^4 \times (9.104 \times 10^{-31}\,\mathrm{kg})}{8 \times (8.854 \times 10^{-12}\,\mathrm{C^2\,J^{-1}\,m^{-1}})^2 \times (6.626 \times 10^{-34}\,\mathrm{J\,s})^2 \times 3^2}$$

この三つの式では，分母の量子数 n が変わっているだけである．

よって

$$E(n=1) = -2.178 \times 10^{-18}\,\mathrm{J}$$
$$E(n=2) = -5.445 \times 10^{-19}\,\mathrm{J}$$
$$E(n=3) = -2.420 \times 10^{-19}\,\mathrm{J}$$

を得る．

全体の単位はジュールになる．
$$\frac{\mathrm{C^4 \times kg}}{(\mathrm{C^2\,J^{-1}\,m^{-1}})^2 \times (\mathrm{J\,s})^2}$$
$$= \frac{\mathrm{C^4\,kg\,J^2\,m^2}}{\mathrm{C^4\,J^2\,s^2}} = \frac{\mathrm{kg\,m^2}}{\mathrm{s^2}} = \mathrm{J}$$

分光学では二つの状態間のエネルギー変化を測定することを思いだしてほしい．量子力学は，水素原子のエネルギー変化 ΔE を決めるためにも用いられる．すなわち式（11.63）から

$$\Delta E \equiv E(n_1) - E(n_2) = -\frac{e^4 \mu}{8\varepsilon_0^2 h^2 n_1^2} - \left(-\frac{e^4 \mu}{8\varepsilon_0^2 h^2 n_2^2}\right)$$

ここで主量子数 n_1 と n_2 は二つのエネルギー準位を区別するために用いた．少し整理すれば

$$\Delta E = \frac{e^4 \mu}{8\varepsilon_0^2 h^2}\left(\frac{1}{n_2^2} - \frac{1}{n_1^2}\right) \qquad (11.64)$$

これは水素原子のスペクトルを考えて Balmer が得た式（9.16）や，量子化された角運動量を仮定して Bohr が得た式（9.38）と同じ形をしている．実際，量子数に掛かっている定数の集まりはみなれた式であり

$$\frac{e^4\mu}{8\varepsilon_0^2 h^2} = \frac{(1.602 \times 10^{-19}\,\text{C})^4 \times (9.104 \times 10^{-31}\,\text{kg})}{8 \times (8.854 \times 10^{-12}\,\text{C}^2\,\text{J}^{-1}\,\text{m}^{-1})^2 \times (6.626 \times 10^{-34}\,\text{J s})^2}$$
$$= 2.178 \times 10^{-18}\,\text{J}$$

となる．波数の単位になおせば

$$\frac{e^4\mu}{8\varepsilon_0^2 h^2} = 109{,}700\,\text{cm}^{-1}$$

である．これは水素原子のスペクトルに対するリュードベリ定数 R_H である[*]．このように，**量子力学は実験的に決定された水素原子のスペクトルを予測する**．この時点で量子力学はボーアの理論が予測するすべてと，それ以上のことをも予測したことになる．したがって量子力学が，水素原子についてのボーアの理論にとって代わることになる．

式 (11.61) に示すように球面調和関数は水素原子の波動関数 Ψ_{n,l,m_l} の一部なので，全角運動量 L とその z 成分 L_z が解析的で量子化された値をもつオブザーバブルであることは，ごく自然である．次の関係式

$$\hat{L}^2 \Psi_{n,l,m_l} = l(l+1)\hbar^2 \Psi_{n,l,m_l}$$
$$\hat{L}_z \Psi_{n,l,m_l} = m_l \hbar \Psi_{n,l,m_l}$$

が成り立つから量子化された全角運動量 L の値は $\sqrt{l(l+1)}\,\hbar$ で，その z 成分 L_z の値は $m_l \hbar$ である．ここで量子数 l は**角運動量量子数**（angular momentum quantum number）または**方位量子数**（azimuthal quantum number）と呼ばれる．一方，量子数 m_l は l の z 成分で，異なった m_l の波動関数が磁場中で異なったふるまいをすることから**磁気量子数**（magnetic quantum number）と呼ばれることがある[**]．Bohr が仮定したように，水素原子の角運動量は（ほとんどは電子のために）量子化されている．しかし量子化された角運動量の厳密な値は，Bohr が仮定したものとはわずかに異なっている——だが，そのことを1913年に知ることは不可能だった．最終的に正確なものとはいえなかったが，ボーアの理論は正しい方向へ向けたきわめて重要なステップとして特筆されるべきものである．

水素原子のこのような取扱いは，電子をただ一つもつ任意の原子に適用できる．ただし原子によって核の電荷が異なり，全体として原子自体が電荷を帯びている．適用にあたっては，これまでの式のなかに現れた核電荷 Z と換算質量 μ を適当に変更するだけでよい[***]．これら水素型原子に対するシュレーディンガー方程式は[****]

$$\left[-\frac{\hbar^2}{2\mu}\left\{\frac{1}{r^2}\frac{\partial}{\partial r}\left(r^2\frac{\partial}{\partial r}\right) + \frac{1}{r^2\sin\theta}\frac{\partial}{\partial\theta}\left(\sin\theta\frac{\partial}{\partial\theta}\right)\right.\right.$$
$$\left.\left. + \frac{1}{r^2\sin^2\theta}\frac{\partial^2}{\partial\phi^2}\right\} + \frac{-Ze^2}{4\pi\varepsilon_0 r}\right]\Psi = E\Psi$$
(11.65)

と書ける．ここで核電荷 Z はポテンシャルエネルギーの項だけに現れてい

---

[*] 新しい基本定数の値を使うと $R_\text{H} = 109{,}677.58\,\text{cm}^{-1}$ となる．

[**] 波動関数の磁場中でのふるまいについては，またあとででてくる．

[***] 核が大きくなるにつれ，換算質量は電子の質量に近づく．

[****] これまでの水素原子についての取扱いでは $Z = 1$ だった．

る．量子化されたエネルギー E は次のようになる．

$$E = -\frac{Z^2 e^4 \mu}{8\varepsilon_0^2 h^2 n^2} \tag{11.66}$$

波動関数も Z 依存性をもち，表 11.4 にはそれを含めて完全な波動関数を与えた．角運動量オブザーバブルは，これまでに示したものと同じ形である．また実験的に観測されている水素型原子のスペクトルは水素原子と同様に単純だが，遷移の起こる波長は異なっている．

例題 11.22

励起 Li^{2+} ($Z=3$) の $n=4$ から $n=2$ への電子遷移に伴って放出される光の波長はいくらか．ただし電子の質量の代わりに Li^{2+} の換算質量を用いることとする．

電子の質量を使うことで計算に生じる誤差はごく小さく 0.008% である．

解　答
式 (11.64) に Z^2 を加えた以下の式を用いる．

$$\Delta E = \frac{Z^2 e^4 \mu}{8\varepsilon_0^2 h^2}\left(\frac{1}{n_2^2} - \frac{1}{n_1^2}\right)$$

$n_2 = 2$, $n_1 = 4$ として適当な値を代入すれば

$$\Delta E = \frac{3^2 \times (1.602 \times 10^{-19}\,\text{C})^4 \times (9.104 \times 10^{-31}\,\text{kg})}{8 \times (8.854 \times 10^{-12}\,\text{C}^2\,\text{J}^{-1}\,\text{m}^{-1})^2 \times (6.626 \times 10^{-34}\,\text{J s})^2}\left(\frac{1}{2^2} - \frac{1}{4^2}\right)$$
$$= 3.677 \times 10^{-18}\,\text{J}$$

式 (11.66) で，Z^2 がどこに現れるかがわかる．

これを波長に変換するため $E = h\nu$ と $c = \lambda\nu$ を使うと，このエネルギーをもつフォトンの波長 λ が以下のように求まる．

$$\lambda = 54.0\,\text{nm}$$

この波長は電磁スペクトルの遠紫外領域にある．

11.11　水素原子の波動関数

この章の最後に，波動関数そのものについてくわしくみていく．水素原子のそれぞれの波動関数は**軌道**（orbital）と呼ばれる．すでに述べたように軌道中の電子，すなわちその運動が特定の波動関数によって記述される電子のエネルギーは主量子数 n と物理定数の集まりだけに依存する．このとき量子化された同じエネルギーをもつ波動関数の集まりは一つの**殻**（shell）をつくり，またそれぞれの殻の縮退度は n^2 である．一方，同じ l をもつ波動関数の集まりは**副殻**（subshell）を構成する（ここでそれぞれの l に対して，異なった m_l の値をもつ $2l+1$ 個の波動関数があることを思いだすこと）．水素と水素型原子では，それぞれの殻の副殻はすべて同じエネルギーをもつ．これを図 11.17 に示す．この水素型原子（あとでわかるように，ほかの原子でも同じ）の殻と副殻を区別して表すために量子数 n と l を用いる．n についてはその値がそのまま用いられるが，l については左の表のような文字を使っ

l	記号
0	s
1	p
2	d
3	f
4	g
⋮	⋮

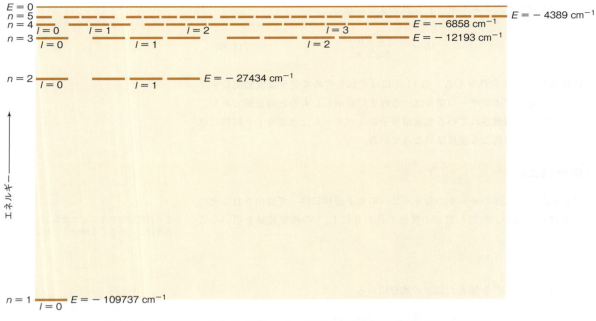

図 11.17 水素原子のエネルギー準位 n と l はそれぞれの準位の量子数である．図には量子化されたエネルギー準位が示されていて，縮退しているものもある．

た表記がなされる．主量子数 n の値と，l の値を表す文字を組み合わせて，軌道は

$$1s, \ 2s, \ 2p, \ 3s, \ 3p, \ 3d$$

のように表される．さらに，それぞれの軌道の m_l の値を表すには $2p_{-1}$, $2p_0$, $2p_{+1}$ のように値を添え字に用いる．n は l の値を制限するから，最初の殻は $l=0$ だけになり s 副殻だけをもつ．二番目の殻では $l=0$ と 1 になるから s 副殻と p 副殻をもつ．これらの制限は，シュレーディンガー方程式の解の性質に由来する．

例題 11.23

$n=5$ の殻について可能な副殻をあげよ．また，それぞれの副殻には軌道がいくつあるか．ただし m_l の値を表す添え字はつけなくてよい．

解 答

$n=5$ について $l=0, 1, 2, 3, 4$ が可能である．また，それぞれの副殻は $2l+1$ 個の軌道をもつ．表にまとめると以下のようになる．

n, l	軌道名	軌道の数
5, 0	5s	1
5, 1	5p	3
5, 2	5d	5
5, 3	5f	7
5, 4	5g	9

水素型原子の波動関数は量子数によって決まり，その量子数を用いて互いが区別できるように表される．したがって，たとえば Ψ_{1s}, Ψ_{3d} のように表される．

表 11.4 からわかるように，ゼロでない m_l をもつ波動関数は指数関数部分に虚数を含み，このため波動関数全体が複素関数になる．実関数が必要ならオイラーの定理を利用し，複素関数の線形結合として実関数の波動関数を定義するとよい．たとえば

$$\Psi_{2p_x} \equiv \frac{1}{\sqrt{2}}(\Psi_{2p_{+1}} + \Psi_{2p_{-1}})$$
$$\Psi_{2p_y} \equiv -\frac{i}{\sqrt{2}}(\Psi_{2p_{+1}} - \Psi_{2p_{-1}})$$
(11.67)

のようにする．このように定義した p 軌道の波動関数は複素関数でなく実関数で，多くの場合に扱いやすい．d 軌道や f 軌道，またほかの軌道の実関数の波動関数も同様に定義される．これら複素関数でない波動関数は，異なる固有値 m_l をもった波動関数の和だから，もはや $\hat{L}_z$ の固有関数ではない．しかしエネルギーと全角運動量の二乗の固有関数にはなっている．なお式 (11.67) のように線形結合をとることができるのは，もともとの波動関数が縮退しているからである．

波動関数の空間的なふるまいは興味深い．すべての s 軌道は角度依存性がないので球対称である．また電子の存在確率は空間のどの点でも $|\Psi|^2$ に，いまの場合は $|R|^2$ に関係づけられるので，s 電子の存在確率も球対称になる．核から直線を延ばし，それに沿った核からの距離 r に対する電子の存在確率をプロットする．図 11.18 に Ψ_{1s} に対するプロットを示す．このプロットは最大確率を示すのが核の位置，すなわち $r = 0$ であるという驚くべき結論を表している．

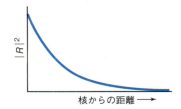

図 11.18 Ψ_{1s} の動径部分の関数 R の二乗 $|R|^2$ のグラフ 横軸は核からの距離である．電子は核の位置で最大の存在確率を示す．

しかしこの解析は少しまちがっている．球面極座標だから，半径 r が小さければとても小さな球にしかならない．したがって核に近い空間体積はたいへんに小さい．そのように小さな空間体積中の電子の全存在確率は小さいはずである．一方，r が増加すると球の体積はどんどん大きくなり，核から遠い距離にあるほど電子の存在確率は増加すると考えられる．

核から延びる直線に沿った電子の存在確率ではなく，核を中心とする球表面上の電子の存在確率を考える．このような球表面の面積は核から離れるに従って大きくなる．数学的には，この場合の電子の存在確率は $|R|^2$ ではなく $4\pi r^2 |R|^2$ と対応する．Ψ_{1s} の場合の，r に対する $4\pi r^2 |R|^2$ のプロットを図 11.19 に示す．確率はゼロから始まり（核の位置では体積がゼロだから），核からの距離が大きくなって最大値に達する．それから確率は小さくなっていき，無限大ではゼロに近づく．量子力学は電子が，核からあるはっきりとした距離に存在するのではないことを示す．電子は異なった存在確率を示すある距離の範囲に存在するのである．最も存在確率の大きなある距離 r_{max} が存在し，それは

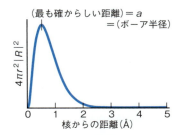

図 11.19 Ψ_{1s} の動径部分の関数 R について，$4\pi r^2 |R|^2$ を核からの距離 r に対してプロットしたもの $4\pi r^2$ の寄与は 1 s 波動関数 Ψ_{1s} の核の周りの球対称性を示している．球殻における存在確率をみると，水素原子の電子のふるまいが図 11.18 よりももっとリアルにわかる．

$$r_{\max} = \frac{4\pi\varepsilon_0 \hbar^2}{\mu e^2} \equiv a \tag{11.68}$$

$$a = 0.529 \text{ Å} \tag{11.69}$$

であることが数学的にわかる．ここで a は関数 R に対して先に定義したのと同じ定数である．a は定数の集まりとして定義されているので，a 自体は定数で長さの単位をもっている．この定数 a は**ボーア半径**（Bohr radius）と呼ばれる．この最も確からしい距離は，ボーアの理論における最初の軌道中の電子と，核との間の距離に正確に等しい．量子力学ではボーアの理論と異なり，核からの電子の距離を規定しない．しかし量子力学は，Bohr が最低エネルギー状態の電子に対して計算した距離が実際，核からの電子の最も確からしい距離であることを予測するのである[*]．

[*] 類似した定数 a_0 は a と同様に定義されるものだが，水素原子の換算質量 μ の代わりに電子の質量が使われている．両者の差はたいへんに小さい．

例題 11.24

以下の (a)，(b) に答えよ．
(a) 水素の Ψ_{1s} 軌道中の電子が，核から半径 2.00 Å 以内に存在する確率はいくらか．
(b) Be^{3+} 核に対し (a) と同様の確率を計算せよ．ただし今度は半径を 0.250 Å とする．

解 答

(a) 規格化された波動関数 Ψ について，電子の存在確率 P は

$$P = \int_a^b \Psi^* \Psi \, d\tau$$

で与えられる．ここで a, b は考えている空間の下限と上限である．いまの場合，これは表 11.4 から Ψ_{1s} を求めて次のような三次元的な式になる．

$$P = \frac{1}{a^3 \pi} \int_0^{2\pi} d\phi \int_0^{\pi} \sin\theta \, d\theta \int_0^{2.00} r^2 e^{-2r/a} \, dr$$

ここで Ψ_{1s} を代入し，三つの個々の積分の部分に割りふった．定数は積分の外にくくりだしてある．

角度 ϕ と θ についての二つの積分は以前やったことがあり，また r についての積分は巻末の付録 1 に示してある．よって上の式は

$$P = \frac{1}{a^3 \pi} \times 2\pi \times 2 \times \left[e^{-2r/a} \left(\frac{-r^2 a}{2} - \frac{r a^2}{2} - \frac{a^3}{4} \right) \right]_0^{2.00}$$

となる．ここで式 (11.69) のように a の値を 0.529 Å とすると，同じ単位なので積分の上限として 2.00 Å という値がそのまま使える．適当な代入を行って計算を進めると

$$P = \frac{1}{(0.529 \text{ Å})^3 \times \pi} \times 2\pi \times 2 \times \{(5.20 \times 10^{-4})$$
$$\times (-1.375 \text{ Å}^3) - 1 \times (-3.70 \times 10^{-2} \text{ Å}^3)\}$$

これらの数値を確かめよ．

Å³ という単位が式から消え，P が単位をもたなくなること（これはそうでなければならない）に注意してほしい．整理すれば

$$P = 0.981 \quad \text{すなわち} \quad 98.1\%$$

が得られる．つまりこの例題は，核から半径 2.00 Å 以内すなわちボーア半径の 4 倍よりも少し小さなところまでに 98.1% の確率で電子が存在することを示している．この結果を図 11.19 と比べてほしい．図では曲線の下の部分の面積が全確率を表している．なお核から半径 2.00 Å よりも遠くに電子が存在する確率は 1.9% になる．

(b) ほとんど (a) と同様に解けるが，今度は Be 原子の核電荷を含めなければならない．Be の原子番号 $Z = 4$ についての積分は，同じように表 11.4 を参照して以下のようになる．

$$P = \frac{4^3}{a^3\pi}\int_0^{2\pi} d\phi \int_0^{\pi} \sin\theta\, d\theta \int_0^{0.250} r^2 e^{-8r/a}\, dr$$

この式は積分の前にある 4^3 と，r について積分する指数関数内の 8 のほかは，前問 (a) のものと同じである．

r についての積分の上限が今度は 0.250 Å であることに注意してほしい．積分を実行して

$$P = \frac{64}{a^3\pi} \times 2\pi \times 2 \times \left[e^{-8r/a}\left(\frac{-r^2 a}{8} - \frac{ra^2}{32} - \frac{a^3}{256}\right)\right]_0^{0.250}$$

よって

$$P = \frac{64}{(0.529\ \text{Å})^3 \times \pi} \times 2\pi \times 2 \times \{(2.28 \times 10^{-2}) \\ \times (-0.00690\ \text{Å}^3) - 1 \times (-5.78 \times 10^{-4}\ \text{Å}^3)\}$$

したがって

$$P = 0.728 \quad \text{すなわち} \quad 72.8\%$$

これらの数値を確かめよ．

が得られる．より大きな核電荷が電子を核に近いところまで引っ張るので，この結果は十分に想像できる．ゆえに Be^{3+} 核から半径 0.250 Å 以内に $\varPsi_{1s}$ 軌道中の電子がみいだされる確率は 72% 以上である．

$\varPsi_{2s}$，$\varPsi_{2p}$，$\varPsi_{3s}$，$\varPsi_{3p}$，$\varPsi_{3d}$ について $4\pi r^2 |R|^2$ のグラフを図 11.20 に示す．量子数が n と l の波動関数にはそれぞれ半径に沿って，電子のみいだされる確率がゼロになる点が $n - l - 1$ 個ある．これらの点が**節**（node）である．よりくわしくいえば，それぞれの半径をもった球殻についての電子の全存在確率を考えているので，これらは**動径節**（radial node）である．

s 副殻は球対称だが p 副殻，d 副殻，f 副殻などそのほかの副殻はそうではなく角度依存性をもつ．副殻の角度依存性を表すにはいくつかの方法がある．一般的な方法の一つは，電子のみいだされる確率が 90% に達する範囲の輪郭を描くことである．このためには式 (11.67) で述べたような実関数の波動関数を使うのが最も簡単である．図 11.21 は実関数の，すなわち複素関数ではない波動関数を使って描いた，水素の p 副殻と d 副殻の 90% 境界面を示す．副殻の角度依存性によって p 軌道や d 軌道は"ひょうたん形"や"花びら形"になる．

これらのグラフについて，いくつか注意がある．まず，同じようにみえる軌道でも異なる座標軸が使われていて，空間的には異なる方向を向いているということである．また，それぞれについている + と − の記号は，その領域

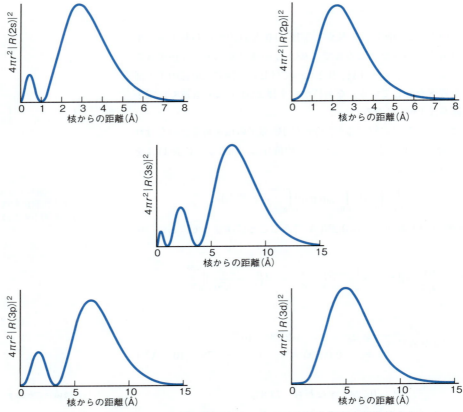

図 11.20 水素原子の 1s 以外の波動関数について, $4\pi r^2 |R|^2$ を核からの距離 r に対してプロットしたもの 量子数と動径節の数の間には簡単な関係がある.

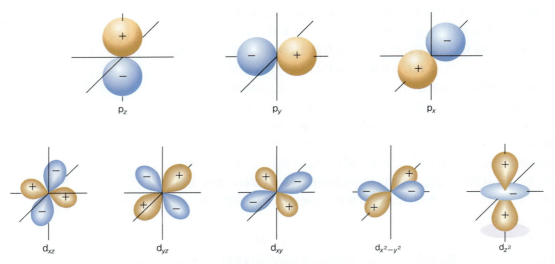

図 11.21 実数形の p および d 波動関数の 90% 境界面を図示したもの p または d 軌道のそれぞれの添え字は三次元空間で軌道が張りだす方向を示す.

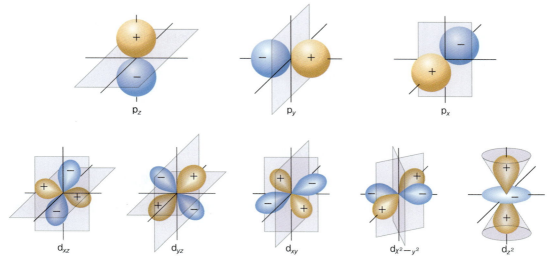

図 11.22 p軌道とd軌道の方角節．p軌道は1枚の方角節をもち，d軌道は2枚の方角節をもつ．d_{z^2}軌道では，方角節は一つの円錐面で表される．

での波動関数の符号を示す．次に，それぞれのp軌道には電子の全存在確率に対する接平面が1枚あるということである．たとえば，p_z軌道については xy 平面上で電子の存在確率がゼロになる．p_x 軌道については yz 平面上で電子の存在確率がゼロになる．d軌道については，電子の存在確率がゼロになる面が2枚ある．これらは**方角節**（angular node．節表面や節面ともいう）の例である．いくつかのp軌道やd軌道の方角節を図11.22に示す．d_{z^2} 軌道の方角節は二次元的な円錐である．量子数 l に対して，l 個の方角節がある．方角節と動径節を合わせると，どのような波動関数 $\Psi_{n,l}$ にも $n-1$ 個の節がある．

例題 11.25

以下の（a），（b）に答えよ．
(a) 水素原子の Ψ_{3p} について，全角運動量の平均値 $\langle L \rangle$ はいくらか．
(b) この値を求めるためのもっと簡単な方法はあるか．

解　答

(a) 全角運動量の二乗が定義されているので，求めるべき全角運動量の平均値 $\langle L \rangle$ はこの平均値 $\langle L^2 \rangle$ の平方根であるとする．すなわち

$$\langle L \rangle = \sqrt{\langle L \rangle^2}$$

このために平均値 $\langle L^2 \rangle$ を求めなければならないが，これは次の式を計算すればよい．

$$\langle L \rangle^2 = \int \Psi_{3p}^* \hat{L}^2 \Psi_{3p} \, d\tau$$

一見すると Ψ_{3p} と $\hat{L}^2$ の長い完全な式を使わなければならないように思うかもしれないが，そうではない．Ψ_{3p} は $\hat{L}^2$ の固有関数なので，上の積分の演算子に固有値を代入することができる．固有値は $l(l+1)\hbar^2$ なので，上の積分は以下のようになる．

$$\langle L \rangle^2 = \int \Psi_{3p}{}^* \{l(l+1)\hbar^2\} \Psi_{3p}\, d\tau$$

これで演算子による計算をする代わりに，定数を波動関数に掛けるだけになる．掛け算される定数を積分の外にだせば

$$\langle L \rangle^2 = \{l(l+1)\hbar^2\} \int \Psi_{3p}{}^* \Psi_{3p}\, d\tau$$

波動関数 Ψ_{3p} は規格化されているので，積分は単純に 1 になる．したがって
$$\langle L^2 \rangle = l(l+1)\hbar^2$$
p 軌道に対する $l=1$ の値を使えば，全角運動量の平均値 $\langle L \rangle$ が以下のように求まる．

$$\langle L \rangle = \sqrt{\langle L \rangle^2} = \sqrt{l(l+1)\hbar^2} = \sqrt{2}\,\hbar$$
$$= 1.491 \times 10^{-34}\,\text{J s}$$

(b) L^2 が水素原子の Ψ_{3p} の量子化されたオブザーバブルであるとわかっていればもっと簡単である．平均値は量子化された値に等しい．しかし平均値がいつもそのように求められるとは限らない．章末の問題 11.87 や 11.91 をみよ．

11.12　まとめ

　水素原子の解が得られたので，ここで考えるべき解析的に解ける系の扱いはすべて終了したことになる．プランクの量子論によって黒体放射が記述でき，いまや水素と水素型原子のスペクトルが単純であることが，量子力学によってうまく説明できた．もっと大きな原子中の電子のふるまいについて解析的に理解することはできないが，次の章でみるように，量子力学は分子のような大きな系（実際には小さいのだが，少なくとも理論的に扱うには"大きい"のである）に対して，数値解を得るための手段を提供する．これは化学や物理学の古典理論が与えるものよりはるかに実り多いので，量子力学は物質の電子レベルでのふるまいを解き明かす優れた理論として認知されている．量子力学の仮定からはトンネル現象，量子化された角運動量，そして"ぼんやりとした"電子軌道など，いっぷう変わったものが得られる．しかしこれまでのところ，量子力学による予言は実験によって実証されている．これは理論にとって真の意味での試金石なのである．

重要な式

$$F = -k\boldsymbol{x} \qquad \text{(調和振動子にかかる力)}$$

$$V = \frac{1}{2}kx^2 \qquad \text{(調和振動子のポテンシャルエネルギー)}$$

$$\nu = \frac{1}{2\pi}\sqrt{\frac{k}{m}} \qquad \text{(調和振動子の振動数)}$$

$$E = \left(n + \frac{1}{2}\right)h\nu \qquad \text{(調和振動子の量子化されたエネルギー)}$$

$$\Psi = \left(\frac{\alpha}{\pi}\right)^{1/4}\left(\frac{1}{2^n n!}\right)^{1/2} H_n(\alpha^{1/2}x)\,\mathrm{e}^{-\alpha x^2/2} \qquad \text{(調和振動子の波動関数の一般形)}$$

$$\mu = \frac{m_1 m_2}{m_1 + m_2},\ \frac{1}{\mu} = \frac{1}{m_1} + \frac{1}{m_2} \qquad \text{(換算質量の定義)}$$

$$\hat{L}_z = -i\hbar\frac{\partial}{\partial\phi} \qquad \text{(運動量演算子)}$$

$$\Psi = \frac{1}{\sqrt{2}}\,\mathrm{e}^{im\phi} \qquad \text{(二次元回転の波動関数)}$$

$$E = \frac{m^2\hbar^2}{2I} \qquad \text{(二次元回転のエネルギー)}$$

$$L_z = m\hbar \qquad \text{(二次元回転の角運動量)}$$

$$\Psi = \frac{1}{\sqrt{2\pi}}\,\mathrm{e}^{im_l\phi}\,\Theta_{l,m_l} \qquad \text{(三次元回転の波動関数)}$$

$$E = \frac{l(l+1)\hbar^2}{2I} \qquad \text{(三次元回転のエネルギー)}$$

$$L = \sqrt{l(l+1)}\,\hbar \qquad \text{(三次元回転の角運動量)}$$

$$L_z = m_l\hbar \qquad \text{(三次元回転の角運動量の}z\text{成分)}$$

$$\Psi = \frac{1}{\sqrt{2\pi}}\,\mathrm{e}^{im_l\phi}\,\Theta_{l,m_l}\,R_{n,l} \qquad \text{(水素原子の波動関数)}$$

$$E = -\frac{e^4\mu}{8\varepsilon_0^2 h^2 n^2} \qquad \text{(水素原子のエネルギー)}$$

$$E = -\frac{Z^2 e^4\mu}{8\varepsilon_0^2 h^2 n^2} \qquad \text{(任意の水素型原子のエネルギー)}$$

第 11 章の章末問題

11.2 節の問題

11.1 3.558 mdyn Å^{-1} を N m^{-1} の単位に変換せよ.

11.2 振動数 0.277 Hz,質量 500 kg の振り子を考える.この調和振動子の力の定数を求めよ.

11.3 $k = 1.00$ N m^{-1} で質量が 1.00 kg の調和振動子の振動数を計算せよ.

11.4 振動数が 7.04 s^{-1} で力の定数が 866 N m^{-1} である調和振動子の質量はいくらか.

11.5 地面から高さ h にある質量 m の物体の重力による位置エネルギーは mgh である.ここで g は重力加速

度で，およそ $9.8\,\mathrm{m\,s^{-2}}$ である．重力のもとで時計の振り子のように前後に運動する物体は調和振動子として扱えることを説明せよ．〔ヒント：式（11.1）をみよ．〕

11.3 節の問題

11.6 α の単位は何か．このことは式（11.8）と合わせて考えたとき，意味があるか．

11.7 式（11.6）で左辺のカッコ内の引き算を行うためには，二つの項が同じ単位である必要がある．$2mE/\hbar^2$ と $\alpha^2 x^2$ が同じ単位をもつことを確かめよ．ただし位置または距離を表す x については標準的な SI 単位を用いよ．式（11.11）のカッコ内の二つの項についても調べよ．

11.8 本文中で述べた三つの過程によって，式（11.6）が得られることを確かめよ．

11.9 式（11.8）の Ψ の二次導関数から，式（11.9）が得られることを確かめよ．

11.10 式（11.15）の直前の式から式（11.15）を導け．

11.11 式（11.16）をすぐ前の式から導け．

11.12 理想調和振動子のとなりあう準位のエネルギー差はすべて $h\nu$ であることを示せ．ただし ν は振動子の古典的振動数である．

11.13 (a) 古典的振動数が $1.00\,\mathrm{s^{-1}}$ の振り子について，量子化されたエネルギー準位間のエネルギー差は，J を単位とするといくらか．(b) 振り子がある準位からほかの準位へ移るために吸収する光の波長を計算せよ．(c) その波長は，どの電磁スペクトルの領域に属するか．(d) 20 世紀はじめの科学の状況にもとづいて，(a) と (b) の結果について述べよ．当時はなぜ，自然の量子力学的なふるまいに気づくことがなかったのか．

11.14 (a) ある表面に水素原子が付着し，古典的振動数が $6.000\times 10^{13}\,\mathrm{s^{-1}}$ の調和振動子としてふるまっている．量子化されたエネルギー準位間のエネルギー差は，J を単位とするといくらか．(b) 水素原子がある準位からほかの準位へ移るために吸収する光の波長を計算せよ．(c) その波長は，どの電磁スペクトルの領域に属するか．(d) 20 世紀はじめの科学の状況にもとづいて，(a) と (b) の結果について述べよ．

11.15 水の O—H 結合が振動数 $3650\,\mathrm{cm^{-1}}$ で振動している．O—H が調和振動子としてふるまうとして，量子数 $n = 0$ から $n = 4$ の状態へ移るのに必要な光の波長はいくらか．また $\mathrm{s^{-1}}$ を単位とする振動数ではいくらか．

11.4 節の問題

11.16 調和振動子の Ψ_2 と Ψ_3 が直交していることを示せ．

11.17 理想調和振動子のシュレーディンガー方程式にその固有関数 Ψ_1 を代入し，$E = (3/2)h\nu$ となることを示せ．

11.18 調和振動子の任意の波動関数について，$\langle x \rangle = 0$ となることを示せ．

11.19 調和振動子の Ψ_0 と Ψ_1 に対して $\langle p_x \rangle$ を計算せよ．この計算値は意味があるか．

11.20 式（11.17）の Ψ_1 を規格化せよ．

11.21 表 11.2 の内容から式（11.19）を導け．

11.22 調和振動子の波動関数を含む以下に示された積分がゼロか，ゼロでないか，あるいはどちらとも決められないかについて，奇関数と偶関数の議論を使って考察せよ．どちらとも決められないとすれば，それはなぜか．

(a) $\displaystyle\int_{-\infty}^{+\infty} \Psi_1^* \Psi_2 \,\mathrm{d}x$

(b) $\displaystyle\int_{-\infty}^{+\infty} \Psi_1^* \hat{x}\, \Psi_1 \,\mathrm{d}x$

(c) $\displaystyle\int_{-\infty}^{+\infty} \Psi_1^* \hat{x}^2\, \Psi_1 \,\mathrm{d}x$ （ただし $\hat{x}^2 = \hat{x}\hat{x}$）

(d) $\displaystyle\int_{-\infty}^{+\infty} \Psi_1^* \Psi_3 \,\mathrm{d}x$

(e) $\displaystyle\int_{-\infty}^{+\infty} \Psi_3^* \Psi_3 \,\mathrm{d}x$

(f) $\displaystyle\int_{-\infty}^{+\infty} \Psi_1^* \hat{V}\, \Psi_1 \,\mathrm{d}x$ （ただし $\hat{V}$ は定義されていないポテンシャルエネルギー関数）

11.23 図 11.4 を考慮して，正しい語句を選べ．振動の量子数が増加するにつれて，振動の広がりは（増加する／減少する／変わらない）が，振動子自身の平均長さは（増加する／減少する／変わらない）．選んだ理由も説明せよ．

11.24 図 11.5 に示した傾向に基づいて，非常に大きな n をもつ調和振動子の波動関数の確率分布を描け．これが対応原理と矛盾しないことを説明せよ．

11.25 調和振動子の Ψ_0 に対する $\langle x^2 \rangle$ を求めよ．その値は予想通りか．付録にある積分表を用いよ．積分区間を分ける必要があろう．

11.26 問題 11.25 における値を用いて，調和振動子の Ψ_0 に対する $\langle V \rangle$ を求めよ．その答えは，調和振動子のゼロ点エネルギーと比較して意味があるか．

11.27 調和振動子の古典的折返し点の x の値を，k と n を用いて求めよ．ただし答えの式のなかに，ほかの定数が含まれていてもよい．

11.28 n を用いて，調和振動子の波動関数における節の数を表す式をつくれ．

11.29 調和振動子の Ψ_3 の節を与える x の値を求めよ．

α を用いて答えよ．

11.5 節の問題

11.30 式（11.23）の直前の式から式（11.23）を導け．

11.31 電子の質量 m_e と（a）水素原子の換算質量，（b）重水素原子 ^{2}H の換算質量，（c）+5 の電荷数をもった ^{12}C 原子（すなわち C^{5+}）の換算質量を比較せよ．また（a）から（c）でわかる傾向について，なんらかの結論を与えてみよ．

11.32 換算質量は原子系のためだけのものではない．たとえば太陽系や惑星/衛星系では，まず換算質量を決めてそのふるまいを記述する．地球の質量が 2.435×10^{24} kg，月の質量が 2.995×10^{22} kg とすると，地球-月系の換算質量はいくらになるか（これは原子に，惑星モデルが使えることを支持するものではない）．

11.33 （a）一酸化炭素 CO が調和振動子で，力の定数が 1902 N m^{-1} のとき，その振動数を計算せよ．（b）力の定数が同じとして，^{13}CO の振動数はいくらになるか．

11.34 O—H 結合が振動数 3650 cm^{-1} をもつとする．式（11.27）を二度使い，力の定数を計算せずに比を決めてから，O—D 結合の振動数を求めよ．なお D は重水素原子 ^{2}H を表す．

11.35 HD 分子（D=^{2}H）の力の定数は 575 N m^{-1} である．（a）HD の振動数，および（b）D 原子が動かないとしたときの H 原子の振動数を計算せよ．これらの違いについてコメントし，また例題 11.10 における違いと比較せよ．

11.6 節の問題

11.36 古典的角運動量とは違って，二次元の角運動量の量子化された値から，回転系の質量を決めることはできない．なぜか．

11.37 二次元の回転運動の Ψ_3 と Ψ_{13} をともに規格化し，規格化定数が同じになることを示せ．

11.38 二次元回転運動の Ψ_1 と Ψ_2 が直交することを示せ（オイラーの定理が必要かもしれない）．

11.39 二次元回転運動の波動関数には節がないことを示せ．〔ヒント：確率を表す式をだし，ϕ についての依存性を調べよ．〕

11.40 二次元の回転運動で近似したベンゼンの最初の五つのエネルギー準位のエネルギーと角運動量の値はいくらか．ただし I の決定には電子の質量と，回転半径 1.51 Å を用いよ．

11.41 プロトンは半径 5.00×10^{-11} m の円の中で回転している．最初の三つの回転エネルギー準位を求めよ．

11.42 25 kg の子どもがメリーゴーラウンドに乗って，半径 8 m の大きな円周上を回っている．その子どもの角運動量は 600 kg m^2 s^{-1} であるとする．（a）子どものもつ角運動量の近似的な量子数を求めよ．（b）子どものもつエネルギーの量子化された値を求めよ．これを子どものもつ古典的エネルギーと比較せよ．これを示す原理は何か．

11.43 オイラーの定理を使い，二次元の回転運動の最初の四つの波動関数を三角関数で書きなおせ．

11.44 （a）二次元の剛体回転子のエネルギーの式を使って，二つのとなりあう準位のエネルギー差 $E(m+1) - E(m)$ を表せ．（b）HCl に対して $E(1) - E(0) = 20.7$ cm^{-1} である．HCl を二次元の剛体回転子と仮定し，$E(2) - E(1)$ を計算せよ．（c）このエネルギー差は実験的に 41.4 cm^{-1} と求められている．この系について，二次元の剛体回転子のモデルはどのくらいよいものといえるだろうか．

11.45 式（11.34）から（11.35）を導け．

11.46 二次元回転運動についての"ゼロ点エネルギー"を定義すれば，どのようなものになるか．

11.47 友人が，二次元回転のエネルギーを表す式を簡単にしたものを提案した．I に mr^2 を代入すると

$$E = \frac{m\hbar^2}{2r^2}$$

という式になった．これが正しくない理由を説明せよ．

11.48 量子化された角運動量は，質量に（どちらか選べ：依存する/依存しない）．選んだ理由も述べよ．

11.7 と 11.8 節の問題

11.49 三角関数を用いて，式（11.40）の直交座標と球面極座標の関係を証明せよ．

11.50 式（11.45）の平方根はなぜ解析的にとることができないか．〔ヒント：この式の右辺の平方根をとるにはどうするかを考えよ．これはできることか．〕

11.51 二次元と三次元の回転の両方について，粒子の運動の半径は一定に保たれるとする．また，この粒子に働くゼロでない一定値のポテンシャルエネルギー V を考える．式（11.46）のシュレーディンガー方程式はポテンシャルエネルギーが恒等的にゼロでも，またゼロでない一定値でも，その形は等価であることを示せ．〔ヒント：$E_{new} = E - V$ とせよ．〕

11.52 球面調和関数 Y^2_{-2} に対する $\langle r \rangle$ は計算できるか．理由も述べよ．

11.53 三次元回転運動の $\Psi_{1,0}$ と $\Psi_{1,1}$ が直交することを示せ．$d\tau$ の形は式（11.42）にある．

11.54 三次元の回転運動の $\Psi_{3,-2}$ (すなわち $l = 3$, $m_l = -2$) と演算子の完全な形を使って (a) L^2, (b) L_z, (c) E の固有値を計算せよ (表 11.3 のルジャンドルの陪多項式を用いよ). ただしオブザーバブルの解析的な式は使わず, その代わりに適当な演算子を $\Psi_{3,-2}$ に作用させて適当な固有値方程式が得られることを調べ, この固有値方程式を用いてオブザーバブルの値を決めよ.

11.55 三次元の回転運動の波動関数の量子数が $l = 2$ で, 慣性モーメントが 4.445×10^{-47} kg m^2 とする. このとき (a) エネルギー, (b) 全角運動量, (c) 全角運動量の z 成分はいくらか.

11.56 (a) 三次元の剛体回転子のエネルギーの式を使って, 二つのとなりあう準位のエネルギー差 $E(l+1) - E(l)$ を表せ. (b) HCl に対して $E(1) - E(0) = 20.7$ cm^{-1} である. HCl を三次元の剛体回転子と仮定し, $E(2) - E(1)$ を計算せよ. (c) このエネルギー差は実験的に 41.4 cm^{-1} と求められている. この系について, 三次元の剛体回転子のモデルはどのくらいよいものといえるだろうか.

11.57 "球状" 分子 C_{60} についての例題 11.17 をみよ. この分子の電子が三次元の回転運動をしているとして $l = 5$ から $l = 6$ へ, および $l = 7$ から $l = 8$ への遷移を引き起こすのに必要な光の波長を計算せよ. ここでの答えと, 実験的に測定された吸収波長 328 nm と 256 nm を比べよ. C_{60} の電子遷移を記述するこのモデルは, どのくらいよいものといえるか.

11.58 C_{60} についての上の問題 11.57 で, 量子数 l をもつ電子の全角運動量の値はいくらか. また, その状態の角運動量の z 成分はいくらか.

11.59 三次元の剛体回転子の最初の四つのエネルギー準位について, 可能な l と m_l の値を図示せよ (図 11.15 をみよ). それぞれの状態の縮退度はいくらか.

11.60 "$\cos \theta$ = 直角三角形の隣辺を斜辺の長さで割ったもの" とする余弦関数の定義を用いて, 図 11.15 のそれぞれの円錐の角度を求めよ.

11.61 三次元の回転運動の波動関数 $\Psi_{3,2}$ をもつ粒子と, 波動関数 $\Psi_{3,-2}$ をもつ同じ粒子の間の違いについて, 物理的な説明を加えよ.

11.9 から 11.11 節の問題

11.62 次の元素の核をもつ水素型原子の電荷数を示せ. (a) リチウム. (b) 炭素. (c) 鉄. (d) サマリウム. (e) キセノン. (f) フランシウム. (g) ウラン. (h) シーボーギウム.

11.63 陽子からボーア半径に等しい距離 0.529 Å だけ離れて電子があるとする. この電子と陽子の間の静電ポテンシャルエネルギー V を計算せよ. 正しい単位を使うよう注意すること.

11.64 ニュートンの重力の法則と, 力とポテンシャルエネルギーの間の関係を用いると, 重力による位置エネルギーは

$$V = -\frac{Gm_1m_2}{r}$$

のように書ける. ボーア半径に等しい距離だけ離れた場合の静電ポテンシャルエネルギーと比較して, 重力による位置エネルギーが無視できることを, 電子と陽子の質量, および重力定数を使って示せ.

11.65 定数 r と $V = 0$ に対しては, 式 (11.56) が (11.46) になることを示せ. 〔ヒント:式 (11.56) の第二項の導関数について, 微分の連鎖則を用いればよい.〕

11.66 a と定義されるボーア半径と, a_0 と定義されるボーア半径の差を計算せよ.

11.67 水素原子のバルマー系列 ($n_2 = 2$) の最初の 4 本の線スペクトルは 656.5 nm, 486.3 nm, 434.2 nm, 410.3 nm にかなりはっきりと現れる. (a) これらの値からリュードベリ定数 R_H の平均値を求めよ. (b) He$^+$ に対しては, どのような波長で同様の遷移がみられるか.

11.68 重水素のバルマー系列の波長はいくらか.

11.69 水素原子の $n = 5$ までの軌道のエネルギー準位図を描け. またそれぞれの軌道に, 適切な量子数を表示せよ. それぞれの殻には異なる軌道がいくつあるか.

11.70 第 9 章で, リュードベリ原子は非常に大きい主量子数をもつ原子であるという話を紹介した. $n = 100$ をもつ H 原子の E を求めよ.

11.71 h 副殻の縮退度を求めよ. n 副殻ではどうか.

11.72 H 原子の f 副殻にある電子の全角運動量の値を求めよ. Li^{2+} の f 電子ではどうか.

11.73 F^{8+} 原子の電子が, 以下のような波動関数 Ψ_{n,l,m_l} をもつとき E, L, L_z の値はいくらか. (a) $\Psi_{1,0,0}$. (b) $\Psi_{3,2,2}$. (c) $\Psi_{2,1,-1}$. (d) $\Psi_{9,6,-3}$.

11.74 球面極座標における $\Psi = e^{-r/a}$ を規格化することにより, 表 11.4 の規格化定数を確かめよ. うまく規格化するためには $d\tau$ を決めることと, r についての範囲を決めることが必要になる.

11.75 波動関数 $\Psi_{4,4,0}$ はなぜ存在しないか. 同様に 3 f 副殻はなぜ存在しないか. 波動関数の記号の定義については, 上の問題 11.73 をみよ.

11.76 水素原子 1 mol の全電子エネルギーを計算せよ. また He$^+$ 原子 1 mol の全電子エネルギーを計算せよ. さらにこの二つのエネルギーの差を説明せよ.

11.77 水素核から 0.1 Å 以内の領域に，1s 軌道の電子をみいだす確率はいくらか．

11.78 Ne^{9+} 核から 0.1 Å 以内の領域に，1s 軌道の電子をみいだす確率はいくらか．また上の問題 11.77 の答えと比較し，その違いを説明せよ．

11.79 どのような水素型原子のどのような波動関数であれば，全エネルギーが $-9\mu e^4/8\varepsilon_0^2 h^2$ となるか．

11.80 $Z > 1$ である水素型原子では，殻の縮退度は Z とともに変化するか．それはなぜ起こるか，あるいは起こらないか．

11.81 次の水素型波動関数について，それぞれ動径節の数，方角節の数，すべての節の数はいくらか．(a) Ψ_{2s}．(b) Ψ_{3s}．(c) Ψ_{3p}．(d) Ψ_{4f}．(e) Ψ_{6g}．(f) Ψ_{7s}．

11.82 (a) Ψ_{3d_0} はどのような θ に対して方角節をもつか．(b) これらの θ の値を示すグラフを描け．これによって図 11.22 の Ψ_{3d_0} を説明できるか．

11.83 全空間にわたって以下の積分
$$\int \Psi_{2s}^* \Psi_{1s} \, d\tau$$
を行い，水素の波動関数が直交することを示せ．

11.84 適切な定数の値と式 (11.68) を用いて，ボーア半径 a の値を確かめよ．

11.85 Ψ_{1s} に対しては，r_{max} が式 (11.68) で与えられることを示せ．$4\pi r^2 \Psi^2$ を r について微分し，それをゼロとおいて r を求めよ．

11.86 表 11.4 の波動関数の形を用いて，虚数部をもたない $2p_x$ と $2p_y$ の波動関数の形を求めよ．

11.87 $3p_x$ について $\langle L_z \rangle$ を求めよ．例題 11.25 の答えと比較し，ここで求めた答えとの違いを説明せよ．

11.88 H 原子の Ψ_{1s} についての $\langle V \rangle$ を計算し，全エネルギーと比較せよ．

11.89 水素型原子の完全なシュレーディンガー方程式に表 11.4 の式を代入することにより，Ψ_{1s} についての式 (11.66) を確かめよ．

11.90 式 (11.67) を例に用い，五つの実関数の 3d 波動関数がどのような組合せで得られるかを考察せよ．表 11.4 を用いてもよい．

11.91 Ψ_{1s} について $\langle r \rangle$ を計算せよ．ここで演算子 $\hat{r}$ は"座標 r を掛けること"と定義されるとする．Ψ_{1s} に対する $\langle r \rangle$ は，なぜ 0.529 Å に等しくないか．なお $d\tau = 4\pi r^2 dr$ である．

11.92 図 11.19 と 11.20 のすべてを同じ座標軸上に書きなおし，それぞれの殻/副殻の組合せに対して最も確からしい半径を調べよ．なんらかの傾向はあるか．

数値計算問題

11.93 調和振動子の最初の五つの波動関数とそれらの確率のグラフを描け．これらのグラフを調和振動子のポテンシャルエネルギー関数に重ね，古典的折返し点の x 座標を数値的に求めよ．振動子が古典的折返し点の外側に存在する確率はいくらか．また確率のグラフは，対応原理から期待される分布を示しはじめるか．

11.94 球面調和関数の最初の三つについて，三次元のプロットを作成せよ．節に対応する θ と ϕ の値は求められるか．

11.95 Y_1^1 と Y_{-1}^1 が直交することを示す積分をつくり，数値的に計算せよ．

11.96 水素原子の 2s および 2p 波動関数の三次元空間における 90% 表面をプロットせよ．そこに節も書き込め．

12 原子と分子

これまで量子力学によって，水素原子とそこに至る簡単な系を理解する手段が与えられる様子をみてきた．水素原子はモデル系でなく実在するものだから，その理解はたいへん重要なポイントになる．ボーアの理論のように，量子力学が水素原子を記述できることが示された．また量子力学は現実の世界に適用されるほかのモデル系も記述できる．たとえ実際の系それ自体が理想的でなくても，箱のなかの粒子，二次元や三次元の剛体回転子，調和振動子といったモデル系がそこに適用できることを思いだしてほしい．このように量子力学は，ボーアの理論よりも広く適用できるので"よりすぐれたもの"と考えることができる．この章で水素以外の原子や分子を含むもっと複雑な系への応用を学んで，量子力学についての話を締めくくる．こうした系の厳密な解析解は得られないが，量子力学はこのような系を理解する手段を与えてくれる．

12.1	あらまし
12.2	スピン
12.3	ヘリウム原子
12.4	スピン軌道とパウリの原理
12.5	構成原理
12.6	摂動論
12.7	変分理論
12.8	線形変分理論
12.9	変分理論と摂動論の比較
12.10	簡単な分子とボルン・オッペンハイマー近似
12.11	LCAO-MO 理論の導入
12.12	分子軌道の性質
12.13	そのほかの二原子分子の分子軌道
12.14	まとめ

12.1 あらまし

この章ではスピンと呼ばれる電子の性質を考える．スピンは古典力学では考えられなかった劇的な結果を物質の構造にもたらす．その一方でヘリウムのような簡単な原子についてもシュレーディンガー方程式の厳密な解析解は得られず，もっと大きな原子や分子では解析的には解けないことがわかってくる．しかしこうした大きな系をある程度まで正確に調べる手段が二つある．それは摂動論と変分理論である．それぞれに長所があり，ともに今日，原子や分子またその反応を調べるために用いられている．

最後に量子力学を使い，分子をどのように考察するか簡単に検討する．分子はとても複雑だが，量子力学を適用できる．われわれは分子軌道を導入し，これが H_2^+ というたいへん簡単な分子でどのように定義されるかを調べてこの章を終える．H_2^+ という系は簡単だが，ほかの分子への応用へと続く道がここから始まるのである．

12.2 スピン

量子力学が発展する少し前，重要な実験的観察がなされていた．1922 年に

SternとGerlachは銀原子の磁気モーメントを測定しようと，蒸発させた銀原子を磁場中へ通してその原子ビームがつくるパターンを記録した．驚いたことにビームは二つに分かれた．このシュテルン・ゲルラッハの実験 (Stern-Gerlach experiment) を図 12.1 に示した．

これをボーアの理論と，軌道中の電子の量子化された角運動量で説明する試みはうまくいかなかった．1925 年に Uhlenbeck と Goudsmit が，電子自体が角運動量をもつと仮定すればこの結果が説明できると唱えた．この角運動量は電子に固有な性質で，電子の運動の結果生じるものではない．実験結果を説明するため Uhlenbeck と Goudsmit は**スピン角運動量**（spin angular momentum）と呼ばれるその固有な角運動量の成分が $+(1/2)\hbar$ または $-(1/2)\hbar$ という量子化された値をもつことを提案した[*]．

以来，すべての電子は**スピン**（spin）と呼ばれる固有の角運動量をもつと理解されるようになった．これはしばしば回転するコマにたとえられるが，電子のスピンは粒子の軸周りの回転によるものではないので，電子が実際に回転していると決めつけることはできない．スピンは粒子の存在そのものから来る性質である．ただ，まるで角運動量であるかのようにふるまうので"スピン角運動量"と呼び，角運動量の一つと考えることにするのである．

軌道中の電子の角運動量のように，スピンには同時に観測できる二つの量がある．それは全スピンの二乗と，スピンの z 成分である．スピンも角運動量なので $\widehat{L}^2$ や $\widehat{L}_z$ に対するのと同様に，スピンオブザーバブルに対する固有値方程式が存在する．スピンオブザーバブルを示す演算子として $\widehat{S}^2$ や $\widehat{S}_z$ を用いる．さらに量子化されたスピンの値を表すために量子数 s と m_s を導入する[**]．よって固有値方程式は

$$\widehat{S}^2 \Psi = s(s+1)\hbar^2 \Psi \tag{12.1}$$

$$\widehat{S}_z \Psi = m_s \hbar \Psi \tag{12.2}$$

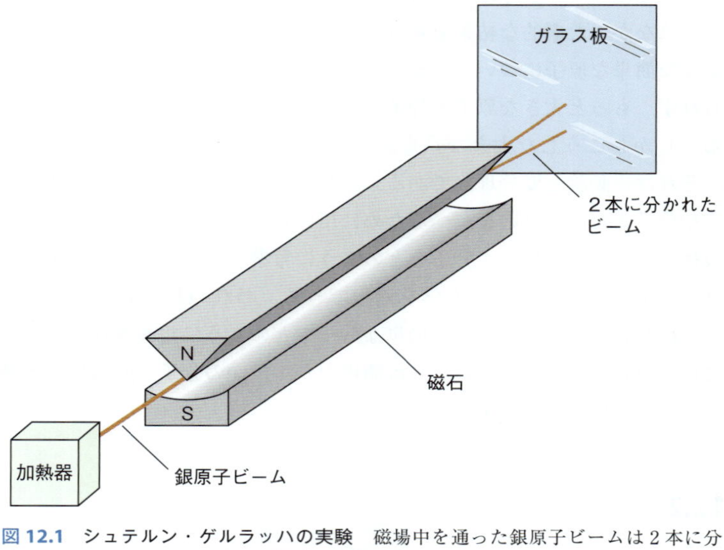

[*] $\hbar$ が角運動量の単位をもつことを思いだすこと．

[**] この量子数 s と，$l = 0$ である s 軌道の s とを混同しないこと．

図 12.1 シュテルン・ゲルラッハの実験 磁場中を通った銀原子ビームは 2 本に分かれる．この発見から電子のもつスピンの存在が提唱された．

となる.

量子数 s と m_s に許される値は l と m_l よりも制限されている. 電子では必ず $s = 1/2$ となる. この s は原子サイズ以下の粒子の種類ごとに特有な値をとることがわかっており, 電子はすべて同じ量子数 s になる. また m_s と s の間には, m_l と l の間に成り立つのと同様な関係がある. m_s は $-s$ から $+s$ まで整数刻みで変わるから $-1/2$ か $+1/2$ に等しい. このように電子に対して可能な s の値は一つだけで, m_s は二つだけである.

古典的にスピンに対応するものはなく, その存在を予測することも説明することもできない. 当初は量子力学ですらスピンを正当化できなかった. 1928年に Dirac がシュレーディンガー方程式に相対性理論を組み込んではじめて, スピンは量子力学による自然な理論的予測として現れた.

例題 12.1

電子のスピンの値は Js を単位とするといくらになるか. さらにこれを水素型原子の s 軌道の電子の角運動量の値, また p 軌道の電子の角運動量の値と比較せよ.

解 答

電子のスピンの値は式 (12.1) から求められる. ただし $\widehat{S}^2$ はスピンの二乗の演算子だから, スピンの値を得るにはその平方根をとらなければならない. よって $s = 1/2$ より

$$\sqrt{s(s+1)\hbar^2} = \sqrt{\frac{1}{2} \times \left(\frac{1}{2}+1\right) \times \left(\frac{6.626 \times 10^{-34} \text{ Js}}{2\pi}\right)^2}$$
$$= 9.133 \times 10^{-35} \text{ Js}$$

分母の 2π 因子を忘れないこと.

を得る. 一方, 水素型原子の s 軌道の電子の角運動量は $l = 0$ からゼロである. p 軌道では $l = 1$ だから

$$\sqrt{l(l+1)}\,\hbar = \sqrt{1 \times (1+1) \times \left(\frac{6.626 \times 10^{-34} \text{ Js}}{2\pi}\right)^2}$$
$$= 1.491 \times 10^{-34} \text{ Js}$$

となる. これはスピンのほぼ2倍である. このようにスピンの大きさは軌道中の電子の角運動量に比べ小さいとはいえないので, その影響は無視できない.

スピンという固有の角運動量が存在するのだから, 電子の角運動量についてはこれまでより細かい記述が必要になる. まず軌道角運動量とスピン角運動量を区別しなければならない. 両方のオブザーバブルとも角運動量だが, 一方は核の周りの運動から, もう一方は存在そのものから来るもので, 電子の異なる性質に由来している.

電子のスピン角運動量はある特定の値だけをとる. つまりスピンは**量子化**されているのである. また軌道角運動量の z 成分 m_l のように m_s は $2s+1$ 個の値をとる. さらに電子の場合に可能な m_s の値は, $s = 1/2$ だから $-1/2$

と $+1/2$ だけである．したがって電子のスピンは二つの量子数 m_s の値で特定できることになり，これを指標に電子の状態を表すことができる．一方，電子の s は常に $1/2$ だから s は特定しないほうが便利である．これで主量子数 n，軌道角運動量量子数 l，軌道角運動量の z 成分 m_l，そしてスピン角運動量の z 成分 m_s の合計四つの量子数が得られたことになる．これが電子の完全な状態を記述するのに必要な四つの量子数である．

例題 12.2

水素原子の 2p 軌道の電子について，上で述べた四つの量子数 n，l，m_l，m_s の可能な組合せをあげよ．

解 答

可能な組合せを表にすると

量子数	可能な値		
n	2		
l	1		
m_l	-1	0	1
m_s	$+1/2$ または $-1/2$	$+1/2$ または $-1/2$	$+1/2$ または $-1/2$

となる．この場合，四つの量子数について全部で六通りの組合せがある．

ところでスピンが原因で生じる，天文学的に興味深いことがらがある．ここまで考えてこなかったが，水素原子の電子の m_s は $+1/2$ か $-1/2$ である．水素原子の電子は，電子のスピンと核内の陽子のスピンとの相対的な関係に依存して，わずかにエネルギーを変化させる[*]．水素原子の電子がスピンを変化させると，同時にエネルギーの変化が起こるのである．このエネルギー変化の大きさは図 12.2 に示すように振動数 1420.40575 MHz すなわち波長およそ 21 cm の光のエネルギーに等しい．宇宙空間には水素が多いから，この "21 cm 放射光" は宇宙の構造を研究している電波天文学者にとっては重要になる．

最後にもう一つ．スピンは電子の性質の一部だから，そのオブザーバブルの値は電子の波動関数から決まる．つまり波動関数のなかにはスピンに依存する関数の部分があるはずである．こうした関数の正確な形について考えることは本書の範囲を越える．しかし，全スピンの可能なオブザーバブルの値は一つだけ（$s=1/2$）で，スピンの z 成分の可能な値は二つだけ（$m_s =$

[*] 陽子も電子と同じく $s=1/2$ である．

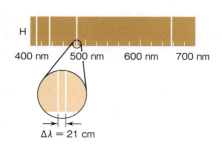

図 12.2 水素原子のスペクトルで分解能をとても高くすると，電子のスピンによる小さな分裂がみえる．この分裂は電子スピンと水素の核の核スピンとの相互作用によって生じる．エネルギーは波長の逆数に比例するため，486.1 nm での線における 21 cm の差は，上記のバルマー系列の中央の二つの線のエネルギー差のおよそ 1/1200 に当たる．

$+1/2$ または $-1/2$) だから，ふつうは波動関数のスピン部分を $+1/2$ または $-1/2$ の量子数 m_s に合わせてそれぞれギリシャ文字 α と β で表す．

スピンは電子のほかの性質やオブザーバブルの影響をまったく受けない．したがって電子の波動関数のスピン部分は空間部分から分離可能である．水素原子の電子の波動関数が三つの関数の積で書かれたように，スピン部分 α と β は波動関数のほかの部分との掛け算になっている．たとえば水素原子中の $m_s = +1/2$ の電子の完全な波動関数 Ψ は

$$\Psi = R_{n,l}\Theta_{l,m_l}\phi_{m_l}\alpha$$

と書ける．$m_s = -1/2$ の電子については β を使って，同様の波動関数を書くことができる．

12.3　ヘリウム原子

第11章ではシュレーディンガー方程式を水素原子に適用し，厳密な解析解がどのように得られるかについて調べた．スピンが存在しても，この解に変化はない（実際はこのとき解はもう少し複雑になるが，ここではこれ以上考えない）．さて二番目に大きな原子はヘリウム He である．これは核に $+2$ の電荷をもち，核の周りに二つの電子がある．ヘリウム原子を，電子の位置を表す座標とともに図 12.3 に示す．以下の議論では，ヘリウム原子の二つの電子は可能な状態のうち，最も低いエネルギー状態を占めているものとする．

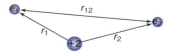

図 12.3　ヘリウム原子の動径座標の定義

ヘリウム原子について完全なシュレーディンガー方程式を正しく書くためには，原子のもつ運動エネルギーとポテンシャルエネルギーの起源を理解することが重要である．いま核は動かないとして電子の運動だけを仮定すると，運動エネルギーは二つの電子の運動に由来することになる．ハミルトニアンの運動エネルギーの部分は二つの電子で同じとし，全運動エネルギーはこの二つの部分の和と仮定する．ところでハミルトニアンを簡単に表すため"デル二乗"と呼ばれる記号 ∇^2 を用いて，三次元の二階微分演算子を

$$\nabla^2 \equiv \frac{\partial^2}{\partial x^2} + \frac{\partial^2}{\partial y^2} + \frac{\partial^2}{\partial z^2} \tag{12.3}$$

と表すことにする．これによってシュレーディンガー方程式の見た目は少し簡単になる．∇^2 はまた**ラプラシアン**（Laplacian）とも，**ラプラス演算子**（Laplacian operator）とも呼ばれる．ラプラシアンが別々の三つの偏導関数の和を表すことは知っておくとよい．こうして，考えていたハミルトニアンの運動エネルギー部分が

$$-\frac{\hbar^2}{2\mu}\nabla_1^2 - \frac{\hbar^2}{2\mu}\nabla_2^2$$

と書ける．∇_1^2 は電子1に関する，また ∇_2^2 は電子2に関するラプラシアンである．

ヘリウム原子のポテンシャルエネルギーは三つの部分からなり，それらはすべて静電的な性質によるものである．電子1と核の間，また電子2と核の間には引力的な，電子1と電子2の間には，これらがともに負の電荷をもっているため反発的な性質が生じている．また，それぞれの大きさは粒子間の距離に依存する．この距離を図12.3のように r_1, r_2, r_{12} とするとハミルトニアンのポテンシャルエネルギーの部分 $\widehat{V}$ は次のようになる．

$$\widehat{V} = -\frac{2e^2}{4\pi\varepsilon_0 r_1} - \frac{2e^2}{4\pi\varepsilon_0 r_2} + \frac{e^2}{4\pi\varepsilon_0 r_{12}}$$

それぞれの変数は第11章で定義した通りである．最初の二つの項の分子の2は，ヘリウム核がもつ+2の電荷によるものである．最初の二項は負で引力的，最後の項は正で反発的であることを示している．以上から，ヘリウム原子の完全なハミルトニアン $\widehat{H}$ は以下のようになる．

$$\widehat{H} = -\frac{\hbar^2}{2\mu}\nabla_1^2 - \frac{\hbar^2}{2\mu}\nabla_2^2 - \frac{2e^2}{4\pi\varepsilon_0 r_1} - \frac{2e^2}{4\pi\varepsilon_0 r_2} + \frac{e^2}{4\pi\varepsilon_0 r_{12}} \tag{12.4}$$

したがって解くべきシュレーディンガー方程式は次のようになる．

$$\left(-\frac{\hbar^2}{2\mu}\nabla_1^2 - \frac{\hbar^2}{2\mu}\nabla_2^2 - \frac{2e^2}{4\pi\varepsilon_0 r_1} - \frac{2e^2}{4\pi\varepsilon_0 r_2} + \frac{e^2}{4\pi\varepsilon_0 r_{12}}\right)\Psi = E_{\text{tot}}\Psi \tag{12.5}$$

ここで E_{tot} はヘリウム原子の全電子エネルギーを表す．

さて式（12.4）で与えられたハミルトニアン $\widehat{H}$ は電子1だけを扱う二つの項と，電子2だけを扱う二つの項とにまとめることができる．二つの項のうち一つは運動エネルギー，もう一つはポテンシャルエネルギーの項である．すなわち

$$\widehat{H} = \left(-\frac{\hbar^2}{2\mu}\nabla_1^2 - \frac{2e^2}{4\pi\varepsilon_0 r_1}\right) + \left(-\frac{\hbar^2}{2\mu}\nabla_2^2 - \frac{2e^2}{4\pi\varepsilon_0 r_2}\right) + \frac{e^2}{4\pi\varepsilon_0 r_{12}} \tag{12.6}$$

このように，ハミルトニアン $\widehat{H}$ は二つに分離された一電子ハミルトニアンの和の形に似ている．これはヘリウム原子の波動関数が，二つの水素型波動関数を単純に結合したものであることを示唆している．ヘリウム原子のシュレーディンガー方程式はおそらく，ある種の"電子分離"の方法によって解けるだろう．

しかし問題は最後の $e^2/4\pi\varepsilon_0 r_{12}$ という項である．これは両方の電子の位置に依存する r_{12} という項を含んでいる．この項は電子1だけを扱う項に属するものではなく，電子2だけを扱う項に属するものでもない．この最後の項を，一電子だけを含む項に一度に分離できないためハミルトニアンを分離することができず，もっと小さな一電子部分に分離して解くことができないの

である．ヘリウム原子のシュレーディンガー方程式を解析的に解こうとすると完全に解けるか，まったく解けないかのどちらかになる．

現在まで，ヘリウム原子に対するシュレーディンガー方程式の解析解は知られていない．これは解や波動関数が存在しないことを意味するのではない．単にわれわれがこの微分方程式を満たす関数を**数学的**に知らないというだけである．実際，二つ以上の電子をもつ原子や分子において上で述べた分離のできないことが，**水素原子より大きなどのような原子についてもまだ解析解が知られていない**という事実に直接つながってくる．くり返しになるが，これは波動関数が存在しないという意味ではない．単にこのような系では，電子のふるまいを理解するためにほかの方法を使わなければならないというだけである*．

解析解がないのは量子力学のせいでもない．本書では，量子力学が与える手段のごく表面に触れるだけである．量子力学はこうした系を理解する手段を与えてくれる．そうした手段を使えば二つ以上の電子をもつ原子や分子をいくらでも正確にくわしく研究し，理解することができる．くわしさのレベルはその手段を用いる人の時間，財力そして忍耐力に依存する．この手段があれば水素原子のオブザーバブルと同じレベルまでそのエネルギーや運動量，さらにそのほかのオブザーバブルについて，原理的には求めることができる．

* ヘリウム原子のような，いわゆる三体問題に解析解が存在しないことは数学的に証明されている．したがって多電子系に対しては異なるアプローチをとらなければならない．

例題 12.3

ヘリウム原子の波動関数を主量子数 $n=1$ の殻の二つの水素型波動関数の積と仮定する．ヘリウム原子のエネルギーを求め，実験的に得られた値 -1.265×10^{-17} J と比較せよ．

波動関数をこのように近似することは，電子間の反発を無視することに対応する．また，このエネルギーは電子を原子からすべて取り除くのに必要なエネルギーを測定することで，実験的に求められる．

解 答

仮定からヘリウム原子の波動関数 Ψ_{He} は以下のような二つの水素型波動関数 $\Psi_{H,1}$ と $\Psi_{H,2}$ の積で表される．

$$\Psi_{He} = \Psi_{H,1} \times \Psi_{H,2}$$

また式 (12.6) で電子間の反発を表す右辺の最後の項を無視して，これをこの場合のハミルトニアンとすると，ヘリウム原子に対するシュレーディンガー方程式は次のようになる．

$$\left\{\left(-\frac{\hbar^2}{2\mu}\nabla_1^2 - \frac{2e^2}{4\pi\varepsilon_0 r_1}\right) + \left(-\frac{\hbar^2}{2\mu}\nabla_2^2 - \frac{2e^2}{4\pi\varepsilon_0 r_2}\right)\right\}\Psi_{H,1}\Psi_{H,2} \approx E_{He}\Psi_{H,1}\Psi_{H,2}$$

ここで E_{He} はヘリウム原子のエネルギーである．中カッコのなかでカッコに囲まれた第一項は電子1だけの関数，第二項は電子2だけの関数なので，このシュレーディンガー方程式はちょうど二次元の箱のなかの粒子のときのように分離できる．上のシュレーディンガー方程式を二つに分離すると

これは単純に，二つの水素原子のハミルトニアンの和である．

$$\left(-\frac{\hbar^2}{2\mu}\nabla_1^2 - \frac{2e^2}{4\pi\varepsilon_0 r_1}\right)\Psi_{H,1} = E_1\Psi_{H,1}$$

$$\left(-\frac{\hbar^2}{2\mu}\nabla_2^2 - \frac{2e^2}{4\pi\varepsilon_0 r_2}\right)\Psi_{H,2} = E_2\Psi_{H,2}$$

第二項の分子の2に注意せよ．これはHe原子核の電荷である．

ただし $E_{He} = E_1 + E_2$ である．これらは核電荷が+2に等しい水素型原子の一電子シュレーディンガー方程式にすぎない．水素型原子のエネルギー固有値は既知で，式（11.66）から

$$E = -\frac{Z^2 e^4 \mu}{8\varepsilon_0^2 h^2 n^2}$$

ここでは $Z = 2$ で，また上で $E_{He} = E_1 + E_2$ としたから

$$E_{He} = -\frac{2^2 \times e^4 \mu}{8\varepsilon_0^2 h^2 n^2} + \left(-\frac{2^2 \times e^4 \mu}{8\varepsilon_0^2 h^2 n^2}\right)$$

$$= -\frac{e^4 \mu}{\varepsilon_0^2 h^2 n^2}$$

分母の8は，この2項を加えたときに分子にある二つの 2^2 と打ち消しあう．

となる．ここで μ はヘリウムの核の周りの電子の換算質量，問題で与えられている通り主量子数 n は1である．この場合の電子の換算質量 9.108×10^{-31} kg のほか，適当な定数の値を代入すると

$$E_{He} = -1.743 \times 10^{-17} \text{ J}$$

を得る．これは実験値に比べておよそ37.8%だけ小さい．このように電子間の反発を無視すると，系の全エネルギーには大きな誤差が生じる．したがってヘリウム原子についてのよいモデルでは電子間の反発を無視できないことになる．

上の例題は，ヘリウムやほかの多電子原子の電子を水素中の電子の単純な組合せとするのは素朴すぎて，予測される量子化されたエネルギーが実験的な測定値からずっと離れてしまうことを示している．このような系のエネルギーをもっとうまく見積もるには，ほかの方法が必要になる．

12.4 スピン軌道とパウリの原理

ヘリウム原子についての例題12.3では，両方の電子とも主量子数 n が1であると仮定した．水素型波動関数とのアナロジーからすると，両方の電子はともに第一殻のs副殻すなわち1s軌道中にあるといえる．実際，この仮定に対する実験的根拠（ほとんどはスペクトルである）がある．次の元素Liでは三番目の電子が存在する．この三番目の電子も同じ軌道に入るだろうか．スペクトルによる実験的根拠からすると，そうではない．近似的には二番目の主量子数をもつ殻のs副殻，すなわち2s軌道に入ると考えられる．なぜ1s軌道に入らないのだろうか．

次の仮定から始める．すなわち多電子原子の電子は実際は近似的な水素型軌道に割り当てることができ，そしてこうした多電子原子の完全な波動関数はこれら被占軌道の波動関数の積であるとする．これらの軌道は，1s，2s，

2p, 3s, 3p などのように，量子数 nl を用いて表される．さらにそれぞれの s 副殻，p 副殻，d 副殻，f 副殻などの詳細も，量子数 m_l によって表示できる．ここで m_l は $-l$ から $+l$ までの範囲の値をとり，可能な値は $2l+1$ 個である．さらにまた $+1/2$ か $-1/2$ をとる**スピン量子数**（spin quantum number）m_s を用いて区別できる．波動関数のスピン部分はすでに述べたように，それぞれの電子の m_s の値によって α と β で表す．こうして考えると，たとえばヘリウム原子 He の最低エネルギー状態すなわち基底状態に対する近似的な波動関数 Ψ_{He} として単純なものがいくつか考えられる．

$$\Psi_{\text{He}} = (1s_1\alpha)(1s_2\alpha)$$
$$\Psi_{\text{He}} = (1s_1\alpha)(1s_2\beta)$$
$$\Psi_{\text{He}} = (1s_1\beta)(1s_2\alpha)$$
$$\Psi_{\text{He}} = (1s_1\beta)(1s_2\beta)$$

ここで 1s の添え字 1，2 はそれぞれの電子 1，2 を表し，Ψ_{He} は規格化されているとする．Ψ_{He} は**スピン関数**（spin function）α，β と軌道波動関数の組合せだから**スピン軌道**（spin orbital）と呼ぶほうがよい．

ところでスピンはベクトル量である．ベクトル量は互いに足したり引いたりできるから，ヘリウム原子の可能なスピン軌道について全スピン（実際には，これはスピンの z 成分の合計である）を簡単に決めることができる．上に示した最初のスピン軌道においては両方とも α だから，全スピンは $(+1/2)+(+1/2)=1$ となる．同様にして最後のスピン軌道では全スピンは $(-1/2)+(-1/2)=-1$ となり，中央の二つのスピン軌道では全スピンはゼロになる．これらをまとめると次の表のようになる．

近似的な波動関数	スピンの z 成分の合計
$\Psi_{\text{He}} = (1s_1\alpha)(1s_2\alpha)$	$+1$
$\Psi_{\text{He}} = (1s_1\alpha)(1s_2\beta)$	0
$\Psi_{\text{He}} = (1s_1\beta)(1s_2\alpha)$	0
$\Psi_{\text{He}} = (1s_1\beta)(1s_2\beta)$	-1

ここで実験的な根拠が導入できる[*]．荷電粒子の角運動量は磁場によって識別できるので，原子が全体として角運動量をもつかどうかを実験的に決めることができるのである．スピンは角運動量の形をもつから，原子の全スピンを決めるために磁場が使えることになる．実験からは，基底状態にあるヘリウム原子の全スピンはゼロであることが示されている．とすると，上の四つのスピン軌道のうち最初と最後のものは，実験事実と合わないため適切でないことになる．ヘリウム原子に対しては中央の二つ，つまり $(1s_1\alpha)(1s_2\beta)$ と $(1s_1\beta)(1s_2\alpha)$ だけが考えられることになる．

このうち，どちらが適切だろうか．あるいは両方とも適切だろうか．両方とも適切で，ヘリウム原子は二重縮退していると考えることもできるかもしれない．しかしそうではない．これは実験者が電子 1 はあるスピン関数をもち，電子 2 は別のスピン関数をもつときちんと決めることができることを意味するからである．残念ながら電子は区別できないので，ある電子をもう一

[*] 理論による予測を，実験と比較することの必要性を忘れてはならない．

つの電子と比べてどうこういうことはできないのである．

区別できないということから，ヘリウム原子の波動関数を記述する最良の方法としてそれぞれの波動関数よりも，可能な波動関数を組み合わせて結合をつくり，これを用いたほうがよいという考えがでてくる．この結合はふつう，和か差をとることで得られる．n 個の波動関数があれば，線形独立な n 個のこうした結合を数学的に決めることができる．よってヘリウムの二つの"適切な"波動関数に対しては，電子が区別できないという事実を説明する二つのこうした結合をつくることができる．これら $\Psi_{\text{He},1}$ と $\Psi_{\text{He},2}$ はそれぞれ二つのスピン軌道の和と差である．すなわち

$$\Psi_{\text{He},1} = \frac{1}{\sqrt{2}}\{(1s_1\alpha)(1s_2\beta) + (1s_1\beta)(1s_2\alpha)\}$$

$$\Psi_{\text{He},2} = \frac{1}{\sqrt{2}}\{(1s_1\alpha)(1s_2\beta) - (1s_1\beta)(1s_2\alpha)\}$$

$1/\sqrt{2}$ は規格化された二つの波動関数の結合を再度規格化するためのものである．このような結合が，ヘリウム原子の可能な波動関数として適切なことになる．

では，この両方ともが適切なのだろうか．あるいは片方だけが適切なのだろうか．ここでわれわれは Pauli が 1925 年に提唱した仮定に従うことにする．これは原子スペクトルの研究と，量子数の必要性について理解が深まったことで得られた仮定である．まず電子は区別できないのでヘリウム中のある一つの電子は，電子 1 と 2 のどちらにもなりうる．確実にどちらであるとはいえないのである．しかし電子のスピンが 1/2 であることは，その波動関数にある影響を及ぼす．Pauli は電子 1 と 2 が交換されれば，完全な波動関数の符号は変わらなければならないと仮定した．これを数学的に書くと

$$\Psi(1,2) = -\Psi(2,1)$$

となる．カッコのなかの 1 と 2 の順序が入れ替わったのは，二つの電子が交換されたことを意味する．これで電子 1 が電子 2 の座標をもち，電子 2 が電子 1 の座標をもったことになる．この性質をもつ波動関数は **反対称**（antisymmetric）と呼ばれる．また反対に $\Psi(1,2) = \Psi(2,1)$ なら，この波動関数は **対称**（symmetric）と呼ばれる．ここで半整数（1/2, 3/2, 5/2, …）のスピンをもつ粒子をまとめて **フェルミ粒子**（fermion）と呼び，**パウリの原理**（Pauli principle）は，フェルミ粒子は粒子の交換に対して反対称な波動関数をもたなければならない，と規定する．整数のスピンをもつ粒子は **ボース粒子**（boson）と呼ばれ，粒子の交換に対して対称な波動関数をもつ．

電子はスピン 1/2 のフェルミ粒子なので，パウリの原理によって反対称な波動関数をもたなければならない．ここであらためて，上で得たヘリウム原子に対する可能な二つの近似的な波動関数を考える．それらは

$$\Psi_{\text{He},1} = \frac{1}{\sqrt{2}}\{(1s_1\alpha)(1s_2\beta) + (1s_1\beta)(1s_2\alpha)\} \tag{12.7}$$

$$\Psi_{\text{He},2} = \frac{1}{\sqrt{2}}\{(1s_1\alpha)(1s_2\beta) - (1s_1\beta)(1s_2\alpha)\} \quad (12.8)$$

であった．さて，どちらが反対称だろうか．式（12.7）で与えられる $\Psi(1,2)$ の電子1と2を交換すると，つまり添え字1と2を交換すると次のようになる．

$$\Psi(2,1) = \frac{1}{\sqrt{2}}\{(1s_2\alpha)(1s_1\beta) + (1s_2\beta)(1s_1\alpha)\}$$

これは代数的に項の順番が変わっただけで，元の波動関数 $\Psi(1,2)$ である．しかし式（12.8）で表された $\Psi(1,2)$ では電子を交換すると

$$\Psi(2,1) = \frac{1}{\sqrt{2}}\{(1s_2\alpha)(1s_1\beta) - (1s_2\beta)(1s_1\alpha)\} \quad (12.9)$$

となって $-\Psi(1,2)$ となる．したがって後者が電子の交換に対して反対称で，パウリの原理からするとヘリウム原子の波動関数として適切である．式（12.7）でなく（12.8）が，ヘリウム原子の基底状態の正しいスピン軌道を表す．

　パウリの原理を厳密に表現すると，電子の波動関数は電子の交換に対して反対称でなければならないとなる．しかしパウリの原理をもっと簡単に表現することもできる．これは，ヘリウム原子の唯一適切な波動関数である式（12.8）が，行列式を用いて書けることに気づけばわかる．

　2行2列の行列式

$$\begin{vmatrix} a & d \\ c & b \end{vmatrix}$$

が単純に

$$(a \times b) - (c \times d)$$

であることを思いだしてほしい．これは以下のように暗記しておくとよい．

$$\begin{matrix} + \\ - \end{matrix} \begin{vmatrix} a & d \\ c & b \end{vmatrix} \begin{matrix} - c \times d \\ a \times b \end{matrix}$$

さて式（12.8）で表されるヘリウム原子の適切な反対称の波動関数 Ψ_{He} は，2行2列の行列式を用いれば次のように書くこともできる．

$$\Psi_{\text{He}} = \frac{1}{\sqrt{2}}\begin{vmatrix} 1s_1\alpha & 1s_1\beta \\ 1s_2\alpha & 1s_2\beta \end{vmatrix} \quad (12.10)$$

行列式は数の行列を表す数値なので，これは本当の行列式ではない．しかし行列式の形をしているので，そう呼ぶことにする．$1/\sqrt{2}$ は式（12.8）で右辺全体に掛かっていたように，行列式全体に掛かる．反対称な波動関数を表すこのような行列式（12.10）は**スレーター行列式**（Slater determinant）と

呼ばれる．この名前は1929年，波動関数のこうしたつくり方を指摘したSlaterの名にちなんでいる．

反対称な波動関数を表すためにスレーター行列式を使うのは，行列式の二つの行または列を交換したときに，行列式全体に負の符号がつくからである．式 (12.10) のスレーター行列式では電子1のスピン軌道は1行目に，電子2のスピン軌道は2行目に示されている．この二つの行を交換することは，ヘリウム原子中の二つの電子1と2を交換することである．こうすると行列式は符号を変えるが，これはちょうどパウリの原理がフェルミ粒子の適切な波動関数に対して要求していることと同じである．適切なスレーター行列式によって波動関数を表せば，反対称な波動関数が保証される．

さらに波動関数をスレーター行列式で表すと，単純化したパウリの原理を導くことができる．いま，ヘリウム原子中の二つの電子が同じスピン軌道をもつと仮定する．このとき波動関数の行列式の部分は次のような形

$$\begin{vmatrix} 1s_1\alpha & 1s_1\alpha \\ 1s_2\alpha & 1s_2\alpha \end{vmatrix} \tag{12.11}$$

になり，これはゼロを与える．ここでこの行列式がゼロになるのは，二つの列どうしまたは行どうしが同じとき，行列式の値はゼロになるという行列式の一般的な性質による．したがって波動関数はゼロになり，その状態は存在しないことになる．両方の電子のスピン関数がβでも同じ結論になる．続いてリチウム原子を考えてみる．三つの電子すべてが1s軌道に入ると仮定すれば，可能な波動関数についての行列式の形は，三番目の電子のスピン関数に依存して以下の二つになる．

$$\begin{vmatrix} 1s_1\alpha & 1s_1\beta & 1s_1\alpha \\ 1s_2\alpha & 1s_2\beta & 1s_2\alpha \\ 1s_3\alpha & 1s_3\beta & 1s_3\alpha \end{vmatrix} \text{ または } \begin{vmatrix} 1s_1\alpha & 1s_1\beta & 1s_1\beta \\ 1s_2\alpha & 1s_2\beta & 1s_2\beta \\ 1s_3\alpha & 1s_3\beta & 1s_3\beta \end{vmatrix} \tag{12.12}$$

ここで三つの電子のうちの二つが同じスピン軌道をもっている．つまり最初の行列式では1列目と3列目が，二番目の行列式では2列目と3列目のそれぞれ二つの列が同じになっている．任意の二つの列どうしまたは行どうしが同じなら，数学的な要請により行列式の値はゼロになる．したがって三つの電子がすべて1s軌道に入るようなリチウム原子の波動関数はありえないことになる．三番目の電子は別の軌道に入らなければならない．次の軌道は2s軌道である．

ところで水素型軌道の電子に対して四つの量子数を割り当てたが，多電子原子のスピン軌道を水素型軌道で近似するときにも同じようにできる．四つの量子数のセット (n, l, m_l, m_s) を使うと，式 (12.11) の1行目の二つのスピン軌道は $(1, 0, 0, 1/2)$ と $(1, 0, 0, 1/2)$ と表され，四つの量子数とも同じになる*．式 (12.12) の左側の行列式の1行目の三つのスピン軌道は $(1, 0, 0, 1/2)$，$(1, 0, 0, -1/2)$，$(1, 0, 0, 1/2)$ と表され，一番目と三番目のスピン軌道の量子数のセットが同じである．また右側の行列式の1行目のスピン軌道は $(1, 0, 0, 1/2)$，$(1, 0, 0, -1/2)$，$(1, 0, 0, -1/2)$ で，二番目と三番目の

* スピン軌道の式から，これら四つの量子数のセットがどのように決定されるかを考えてみよ．

スピン軌道が同じ四つの量子数をもつ．これら三つの行列式すべてについてほかの行の量子数のセットも同じであり，行列式はゼロになる．これは結局，波動関数が存在しないということである．

　以上をもとにするとパウリの原理から，どのような系においても二つの電子が同じ四つの量子数のセットをもつことはないという結論が一つ得られる．パウリの原理はこのように表現されることもある．これは，どの電子も唯一のスピン軌道をもたなければならないことを意味する．一つの電子に対して二つの可能なスピン関数しかないので，それぞれの軌道は二つの電子だけに割り当てられる．したがってs副殻は最大で二つの電子を収容でき，三つのp軌道をもつp副殻は最大で六つの電子を収容できる．また五つのd軌道をもつd副殻は最大で10個の電子を収容できる．パウリの原理はスピン軌道が二電子以上をもつことを禁止するので，一般にはパウリの排他原理 (Pauli exclusion principle) と呼ばれる．

例題 12.4

式（12.12）で与えられた行列式のそれぞれの列について調べ，この行列式によるリチウム原子の波動関数がパウリの原理に従っていないことを示せ．

解　答

それぞれのスピン軌道の四つの量子数のセットを並べると次のようになる．

$$\begin{vmatrix} 1s_1\alpha & 1s_1\beta & 1s_1\alpha \\ 1s_2\alpha & 1s_2\beta & 1s_2\alpha \\ 1s_3\alpha & 1s_3\beta & 1s_3\alpha \end{vmatrix} \quad \begin{matrix} (1,0,0,1/2) & (1,0,0,-1/2) & (1,0,0,1/2) \\ (1,0,0,1/2) & (1,0,0,-1/2) & (1,0,0,1/2) \\ (1,0,0,1/2) & (1,0,0,-1/2) & (1,0,0,1/2) \end{matrix}$$

$$\begin{vmatrix} 1s_1\alpha & 1s_1\beta & 1s_1\beta \\ 1s_2\alpha & 1s_2\beta & 1s_2\beta \\ 1s_3\alpha & 1s_3\beta & 1s_3\beta \end{vmatrix} \quad \begin{matrix} (1,0,0,1/2) & (1,0,0,-1/2) & (1,0,0,-1/2) \\ (1,0,0,1/2) & (1,0,0,-1/2) & (1,0,0,-1/2) \\ (1,0,0,1/2) & (1,0,0,-1/2) & (1,0,0,-1/2) \end{matrix}$$

それぞれの行で3セットのうちの2セットがすべて同じ量子数をもつ．したがって，このような波動関数はパウリの原理によって許されない．

　スレーター行列式によって表される波動関数には規格化定数 $1/\sqrt{n!}$ がついている．n は行列式の行または列の数で，原子中の電子の数に等しい．これは展開された波動関数が $n!$ 個の項をもつことによる．行列式をつくるときには，まず α または β のスピン関数が掛かった二つの空間波動関数を個々のスピン軌道として横に並べて書いていき，続いてそれぞれの電子について順に下へ向かって縦に並べて書いていく．すなわち

$$\begin{array}{r|cccc} & \multicolumn{4}{c}{\text{スピン軌道} \longrightarrow} \\ \text{電子1} & 1s\alpha & 1s\beta & 2s\alpha & 2s\beta & \cdots \\ \text{電子2} & 1s\alpha & 1s\beta & 2s\alpha & 2s\beta & \cdots \\ \vdots & \vdots & \vdots & \vdots & \vdots \end{array}$$

のようにする．行列式を右に進むとスピン部分が $\alpha, \beta, \alpha, \beta, \cdots$ と入れ替わる．それぞれの殻と副殻が正しい順で正しい数だけ表されていることを確認

するには量子数 n, l, m_l を追えばよい．次の例題で，この方法を示す．

例題 12.5

リチウム原子の三番目の電子は 2s 軌道に入る．$1/\sqrt{6}$ を規格化定数とし，スレーター行列式を使ってリチウム原子の適切な反対称な波動関数をつくれ．

解　答

各行は電子 1，2，3 を表し，各列はスピン軌道 $1s\alpha$, $1s\beta$, $2s\alpha$（または $2s\beta$）を表す．上で述べた行列式のつくり方に従うと反対称な波動関数 Ψ_{Li} は

$$\Psi_{\text{Li}} = \frac{1}{\sqrt{6}} \begin{vmatrix} 1s_1\alpha & 1s_1\beta & 2s_1\alpha \\ 1s_2\alpha & 1s_2\beta & 2s_2\alpha \\ 1s_3\alpha & 1s_3\beta & 2s_3\alpha \end{vmatrix}$$

となる．リチウム原子には最後の列のスピン軌道が $2s\alpha$ か $2s\beta$ かによって可能な波動関数が二つあるので，そのエネルギー準位は二重縮退していると結論できる．

12.5　構成原理

　これまで，多電子原子の波動関数は水素型波動関数の組合せで概念的に近似できるということを証明して——というより仮定してきた．しかしヘリウム原子についてさえ，こうして求められたエネルギーはあまり合っていなかった．さらにパウリの原理によって，軌道はそれぞれ異なるスピンをもった電子二つだけを収容するように制限された．もっと大きな原子を考えるときには，その原子中の電子はもっと大きな主量子数の軌道に入る．

　水素原子では，全エネルギーに影響する量子数は主量子数 n だけだったことを思いだしてほしい．しかし多電子原子の場合には電子間相互作用が軌道エネルギーに影響するので，そのようにはならない．そして今度は殻のなかの副殻それぞれが異なるエネルギーをもつようになる．図 12.4 は原子中の電子のエネルギー準位がどのようになるかを示している．水素原子の場合，軌道エネルギーはただ一つの量子数で決められる．多電子原子の場合には主量子数 n が軌道エネルギーを決める重要な因子だが，角運動量量子数（方位量子数）l もまたその因子になっている．さらに程度ははるかに低いが量子数 m_l と m_s もスピン軌道の正確なエネルギーに影響する．その効果は，分子ではもっとはっきりする．一方で原子が磁場中になければ，電子の正確なエネルギーに対するその効果は実質的に無視できる．たとえば図 12.2 をみるとよい．

　さて多電子原子において軌道へ電子を割り当てるときには，最も低いエネルギーをもった空きのある殻や副殻の軌道へ電子を割り当てるべきだと思うかもしれない．しかしこれは誤りである．**原子の全エネルギー**が最も低くなるように，電子は次の空きのある，つまり可能なスピン軌道に詰まっていくのである．この詰まり方は必ずしもスピン軌道それぞれのエネルギーで決ま

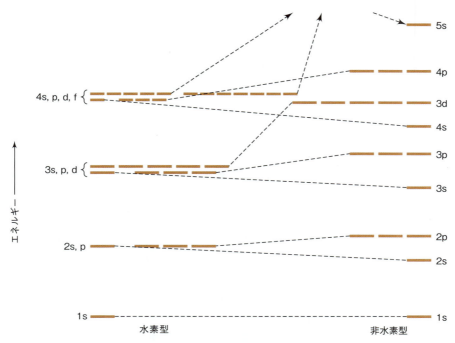

図 12.4　原子の電子エネルギー準位に対する多電子効果　水素型原子では同じ主量子数 n のエネルギー準位はすべて縮退するが，二電子以上をもった原子では量子数 l の違いによって殻が分かれる．なお，図でエネルギー軸の目盛は正確ではない．

るのではなく，原子の全エネルギーによって決まる．そして原子の全エネルギーが最も低くなるように電子が軌道へ詰まっているとき，その原子は**基底状態**（ground state）にあるといわれる．これ以外の電子状態は定義からより高い全エネルギーをもち，**励起状態**（excited state）にあるといわれる．原子のなかの電子はエネルギーを吸収して励起状態になるが，これは分光学における基本過程の一つである．

　四つの電子をもつベリリウム原子を考える．電子のうち二つは 1s 軌道を占め，残りの二つは二番目の殻の軌道を占める．では，それはどの殻だろうか．$n=2$ の殻は $l=0$ と $l=1$ の値をもちうるので，可能な副殻は 2s と 2p である．しかし 2p 副殻のほうがわずかにエネルギーが高いため，二つの電子が異なるスピン関数をもっていれば電子は 2s 副殻の軌道に入る．原子の軌道の占有状態は**電子配置**（electron configuration）として表され，それぞれの副殻の軌道に入った電子の数を添え字で表す．基底状態に対してパウリの原理が満たされていると仮定すると，ベリリウムの電子配置は

$$1s^2\,2s^2$$

と書ける．図 12.4 に示すように 2p 副殻のエネルギーは 2s 副殻よりも高いので，これは理解しやすい電子配置である．しかしすぐわかるように，電子配置を与えることはそう簡単ではない．

例題 12.6

より完全なスレーター行列式を使って表された反対称な波動関数に比べると，電子配置はやや省略された表し方である．ベリリウム原子について電子配置と，スレーター行列式を使って表された波動関数とを比較せよ．

解答

ベリリウム原子の電子配置は上で与えられた通り単純で
$$1s^2 2s^2$$
である．一方，前に述べた規則を使ってスレーター行列式をつくると，より完全な波動関数 Ψ は

$$\Psi = \frac{1}{\sqrt{24}} \begin{vmatrix} 1s_1\alpha & 1s_1\beta & 2s_1\alpha & 2s_1\beta \\ 1s_2\alpha & 1s_2\beta & 2s_2\alpha & 2s_2\beta \\ 1s_3\alpha & 1s_3\beta & 2s_3\alpha & 2s_3\beta \\ 1s_4\alpha & 1s_4\beta & 2s_4\alpha & 2s_4\beta \end{vmatrix}$$

となる．この波動関数は行列式を使って書けるのでたしかに反対称である．さて，この行列式を展開すると項の数は 24 個になるが，電子配置はたった 6 個の英数字の合計だけである．スレーター行列式による波動関数はより完全だが，電子配置はもっとずっと便利である．

もっと大きな原子では，電子は 2p 副殻の軌道を占有しはじめる．可能な p 軌道は三つあるから，たとえば二つの電子が p 軌道を占有する方法はいくつかある．**フントの規則**（Hund's rule）によると反対向きのスピンをもった二つの電子が対をなして一つの軌道を占有する前に，電子は縮退したそれぞれの軌道を一つずつ占有していく[*]．ほかの影響がなければ p 軌道は縮退したままなので，この時点では，どの p 軌道が電子によって順次占有されていくかの優劣はない．したがって，ホウ素の基底状態の電子配置の一つは $1s^2 2s^2 2p_x^1$ と表すことができ，また炭素の基底状態の電子配置の一つは $1s^2 2s^2 2p_x^1 2p_y^1$ と表せる．フントの規則を仮定したうえでは，炭素のより一般的な電子配置は $1s^2 2s^2 2p^2$ と省略して表すこともできる．

[*] フントの規則は，原子スペクトルについてのくわしい考察ののち，1925 年に Hund によって発表された．

例題 12.7

ホウ素 B と炭素 C について，上で述べたのとは異なる基底状態の電子配置をもう二つあげよ．C については不適切な基底状態の電子配置も一つあげよ．

解答

どの p 軌道が使われてもよいので，B の基底状態は $1s^2 2s^2 2p_y^1$ とも $1s^2 2s^2 2p_z^1$ とも書ける．C については $1s^2 2s^2 2p_y^1 2p_z^1$ と $1s^2 2s^2 2p_x^1 2p_z^1$ である．両方とも $1s^2 2s^2 2p^2$ と省略して書くことができる．不適切な基底状態の電子配置は $1s^2 2s^2 2p_x^2$ である．これは電子が一つの p 軌道のなかで対をつくってしまっていて，縮退した p 軌道に電子が散らばるというフントの規則に反するからである．

ここまで，スピン軌道は1s，2s，2pの順で占有されてきた．もっと大きな原子を考えると3s，3pの順で軌道が電子に占有されていく．しかし原子番号が19のカリウムでは3d軌道の前に，まず4s軌道が占有される．二番目の電子が4s軌道を占有してから（これは原子番号が20のカルシウムで起こる），はじめて3d軌道が電子で占有されはじめる．

これはなぜだろうか．単純に答えれば，4s軌道が3d軌道よりエネルギー的に低いからということになる．多電子原子の軌道エネルギーは主量子数nだけでなく角運動量量子数（方位量子数）lによっても決まるので，4s軌道のエネルギーが3d軌道のエネルギーより低くなるというのである．しかし実際には，この議論は誤りである．4s軌道が先に占有されるのは，先に3d軌道が占有されるより，原子の全エネルギーが低くなるからである．

これは不思議なことかもしれない．3d軌道のエネルギーが低いのなら，なぜ先に電子に占有されないのか．水素型原子では一つの電子があるだけだから，軌道の絶対エネルギーが軌道の占有される順番を決めるただ一つの要因になる．しかし多電子原子ではほかの要因が加わる．軌道の絶対エネルギーだけでなく，軌道中の電子が**ほかの電子や核と相互作用する**大きさも，原子の全エネルギーを決めることになる．

これを説明するため図12.5に，3dと4sの水素型波動関数について$4\pi r^2 |R|^2$を同一スケールで示す．波動関数はともに核から数Åのところで最大値をとる*．ただし4s軌道は最大値の手前に三つの極大値をもっていることに注意してほしい．これら極大値の存在は4s軌道の電子が3d軌道の電子よりも核の近くに存在する確率がかなり高いことを示している．このことから4s軌道の電子は核に向かって内部に**浸透**（penetration）しているといわれる．負電荷をもつ4s電子が正電荷をもつ核に向かって大きく浸透するのは，全体としてさらに系のエネルギーの安定化が起こることを意味する．その結果，カリウムの最後の電子は3d軌道ではなく4s軌道を占有することになる．これでカリウム原子の全エネルギーが低くなる．反発のエネルギーがこのエネルギーの得をいくらか打ち消しても，次に大きな原子のカルシウムの最後の電子も3d軌道ではなく4s軌道を占有し，先の電子とともに対を

* 多電子原子では内殻を占める電子によって核に対する遮蔽効果が起こるため実際には，この最大値をとる点は核からもう少し離れたところになる．

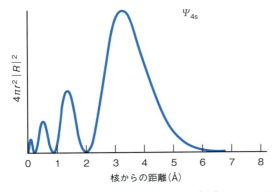 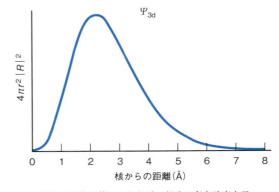

図 12.5 3dおよび4s波動関数の$4\pi r^2|R|^2$のグラフ　横軸の目盛が同じなので，4s電子のほうは核にかなり近い部分に存在確率を示すことがわかる．多電子原子ではほかの電子による遮蔽効果のために，4s電子はこのような浸透を起こす．その結果，4s軌道には3d軌道よりも早く電子が詰まっていく．

表 12.1 元素の基底状態の電子配置[a]

元素	電子配置	元素	電子配置
H	$1s^1$	I	$1s^2 2s^2 2p^6 3s^2 3p^6 4s^2 3d^{10} 4p^6 5s^2 4d^{10} 5p^5$
He	$1s^2$	Xe	$1s^2 2s^2 2p^6 3s^2 3p^6 4s^2 3d^{10} 4p^6 5s^2 4d^{10} 5p^6$
Li	$1s^2 2s^1$	Cs	$1s^2 2s^2 2p^6 3s^2 3p^6 4s^2 3d^{10} 4p^6 5s^2 4d^{10} 5p^6 6s^1$
Be	$1s^2 2s^2$	Ba	$1s^2 2s^2 2p^6 3s^2 3p^6 4s^2 3d^{10} 4p^6 5s^2 4d^{10} 5p^6 6s^2$
B	$1s^2 2s^2 2p^1$	La*	$1s^2 2s^2 2p^6 3s^2 3p^6 4s^2 3d^{10} 4p^6 5s^2 4d^{10} 5p^6 6s^2 5d^1$
C	$1s^2 2s^2 2p^2$	Ce*	$1s^2 2s^2 2p^6 3s^2 3p^6 4s^2 3d^{10} 4p^6 5s^2 4d^{10} 5p^6 6s^2 4f^1 5d^1$
N	$1s^2 2s^2 2p^3$	Pr	$1s^2 2s^2 2p^6 3s^2 3p^6 4s^2 3d^{10} 4p^6 5s^2 4d^{10} 5p^6 6s^2 4f^3$
O	$1s^2 2s^2 2p^4$	Nd	$1s^2 2s^2 2p^6 3s^2 3p^6 4s^2 3d^{10} 4p^6 5s^2 4d^{10} 5p^6 6s^2 4f^4$
F	$1s^2 2s^2 2p^5$	Pm	$1s^2 2s^2 2p^6 3s^2 3p^6 4s^2 3d^{10} 4p^6 5s^2 4d^{10} 5p^6 6s^2 4f^5$
Ne	$1s^2 2s^2 2p^6$	Sm	$1s^2 2s^2 2p^6 3s^2 3p^6 4s^2 3d^{10} 4p^6 5s^2 4d^{10} 5p^6 6s^2 4f^6$
Na	$1s^2 2s^2 2p^6 3s^1$	Eu	$1s^2 2s^2 2p^6 3s^2 3p^6 4s^2 3d^{10} 4p^6 5s^2 4d^{10} 5p^6 6s^2 4f^7$
Mg	$1s^2 2s^2 2p^6 3s^2$	Gd*	$1s^2 2s^2 2p^6 3s^2 3p^6 4s^2 3d^{10} 4p^6 5s^2 4d^{10} 5p^6 6s^2 4f^7 5d^1$
Al	$1s^2 2s^2 2p^6 3s^2 3p^1$	Tb	$1s^2 2s^2 2p^6 3s^2 3p^6 4s^2 3d^{10} 4p^6 5s^2 4d^{10} 5p^6 6s^2 4f^9$
Si	$1s^2 2s^2 2p^6 3s^2 3p^2$	Dy	$1s^2 2s^2 2p^6 3s^2 3p^6 4s^2 3d^{10} 4p^6 5s^2 4d^{10} 5p^6 6s^2 4f^{10}$
P	$1s^2 2s^2 2p^6 3s^2 3p^3$	Ho	$1s^2 2s^2 2p^6 3s^2 3p^6 4s^2 3d^{10} 4p^6 5s^2 4d^{10} 5p^6 6s^2 4f^{11}$
S	$1s^2 2s^2 2p^6 3s^2 3p^4$	Er	$1s^2 2s^2 2p^6 3s^2 3p^6 4s^2 3d^{10} 4p^6 5s^2 4d^{10} 5p^6 6s^2 4f^{12}$
Cl	$1s^2 2s^2 2p^6 3s^2 3p^5$	Tm	$1s^2 2s^2 2p^6 3s^2 3p^6 4s^2 3d^{10} 4p^6 5s^2 4d^{10} 5p^6 6s^2 4f^{13}$
Ar	$1s^2 2s^2 2p^6 3s^2 3p^6$	Yb	$1s^2 2s^2 2p^6 3s^2 3p^6 4s^2 3d^{10} 4p^6 5s^2 4d^{10} 5p^6 6s^2 4f^{14}$
K	$1s^2 2s^2 2p^6 3s^2 3p^6 4s^1$	Lu	$1s^2 2s^2 2p^6 3s^2 3p^6 4s^2 3d^{10} 4p^6 5s^2 4d^{10} 5p^6 6s^2 4f^{14} 5d^1$
Ca	$1s^2 2s^2 2p^6 3s^2 3p^6 4s^2$	Hf	$1s^2 2s^2 2p^6 3s^2 3p^6 4s^2 3d^{10} 4p^6 5s^2 4d^{10} 5p^6 6s^2 4f^{14} 5d^2$
Sc	$1s^2 2s^2 2p^6 3s^2 3p^6 4s^2 3d^1$	Ta	$1s^2 2s^2 2p^6 3s^2 3p^6 4s^2 3d^{10} 4p^6 5s^2 4d^{10} 5p^6 6s^2 4f^{14} 5d^3$
Ti	$1s^2 2s^2 2p^6 3s^2 3p^6 4s^2 3d^2$	W	$1s^2 2s^2 2p^6 3s^2 3p^6 4s^2 3d^{10} 4p^6 5s^2 4d^{10} 5p^6 6s^2 4f^{14} 5d^4$
V	$1s^2 2s^2 2p^6 3s^2 3p^6 4s^2 3d^3$	Re	$1s^2 2s^2 2p^6 3s^2 3p^6 4s^2 3d^{10} 4p^6 5s^2 4d^{10} 5p^6 6s^2 4f^{14} 5d^5$
Cr*	$1s^2 2s^2 2p^6 3s^2 3p^6 4s^1 3d^5$	Os	$1s^2 2s^2 2p^6 3s^2 3p^6 4s^2 3d^{10} 4p^6 5s^2 4d^{10} 5p^6 6s^2 4f^{14} 5d^6$
Mn	$1s^2 2s^2 2p^6 3s^2 3p^6 4s^2 3d^5$	Ir	$1s^2 2s^2 2p^6 3s^2 3p^6 4s^2 3d^{10} 4p^6 5s^2 4d^{10} 5p^6 6s^2 4f^{14} 5d^7$
Fe	$1s^2 2s^2 2p^6 3s^2 3p^6 4s^2 3d^6$	Pt*	$1s^2 2s^2 2p^6 3s^2 3p^6 4s^2 3d^{10} 4p^6 5s^2 4d^{10} 5p^6 6s^1 4f^{14} 5d^9$
Co	$1s^2 2s^2 2p^6 3s^2 3p^6 4s^2 3d^7$	Au*	$1s^2 2s^2 2p^6 3s^2 3p^6 4s^2 3d^{10} 4p^6 5s^2 4d^{10} 5p^6 6s^1 4f^{14} 5d^{10}$
Ni	$1s^2 2s^2 2p^6 3s^2 3p^6 4s^2 3d^8$	Hg	$1s^2 2s^2 2p^6 3s^2 3p^6 4s^2 3d^{10} 4p^6 5s^2 4d^{10} 5p^6 6s^2 4f^{14} 5d^{10}$
Cu*	$1s^2 2s^2 2p^6 3s^2 3p^6 4s^1 3d^{10}$	Tl	$1s^2 2s^2 2p^6 3s^2 3p^6 4s^2 3d^{10} 4p^6 5s^2 4d^{10} 5p^6 6s^2 4f^{14} 5d^{10} 6p^1$
Zn	$1s^2 2s^2 2p^6 3s^2 3p^6 4s^2 3d^{10}$	Pb	$1s^2 2s^2 2p^6 3s^2 3p^6 4s^2 3d^{10} 4p^6 5s^2 4d^{10} 5p^6 6s^2 4f^{14} 5d^{10} 6p^2$
Ga	$1s^2 2s^2 2p^6 3s^2 3p^6 4s^2 3d^{10} 4p^1$	Bi	$1s^2 2s^2 2p^6 3s^2 3p^6 4s^2 3d^{10} 4p^6 5s^2 4d^{10} 5p^6 6s^2 4f^{14} 5d^{10} 6p^3$
Ge	$1s^2 2s^2 2p^6 3s^2 3p^6 4s^2 3d^{10} 4p^2$	Po	$1s^2 2s^2 2p^6 3s^2 3p^6 4s^2 3d^{10} 4p^6 5s^2 4d^{10} 5p^6 6s^2 4f^{14} 5d^{10} 6p^4$
As	$1s^2 2s^2 2p^6 3s^2 3p^6 4s^2 3d^{10} 4p^3$	At	$1s^2 2s^2 2p^6 3s^2 3p^6 4s^2 3d^{10} 4p^6 5s^2 4d^{10} 5p^6 6s^2 4f^{14} 5d^{10} 6p^5$
Se	$1s^2 2s^2 2p^6 3s^2 3p^6 4s^2 3d^{10} 4p^4$	Rn	$1s^2 2s^2 2p^6 3s^2 3p^6 4s^2 3d^{10} 4p^6 5s^2 4d^{10} 5p^6 6s^2 4f^{14} 5d^{10} 6p^6$
Br	$1s^2 2s^2 2p^6 3s^2 3p^6 4s^2 3d^{10} 4p^5$	Fr	$1s^2 2s^2 2p^6 3s^2 3p^6 4s^2 3d^{10} 4p^6 5s^2 4d^{10} 5p^6 6s^2 4f^{14} 5d^{10} 6p^6 7s^1$
Kr	$1s^2 2s^2 2p^6 3s^2 3p^6 4s^2 3d^{10} 4p^6$	Ra	$1s^2 2s^2 2p^6 3s^2 3p^6 4s^2 3d^{10} 4p^6 5s^2 4d^{10} 5p^6 6s^2 4f^{14} 5d^{10} 6p^6 7s^2$
Rb	$1s^2 2s^2 2p^6 3s^2 3p^6 4s^2 3d^{10} 4p^6 5s^1$	Ac*	$1s^2 2s^2 2p^6 3s^2 3p^6 4s^2 3d^{10} 4p^6 5s^2 4d^{10} 5p^6 6s^2 4f^{14} 5d^{10} 6p^6 7s^2 6d^1$
Sr	$1s^2 2s^2 2p^6 3s^2 3p^6 4s^2 3d^{10} 4p^6 5s^2$	Th*	$1s^2 2s^2 2p^6 3s^2 3p^6 4s^2 3d^{10} 4p^6 5s^2 4d^{10} 5p^6 6s^2 4f^{14} 5d^{10} 6p^6 7s^2 6d^2$
Y	$1s^2 2s^2 2p^6 3s^2 3p^6 4s^2 3d^{10} 4p^6 5s^2 4d^1$	Pa*	$1s^2 2s^2 2p^6 3s^2 3p^6 4s^2 3d^{10} 4p^6 5s^2 4d^{10} 5p^6 6s^2 4f^{14} 5d^{10} 6p^6 7s^2 5f^2 6d^1$
Zr	$1s^2 2s^2 2p^6 3s^2 3p^6 4s^2 3d^{10} 4p^6 5s^2 4d^2$	U*	$1s^2 2s^2 2p^6 3s^2 3p^6 4s^2 3d^{10} 4p^6 5s^2 4d^{10} 5p^6 6s^2 4f^{14} 5d^{10} 6p^6 7s^2 5f^3 6d^1$
Nb*	$1s^2 2s^2 2p^6 3s^2 3p^6 4s^2 3d^{10} 4p^6 5s^1 4d^4$	Np*	$1s^2 2s^2 2p^6 3s^2 3p^6 4s^2 3d^{10} 4p^6 5s^2 4d^{10} 5p^6 6s^2 4f^{14} 5d^{10} 6p^6 7s^2 5f^4 6d^1$
Mo*	$1s^2 2s^2 2p^6 3s^2 3p^6 4s^2 3d^{10} 4p^6 5s^1 4d^5$	Pu	$1s^2 2s^2 2p^6 3s^2 3p^6 4s^2 3d^{10} 4p^6 5s^2 4d^{10} 5p^6 6s^2 4f^{14} 5d^{10} 6p^6 7s^2 5f^6$
Tc	$1s^2 2s^2 2p^6 3s^2 3p^6 4s^2 3d^{10} 4p^6 5s^2 4d^5$	Am	$1s^2 2s^2 2p^6 3s^2 3p^6 4s^2 3d^{10} 4p^6 5s^2 4d^{10} 5p^6 6s^2 4f^{14} 5d^{10} 6p^6 7s^2 5f^7$
Ru*	$1s^2 2s^2 2p^6 3s^2 3p^6 4s^2 3d^{10} 4p^6 5s^1 4d^7$	Cm*	$1s^2 2s^2 2p^6 3s^2 3p^6 4s^2 3d^{10} 4p^6 5s^2 4d^{10} 5p^6 6s^2 4f^{14} 5d^{10} 6p^6 7s^2 5f^7 6d^1$
Rh*	$1s^2 2s^2 2p^6 3s^2 3p^6 4s^2 3d^{10} 4p^6 5s^1 4d^8$	Bk	$1s^2 2s^2 2p^6 3s^2 3p^6 4s^2 3d^{10} 4p^6 5s^2 4d^{10} 5p^6 6s^2 4f^{14} 5d^{10} 6p^6 7s^2 5f^9$
Pd*	$1s^2 2s^2 2p^6 3s^2 3p^6 4s^2 3d^{10} 4p^6 5s^0 4d^{10}$	Cf	$1s^2 2s^2 2p^6 3s^2 3p^6 4s^2 3d^{10} 4p^6 5s^2 4d^{10} 5p^6 6s^2 4f^{14} 5d^{10} 6p^6 7s^2 5f^{10}$
Ag*	$1s^2 2s^2 2p^6 3s^2 3p^6 4s^2 3d^{10} 4p^6 5s^1 4d^{10}$	Es	$1s^2 2s^2 2p^6 3s^2 3p^6 4s^2 3d^{10} 4p^6 5s^2 4d^{10} 5p^6 6s^2 4f^{14} 5d^{10} 6p^6 7s^2 5f^{11}$
Cd	$1s^2 2s^2 2p^6 3s^2 3p^6 4s^2 3d^{10} 4p^6 5s^2 4d^{10}$	Fm	$1s^2 2s^2 2p^6 3s^2 3p^6 4s^2 3d^{10} 4p^6 5s^2 4d^{10} 5p^6 6s^2 4f^{14} 5d^{10} 6p^6 7s^2 5f^{12}$
In	$1s^2 2s^2 2p^6 3s^2 3p^6 4s^2 3d^{10} 4p^6 5s^2 4d^{10} 5p^1$	Md	$1s^2 2s^2 2p^6 3s^2 3p^6 4s^2 3d^{10} 4p^6 5s^2 4d^{10} 5p^6 6s^2 4f^{14} 5d^{10} 6p^6 7s^2 5f^{13}$
Sn	$1s^2 2s^2 2p^6 3s^2 3p^6 4s^2 3d^{10} 4p^6 5s^2 4d^{10} 5p^2$	No	$1s^2 2s^2 2p^6 3s^2 3p^6 4s^2 3d^{10} 4p^6 5s^2 4d^{10} 5p^6 6s^2 4f^{14} 5d^{10} 6p^6 7s^2 5f^{14}$
Sb	$1s^2 2s^2 2p^6 3s^2 3p^6 4s^2 3d^{10} 4p^6 5s^2 4d^{10} 5p^3$	Lr	$1s^2 2s^2 2p^6 3s^2 3p^6 4s^2 3d^{10} 4p^6 5s^2 4d^{10} 5p^6 6s^2 4f^{14} 5d^{10} 6p^6 7s^2 5f^{14} 6d^1$
Te	$1s^2 2s^2 2p^6 3s^2 3p^6 4s^2 3d^{10} 4p^6 5s^2 4d^{10} 5p^4$		

a) 元素記号に付けた*印は，電子配置が構成原理の厳密な規則に従っていないことを示す．しかしほとんどすべての場合に，その不一致は1個の電子だけに対するものである．なお $Z = 104$ よりも大きな元素の電子配置は実験的に確認されていないので，ここには含めていない．

つくる*. 次のスカンジウム Sc ではさらにもう一つ電子が増えるが，これは 4p 軌道ではなく 3d 軌道に入る．

このように軌道に電子を詰めていき電子配置をつくりあげることを**構成原理**（Aufbau principle. この名前は"建てる"を意味するドイツ語の aufbauen から来ている）と呼ぶ．この時点では大きな原子の電子配置をつくりあげるための規則性はほとんどないようにみえるかもしれない．しかし，ある程度の一貫性は存在する．たとえば周期表の形は，電子の軌道への詰まり方に支配されている．軌道への詰まり方の結果として生じる規則性のため，価電子の数はほとんど決して 8 を超えることはない．ところで，電子の軌道への詰まり方の順番を記憶する方法がいくつかある．図 12.6 に示したのは最も一般的なものである．この軌道の順番と，それぞれの副殻はその次の副殻に電子が詰まる前に完全に占有されるという考え方は，最初の 103 番目までの元素のうち 85 番目までの元素の電子配置に対して厳密に適用できる．一方，104 番目以降の元素の電子配置については実験的にほとんど確認されていない．図 12.7 は，構成原理と周期表の構造との関係を示している．表 12.1 は，基底状態の元素の電子配置を示したものである．

* しかし電子配置のまとめが示すように二，三の例外もある．

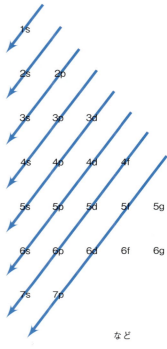

図 12.6 ほとんどの原子（原子番号 1〜85）について，副殻に電子が詰まっていく順番を記憶する便利な方法．矢印が通る副殻の順に従えばよい．

12.6 摂動論

ここまで，多電子原子の波動関数は水素型波動関数の積で近似できると仮定してきた．すなわち Ψ_Z を核電荷 Z の多電子原子の波動関数，$\Psi_{H,1}$, $\Psi_{H,2}$, $\Psi_{H,3}$, …, $\Psi_{H,Z}$ を Z 個の電子それぞれの水素型波動関数として

$$\Psi_Z \simeq \Psi_{H,1} \Psi_{H,2} \Psi_{H,3} \cdots \Psi_{H,Z} \tag{12.13}$$

としてきた．一般に，これは大きな原子中の電子を定性的に記述するには，たいへん便利な方法である．しかしヘリウム原子に対しては，この方法では電子の全エネルギーを定量的にうまく予測できないことがわかっている．すでに述べたように，ヘリウム原子のシュレーディンガー方程式の解析解は知られていない．式 (12.5) で与えられるシュレーディンガー方程式に代入して固有値 E_{tot} が得られるような簡単な，あるいは物質によっては複雑な波動関数 Ψ は知られていないのである．

これはそうした系が理解できないということや，信頼できる答えが得られないということを意味しているのではない．また，そのような系に対して量子力学が役に立たないということを意味しているのでもない．実際にシュレーディンガー方程式が厳密に解けない系に，量子力学を適用するためのおもな手段が二つある．そのどちらを用いるかはどのような情報を得たいかということと，問題とする系の特徴の両方に依存する．

最初の手段は**摂動論**（perturbation theory）と呼ばれる．摂動論では問題とする実際の系が，解くことができる既知の系で近似できること，そして問題とする系と既知の系とのいろいろな意味での差は小さく，この差は別に計算して加えることができるような付加的な摂動であると仮定する．なお本書では，問題にするすべてのエネルギー準位は縮退していないと仮定する．し

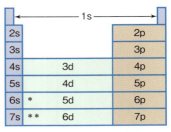

図 12.7 構成原理によって周期表の構造が理解できる．図 12.6 で示した副殻が満たされていく順番と，この図とを比較すること．なお，ここでは副殻 4f と 5f が満たされていることに注意する．

†訳者注 本書で用いられている"実際の系""理想的な系"という呼び方は，標準的な量子力学のテキストではそれぞれ"摂動系""無摂動系"となっていることが多い．

たがってこれは"縮退がない場合の摂動論"と呼ぶのが適当である．摂動論にはたいへん複雑な話まであるが，ここでは一次の摂動論と呼ばれる，最初の段階の近似だけに着目する．

さて摂動論では，実際の系のハミルトニアン $\widehat{H}_{\text{system}}$ が以下のように書けると仮定する†．

$$\widehat{H}_{\text{system}} = \widehat{H}_{\text{ideal}} + \widehat{H}_{\text{perturb}} \equiv \widehat{H}_0 + \widehat{H}' \quad (12.14)$$

ここで $\widehat{H}_{\text{ideal}}$ と $\widehat{H}_0$ は理想的な系またはモデル系のハミルトニアン，$\widehat{H}_{\text{perturb}}$ と $\widehat{H}'$ は小さい付加的な摂動である．たとえばヘリウム原子の場合では，理想的な系のハミルトニアン $\widehat{H}_0$ の部分で二つの水素型原子を表し，摂動 $\widehat{H}'$ の部分で電子間の静電的な反発を表す．すなわち

$$\widehat{H}_{\text{He}} = (\widehat{H}_{\text{H-like}} + \widehat{H}_{\text{H-like}}) + \frac{e^2}{4\pi\varepsilon_0 r_{12}}$$

とする．この場合は二つの電子があるので，二つの水素型ハミルトニアン $\widehat{H}_{\text{H-like}}$ がある．しかしこのように書きなおしてもヘリウム原子のシュレーディンガー方程式は実際には変わっておらず，やはり解析的には解けない．なお付加的な摂動はいくらでも理想的な系のハミルトニアンにくっつけることができる．もちろん，ハミルトニアンの項の数はできるだけ少なくしておくほうが簡単ではある．一般に，項の数と実際のシュレーディンガー方程式の解の正確さとはトレードオフ的な関係にある．

実際の系の波動関数 Ψ が理想的な系の波動関数 $\Psi^{(0)}$ と似ていると仮定すると，近似的に以下が成り立つ．

$$\widehat{H}_{\text{system}}\Psi^{(0)} \approx E_{\text{system}}\Psi^{(0)} \quad (12.15)$$

ここで E_{system} は実際の系のエネルギー固有値である．多くの実験的観測では，実際にはオブザーバブルであるエネルギー E の平均値 $\langle E \rangle$ を決めている．量子力学の仮定の一つを使うと $\langle E \rangle$ は次の式で近似できる．

$$\langle E \rangle \approx \int \Psi^{(0)*} \widehat{H}_{\text{system}} \Psi^{(0)} \, d\tau \quad (12.16)$$

式（12.14）で与えられた $\widehat{H}_{\text{system}}$ を式（12.16）に代入すると，$\langle E \rangle$ を部分的に計算できて

$$\begin{aligned}\langle E \rangle &\approx \int \Psi^{(0)*}(\widehat{H}_0 + \widehat{H}')\Psi^{(0)} \, d\tau \\ &= \int \Psi^{(0)*} \widehat{H}_0 \Psi^{(0)} \, d\tau + \int \Psi^{(0)*} \widehat{H}' \Psi^{(0)} \, d\tau \\ &= \langle E^{(0)} \rangle + \int \Psi^{(0)*} \widehat{H}' \Psi^{(0)} \, d\tau \\ &= \langle E^{(0)} \rangle + \langle E^{(1)} \rangle \quad (12.17)\end{aligned}$$

* $\langle E^{(1)} \rangle$ をとくに一次の補正と呼ぶことがある．

となる．ここで $\langle E^{(0)} \rangle$ は理想的な系のエネルギーの平均値（ふつう，これはエネルギー固有値になる），$\langle E^{(1)} \rangle$ はエネルギーに対する補正である*．こ

のように実際の系のエネルギー $\langle E \rangle$ に対する最初の近似は，理想的な系のエネルギー $\langle E^{(0)} \rangle$ に

$$\langle E^{(1)} \rangle = \int \Psi^{(0)*} \widehat{H}' \Psi^{(0)} \, d\tau$$

を加えたものになる．この積分が計算できればエネルギーに対する補正が求まる．式 (12.17) は，ハミルトニアンを理想的な系のハミルトニアンが摂動を受けたものとして書くことができれば，関連するオブザーバブルであるエネルギーも，理想的な系のエネルギーが摂動を受けたものとして表せることを意味している．

例題 12.8

いまヘリウム原子を考え，摂動が二電子間の静電的な反発であるとする．このときヘリウム原子のエネルギーに対する補正を求めよ．

解 答

二電子間の静電的な反発については 12.3 節で述べた．これと式 (12.17) によると，エネルギーに対する補正 $\langle E^{(1)} \rangle$ は次のようになる．

$$\langle E^{(1)} \rangle = \int \Psi^{(0)*} \frac{e^2}{4\pi\varepsilon_0 r_{12}} \Psi^{(0)} \, d\tau$$

この積分が計算できればエネルギーに対する補正が行える．すなわちヘリウム原子のエネルギーが摂動論による近似で求まる．

さて上の例題の積分の結果を示すと次のようになる（この計算の過程については，ここでは触れない．途中で用いられる近似など，これについての議論はもっと進んだ専門書にある）．

$$\langle E^{(1)} \rangle = \frac{5}{4} \left(\frac{e^2}{4\pi\varepsilon_0 a_0} \right)$$

ここで e は電気素量，ε_0 は真空の誘電率，a_0 は第一ボーア半径で 0.529 Å である．これらの定数の値を代入すると

$$\langle E^{(1)} \rangle = 5.450 \times 10^{-18} \, \text{J}$$

となる．例題 12.3 で求めた二つの水素型原子のエネルギーの和を理想的な系のエネルギーとして，そこへこの結果を加えると，摂動論によるヘリウム原子のエネルギーが

$$-1.743 \times 10^{-17} \, \text{J} + 5.450 \times 10^{-18} \, \text{J} = -1.198 \times 10^{-17} \, \text{J}$$

と得られる．例題 12.3 で与えられたヘリウム原子のエネルギーの実験値 -1.265×10^{-17} J と比べると，誤差は 5.3% にすぎない．例題 12.3 で行った，ヘリウム原子の波動関数を二つの水素型波動関数の積で近似した結果と

比べると，これは大きな改善である．摂動論の有用さがここにみえる．

例題 12.9

幅 a の一次元の箱のなかの粒子が，箱のなかの位置 x に比例するポテンシャルエネルギー V

$$V = kx$$

を受けている．
(a) 摂動論を使い，最低エネルギーの波動関数によって運動が記述される質量 m の粒子のエネルギーの平均値を求めよ．
(b) (a) の値が厳密に求められても，この計算値は粒子のエネルギーの正確な値ではない．この理由を説明せよ．

解 答
(a) 摂動論によると式 (12.17) のように，粒子のエネルギーの平均値 $\langle E \rangle$ は

$$\langle E \rangle = \langle E^{(0)} \rangle + \langle E^{(1)} \rangle$$

と表せる．また理想的な系のハミルトニアン $\widehat{H}_0$ を箱のなかの粒子のハミルトニアンとすると，完全なハミルトニアンの摂動の部分 $\widehat{H}'$ は kx となる．式 (10.12) によって $\langle E^{(0)} \rangle$ が与えられるので，まず

$$\langle E \rangle = \frac{n^2 h^2}{8ma^2} + \langle E^{(1)} \rangle$$

となる．$\langle E^{(1)} \rangle$ を求めるためには，式 (12.17) と (10.11) より次の積分を計算しなければならない．

$$\langle E^{(1)} \rangle = \frac{2}{a} \int_0^a \left(\sin \frac{\pi x}{a} \right)^* kx \left(\sin \frac{\pi x}{a} \right) dx$$

ただしここでは最低エネルギーの波動関数について考えるとしているので，式 (10.11) で $n = 1$ とした．また規格化定数は積分の外にだし，式 (12.17) で積分のための微小量 $d\tau$ と積分範囲は一次元の箱のなかの粒子に対して適当なものに変えてある．この積分は以下のように簡単になる．

$$\langle E^{(1)} \rangle = \frac{2k}{a} \int_0^a x \sin^2 \frac{\pi x}{a} dx$$

この積分は既知で，結果を代入すると（巻末の付録1の積分表を参照して，実際に計算してみること）

$$\langle E^{(1)} \rangle = \frac{2k}{a} \times \frac{a^2}{4} = \frac{ka}{2}$$

積分を計算して，これが導出できることを確かめよ．

したがって求めるエネルギーの平均値 $\langle E \rangle$ は，さらに $n = 1$ を代入して

$$\langle E \rangle = \frac{h^2}{8ma^2} + \frac{ka}{2}$$

と表せる．
(b) エネルギーを決めるために用いた波動関数は箱のなかの粒子に対するもので，$V = kx$ のような傾斜のある底をもった箱についてのものではない．

したがって系の正しいエネルギーは得られない．$\langle E^{(1)} \rangle$ についての積分は解析的に解けるが，本当の系の固有関数を使っていないので，真のエネルギーの正確な値へは補正できない．また本当の系の完全なハミルトニアンを使ったわけでもない．このテキストでは一次の摂動論しか扱わないが，より複雑な高次の摂動論を使うと，本当の系に対する正確な波動関数とエネルギー固有値にもっと近づくことができる．

式 (12.17) でエネルギーに対する一次の補正は与えた．しかし上の例題でみたように，われわれはまだ理想的な系の波動関数を使っている．波動関数に対する補正も必要である．エネルギーに対する補正と同様に，波動関数に対する一次の補正 $\Psi^{(1)}$ として

$$\Psi_{\text{real}} \approx \Psi^{(0)} + \Psi^{(1)} \tag{12.18}$$

を考え，近似を行う．ここで Ψ_{real} は実際の系の波動関数，$\Psi^{(0)}$ は理想的な系の波動関数である．

ところで理想的な系に対する波動関数は一つだけでなく，多数存在することに注意が必要である．多くの場合，波動関数は無限個あり，それぞれ固有の量子数をもつ．したがって式 (12.18) を書きなおして，異なる波動関数を表示しわける必要がある．たとえば添え字 n（主量子数と混同しないこと）を用いると

$$\Psi_{n,\text{real}} \approx \Psi_n^{(0)} + \Psi_n^{(1)} \tag{12.19}$$

と書ける．さて理想的な系の波動関数がすべて集まると，固有関数の**完全な集合**（complete set）ができる．それぞれの波動関数は直交しており，これはのちほど重要になる．この状況は三次元空間を定義する座標 x, y, z と似ている．つまり集合 (x, y, z) は空間中の任意の点を定義するのに用いられる"関数"の完全な集合を表している．三次元空間中の任意の点は x 方向の単位ベクトル，y 方向の単位ベクトルそれに z 方向の単位ベクトルを適切に結合することで表される*．

波動関数の完全な集合も同様に，系のすべての"空間"を定義するのに用いることができる．実際の系に対する真の波動関数は，この理想的な系に対する波動関数の完全な集合を使って書くことができる．これは空間中の任意の点が x, y, z で書けることと同じである．一次の摂動論を使うと，実際の系の任意の波動関数 $\Psi_{n,\text{real}}$ は理想的な系の波動関数 $\Psi_n^{(0)}$ に，その完全な集合 $\Psi_m^{(0)}$ からの寄与の和を加えた次の形で書ける．

$$\Psi_{n,\text{real}} = \Psi_n^{(0)} + \sum_m a_m \Psi_m^{(0)} \tag{12.20}$$

ここで a_m は**展開係数**（expansion coefficient）と呼ばれる．実際の系の波動関数 $\Psi_{n,\text{real}}$ はそれぞれ，理想的な系の固有関数 $\Psi_m^{(0)}$ を使って $\Psi_{n,\text{real}}$ を定義する．それぞれ異なった特有な展開係数 a_m の集合をもつ．なお式 (12.

---

* x, y, z 方向の単位ベクトルをそれぞれ $\boldsymbol{i}, \boldsymbol{j}, \boldsymbol{k}$ とすると，三次元空間中の任意の点は $x\boldsymbol{i} + y\boldsymbol{j} + z\boldsymbol{k}$ の形で表すことができる．

20) のような和を**線形結合**（linear combination）と呼ぶ．これは理想的な系の波動関数 $\Psi_n^{(0)}$ と $\Psi_m^{(0)}$ を，線形関係を定義する一次のべきで結合しているからである．

実際の系の n 番目の波動関数 $\Psi_{n,\text{real}}$ を補正する展開係数 a_m を決める手続きは面倒だが，代数的には単純である．それぞれの $\Psi_{n,\text{real}}$ がまずは理想的な系の n 番目の波動関数 $\Psi_n^{(0)}$ で近似されることを思いだす．実際の系の n 番目の波動関数 $\Psi_{n,\text{real}}$ についての m 番目の展開係数 a_m は摂動 $\widehat{H}'$，理想的な系の n 番目と m 番目の波動関数 $\Psi_n^{(0)}$ と $\Psi_m^{(0)}$，およびそのエネルギー $E_n^{(0)}$ と $E_m^{(0)}$ を用いて次のように書ける．

$$a_m = \frac{\int \Psi_m^{(0)*} \widehat{H}' \Psi_n^{(0)} \, d\tau}{E_n^{(0)} - E_m^{(0)}} \quad (m \neq n) \qquad (12.21)$$

ここで $m \neq n$ の制限は式（12.21）の導出から得られる．また分子の積分は系の全空間に対して行う．さらに，ここで考えている縮退がない場合の摂動論では $E_n^{(0)}$ と $E_m^{(0)}$ が等しくなることはない．すでに述べたように，本書では縮退がある場合の摂動論は扱わない．

式（12.21）を用いると，実際の系の n 番目の波動関数 $\Psi_{n,\text{real}}$ が式（12.20）から

$$\Psi_{n,\text{real}} = \Psi_n^{(0)} + \sum_m \frac{\int \Psi_m^{(0)*} \widehat{H}' \Psi_n^{(0)} \, d\tau}{E_n^{(0)} - E_m^{(0)}} \Psi_m^{(0)} \quad (m \neq n) \qquad (12.22)$$

と書ける．上の式（12.22）で，添え字 m と n を含む項の順番に注意すること．この順番はきちんと守らなければならない．さて $\Psi_{n,\text{real}}$ は理想的な系の n 番目の波動関数 $\Psi_n^{(0)}$ にまだよく似ているが，すでに理想的な系の波動関数の完全な集合を定義する波動関数 $\Psi_m^{(0)}$ による補正を受けている．このように与えられた実際の系の波動関数は規格化されておらず，適切な展開係数の集合が求まった段階で，別に規格化されなければならない．

ところで式（12.22）に $E_n^{(0)} - E_m^{(0)}$ という項が含まれていることはたいへん重要である．式（12.22）は波動関数に対する最初の補正で，原理的にはこれによって波動関数に無限個の項が加えられることになる．さて，ここで展開係数 a_m を表す式（12.21）の分母 $E_n^{(0)} - E_m^{(0)}$ について考えてみる．分母であるこの値が小さければ分数の値，すなわち a_m は相対的に大きくなる．反対にこの値が大きければ a_m は小さく，ときには無視できるほど小さくなる．いま，たとえば四つの項による線形展開

$$\Psi_{0,\text{real}} \approx \Psi_0^{(0)} + 0.95 \Psi_1^{(0)} + 0.33 \Psi_2^{(0)} + 0.74 \Psi_3^{(0)} + 0.01 \Psi_4^{(0)}$$

を考えると，第五項 $\Psi_4^{(0)}$ の展開係数 a_4 は 0.01 でたいへん小さい．これは上で述べたように，式（12.21）で与えられる a_4 の分子の積分がたいへん小さいか，分母がたいへん大きいか（またはその両方）を意味する．いずれに

しろ上の式で

$$\Psi_{0,\text{real}} \approx \Psi_0^{(0)} + 0.95\Psi_1^{(0)} + 0.33\Psi_2^{(0)} + 0.74\Psi_3^{(0)}$$

のように，この項を単純に無視しても近似の程度はほとんど変わらないのである．しかし式（12.21）の分子の積分の大きさを前もって知ることはほとんどできない．理想的な系の波動関数 $\Psi_m^{(0)}$ と $\Psi_n^{(0)}$ は直交しているが，演算子 $\widehat{H}'$ のため積分の値はゼロでなくなり，反対にかなり大きくなることも考えられる．だが一方で，分母は理想的な系のエネルギー $E_m^{(0)}$ と $E_n^{(0)}$ だけによっている．理想的な系は一般に既知のエネルギー固有値をもつから，**波動関数のエネルギー固有値が十分に離れていれば展開係数が小さくなるという規則が**，絶対というわけではないがよく成り立つ．これは実際の系の波動関数 $\Psi_{n,\text{real}}$ に対する最も重要な補正は，理想的な系の波動関数 $\Psi_n^{(0)}$ に近いエネルギーをもった波動関数によるものであるということを意味する．このため波動関数の完全な集合に無限個の理想的な系の波動関数が存在しても，n 番目の状態のエネルギーに近いエネルギー固有値をもつものだけが，波動関数の補正に大きな効果をもってくるのである．

例題 12.10

たとえば $C \equiv N^-$ のような異なる二原子の結合中に含まれる p 電子は，電気陰性度の差によって正確には箱のなかの粒子のようにはふるまわず，一方が他方よりもわずかに高いポテンシャルエネルギーをもった，底に傾斜のある箱のなかの粒子のようにふるまう．いま，箱のなかの粒子の基底状態の波動関数 $\Psi_{1,\text{PIAB}}$ に対する摂動 $\widehat{H}' = kx$ を仮定し，箱の幅を a とする．
(a) 摂動を受けている系を図示せよ．
(b) 実際の系の基底状態の波動関数に対する補正を，箱のなかの粒子の二番目の波動関数 $\Psi_{2,\text{PIAB}}$ だけとする．二番目の展開係数 a_2 を計算して，実際の系の基底状態の波動関数 $\Psi_{1,\text{real}}$ 求めよ．

添え字 PIAB は particle in a box の略で"箱のなかの粒子"を意味する．

解 答

(a) この系は次の図に示すようなものである．

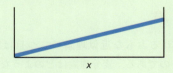

斜めの線は，箱の真の底を表す．
(b) まず a_2 を求めるためには式（12.21）より，次を計算しなければならない．

$$a_2 = \frac{\int_0^a \Psi_{2,\text{PIAB}}^* kx \Psi_{1,\text{PIAB}} \, dx}{E_{1,\text{PIAB}} - E_{2,\text{PIAB}}}$$

箱のなかの粒子の波動関数もエネルギーも式（10.11）と（10.12）のようにわかっているので，これらを代入すると

第10章の箱のなかの粒子の波動関数とエネルギーを用いた．

$$a_2 = \frac{\int_0^a \left(\sqrt{\frac{2}{a}} \sin \frac{2\pi x}{a}\right)^* \times kx \times \sqrt{\frac{2}{a}} \sin \frac{\pi x}{a} \, dx}{\frac{1^2 h^2}{8ma^2} - \frac{2^2 h^2}{8ma^2}}$$

積分中の関数をすべて掛け合わせて整理し，また定数を積分記号の外にだして，分母を簡単にすると

$$a_2 = \frac{\frac{2k}{a} \int_0^a x \sin \frac{2\pi x}{a} \sin \frac{\pi x}{a} \, dx}{-\frac{3h^2}{8ma^2}}$$

となる．これを積分するため三角関数の公式

$$\sin ax \sin bx = \frac{1}{2}\{\cos(a-b)x - \cos(a+b)x\}$$

を使い，さらに巻末の付録1の積分表を用いる．このようにするのは，微積分の直接的な応用である．定積分を計算すると，

積分して，この結果を確かめよ．

$$a_2 = \frac{128kma^3}{27\pi^2 h^2}$$

よって式（12.22）より，実際の系の基底状態の波動関数 $\Psi_{1,\text{real}}$ が以下のように得られる．

$$\Psi_{1,\text{real}} \approx \Psi_{1,\text{PIAB}} + \frac{128kma^3}{27\pi^2 h^2} \Psi_{2,\text{PIAB}}$$

質量 m に電子の質量，また $k = 1 \times 10^{-7}$ kg m s^{-1}，$a = 1.15$ Å $= 1.15 \times 10^{-10}$ m を上の式へ代入して計算すれば

$$\Psi_{1,\text{real}} \approx \Psi_{1,\text{PIAB}} + 0.1516 \Psi_{2,\text{PIAB}}$$

を得る．もっと完全な取扱いでは $\Psi_{3,\text{PIAB}}$，$\Psi_{4,\text{PIAB}}$ などからの寄与も含めるが，これらと $\Psi_{1,\text{PIAB}}$ のエネルギーとの差が大きくなるので，これらからの寄与はどんどん小さくなる．$\Psi_{2,\text{real}}$ の a_2 が，$\Psi_{1,\text{real}}$ に対して上で計算された a_2 と異なることを忘れないでほしい．

12.7 変分理論

　量子力学で用いられるおもな近似理論の二つ目は**変分理論**（variation theory）と呼ばれるものである．変分理論はどのような試行関数でも，そのエネルギーは系の真の基底状態のエネルギーに等しいか大きいという事実にもとづいている．したがって一般に**エネルギーが低いほど，良好な近似エネルギー（よって良好な波動関数）**と考える．手順としてはまず，変化させうるパラメータをいくつか含んだ試行関数を考える．次に系のエネルギーをシュレーディンガー方程式またはエネルギーの平均値 $\langle E \rangle$ の定義を用いて計算し，可能な最低エネルギーを与えるパラメータの値を決める．波動関数からほかのオブザーバブルの平均値も得られるのだから，試行関数に対する最低エネルギーが決まればほかの平均値も求まる[*]．変分理論の強みの一つは

[*] しかし，この試行関数がほかのオブザーバブルの正しい平均値を与えるという保証はない．

一般の波動関数に対する条件（すなわち連続であること，積分可能であること，一価であることなど）に合い，系自体からの要求（たとえば x が $\pm\infty$ や系の障壁に近づくと値がゼロに近づくなど）を満たす限り，試行関数としてはどのような関数を用いてもよいというところにある．

変分理論の背後にある基本的な考え方としては一つ，次のように説明される．いまハミルトニアン $\hat{H}$，基底状態の真の波動関数 Ψ_{true}，最低のエネルギー固有値 E_1 をもつ系を考える．このとき，規格化された任意の試行関数 ϕ に対する**変分定理**（variation theorem）は次のように書ける．

$$\int \phi^* \hat{H} \phi \, d\tau \geq E_1 \tag{12.23}$$

ϕ が基底状態の真の波動関数 Ψ_{true} に等しければ式（12.23）の等号が成り立ち，これは等式になる．一方，Ψ_{true} と異なれば不等式になり，積分によって得られるエネルギーは，系の基底状態の真のエネルギー E_1 より**常に大きい**．予測されるエネルギーは小さいほど基底状態の真のエネルギーに近く，良好なエネルギー固有値である．変分理論についての証明は章末問題として残しておく．なお規格化されていない試行関数に対しては，式（12.23）は

$$\frac{\int \phi^* \hat{H} \phi \, d\tau}{\int \phi^* \phi \, d\tau} \geq E_1 \tag{12.24}$$

と書ける．

波動関数の試行関数，すなわち試行波動関数はふつう，調整のできるパラメータのセット $(a, b, c, \cdots)$ を含んでいる．エネルギーはこれらの変分パラメータを含む式として求められるので，こうしたパラメータを調整してエネルギーの値を最低にする．エネルギーが一変数の式 $E(a)$ で表されるなら，a に対する E のグラフの傾きがゼロ，すなわち

$$\left[\frac{\partial E(a)}{\partial a}\right]_{a=a_{\min}} = 0 *$$

のときにエネルギーが最低になる．この点で計算したエネルギー

$$E(a_{\min}) = E_{\min}$$

が最低エネルギーである．これは，この試行波動関数が与える"最良の"エネルギーである．試行波動関数が多変数を含むときは，すべての変数について同時に最小となる値が，その関数が与える最低エネルギーである．以上述べた比較的簡単な式は系の基底状態にだけ適用されるもので，励起状態のエネルギーについての変分理論はもっと複雑な式になる．

さて試行波動関数は変分パラメータをいくつ含んでいてもよいが，その数はたいてい最低エネルギーを求める効率のよさで決められる．ここで変分理論をわかりやすい例を用いて説明する．まず変分パラメータなしの試行波動

* 最大エネルギーもこの関係を満たすので，このように決められたエネルギーが最大値でなく，最小値であることを確認することが重要である．

関数を用いて，不等式 (12.23) が満たされることを示す．いま，幅 a の箱のなかの粒子に対する基底状態の波動関数として正弦関数でなく，軸が箱の中央 $a/2$ を通る下向きの放物線

$$\phi = ax - x^2$$

を仮定する．この試行波動関数 ϕ を図 12.8 に示す．一見してわかるように，これは箱のなかの粒子の波動関数に対する要求をすべて満たしている．つまり一価で連続，積分可能，そして境界で値がゼロになる．この試行波動関数に対するエネルギーは次の式で求められる．

$$\int_0^a (ax - x^2)^* \widehat{H} (ax - x^2) \mathrm{d}x$$

ここで箱のなかの粒子のハミルトニアン $\widehat{H}$ は $-(\hbar^2/2m)(\mathrm{d}^2/\mathrm{d}x^2)$ である．この試行波動関数 $\phi = ax - x^2$ の x に関する二次導関数は -2 だから，積分は次のように簡単になる．

$$\frac{\hbar^2}{m} \int_0^a (ax - x^2) \mathrm{d}x$$

積分記号のなかの関数は積分可能で，積分範囲の下限 0 と上限 a の間で計算して整理すれば，上の式全体の値として $\hbar^2 a^3/6m$ が得られる．この試行波動関数は規格化されていないが，規格化定数は $\sqrt{30/a^5}$ と求められる．この規格化定数の二乗を掛けて調整すると，基底状態のエネルギー E_trial が

$$E_\mathrm{trial} = \frac{5\hbar^2}{ma^2} = \frac{5h^2}{4\pi^2 ma^2}$$

と与えられる．式 (10.12) で与えられる箱のなかの粒子の基底状態の真のエネルギー $h^2/8ma^2$ と比較すると，差は 1.32% である．つまり近似エネルギー E_trial は真のエネルギーよりも 1.32% 大きい．

次の例題 12.11 では系のエネルギーを最低にする変数を使って，変分理論がどのように用いられるかを示す．この例題では，ほかの電子があるために多電子原子の電子が核電荷のすべては感じないという考え方を用いる．この概念は**遮蔽**（shielding）として知られている．この例題はまた，ハイレベルな量子力学を用いる必要があることも示している．つまり多くのいろいろな型の積分を計算しなければならない．公式集を使ったり数値的な方法で積分を求めることができれば，簡単な量子力学の問題を数学的に解く場合にも大きな助けになる．

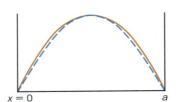

図 12.8　箱のなかの粒子の基底状態を変分理論によって取り扱うための試行波動関数　実線は放物線の形をした試行波動関数で，破線は真の波動関数である

例題 12.11

ヘリウム原子のそれぞれの電子は $+2$ の核電荷のすべてを感じるのではなく，ほかの電子による遮蔽のため有効核電荷 Z' を感じる．水素型 1s 軌道についての式で Z' を変数として用い，ヘリウム原子の最低エネルギーを求めよ．

解 答

表 11.4 で示されている，規格化された水素型 1s 軌道の波動関数の二つの積でヘリウム原子の二電子波動関数を近似し，これを試行波動関数 ϕ として用いる．ϕ は

$$\phi = \frac{Z'^3}{\pi a^3} \exp\left(-\frac{Z'r_1}{a}\right) \exp\left(-\frac{Z'r_2}{a}\right)$$

と表される．ここで a は定数で，式 (11.68) で $4\pi\varepsilon_0 \hbar^2/\mu e^2$ と定義した．さて，ヘリウム原子のハミルトニアンはまず以下のようになる．

$$\left(-\frac{\hbar^2}{2\mu}\nabla_1^2 - \frac{Z'e^2}{4\pi\varepsilon_0 r_1}\right) + \left(-\frac{\hbar^2}{2\mu}\nabla_2^2 - \frac{Z'e^2}{4\pi\varepsilon_0 r_2}\right) + \frac{e^2}{4\pi\varepsilon_0 r_{12}}$$

しかし，このハミルトニアンは完全ではない．一方の電子が引力ポテンシャル $-Z'e^2/4\pi\varepsilon_0 r_1$ を感じれば，もう一方の電子は $-(2-Z')e^2/4\pi\varepsilon_0 r_2$ のポテンシャルを感じるはずである．このような項は両方の電子に対して現れるので，完全なハミルトニアン $\widehat{H}$ は次のようになる．

$$\widehat{H} = \left(-\frac{\hbar^2}{2\mu}\nabla_1^2 - \frac{Z'e^2}{4\pi\varepsilon_0 r_1}\right) + \left(-\frac{\hbar^2}{2\mu}\nabla_2^2 - \frac{Z'e^2}{4\pi\varepsilon_0 r_2}\right)$$
$$- \frac{(2-Z')e^2}{4\pi\varepsilon_0 r_1} - \frac{(2-Z')e^2}{4\pi\varepsilon_0 r_2} + \frac{e^2}{4\pi\varepsilon_0 r_{12}}$$

これらの項を整理してエネルギーを計算する．カッコで囲んだ最初の二つの項では一電子系を仮定しているから，式 (11.66) で示した水素型原子のエネルギー固有値を使うことができる．これを代入した結果を示せば，ヘリウム原子のエネルギー $\langle E_\text{trial} \rangle$ は次のようになる．

$$\langle E_\text{trial} \rangle = \int \phi^* \widehat{H} \phi \, d\tau$$
$$= 2 \times \frac{-Z'^2 e^4 \mu}{8\varepsilon_0^2 h^2} + \frac{Z'^6}{\mu^2 a^6} \int \exp\left(-\frac{Z'r_1}{a}\right) \exp\left(-\frac{Z'r_2}{a}\right)$$
$$\times \left\{-\frac{(2-Z')e^2}{4\pi\varepsilon_0 r_1} - \frac{(2-Z')e^2}{4\pi\varepsilon_0 r_2} + \frac{e^2}{4\pi\varepsilon_0 r_{12}}\right\}$$
$$\times \exp\left(-\frac{Z'r_1}{a}\right) \exp\left(-\frac{Z'r_2}{a}\right) d\tau$$

ここで $d\tau$ は電子 1 と電子 2 に関するもので $d\tau = d\tau_1 d\tau_2$ である．ここでは省略するが，適切な代入を行ってうまく計算すると積分は解析的に解けて，その値は

$$\left(-4Z'^2 + 8Z' - \frac{10}{8}Z'\right)\frac{-e^4 \mu}{8\varepsilon_0^2 h^2}$$

になる．したがってヘリウム原子のエネルギー $\langle E_\text{trial} \rangle$ として

$$\langle E_\text{trial} \rangle = 2 \times \frac{-Z'^2 e^4 \mu}{8\varepsilon_0^2 h^2} + \left(-4Z'^2 + 8Z' - \frac{10}{8}Z'\right)\frac{-e^4 \mu}{8\varepsilon_0^2 h^2}$$
$$= \left(2Z'^2 - 8Z' + \frac{10}{8}Z'\right)\frac{e^4 \mu}{8\varepsilon_0^2 h^2}$$

を得る．なおここで $e^4\mu/8\varepsilon_0^2 h^2$ でくくりだした．さて $\langle E_{\text{trial}}\rangle$ が Z' に対して最低になるためには

$$\frac{\partial \langle E_{\text{trial}}\rangle}{\partial Z'} = 0$$

を満たす Z' の値をみつける必要がある．この関係式に上で得られた $\langle E_{\text{trial}}\rangle$ を代入する．このときカッコの部分全体に掛かった係数を約分しておくと

$$\frac{\partial \langle E_{\text{trial}}\rangle}{\partial Z'} = \frac{\partial \{2Z'^2 - 8Z' + (10/8)Z'\}}{\partial Z'} = 4Z' - 8 + \frac{10}{8} = 0$$

より

$$Z' = 2 - \frac{5}{16} = \frac{27}{16}$$

と求められる．よってこのモデルでは有効核電荷 Z'，すなわちヘリウム原子のそれぞれの電子が感じる平均の核電荷は 27/16 で，2 よりもわずかに小さい．さて Z' が求まったので，定数すべてと Z' の値を代入すれば求めるべきヘリウム原子のエネルギー $\langle E_{\text{He}}\rangle$ が計算できて

$$\langle E_{\text{He}}\rangle = -1.241 \times 10^{-17} \text{ J}$$

を得る．この値は実験値 -1.265×10^{-17} J と比べると 1.9% だけ大きい．これは 479 ページで示した摂動論による結果よりもわずかに良好である．

上の例題は二つのことを示している．まず，変分理論ではより正確な系のエネルギーが得られるということである．次に"努力"が必要ということである．しかし，計算にコンピュータを用いればこれは最小限に抑えられるから，変分理論はコンピュータへ応用するのにとくに適していることになる．実際，現代的な量子力学の応用では，コンピュータプログラムを適用することに努力の大半が払われている．コンピュータでは多くの変数を計算過程で変化させるようプログラムできるので，変分問題をコンピュータ以外で解くことはほとんどなくなっている．

これまで，いくつかの方法でヘリウム原子のエネルギーについて考察してきた．表 12.2 には，本章で述べたいろいろな方法で求めたエネルギーを実験値と比較してまとめた．これら以外にもこうした方法はあり，またここでは最も簡単なかたちでこれらの方法を用いたことを承知しておいてほしい．とはいえ表 12.2 から，量子力学のいろいろな手法の有用性についてある程度はわかるだろう．

表 12.2 ヘリウム原子のエネルギー E_{He}

$E_{\text{He}}(\times 10^{-17}$ J)	求め方
-1.743	H + H の近似による値
-1.198	$e^2/4\pi\varepsilon_0 r_{12}$ を摂動とした値
-1.241	有効核電荷の変分による値
-1.265	実験値

12.8　線形変分理論

　試行関数が多くの変数を含んでいるときには，コンピュータを使った変分理論はとくに強力なものになる．よく行われる方法の一つは，試行関数 ϕ_i を**基底関数系**（basis set）と呼ばれる既知の関数の集合 $\{\Psi_j\}$ の線形結合で表すことである．すなわち

$$\phi_i = \sum_j c_{i,j} \Psi_j \tag{12.25}$$

ここで Ψ_j はそれぞれの**基底関数**（basis function．たとえば理想的な系の波動関数または簡単に積分できる関数）で，$c_{i,j}$ は解の一部として決められる展開係数である．つまりここでは最低エネルギーだけでなく，展開係数の値もまだわかっていない．前に述べたように，最低エネルギーを見つけるためには

$$\frac{\partial E}{\partial c_{i,1}} = \frac{\partial E}{\partial c_{i,2}} = \frac{\partial E}{\partial c_{i,3}} = \cdots = 0 \tag{12.26}$$

のように，すべての変数について同時にエネルギー E が最低にならなければならない．以下でエネルギーだけでなく展開係数を求める方法も明らかにしていくが，このような強力な変分理論は**線形変分理論**（linear variation theory）と呼ばれる．

　線形変分理論は例で示すとわかりやすい．項の数がいくつであっても同じだが，ここでは簡単な例として，試行関数が二つの項の線形結合

$$\phi_\mathrm{a} = c_{\mathrm{a},1} \Psi_1 + c_{\mathrm{a},2} \Psi_2$$

で表される場合を考える．

　この例では，基底関数系 $\{\Psi_j\}$ は二つの基底関数 Ψ_1 と Ψ_2 からなる．この試行関数 ϕ_a を式（12.24）に代入すると

$$\frac{\int (c_{\mathrm{a},1} \Psi_1 + c_{\mathrm{a},2} \Psi_2)^* \widehat{H} (c_{\mathrm{a},1} \Psi_1 + c_{\mathrm{a},2} \Psi_2) \mathrm{d}\tau}{\int (c_{\mathrm{a},1} \Psi_1 + c_{\mathrm{a},2} \Psi_2)^* (c_{\mathrm{a},1} \Psi_1 + c_{\mathrm{a},2} \Psi_2) \mathrm{d}\tau} \geq E_1 \tag{12.27}$$

ここで簡単にするため，次のような定義を行う．

$$\begin{aligned}
H_{11} &\equiv \int \Psi_1^* \widehat{H} \Psi_1 \mathrm{d}\tau \\
H_{22} &\equiv \int \Psi_2^* \widehat{H} \Psi_2 \mathrm{d}\tau \\
H_{12} = H_{21} &\equiv \int \Psi_2^* \widehat{H} \Psi_1 \mathrm{d}\tau \\
S_{11} &\equiv \int \Psi_1^* \Psi_1 \mathrm{d}\tau \\
S_{22} &\equiv \int \Psi_2^* \Psi_2 \mathrm{d}\tau \\
S_{12} = S_{21} &\equiv \int \Psi_2^* \Psi_1 \mathrm{d}\tau
\end{aligned} \tag{12.28}$$

式（12.27）を展開し，これらを代入する．左辺を $E_{\text{trial}} \equiv E$ とおくと

$$E_{\text{trial}} \equiv E = \frac{c_{\text{a},1}{}^2 H_{11} + 2 c_{\text{a},1} c_{\text{a},2} H_{12} + c_{\text{a},2}{}^2 H_{22}}{c_{\text{a},1}{}^2 S_{11} + 2 c_{\text{a},1} c_{\text{a},2} S_{12} + c_{\text{a},2}{}^2 S_{22}} \geq E_1 \quad (12.29)$$

が得られる．H_{ij} はエネルギー積分，S_{ij} は **重なり積分**（overlap integral）と呼ばれる．規格直交性をもった波動関数では S_{ij} の値は0か1だが，多くの場合には規格直交性をもたない波動関数が用いられる．なお簡単のためエネルギーにつく添え字は省略した．

ここで変分理論から，式（12.26）で表される条件が満たされなければならない．式（12.29）をみるとわかるように $c_{\text{a},1}$ と $c_{\text{a},2}$ についての偏導関数は多くの項を含むが，計算そのものは比較的単純である．式（12.29）で与えられる E を代入して計算すれば，式（12.26）から[†]

$$\begin{aligned} (H_{11} - E S_{11}) c_{\text{a},1} + (H_{12} - E S_{12}) c_{\text{a},2} &= 0 \\ (H_{21} - E S_{21}) c_{\text{a},1} + (H_{22} - E S_{22}) c_{\text{a},2} &= 0 \end{aligned} \quad (12.30)$$

[†]訳者注　実際には式（12.29）の分母をはらい，両辺を $c_{\text{a},1}$ または $c_{\text{a},2}$ で偏微分して
$$\frac{\partial E}{\partial c_{\text{a},1}} = \frac{\partial E}{\partial c_{\text{a},2}} = 0$$
を用いると，式（12.30）が簡単に得られる．

係数 $c_{\text{a},1}$ と $c_{\text{a},2}$ を用いたこの二つの方程式は，そのなかにエネルギー積分 H_{11}，H_{12}（これは H_{21} に等しい）と H_{22} を含む．さらに重なり積分 S_{11}，S_{12}（これは S_{21} に等しい）と S_{22} も含む．よって両方の偏導関数ともゼロになるためには，式（12.30）が同時に満たされなければならない．つまり，この連立方程式を解かなければならない．もっと多くの項，すなわちもっと多くの $c_{i,j}$ があるときには，さらに多くの方程式を連立して解かなければならなくなる．

式（12.30）のようにゼロに等しいとおかれた連立方程式については，解を得る数学的な方法がある．このとき線形代数の立場からは二つの解の可能性がある．最初の可能性は係数すべて，この場合には $c_{\text{a},1}$ と $c_{\text{a},2}$ がゼロになるというものである．しかしこれは式（12.30）を満たすが役に立たない，すなわち自明な解（役に立たないので前に採用しなかった波動関数 $\Psi = 0$）である．もう一つの可能性は式（12.30）の $c_{\text{a},1}$ と $c_{\text{a},2}$ の係数，すなわち H や S を含む式で定められるものである．線形代数によって，式（12.30）の係数からつくられる行列式がゼロ，すなわち

$$\begin{vmatrix} H_{11} - E S_{11} & H_{12} - E S_{12} \\ H_{21} - E S_{21} & H_{22} - E S_{22} \end{vmatrix} = 0 \quad (12.31)$$

なら，連立方程式（12.30）が自明でない解をもつといえる．この行列式を **永年行列式**（secular determinant）と呼ぶ．線形変分理論は式（12.31）にもとづいている．すなわちエネルギー積分と重なり積分，エネルギー固有値（これは未知数である）からつくられる永年行列式をゼロとおけば式（12.30）が満たされ，かつエネルギーが最小になる．

ここで話の焦点に変化があった．最初は係数 $c_{\text{a},1}$ と $c_{\text{a},2}$ に焦点をあてていたのに，いまではエネルギー積分や重なり積分，エネルギー固有値でつくら

れた行列式に注目している．これは単に線形代数を用いて考えた結果だから，この焦点の変化に惑わされないようにしてほしい．系の最低エネルギーを得ることが最後の目標であることは変わらない．さて式 (12.31) の 2 行 2 列の行列式は簡単に計算できて，E^2 の項を含んだ方程式が得られる．したがって E について解くと二つの解が得られる．基底状態のエネルギーはそのうちの低いほうである．一般に n 個の展開係数を含む試行関数 ϕ_i では，E を未知数として

$$\begin{vmatrix} H_{11} - ES_{11} & H_{12} - ES_{12} & \cdots & H_{1n} - ES_{1n} \\ H_{21} - ES_{21} & H_{22} - ES_{22} & \cdots & H_{2n} - ES_{2n} \\ \vdots & \vdots & \vdots & \vdots \\ H_{n1} - ES_{n1} & H_{n2} - ES_{n2} & \cdots & H_{nn} - ES_{nn} \end{vmatrix} = 0 \quad (12.32)$$

を満たす形の n 行 n 列の行列式が得られる．ここでも H_{ij} と S_{ij} は基底関数を用いて書かれるエネルギー積分と重なり積分で，これらの積分値は求められるものとする．さてこの行列式を計算すると，E の最高べきが n である n 次の多項式が得られる．よって式 (12.32) で表される方程式を解くと，解 E が最高で n 個まで得られる．n 個のうちいくつかの E は同じかもしれないが，それは縮退した波動関数を表す．このうち最も小さな E の値がわれわれが求める基底状態のエネルギーである．話の焦点が係数を決定することからエネルギーを知ることへと急に移ったが，われわれがふつう最も興味があるのは系のエネルギーであるということを記憶しておこう．

エネルギーがわかれば係数 $c_{i,j}$ を決めることができる．二つの項からなる試行関数 ϕ_a の例では二つのエネルギー E_1 と E_2 が求まって，二つのうちの小さなほうが最低エネルギーになる．連立方程式 (12.30) を使うと，二つの係数 $c_{\mathrm{a},1}$ と $c_{\mathrm{a},2}$ が比の形

$$\frac{c_{\mathrm{a},1}}{c_{\mathrm{a},2}} = -\frac{H_{12} - ES_{12}}{H_{11} - ES_{11}}$$
$$\frac{c_{\mathrm{a},1}}{c_{\mathrm{a},2}} = -\frac{H_{22} - ES_{22}}{H_{21} - ES_{21}} \quad (12.33)$$

で表されることが簡単にわかる．ここで E はそれぞれの状態のエネルギーである．エネルギー積分と重なり積分は計算できて，エネルギーは式 (12.31) を解くことですでに得られている．式 (12.33) は $c_{\mathrm{a},1}$ と $c_{\mathrm{a},2}$ の比を二種類与えるが，これは式 (12.31) から計算されるそれぞれのエネルギーの値を代入すると同じ比の値になる．ここで試行関数 ϕ_i が規格化されるように係数 $c_{i,j}$ の値を調整する．規格直交性のある基底関数が使われていれば，ϕ_i の規格化条件は簡単に以下のように表せる．

$$\sum_j c_{i,j}^{\,2} = 1 \quad (12.34)$$

つまり係数の二乗の和が 1 にならなければならない．こうして係数 $c_{\mathrm{a},1}$ と $c_{\mathrm{a},2}$ を求めれば，ϕ_a を例にした基底状態の波動関数の計算は完了する．また

このとき第一励起状態のエネルギーと波動関数も得られる．一般に n 個の基底関数を使うと，近似した系の最初の n 個のエネルギー準位に対する n 個の線形結合が求まるからである．基底状態のエネルギーと波動関数をこのように求めることが，線形変分理論のゴールである．

基底関数自身が互いに直交していれば，変分理論を用いて決められる試行関数もまた互いに直交する．試行関数はほかの関数の線形結合によって表され，また永年行列式を計算するために求めておかなければならないのは，これらほかの関数を使った積分である．そのため簡単に積分でき，任意の実際の系に対して行列式と係数が決められるような基底関数を選ぶことが賢明である．この考え方が現代の量子力学計算の中心で，ほとんどの場合こうした計算は，あらかじめ選ばれた基底関数に対して，線形代数的な計算をいろいろと行うようプログラムできるコンピュータで実行される．

例題 12.12

実際の系について，波動関数 ϕ_a が二つの規格直交系の基底関数 Ψ_1 と Ψ_2 の線形結合であると仮定する．すなわち

$$\phi_a = c_{a,1}\Psi_1 + c_{a,2}\Psi_2$$

ここでエネルギー積分はエネルギーの単位を任意として $H_{11} = -15$, $H_{22} = -4$, $H_{12} = H_{21} = -1$ とする．この系のエネルギーを計算し，係数 $c_{a,1}$ と $c_{a,2}$ を求めよ．

解　答

式 (12.31) によると，式 (12.26) で示された最低エネルギーをみつけるための条件から得られる連立方程式の自明でない解は

$$\begin{vmatrix} -15 - E \times 1 & -1 - E \times 0 \\ -1 - E \times 0 & -4 - E \times 1 \end{vmatrix} = 0$$

で与えられる．ただしここで規格直交系の波動関数に対して式 (12.28) から $S_{11} = S_{22} = 1$, $S_{12} = S_{21} = 0$ となることを用いている．整理すれば

$$\begin{vmatrix} -15 - E & -1 \\ -1 & -4 - E \end{vmatrix} = 0$$

となるが，これは次の二次方程式に展開できる．

$$E^2 + 19E + 59 = 0$$

解の公式を使うと，この方程式を満たす二つの E の値

$$E_1 = -15.09 \quad E_2 = -3.91$$

が得られる．これより一方のエネルギー準位 E_1 は H_{11} で与えられる理想的な系の最低エネルギー準位よりも少し低く，もう一方のエネルギー準位 E_2 は H_{22} で与えられる理想的な系の高いほうのエネルギー準位よりも少し高いことがわかる．さて係数 $c_{a,1}$ と $c_{a,2}$ については，低いほうのエネルギー状態 $E_1 = -15.09$ に対して，式 (12.33) で $E = E_1$ とし適当な代入を行えば

$$\frac{c_{a,1}}{c_{a,2}} = -\frac{-1-(-15.09)\times 0}{-15-(-15.09)\times 1} = \frac{1}{0.09}$$

よって

$$0.09 c_{a,1} = c_{a,2}$$

のように計算できる．ここで波動関数の規格化を行うと，式 (12.34) より

$$c_{a,1}{}^2 + c_{a,2}{}^2 = 1$$

上の関係を代入して

$$c_{a,1}{}^2 + (0.09 c_{a,1})^2 = 1$$

ゆえに

$$c_{a,1} = 0.996$$

ここで習慣にならい，正の平方根を選んだ．これより

$$c_{a,2} = 0.0896$$

となる．以上から，より負の，つまりより低いエネルギー $E_1 = -15.09$ の基底状態に対する完全な波動関数 ϕ_a が

$$\phi_a = 0.996 \Psi_1 + 0.0896 \Psi_2$$

と与えられる．一方，第一励起状態の係数 $c_{a,1}$ と $c_{a,2}$ は高いほうのエネルギーの値 $E_2 = -3.91$ を使って，上とまったく同様にすれば

$$\frac{c_{a,1}}{c_{a,2}} = -\frac{-4-(-3.91)\times 1}{-1-(-3.91)\times 0} = -\frac{0.09}{1}$$

より

$$c_{a,1} = -0.09\, c_{a,2}$$

さらに規格化条件から

$$c_{a,1} = -0.0896 \qquad c_{a,2} = 0.996$$

となる．よって $E_2 = -3.91$ の第一励起状態に対する完全な波動関数 ϕ_a が

$$\phi_a = -0.0896 \Psi_1 + 0.996 \Psi_2$$

と書ける．

　図 12.9 には基底関数のエネルギーと，上の例題 12.12 で求めた線形結合で表された波動関数のエネルギーを比較して示す．理想的な系の波動関数の線形結合をとる過程を波動関数の**混合**（mixing）と呼ぶことがある．二つの基底関数が混合して実際の系の波動関数を近似するとき，わずかにエネルギー変化が生じる．つまり理想的な系の波動関数の線形結合で実際の系の波動関数を近似して，理想的な系から実際の系に移行すると，エネルギー準位の間隔が広がるのである．二つの基底関数を混合すると，どのような場合でもエネルギー準位の間隔は広がる．理想的な系でのエネルギー準位が近いほど，間隔の広がりは大きくなる．図 12.10 はほぼ縮退した基底関数がどのように混合し，エネルギー的にやや離れた実際の系の近似波動関数を生じるかを定性的に示したものである．しかし理想的な系でも近似された系でも，二つの準位のエネルギーの和は同じままである．このことは基底関数が直交系のときにだけ成立し，またこれが成り立たなければ直交系でない．

　二準位での例は比較的単純である．現代の量子力学計算では，もっと複雑

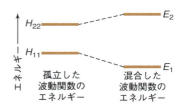

図 12.9 波動関数が混合するときのエネルギー変化　孤立した波動関数のエネルギー H_{11} と H_{22} を左側に，混合した波動関数のエネルギー E_1 と E_2 を右側に示す．低いほうの H_{11} は少し下がり，高いほうの H_{22} は少し上がる．

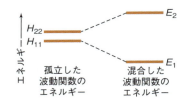

図 12.10 ほとんど縮退している波動関数が混合すると，もともとエネルギー固有値が離れているときよりもエネルギー固有値の差はかなり大きくなる．図 12.9 と比較のこと．

ではあるが上に述べたのと同様の手法で，数十，数百もの準位について計算されている．

12.9 変分理論と摂動論の比較

　変分理論と摂動論の二つの近似理論では，どちらが"よい"のだろうか．こうした質問に対してはいつもそうだが，その答えは"時と場合による"のである．ともにエネルギーについては波動関数よりも正確に求まる．変分理論では一般的な波動関数に対する要求に合い，境界条件が何であれそれを満たす限りは，試行関数は何でもよい．大規模系への応用ではたいていの場合，研究者は真の波動関数に少し似ていて，コンピュータで簡単に積分できるような，理想的な系の波動関数を用いる．たとえば原子軌道はガウス型関数ではないが，変分理論の応用ではこのガウス型関数，すなわち e^{-x^2} にもとづく関数を用いるのが一般的である．"エネルギーが低いほど，エネルギーと波動関数に対する近似は良好である"という考え方は，永年行列式を用いて波動関数をくわしく計算するときの重要な判断基準になる．しかし試行関数として使われる関数は真の原子軌道の形でないかもしれないし，また簡単には視覚化できないかもしれない．変分理論では多数の方程式を扱い計算の速さも必要であるため，コンピュータは欠くことができないものであるといってよい．

　摂動論は変分理論に比べて保証がない．摂動論による計算の結果からは真のエネルギーよりも大きいか小さいか，どちらかのエネルギーが得られる．このように摂動論による計算から得られるエネルギーはいつもある程度疑わしい．しかし摂動 $\widehat{H}'$ についてはふつう，その数学的な形とふるまいがよくわかるように定義できる．たとえば一般的な摂動には電気的相互作用や磁気的相互作用，二体相互作用や三体相互作用，双極子–双極子相互作用や双極子–誘起双極子相互作用，結晶場相互作用などがある．これらはすべて数学的に既知な形をしており，完全なハミルトニアン $\widehat{H}$ の一部として簡単に含めることができる．また摂動波動関数の多くは，理想的な系のよく知られた波動関数を単純に補正したものだから，意味をもっている．上にあげた一般的な摂動はそれぞれ波動関数全体の一部として分離して扱うことができ，つまり完全な波動関数は多くの簡単な部分が集まったものになる．摂動論においてもコンピュータは有用で，とくに計算に含まれる摂動の数が大きくなったときには力になる．しかし多くの摂動は，その数学的なふるまいが理解されていることで選ばれているのだから，摂動エネルギーを手で計算することはそれほど困難ではない．

　量子力学計算の研究者は，それぞれの方法の限界と強みを理解しておかなければならない．一般には，研究者が実際の系について欲しいと思う情報を与えてくれる方法が利用される．はっきりと定義されたハミルトニアンや波動関数が必要なら摂動論がそれを与えてくれる．絶対エネルギーが重要なら，変分理論がどんどんよい結果を得るための方法を提供してくれる．もちろん計算コストも考えなければならない．スーパーコンピュータが利用でき

れば，比較的短い時間で多くの方程式を解くことができる．しかしこれが利用できなければ，理想的な系の波動関数にわずかな補正を加えるにとどまってしまう．

二つの理論とも，どのような原子や分子を理解するのにも使うことができる．しかしいずれも，きちんと適用することが重要である．摂動論では項の数が多いほど，また変分理論では試行関数がよいものであるほど，実質的に正しい結果を与える近似計算が行える．したがって多電子系について，シュレーディンガー方程式が解析的に解けなくても，これらの手法を使えば数値的に解くことができる．解析解が存在しないことは量子力学が誤っていたり，不正確で不完全であったりすることを意味するのではない．ただ解析解が得られないというだけである．量子力学はどのような原子や分子を理解するのにも利用できる手法を提供し，電子のふるまいを適切に記述する方法として古典力学に代わるものなのである．

12.10 簡単な分子とボルン・オッペンハイマー近似

化学では多くの場合に分子を対象とするので，量子力学が分子へどのように適用されるかを理解することは重要である．ふつう"分子"という言葉は，ある特定の様式で互いに結合した原子の不連続的な集まりとして存在する系――化学的に結合した系に対して用いられる．これはイオン性化合物の場合と対照的である．イオン性化合物は原子（または共有的に結合した原子団，いわゆる多原子イオン）どうしが反対電荷によってばらばらにならないようにくっついている，つまりカチオンとアニオンからなる系である．さてこれまでの多電子原子の波動関数についての議論から想像がつくように，分子の波動関数はもっと複雑になる．現実には次の章で述べる便利な単純化の方法があるが，しかしいまの時点では，単純な二原子分子について一般的な考察を行うことのほうが役に立つ．

最も単純な二原子分子は H_2^+，すなわち水素二原子からなるカチオン分子である．この系は二つの核と一つの電子からなる．図 12.11 には，粒子の位置を記述する座標の定義とともにこの分子を示した．核 1 と核 2 という二つの核があるので，電子と二つの核の間の相互作用だけでなく，二つの核どうしの相互作用も考えなければならない．さてハミルトニアンを考えると運動エネルギー部分はそれぞれの粒子に 1 項ずつなので，完全なハミルトニアンでは 3 項になる．ポテンシャルエネルギー部分も 3 項あり，それらは電子と核 1 の間の引力的な静電ポテンシャルエネルギー，電子と核 2 の間の引力的な静電ポテンシャルエネルギー，核 1 と核 2 の間の反発的な静電ポテンシャルエネルギーである．以上より H_2^+ の完全なハミルトニアン $\widehat{H}$ は次のように書ける．

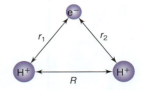

図 12.11　H_2^+ 分子の座標の定義

$$\widehat{H} = -\frac{\hbar^2}{2m_p}\nabla_{p_1}^2 - \frac{\hbar^2}{2m_p}\nabla_{p_2}^2 - \frac{\hbar^2}{2m_e}\nabla_e^2 - \frac{e^2}{4\pi\varepsilon_0 r_1} - \frac{e^2}{4\pi\varepsilon_0 r_2} + \frac{e^2}{4\pi\varepsilon_0 R} \tag{12.35}$$

* ∇^2 は式 (12.3) で定義した.

ここで $\nabla_{p_1}^2$ は核 1 についての, $\nabla_{p_2}^2$ は核 2 についての, ∇_e^2 は電子についての ∇^2 を表す*. また右辺の第四項と第五項はそれぞれ電子と核 1, 電子と核 2 の間の引力的な静電ポテンシャルエネルギーを, 第六項は二つの核の間の反発的な静電ポテンシャルエネルギーを表す. なお前者は引力的だから負の符号が, 後者は反発的だから正の符号がついている. そのほか m_p と m_e は核と電子の質量, r_1, r_2, R は図 12.11 で定義した通りである.

想像がつくように, 式 (12.35) のハミルトニアン $\hat{H}$ の固有関数になる解析的な波動関数は知られていない. 摂動論や変分理論を使って近似解を求めるにも, なんらかの簡単化が必要になる. 二つの核のあることがこの系を複雑にしている. また適切な波動関数としては, 電子だけでなく核のふるまいも考慮されたものでなければならない. 核の相対的な位置が変化するときには, たとえば核が交互に近づいたり遠ざかったりする振動運動をしているときには, 電子の運動もそれを補償するように変化しなければならないのである. つまり電子に対する真の波動関数なら, 核のふるまいについても考慮されていなければならない.

しかし陽子の質量は電子の 1836 倍で, 核は電子よりもはるかに重い. このため核は電子よりも非常にゆっくり動くと考えられる. 実際に核は電子に比べてはるかにゆっくりと動くので, **電子の運動はまるで核が動いていないかのように近似できる**と考えられる. つまり核は動いているが, その運動は電子からは独立しているとして扱う. こうした扱いは Born (図 12.12) と Oppenheimer (図 12.13) にちなんで**ボルン・オッペンハイマー近似 (Born-Oppenheimer approximation)** と呼ばれる. Born と Oppenheimer が述べたことは, 量子力学を分子へ応用するときの基礎となる. 数学的には, ボルン・オッペンハイマー近似は次のように書ける.

$$\Psi_{\text{molecule}} \approx \Psi_{\text{nuc}} \times \Psi_{\text{el}} \quad (12.36)$$

図 12.12 Max Born (1882–1970) 彼は波動関数の確率解釈を進めただけでなく, 分子の量子力学的取扱いも工夫した.

図 12.13 John Robert Oppenheimer (1904–1967) 彼は Born とともに, 分子へ応用するための量子力学を発展させた. しかし第二次世界大戦中, 最初の原子爆弾を開発するマンハッタン計画を指導した彼は, そちらのほうでもっとよく知られている.

つまり完全な分子の波動関数 Ψ_{molecule} を核の波動関数 Ψ_{nuc} と電子の波動関数 Ψ_{el} の積とする. この扱いは三次元の箱のなかの粒子や三次元の回転運動についての解き方, すなわち変数分離を思い起こさせる. 同じように, H_2^+ の完全なハミルトニアン (12.35) を用いたシュレーディンガー方程式は二つに分離されたシュレーディンガー方程式として近似される. まず電子部分のシュレーディンガー方程式は

$$\left(-\frac{\hbar^2}{2m_e}\nabla_e^2 - \frac{e^2}{4\pi\varepsilon_0 r_1} - \frac{e^2}{4\pi\varepsilon_0 r_2} + \frac{e^2}{4\pi\varepsilon_0 R}\right)\Psi_{\text{el}} = E_{\text{el}}\Psi_{\text{el}} \quad (12.37)$$

で, 核間距離 R は一定の値に固定されている. したがって与えられた R に対して, 左辺のカッコの最後の項は一定のポテンシャルエネルギーを表すことになる. 一方, 核部分のシュレーディンガー方程式は以下のようになる.

$$\left\{-\frac{\hbar^2}{2m_p}\nabla_{p_1}^2 - \frac{\hbar^2}{2m_p}\nabla_{p_2}^2 + E_{\text{el}}(R)\right\}\Psi_{\text{nuc}} = E_{\text{nuc}}\Psi_{\text{nuc}} \quad (12.38)$$

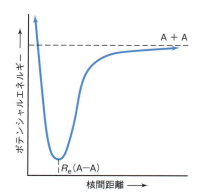

図 12.14 二原子分子 A_2 に対する簡単なポテンシャルエネルギー曲線 二つの核が近づくと，すぐに核間反発が増加する．核どうしが離れすぎると結合が切れ，分子は高いエネルギーをもった二つの原子 A に分かれる．最小エネルギーを与える核間距離 R_e は，安定な分子における A と A の平衡結合距離になる．

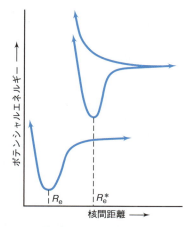

図 12.15 仮想的な二原子分子の基底状態と二つの励起状態の典型的なポテンシャルエネルギー曲線 励起状態での最小エネルギーを与える核間距離 R_e^* は基底状態の R_e と必ずしも同じではない．実際の分子のポテンシャルエネルギーはこれよりも複雑である．

ここで $E_{el}(R)$ は電子に対するシュレーディンガー方程式（12.37）から求まる電子のポテンシャルエネルギーである．分子の完全な波動関数 $\Psi_{molecule}$ を得るには，これら二つの方程式（12.37）と（12.38）を連立して解かなければならない．

二原子分子にボルン・オッペンハイマー近似を適用する場合には核の運動エネルギーはしばしば無視され，核間反発は特定の核間距離 R，たとえば平衡結合距離に対する古典的考察から見積もられる．この核間反発は一定の値として電子に対するシュレーディンガー方程式（12.37）のポテンシャルエネルギーに含まれており，そのうえで，この方程式が摂動や変分の手法を使って解かれる．もっと完全な取扱いでは一連の R における核間ポテンシャルを計算し，それぞれの R での電子のエネルギーを数値的に求める．こうすると図 12.14 のような，核間距離 R に対する電子のエネルギーのグラフが得られる．こうしたグラフは分子の**ポテンシャルエネルギー曲線**（potential energy curve）と呼ばれる．図 12.14 は基底電子状態のポテンシャルエネルギー曲線で，分子のエネルギーは平衡結合距離で最低になる．それぞれの電子の波動関数は特徴的なエネルギーをもち，核間距離 R の変化に応じた独特のポテンシャルエネルギー曲線を示す．図 12.15 は簡単な二原子分子の基底状態と励起状態のポテンシャルエネルギー曲線である．

12.11 LCAO-MO 理論の導入

前の節では波動関数の電子部分が波動関数の核部分から分離できるという点で，ボルン・オッペンハイマー近似が有用であると指摘した．しかし，それは電子の波動関数を求める助けにはならない．ところで原子中の電子が軌道によって記述されるように，分子内の電子も軌道によって近似的に記述で

* 分子軌道について別の見方を与える原子価結合理論については第13章で触れる．原子価結合理論では原子価殻中の電子に焦点をあてる．

きる．量子力学による原子軌道の扱いはすでにみてきたが，では分子軌道は，量子力学でどのように扱われるのだろうか——分子軌道理論は分子中の電子を記述する最も一般的な方法である．分子中の電子はそれぞれの原子に局在しているのではなく，分子全体に広がる波動関数をもっている．分子軌道を記述する数学的な手続きにはいくつかあるが，ここでは，まずそのうちの一つを考える*．

まず，分子ができるとき，何が起こるのかを考えてみる．二つ，またはそれ以上の原子が結合して分子をつくる．つまり，離れて存在する原子のそれぞれの軌道が結合して，分子全体に広がる軌道をつくるということである．分子軌道を定義する基礎として，このことを使ってはどうだろうか．ここではまさにそれを行う．線形変分理論を用いると占有された原子軌道の線形結合をとることができて，数学的に分子軌道を組み立てることができる．これが **LCAO–MO**（linear combination of atomic orbitals–molecular orbitals，原子軌道の線形結合による分子軌道）で，こうした扱いを **分子軌道理論**（molecular orbital theory）という．

H_2^+ の場合，その分子軌道 $\phi_{H_2^+}$ はそれぞれの水素原子の基底状態の原子軌道 $\Psi_{H(1)}$ と $\Psi_{H(2)}$ を使って次のように表される．

$$\phi_{H_2^+} = c_1 \Psi_{H(1)} + c_2 \Psi_{H(2)} \tag{12.39}$$

くり返すと $\Psi_{H(1)}$ は水素1の基底状態の原子波動関数，$\Psi_{H(2)}$ は水素2の基底状態の原子波動関数である．分子では両方の水素原子の寄与が等しいので，二つの定数 c_1 と c_2 は同じ大きさと考えられる．また二通りの線形結合が可能，つまり二つの原子軌道の和をとることと差をとることが可能である．したがって二つの原子軌道（AO）である $\Psi_{H(1)}$ と $\Psi_{H(2)}$ が結合して，次のような二つの **分子軌道**（molecular orbital，MO）の $\phi_{H_2^+,1}$ と $\phi_{H_2^+,2}$ をつくる．

$$\begin{aligned}\phi_{H_2^+,1} &= c_1 \{\Psi_{H(1)} + \Psi_{H(2)}\} \\ \phi_{H_2^+,2} &= c_2 \{\Psi_{H(1)} - \Psi_{H(2)}\}\end{aligned} \tag{12.40}$$

一般に n 個の原子軌道を用いれば，n 個の分子軌道を記述する n 個の線形独立な結合がある．なお，このときは $c_1 = c_2$ とは仮定できない．図 12.16 に，二つの原子軌道の和と差について示した．それぞれの水素の波動関数は球対称だが，二つの原子が結合した系ではこれと異なり，円筒対称になる．図 12.16 は実際に，分子の核間軸である円筒の軸に沿った波動関数の大きさを示している．

係数 c_1 と c_2 は線形変分理論のときとまったく同じように，永年行列式を使って求めることができる．しかしこれまでの例と違って，ここでは規格直交性から積分が0や1になるとはいえない場合もある．$\Psi_{H(1)}^* \Psi_{H(2)}$ などを積分する場合には，**この積分を常にゼロと仮定することはできない**．これは波動関数の中心が異なる原子上にあるために起こる．これまで述べてきた規格直交条件は，厳密には同じ系の波動関数に対してのみ適用できる．摂動を受けていない波動関数 $\Psi_{H(1)}$ と $\Psi_{H(2)}$ の中心は異なる原子の核の上にあるから，機械的に規格直交条件をあてはめることはできないのである．したがって永

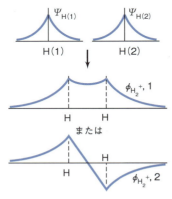

図 12.16 H_2^+ の分子軌道（MO）を，水素 H の原子軌道（AO）の線形結合で表したもの　中段の MO は上段の二つの AO の和で，核間に電子密度が集中している．下段の MO は二つの AO の差で，電子密度は二つの核のむしろ外側に集中している．

年行列式から得られる方程式の解は少し複雑になる．

分子軌道は規格化されている必要があるので，これを利用して c_1 と c_2 を決めることができる．式 (12.40) の最初の式を規格化すると

$$\int \phi_{\mathrm{H_2^+},1}{}^* \phi_{\mathrm{H_2^+},1}\, \mathrm{d}\tau = 1$$

から

$$c_1{}^2 \int \{\Psi_{\mathrm{H}(1)}{}^*\Psi_{\mathrm{H}(1)} + 2\Psi_{\mathrm{H}(1)}{}^*\Psi_{\mathrm{H}(2)} + \Psi_{\mathrm{H}(2)}{}^*\Psi_{\mathrm{H}(2)}\}\, \mathrm{d}\tau = 1$$

$$c_1{}^2\{2 + 2\int \Psi_{\mathrm{H}(1)}{}^*\Psi_{\mathrm{H}(2)}\, \mathrm{d}\tau\} = 1$$

ここで簡単にするため同じ原子上の原子軌道は規格化されていることを用いた．しかし積分

$$\int \Psi_{\mathrm{H}(1)}{}^*\Psi_{\mathrm{H}(2)}\, \mathrm{d}\tau$$

はそれぞれの原子上に中心をもった波動関数を含むので，上で述べたように常にゼロであるとは仮定できない．これは式 (12.28) で定義した重なり積分の例で，ふつう S_{12} と書かれる．よって上の式から

$$c_1{}^2(2 + 2S_{12}) = 1$$

ゆえに

$$c_1 = \frac{1}{\sqrt{2 + 2S_{12}}} \tag{12.41}$$

を得る[†]．同様の規格化を式 (12.40) の二番目の式に行えば

$$c_2 = \frac{1}{\sqrt{2 - 2S_{12}}} \tag{12.42}$$

となる．S_{12} がゼロでない限り，二つの係数 c_1 と c_2 は同じではない．よって式 (12.40), (12.41) と (12.42) から完全な波動関数 $\phi_{\mathrm{H_2^+},1}$ と $\phi_{\mathrm{H_2^+},2}$ は次のようになる．

$$\phi_{\mathrm{H_2^+},1} = \frac{1}{\sqrt{2 + 2S_{12}}}\{\Psi_{\mathrm{H}(1)} + \Psi_{\mathrm{H}(2)}\}$$
$$\phi_{\mathrm{H_2^+},2} = \frac{1}{\sqrt{2 - 2S_{12}}}\{\Psi_{\mathrm{H}(1)} - \Psi_{\mathrm{H}(2)}\} \tag{12.43}$$

さて次に，$\mathrm{H_2^+}$ に対するこれら二つの分子軌道 $\phi_{\mathrm{H_2^+},1}$ と $\phi_{\mathrm{H_2^+},2}$ の平均エネルギーを計算する．式 (12.43) すなわち式 (12.40) の最初の波動関数 $\phi_{\mathrm{H_2^+},1}$ を用いると，平均エネルギー E_1 は

[†] 訳者注　例題 12.12 と同じく，ここでも習慣として c_1 には正の平方根のみを採用する．

$$E_1 = c_1{}^2 \int \{\Psi_{H(1)}{}^* \widehat{H} \Psi_{H(1)} + \Psi_{H(1)}{}^* \widehat{H} \Psi_{H(2)} + \Psi_{H(2)}{}^* \widehat{H} \Psi_{H(1)} + \Psi_{H(2)}{}^* \widehat{H} \Psi_{H(2)}\} \mathrm{d}\tau$$

となる．ただし $\widehat{H}$ は式 (12.37) に含まれているような，二つの核が距離 R だけ離れている場合の，電子だけについてのハミルトニアンである．ここで線形変分理論から得られる以下の積分を定義する．

$$H_{11} = H_{22} \equiv \int \Psi_{H(1)}{}^* \widehat{H} \Psi_{H(1)} \mathrm{d}\tau = \int \Psi_{H(2)}{}^* \widehat{H} \Psi_{H(2)} \mathrm{d}\tau$$
$$H_{21} = H_{12} \equiv \int \Psi_{H(1)}{}^* \widehat{H} \Psi_{H(2)} \mathrm{d}\tau = \int \Psi_{H(2)}{}^* \widehat{H} \Psi_{H(1)} \mathrm{d}\tau \qquad (12.44)$$

異なる原子の波動関数が数学的に相互作用しうるという点を除いては，これらの積分は式 (12.28) の積分とたいへんよく似ている．H_{11} と H_{22} は単純に分子軌道のエネルギーである．一方の H_{12} と H_{21} は，いわば二つの異なった分子の波動関数の混合によるエネルギーを表す．これらの積分は**共鳴積分** (resonance integral) と呼ばれる．この種の積分（そこで考える波動関数はそれぞれ別の原子上に中心をもつ）は古典力学では考えられなかったもので，純粋に量子力学的な起源をもつ．式 (12.44) で H_{11} と H_{22} が等しいのは両方の原子が水素だからで，異核二原子分子ではそれぞれの積分 H_{11}, H_{22}, H_{12}, H_{21} は別々に定義されることになる．

以上より，上の E_1 に式 (12.44) を代入し，式 (12.41) を用いて整理する．また式 (12.43) の $\phi_{H_2^+,2}$ についても同様の計算を行い，これを E_2 とすると，求めたかった平均エネルギー E_1 と E_2 が次のように得られる．

$$E_1 = \frac{H_{11} + H_{12}}{1 + S_{12}}$$
$$E_2 = \frac{H_{22} - H_{12}}{1 - S_{12}} \qquad (12.45)$$

ここで E_1 は E_2 よりも小さい．また興味深いことに，分子軌道のエネルギー E_1 と E_2 の和が，もともとの二つの原子軌道のエネルギーの和とは異なっている．全エネルギーは H_{12} と S_{12} の大きさに依存し，H_2^+ では二つの軌道のエネルギー E_1 と E_2 の和は少しだけ増加している[†]．これを図 12.17 に示す．系の全エネルギーは軌道のエネルギーだけでなく，距離 R だけ離れた二つの核による反発的な静電ポテンシャルエネルギーも含む．したがって全エネルギーは R, H_{12}, S_{12} を使って表されたエネルギーが最低になるよう計算されたものでなければならない．共鳴積分 H_{12} と重なり積分 S_{12} は楕円極座標を用いれば解析的に求まる[*]．楕円極座標のもとで得られる H_{12} と S_{12} は以下のようになる．

$$H_{11} = K \mathrm{e}^{-2R/a_0}\left(1 + \frac{a_0}{R} - \frac{\mathrm{e}^{2R/a_0}}{2}\right)$$
$$H_{12} = K\left\{\frac{a_0 S_{12}}{R} - \frac{S_{12}}{2} - \mathrm{e}^{-R/a_0}\left(1 + \frac{R}{a_0}\right)\right\} \qquad (12.46)$$

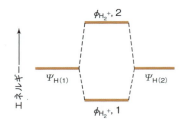

図 12.17 二つの水素原子 H の AO が H_2^+ の MO をつくるとき，反結合性軌道のエネルギーの増加は，結合性軌道のエネルギーの減少よりも少し大きい．なお図のエネルギー軸の目盛は正確ではない．式 (12.44) と (12.45) のような表現は，AO と MO のエネルギー差を見積もるときに用いられる．

[†] 訳者注　H_{11}, H_{22}, H_{12} はすべて負の値であることに注意せよ．また $0 \leq S_{12} \leq 1$ である．例題 12.13 も参照のこと．

[*] 実際には，H_2^+ はボルン・オッペンハイマー近似のもとでなら解析的に解ける．ほかの近似のもとでは解析的には解けない．

$$S_{12} = e^{-R/a_0}\left(1 + \frac{R}{a_0} + \frac{R^2}{3a_0^2}\right) \tag{12.47}$$

ここで K は，原子単位から SI 単位への変換因子であり，a_0 は第一ボーア半径 0.529 Å である．ただ一つ残っているパラメータが R である．R を変化させながらエネルギーを計算すると，エネルギーを最低にする核間距離がわかる．このようにして H_2^+ については R が 1.32 Å，エネルギー E が -2.82×10^{-19} J と計算される．ただし二つの原子が無限に離れた $H + H^+$ の状態のエネルギーを任意にゼロとおいた．ここで得られた結果は，H_2^+ の系は二つの原子が無限に離れた $H + H^+$ の状態よりもエネルギー的に -2.82×10^{-19} J だけ低く，その分だけ安定であることを意味している．この結果は実験的に求められた $R = 1.06$ Å，$E = -4.76 \times 10^{-19}$ J と比較してみると，第一近似としては悪くない値である．

例題 12.13

核間距離 R が $R = 0$ から ∞ になるときの重なり積分 S_{12} の値について述べよ．

解答
$R = 0$ のとき，二つの核は本質的には電荷が $+2$ の一つの原子を表す．よってこのとき，規格直交条件から重なり積分 S_{12} は 1 になる．さて二つの核が離れていくほど，すなわち R が大きくなるほど基底状態の原子波動関数の重なりは小さくなる．$R = \infty$ では事実上それぞれの原子は互いに孤立していることになり，重なり積分を考えると本質的に $S_{12} = 0$ になる．中間的な距離では S_{12} は 0 と 1 の間の任意の値をとる．この解析から S_{12} をなぜ重なり積分と呼ぶかという理由がわかる．それは，原子軌道の重なりの相対的な度合いを表しているのである．

例題 12.14

$R = 1.32$ Å を使って，H_2^+ の S_{12}，H_{12}，E_1，E_2 および波動関数を求めよ．ただし変換因子 K の値を 27.09 eV とし，答えは eV の単位で表すものとする．$H_{11} = -0.258$ eV を用いよ．

eV は "電子ボルト" と読み，$1\,\text{eV} = 1.602 \times 10^{-19}$ J である．これは原子スケールのエネルギーの値を扱うときに便利な単位である．

解答
いま R と a_0 がともに Å の単位で与えられているので，ここで単位の変換を考える必要はない．よって式 (12.47) から

$$S_{12} = \exp\left(\frac{-1.32\,\text{Å}}{0.529\,\text{Å}}\right) \times \left\{1 + \frac{1.32\,\text{Å}}{0.529\,\text{Å}} + \frac{(1.32\,\text{Å})^2}{3 \times (0.529\,\text{Å})^2}\right\} = 0.459$$

$$H_{12} = (27.09 \text{ eV})$$
$$\times \left\{ \frac{0.529 \text{ Å} \times 0.459}{1.32 \text{ Å}} - \frac{0.459}{2} - \exp\left(\frac{-1.32 \text{ Å}}{0.529 \text{ Å}}\right) \times \left(1 + \frac{1.32 \text{ Å}}{0.529 \text{ Å}}\right) \right\}$$

$$H_{12} = -9.04 \text{ eV}$$

$$E_1 = \frac{-0.258 \text{ eV} - 9.04 \text{ eV}}{1 + 0.459} = -6.37 \text{ eV}$$

$$E_2 = \frac{-0.258 \text{ eV} - (-9.04 \text{ eV})}{1 - 0.459} = +16.23 \text{ eV}$$

$$\phi_{H_2^+,1} = 0.585 \{\Psi_{H(1)} + \Psi_{H(2)}\}$$
$$\phi_{H_2^+,2} = 0.961 \{\Psi_{H(1)} - \Psi_{H(2)}\}$$

12.12 分子軌道の性質

H_2^+ の分子軌道として求まった波動関数 $\phi_{H_2^+,1}$ と $\phi_{H_2^+,2}$ について考える．これらはとても単純だが，あらゆる分子軌道を記述するのに利用できるある特徴を備えている．図 12.18 は二つの水素の原子軌道の和 $\phi_{H_2^+,1}$ と差 $\phi_{H_2^+,2}$ それぞれの二乗について表している．電子がある領域に存在する確率は波動関数の二乗に比例するので，図 12.18（b）は電子が基底状態の分子のなかに存在する確率を表すことになる．この系は円筒形なので，確率も円筒形になる．これは水素原子で行った $4\pi r^2 |R|^2$ についての議論と同じである．さて図 12.18（a）と（b）で示すエネルギーが低いほうの波動関数では，二つの**核間**の円筒体積中の電子の存在確率は，もとの別々に離れた原子波動関数に比べて増加している．正の電荷をもった二つの核は互いに反発しあうので，この電子の存在確率の増加すなわち電子密度の増加は二つの核の間の反発を減少させ，分子全体を安定化させるのに役立つ．別々に離れた原子軌道のエネルギーより低いエネルギーの分子軌道は**結合性軌道**（bonding orbital）と呼ばれる．

一方，図 12.18（c）と（d）で示すエネルギーが高いほうの分子軌道では，円筒体積中の電子の存在確率は二つの**核の外側**に集中する．したがって，この軌道の電子を核の間でみいだす確率は減少し，正の電荷をもった核の間の反発は増加する．その結果，系全体は不安定になる．別々に離れた原子軌道のエネルギーより高いエネルギーの分子軌道は**反結合性軌道**（antibonding orbital）と呼ばれる．この反結合性軌道には核の間に節面がある．つまり，この点における電子の存在確率は厳密にゼロになる．すべての原子軌道が結合して分子軌道をつくるとすれば，分子軌道の半分は結合性軌道になり，もう半分は反結合性軌道になる*．ここで**結合次数**（bond order）が役に立つ．結合性軌道中の電子の数を n_{bond}，反結合性軌道中の電子の数を n_{antibond} とすると結合次数 n は次のように書ける．

$$n \equiv \frac{n_{\text{bond}} - n_{\text{antibond}}}{2} \tag{12.48}$$

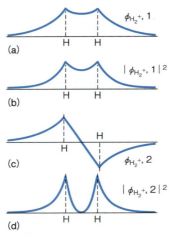

図 12.18 H_2^+ の分子軌道と分子軸方向に対する確率密度のプロット （a）のような結合性軌道では，（b）に示すように核間での電子の確率密度が増加する．（c）のような反結合性軌道では，（d）に示すように核間での電子の確率密度が減少する．反結合性軌道では二つの核の間に節がある．

＊ 分子の結合に寄与しない**非結合性軌道**（nonbonding orbital）もあるが，いまここでは考えないことにする．

結合次数 n は分子中の原子の間の結合の強さと数（すなわち単結合であるか，二重結合であるか三重結合であるか）を定性的に表す．

ところで，この節では分子や軌道は円筒対称であると仮定してきた．もともとの原子軌道は球対称で，この二つの球が結合すると二つの核を結ぶ線分の周りに円筒形をつくるから，この考え方は妥当である．円筒形をした波動関数はある軸の周りに，いまの場合には二つの核を結んだ直線で定義される軸の周りに対称な大きさをもつ．なお，このような直線は結合を表すためによく用いられる．さてそのふるまいや大きさが，二つの原子の結合の周りで円筒的な軌道は σ 軌道（σ orbital）と呼ばれる．したがって H_2^+ では二つの原子波動関数から一つの結合性 σ 軌道（σ と書かれる）と一つの反結合性 σ 軌道（σ^* と書かれる）とが生じることになる．図 12.19 は H_2^+ の二つの分子軌道を示した分子軌道図である．

H_2^+ の σ 軌道は，別々に離れた水素原子それぞれの二つの原子軌道よりも低いエネルギーをもつので，電子がその σ 軌道に入れば分子全体のエネルギーは低下する．エネルギーが低いほど安定なので，H_2^+ は基底状態でエネルギー的に安定であると考えられる．H_2^+ を生じさせるには特別な条件が必要だが，H_2^+ は $H + H^+$ に比べて安定な分子種である．結合性軌道に電子が一つあり，非結合性軌道には電子がないので，H_2^+ の結合次数 n は式（12.48）から 1/2 である．これは結合が存在し，この分子種が安定であることを意味する．しかし H_2^+ の電子がエネルギーを吸収して反結合性軌道に励起されれば核間反発が増大し，この分子はこの状態より安定な $H + H^+$ に分裂する．これは実際に，実験的に起こることである．

図 12.19 H_2^+ の分子軌道（図 12.17 と比較のこと）図中の σ と σ^* は分子軌道を表す．基底状態では，ただ一つの電子が最低エネルギーの分子軌道に入る．この分子軌道のエネルギーは原子軌道よりも低いので，分子は別々に離れた状態の原子より安定である．

12.13　そのほかの二原子分子の分子軌道

分子軌道の概念は H_2^+ より大きな二原子分子へと拡張できる．二つ目の電子を加えることで，電気的に中性な水素分子 H_2 を考えることができる．基底電子状態については，結合性 σ 軌道に電子を一つもつ H_2^+ の分子軌道図を利用できる．H_2 の二つ目の電子もこの軌道に入るが，パウリの原理を満たすためにこの電子のスピンは最初の電子のスピンと反対向きでなければならない．H_2 の分子軌道図を図 12.20 に示す．

ところで H_2 の近似波動関数は空間関数を必要とする二つの電子があり，波動関数全体が二つの電子の交換に対して反対称でなければならないという点で，ヘリウム原子の近似波動関数と似ている．ここで式（12.43）から，H_2^+ の結合性軌道中の電子の波動関数が

$$\phi_{H_2^+,1} = \frac{1}{\sqrt{2+2S_{12}}} \{\Psi_{H(1)} + \Psi_{H(2)}\}$$

と書けたことを思いだす．なお式（12.43）から得られるもう一つの波動関数 $\phi_{H_2^+,2}$ は反結合性軌道についてのものである．さて二つの電子ともこうした空間波動関数で記述されるので，H_2 の空間波動関数 ϕ_{H_2} はそうした二つ

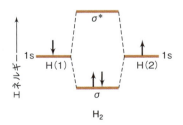

図 12.20 定性的に示した H_2 の分子軌道は，H_2^+ のそれとよく似ている．しかし H_2 では H_2^+ とは異なり，一番目の電子と反対向きのスピンをもった二番目の電子が存在している．

の関数の積

$$\phi_{H_2} = \frac{1}{2+2S_{12}}\{\Psi_{H(1)}(電子1) + \Psi_{H(2)}(電子1)\}$$
$$\times \{\Psi_{H(1)}(電子2) + \Psi_{H(2)}(電子2)\} \quad (12.49)$$

になる．ここで，それぞれの線形結合は電子 1 と電子 2 についてのものになっている．パウリの原理を満たす反対称な，完全な波動関数を得るには，この空間波動関数に反対称なスピン関数

$$\frac{1}{\sqrt{2}}\{\alpha(1)\beta(2) - \alpha(2)\beta(1)\}$$

を掛けなければならない．よって完全な波動関数 ϕ_{H_2} は

$$\phi_{H_2} = \frac{1}{\sqrt{2}}\frac{1}{2+2S_{12}}\{\Psi_{H(1)}(電子1) + \Psi_{H(2)}(電子1)\}$$
$$\times \{\Psi_{H(1)}(電子2) + \Psi_{H(2)}(電子2)\}\{\alpha(1)\beta(2) - \alpha(2)\beta(1)\}$$
$$(12.50)$$

となる[†]．

この波動関数 ϕ_{H_2} の平均エネルギーも，ボルン・オッペンハイマー近似のもとで核間距離 R に対して計算できる．別々に離れた二つの水素原子 H について計算すると，水素分子 H_2 に対する，結合によるエネルギーの減少は 4.32×10^{-19} J（実験的には 7.59×10^{-19} J）で，これは最低のエネルギーを与える $R = 0.85$ Å（実験的には 0.74 Å）においてみられる．H_2 の結合次数の計算値は 1 で，これは単結合が存在することに対応する．

ところで H_2 の基底電子状態を記述する場合に，二つの電子とも結合性 σ 軌道に入っているので σ^2 という "電子配置" が使える．さらに H_2 は等核二原子分子なので添え字 g をつけて σ_g^2 とし，分子の中心に対する軌道の対称性を示す．一方，反結合性 σ 軌道中の電子は σ_u^* と表されるが，u もやはり軌道の対称性を示している[*]．また σ 軌道の電子が水素原子の 1s 電子に由来していることを強調するために，よりくわしい $(\sigma_g 1s)^2$ という表示を使うこともできる．

さて，もっと大きな原子には，分子軌道をつくることができる多くの被占原子軌道がある．この原理を説明するために，Li から Ne までの第二周期の元素がよく使われる．いまお互いの原子の電子殻に由来する電子をもった二原子分子について考えることにし，**エネルギーの近い原子軌道だけが結びついて分子軌道をつくる**という近似を採用する．

このようにすると Li_2 では H_2 のときのように，一方の Li 原子の 1s 軌道がもう一方の Li 原子の 1s 軌道と相互作用する．さらに一方の Li 原子の 2s 軌道はもう一方の Li 原子の 2s 軌道と相互作用して，もう一つの結合性分子軌道と反結合性分子軌道の対をつくる．四つの 1s 電子は $\sigma_g 1s$ 軌道と $\sigma_g^* 1s$ 軌道を満たし，二つの 2s 電子は反対向きのスピンをもって $\sigma_g 2s$ 軌道を満たす．Li_2 の分子軌道図を図 12.21 に示す．

[†] 訳者注　これは式 (12.8) と同等である．式 (12.8) の $1s_1$ と $1s_2$ をそれぞれ

$$\frac{1}{\sqrt{2+2S_{12}}}\{\Psi_{H(1)}(電子1) + \Psi_{H(2)}(電子1)\}$$

および

$$\frac{1}{\sqrt{2+2S_{12}}}\{\Psi_{H(1)}(電子2) + \Psi_{H(2)}(電子2)\}$$

とおけば得られる．

[*] g と u は，それぞれドイツ語の *gerade* と *ungerade* を表す．なお対称性については次の章でくわしく議論する．

例題 12.15

H_2 の電子配置を使うと，Li_2 の電子配置はどのようになるか．

解　答

$\sigma_g 1s$ 軌道に二つの電子，$\sigma_u^* 1s$ 軌道に二つの電子，$\sigma_g 2s$ 軌道に二つの電子が入るので，電子配置は以下のように書ける．

$$(\sigma_g 1s)^2 (\sigma_u^* 1s)^2 (\sigma_g 2s)^2$$

Li 原子の 2s 軌道の結合からも，同様にして σ 軌道が生じることに注意してほしい．

分子軌道をつくるのに p 軌道が加わると，新たに考えるべき点が増える．それは p 軌道の方向性のため，結合に二つの可能性が生じるということである．それぞれの原子のある一つの p 軌道（いまこれを勝手に p_z 軌道とする）は，図 12.22 (a) のように軸方向に向きあって結合できる．残りの二つの p 軌道（p_x 軌道と p_y 軌道）は軸からはずれ，図 12.22 (b) のように横並びになって結合しなければならない．横並びに重なる二つの p 軌道の結合で生じる分子軌道は縮退するが，その分子軌道は軸方向に重なって生じた分子軌道とは同じエネルギーをもたない．軸方向に重なって生じた分子軌道は核を結んだ軸の範囲内で電子密度が増加するからやはり σ 軌道で，二つの p_z 軌道の結合によって結合性軌道と反結合性軌道とが生じている．

横並びに重なる四つの p 軌道は **π軌道** （π orbital）をつくる．π 軌道の電子密度は核を結んだ軸の外側にも存在し，実際に核を結んだ軸は π 軌道の節になっている．四つの p 軌道の結合によって縮退した二つの結合性 π 軌道と，縮退した二つの反結合性 π 軌道が生じる†．なお縮退した π 軌道に電子を詰めるときにもフントの規則が適用される．等核二原子分子では，その対称性から結合性 π 軌道には添え字 u が，反結合性 π 軌道には g がつく．

さて p 軌道から生じた σ 軌道と π 軌道の相対的なエネルギーの大小の順番

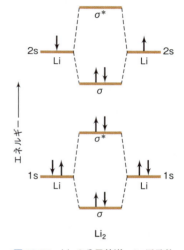

図12.21 Li_2 の分子軌道　1s 原子軌道どうしが相互作用し，2s 原子軌道どうしが相互作用する．これは付加的な近似だが，簡単な分子の波動関数を理解するには助けになる．

†訳者注　図 12.22 に示されているのは σ 軌道，π 軌道ともに結合性のものである．

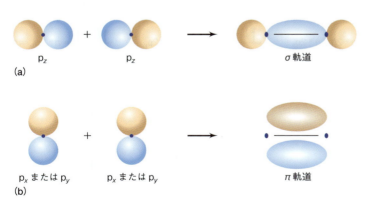

図12.22 (a) p_z 原子軌道二つが向きあって相互作用し，結合性 σ 軌道と反結合性 σ 軌道を生じる．(b) p_x 原子軌道どうし，または p_y 原子軌道どうしが横並びになって相互作用し π 軌道を生じる．この π 軌道では核どうしを結ぶ軸の外側に電子密度が存在する．なおローブの色の違いは波動関数の位相が異なることを表す．

は，対象とする第二周期の元素の種類による．Li_2 から N_2 までなら，その順番は

$$(\pi_u 2p_x, \pi_u 2p_y) < \sigma_g 2p_z < (\pi_g^* 2p_x, \pi_g^* 2p_y) < \sigma_u^* 2p_z$$

となる．O_2 と F_2 では（また安定な分子としては存在しないが Ne_2 でも），結合性軌道の順番が入れ替わり

$$\sigma_g 2p_z < (\pi_u 2p_x, \pi_u 2p_y) < (\pi_g^* 2p_x, \pi_g^* 2p_y) < \sigma_u^* 2p_z$$

のようになる．このような順番の違いはどのように説明できるだろうか†．
まず第二周期の元素について，小さな原子では大きな原子より，2s 軌道と 2p 軌道がエネルギー的に近くなっている．前に述べた，エネルギーが近い原子軌道どうしだけが相互作用するという理由により，小さな原子では大きな原子よりも 2s 軌道と 2p 軌道の間で強い相互作用が起こる．この強い相互作用のために，生じた一方の分子軌道のエネルギーは増加し，もう一方のエ

†訳者注　ここでの説明は少しわかりにくいかもしれない．著者のいいたいことは，Li_2 から N_2 までの $\sigma_g 2p_z$ は 2s 軌道との相互作用も加わるため，結果的には $(\pi_u 2p_x, \pi_u 2p_y)$ よりもエネルギーが高くなるということである．

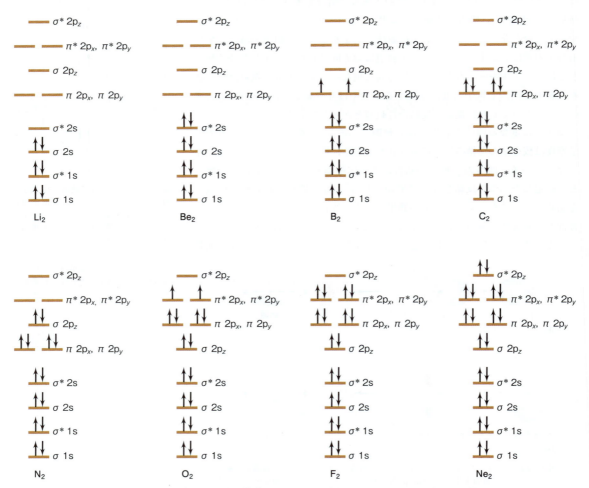

図 12.23　Li_2 から F_2 までの**分子軌道**　Ne_2 についてもあわせて示す．なおエネルギー軸の目盛は正確ではない．この図から，これら等核二原子分子の分子軌道へどのような順序で電子が詰まっていくかがわかる．

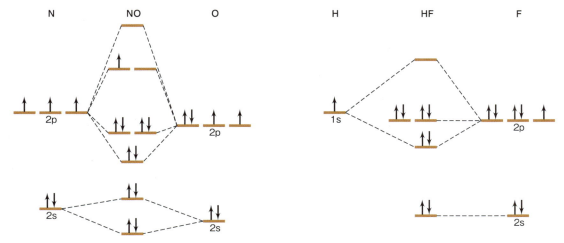

図 12.24 異核二原子分子 NO と HF の分子軌道　エネルギー軸の目盛は正確ではない．また価電子だけを示している．図 12.23 と比較のこと．

ネルギーは減少する．加えて，2p 軌道由来の 3 対の分子軌道すべてが 2s 軌道と強く相互作用するわけではない．軌道の方向によっては，うまく相互作用できないことがある*．ただ一つの分子軌道だけがこれに適した方向をもっていて相互作用し，エネルギーが減少する．こうして Li_2 から N_2 までの分子軌道の相対的なエネルギーの大小の順番ができあがり，O_2 から Ne_2 までのそれとは異なることになる．

* これは対称性の結果で，次の章で議論する．

この分子波動関数のモデルを支持する最も顕著な実験的観測は，二つの縮退した $π_g^*$ 軌道それぞれの不対電子によって生じる O_2 の常磁性だろう．図 12.23 は第二周期の元素からなる二原子分子の分子軌道の占有状態を示す．

異核二原子分子では原子軌道のエネルギーは等しくないが，分子軌道の描像については同様である．図 12.24 に NO と HF の分子軌道図を示す．HF では，もともと縮退していた F 原子の p 軌道のうちの二つが，この近似では結合に参加しないことに注意してほしい．この二つは二重縮退した非結合性軌道となって残る．HF の電子配置は $(σ)^2(2p_x^2, 2p_y^2)$ となり，核間結合をつくる二重縮退の結合性 π 軌道としての軌道表示をもたない．この場合の結合性 σ 軌道は H 原子の 1s 軌道と F 原子の $2p_z$ 軌道から生じている．

12.14　まとめ

スピンは原子の電子構造に劇的な結果をもたらす．パウリの原理によって，それぞれの軌道には最高で二つの電子しか入れない．与えられた量子数 l と m_l の制限のもと，この原理に従って原子の周りの殻に順次電子が満たされていく．これで原子の大きさも決まる．パウリの原理が電子に働かなければ，電子はすべて水素型 1s 軌道に入ってしまう．しかしそれぞれの軌道には互いに反対のスピンをもった電子が二つだけしか入れないから，電子の数が増えるにつれ，より大きな殻が満たされていかなければならない．結局，

パウリの原理が原子の大きさを決めるのである．

　水素原子より複雑な系に対するシュレーディンガー方程式の解析解は知られていない．これは量子力学が大きな系を扱えないということを意味するのではない．摂動論と変分理論は多電子系のふるまいとエネルギーを近似するために，量子力学で用いられる二つの手法である．それぞれを適用すると原理的には，求めるエネルギー固有値をいくらでも実験値に近づけることができる．これが理論にとって，真の試金石となることを忘れないでほしい．つまり，どれくらいうまく実験値を再現し説明できるかが重要なのである．ディラックの相対論的量子力学によって予言された反物質が発見されたように，理論と実験の間のこうした一致が両者の間の信頼を厚くしていくのである．また系の扱い方によって，電子のふるまいを数値的に理解する工夫ができる．以下のいくつかの章で，量子力学は電子のふるまいに適用できるだけでなく，分子にも適用できることが明らかになる．

　分子の量子力学についての理解は，原子軌道からつくられた分子軌道に始まる．自然を記述する多くの手法がそうであるように，本書では最も基礎の部分から出発し，次第にハイレベルへと達していった．少なくとも今日みられるようなほとんどの物質を理解する手段は，分子の量子力学の基礎にもとづいている．引き続くいくつかの章では，量子力学をさらに分子へと応用していく．

重 要 な 式

$$\widehat{S}^2 \Psi = s(s+1)\hbar^2 \Psi \quad \text{(スピン固有値方程式)}$$

$$\widehat{S}_z \Psi = m_s \hbar \Psi \quad \text{(スピンの}z\text{成分の固有値方程式)}$$

$$\nabla^2 \equiv \frac{\partial^2}{\partial x^2} + \frac{\partial^2}{\partial y^2} + \frac{\partial^2}{\partial z^2} \quad \text{(ラプラス演算子の定義)}$$

$$\langle E^{(1)} \rangle = \int \Psi^{(0)*} \widehat{H}' \Psi^{(0)} \, d\tau \quad \text{(摂動論による一次エネルギー補正)}$$

$$\Psi_{n,\text{real}} = \Psi_n^{(0)} + \sum_m a_m \Psi_m^{(0)} \quad \text{(摂動論による波動関数補正)}$$

$$a_m = \frac{\int_0^a \Psi_m^* \widehat{H}' \Psi_n \, dx}{E_n^{(0)} - E_m^{(0)}} \quad (m \neq n) \quad \text{(摂動論による展開波動関数の展開係数)}$$

$$\frac{\int \phi^* \widehat{H} \phi \, d\tau}{\int \phi^* \phi \, d\tau} \geq E_1 \quad \text{(変分定理)}$$

$$\begin{vmatrix} H_{11} - ES_{11} & \cdots & H_{1n} - ES_{1n} \\ \vdots & \ddots & \vdots \\ H_{n1} - ES_{n1} & \cdots & H_{nn} - ES_{nn} \end{vmatrix} = 0 \quad \text{(線形変分理論の永年方程式)}$$

$$\Psi_{\text{molecule}} \approx \Psi_{\text{nuc}} \times \Psi_{\text{el}} \quad \text{(ボルン・オッペンハイマー近似)}$$

第12章の章末問題

12.2 節の問題

12.1 シュテルン・ゲルラッハの実験では銀原子が使われたが，これはうまい選択だった．銀がなぜうまく電子のスピンの観測に使えるかを，電子配置を用いて説明せよ．〔ヒント：銀原子は例外なので，その電子配置を決めるのに構成原理を用いないこと．正しい電子配置を表から調べよ．〕

12.2 Ag原子からのビームが磁場中で二つの部分に分かれることから，$s = 1/2$ であると結論できることを示せ．

12.3 電子配置の表を参照し，Agのシュテルン・ゲルラッハの実験と同じ結果が得られるようなほかの元素をあげよ．

12.4 電子が $s = 3/2$ であるなら，磁場中でAg原子のビームはいくつの部分に分かれるか．

12.5 α と β を用い，He^+ の $3d_{-2}$ 軌道中の電子について可能な二つの波動関数を書け．

12.6 水素原子の3d軌道にある電子の四つの量子数の可能な組合せをすべてあげよ．

12.7 スピンを説明するにあたり，水素原子の波動関数の縮退度を示す一般的な式を与えよ．

12.8 二つのスピン関数 α と β は直交するか．理由とともに述べよ．

12.9 (a) 量子数 s と m_s の違いを述べよ．(b) 量子数 s が 0，2，$3/2$ のときに可能な m_s の値はいくらか．

12.10 水素原子の $1s\alpha$ スピン軌道は球対称的か．答えの説明もせよ．

12.11 電子スピンとその z 成分について，図11.15と同様のダイヤグラムを描け．このとき円錐形はいくつあるか．

12.3 節の問題

12.12 次のようなポテンシャルエネルギーの式の値は正か負か．その理由も述べよ．(a) 電子とヘリウム核の間の引力．(b) 核のなかの二つの陽子の間の斥力．(c) 北磁極と南磁極の間の引力．(d) 太陽と地球の間の引力．(e) 崖の端の岩（崖の底に対して考える）．

12.13 Hの中の電子に使った座標系を用いて，He中の電子間の r_{12} を表すのに用いる六つの座標を示せ．

12.14 Liに対する完全なシュレーディンガー方程式を書き，演算子中のどの項のためにこの方程式が厳密に解けなくなっているかを示せ．

12.15 (a) Liの電子エネルギーが，主量子数1の三つの水素型波動関数の積から得られると仮定する．Liの全エネルギーはいくらか．(b) 主量子数のうちの二つが1で，一つが2とする．電子エネルギーを計算せよ．(c) 上の両方のエネルギーを実験値 -3.26×10^{-17} J と比較せよ．どちらの計算がよいか．その計算のほうがよいと，最初から仮定できる理由があるか．

12.4 節の問題

12.16 スピン軌道は空間波動関数とスピン関数の積だが，多電子原子の正しい反対称な波動関数は空間波動関数の和と差である．正しい反対称な波動関数はなぜ，空間波動関数の積ではなく和と差なのか．説明せよ．

12.17 ϕ_1 と ϕ_2 が電子1，2の個々の波動関数であるとするとき，以下に示す全体の波動関数 Ψ が二つの電子の交換（つまり ϕ_1 が ϕ_2 になったりするなど）について対称的あるいは反対称的であるか，分類せよ．
(a) $\Psi = \phi_1 + \phi_2$
(b) $\Psi = \phi_1 - \phi_2$
(c) $\Psi = \phi_1^2 + \phi_2^2$
(d) $\Psi = \sin \phi_1 + \sin \phi_2$
(e) $\Psi = \cos \phi_1 - \cos \phi_2$

12.18 Heの波動関数の正しいふるまいが，電子の交換によって $\Psi(1,2) = -\Psi(2,1)$ となるような反対称的なものであることを示せ．

12.19 式 (12.7) は二つの電子の交換に対して対称であることを示せ．

12.20 $1s^2 2s^2$ と書かれるベリリウムの電子配置がパウリの原理と相反していないと考えられるのはなぜか．〔ヒント：例題12.6をみよ．〕

12.21 スレーター行列式を用いて，Li^+ の基底状態に対して正しくふるまう波動関数を求めよ．

12.22 リチウムアニオン Li^- に対するスレーター行列式を求めよ．

12.23 水素原子に対しては，なぜ反対称な波動関数を考えなくてよいのか．

12.24 (a) BeとBについて，スレーター行列式で与えられる波動関数をつくれ．〔ヒント：Bに対しては1個のp軌道を含めるだけでよいが，可能な行列式は六つつくれることを承知しておくこと．〕(b) すべてのp電

子が可能な p 軌道に分布し，同じスピンをもつと仮定すると，C に対して，異なるスレーター行列式はいくつあるか．また F に対してはどうか．

12.25 励起状態に対してもスレーター行列式を書くことができる．励起電子配置 $1s^1\,2s^1$ をもつヘリウム原子に対する四種類の可能なスレーター行列式を書け（電子のスピン波動関数の取り方に四通りあるために，四つの可能性がある）．

12.26 式 (12.9) の波動関数は $\hat{L}^2_{\text{tot}}$ の固有関数か．もしそうなら，固有値はいくらか．

12.27 本章にあげた例題は，スレーター行列式で与えられる正しい反対称な波動関数に含まれる項の数が $n!$ であることを示している．ここで n は電子の数，! は階乗を表す．すなわち $n! = 1 \times 2 \times 3 \times \cdots \times n$ である．適切な波動関数のすべての項を追いかけることは，すぐにたいへん困難になる．一方，これをスレーター行列式で表すことは非常に簡単である．
(a) 本章で与えられた He, Li, Be の例に対して，$n!$ の関係を確かめよ．〔ヒント：行列式を計算するための規則をみなおせばよい．〕
(b) C, Na, Si, P に対する反対称な波動関数の項の数を求めよ．

12.28 α, β, γ で示される m_s の可能な三種類の値を電子がもつとすると，Li に対するスレーター行列式はどう書けるか．また Be についてはどうか．

12.5 節の問題

12.29 周期表または表 12.1 を用いて，電子配置が厳密には構成原理に従わない元素をみいだせ．これらの元素と周期表上の位置との関係について述べよ．

12.30 次の原子について，その妥当な電子配置を m_l と m_s を含めて書け．
(a) Li
(b) N
(c) Ne
(d) Sc

12.31 次の原子の電子配置は基底状態か励起状態か．
(a) Li : $1s^2\,2p^1$
(b) C : $1s^2\,2s^2\,2p^2$
(c) K : $1s^2\,2s^2\,2p^6\,3s^2\,3p^6\,4p^1$
(d) Be : $1s^2\,3s^2$
(e) U : $7s^2\,5f^3\,7p^1$（外側の殻のみ示した）

12.32 上の問題 12.31 のそれぞれの原子の状態について，最外殻電子がスピン軌道を占有してフントの規則を満たす可能な方法はいくつあるか．またそれらを列挙せよ．たとえば Li の最外殻では三つ，すなわち $2p_x^1$（スピンは α または β），$2p_y^1$（α または β），$2p_z^1$（α または β）で，合計六通りになる．

12.6 節の問題

12.33 式 (12.17) を導くとき，エネルギーへの補正は近似であると述べた．一次補正を表す積分が解析的に解けて，それゆえ厳密であると，なぜ簡単に仮定できないのだろうか．

12.34 非調和振動子のポテンシャル関数が
$$V = \frac{1}{2}kx^2 + cx^4$$
であるとする．c はある種の非調和定数である．$\hat{H}_0$ を理想調和振動子のハミルトニアンとし，c を用いて，この非調和振動子の基底状態に対するエネルギー補正を求めよ．ただし巻末の付録 1 の積分表を用いてよい．

12.35 摂動 $\hat{H}' = cx^3$ は，なぜ基底状態の調和振動子に対するエネルギー補正として働かないか．〔ヒント：まずこのエネルギーを具体的に求め，次に積分を計算せずに解答へたどり着く方法を考えよ．〕

12.36 長さ a の箱のなかにある粒子が受けるポテンシャルエネルギーが
$$V = kx^2$$
という関数で表されるとき，質量 m，箱の長さ a，定数 k を用いて，粒子の平均エネルギーを求めよ．

12.37 $m = 1$ で円環上を動く電子が摂動
$$\hat{H}' = V(1 - \sin 6\phi)$$
を受けるとき，その電子の平均エネルギーを求めよ．

12.38 例題 12.10 で，実の波動関数に対する a_3 を求めよ．

12.39 ポリエン（多くの共役炭素–炭素二重結合をもつ有機分子）の両端では
$$V = k\left(x - \frac{a}{4}\right)^2$$
と書ける小さなポテンシャルエネルギー変化があると考えられる．ここで k はある定数である．箱のなかの粒子の基底状態に対してこの摂動を適用し，エネルギーを求めよ．多項式に関数を掛け，各項をそれぞれ計算するとよい．

12.40 シュタルク効果は 1913 年にドイツの物理学者 Stark によって発見された，電場による系のエネルギー変化である．水素原子を考える．これに電場を加えると，通常は球形の 1s 軌道がわずかに変形する．z 方向の電場が加わると 1s 軌道に，ある程度 $2p_z$ のような性格が導入され，混合が起こる．これを原子の分極といい，

その変化の度合いを原子の分極率（αと表すが，スピン関数のαとまちがえないこと）という．摂動は$\hat{H}' = eEr\cos\theta$と表される．ここでeは電気素量，Eは電場の大きさ，rとθは電子の座標である．水素原子の摂動エネルギーを計算せよ．$\hat{H}'$の計算では，三つの球面極座標の積分を行う必要がある（なお磁場に対する同様の効果としてゼーマン効果がある．これも摂動論を使って扱える）．

12.7 と 12.8 節の問題

12.41 規格化されていない次のような関数のうち，幅aの箱のなかの粒子の変分理論に用いることができるのはどれか．

(a) $\phi = \cos(Ax + B)$ （ただし A と B は定数）
(b) $\phi = e^{-ar}$
(c) $\phi = e^{-ar^3}$
(d) $\phi = x^2(x-a)^2$
(e) $\phi = (x-a)^2$
(f) $\phi = \dfrac{a}{a-x}$
(g) $\phi = \sin\dfrac{Ax}{a}\cos\dfrac{Ax}{a}$

12.42 式（12.28）の定義を（12.27）に代入し，式（12.29）を確かめよ．

12.43 式（12.29）で$c_{a,1}$に対する微分を行って，式（12.30）が得られることを示せ．

12.44 規格化されていない試行関数$\phi = e^{-kr}$を用いて，水素原子を変分理論で取り扱う．このときkのある形が求まると H の正しい最小エネルギー解が与えられることを示せ．

12.45 変分理論によって H を取り扱うことを考える．規格化されていない試行関数として$\phi = e^{-kr^2}$を用いて，最適なkの値を決めよ．

12.46 例題 12.11 のヘリウム原子の取扱いで仮定した有効核電荷は，水素原子の取扱いでは必要ない理由を説明せよ．

12.47 例題 12.12 で求められた二つの実関数が規格直交性をもつことを示せ．

12.48 実際の系を考える．いま実際の波動関数が$H_{11} = -15$，$H_{22} = -4$，$H_{12} = H_{21} = -2.5$（任意のエネルギー単位）であるような二つの直交関数の結合であるとする．(a) 実際の系の近似エネルギーと，$\phi_a = c_{a,1}\Psi_1 + c_{a,2}\Psi_2$の展開係数を計算せよ．(b) ここで得られた答えと例題 12.12 で得られた答えを比較し，説明を加えよ．

12.49 ある実の波動関数が，$H_{11} = -25$ と $H_{22} = -20$（任意のエネルギー単位）をみたす二つの直交関数の結合で表せると考える．ここで$S_{11} = S_{22} = 1$ および $S_{12} = S_{21} = 0$ とする．(a) $H_{12} = H_{21} = -0.50$（任意のエネルギー単位）であるとき，その系のエネルギーの近似値を求めよ．(b) $H_{12} = H_{21} = -5.0$（任意のエネルギー単位）であるとき，その系のエネルギーの近似値を求めよ．(a) のエネルギーとはどのように異なると考えられるか．

12.50 (a) 四つの理想的な波動関数で記述される系の永年行列式はどのようになるか．(b) 理想的な波動関数の数が増えると，永年行列式はどのように複雑になるか．どれだけの数の H と S を計算しなければならないか．

12.51 以下の手順で変分定理を示せ．まず系の真の最低エネルギーをE_1とせよ．次に，どのような試行関数ϕも，系の真の波動関数Ψ_iの和

$$\phi = \sum_i c_i \Psi_i \quad \text{ただし} \quad \hat{H}\Psi_i = E_i \Psi_i$$

で表されるとする．ϕを試行関数に用いて$\langle E \rangle$を求め，$\langle E \rangle \geq E_1$を示せ．ここで$\phi$が常に$\Psi_1$に等しければ等号が成り立ち，等しくなければ$\langle E \rangle$は$E_1$よりも大きいものとする．

12.9 節の問題

12.52 変分理論と摂動論を導入するとき，計算のできる答えをもつ例をとりあげたために，考える系が理想的な解をもつような印象が残った．しかし，どの場合でも近似をしている．近似がなされたそれぞれの理論の導入部分で，最終的に厳密でない近似解が得られることになるポイントを特定せよ．

12.10 と 12.11 節の問題

12.53 ボルン・オッペンハイマー近似を言葉で，また数学的に説明せよ．その説明を通して，数学的形式がどのような意味をもつか述べよ．

12.54 二原子分子 H_2 と Cs_2 を考える．ボルン・オッペンハイマー近似を適用したとき，誤差の小さいのはどちらか．またそれはなぜか．

12.55 分光学では準位間のエネルギー差を扱う．H_2^+の二つの分子軌道間のエネルギー差ΔEを表す式を導け．

12.56 $R = 1.00$ Å，1.15 Å，1.45 Å，1.60 Å について，$\phi_{H_2^+,1}$ と $\phi_{H_2^+,2}$ を求めよ．

12.57 H_2^+ の最低励起状態における結合次数はいくらか．この結果から，不安定な二原子分子と結合次数について一般的な関係を述べよ．

12.58 ヘリウムは2個の電子と1個の核をもつ原子として定義された．また水素分子イオンは1個の電子と2個の核をもつ分子として定義された．これらの間の唯一の違いは，粒子の同一性による交換にあるように思える．しかしその量子力学的取扱いは，結果からすれば完全に異なっている．この理由を説明せよ．

12.12 と 12.13 節の問題

12.59 式 (12.43) の最初の ϕ が結合性軌道で，二番目の ϕ が反結合性軌道であることはどのようにしてわかるか．

12.60 図 12.23 に示された，すべての二原子分子の電子配置を求めよ．

12.61 図 12.23 を用いて O_2^{2+}, O_2^-, O_2^{2-} の電子配置を求めよ．

12.62 分子軌道についての議論から，フッ素分子のジアニオン F_2^{2-} が安定なイオンとして存在するかしないかを決定せよ．

12.63 NO 分子の結合次数はいくらか．図 12.24 を用いて答えよ．

数値計算問題

12.64 数式処理ソフトを用いて，四つの電子をもつ Be 原子に対する4行4列の行列式で与えられる波動関数を求めよ．それぞれの項で表される波動関数を書き下し，それぞれの関数に対して量子数の指定も行ってみよ．

12.65 例題 12.8 の $\langle E^{(1)} \rangle$ に対する積分を数値的に求め，与えられているエネルギー補正値 5.450×10^{-18} J とどのくらい一致しているかを示せ．

12.66 代表的な数式処理ソフトを用いて，例題 12.11 で与えられた試行波動関数を求めよ．Z' に対して同じ値が得られるか．

12.67 エネルギー積分と重なり積分が以下のような値（任意単位）をもつ，三つの項の線形結合で表される波動関数のエネルギーを求めよ．

$H_{11} = 18$ $S_{11} = 0.55$
$H_{22} = 14$ $S_{22} = 0.29$
$H_{33} = 13.5$ $S_{33} = 0.067$
$H_{12} = 2.44$ $S_{12} = 0.029$
$H_{13} = 1.04$ $S_{13} = 0.006$
$H_{23} = 0.271$ $S_{23} = 0.077$

12.68 R が 0 Å から 5 Å まで変化するとき，式 (12.46) と (12.47) を R に対して計算せよ．エネルギーが最小になる R の値も求めよ．また，この距離でのエネルギーの値はいくらか．

付　録

付録 1　便利な積分

不定積分[*]

$$\int \sin bx \cos bx \, dx = \frac{1}{b} \sin^2 bx$$

$$\int \sin ax \sin bx \, dx = \frac{\sin(a-b)x}{2(a-b)} - \frac{\sin(a+b)x}{2(a+b)}$$

$$\int \sin^2 bx \, dx = \frac{x}{2} - \frac{1}{4b} \sin 2bx$$

$$\int \cos^2 bx \, dx = \frac{x}{2} + \frac{1}{4b} \sin 2bx$$

$$\int \sin^3 bx \, dx = -\frac{1}{3b} \cos bx \, (\sin^2 bx + 2)$$

$$\int x \sin^2 bx \, dx = \frac{x^2}{4} - \frac{x}{4b} \sin 2bx - \frac{1}{8b^2} \cos 2bx$$

$$\int x \cos bx \, dx = \frac{1}{b^2} \cos bx + \frac{x}{b} \sin bx$$

$$\int x^2 \sin^2 bx \, dx = \frac{x^3}{6} - \left(\frac{x^2}{4b} - \frac{1}{8b^3}\right) \sin 2bx - \frac{x}{4b^2} \cos 2bx$$

$$\int e^{bx} \, dx = \frac{1}{b} e^{bx}$$

$$\int x e^{bx} \, dx = e^{bx} \frac{1}{b^2} (bx - 1)$$

$$\int x^2 e^{bx} \, dx = e^{bx} \left(\frac{x^2}{b} - \frac{2x}{b^2} + \frac{2}{b^3}\right)$$

$$\int x^m e^{bx} \, dx = e^{bx} \sum_{k=0}^{m} (-1)^k \frac{m! \, x^{m-k}}{(m-k)! \, b^{k+1}}$$

付録 1　便利な積分
付録 2　いろいろな物質の熱力学的性質

[*]　それぞれの式は，考えている問題によって決まる特定の区間で計算する必要がある．

* それぞれの式は，積分記号に記された上限と下限の値を使って計算する必要がある.

定積分*

$$\int_0^\infty e^{-bx^2} dx = \frac{1}{2}\left(\frac{\pi}{b}\right)^{1/2}$$

$$\int_0^\infty x e^{-bx^2} dx = \frac{1}{2b}$$

$$\int_0^\infty x^n e^{-bx} dx = \frac{n!}{b^{n+1}} \quad (n \neq -1, b > 0)$$

$$\int_{-\infty}^\infty x^2 e^{-bx^2} dx = \frac{1}{2}\left(\frac{\pi}{b^3}\right)^{1/2}$$

$$\int_0^\infty x^{2n} e^{-bx^2} dx = \frac{1\times 3\times 5\times\cdots\times(2n-1)}{2^{n+1}b^n}\sqrt{\frac{\pi}{b}}$$

付録 2　いろいろな物質の熱力学的性質

$\Delta_f H°$，$\Delta_f G°$，$S°$ はすべて 298 K での値である.

化合物	$\Delta_f H°$ (kJ mol^{-1})	$\Delta_f G°$ (kJ mol^{-1})	$S°$ (J mol^{-1} K^{-1})
Ag(s)	0	0	42.55
AgBr(s)	-100.37	-96.90	107.11
AgCl(s)	-127.01	-109.80	96.25
Al(s)	0	0	28.30
Al$_2$O$_3$(s)	-1675.7	-1582.3	50.92
Ar(g)	0	0	154.84
Au(s)	0	0	47.32
Ba^{2+}(aq) [1 M]	-537.64	-560.77	9.6
BaSO$_4$(s)	-1473.19	-1362.3	132.2
Bi(s)	0	0	56.53
Br$_2$(l)	0	0	152.21
C(s, ダイヤモンド)	1.897	2.90	2.377
C(s, グラファイト)	0	0	5.69
CCl$_4$(l)	-128.4	-62.6	214.39
CH$_2$O(g)	-115.90	-109.9	218.95
CH$_3$COOC$_2$H$_5$(l)	-480.57	-332.7	259.4
CH$_3$COOH(l)	-483.52	-390.2	158.0
CH$_3$OH(l)	-238.4	-166.8	127.19
CH$_4$(g)	-74.87	-50.8	188.66
CO(g)	-110.5	-137.16	197.66
CO$_2$(g)	-393.51	-394.35	213.785
CO$_3^{2-}$(aq) [1 M]	-676.3	-528.1	-53.1
C$_2$H$_5$OH(l)	-277.0	-174.2	159.86
C$_2$H$_6$(g)	-83.8	-32.8	229.1
C$_6$H$_{12}$(l)	-157.7	26.7	203.89

化合物	$\Delta_f H°$ (kJ mol^{-1})	$\Delta_f G°$ (kJ mol^{-1})	$S°$ (J mol^{-1} K^{-1})
$C_6H_{12}O_6$(s)	-1277	-910.4	209.19
C_6H_{14}(l)	-198.7	-3.8	296.06
$C_6H_5CH_3$(l)	12.0	113.8	220.96
C_6H_5COOH(s)	-384.8	-245.3	165.71
C_6H_6(l)	48.95	124.4	173.26
$C_{10}H_8$(s)	77.0	201.0	217.59
$C_{12}H_{22}O_{11}$(s)	-2221.2	-1544.7	392.40
Ca(s)	0	0	41.59
Ca^{2+}(aq) 〔1 M〕	-542.83	-553.54	-53.1
$CaCl_2$(s)	-795.80	-748.1	104.62
$CaCO_3$(s, あられ石)	-1207.1	-1127.8	88.7
$CaCO_3$(s, 方解石)	-1206.9	-1128.8	92.9
Cl(g)	121.30	105.3	165.19
Cl^-(aq) 〔1 M〕	-167.2	-131.3	56.4
Cl_2(g)	0	0	223.08
Cr(s)	0	0	23.62
Cr_2O_3(s)	-1134.70	105.3	80.65
Cs(s)	0	0	85.15
Cu(s)	0	0	33.17
D_2(g)	0	0	144.96
D_2O(l)	-249.20	-234.54	198.34
F^-(aq) 〔1 M〕	-332.63	-278.8	-13.8
F_2(g)	0	0	202.791
Fe(s)	0	0	27.3
$Fe_2(SO_4)_3$(s)	-2583.00	-2262.7	307.46
Fe_2O_3(s)	-825.5	-743.5	87.4
Ga(s)	0	0	40.83
H^+(aq) 〔1 M〕	0	0	0
HBr(g)	-36.29	-53.51	198.70
HCl(g)	-92.31	-95.30	186.90
HCO_3^-(aq) 〔1 M〕	-691.99	-586.85	91.2
HD(g)	0.32	-1.463	143.80
HF(g)	-273.30	-274.6	173.779
HF(aq) 〔1 M〕	-320.08	-296.82	88.7
HI(g)	26.5	1.7	114.7
HNO_2(g)	-76.73	-41.9	249.41
HNO_3(g)	-134.31	-73.94	266.39
HSO_4^-(aq) 〔1 M〕	-887.3	-755.9	131.8
H_2(g)	0	0	130.68
H_2O(g)	-241.8	-228.61	188.83
H_2O(l)	-285.83	-237.14	69.91

化合物	$\Delta_f H°$ (kJ mol^{-1})	$\Delta_f G°$ (kJ mol^{-1})	$S°$ (J mol^{-1} K^{-1})
H$_2$O(s)	−292.72	—	—
He(g)	0	0	126.04
Hg(l)	0	0	75.90
Hg$_2$Cl$_2$(s)	−265.37	−210.5	191.6
I(g)	106.76	70.18	180.787
I$_2$(s)	0	0	116.14
K(s)	0	0	64.63
KBr(s)	−393.8	−380.7	95.9
KCl(s)	−436.5	−408.5	82.6
KF(s)	−567.3	−537.8	66.6
KI(s)	−327.9	−324.9	106.3
Li(s)	0	0	29.09
Li$^+$(aq) 〔1 M〕	−278.49	−293.30	13.4
LiBr(s)	−351.2	−342.0	74.3
LiCl(s)	−408.27	−372.2	59.31
LiF(s)	−616.0	−587.7	35.7
LiI(s)	−270.4	−270.3	86.8
Mg(s)	0	0	32.67
Mg^{2+}(aq) 〔1 M〕	−466.85	−454.8	−138.1
MgO(s)	−601.60	−568.9	26.95
NH$_3$(g)	−45.94	−16.4	192.77
NO(g)	90.29	86.60	210.76
NO$_2$(g)	33.10	51.30	240.04
NO$_3^-$(aq) 〔1 M〕	−207.36	−111.34	146.4
N$_2$(g)	0	0	191.609
N$_2$O(g)	82.05	104.2	219.96
N$_2$O$_4$(g)	9.08	97.79	304.38
N$_2$O$_5$(g)	11.30	118.0	346.55
Na(s)	0	0	153.718
Na$^+$(aq) 〔1 M〕	−240.12	−261.88	59.1
NaBr(s)	−361.1	−349.0	86.8
NaCl(s)	−385.9	−365.7	95.06
NaF(s)	−576.6	−546.3	51.1
NaI(s)	−287.8	−286.1	—
NaHCO$_3$(s)	−950.81	−851.0	101.7
NaN$_3$(s)	21.71	93.76	96.86
Na$_2$CO$_3$(s)	−1130.77	−1048.01	138.79
Na$_2$O(s)	−417.98	−379.1	75.04
Na$_2$SO$_4$(s)	−331.64	−303.50	35.89
Ne(g)	0	0	146.328
Ni(s)	0	0	29.87

化合物	$\Delta_f H°$ (kJ mol^{-1})	$\Delta_f G°$ (kJ mol^{-1})	$S°$ (J mol^{-1} K^{-1})
$O_2(g)$	0	0	205.14
$O_3(g)$	142.67	163.2	238.92
OH^-(aq) 〔1 M〕	−229.99	−157.28	−10.75
$PH_3(g)$	22.89	30.9	210.24
$P_4(s)$	0	0	41.08
$Pb(s)$	0	0	64.78
$PbCl_2(s)$	−359.41	−314.1	135.98
$PbO_2(s)$	−274.47	−215.4	71.78
$PbSO_4(s)$	−919.97	−813.20	148.50
$Pt(s)$	0	0	25.86
$Rb(s)$	0	0	76.78
$S(s)$	0	0	32.054
$SO_2(g)$	−296.81	−300.13	248.223
$SO_3(g)$	−395.77	−371.02	256.77
$SO_3(l)$	−438	−368	95.6
SO_4^{2-}(aq) 〔1 M〕	−909.3	−744.6	20.1
$Si(s)$	0	0	18.82
$U(s)$	0	0	50.20
$UF_6(s)$	−2197.0	−2068.6	227.6
$UO_2(s)$	−1085.0	−1031.8	77.03
$Xe(g)$	0	0	169.68
$Zn(s)$	0	0	41.6
Zn^{2+}(aq) 〔1 M〕	−153.89	−147.03	−112.1
$ZnCl_2(s)$	−415.05	−369.45	111.46

出典：National Institute of Standards and Technology's Chemistry Webbook.（http://webbook.nist.gov/chemistry からオンラインで利用可能）；D. R. Lide, ed., "CRC Handbook of Chemistry and Physics," 82nd ed., CRC Press, Boca Raton (2001)；J. A. Dean, ed., "Lange's Handbook of Chemistry," 14th ed., McGraw-Hill, New York (1992).

章末問題の解答

第1章

1.2 系とは，宇宙のなかで，いま観測している部分のことである．閉じた系とは，外界から，または外界へ物質が移動しない系のことである．しかしエネルギーは，外界と閉じた系の間で移動してもよい．

1.3 閉じた系は物体の出入りをさえぎる境界をもっているが，エネルギーはそれを横切って移動できる．一つの例は未開封のソーダ缶である．気体も液体もそこから逃げないがエネルギーは出入りしてもよい（たとえば冷蔵庫で冷却することで）．

1.4 (a) 1.256×10^4 cm^3，(b) 318 K，(c) 1.069×10^5 Pa，(d) 1.64 bar，(e) 125 cm^3，(f) -268.9 ℃，(g) 0.2575 bar

1.5 (a) 0 ℃，(b) 300 K，(c) -20 ℃

1.7 10.3 m

1.9 二つの系が互いに熱接触している場合，温度差があると，ふつうは温かいほうの系から冷たいほうの系に熱の流れが生じる．ある条件では，外部仕事がその過程に導入されると（たとえば内側から熱を取りだして周りの大気に捨てている冷蔵庫で），冷たい系から温かい系に向かって熱が逆方向に流れることもある．

1.10 $F(T) = 0.158$ L atm，$V = 0.158$ L

1.11 $F(p) = 1.04 \times 10^{-4}$ L K^{-1}，$T = 643$ K

1.13 1500 L

1.15 4.8 atm

1.21 (a) $p_{tot} = 1.25$ atm，(b) $p_{He} = 0.250$ atm，$p_{Ne} = 1.00$ atm，(c) $x_{He} = 0.200$，$x_{Ne} = 0.800$

1.22 $p_{N_2} = 11.8$ lb inch^{-2}，$p_{O_2} = 2.94$ lb inch^{-2}

1.23 0.0626 g

1.25 35.37 L

1.27 (a) 5 と 5，(b) 25 と 55，(c) -0.28 と -0.07

1.28 以下のようになる．

(a) $3y^2 - \dfrac{2y^2z^3}{w}$ (b) $\dfrac{3w^2z^3}{32y} + \dfrac{xyz^3}{w^2}$

(c) $6xy - \dfrac{w^3z^3}{32y^2} - \dfrac{2xyz^3}{w}$ (d) $-\dfrac{3y^2z^3}{w}$

1.29 (a) $-nRT/p^2$，(b) RT/p，(c) p/nR，(d) nR/V，(e) RT/V

1.31 R は定数で，変数ではないから．

1.33 この変化は

$$\left\{\dfrac{\partial}{\partial p}\left(\dfrac{\partial T}{\partial V}\right)_{n,p}\right\}_{n,V} \quad \text{または} \quad \left\{\dfrac{\partial}{\partial V}\left(\dfrac{\partial T}{\partial p}\right)_{n,V}\right\}_{n,p}$$

で表される．

1.35 ファンデルワールス定数 a は圧力補正で気体分子間の相互作用の大きさに関係している．ファンデルワールス定数 b は体積補正で気体粒子の大きさに関係している．

1.38 二酸化炭素，酸素，窒素の順に 1026 K，521 K，433 K となる．

1.40 C の単位は L^2 である．C' の単位は L atm^{-1} である（モル当り）．

1.42 He，H$_2$，Ne，N$_2$，O$_2$，Ar，CH$_4$，CO$_2$

1.43 $a = 2.135 \times 10^5$ bar cm^6 mol^{-2}．cm^6 という単位は 1 L = 1000 cm^3 から来ている．つまり，a のもともとの単位に L^2 が含まれているのである．

1.45 ファンデルワールス定数 b は気体粒子の体積に直接比例しており，そのため常に正である．

1.46 およそ 1 atm，25 ℃ の通常の条件のもとでは，気体の体積 V はおよそ 24,500 cm^3 である．したがって B/V は水素ではおよそ 6.1×10^{-4} で，圧縮因子は約 0.06% だけ大きくなっている．水蒸気の場合は，圧縮因子が約 4.6% だけ小さく，理想性からのずれが容易にわかる．

1.49 窒素のボイル温度は室温付近にある．これは第二ビリアル係数がほとんどゼロであることを意味する．し

たがって室温で窒素は理想気体に近いふるまいをすることが期待される。

1.51 (a) -0.0395 atm mol^{-1}, (b) -0.0013 atm mol^{-1}

1.53 $p(V-nb) = nRT$

1.55 $p = 0.9953$ atm. 理想気体の法則を使うと $p = 1.0001$ atm

1.57 変わらない。

1.59 循環則によって

$$\left(\frac{\partial p}{\partial p}\right)_T = -\frac{(\partial T/\partial p)_p}{(\partial T/\partial p)_p}$$

しかし変数を一定にして，その変数で微分するのは意味がない．したがってこの式から何も有用な情報は得られない．もともとの式も数学的に意味がなく，p の微分はそれ自身以外の変数についてでなければならないのである．

1.60 κ は atm^{-1} とか bar^{-1} のように（圧力）$^{-1}$ の単位をもつ．α は（温度）$^{-1}$ すなわち K^{-1} の単位をもつ．

1.61 STP：$\alpha = 0.0037$ K^{-1}, SATP：$\alpha = 0.0034$ K^{-1}

1.69 $p = 0.81$ atm

1.71 6

1.73 (a) 0.74, (b) 0.89, (c) 0.94

1.75 (a) 原子：$\langle E_{\text{trans}} \rangle = \frac{3}{2}RT$, $\langle E_{\text{rot}} \rangle = 0$

(b) 直線：$\langle E_{\text{trans}} \rangle = \frac{3}{2}RT$, $\langle E_{\text{rot}} \rangle = RT$

(c) 直線：$\langle E_{\text{trans}} \rangle = \frac{3}{2}RT$, $\langle E_{\text{rot}} \rangle = RT$

(d) 非直線：$\langle E_{\text{trans}} \rangle = \frac{3}{2}RT$, $\langle E_{\text{rot}} \rangle = \frac{3}{2}RT$

1.77 振動の自由度は比較的大きなエネルギーギャップをもつ．それゆえエネルギーの連続的な分布として取り扱うことができない．高い振動エネルギー値に対しては，単純に $\langle E_{\text{vib}} \rangle \approx 0$ となる（1.9 節を参照）．一方，極限まで低い振動エネルギー値に対しては $\langle E_{\text{vib}} \rangle \approx RT$ である．

第 2 章

2.1 (a) 900 J, (b) 640 J

2.3 -0.932 L atm すなわち -94.4 J

2.5 -3.345 L atm すなわち -338.9 J

2.7 (a) $w = -56.7$ J, (b) $w = -80.7$ J

2.9 $w = -8160$ J

2.10 0.18 J g^{-1} ℃$^{-1}$

2.11 $\Delta T = 3.44$ K

2.15 24.4 ℃

2.16 およそ 1070 回

2.19 開系は，周囲と物質，エネルギーの出入りが許される系である（ふたのないビーカー）．閉系は物質の出入りは許されないが，エネルギーが系に出入りすることが許される（キャップを閉じたビン）．孤立系は物質，エネルギーともに系への出入りがない系である（断熱型のビン）．

2.21 式（2.10）は，物質の移動もエネルギーの移動もない孤立系に適用される式で，式（2.11）は，系が外界とエネルギーのやりとりを行う閉じた系に用いる式だから．

2.22 $\Delta U = -70.7$ J

2.23 $w = +5180$ J

2.24 可逆的なときは $w = -5705$ J, 不可逆的なときは $w = -912$ J. 可逆的な膨張の場合にはより多くの仕事がなされる．

2.25 (a) $\Delta U = +98$ J, (b) $\Delta U = +74$ J

2.27 (a) ΔU, (b) ΔH, (c) ΔU, (d) ΔH

2.30 (a) $w_{\text{tot}} = 0$, (b) $\Delta U = 0$

2.31 $\Delta U = 1590$ J

2.32 (a) $p_{\text{final}} = 242$ atm, (b) $w = 0$, $q = 1.44 \times 10^6$ J, $\Delta U = 1.44 \times 10^6$ J

2.33 $q = -w$ のとき．

2.34 $w = +2690$ J, $q = -2690$ J, $\Delta U = 0$ J, $\Delta H = 0$ J

2.35 $q = 516$ J, $w = -599$ J, $\Delta U = -83$ J, $H = +34$ J

2.36 $\Delta H = 2260$ J, $w = -172$ J, $\Delta U = 2088$ J

2.37 もし圧力が一定であれば正しい．

2.39 $\Delta U = -4450$ J

2.41 $q = -15{,}200$ J, $w = +15{,}200$ J, $\Delta U = 0$ J, $\Delta H = 0$ J

2.43 順に J K^{-1}, J K^{-2}, J K

2.49 He はおよそ 36 K, H_2 はおよそ 224 K.

2.53 $\left(\dfrac{\partial p}{\partial H}\right)_T = -0.201$ atm J^{-1}

2.57 断熱的なので $w = +71.1$ J, $\Delta U = -107$ J となる．

2.58 186 ℃

2.63 $q = +374$ J

2.65 (a) 21.9% 程度, (b) 16.7% 程度

2.66 温度は元のおよそ 55.0% にまで低下する．

2.67 $\left(\dfrac{p_{\text{f}}}{p_{\text{i}}}\right)^{(\gamma-1)/\gamma} = \dfrac{T_{\text{f}}}{T_{\text{i}}}$

2.69 $T_{\text{i}} = 410$ K

2.71 $\Delta H = 333.5$ J, $\Delta U = 333.491$ J $= 333.5$ J となる（最後に有効数字を4桁にした）. 融解すると9%の体積変化を生じるH_2Oの場合にも, ΔHとΔUの差は固体-液体の相変化の場合には無視できるほど小さい.

2.72 系は0.165 Jの仕事をする.

2.74 6.777 g

2.79 $\Delta_f H = +1.9$ kJ mol^{-1}

2.83 $q = -31{,}723$ J, $\Delta U = -31{,}723$ J, $w = 0$ J, $\Delta H = -31{,}735$ J

2.84 $q = -31{,}723$ J, $\Delta H = -31{,}723$ J, $w = +12$ J, $\Delta U = -31{,}711$ J

2.85 $w = 0$, $q = \Delta U = -890.9$ kJ

2.86 $\Delta H(773\,\text{K}) = -491.9$ kJ

第3章

3.1 (a) 自発的でない, (b) 自発的, (c) 自発的, (d) 自発的でない, (e) 自発的, (f) 自発的, (g) 自発的でない.

3.3 $e = 0.267$

3.4 それぞれの過程が断熱可逆や等温可逆など, 決められた条件のもとで行われなければならない. そのとき, 与えられたデータによれば$e = 0.191$になる.

3.5 $-36\,\text{℃}$

3.7 $e = 0.268$

3.15 $\Delta S = 0$

3.16 $\Delta S = 74.5$ J K^{-1}

3.17 $\Delta S = -1.35$ J K^{-1}

3.19 $\Delta S = 23.5$ J K^{-1}

3.20 $\Delta S = 100.9$ J K^{-1}

3.21 0.368 J K^{-1}より大きい.

3.23 $\Delta S_{\text{sys}} = -3.97$ J K^{-1}, $\Delta S_{\text{surr}} > +3.97$ J K^{-1}, $\Delta S_{\text{univ}} > 0$

3.27 $\Delta S = 8.13$ J K^{-1}

3.28 過程が可逆的であればΔSはゼロになる. しかし圧縮気体を解放する過程はふつう不可逆的であるため, エントロピー変化はゼロよりも大きくなる.

3.31 $\Delta_{\text{mix}} S = 4.6$ J K^{-1}

3.32 $\Delta_{\text{mix}} S = 2.20$ J K^{-1}, $\Delta_{\text{expansion}} S = 3.72$ J K^{-1}より過程全体でのエントロピー変化は5.92 J K^{-1}となる.

3.35 (a) $T_{\text{final}} = 75.0\,\text{℃}$, (b) $\Delta S_{\text{hot}} = -5.03$ J K^{-1}, (c) $\Delta S_{\text{cold}} = 6.25$ J K^{-1}, (d) $\Delta S_{\text{total}} = 1.22$ J K^{-1}, (e) 自発的な過程である.

3.37 $\Delta S = 37.5$ J K^{-1}

3.38 $\Delta S = 9.09 \times 10^5$ J K^{-1}

3.39 $\Delta S = +8.04$ J mol^{-1} K^{-1}

3.49 $S = 158.99$ J mol^{-1} K^{-1}

3.51 C（ダイヤモンド）< C（グラファイト）< Si < Fe < NaCl < $BaSO_4$

3.53 $\Delta S = +5.76$ J mol^{-1} K^{-1}

3.56 (a) -163.29 J K^{-1}, (b) -44.24 J K^{-1}, (c) -1074.1 J K^{-1}

3.59 エントロピー変化の差は118.87 J K^{-1}である. この差は生成するH_2Oの相の違いによるものである.

3.61 $\Delta S = -13{,}640$ J K^{-1}

3.63 ΔSは正であるべき.

第4章

4.9 ΔAは系が行うことのできる最大の仕事より小さいか等しい. 不可逆的な過程なので, 与えられた条件に対して仕事を計算すると, ΔAはその値よりも小さくなる. すなわち$\Delta A < -293$ Jである.

4.10 生成されるH_2Oのモル当りで, 最大237.13 kJの仕事を行うことができる.

4.11 $\Delta A = -536$ J

4.12 $w = -15{,}700$ J, $q = 15{,}700$ J, $\Delta U = 0$ J, $\Delta H = 0$ J, $\Delta A = -15{,}700$ J, $\Delta S = 57.5$ J K^{-1}

4.13 -97.7 kJ

4.14 ΔGについては$+2.3$ kJと$+138.3$ kJである.

4.17 $\Delta S = -3.37$ J K^{-1}

4.19 電気化学的仕事の最大値$= 817.8$ kJ

4.21 できない. 得られる非pV仕事の最大値はゼロになる.

4.25 $\Delta S = +111$ J K^{-1}

4.27 $\Delta A = 0$（状態関数だから）

4.33 ΔA, ΔGの値にはエントロピーの成分があり, これはすべての等温過程でゼロである必要はない.

4.41 ΔUはおよそ4460 J変化するはずである.

4.47 $\left(\dfrac{\partial U}{\partial V}\right)_T = \dfrac{RT}{\overline{V}-b} + \dfrac{a}{T\overline{V}^2} - p$

4.49 38.5 J K^{-1}

4.51 $1/\Delta H$を与える.

4.52 $\Delta G = -967$ J

4.53 $\Delta G = 5.21$ kJ

4.59 $\Delta G = 181$ J

4.61 $\dfrac{\partial}{\partial T}\left(\dfrac{\Delta A}{T}\right)_V = -\dfrac{\Delta U}{T^2}$

4.66 すべて示強変数である.

4.68 (a) -1.91×10^3 J, (b) -5.74×10^3 J

4.69 -29.7 J mol^{-1}

第 5 章

5.5 ξ の最小値はゼロである．最大値は HCl によって決められ，0.169 mol となる．

5.6 (a) $\xi = 1.5$ mol，(b) この場合は H_2 が ξ の最大値を決める．ξ は 1.66 mol となり，3 mol にはならない．

5.7 (a) $\xi = 0.75$ mol，(b) 否．Al が最大値だから．

5.10 してはいけない．$p°$ は 1 atm または 1 bar と定義される標準圧力だから．

5.11 $Q = 567$

5.13 $K = 0.507$，$\Delta G° = 1.98$ kJ

5.14 $\Delta_{rxn}G° = -514.38$ kJ，$\Delta_{rxn}G = -539.26$ kJ

5.15 $p_{NO_2} = 0.105$ atm

5.16 (b) $\Delta G° = -68$ kJ，(c) $K = 8.2 \times 10^{11}$

5.17 (a) $K = \dfrac{p{NO_2}^2}{pNO^2 \cdot pO_2}$ (b) $\Delta G° = -70.6$ kJ
(c) $K = 2.4 \times 10^{12}$，(d) 右へ移動する．

5.19 式 (5.9) の p_i と p_j の値が異なってくるので，系は必ずしも平衡である必要はない．化学反応式の両辺が同じ物質量になっている場合には，これらの分圧が数学的に互いに打ち消しあい，平衡定数が同じになる．

5.23 (a) $\Delta_{rxn}G° = -32.8$ kJ，(b) $\Delta_{rxn}G = -29.4$ kJ

5.24 すべての分圧がおよそ 1.29×10^{-3} atm になる場合に，$\Delta_{rxn}G$ はゼロになる．

5.25 $p(H_2) = 0.42$ atm，$p(D_2) = 0.017$ atm，$p(HD) = 0.17$ atm，$\xi = 0.083$ mol

5.27 (a) $K = 6.96$，(b) $\xi = 0.40$ mol

5.28 $\Delta_{rxn}G° = 10.2$ kJ，$K = 1.63 \times 10^{-2}$

5.31 以下の通り．

(a) $K = \dfrac{\dfrac{\gamma_{Pb^{2+}} m_{Pb^{2+}}}{m°} \left(\dfrac{\gamma_{Cl^-} m_{Cl^-}}{m°}\right)^2}{\dfrac{\gamma_{PbCl_2} m_{PbCl_2}}{m°}}$

(b) $K = \dfrac{\left(\dfrac{\gamma_{H^+} m_{H^+}}{m°}\right)\left(\dfrac{\gamma_{NO_2^-} m_{NO_2^-}}{m°}\right)}{\dfrac{\gamma_{HNO_2} m_{HNO_2}}{m°}}$

(c) $K = \dfrac{\dfrac{p_{CO_2}}{p°}}{\dfrac{\gamma_{H_2C_2O_4} m_{H_2C_2O_4}}{m°}}$

5.33 $K = 8.1 \times 10^{-9}$

5.34 $K = 0.310$

5.35 $p = 1.49 \times 10^4$ atm

5.36 $K = 6.3 \times 10^{-5}$

5.37 $a = 1.5 \times 10^9$

5.39 (a) $\Delta G° = 10.96$ kJ，(b) $m_{H^+} = m_{SO_4^{2-}} = 6.49 \times 10^{-3}$ molal，$m_{HSO_4^-} = 3.51 \times 10^{-3}$ molal

5.41 (a) $K = \dfrac{a_{CO_2}}{a_{O_2}}$ (b) $K = \dfrac{1}{a_{O_2}^5}$

5.42 $\Delta H° = -77$ kJ

5.43 $\Delta H° = 20.9$ kJ

5.45 (a) $\Delta H° = 49.5$ kJ，(b) $\Delta H° = 52.3$ kJ

5.46 5 K だけ温度が低下して 293 K になると，K の値が 2 倍程度に増加する．282 K まで，16 K だけ低下させると，K は 10 倍まで増加する．$\Delta H° = -20$ kJ の場合にはそれぞれ 274 K，232 K である．

5.47 $\Delta H = -57.6$ kJ

5.51 (a) $\Delta_{rxn}G° = 31.03$ kJ，$\Delta_{rxn}H° = 135.54$ kJ，(b) $K = 3.6 \times 10^{-6}$，(c) $p_{CO_2} = p_{H_2O} = 1.91 \times 10^{-3}$ atm，(d) 1150 ℃ で平衡状態のとき，$p_{CO_2} = p_{H_2O} = 4.6 \times 10^6$ atm

5.55 (a) 反応物のサイド，(b) 生成物のサイド．

5.59 中性の水では [両性イオン] $\approx 7 \times 10^{-4}$ m である．

第 6 章

6.1 (a) 1，(b) 2，(c) 4，(d) 2，(e) 2

6.3 $FeCl_2$ と $FeCl_3$ だけが鉄と塩素からなる化学的に安定な一成分系である．ここでは一成分系として化合物を考え，それをつくっている元素を考えているのではないことに注意．

6.6 (a) 平衡が液相のほうへ移動する．(b) 平衡が固相のほうへ移動する．(c) 平衡が固相のほうへ移動する．(d) より安定な固体の同素体や金属スズのように異なった結晶形態がなければ，相に変化は生じない．

6.7 定義に従うと，純粋物質の標準沸点は一つだけである．

6.8 $-dn_{liquid} = dn_{solid}$

6.13 (a) 液体は熱としてエネルギーを失う．(b) $T_{final} = 19.1$ ℃

6.15 $\Delta \mu / \Delta T = -214$ J K^{-1}

6.16 $\Delta S = 87.0$ J mol^{-1}

6.17 およそ 1452 ℃

6.18 およそ 3820 ℃

6.21 ΔH と ΔV は考えている温度領域で変化しないと仮定する．

6.23 およそ 7.3 atm

6.25 $T = 548$ K

6.26 適用できるのは (a)，(b)，(h)．

6.27 大気圧下での沸点のほうが高い．

6.30 およそ 7.3 atm の圧力が必要である．この値は式 (6.10) で予想された値にたいへん近い．

6.33 クラウジウス・クラペイロンの式で予想される蒸気圧は大きなほうから以下の順番になる．tert-ブチルアルコール (44.7 mmHg)，2-ブタノール (20.5 mmHg)，イソブチルアルコール (13.6 mmHg)，1-ブタノール (9.6 mmHg)．この順番はこれら異性体の標準沸点の低いほうから高いほうへの順番でもある．

6.35 $T = 328$ K もしくは 55 ℃

6.36 $dp/dT = 7.8 \times 10^{-6}$ bar K^{-1}，すなわちおよそ 6/1000 mmHg K^{-1}

6.37 $p = 0.035$ bar

6.39 $p = 540$ Torr

6.42 およそ 97 atm．これは海面下約 960 m での圧力に相当する．

6.43 $T_{BP} = 365.7$ K $= 92.6$ ℃

6.45 $T_{BP} = 394.3$ K $= 121.1$ ℃

6.49 高山では水は低い温度で沸騰するため（問題 6.43 を参照），料理に長い時間がかかる．

6.51 図 6.6 に示された，ほかの氷の相では固相-液相境界の傾きはすべて正であり，固相は液相の水よりも密度が高いことを示唆している．

6.53 自由度が負になることはないので，P は 3 より大きくなることはない．

6.55 二つの変数で四つの相をもつことは，厳密な数学的な解として許されない．したがって，平衡状態として四つの相が共存することは不可能である．

6.61 (a) $T_{tp} = 508$ K, (b) $p_{tp} = 2258$ Torr

6.62 標準圧力で昇華する化合物の液相を安定に得るためには高い圧力が必要になる．CO_2 がその一例である．

6.69 $\Delta \mu \approx 209$ J

第 7 章

7.1 自由度は 3 である．

7.3 五つの相が必要．たとえば三つの固相がある．

7.8 H_2O の最小量は 6.39×10^{-3} mol (0.115 g)，CH_3OH の最小量は 3.36×10^{-2} mol (1.08 g)．

7.9 $y_{H_2O} = 0.0928$, $y_{CH_3OH} = 0.907$

7.10 $a = 0.984$

7.14 124.5 Torr

7.15 133.4 Torr

7.16 0.0693 Torr

7.17 $p_{tot} = 42.5$ Torr

7.19 $p_{tot} = 32.5$ Torr

7.20 $x_{CH_3OH} = 0.669$, $x_{C_2H_5OH} = 0.331$

7.21 $x_{C_2H_5OH} = 0.412$, $x_{C_3H_7OH} = 0.588$

7.23 $y_{C_6H_{14}} = 0.608$, $y_{C_6H_{12}} = 0.392$

7.25 $y_{C_2H_5OH} = 0.760$, $y_{C_3H_7OH} = 0.240$

7.27 $p_{tot} = \dfrac{p_1^* p_2^*}{[p_2^* + (p_1^* - p_2^*) y_2]}$

7.28 式 (7.24) は液相でなく，蒸気相の組成を使って書かれているから．

7.29 2 mol の物質についてそれぞれ $\Delta_{mix}G = -3380$ J，$\Delta_{mix}S = -11.5$ J K^{-1} となる．

7.34 融点と沸点を決め，これを純粋な成分の値と比較すればよい．

7.35 極小沸点型共沸混合物：CCl_4 と $HCOOH$，CH_3OH と CH_3COCH_3，H_2O と $C_2H_5OCH_3$，H_2O と $C_2H_5CO_2CH_3$，H_2O とピリジン．極大沸点型共沸混合物：HCl と $(CH_3)_2O$，$HCOOH$ とピリジン．

7.37 ベンゼンは有毒で発がん性が懸念されているから．

7.38 50：50 混合液を使うことで，凝固点がそれぞれの成分の凝固点より下がるから．

7.39 $K = 1.23 \times 10^6$ mmHg $= 1.62 \times 10^3$ atm $= 1.64 \times 10^3$ bar

7.41 1.31×10^9 Pa $= 1.29 \times 10^4$ atm

7.43 2.4×10^3 Pa

7.44 $M = 0.00232$ M, $K = 2.43 \times 10^9$ Pa

7.45 (a) $M = 0.00077$ M, (b) $K = 7.3 \times 10^9$ Pa, (c) 減少する．

7.49 純粋な水が凍ると，残った液体の不純物濃度はどんどん高くなり，これは最終的に液体が固化するまで続く．

7.50 $M = 5.08$ M

7.51 $x_{フェノール} = 0.79$ で，これは 100 g の H_2O 当り 1900 g 以上のフェノールが溶解することを示している．この奇妙な結果は，水とフェノールが理想溶液をつくらないためである．

7.52 (a) 2.78 M, (b) 29.7 g/100 mL, 1.80 M

7.56 1515 K

7.62 $x_{Na} = 0.739$

7.67 $p = 37.6$ mmHg

7.69 347 g mol^{-1}

7.72 沸点は 101.1 ℃，凝固点は -4.0 ℃，浸透圧は 52.5 bar である．

7.73 $\Pi = 219$ atm

7.75 -9.8 ℃

7.77 $\Delta_{fus}H = 2.69$ kJ mol^{-1}

7.80 $K_f = 8.89$ ℃ molal^{-1}

7.81 凝固点降下定数．通常，$\Delta_{fus}H$ は $\Delta_{vap}H$ よりもずっと小さく，分数が大きくなる．

7.85 (a) $\Pi = 250.8$ atm，(b) $\Pi = 344.9$ atm，(c) $\Pi = 424.5$ atm

第 8 章

8.1 -2.50×10^{-8} C

8.2 (a) $F = 3.54 \times 10^{22}$ N，(b) 2.97×10^{17} C．これはおよそ 3×10^{12} mol の電子に相当する．この電子全体の質量はおよそ 1.7×10^6 kg と見積もられ，地球の重さより 18 桁小さい．

8.3 (a) 4.98×10^{-9} C と -9.96×10^{-9} C，(b) 156 J C^{-1} と 312 J C^{-1} m^{-1}（単位は V m^{-1} でもよい）

8.4 1 C $= 2.998 \times 10^9$ statcoulomb

8.5 $F = -8.24 \times 10^{-8}$ N

8.7 $w = 1.602 \times 10^{-19}$ J

8.9 (a) $4\,MnO_2 + 3\,O_2 + 2\,H_2O \longrightarrow 4\,MnO_4^- + 4\,H^+$，$E° = -1.278$ V，$\Delta G° = 1480$ kJ，(b) $2\,Cu^+ \longrightarrow Cu + Cu^{2+}$，$E° = 0.368$ V，$\Delta G° = -35.5$ kJ

8.14 (b) だけが仕事をまかなえる．

8.15 (b) と (d) は，十分にエネルギーを放出する反応である．

8.16 カロメル電極が還元反応に使われるか酸化反応に使われるかによって正または負にシフトする．

8.17 $Hg_2Cl_2 + H_2 \longrightarrow 2\,Hg + 2\,H^+ + 2\,Cl^-$

8.18 (a) $E° = 1.401$ V，$\Delta G = -270.3$ kJ，(b) $E° = 0.0067$ V，$\Delta G = -2.6$ kJ

8.19 (a) $E° = -0.0005$ V，$\Delta G = -96.5$ J，(b) $E° = -0.912$ V，$\Delta G = -176.1$ J

8.21 先に鉄パイプが腐食する．

8.23 $E = 1.307$ V

8.27 従属変数：E，独立変数：Q，傾き：RT/nF，y 切片：$E°$

8.28 Zn^{2+} と Cu^{2+} の反応比はおよそ 3210 である．

8.29 およそ 1.514 V

8.31 およそ $19{,}700$ K

8.32 $E = 1.519$ V

8.33 (a) $E° = 0.00$ V，(b) $Q = [Fe^{3+}]_{生成物}/[Fe^{3+}]_{反応物} = 0.001/0.08$，(c) $E = 0.0375$ V

8.35 (a) $Q = 0.0202$，(b) $Q = 0.00287$，(c) $Q = 0.0202$

8.36 $K = 3.25 \times 10^{-2}$

8.37 $E \approx -0.0176$ V

8.39 $\Delta S = -70.4$ J K^{-1}

8.43 $\dfrac{\partial E}{\partial T} = -0.0000402$ V K^{-1}

8.44 $\Delta C_p° = -nF\left(2\dfrac{\partial E°}{\partial T} + T\dfrac{\partial^2 E°}{\partial T^2}\right)$

8.47 $K = 2.41$

8.49 $K_{sp} = 1.36 \times 10^{-8}$

8.54 $[Cl^-] = 1.38 \times 10^{-6}$ M

8.55 $E_{1/2} = -0.431$ V

8.57 $\phi = -0.000851$ V $= -0.851$ mV

8.59 $a_\pm = 0.00000618 = 6.18 \times 10^{-5}$

8.60 (a) 0.0055 molal，(b) 0.075 molal，(c) 0.0750 molal，(d) 0.150 molal

8.61 $1.5\,m$

8.69 $\Delta_{soln}H = 17.8$ kJ mol^{-1}

8.73 $\gamma_\pm = 0.949$

8.74 $I = 0.00280\,m$

8.83 速度は 4.735×10^{-6} m s^{-1} で，これは 1 s 当りイオン半径の 10,000 倍以上の距離を移動することを意味する．

第 9 章

9.1 ラグランジアン L と，ラグランジュの運動方程式はそれぞれ以下のようになる．
$$L = \dfrac{1}{2}m\dot{z}^2 - mgz$$
$$\dfrac{d(m\dot{z})}{dt} = -mg$$

9.2 ハミルトニアン H を示しておく．
$$H = \dfrac{1}{2}m\dot{z}^2 + mgz$$

9.4 それぞれ (a) ニュートンの運動方程式，(b) ラグランジュまたはハミルトンの運動方程式が適している．

9.5 (a) 波動性，(b) 両方，(c) 両方，(d) 波動性，(e) 粒子性

9.8 (a) $459{,}000$ cm^{-1}，(b) 2690 cm^{-1}，(c) 3020 cm^{-1}

9.9 $1{,}818{,}000$ m^{-1}，$18{,}180$ cm^{-1}

9.10 二つの物質は，同じ構成元素を少なくとも一つは共有している．

9.11 問題の線スペクトルは $n_1 = \infty$ に対応するから．

9.12 ライマン系列では $109{,}700$ cm^{-1}，ブラケット系列では 6856 cm^{-1} である．

9.13 (a) $105{,}350$ cm^{-1}，(b) $25{,}720$ cm^{-1}，(c) 5334 cm^{-1}

9.17 $e/m = 1.71 \times 10^{11}$ C kg^{-1} である（この章の本文で触れた Millikan によるデータを用いよ）．最近の測定によると，この比の値は 1.76×10^{11} C kg^{-1} である．

9.18 (a) 7300 個

9.19 (a) 5.67×10^4 W m^{-2}，(b) 1420 W

9.20 それぞれ $T = 65\text{ K}$, 115 K, 205 K

9.21 308 K（人間の体温が 310 K であることは興味深い）

9.23 340 W

9.24 (a) $6.42 \times 10^7 \text{ W m}^{-2}$, (b) $3.91 \times 10^{20}\text{ W}$, (c) $1.23 \times 10^{28}\text{ J}$

9.25 (a) $5.55 \times 10^6 \text{ J m}^{-4}$, (b) $1.06 \times 10^7 \text{ J m}^{-4}$, (c) $1.11 \times 10^3 \text{ J m}^{-4}$, (d) 69.4 J m^{-4}

9.26 (a) 4996 Å

9.27 それぞれ, $3.47 \times 10^{-19}\text{ J}$, $3.64 \times 10^{-19}\text{ J}$, $4.62 \times 10^{-19}\text{ J}$

9.29 (a) $3.66 \times 10^{-20}\text{ J}$, (b) $4.43 \times 10^{-20}\text{ J}$, (c) $6.07 \times 10^{-17}\text{ J}$, (d) $7.06 \times 10^{-26}\text{ J}$, (e) $8.58 \times 10^{-20}\text{ J}$

9.30 (a) $5.12 \times 10^{-5} \text{ J m}^{-4}$, (b) 90.5 J m^{-4}, (c) 497.1 J m^{-4}, (d) 47.4 J m^{-4}

9.32 1000 K に対して $dE = 0.101 \text{ W m}^{-2}$

9.34 Li に対して $\lambda_{\min} = 428\text{ nm}$

9.35 (a) $1.82 \times 10^5 \text{ m s}^{-1}$

9.37 運動エネルギー $= 6.09 \times 10^{-19}\text{ J}$, 速度 $= 27{,}000\text{ m s}^{-1}$

9.41 (a) $3.55 \times 10^{-10}\text{ m s}^{-2}$, (b) 0.112 m s^{-1}, (c) $1.77 \times 10^7\text{ m}$（これは地球と月の間の距離の，およそ $1/20$ である）

9.43 「軌道運動を行う電子のエネルギーは一定」ということは，電気力学のマクスウェルの法則と相反する．

9.45 順に 8.47 Å, 13.2 Å, 19.1 Å

9.47 順に $-1.367 \times 10^{-19}\text{ J}$, $-8.716 \times 10^{-20}\text{ J}$, $-6.053 \times 10^{-20}\text{ J}$

9.48 順に $4.22 \times 10^{-34}\text{ J s}$, $5.27 \times 10^{-34}\text{ J s}$, $6.33 \times 10^{-34}\text{ J s}$

9.53 (a) 粒子性，(b) 波動性，(c) 波動性，(d) 両方，(e) 粒子性

9.55 ボール, 電子の順に $1.49 \times 10^{-34}\text{ m}$, $1.64 \times 10^{-5}\text{ m}$ $(16.4\,\mu\text{m})$

9.57 電子, 陽子の順に $7.27 \times 10^6\text{ m s}^{-1}$, $3.96 \times 10^3\text{ m s}^{-1}$

第10章

10.2 有限，連続，一価，積分可能なこと．

10.3 (a) 適切である，(b) 有限でないから適切でない（実関数である必要はないから，x が負のときに虚数を含むことは問題ないことに注意），(c) 連続でないから適切でない，(d) 規格化できれば適切である．

10.4 (a) 有限でないから適切でない，(b) 適切である，(c) 一価でないから適切でない．

10.6 (a) 掛け算，(b) 足し算，(c) 自然対数をとる，(d) 正弦をとる，(e) 指数関数をとる，(f) x についての一次導関数をとる．

10.7 (a) 6, (b) 9, (f) $12x^2 - 7 - 7/x^2$

10.8 (a) $12x^2 + 4x^{-3}$, (b) -2, (c) $\sin(2\pi x/3)$, (d) $1/\sqrt{10}$

10.9 (a) $(-4, 5, 6)$, (b) $(0, 4, 1)$

10.10 固有値方程式になるのは (b), (d), (f) で，固有値は順に $-\pi^2/4$, $-m\hbar$, $(4\pi^2\hbar^2/18m) + 0.5$ である．

10.11 (a) 違う，(b) 固有値である：固有値 $= -16\pi^2$, (c) 違う，(d) 違う，(e) 固有値である：固有値 $= 3$, (f) 違う，(g) 固有値である：固有値 $= -1$, (h) 違う．

10.16 $p_\phi = m\hbar$

10.17 ボール, 電子の順に $\Delta x = 3.80 \times 10^{-34}\text{ m}$, $\Delta x = 1.03 \times 10^{-4}\text{ m}$

10.18 $\Delta x \geq 4.71 \times 10^{-9}\text{ m}$

10.19 $\Delta p = 7.13 \times 10^{-25}\text{ kg m s}^{-1}$; $\Delta v = 7.82 \times 10^5\text{ m s}^{-1}$

10.22 $\Delta t \geq 2.65 \times 10^{-12}\text{ s}$

10.23 $-i\hbar\pi x \cos \pi x$ と $-i\hbar[\pi x \cos \pi x + \sin \pi x]$

10.25 (a) $3x$, (b) $4 + 3i$, (c) $\cos 4x$, (d) $i\hbar \sin 4x$, (e) $e^{3\hbar\phi}$, (f) $e^{+2\pi i\phi/\hbar}$

10.26 (a) 0.0000526, (b) 0.0200, (c) 0.0400, (d) 0.0200, (e) 0.0000526

10.27 この場合，中央部分における確率は非常に小さい．しかし，$0.25a$ や $0.75a$ の近くでの確率は比較的大きい．

10.28 (a) $\Psi = (1/\sqrt{2\pi})e^{im\phi}$, (b) $1/3$

10.33 $\Psi = \left(\dfrac{2a}{\pi}\right)^{1/4} e^{-ax^2}$

10.39 $E = \hbar^2\pi^2/2m$, $\hbar^2\pi^2/2m + 0.5$

10.41 (a) $E = \hbar^2 K^2/2m$, (b) $E = \hbar^2 K^2/2m + k$, (c) $E = \hbar^2\pi^2/2ma^2$

10.45 もし $n = 0$ が許されたら，波動関数は箱のいたるところでゼロになる．これは許されない（粒子が存在しないことを意味するので，矛盾する）．

10.47 (a) $1.99 \times 10^7\text{ m}$, 地球の直径よりも 50% 増し，(b) 0.00245 m あるいは 2.45 mm, 約 $1/10$ インチ

10.49 (a) $1.05 \times 10^{-18}\text{ J}$, (b) $1.24 \times 10^{-18}\text{ J}$, (c) $1.9 \times 10^{-19}\text{ J}$, (d) $\nu = 2.87 \times 10^{-14}\text{ s}^{-1}$, $\lambda = 1.05 \times 10^{-6}\text{ m}$

10.50 およそ 5.74 Å

10.51 順に 4 個, 9 個, 99 個

10.54 順に 0.0200, 0.000008, 0.01998, 0.000028

10.55 $7.27 \times 10^5 \text{ m s}^{-1}$

10.59 確率はゼロである．箱の外ではポテンシャルエネルギーは無限大だから．

10.61 (a) $x = a/2$，(b) $x = a/4$ および $3a/4$，(c) $x = a/6, a/2$ および $5a/6$

10.63 (a) $\langle x \rangle = 3/4$，(b) $\langle x \rangle = 3/2$，(c) $\langle x \rangle = \pi/2$

10.65 $\langle x \rangle = 0.5a$

10.66 $\langle p_x \rangle = 0$

10.67 $n = 1$ に対しては $\langle x^2 \rangle = \dfrac{a^2}{3} - \dfrac{a^2}{2\pi^2}$

10.70 $p_\phi = 3\hbar$，$\langle p_\phi \rangle = 3\hbar$

10.75 エネルギーの低いものから順に $\Psi(1,1,1)$，$\Psi(1,1,2)$，$\Psi(1,1,3)$，$\Psi(1,2,1)$，$\Psi(1,2,2)$．なお量子数は与えられた座標の順に並べてある．

10.77 (a) $1:3$，(b) 同じ．ただし，n の値がすべて同じときだけ．

10.78 量子数の一つが2になると，はじめて縮退が現れる．すなわち $E(1,1,2) = E(1,2,1) = E(2,1,1)$．偶然縮退は $E(3,3,3) = E(5,1,1) = E(1,5,1) = E(1,1,5)$ のときにはじめて現れる．

10.82 $\langle x \rangle = a/2$，$\langle y \rangle = b/2$，$\langle z \rangle = c/2$

10.88 (a) 1，(b) 0，(c) $16h^2/8ma^2$，(d) 0，(e) 1，(f) 0，(g) $(h^2/8m)(1/a^2 + 1/b^2 + 1/c^2)$，(h) 0

第11章

11.1 335.8 N m^{-1}

11.2 $k = 1515 \text{ N m}^{-1}$

11.3 $\nu = 0.159 \text{ s}^{-1}$

11.13 (a) 6.63×10^{-34} J，(b) 3.00×10^8 m

11.14 (a) 3.976×10^{-20} J，(b) 5.00×10^{-6} m，(c) 赤外領域

11.15 $\lambda = 6.88 \times 10^{-7}$ m，$\nu = 4.36 \times 10^{14}$ s^{-1}

11.19 ともに $\langle p_x \rangle = 0$

11.22 (a) ゼロ，(b) ゼロ，(c) 恒等的にはゼロでない，(d) ゼロ，(e) どちらとも決められない，(f) $\hat{V}$ の形状によるので，どちらとも決められない．

11.23 増加する．変わらない．

11.25 $\langle x^2 \rangle = 1/2\alpha$

11.27 以下の通り．
$$x = \pm \left\{ \frac{(2n+1)h\nu}{k} \right\}^{1/2}$$

11.31 $m_e = 9.109 \times 10^{-31}$ kg に対して (a) 9.104×10^{-31} kg，(b) 9.107×10^{-31} kg，(c) およそ 9.109×10^{-31} kg

11.33 (a) 6.504×10^{13} s^{-1}，(b) 6.359×10^{13} s^{-1}

11.34 およそ 2660 cm^{-1}

11.35 (a) $\nu = 1.15 \times 10^{14}$ s^{-1}，(b) $\nu = 9.37 \times 10^{13}$ s^{-1}

11.40 $E(0) = 0$ J，$E(1) = 2.68 \times 10^{-19}$ J，$E(2) = 1.07 \times 10^{-18}$ J，$E(3) = 2.41 \times 10^{-18}$ J，$E(4) = 4.28 \times 10^{-18}$ J

11.41 $E(0) = 0$，$E(1) = 1.33 \times 10^{-21}$ J，$E(2) = 5.32 \times 10^{-21}$ J

11.43 $\Psi(0) = (1/\sqrt{2\pi})$，$\Psi(1) = (1/\sqrt{2\pi})(\cos\phi + i\sin\phi)$，$\Psi(2) = (1/\sqrt{2\pi})(\cos 2\phi + i\sin 2\phi)$，$\Psi(3) = (1/\sqrt{2\pi})\cos 3\phi + i\sin 3\phi)$

11.44 (b) およそ 62.1 cm^{-1}

11.47 二つある変数 "m" の場合（つまり $\pm m$）に同じ量にならず，それが代数的に打ち消しあうこともない．

11.52 r は球面調和関数の変数でないから，Y^2_{-2} に対する $\langle r \rangle$ は計算できない．

11.55 (a) 7.506×10^{-22} J，(b) 2.583×10^{-34} J s，(c) $-2\hbar$，$-1\hbar$，0，$1\hbar$，$2\hbar$

11.56 (b) およそ 41.3 cm^{-1}（問題11.44と比較せよ）

11.57 $l = 5$ から $l = 6$ への遷移に対応するエネルギーは 5.95×10^{-19} J．これは波長 334 nm に相当する．実験値 328 nm と比較せよ．

11.63 $V = -4.36 \times 10^{-18}$ J

11.64 $V = -1.92 \times 10^{-57}$ J となる．上の問題11.63の値と比較せよ．

11.71 11，23

11.75 $n = 4$ に対して $l = 4$ は許されないから．

11.76 水素原子に対しては -1312 kJ mol^{-1}，He$^+$ 原子に対しては -5249 kJ mol^{-1} である．

11.77 0.68%

11.79 Li$^+$ には Ψ_{1s}，C^{5+} 原子には Ψ_{2s} あるいは Ψ_{2p}．

11.81 順に (a) $1, 0, 1$，(b) $2, 0, 2$，(c) $1, 1, 2$，(d) $0, 3, 3$

11.86 以下の通り．
$$\Psi_{2p_x} = \frac{1}{4\sqrt{2}} \left(\frac{2Z^3}{\pi a^3} \right)^{1/2} \frac{Zr}{a} e^{-Zr/a} \sin\theta \cos\phi$$

11.91 $\langle r \rangle = 1.5a$．ここで $a = 0.529$ Å である．

第12章

12.3 H，Li，B，Na，Al，K，Sc，Cu，Ga，Rb，Y，In，Cs，La，Lu，Tl，Fr，Ac，Lr では，ある副殻に1個の電子があり，そのほかの副殻はすべて満たされている．それで，これら元素のビームも磁場中で二つの部分に分かれる．

12.5 以下の通り．
$$\Psi_{3d_{-2}} = \frac{1}{162} \left(\frac{Z^3}{\pi a^3} \right)^{1/2} \frac{Z^2 r^2}{a^2} e^{-Zr/3a} \sin^2\theta \, e^{-2i\phi} \alpha$$
（あるいは β）

12.7 縮退度は $2n^2$ で，n は主量子数．

12.8 直交する．

12.9 (b) 順に $m_s = 0$, $m_s = -2, -1, 0, +1, +2$, $m_s = -3/2, -1/2, +1/2, +3/2$

12.12 (a) 負，(b) 正，(c) 負，(d) 負，(e) 正

12.13 He の r_{12} を決める六つの座標は，電子1に対して r_1, θ_1 および ϕ_1 であり，電子2に対して r_2, θ_2 および ϕ_2 である．

12.14 ハミルトニアンを示すと
$$\hat{H} = -\frac{\hbar^2}{2\mu}(\nabla_1^2 + \nabla_2^2 + \nabla_3^2)$$
$$-\frac{3e^2}{4\pi\varepsilon_0 r_1} - \frac{3e^2}{4\pi\varepsilon_0 r_2} - \frac{3e^2}{4\pi\varepsilon_0 r_3}$$
$$+\frac{e^2}{4\pi\varepsilon_0 r_{12}} + \frac{e^2}{4\pi\varepsilon_0 r_{13}} + \frac{e^2}{4\pi\varepsilon_0 r_{23}}$$

となる．右辺の最後の三つの項が分離できないので，シュレーディンガー方程式が厳密に解けない．

12.15 (a) -5.883×10^{-17} J, (b) -4.412×10^{-17} J

12.17 (a) 対称的，(b) 反対称的，(c) 対称的，(d) 対称的，(e) 反対称的

12.21 $\Psi_{\text{Li}^+} = (1/\sqrt{2})\{(1s_1\alpha)(1s_2\beta) - (1s_2\alpha)(1s_1\beta)\}$

12.23 水素原子は電子を1個しかもたないので，電子の交換に関して反対称性が現れないから．

12.24 (a) 以下の通り．ただし Ψ_B について最後の列は $2p_x\alpha, 2p_y\alpha, 2p_y\beta, 2p_z\alpha, 2p_z\beta$ のいずれでもよい．したがってBについて可能なスレーター行列式は六つ存在する．

$$\Psi_{\text{Be}} = \frac{1}{\sqrt{24}}\begin{vmatrix} 1s_1\alpha & 1s_1\beta & 2s_1\alpha & 2s_1\beta \\ 1s_2\alpha & 1s_2\beta & 2s_2\alpha & 2s_2\beta \\ 1s_3\alpha & 1s_3\beta & 2s_3\alpha & 2s_3\beta \\ 1s_4\alpha & 1s_4\beta & 2s_4\alpha & 2s_4\beta \end{vmatrix}$$

$$\Psi_{\text{B}} = \frac{1}{\sqrt{24}}\begin{vmatrix} 1s_1\alpha & 1s_1\beta & 2s_1\alpha & 2s_1\beta & 2p_{x,1}\alpha \\ 1s_2\alpha & 1s_2\beta & 2s_2\alpha & 2s_2\beta & 2p_{x,2}\alpha \\ 1s_3\alpha & 1s_3\beta & 2s_3\alpha & 2s_3\beta & 2p_{x,3}\alpha \\ 1s_4\alpha & 1s_4\beta & 2s_4\alpha & 2s_4\beta & 2p_{x,4}\alpha \\ 1s_5\alpha & 1s_5\beta & 2s_5\alpha & 2s_5\beta & 2p_{x,5}\alpha \end{vmatrix}$$

(b) CとFは同じく，六つの異なるスレーター行列式をもつ．

12.25 $\Psi = \frac{1}{\sqrt{2}}\begin{vmatrix} 1s_1\alpha & 2s_1\alpha \\ 1s_2\alpha & 2s_2\alpha \end{vmatrix}$

あるいは，それぞれの列を α と β で置き換えたあらゆる組合せ．

12.27 (b) Cでは720項ある．Naでは39,916,800項あり，Siでは87,178,291,200項ある．

12.31 (a) 励起状態，(b) 基底状態，(c) 励起状態，(d) 励起状態

12.32 (a) の Li に対して示すと $1s^2 2p_x^1\alpha$, $1s^2 2p_x^1\beta$, $1s^2 2p_y^1\alpha$, $1s^2 2p_y^1\beta$, $1s^2 2p_z^1\alpha$, $1s^2 2p_z^1\beta$ の六つ．

12.33 エネルギーへの補正は，仮に積分が解析的に解けても厳密ではない．これは積分に含まれる波動関数が理想的な系に対するもので，実際の系に対するものでないからである．

12.34 $3c/4a^2$

12.35 cx^3 のような補正があると，被積分関数が奇関数になり，積分値が厳密にゼロになるから．

12.37 $\langle E \rangle = \frac{\hbar^2}{2I} + V$

12.38 $a_3 = 0$

12.41 (d) のみ用いることができる．また (a) については A と B がゼロでない限り用いることができない．しかしこれでは解として意味がない．ここにあげた試行関数のほとんどは，箱のなかの粒子の境界条件を満たさない．

12.45 $k = \frac{m^2 e^4}{18\hbar^4 \varepsilon_0^2 \pi^3}$

12.49 (a) $E = -25.05$ および -19.95, (b) $E = -28.09$ および -16.91

12.54 ボルン・オッペンハイマー近似は，Cs_2 に対するほうが良好である．この核は，H_2 の核よりもゆっくり動くからである．

12.55 $\Delta E = 2(H_{11}S_{12} - H_{12})/(1 - S_{12}^2)$

12.60 たとえば B_2 について $(\sigma_g 1s)^2(\sigma_u^* 1s)^2(\sigma_g 2s)^2(\sigma_u^* 2s)^2(\pi_u 2p_x, \pi_u 2p_y)$ である．

12.62 分子軌道理論によれば F_2^{2-} は存在できない．

索　引

欧文

LCAO-MO（linear combination of atomic orbitals-molecular orbitals） 498
π 軌道（π orbital） 505
σ 軌道（σ orbital） 503
SATP（standard ambient temperature and pressure） 8
SCE（saturated calomel electrode） 281
SHE（standard hydrogen electrode） 281
SI 単位（SI unit） 3
STM（scanning tunneling microscope） 376
STP（standard temperature and pressure） 8

あ

圧縮因子（compressibility factor） 12
圧力-組成の状態図（pressure-composition phase diagram） 235
アノード（anode） 280
アボガドロの法則（Avogadro's law） 7
アマルガム（amalgam） 250
アミノ酸（amino acid） 182

い

イオン強度（ionic strength） 295
イオン選択性電極（ion-specific electrode） 290
イオン溶液（ion solution） 271, 292, 298
位相因子（phase factor） 398
位置演算子（position operator） 355
一成分系（single-component system） 189

う

ウィーンの変位則（Wien displacement law） 328
運動量演算子（momentum operator） 355

え

永年行列式（secular determinant） 490
液相（liquid phase） 190
液体／液体系（liquid/liquid system） 228
液体／気体系（liquid/gas system） 244
液体／固体溶液（liquid/solid solution） 246
エネルギー
　――と仕事（――and work） 275
エネルギー吸収性の（endergonic） 170
エネルギー放出性の（exergonic） 170
エネルギー密度（energy density） 329
エミッタンス（emittance）→パワー束
エルミート演算子（Hermitian operator） 356
エルミート多項式（Hermitian polynomial） 409
塩橋（salt bridge） 279
演算子（operator） 352, 365
エンタルピー（enthalpy） 50
エントロピー（entropy）98, 104, 112

お

オイラーの定理（Euler's theorem） 419
オームの法則（Ohm's law） 306
オブザーバブル（observable） 341, 352, 365
オンサーガーの式（Onsager's equation） 307
温度（temperature） 3
温度係数（temperature coefficient） 286

か

外界（surroundings） 2
回転運動（rotational motion） 63
ガウス型関数（Gaussian-type function） 401
化学熱力学の基本方程式（fundamental equation of chemical thermodynamics） 148
化学平衡（chemical equilibrium） 161, 164, 166
化学ポテンシャル（chemical potential） 123, 147, 213
化学量論的化合物（stoichiometric compound） 255
可逆的（reversible） 39
殻（shell） 443, 445
角運動量（angular momentum） 418
角運動量演算子（angular momentum operator） 418
角運動量量子数（angular momentum quantum number） 444
拡張デバイ・ヒュッケル則（extended Debye-Hückel law） 300
核モデル（nuclear model） 324
重なり積分（overlap integral） 490
カソード（cathode） 280
傾き（slope） 11
活量（activity） 174, 229
活量係数（activity coefficient） 176, 293

A15

仮定（postulate） 349
過飽和（supersaturation） 247
ガラス pH 電極（glass pH electrode） 290
カルノーサイクル（Carnot cycle） 93
ガルバニ電池（galvanic cell） 280
還元（reduction） 276
換算質量（reduced mass） 413, 414
慣性モーメント（moment of inertia） 28, 418
完全結晶（perfect crystal） 110
完全微分（exact differential） 49, 137

き

規格化（normalization） 360
規格化定数（normalization constant） 361
規格直交性（orthonormality） 386
気相（gas phase） 190
期待値（expectation value） 371
気体定数（gas constant） 7
気体の法則（gas law） 6, 9
基底関数（basis function） 489
基底関数系（basis set） 489
基底状態（ground state） 406, 473
規定度（normality） 306
起電力（electromotive force） 277
軌道（orbital） 445
ギブズエネルギー（Gibbs energy） 123, 127, 143
ギブズの相律（Gibbs phase rule） 213, 226, 227
ギブズ・ヘルムホルツの式（Gibbs-Helmholtz equation） 145
気泡線（bubble point line） 235
逆浸透（reverse osmosis） 265
吸熱過程（endothermic process） 45
球面極座標（spherical polar coordinates） 426
球面調和関数（spherical harmonics） 430
境界条件（boundary condition） 368
凝固（solidification） 191
凝固点降下（freezing point depression） 258
凝固点降下定数（freezing point depression constant） 259
凝縮（condensation） 71, 191
共晶（eutectic） 252
共晶組成（eutectic composition） 252
共沸混合物（azeotrope） 242
極小沸点型——（minimum-boiling ——） 242
極大沸点型——（maximum-boiling ——） 242
共沸組成（azeotropic composition） 242
共鳴積分（resonance integral） 500
共役運動量（conjugate momentum） 317
極座標（polar coordinates） 418
極小沸点型共沸混合物（minimum-boiling azeotrope） 242
極大沸点型共沸混合物（maximum-boiling azeotrope） 242

く

空洞放射（cavity radiation）→黒体放射
クーロンの法則（Coulomb's law） 273
クラウジウス・クラペイロンの式（Clausius-Clapeyron equation） 202
クラウジウスの原理（Clausius theorem） 100
クラペイロンの式（Clapeyron equation） 198

け

系（system） 2
経路に依存しない（path-independent） 47
経路に依存する（path-dependent） 47
結合次数（bond order） 502
結合性軌道（bonding orbital） 502
ケルビン温度（Kelvin scale）→絶対温度
原子スペクトル（atomic spectrum） 321

こ

鋼（steel） 250
合金（alloy） 250
構成原理（Aufbau principle） 472, 477
剛体回転子（rigid rotor） 424
光電効果（photoelectric effect） 326, 332
コールラウシュの法則（Kohlrausch's law） 307
黒体（blackbody） 326
黒体放射（blackbody radiation） 327
固相（solid phase） 190
古典的折返し点（classical turning point） 412
固有関数（eigenfunction） 354
固有値（eigenvalue） 354
固有値方程式（eigenvalue equation） 354
固溶体（solid solution） 250
孤立系（isolated system） 46
混合（mixing） 493
混合エントロピー（entropy of mixing） 108
コンプトン効果（Compton effect） 342

さ

作用（action） 336, 425
酸化（oxidation） 276
三重点（triple point） 208

し

紫外発散（ultraviolet catastrophe） 330
しきい値振動数（threshold frequency） 326
示強変数（intensive variable） 282
磁気量子数（magnetic quantum number） 444
試行波動関数（trial wavefunction） 485
仕事（work） 36, 275
エネルギーと——（energy and ——） 275
仕事関数（work function） 333
自然な変数（natural variable） 125, 214
——の式（—— equation） 133
実験（experiment） 6
質量モル濃度（molality） 257
自発的（spontaneous） 91
自発的条件（spontaneity condition） 123
遮蔽（shielding） 486
シャルルの法則（Charles' law） 6
自由度（degree of freedom） 212, 226
自由膨張（free expansion） 38
ジュール・トムソン係数（Joule-Thomson coefficient） 57, 59
縮退（degeneracy） 383
シュテファン・ボルツマン定数（Stefan-Boltzmann constant） 328
シュテルン・ゲルラッハの実験（Stern-Gerlach experiment） 460
主量子数（principal quantum

number) 443
シュレーディンガー方程式（Schrödinger equation） 350, 362
　時間に依存しない――（time-independent――） 363
　時間に依存する――（time-dependent――） 387
循環則（cyclic rule） 21
昇華（sublimation） 191
昇華熱（heat of sublimation） 194
蒸気圧（vapor pressure） 203, 229
乗算演算子（multiplication operator） 352
状態（state） 2
状態関数（state function） 48, 52
状態図（phase diagram） 206
　圧力-組成の――（pressure-composition――） 235
状態変数（state variable） 5
状態方程式（equation of state） 6
蒸発（vaporization） 71, 191
蒸発熱（heat of vaporization） 71, 194
示量変数（extensive variable） 282
真空の誘電率（permittivity of free space） 273, 337
浸透（penetration） 475
振動（vibration） 28
浸透圧（osmotic pressure） 261
振動運動（vibrational motion） 64
振動数（frequency） 399

す

水素原子（hydrogen atom） 438, 440, 445
スピン（spin） 460
スピン関数（spin function） 467
スピン軌道（spin orbital） 466, 467
スピン量子数（spin quantum number） 467
スレーター行列式（Slater determinant） 469

せ

生化学的標準状態（biochemical standard state） 82
生化学反応（biochemical reaction） 82
生成エンタルピー（enthalpy of formation） 74
生成ギブズエネルギー（Gibbs energy of formation） 132
生成熱（heat of formation）→生成エンタルピー

生成反応（formation reaction） 74
静的平衡（static equilibrium） 163
成分（component） 189
析出（deposition） 191
節（node） 373, 449
絶対エントロピー（absolute entropy） 109
絶対温度（absolute scale） 8
摂動論（perturbation theory） 477, 494
節面（nodal plane） 451
セルシウス温度（Celsius scale） 8
ゼロ点エネルギー（zero-point energy） 406
線形結合（linear combination） 482
線形変分理論（linear variation theory） 489
全パワー束（total power flux） 332
全微分（total differential） 9

そ

相（phase） 190
走査トンネル顕微鏡（scanning tunneling microscope）→STM
双性イオン（zwitterion） 182
相の変化（phase change） 69
相変化（phase transition） 191, 194
束一的性質（colligative property） 256

た

帯域精製（zone refining） 254
対応原理（correspondence principle） 373, 412
大気圧式（barometric formula） 25
対称（symmetric） 468
多形（polymorph） 191
多形現象（polymorphism） 191
多成分系（multiple-component system） 225
ダニエル電池（Daniell cell） 280
単原子理想気体（monatomic ideal gas） 63
断熱的（adiabatic） 47

ち

力の定数（force constant） 398
秩序（order） 109
中心力（central force） 440
中心力問題（central force problem） 438, 440
超臨界（supercritical） 208
調和振動子（harmonic oscillator） 398, 400, 407

直線運動量（linear momentum） 355
直交性（orthogonality） 386

て

定圧熱容量（constant pressure heat capacity） 56
抵抗率（resistivity） 306
定常状態（stationary state） 360
定容熱容量（constant volume heat capacity） 54
デバイ・ヒュッケルの極限法則（Debye-Hückel limiting law） 298
デバイ・ヒュッケル理論（Debye-Hückel theory） 298
電位（electric potential） 274
電荷（charge） 272
展開係数（expansion coefficient） 481
電解質（electrolyte） 304
電解槽（electrolytic cell） 280
電気化学（electrochemistry） 271
電気化学ポテンシャル（electrochemical potential） 276
電気抵抗（electric resistance） 306
電気的な仕事（electrical work） 275
電気伝導率（electric conductivity） 306
電極（electrode） 279
電子配置（electron configuration） 473
電場（electric field） 274

と

等圧変化（isobaric change） 57
等エンタルピー的（isenthalpic） 59
等エントロピー的（isentropic） 125
等温圧縮率（isothermal compressibility） 23
等温的（isothermal） 40
導関数の順序交換条件（cross-derivative equality requirement） 137
動径節（radial node） 449
凍結（freezing） 191
同素体（allotrope） 191
動的平衡（dynamic equilibrium） 163
等電点（isoelectric point） 182
等分配の原理（equipartition principle） 27
等容変化（isochoric change） 57
当量電気伝導率（equivalent conductivity） 306
閉じた系（closed system） 4, 46

ドブロイの式（de Broglie equation） 341
トルトンの規則（Trouton's rule） 197
トンネル現象（tunneling） 375, 376

な

内部エネルギー（internal energy） 45

に

ニュートンの運動法則（Newton's law of motion） 314

ね

熱（heat） 4, 36
熱エネルギー（thermal energy） 25
熱化学（thermochemistry） 73
熱効率（efficiency） 93, 94
熱平衡（thermal equilibrium） 4
熱容量（heat capacity） 44, 62
熱力学（thermodynamics） 2
熱力学温度目盛（thermodynamic temperature scale） 7
熱力学第一法則（first law of thermodynamics） 35, 45, 91
熱力学第三法則（third law of thermodynamics） 91, 109
熱力学第零法則（zeroth law of thermodynamics） 1, 4
熱力学第二法則（second law of thermodynamics） 91, 98
ネルンストの式（Nernst equation） 285

は

パウリの原理（Pauli principle） 466, 468, 471
パウリの排他原理（Pauli exclusion principle）→パウリの原理
箱のなかの粒子（particle in a box） 366, 377
バックミンスターフラーレン（buckminsterfullerene） 432
発熱過程（exothermic process） 45
波動関数（wavefunction） 350, 445
ハミルトニアン（Hamiltonian） 317, 363
ハミルトン関数（Hamiltonian function）→ハミルトニアン
パワー束（power flux） 331
反結合性軌道（antibonding orbital） 502
反対称（antisymmetric） 468
反転温度（inversion temperature） 60
半電池（half cell） 280
半透膜（semipermeable membrane） 261
反応ギブズエネルギー（Gibbs energy of reaction） 166
反応進行度（extent of reaction） 164
反応比（reaction quotient） 169
半反応（half-reaction） 279

ひ

光（light） 326
非結合性軌道（nonbonding orbital） 502
非自発的（nonspontaneous） 92
非調和振動子（anharmonic oscillator） 398
非電解質（nonelectrolyte） 304
比電気抵抗（specific electric resistance）→抵抗率
比電気伝導率（specific electric conductivity）→電気伝導率
比熱（specific heat）→比熱容量
比熱容量（specific heat capacity） 43, 54
比誘電率（dielectric constant） 273
標準温度および標準圧力（standard temperature and pressure）→STP
標準環境温度および標準圧力（standard ambient temperature and pressure）→SATP
標準還元電位（standard reduction potential） 281, 282
標準水素電極（standard hydrogen electrode）→SHE
標準電位（standard potential） 280, 281
標準反応ギブズエネルギー（standard Gibbs energy of reaction） 168
標準沸点（normal boiling point） 192
標準融点（normal melting point） 192
ビリアル係数（virial coefficient） 13
ビリアル方程式（virial equation） 12
非理想気体（nonideal gas） 8, 12

ふ

ファラデー定数（Faraday's constant） 275
ファンデルワールス定数（van der Waals constant） 15
ファンデルワールスの式（van der Waals equation） 15
ファントホッフの式（van't Hoff equation） 179, 262
フェルミ粒子（fermion） 468
フォトン（photon） 335
不可逆的（irreversible） 39
不確定性原理（uncertainty principle） 356
フガシティー（fugacity） 149, 150
フガシティー係数（fugacity coefficient） 150
不完全微分（inexact differential） 49
不揮発性（nonvolatility） 247
副殻（subshell） 445
複合体（composite） 250
複素共役（complex conjugate） 359
不混和（immiscible） 244
沸点上昇（boiling point elevation） 258
沸点上昇定数（boiling point elevation constant） 260
沸騰（boiling） 191
部分モル量（partial molar quantity） 147, 148
プランク定数（Planck's constant） 331
プランクの放射分布則（Planck's radiation distribution law） 331
プランクの量子論（Planck's quantum theory） 331
分子軌道（molecular orbital） 498, 502, 503
分子軌道理論（molecular orbital theory） 498
フントの規則（Hund's rule） 474
分留（fractional distillation） 237

へ

平均活量係数（mean activity coefficient） 294
平均質量モル濃度（mean molality） 294
平均値（average value） 371
平衡（equilibrium） 2
平衡定数（equilibrium constant） 170, 178, 284
並進運動（translational motion） 63
ベクトル（vector） 314
ヘスの法則（Hess' law） 74
ヘリウム原子（helium atom） 463

ヘルムホルツエネルギー
　（Helmholtz energy）　127
ヘルムホルツの自由エネルギー
　（Helmholtz free energy）→ヘルムホルツエネルギー
偏導関数（partial derivative）
　　　　　　10, 20, 22, 133
変分定理（variation theorem）　485
変分理論（variation theory）
　　　　　　　　　　484, 494
ヘンリーの法則（Henry's law）
　　　　　　　　　　244, 245
　――の定数（――constant）　245

ほ

ボイル温度（Boyle temperature）14
ボイルの法則（Boyle's law）　6
方位量子数（azimuthal quantum number）→角運動量量子数
方角節（angular node）　451
法則（law）　3
膨張率（expansion coefficient）　23
飽和（saturation）　247
飽和カロメル電極（saturated calomel electrode）→SCE
ボーアの理論（Bohr's theory）　336
ボーア半径（Bohr radius）338, 448
ボース粒子（boson）　468
ポテンシャルエネルギー曲線
　（potential energy curve）　497
ボルタ電池（voltaic cell）　280
ボルツマン因子（Boltzmann factor）
　　　　　　　　　　　　　25
ボルン・オッペンハイマー近似
　（Born-Oppenheimer approximation）　495, 496
ボルンの解釈（Born interpretation）　358

ま

マクスウェルの関係式（Maxwell relationships）　136, 139, 140

み

ミリカンの油滴実験（Millikan oil drop experiment）　324

も

モル体積（molar volume）　12
モル熱容量（molar heat capacity）
　　　　　　　　　　　　　54
モル分率（mole fraction）　108

ゆ

有界（bounded）　351
融解（fusion）　191
融解熱（heat of fusion）　70, 194
有効核電荷（effective nuclear charge）　486

よ

溶解度（solubility）　247
溶解度積（solubility product constant）　289
溶解熱（heat of solution）　92
溶質（solute）　247
溶体（solution）　190
溶媒（solvent）　247

ら

ラウールの法則（Raoult's law）　230
ラグランジアン（Lagrangian）　316
ラグランジュ関数（Lagrange function）→ラグランジアン
ラゲールの陪多項式（associated Laguerre polynomial）　441
ラプラシアン（Laplacian）378, 463
ラプラス演算子（Laplacian operator）→ラプラシアン

り

理想気体（ideal gas）　8
　――の法則（――law）　7
リュードベリ定数（Rydberg constant）　323
量子（quantum）　331
量子化（quantization）　331, 405
量子数（quantum number）
　　　　　　　338, 369, 405
量子力学（quantum mechanics）
　　　　　　　344, 349, 397
　――の仮定（postulate of――）
　　　　　　　344, 349, 389
理論段（theoretical plate）　237
臨界圧（critical pressure）　208
臨界温度（critical temperature）208
臨界点（critical point）　208

る

ルシャトリエの法則（Le Chatelier's principle）　179
ルジャンドルの陪多項式
　（associated Legendre polynomial）　428

れ

励起状態（excited state）　473
レイリー・ジーンズの法則
　（Rayleigh-Jeans law）　329
レドックス反応（redox reaction）
　　　　　　　　　　　　　276
レドリッヒ・クオンの状態方程式
　（Redlich-Kwong equation of state）　19
連結線（tie line）　236
連鎖則（chain rule）　21

ろ

露点線（dew point line）　235

監訳者および訳者

田中一義（たなか　かずよし）
1978 年　京都大学大学院工学研究科博士課程修了
現　在　京都大学SGU化学系国際教育担当フェロー
　　　　京都大学名誉教授
工学博士

彌田智一（いよだ　ともかず）
1984 年　京都大学大学院工学研究科博士課程修了
現　在　同志社大学ハリス理化学研究所教授
工学博士

川路　均（かわじ　ひとし）
1989 年　東京工業大学大学院総合理工学研究科博士
　　　　課程修了
現　在　東京工業大学応用セラミックス研究所教授
理学博士

阿竹　徹（あたけ　とおる）
1971 年　大阪大学大学院理学研究科博士課程修了
　　　　東京工業大学名誉教授　理学博士
2011 年　逝去

大谷文章（おおたに　ぶんしょう）
1985 年　京都大学大学院工学研究科博士課程修了
現　在　北海道大学名誉教授
　　　　特定非営利活動法人 touche NPO
工学博士

中澤康浩（なかざわ　やすひろ）
1991 年　東京大学大学院理学系研究科博士課程修了
現　在　大阪大学大学院理学研究科教授
理学博士

ボール物理化学（第 2 版）〔上〕

2004 年 10 月 30 日	第 1 版 第 1 刷 発行
2015 年　8 月 25 日	第 2 版 第 1 刷 発行
2025 年　2 月 10 日	第 2 版 第 5 刷 発行

検印廃止

訳者代表　田中一義
発 行 者　曽根良介
発 行 所　㈱化学同人

〒600-8074　京都市下京区仏光寺通柳馬場西入ル
編 集 部　TEL 075-352-3711　FAX 075-352-0371
企画販売部　TEL 075-352-3373　FAX 075-351-8301
振　替　01010-7-5702
e-mail　webmaster@kagakudojin.co.jp
URL　https://www.kagakudojin.co.jp
印刷・製本　創栄図書印刷㈱

JCOPY　〈出版者著作権管理機構委託出版物〉
本書の無断複写は著作権法上での例外を除き禁じられています。複写される場合は、そのつど事前に、出版者著作権管理機構（電話 03-5244-5088, FAX 03-5244-5089, e-mail: info@jcopy.or.jp）の許諾を得てください。

本書のコピー、スキャン、デジタル化などの無断複製は著作権法上での例外を除き禁じられています。本書を代行業者などの第三者に依頼してスキャンやデジタル化することは、たとえ個人や家庭内の利用でも著作権法違反です。

乱丁・落丁本は送料小社負担にてお取りかえいたします。

Printed in Japan © K. Tanaka et al. 2015　　無断転載・複製を禁ず　　ISBN978-4-7598-1789-8